MATLAB Numerical Methods for

Chemical Engineering

Second Edition

MATLAB의 활용과 실습

제2판

화공수치해석

김진국 • 여영구 지음

머리말

Preface

이 책의 기본적인 목적은 화학공학을 전공하는 학생들이나 화학공학 분야에 종사하는 연구자 및 엔지니어들에게 화학공학 문제들의 풀이에 유용한 다양한 수치해석 기법들의 원리와 활용 방법을 소개하는 것입니다. 이 책에서는 넓은 범위의 수치해석 관련 주제들을 다루고 있으며 MATLAB을 이용한 수치해석 방법들의 수행 프로그램들을 제시하고 있습니다.

이 책에서는 화학공학 분야의 탐구와 화학공학 문제의 해결에 핵심적으로 요구되는 수치해석 방법들을 다루고 있습니다. 선형대수학은 많은 고급 공학주제들의 이해와 분석에 요구되는 가장 중요한 개념의 하나로서 화학공정의 모델링과 데이터의 분석에서 중요하게 이용되기 때문에, 이와 관련되는 선형시스템의 다양한 풀이방법들과 분석기법들을 심도 있게 소개하고 있습니다. 실험이나 화학공정의 운전으로부터 확보한 데이터에 대한 이론적 모델의 접합은 대상 공정의 특성을 파악하는 데에는 물론 실제 운전에도 활용될 수 있기 때문에, 효율적인 데이터 접합기법들을 제시하고 컴퓨터 프로그래밍을 통한 이들의 적용사례들을 풍부하게 제시하고 있습니다. 아울러 공정 데이터의 처리에 있어서 관찰된 데이터 점들 사이의 함수값을 추정하는 안짐작 방법을 소개하고 있습니다. 한편 다항식들의 합으로 함수들을 근사하는 개념을 심도 있게 다루고 있는데 이는 복잡한 함수들을 단순화시키는 데에 유용하게 이용할 수 있습니다. 또한 함수의 근을 찾는 다양한 알고리듬들을 소개하고 있으며 함수의 미분과 적분을 근사하는 방법을 다루고 있습니다. 특히 화학공학에서 중요하게 취급되는 상미분 방정식과 편미분 방정식들에 대한 해를 구하는 다양한 풀이 방법들을 제시하고 있습니다.

이 책에서 제시하고 있는 MATLAB 프로그램들은 해당 수치해석 기법들의 수행을 위하여 작성된 것들로서 독자들은 필요에 따라 프로그램들을 적절히 변형하거나 개선시켜 당면 문제의 해결에 활용할 수 있습니다. 경우에 따라 이 책에서 제시한 프로그램을 바탕으로 하여 이 책의 풀이 방법과는 다르지만 당면 문제를 동일하게, 혹은 더 잘 해결하여 주는 방안이나 프로그램을 구성할 수 있을 것입니다. 이 책은 MATLAB R2020a 버전을 이용하여 작성되었는데 이전 버전의 MATLAB을 이용하여도 이 책의 프로그램들을 수행하는 데에는 큰 지장은 없을 것입니다. 이 책을 통하여 독자 여러분들이 화학공학의 많은 문제들에 수반되는 계산들을 손쉽게 해결할 수 있는 능력을 갖추기를 기원합니다.

2022년 1월 3일
지은이 적음

차례

Contents

연습 문제의 해납(짝수 번호 문제)은 본시의 홈페이지 www.sciplus.co.kr을 참조하기 바랍니다.

제 1 장

수치계산

수치해석은 물리적 양들을 수치적으로 표현하고 근사를 이용하여 문제를 해결하는 과정을 의미하는데 대개 컴퓨터를 이용하여 물리적 과정에 대한 정보를 획득하기 위한 다양한 기법들을 일컫는다. 수치해석 방법의 기본 목표는 먼저 주어진 문제에 대한 근사해를 구하고 얻어진 근사해의 정확도에 대한 한계를 규명하는 것이다.

수치적 풀이 방법을 필요로 하는 문제들은 해석적 해를 구하기 어려운 비선형 문제나 다변수 함수, 곡선접합이나 회귀와 같이 대량의 데이터를 포함하는 문제, 신속한 정량적 풀이가 요구되는 문제, 해석적 해가 존재하더라도 그래프나 정량적 값들을 통한 해석이 요구되는 문제들이다. 수치적 방법들을 수행하는 알고리듬들은 컴퓨터 프로그램을 이용하여 활용될 수 있다. 이 책은 여러 가지 공학 문제들의 해결을 위한 알고리듬들의 구성과 수행 및 적용에 초점을 맞추고 있다.

1.1 수치해석 방법의 역사

많은 수치해석 방법들은 오랜 역사를 지니고 있다. 기원전 3700년 경 바빌로니아인들은 2차방정식의 근과 정수의 제곱근을 근사적으로 구하는 방법을 알고 있었다고 전해진다. 우리가 현재 Gauss 소거법이라고 알고 있는 선형방정식 시스템의 풀이 방법이 대략 2000여 년 전쯤 중국 한나라 시대 문서에서 발견되었다. 서기 1100년 전후의 중국 송나라 시대에서는 고차방정식의 수치해를 구하기 위해 연속근사 방법을 사용하였다고 전해진다.

기원전 250년 경 고대 그리스의 Archimedes가 Eratosthenes에게 보낸 편지가 1906년에 발견되었는데 여기에는 면적을 모르는 어떤 구역을 이미 알고 있는 다수의 소구역들로 근사함으로써 주어진 구역의 면적을 계산하는 방법이 나타나 있다.

약 900여 년 전 중동의 Omar Khayyam은 대수처리에 관한 기록을 남겼으며, 1436년 경 사망한 Jemshid Al-Kashi는 반복법과 삼각함수법을 이용해 3차방정식의 해를 구하였고 오늘날 Horner의 방법으로 알려져 있는 일반적인 대수방정식의 풀이 방법을 알고 있었다고 전해진다. 그러나 W. G. Horner는 이같은 사실을 모른 채 1819년 그의 방법을 발표하였다. 1200년 경 Leonardo Fibonacci는 어떤 3차방정식은 제곱근의 형태로 풀 수 없지만 그에 대한 매우 정확한 근사해를 구할 수는 있음을 보였다.

S. J. Napier는 1614년 최초의 로그표를 발표하였으며 1624년 H. Briggs는 Napier의 제안에 따라 이 로그표를 수정 보완함으로써 계산의 향상을 위한 훌륭한 도구를 제공하였다.

수학과 천문학은 역사적으로 밀접한 관계를 유지해 왔다. Johannes Kepler는 1615년 출판된 문헌에서 기하학적 근사방법을 사용하여 회전하는 고체의 부피를 계산하였다.

방정식의 풀이에 널리 이용되는 Newton의 방법은 1700년대 초에 발표된 다항식 방정식의 근을 구하기 위한 반복계산 방법을 일반화시킨 기법이다. 정적분의 근사계산을 위한 Simpson의 규칙으로 잘 알려져 있는 Thomas Simpson은 Newton의 방법을 더욱 일반적인 함수들로 확장시키고 1740년 그 결과를 출판하였다.

우리가 잘 알고 있는 Taylor 전개공식은 많은 수치계산들에 대한 이론적인 기반이 되며 1715년 Brook Taylor가 발표한 문헌에 소개되어 있다. Taylor 전개공식에서의 나머지 항은 1797년 Louis Lagrange가 펴낸 저서에서 처음으로 제시되었다.

상미분 방정식의 풀이에 대한 수치근사 방법으로 가장 널리 이용되고 있는 Runge-Kutta 방법은 약 100여 년 전 독일의 응용수학자 Carl Runge(1856~1927)와 M. W. Kutta(1867~1944)에 의해 개발되었다.

고유치와 고유벡터의 계산을 위해 오늘날 널리 이용되고 있는 방법들은 1971년 James Wilkinson과 Christian Reinsch가 발표한 기법들에 근거하고 있다. 함수 안짐작의 경우에는 Carl deBoor가 1978년 발표한 3차 스플라인 방법이 널리 사용된다. 유리함수의 안짐작에는 1980년 제안된 Bulirsch-Stoer 알고리듬이 중요하게 이용된다.

이산 Fourier 변환의 신속한 계산 방법은 1960년대 James Cooley와 John Tukey에 의해 알려지게 되었는데 이미 1940년대 초 G. C. Danielson과 C. Lanczos가 이와 유사한 방법을 제안하였다. 사실 이산 Fourier 변환의 효율적인 계산방법 연구의 시조는 Gauss라고 할 수 있다.

1.2 미적분 개요

1.2.1 극한과 연속

극한의 개념은 미적분학의 기본이 되며 Cauchy에 의해 체계적으로 정립되었다. 주어진 임의의 실수 $\epsilon > 0$에 대하여 $|f(x) - L| < \epsilon$이 만족되도록 하는 실수 δ가 존재하는 경우($0 < |x - x_0| < \delta$) 함수 $f(x)$는 점 $x = x_0$에서 극한값 L을 갖는다고 말하며 $\lim_{x \to x_0} f(x) = L$로 표시한다. 어느 점 x_0에서의 극한이 그 점에서의 함수값 $f(x_0)$와 일치하는 경우 함수 $f(x)$는 $x = x_0$에서 연속이라고 말한다. 즉 $\lim_{x \to x_0} f(x) = f(x_0)$이면 함수 $f(x)$는 $x = x_0$에서 연속이다. 닫힌구간 $[a, b]$에서 연속인 모든 함수들의 집합은 보통 $C[a, b]$와 같이 나타낸다.

극한값 정리

$f \in C[a, b]$이면 $M_1 = f(x_1) \le f(x) \le f(x_2) = M_2$인 하한 M_1과 상한 M_2가 존재한다. 여기에서 $x_1, x_2 \in [a, b]$이다. 즉 $M_1 = f(x_1) = \min_{a \le x \le b} f(x)$, $M_2 = f(x_2) = \max_{a \le x \le b} f(x)$이다.

1.2.2 미분가능 함수

함수 $f(x)$가 점 x_0를 포함하는 열린구간에서 정의된 경우 $\lim_{x \to x_0} \dfrac{f(x) - f(x_0)}{x - x_0}$가 존재하면 $f(x)$는 x_0에서 미분가능하다고 말한다. x_0에서 f의 미분은 $f'(x_0) = \lim_{h \to 0} \dfrac{f(x_0 + h) - f(x_0)}{h}$로 나타낸다.

정리

$x = x_0$에서 $f(x)$가 미분가능이면 $f(x)$는 $x = x_0$에서 연속이다.

미분은 어느 점에서의 곡선의 기울기 계산에 이용한다. 점 $(x_0, f(x_0))$에서 곡선 $y = f(x)$의 기울기는 $m = f'(x_0)$으로 주어진다.

중간치 정리

$f \in C[a, b]$이며 모든 $x \in (a, b)$에 대하여 $f'(x)$가 존재한다고 하자(즉 $f(x)$는 (a, b)에서 미분가능). 그러면 $f'(c) = \dfrac{f(b) - f(a)}{b - a}$인 $c \in (a, b)$가 존재한다.

사이값 정리

$f \in C[a, b]$이며 L은 $f(a)$와 $f(b)$ 사이의 임의의 값이라고 하자. 그러면 $f(c) = L$인 $c \in (a, b)$가 존재한다.

Rolle의 정리

$f \in C[a, b]$이며 모든 $x \in (a, b)$에 대하여 $f'(x)$가 존재한다고 하자. $f(a) = f(b) = 0$이면 $f'(c) = 0$인 $c \in (a, b)$가 존재한다.

일반화된 Rolle의 정리

$f \in C[a, b]$이며 (a, b)에서 $x_0, x_1, \cdots, x_n \in [a, b]$에 대하여 $f'(x), f''(x), \cdots, f^{(n)}(x)$가 존재한다고 하자. $f(x_j) = 0$ $(j = 0, 1, \cdots, n)$이면 $f^{(n)}(c) = 0$인 $c \in (a, b)$가 존재한다.

보기 1.1 사이값 정리

방정식 $x^5 - 3x^3 + 5x^2 - 1 = 0$은 구간 $[0, 1]$에서 해를 가짐을 보여라.

풀이

$f(x) = x^5 - 3x^3 + 5x^2 - 1$로 두면 $f(0) = -1 < 0$, $f(1) = 2 > 0$이다. 따라서 사이값 정리에 의해 $x^5 - 3x^3 + 5x^2 - 1 = 0$을 만족하는 숫자 x가 구간 $(0, 1)$ 내에 존재한다.

■

1.2.3 적분

구간 $[a, b]$에서 함수 $f(x)$의 Riemann 적분은 극한

$$\int_a^b f(x)dx = \lim_{\max \Delta x_i \to 0} \sum_{i=1}^{n} f(z_i)\Delta x_i$$

이다. 여기에서 $x_i(i = 0, 1, \cdots, n)$는 $a = x_0 < x_1 < \cdots < x_n = b$이며 $\Delta x_i = x_i - x_{i-1}$이고 z_i는 구간 $[x_{i-1}, x_i]$ 내의 임의의 점이다. 구간 $[a, b]$에서 연속인 함수 $f(x)$는 또한 구간 $[a, b]$에서 Riemann 적분가능하다. $x_i = a + \frac{(b-a)}{n}i$라고 하면 $\Delta x_i = \Delta x = \frac{b-a}{n}$이다. $z_i = x_i$로 정하면 Riemann 적분은

$$\int_a^b f(x)dx = \lim_{n \to \infty} \frac{b-a}{n} \sum_{i=1}^{n} f(x_i)$$

와 같이 나타낼 수 있다. 적분은 곡선 아랫부분의 면적 A의 계산에 이용하며 $A = \int_a^b f(x)dx$로 주어진다.

정리

f가 구간 $[a, b]$에서 연속이고 $[a, b]$상에서 f의 적분을 F라 하면(즉 $F'(x) = f(x)$) $\int_a^b f(x)dx = F(b) - F(a)$이다.

정리

f가 구간 $[a, b]$에서 연속이고 $x \in (a, b)$이면 $\frac{d}{dx}\int_a^x f(t)dt = f(x)$이다.

적분의 중간치 정리

$f \in C[a, b]$이면 $\frac{1}{b-a}\int_a^b f(x)dx = f(c)$인 $c \in (a, b)$가 존재한다. 즉 $f(c)$는 구간 $[a, b]$상에서의 f 값들의 평균이다.

가중적분 중간치 정리

$f, g \in C[a, b]$이고 $x \in [a, b]$에 대하여 $g(x) \geq 0$이라고 하자. 그러면 $\int_a^b f(x)g(x)dx = f(c)\int_a^b g(x)dx$인 $c \in (a, b)$가 존재한다. $g(x) = 1$이면 $f(c) = \frac{1}{b-a}\int_a^b f(x)dx$이다.

1.2.4 수열과 다항식의 계산

» 수열

$\{a_n\}_{n=1}^{\infty}$을 수열이라고 하면 $\sum_{n=1}^{\infty} a_n$은 무한수열이며 n번째 부분합은 $S_n = \sum_{k=1}^{n} a_k$로 주어진다. 수열 $\{S_n\}_{n=1}^{\infty}$이 극한 S로 수렴할 때에만, 즉 $\lim_{n\to\infty} S_n = \lim_{n\to\infty}\sum_{k=1}^{n} a_k = S$일 때에만 무한수열은 수렴한다고 말한다. 수렴하는 수열 $\{x_n\}_{n=1}^{\infty}$의 경우 $n \to \infty$이면 $x_n \to S$, 즉 $\lim_{n\to\infty}(x_n - S) = 0$과 같이 쓸 수 있다.

보기 1.2 **수열의 합**

무한수열 $[b_n]_{n=1}^{\infty} = \left[\dfrac{1}{n\,(n+1)}\right]_{n=1}^{\infty}$ 의 합을 구하라.

풀이

이 수열의 n번째 항까지의 부분합 S_n은

$$S_n = \sum_{k=1}^{n} \frac{1}{k(k+1)} = \sum_{k=1}^{n}\left(\frac{1}{k} - \frac{1}{k+1}\right) = 1 - \frac{1}{n+1}$$

임을 알 수 있다. 따라서 무한수열의 합 S는

$$S = \lim_{n\to\infty} S_n = \lim_{n\to\infty}\left(1 - \frac{1}{n+1}\right) = 1$$

와 같다.

■

» 다항식 값의 계산

차수 n인 다항식 $P(x)$가

$$P(x) = a_n x^n + a_{n-1}x^{n-1} + \cdots + a_2 x^2 + a_1 x + a_0$$

와 같다고 하자. 주어진 어떤 x에 대한 다항식 값의 계산에는 Horner의 방법이 효율적으로 이용될 수 있다. Horner의 방법에서는 주어진 다항식을 항들의 중첩된 곱으로 나타내어 다항식 값을 구한다. 이를테면 5차 다항식 $P_5(x) = a_5x^5 + a_4x^4 + a_3x^3 + a_2x^2 + a_1x + a_0$는 다음과 같이 항들의 중첩된 곱으로 나타낼 수 있다:

$$P_5(x) = ((((a_5x + a_4)x + a_3)x + a_2)x + a_1)x + a_0$$

다항식 $P(x) = a_nx^n + a_{n-1}x^{n-1} + \cdots + a_2x^2 + a_1x + a_0$에서 $x = c$에서의 값 $P(c)$를 구한다고 하자. $b_n = a_n$으로 두고 $b_k = a_k + cb_{k+1}$ $(k = n-1, n-2, \cdots, 1, 0)$를 계산하면 $P(c) = b_0$가 된다. 나아가

$$Q_0(x) = b_n x^{n-1} + b_{n-1}x^{n-2} + \cdots + b_3x^2 + b_2x + b_1$$

라고 하면 $P(x) = (x-c)Q_0(x) + R_0$이다. 여기에서 $Q_0(x)$는 차수 $n-1$인 다항식이며 나머지는 $R_0 = b_0 = P(c)$이다.

1.3 Taylor 급수 근사

Taylor 급수(혹은 Taylor 전개)는 수치해석 방법에서 함수들을 근사적으로 표현하기 위해 널리 사용되는 공식이다. Taylor 급수에서는 어떤 점에서의 함수값을 다른 점에서의 함수값 및 그 함수의 미분값들을 이용하여 계산한다.

Taylor의 정리

$f \in C^{n+1}[a, b]$이며 $x_0 \in [a, b]$라고 하자. 그러면 모든 $x \in (a, b)$에 대하여

$$f(x) = P_n(x) + R_n(x)$$

$$P_n(x) = \sum_{k=0}^{n} \frac{f^{(k)}(x_0)}{k!}(x - x_0)^k \text{ (}n\text{차 Taylor 다항식)}$$

$$R_n(x) = \frac{f^{(n+1)}(\xi)}{(n+1)!}(x - x_0)^{n+1} \text{ (절단(truncation) 오차 혹은 나머지 항)}$$

인 $\xi = \xi(x) \in (x_0, x)$가 존재한다.

추론

$P_n(x)$가 차수 n인 Taylor 다항식이라고 하면 $P_n^{(k)}(x_0) = f^{(k)}(x_0)$이다.

Taylor 다항식에서 $x_{i+1} = b$, $x_i = a$, $h = x_{i+1} - x_i = b - a$로 두면

$$f(x_{i+1}) = \sum_{k=0}^{\infty} \frac{f^{(k)}(x_i)}{k!} h^k$$

$$= f(x_i) + f'(x_i)h + \frac{f''(x_i)}{2!}h^2 + \frac{f^{(3)}(x_i)}{3!}h^3 + \cdots + \frac{f^{(n)}(x_i)}{n!}h^n + R_n$$

$$R_n = \frac{f^{(n+1)}(\xi)}{(n+1)!}h^{n+1}$$

로 나타낼 수 있다. 위에서 $h = b - a$는 구간의 크기(step size)이며 ξ는 x_i와 x_{i+1} 사이의 구간에 존재하는 x 값이다.

Taylor 다항식의 첫 번째 항은 $f(x_{i+1}) \cong f(x_i)$로서 0차 근사라고 불리며 새로운 위치에서의 함수값은 이전 위치에서의 함수값과 같다는 것을 의미한다. 함수가 상수와 같이 모든 구간에서 변하지 않는다면 이는 정확한 근사가 되지만 함수가 구간의 모든 점에서 변한다면 더 나은 예측을 위해서 항들을 추가할 필요가 있다. 1차 근사는 다음과 같이 0차 근사에 하나의 항을 추가함으로써 얻어진다:

$$f(x_{i+1}) \cong f(x_i) + f'(x_i)(x_{i+1} - x_i)$$

일반적으로 n차 Taylor 급수전개를 사용하면 n차 다항식을 정확하게 나타낼 수 있다. 지수함수나 sine 함수와 같이 연속적으로 미분가능하며 연속함수인 경우에는 유한한 항의 개수로는 함수를 정확히 표현할 수 없으나 항을 추가함에 따라서 근사값은 계속 개선된다. 즉 Taylor 급수에 항들을 추가할수록 절단오차는 줄어든다. h가 충분히 작다면 대부분 1차 및 낮은 차수의 항들이 보통 오차의 상당한 부분을 차지한다. 따라서 적절한 근사값을 얻기 위해서 몇 개의 항들만 포함시키면 된다.

보기 1.3 2차식의 Taylor 급수 근사

$x = 0$ 및 $x = 1$ 부근에서 $f(x) = 5x^2 + 3x + 5$에 대한 Taylor 급수전개를 구하라. f와 이의

Taylor 급수전개는 일치함을 보여라.

풀이

먼저 미분을 해석적으로 구한다: $f'(x) = 10x + 3, f''(x) = 10$

$x = 0$ 부근에서는 $f(x) = \frac{5x^0}{0!} + \frac{3x^1}{1!} + \frac{10x^2}{2!} + 0 + 0 + \cdots = 5x^2 + 3x + 5$

$x = 1$ 부근에서는 $f(x) = \frac{13(x-1)^0}{0!} + \frac{13(x-1)^1}{1!} + \frac{10(x-1)^2}{2!} + 0 + \cdots = 5x^2 + 3x + 5$

n이 충분히 클 경우 임의의 다항식의 n차 미분은 0이므로 임의의 다항식의 Taylor 급수전개는 유한한 항을 갖는다.

■

보기 1.4 Cosine 함수의 Taylor 급수 근사

$f(x) = \cos(x)$일 때 $x = 0$ 부근에서의 $f(x)$에 대한 4차까지의 Taylor 다항식을 구하라.

풀이

$f'(x) = -\sin x, f''(x) = -\cos x, f''' = \sin x, f^{(4)} = \cos x, f^{(5)} = -\sin x, \cdots$

따라서 $f(0) = 1, f'(0) = 0, f''(0) = -1, f'''(0) = 0, f^{(4)}(0) = 1, f^{(5)}(0) = 0, \cdots$

그러므로

$$f(x) = f(0) + f'(0)x + \frac{f''(0)}{2!}x^2 + \frac{f'''(0)}{3!}x^3 + \frac{f^{(4)}(0)}{4!}x^4 + \frac{f^{(5)}(0)}{5!}x^5 + \cdots$$

$$\cong 1 - \frac{1}{2}x^2 + \frac{1}{24}x^4$$

■

보기 1.5 Sine 함수의 Taylor 급수 근사

$x = 0$ 부근에서 $\sin(x)$에 대한 Taylor 급수전개를 구하라.

풀이

$f(x) = \sin(x)$라고 하면 Taylor 급수전개의 정의에 따라

$$f(x) = \frac{\sin(0)}{0!}x^0 + \frac{\cos(0)}{1!}x^1 + \frac{-\sin(0)}{2!}x^2 + \frac{-\cos(0)}{3!}x^3 + \frac{\sin(0)}{4!}x^4 + \frac{\cos(0)}{5!}x^5 + \cdots$$

이를 다시 쓰면

$$f(x) = \sum_{n=0}^{\infty} \frac{(-1)^n x^{2n+1}}{(2n+1)!}$$

위에서는 $\sin(0)$을 포함하는 항(즉 짝수 번째 항)이 무시된다. 이 때문에 이 급수의 항들과 Taylor 급수전개에서는 $2n + 1$로 대응된다. 예를 들면 공식에서 $n = 0$인 경우 Taylor 급수에서는 $n = 1$ 번째 항에 해당되고 공식에서 $n = 1$이면 Taylor 급수에서는 $n = 3$번째 항에 해당된다.

■

MATLAB 활용

MATLAB은 Taylor 전개를 수행하는 내장함수 taylor를 지니고 있다. 함수 taylor는 5차까지의 Taylor 전개를 수행한다.

MATLAB 실습 e^x의 선형근사

점 $x = 0$ 부근에서 e^x에 대한 선형근사를 구하라. e^x에 대한 선형근사를 이용하여 e^1과 $e^{0.01}$의 값을 근사하라. MATLAB의 exp 함수를 이용하여 exp(1)과 exp(0.01)를 계산하고 근사 결과와 비교해 보라.

풀이

$x = 0$ 부근에서 e^x에 대한 선형 근사는 $1 + x$이다. 따라서 $x = 1$ 및 $x = 0.01$에서는 각각 $1 + 1 = 2$ 및 $1 + 0.01 = 1.01$의 선형 근사값을 얻을 수 있다. 한편 MATLAB의 exp 함수로부터 다음을 얻는다.

```
>> format long
>> exp(1)
ans =
    2.718281828459046
>> exp(0.01)
ans =
    1.010050167084168
```

e^1에 대한 선형근사값인 2는 상당히 부정확하며 $e^{0.01}$의 선형근사값인 1.01은 매우 우수한 근사임을 알 수 있다. 이 보기는 근사가 취해진 점 부근에서는 선형근사가 함수에 얼마나 근접하게 되는가를 보여주고 있다.

■

MATLAB 실습 Sine의 Taylor 급수 근사

1차, 3차, 5차, 그리고 7차 Taylor 급수 근사에 의한 sin 함수의 그래프를 작성하라.

풀이

```
% appsine.m % sine 함수의 근사
clear all;
c = {'b','g','r','c'}; % 그래프 선 색상
x = linspace(-pi,pi,200); y = zeros(size(x)); hold on
for k = 0:3, y = y + ((-1)^k*x.^(2*k+1))/(factorial(2*k+1)); plot(x,y,
c{k+1}); end
plot(x,sin(x),'k'), grid, title('다양한 차수에 따른 Taylor 급수근사')
xlabel('x'), ylabel('y'), axis tight, hold off, grid on
legend('1차','3차','5차','7차','Analytic','location','best')
```

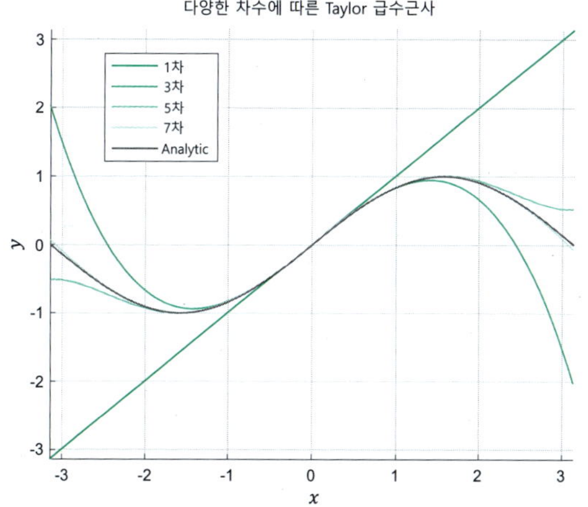

그림 1.1 Sin 함수 근사의 그래프: Taylor 전개에 의한 sin 함수의 순차적인 근사.

그림에서 알 수 있듯이 x가 $x = 0$ 근처에 위치하지 않더라도 근사는 원래 함수로 빠르게 접근함을 알 수 있다.

■

MATLAB 실습 내장함수 taylor를 이용한 Taylor 전개

내장함수 taylor를 이용하여 e^x 및 $\cos(x)$에 대한 Taylor 전개를 구하라.

풀이

```
>> syms x; p1 = taylor(exp(x)), p2 = taylor(cos(x))
p1 =
x^5/120 + x^4/24 + x^3/6 + x^2/2 + x + 1
p2 =
x^4/24 - x^2/2 + 1
```

■

1.4 컴퓨터에서의 수의 처리

1.4.1 숫자의 표기

» 십진수

어떤 숫자를 나타내기 위해서는 보통 크기를 규정하는 위치값 또는 자리값(place value)을 이용한다. 어떤 숫자가 주어졌을 때 가장 오른쪽에 위치한 수는 0부터 9 사이의 값을 나타내고 오른쪽 끝에서 두 번째 수는 10의 배수를 의미하며 세 번째 수는 100의 배수 등으로 표시된다. 예를 들어 78,504는 7개의 10,000, 8개의 1,000, 5개의 100, 0개의 10, 4개의 1들로 이루어져 있다. 이는 $(7 \times 10^4) + (8 \times 10^3) + (5 \times 10^2) + (0 \times 10^1) + (4 \times 10^0) = 78{,}504$와 같이 나타낼 수 있다. 이와 같은 숫자표기 방법은 십진수 체계에 따른 방법으로서 위치 표기법(positional notation)이라고 통칭된다.

» 이진수

컴퓨터에서 정보가 저장되는 기본 단위는 비트(bit)로 구성되며 컴퓨터는 이진 체계에 따라 0과 1 두 개의 상태만으로 숫자를 나타낸다. 8개의 비트들은 1바이트(byte)라고 통칭된다. 이진 체계 혹은 2진법 역시 십진법에서와 마찬가지로 숫자를 위치표기법으로 나타낼 수 있다. 즉 하나의 숫자는 2의 멱급수에 해당하는 0과 1들의 열로 나타내며 소수점 바로 왼쪽의 첫 번째 자리는 2^0, 소수점 바로 오른쪽의 첫 번째 자리는 2^{-1}에 해당된다. 예를 들면 이진수 101은 십진법으로는 $(1 \times 2^2) + (0 \times 2^1) + (1 \times 2^0) = 4 + 0 + 1 = 5$가 된다. 또한 이진수 1010.01은 십진수로는 $1 \times 2^3 + 0 \times 2^2 + 1 \times 2^1 + 0 \times 2^0 + 0 \times 2^{-1} + 1 \times 2^{-2} = 10.25$가 된다. 일반적으로 n비트 이진수 $b = b_{n-1}b_{n-2} \cdots b_2b_1b_0$는 십진수로는

$$x = \sum_{k=0}^{n-1} b_k 2^k$$

로 표시된다. 십진수 R이 $0 < R < 1$인 소수라고 하면 $R = (d_1 \times 2^{-1}) + (d_2 \times 2^{-2}) + \cdots + (d_n \times 2^{-n}) + \cdots$ $(d_j \in \{0, 1\})$인 $d_1, d_2, \cdots, d_n, \cdots$ 들이 존재한다. 즉 R을 이진수로 나타내면 $R_2 = 0.d_1d_2 \cdots d_n \cdots$ 와 같다. 정수의 경우 첫 번째 비트는 부호의 표기에 사용되고(0: 양수, 1: 음수), 나머지 비트들은 숫자를 저장하는 데 사용된다.

보기 1.6 **컴퓨터에서의 정수의 표현**

16비트 컴퓨터에서 10진법으로 나타낼 수 있는 정수의 범위를 구하라. 16개의 비트들 가운데 첫 번째 비트는 부호를 나타낸다.

풀이

16비트(즉 2바이트) 컴퓨터에서 정보의 표현단위는 16개의 비트들로 이루어진다. 이 비트들 가운데 첫 번째 비트는 부호를 나타내므로 나머지 15개의 비트에 0부터 111111111111111까지의 2진수를 기록할 수 있다. 그러므로 가장 큰 수를 10진법으로 표시하면

$$(1 \times 2^{14}) + (1 \times 2^{13}) + \cdots + (1 \times 2^1) + (1 \times 2^0)$$

가 되어 $2^{15} - 1 = 32{,}767$이 된다. 따라서 16비트 컴퓨터에서 하나의 표현은 $-32{,}767$에서 $+32{,}767$ 사이의 정수를 나타낼 수 있다. 0은 0000000000000000으로 정의되므로 음수 0을 정의하기 위해 100000000000을 중복해 사용하는 것은 불필요하다. 따라서 보통 이 자리를 또 하나의 음의 정수 $-32{,}768$을 표시하는 데 사용하며, 이에 따라 표현 가능한 정수의 범위는 $-32{,}768 \sim 32{,}767$이 된다.

■

보기 1.7 **소수의 이진수 표현**

십진수 $R = 0.7$을 이진수로 나타내어라.

풀이

숫자의 정수 부분을 int, 소수부분을 fra로 나타내면(즉 $int(1.6) = 1$, $fra(1.6) = 0.6$)

$$2R = 1.4 \Rightarrow d_1 = int(1.4) = 1,\ F_1 = fra(1.4) = 0.4$$
$$2F_1 = 0.8 \Rightarrow d_2 = int(0.8) = 0,\ F_2 = fra(0.8) = 0.8$$
$$2F_2 = 1.6 \Rightarrow d_3 = int(1.6) = 1,\ F_3 = fra(1.6) = 0.6$$
$$2F_3 = 1.2 \Rightarrow d_4 = int(1.2) = 1,\ F_4 = fra(1.2) = 0.2$$
$$2F_4 = 0.4 \Rightarrow d_5 = int(0.4) = 0,\ F_5 = fra(0.4) = 0.4$$
$$2F_5 = 0.8 \Rightarrow d_6 = int(0.8) = 0,\ F_6 = fra(0.8) = 0.8$$
$$\vdots$$

즉 동일한 패턴이 반복된다. 따라서

$$R_2 = 0.d_1d_2 \cdots d_n \cdots = 0.101101011010110 \cdots = 0.\dot{1}011\dot{0}$$

■

» 16진수

경우에 따라서는 수치 데이터를 16에 기반하는 16진수(hexadecimal)로 나타내는 것이 유용하다. 16진수는 기저로서 십진수가 나타내는 숫자보다 큰 것을 이용하므로 숫자 외에 추가적인 기호들을 이용하여 16자리를 표현한다. 이러한 기호들로서 일반적으로 알파벳의 처음 6개 문자들이 이용된다. 즉 16진법 자리수는

$$\{0,\ 1,\ 2,\ 3,\ 4,\ 5,\ 6,\ 7,\ 8,\ 9,\ A,\ B,\ C,\ D,\ E,\ F\}$$

와 같다. 위에서 $A, B, C, \cdots, F$는 십진수로 각각 10, 11, 12, ⋯ , 15에 해당된다. 예를 들면 16진법으로 3F8은 10진법으로는 다음과 같이 나타낼 수 있다:

$$(3F8)_{16} = 3 \times 16^2 + F \times 16^1 + 8 \times 16^0 = 3 \times 16^2 + 15 \times 16^1 + 8 \times 16^0 = 1016$$

4개의 비트들을 하나의 16진수 자리로 나타낼 수 있다는 것은 16진수 표기법이 갖는 하나의 장점이다. 즉 1바이트는 두 개의 16진수 자리에 해당된다.

» 기계수(Machine Numbers)

실제에 있어서는 양수나 음수를 표시하기 위해서 하나의 비트를 별도로 사용하지 않고 부호를 직접 숫자의 크기에 포함시켜 나타낸다. 아울러 분수는 부동소수점(floating point) 형식을 이용하여 표시한다. 이 표시방법에서는 가수(mantissa 또는 significand)라고 불리는 분수부분과 지수(exponent 또는 characteristic)이라고 불리는 정수부분을 사용하여 숫자를 $m \cdot b^n$와 같이 나타낸다. m은 가수이며 b는 사용되고 있는 수 체계의 기저(십진법이면 10, 이진법이면 2)이고 n은 지수이다. 예를 들면 273.65는 십진법(기저 10)의 부동소수 체계에서 0.27365×10^3으로 표시된다. 가수의 첫 번째 숫자가 0이면 가수는 보통 정규화된다. 이를테면 소수점 이하 5자리만 사용하는 10진법 부동소수점 체계에서 $1/17 = 0.058823529 \cdots$ 은 0.05882×10^0과 같이 표현된다. 그러나 이 과정에서 소수점의 오른쪽에 불필요한 0을 사용하는 것은 소수점 이하 여섯 번째 자리에 있던 3을 버리게 한다. 이 경우 가수에 10을 곱하고 지수를 1만큼 낮추어 수를 0.58823×10^{-1}와 같이

정규화할 수 있다.

부동소수점 표현방법은 분수 및 아주 큰 수들을 컴퓨터상에서 알기 쉽게 표현할 수 있도록 해준다. 그러나 정수에 비해 공간을 더 많이 차지하며 연산수행 시간도 더 길어진다. 또한 가수가 한정된 수의 유효숫자를 갖기 때문에 오차가 발생되게 되는데 이는 반올림오차의 원인이 된다.

1.4.2 정밀도

IEEE-754 표준에 따르면 컴퓨터는 단일 정밀도 혹은 이중 정밀도 형식으로 숫자를 저장하고 연산을 수행한다. 단일 정밀도 형식을 사용하는 컴퓨터의 경우 32비트(4바이트)를 이용해 숫자를 나타내는데 보통 가수(mantissa)에 24비트를 사용하고(첫 번째 비트는 부호에 사용) 지수(exponent)에 8비트(1바이트)를 사용한다. 이 경우 정밀도(즉 단일 정밀도)는 십진법에서 대략 10^{-38}에서 10^{39}의 범위를 가지는 약 7개의 유효숫자에 해당한다. 이에 따라 나타낼 수 있는 실수의 범위는 2.938736E−39에서 1.701412E+38이다.

많은 상용 컴퓨터에서는 이중 정밀도(double precision)를 사용하여 부동소수점 수를 저장하는 데 단일 정밀도의 2배인 64비트(8바이트) 열들이 이용된다. 이 경우 유효숫자의 수는 십진법으로 약 15 또는 16개로서 대략 10^{-308}에서 10^{308}의 범위를 갖는다. 64비트 컴퓨터에서는 가수(mantissa)에 53비트를 사용하고(첫 번째 비트는 부호에 사용) 지수(exponent)에 11비트를 사용한다(그림 1.2 참조). 이에 따라 나타낼 수 있는 실수의 범위는 5.562684646268003E−309에서 8.988465674311580E+307(즉 2^{-1024}에서 2^{1023} 범위)이다.

Excel을 포함하는 많은 상용 소프트웨어 패키지들에서는 일반적으로 이중 정밀도가 사용되며 MATLAB과 같은 소프트웨어들은 사용자가 원하는 경우 확장된 정밀도를 사용할 수 있다.

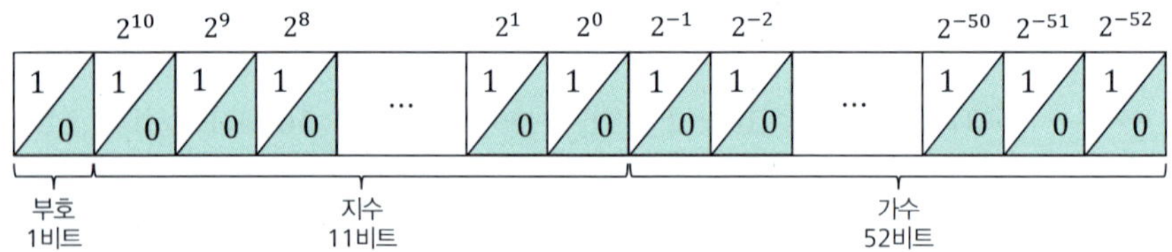

그림 1.2 이진 부동소수점 표현에 따른 이중 정밀도 숫자의 저장 형태.

1.5 오차

1.5.1 유효숫자

유효숫자는 신뢰할 수 있는 숫자의 개수로서 정확한 자릿수에 하나의 추정 자릿수를 더한 것과 같다. 어떤 값의 유효숫자는 경우에 따라서 모호할 수도 있다. 이를테면 0은 소수점의 위치를 표시하는 데 사용되기도 하므로 언제나 유효숫자가 되는 것은 아니다. 숫자 0.0002934, 0.002934, 0.02934는 모두 네 개의 유효숫자를 갖는다. 마찬가지로 어떤 값의 뒷부분에 0이 붙어 있는 경우 몇 개의 0이 유효숫자에 포함되는지는 다소 모호하다. 예를 들어 27,600은 숫자 뒤에 붙어 있는 0이 신뢰성이 있는지의 여부에 따라 유효숫자가 세 개, 네 개 또는 다섯 개가 될 수 있다. 위와 같은 불확실성은 과학적 표시법(scientific notation)을 사용하면 해결될 수 있다. 앞의 세 값 0.0002934, 0.002934, 0.02934들을 각각 2.76×10^4, 2.760×10^4, 2.7600×10^4로 나타내었다면 이들 각각의 유효숫자는 세 개, 네 개, 다섯 개이다.

» 정밀도와 정확도

통계에서의 정밀도(precision)는 측정값 혹은 계산값들이 서로 얼마나 근접하게 위치하고 있는가를 나타내는 척도이다. 정확도(accuracy)는 측정값 혹은 계산값들이 실제 값에 얼마나 가깝게 위치하는가를 나타내는 척도이다. 온도계를 이용하여 온도를 측정하는 경우를 고려해 보자. 온도를 여러 번 측정한 결과가 실제 온도와는 차이가 있지만 측정값들 상호 간에 크게 벗어나지 않고 일관된 경향을 보인다면 사용된 온도계는 정밀도가 높은 온도계라고 할 수 있다. 이와 달리 측정된 결과가 실제 온도를 중심으로 다소 분산된 경향을 보인다면 정확도는 다소 우수하지만 정밀도가 떨어진다고 말할 수 있다.

1.5.2 오차의 계산

» 절대오차와 상대오차

많은 공학문제에서는 엄밀해를 구할 수 없으며, 따라서 주어진 수치해법에 따른 오차를 정확히 계산해 낼 수 없다. 이와 같은 경우 오차에 대한 근사값이나 예측값을 이용해 문제를 다루어야 한다. 그러나 오차가 일정하지 않게 무작위로 분포되고 편차가 예측값 주위에서 크게 벗어나지 않는다면 오차는 무시될 수도 있으며 이와 같은 경우 주어진 모델은 적합하다고 할 수 있다. 수치해석 방법으로부터 얻은 근사값도 오차를 내포하고 있으므로 오차의 발생 정도와 허용한계를 결정할 필요가 있다.

정확한 참값과 근사값 사이의 관계는

$$y = y^* + \epsilon$$

로 나타낼 수 있다. 여기에서 y는 정확한 값, y^*는 근사값, ϵ는 오차이다. 이로부터 실제값으로부터 근사값을 빼어 오차를 구할 수 있다.

절대오차는

$$\epsilon = |y - y^*|$$

와 같이 정의된다. 연산에서 다루고 있는 대상의 규모를 고려하여 보통 오차를 다음과 같이 정규화시켜서 나타낸다:

$$\epsilon_r = \frac{\epsilon}{|y|} = \frac{|y - y^*|}{|y|}$$

위에서 ϵ_r은 상대오차(relative error)라고 부른다. 상대오차는 ϵ_r에 100을 곱하여 %로 나타내기도 한다.

보기 1.8 절대오차와 상대오차

실제값 y를 y^*로 근사하는 경우 다음 각각에 대한 절대오차와 상대오차를 구하라.

(1) $y = 4.000,\ y^* = 4.100$
(2) $y = 0.004000,\ y^* = 0.004100$
(3) $y = 4000,\ y^* = 4100$

풀이

(1) 절대오차: $\epsilon = |y - y^*| = |4.000 - 4.100| = 0.1$, 상대오차: $\epsilon_r = \dfrac{\epsilon}{|y|} = \dfrac{0.1}{|4.000|} = 0.025$

(2) 절대오차: $\epsilon = |y - y^*| = |0.004 - 0.0041| = 0.0001$, 상대오차: $\epsilon_r = \dfrac{\epsilon}{|y|} = \dfrac{0.0001}{|0.004|} = 0.025$

(3) 절대오차: $\epsilon = |y - y^*| = |4000 - 4100| = 100$, 상대오차: $\epsilon_r = \dfrac{\epsilon}{|y|} = \dfrac{100}{4000} = 0.025$

다양하게 변하는 절대오차 값에 대하여 상대오차는 동일함을 알 수 있다. 상대오차는 대상의 크기를 감안하므로 측정에 있어서는 상대오차가 더 큰 의미를 갖는다.

■

보기 1.9 측정에서의 절대오차와 상대오차

어떤 건물의 높이를 측정하여 7,999 cm의 값을 얻었으며 어떤 막대의 길이를 측정하여 7 cm의 값을 얻었다. 이 건물과 막대의 실제 높이와 길이가 각각 8,000 cm 및 8 cm라고 할 때 절대오차와 퍼센트 상대오차를 구하라.

풀이

건물의 경우 절대오차와 퍼센트 상대오차는

$$\epsilon = |y - y^*| = 8{,}000 - 7{,}999 = 1(\text{cm}), \quad \epsilon_r = \frac{\epsilon}{y} \times 100 = \frac{1}{8{,}000} \times 100 = 0.0125(\%)$$

막대의 경우 절대오차와 퍼센트 상대오차는

$$\epsilon = |y - y^*| = 8 - 7 = 1(\text{cm}), \quad \epsilon_r = \frac{\epsilon}{y} \times 100 = \frac{1}{8} \times 100 = 12.5(\%)$$

즉 절대오차는 두 경우 모두 1 cm이지만 상대오차는 막대의 경우가 더 크다. 따라서 건물의 높이에 대한 측정은 잘 수행되었으나 막대 길이에 대한 측정은 좀 더 보완될 여지가 있다고 말할 수 있다.

■

수치해석 방법을 적용하는 문제에서는 실제 참값을 알지 못하는 경우가 대부분이며 참값에 근접하는 근사값을 구하게 된다. 이와 같은 경우의 오차는 근사오차와 근사값을 이용해 상대오차로 나타내는 경우가 보통이다. 즉

$$\epsilon_{ra} = \frac{\epsilon_a}{y_a}$$

위에서 ϵ_{ra}는 상대 근사오차, ϵ_a는 절대 근사오차, y_a는 근사값이다. 수치해석 방법에서 근사값은 반복계산 과정으로부터 얻어지며, 절대 근사오차 ϵ_a는 일반적으로 현재의 근사값과 이전 계산단계 근사값과의 차이로 주어진다. 이러한 차이는 계산과정에 따라 양 혹은 음의 값을 가질 수 있으므로 ϵ_{ra}는 + 혹은 −의 값을 갖는다.

수치해석 계산과정에서는 ϵ_{ra}의 절대값 $|\epsilon_{ra}|$가 매우 작은 어떤 수 ϵ_s보다 작아지면, 즉

$$|\epsilon_{ra}| < \epsilon_s$$

의 조건이 만족되면 반복계산 과정을 중단하는 것이 보통이다.

보기 1.10 2차 방정식 근의 오차

2차 방정식 $ax^2 + bx + c = 0\ (a \neq 0)$의 해는 근의 공식에 의해

$$r_1 = \frac{-b+\sqrt{b^2-4ac}}{2a}, \quad r_2 = \frac{-b-\sqrt{b^2-4ac}}{2a}$$

와 같이 주어진다. 방정식 $x^2 + 58.4x + 1 = 0$의 근은 $r_1 = -0.01713$, $r_2 = -58.38287$과 같이 얻어진다. 근의 공식의 계산에서 근사적으로 4자리의 유효숫자를 사용하는 경우

$$r_{1a} = \frac{-58.40+\sqrt{(-58.40)^2-4(1.000)(1.000)}}{2(1.000)} = \frac{-58.40+\sqrt{3410-4.000}}{2(1.000)}$$

$$= \frac{-58.40+58.36}{2.000} = -0.02000$$

$$r_{2a} = \frac{-58.40-\sqrt{(-58.40)^2-4(1.000)(1.000)}}{2(1.000)} = \frac{-58.40-\sqrt{3410-4.000}}{2(1.000)}$$

$$= \frac{-58.40-58.36}{2.000} = -58.38$$

따라서 상대오차는 각각

$$\epsilon_1 = \frac{|-0.01713+0.02000|}{|-0.01713|} \approx 0.1675, \quad \epsilon_2 = \frac{|-58.38+58.38|}{|-58.38|} = 0$$

이로부터 첫 번째 근 r_1에서의 상대오차가 두 번째 근의 경우보다 매우 큼을 알 수 있다. 첫 번째 근의 상대오차를 줄이기 위해 근의 공식을 다음과 같이 변형시켜 계산한다:

$$r_1 = \frac{-b+\sqrt{b^2-4ac}}{2a} = \frac{-b+\sqrt{b^2-4ac}}{2a}\left(\frac{-b-\sqrt{b^2-4ac}}{-b-\sqrt{b^2-4ac}}\right) = \frac{b^2-(b^2-4ac)}{2a(-b-\sqrt{b^2-4ac})}$$

$$= \frac{-2c}{b+\sqrt{b^2-4ac}} = \frac{-2.000}{58.40+58.36} = -0.01712$$

그러므로 첫 번째 근 r_1에서의 상대오차는

$$\epsilon_1 = \frac{|-0.01713 + 0.01712|}{|-0.01713|} \approx 0.000584$$

로서 이전의 오차 0.1675보다 매우 감소되었음을 알 수 있다.

■

» 반올림과 절단

오차는 크게 반올림오차(round-off error)와 절단오차(truncation error)의 두 가지로 나눌 수 있다. 반올림오차는 컴퓨터가 유한한 자리수를 가지고 숫자를 표현하는 것으로부터 비롯되며, 절단오차는 수치해석 방법이 취하는 근사적인 풀이 방법으로부터 비롯된다. 반올림오차는 정확한 값을 유한한 수의 유효숫자로 표시하기 때문에 발생되며, 절단오차는 정확한 수학적 연산을 수치해석 방법을 통한 근사값으로 나타내기 때문에 발생된다. 일반적으로 반올림오차는 컴퓨터가 유한한 수의 유효숫자를 가지고 계산을 수행하는 것으로부터 발생된다. 이를테면 $\sqrt{5}$나 π와 같은 숫자들은 제한된 유효숫자의 자릿수로는 컴퓨터에서 정확하게 표현할 수 없으며 일부 자릿수만을 나타낼 수밖엔 없다. 반올림오차는 이와 같은 유효숫자의 생략으로부터 발생된다.

수치해석 방법에서 근사값은 반올림이나 절단(혹은 버림) 가운데 한 가지 방법에 의해 얻어진다. 예를 들어 5개의 유효숫자를 갖는 10진법 체계에서 $\pi = 3.141592653 \cdots$ 을 저장한다고 가정하자. 절단방법에서는 $\pi = 3.1415$와 같이 단순히 6번째 이상의 숫자를 버린다. 반올림 방법에서는 버려지지 않은 마지막 숫자를 반올림하여 $\pi = 3.1416$을 얻는다. 반올림 방법에서는 절단방법에 비해 상대적으로 작은 오차의 절대값이 얻어진다.

반올림에서는 구간 간격 Δx 내에 있는 숫자가 가까운 쪽의 끝값으로 표현된다. 따라서 반올림의 경우 오차의 상한은 $\Delta x/2$이다. 또한 오차는 경우에 따라 양수 또는 음수가 될 수 있으므로 치우침이 발생하지 않는다. 컴퓨터에서는 대개 계산부하의 증가로 인해 반올림 방법보다는 단순 절단 방법을 채택하고 있다. 숫자 사이의 간격 Δx는 수의 크기가 증가함에 따라 커진다. 정규화된 부동소수점 수의 경우 절단 방법을 채택하면

$$\frac{|\Delta x|}{|x|} \le \epsilon_m$$

반올림 방법을 사용하면

$$\frac{|\Delta x|}{|x|} \le \frac{\epsilon_m}{2}$$

위에서 ϵ_m은 머신 ϵ(machine epsilon)으로 불리며

$$\text{즉 } \epsilon_m = b^{1-t}$$

로 주어진다. 여기에서 b는 기저이고 t는 가수에서의 유효숫자의 개수이다.

» 절단오차

수치해석 방법에서는 보통 차분을 이용하여 수학적 연산을 근사적으로 표현한다. 예를 들면 미분 항 $\frac{df}{dx}$는

$$\frac{df}{dx} \cong \frac{\Delta f}{\Delta x} = \frac{f(x_i) - f(x_{i-1})}{x_i - x_{i-1}}$$

와 같이 유한차분(finite difference)을 이용하여 근사할 수 있다. 절단오차(truncation error)는 수학적 연산을 근사적으로 나타냄으로써 발생되는 오차를 말한다. 앞에서 유한차분을 적용함으로써 얻어지는 차분 방정식(difference equation)은 미분의 참값에 대한 근사이므로 수치해석 방법으로부터 얻은 해에서는 필연적으로 절단오차가 발생된다.

앞에서 다룬 Taylor 급수전개에서 $x = x_0$ 부근에서의 Taylor 급수는

$$f(x) = \sum_{k=0}^{\infty} \frac{f^{(k)}(x_0)}{k!}(x - x_0)^k$$

와 같으며 근사적으로 n차항까지만 취하면

$$P_n(x) = \sum_{k=0}^{n} \frac{f^{(k)}(x_0)}{k!}(x - x_0)^k$$

와 같다. 따라서 $f(x)$와 근사 다항식의 차이는

$$R_n(x) = f(x) - P_n(x) = \frac{f^{(n+1)}(\xi)(x - x_0)^{n+1}}{(n+1)!}$$

로 표시되며 앞에서 이미 언급한 바와 같이 나머지 항, 절단오차이다. 구간 $[x_0, x]$에서의 $|f^{(n+1)}(\xi)|$의 최대값을 $M_{n+1}(x)$라고 하면(즉 $M_{n+1}(x) = \max_{x_0 \le \xi \le x} |f^{(n+1)}(\xi)|$) 절단오차의 크기는

$$|R_n(x)| \le \frac{M_{n+1}(x)|x - x_0|^{n+1}}{(n+1)!}$$

와 같은 범위를 갖는다.

» 전체 수치오차

전체 수치오차(total numerical error)는 절단오차와 반올림오차의 합이다. 일반적으로 반올림오차를 최소화하는 유일한 방법은 컴퓨터 유효숫자의 수를 증가시키는 것이며, 절단오차를 줄이는 방법은 구간간격의 크기를 줄이는 것이다. 그러나 구간간격 크기의 감소는 전체적인 계산부하를 증가시킬 수 있으므로 반올림 오차가 증가된다.

결국 어느 특정 계산 문제에 적절한 구간간격의 크기를 결정하는 것이 중요한 문제가 되는데 절단오차의 큰 증가 없이 계산부하와 반올림오차를 모두 줄일 수 있는 비교적 큰 크기의 구간간격을 사용하는 것이 좋다. 실제의 경우에는 대부분의 컴퓨터가 충분한 수의 유효숫자를 가지므로 반올림오차가 지배적으로 크지 않다.

수치오차나 불량조건의 문제를 인식하기 위하여 구간간격의 크기 혹은 수치해석 방법을 바꿔 가면서 계산을 반복하고 그 결과를 비교하는 것이 보통이다. 아울러 수학적 모델의 매개변수나 입력값을 변화시킬 때 해가 어떻게 변화하는지 나타내는 민감도 해석(sensitivity analysis)을 수행할 수도 있다.

보기 1.11 **연산에서의 오차의 영향**

다음과 같은 덧셈 문제를 고려해 보자:

$$0.99 + 0.0044 + 0.0042$$

이 덧셈연산의 정확한 결과는 더하는 순서에 관계없이 0.9986이다. 그러나 왼쪽부터 오른쪽 방향으로 3자리 연산을 수행한다면

$$(0.99 + 0.0044) + 0.0042 \approx 0.994 + 0.0042 \approx 0.998$$

이다. 그러나 더하는 순서를 바꾸어서 작은 숫자들끼리의 덧셈을 먼저 수행한다면

$$0.99 + (0.0044 + 0.0042) \approx 0.99 + 0.0086 \approx 0.999$$

를 얻는다. 각각의 경우 상대오차는

$$\frac{|0.9986 - 0.998|}{0.9986} = 6.0084 \times 10^{-4}, \quad \frac{|0.9986 - 0.999|}{0.9986} = 4.0056 \times 10^{-4}$$

와 같은 차이를 보인다.

■

» 넘침과 언더플로

이중 정밀도로 나타낼 수 있는 가장 작은 양수와 음수는 각각 대략 1.1×10^{-308} 및 -1.1×10^{-308}이다. 이 두 숫자들 사이에서 어떤 숫자를 정의한다면 언더플로(underflow) 오차가 발생한다. 아울러 이중 정밀도로 나타낼 수 있는 가장 큰 양수와 음수는 각각 대략 1.8×10^{308} 및 -1.8×10^{308}이다. 이 두 숫자들을 벗어나는 범위에서 어떤 숫자를 정의한다면 넘침(overflow) 오차가 발생한다(그림 1.3 참조).

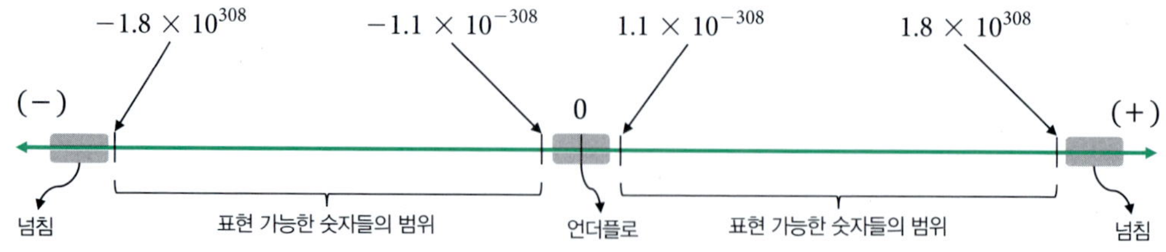

그림 1.3 이중 정밀도에서 표현 가능한 숫자들의 범위.

종종 선택된 알고리듬에 따라 넘침이나 언더플로 문제가 발생하기도 한다. 예를 들어 동전을 던져 앞면과 뒷면이 나올 확률을 고려해 보자. 뒷면이 나올 확률은 $P=0.5$이다. 이제 동전을 N번 던진다고 하자. 이 경우 뒷면이 정확하게 k번 나올 확률은

$$x(P,k,N)=\binom{N}{k}P^k(1-P)^{N-k}$$

로 주어진다. 여기에서 이항계수 $\binom{N}{k}$는

$$\binom{N}{k}=\frac{N!}{k!(N-k)!}=\frac{N(N-1)\cdots(N-k+1)}{k(k-1)\cdots 1}$$

와 같다. 이제 $\lambda_1=\prod_{i=1}^{k} i$, $\lambda_2=\prod_{i=N-k+1}^{N} i$로 두면 $\binom{N}{k}=\frac{\lambda_2}{\lambda_1}$이다.

이제 동전을 50번 던졌을 때 뒷면이 25번 나올 경우를 생각해 보자. 이 경우 $P=0.5$이므로

$$x=\frac{50!}{25!(50-25)!}(0.5)^{25}(0.5)^{(50-25)}$$

λ_1과 λ_2를 이용한다면 $\lambda_2=\prod_{i=k+1}^{N} i=\frac{N!}{k!}=1.96\times10^{39}$이 되어 넘침이 발생한다. 그러나 이 경우에 대한 해는 $x=0.112$ 혹은 11.2%이다. 알고리듬에서 숫자가 너무 크거나 작은 경우를 조사하는 코드를 삽입한 다음 곱셈이나 나눗셈을 수행한다.

1.5.3 오차의 전파

» 단일변수 함수

단일 독립변수 x의 함수 $f(x)$를 고려해 보자. $\tilde{x}$가 x의 근사값이라고 가정할 때 x와 $\tilde{x}$의 오차가 함수값에 미치는 영향을 알아보려면 함수의 추정오차

$$\Delta f(\tilde{x})=|f(x)-f(\tilde{x})|$$

를 계산할 필요가 있다. x가 미지이므로 $f(x)$ 역시 미지이다. Taylor 전개를 이용하여 $f(x)$를 근사하면

$$f(x)=f(\tilde{x})+f'(\tilde{x})(x-\tilde{x})+\frac{f''(\tilde{x})}{2}(x-\tilde{x})^2+\cdots$$

2차 이상의 고차항들을 절단하면

$$f(x)-f(\tilde{x})\cong f'(\tilde{x})(x-\tilde{x})$$

즉

$$\Delta f(\tilde{x})=|f'(x)(x-\tilde{x})|=|f'(x)|\Delta\tilde{x}$$

위에서 $\Delta\tilde{x}=|x-\tilde{x}|$는 x에 대한 오차의 추정값이다. 따라서 함수의 미분 및 독립변수의 추정오차값이 주어지면 $f(x)$의 오차의 근사값을 계산할 수 있다.

보기 1.12 단일변수 함수에서의 오차의 전파

$\tilde{x} = 3.4$이고 $\Delta\tilde{x}$의 오차가 0.01로 주어진 경우 함수 $f(x) = x^3$의 오차를 구하라.

풀이

$f'(x) = 3x^2$이므로 $\tilde{x} = 3.4$에서 $\Delta f(\tilde{x}) \cong 3(3.4)^2(0.01) = 0.3468$이다. 한편 $f(3.4) = 39.304$이므로 $\Delta f(\tilde{x}) = |f(x) - f(\tilde{x})|$로부터 $f(3.4) = 39.304 \pm 0.3468$로 쓸 수 있다. 즉 참값은 38.9572와 39.6508 사이에 위치하게 된다.

■

예를 들어 $f(x) = e^{-x}$를 계산한다고 하자. Taylor 급수전개로부터

$$f(x) = f(x_0) + f'(x_0)(x - x_0) + \frac{1}{2}f''(x_0)(x - x_0)^2 + \cdots$$
$$= \sum_{n=0}^{\infty} \frac{(-x)^n}{n!} = 1 - x + \frac{x^2}{2} - \frac{x^3}{6} + - \cdots$$

오차는 얼마나 될까? 급수의 각 항이 $(\epsilon \approx 10^{-8}) \times$ (항의 크기)와 같은 오차를 지닌다고 하면 누적오차는

$$(\text{누적오차}) \approx \epsilon \cdot 1 + \epsilon \cdot x + \epsilon \cdot \frac{x^2}{2} + \epsilon \cdot \frac{x^3}{6} + \cdots \approx \epsilon \cdot e^x$$

그러므로 이 알고리듬에 따른 오차는

$$(e^{-x})_{num} = e^{-x} \pm \epsilon e^x = e^{-x}(1 \pm \epsilon e^{2x})$$

와 같다. 급수전개는 정확하며 모든 x에 대하여 궁극적으로 수렴하지만 반올림 오차로 인하여 e^{-9}이나 이보다 작은 경우 큰 오차가 초래된다. 이 경우 e^{-x}는 간단히 다음으로부터 구할 수 있다:

$$e^{-x} = \frac{1}{e^x} = \frac{1}{\sum_{n=0}^{\infty} \frac{x^n}{n!}}$$

» 다변수 함수

앞의 방법은 독립변수가 한 개 이상인 함수에도 적용될 수 있다. 예를 들어 두 독립변수 u와 v의 함수 $f(u, v)$에 대한 Taylor 전개는

$$f(u_{i+1}, v_{i+1}) = f(u_i, v_i) + \frac{\partial f}{\partial u}(u_{i+1} - u_i) + \frac{\partial f}{\partial v}(v_{i+1} - v_i)$$
$$+ \frac{1}{2!}\left[\frac{\partial^2 f}{\partial u^2}(u_{i+1} - u_i)^2 + 2\frac{\partial^2 f}{\partial u \partial v}(u_{i+1} - u_i)(v_{i+1} - v_i) + \frac{\partial^2 f}{\partial v^2}(v_{i+1} - v_i)^2\right] + \cdots$$

2차 이상의 고차항들을 무시하면

$$\Delta f(\tilde{u}, \tilde{v}) = \left|\frac{\partial f}{\partial u}\right| \Delta\tilde{u} + \left|\frac{\partial f}{\partial v}\right| \Delta\tilde{v}$$

» 안정성과 조건

입력값의 불확실성이 수치해석 방법에 의해 크게 확대되면 계산이 수치적으로 불안정하다고 말한다. 1차 Taylor 전개로부터

$$f(x) = f(\tilde{x}) + f'(\tilde{x})(x - \tilde{x})$$

이로부터 $f(x)$와 x의 상대오차 ϵ_{fr}과 ϵ_{xr}은 각각

$$\epsilon_{fr} = \frac{f(x) - f(\tilde{x})}{f(x)} \cong \frac{f'(\tilde{x})(x - \tilde{x})}{f(\tilde{x})}, \quad \epsilon_{xr} = \frac{x - \tilde{x}}{\tilde{x}}$$

로 주어진다. 조건수(condition number) ν는 다음과 같이 이들 상대오차들의 비로 정의된다.

$$\nu = \frac{\epsilon_{fr}}{\epsilon_{xr}} = \frac{\tilde{x} f'(\tilde{x})}{f(\tilde{x})}$$

ν는 x의 불확실성이 $f(x)$에 의해 얼마만큼 확대되는지에 대한 척도를 제공한다. $|\nu| > 1$이면 함수의 상대오차는 증폭되고 $|\nu| < 1$이면 줄어들게 된다. $|\nu|$가 매우 크면 함수는 불량조건(ill-condition)이라고 말한다.

보기 1.13 **조건수**

$\tilde{x} = \frac{\pi}{2} + 0.1\left(\frac{\pi}{2}\right)$와 $\tilde{x} = \frac{\pi}{2} + 0.01\left(\frac{\pi}{2}\right)$에서 $f(x) = \tan x$에 대한 조건수 ν를 계산하라.

풀이

$\nu = \frac{\tilde{x} f'(\tilde{x})}{f(\tilde{x})}$로부터 $\nu = \frac{\tilde{x}(1/\cos^2 x)}{\tan \tilde{x}}$. $\tilde{x} = \frac{\pi}{2} + 0.1\left(\frac{\pi}{2}\right)$에서 $\nu = \frac{1.7279(40.86)}{-6.314} = -11.2$. 따라서 이 함수는 불량조건이다. $\tilde{x} = \frac{\pi}{2} + 0.01\left(\frac{\pi}{2}\right)$에서는 $\nu = \frac{1.5865(4053)}{-63.66} = -101$. 이 경우 불량조건의 정도가 더 심화됨을 알 수 있다. 여기에서 불량조건의 주된 원인은 미분으로서 $\pi/2$ 근처에서는 tangent가 양과 음의 무한대로 접근한다.

■

1.6 수치해석 컴퓨터 소프트웨어

컴퓨터 하드웨어 기술이 날로 발전되고 개인용 컴퓨터의 사용이 보편화됨에 따라 많은 수치해석용 소프트웨어들이 개발 활용되고 있다. 초창기의 수치해석 소프트웨어는 주로 FORTRAN으로 작성되었다. FORTRAN은 FORmula TRANslator의 약어로서 1950년대 후반에 개발되었으며 FORTRAN으로 작성된 수치계산 소프트웨어로서 아직도 이용되고 있는 것들이 많다. 1971년 행렬계산을 위해 ALGOL이 개발되었으며 이에 근거한 FORTRAN 서브루틴들은 EISPACK 루틴들로 발전되었다. LINPACK은 선형 방정식 및 선형 최소자승 문제의 풀이를 위한 FORTRAN 서브루틴들의 패키지이다. 1992년 소개된 LAPACK은 FORTRAN 서브루틴들의 라이브러리로서 LINPACK과 EISPACK 알고리듬들을 통합한 패키지이다. LAPACK은 점차 기능과 성능이 확장되고 개선되어 FORTRAN, FORTRAN90, C, C++, JAVA 등에서 이용이 가능하게 되었다.

FORTRAN으로 작성된 IMSL은 수치계산을 위한 MATH, 통계 처리를 위한 STAT, 특수함수 계산을 위한 SFUN 라이브러리들로 구성되어 있다. 이 라이브러리들에 포함된 900여 개의 서브루틴들은 원래는 FORTRAN77에서 이용 가능했지만 지금은 C, FORTRAN90, JAVA에서 이용이 가능하다. IMSL에는 선형 시스템, 고유치 분석, 안정작, 미분과 적분의 근사방법, 미분방정식, 변환, 비선형 방정식, 최적화, 그리고 기본적인 벡터 및 행렬을 계산하는 루틴들과 다양한 통계계산 루틴들이 포함되어 있다.

1970년 영국에서 시작된 NAG(Numerical Algorithms Group)는 1971년 처음으로 수학계산 소프트웨어 라이브러리를 소개한 이래 근래 들어 세계적으로 10,000 이상의 사용자를 보유하고 있다. NAG는 현재 FORTRAN77 라이브러리에 1,000개 이상의 서브루틴, C 라이브러리에 400개 이상의 서브루틴, FORTRAN90 라이브러리에 200개 이상의 서브루틴, 그리고 병렬계산을 위한 MPI FORTRAN 라이브러리를 제공하고 있다. IMSL과 NAG 패키지들은 기본적으로 프로그램 내에서 C, JAVA 혹은 FORTRAN 서브루틴들을 호출하고자 하는 수학자, 과학자 혹은 엔지니어들을 위해 고안된 것들이다.

Kelly와 Pohl에 의해 1990년에 개발된 C는 널리 이용되어 온 프로그램 언어로서 언어 자체는 규모가 작지만 기본적인 요소들은 매우 정밀하게 구성되어 있다. 이 때문에 C는 시스템 프로그래밍용 언어로 널리 이용되었으며 UNIX 시스템의 구축에 이용되었다. C는 간결하고 강력한 프로그램 문의 작성을 가능하게 하는 연산자들을 풍부하게 지니고 있어서 수치해석에 적용하기에는 아주 매력적인 언어이다.

MATLAB(MATrix LABoratory)은 원래 1980년대 초 Cleve Moler에 의해 소개된 FORTRAN 프로그램으로서 LINPACK과 EISPACK에서 개발된 행렬 소프트웨어에의 손쉬운 접근을 위해 작성된 것이다. MATLAB은 주로 LINPACK과 EISPACK 서브루틴에 기반을 두고 있으며, 비선형 시스템, 수치적분, 곡선접합, 최적화, 상미분 방정식의 풀이, 그래픽 도구들을 조합한 함수들을 포함하고 있다. MATLAB은 또한 1990년대에 독일에서 개발된 MuPAD에 근거하는 컴퓨터 대수 시스템인 기호 툴박스(Symbolic Toolbox)를 제공하고 있다. MATLAB은 공학과 과학계산에 특히 유용한 강력한 시스템으로서 현재 세계적으로 50만 이상의 사용자와 100여 개 이상의 국가들에서 사용되고 있다.

Maple은 1980년 캐나다 워털루 대학교의 기호계산그룹에서 개발한 컴퓨터 대수 시스템이다. Maple은 C로 작성되었으며 적분, 미분방정식, 선형시스템들과 같은 수학문제들에 대한 해를 제공해 준다. Wolfram Research에서 개발한 Mathematica 역시 많은 대학교들에서 사용되고 있는 강력한 컴퓨터 대수 시스템이다. Sage는 오픈소스 시스템으로서 상용 소프트웨어에 접하지 못하는 사용자들에게 특히 유용하다.

연습 문제

1.1 방정식 $x^2 = a$의 해를 근사하는 간단한 반복적 방법은 $x = \frac{1}{2}\left(x + \frac{a}{x}\right)$를 이용하는 방법으로서 바빌론 방법이라고도 불린다. 즉 먼저 해의 초기값 x_0를 가정한 다음 반복적으로 다음을 계산해 나간다:

$$x_1 = \frac{1}{2}\left(x_0 + \frac{a}{x_0}\right),\ x_2 = \frac{1}{2}\left(x_1 + \frac{a}{x_1}\right),\ \cdots,\ x_k = \frac{1}{2}\left(x_{k-1} + \frac{a}{x_{k-1}}\right)$$

초기값 x_0를 적절히 가정하고 위의 방법을 세 번째 단계까지 수행하여 다음에 대한 근사값을 구하라(즉 x_1, x_2, x_3를 계산한다).

(1) $\sqrt{3}$　　　　(2) $\sqrt{5}$

1.2 0차부터 4차까지의 Taylor 전개를 이용하여 $x_i = 0$에서부터 $h = 1$로 두고 $x_{i+1} = 1$에서 다음과 같이 주어진 함수 $f(x)$를 근사하고 Taylor 급수의 항이 증가함에 따라 절단오차가 어떻게 변하는지 살펴보라: $f(x) = -0.1x^4 - 0.15x^3 - 0.5x^2 - 0.25x + 1.2$

1.3 십진수 19.625를 이진법으로 나타내어라.

1.4 이진수 $R_2 = 0.0101010101 \cdots = 0.\dot{0}\dot{1}$을 나타내는 십진수를 구하라.

1.5 다음 표의 빈 칸을 채워라.

십진수	이진수	16진수
3		
8		
	1010	
	1100	
		E
		F

1.6 $y = 3.141592$, $y^* = 3.14$라고 하자. 절대오차와 상대오차를 각각 구하라.

1.7 덧셈 연산 1.08 + 0.0054 + 0.0043에 대하여 왼쪽에서 오른쪽을 향해 각 덧셈 단계마다 3자리로 반올림하여 연산을 수행할 때와 오른쪽에서 왼쪽을 향해 각 덧셈 단계마다 3자리로 반올림하여 연산을 수행할 때 얻어지는 결과에 대한 상대오차를 구하고 서로 비교해 보라.

1.8 두 함수 $f(x) = x(\sqrt{x+1} - \sqrt{x})$와 $g(x) = \frac{x}{\sqrt{x+1} + \sqrt{x}}$를 고려해 보자.

$$f(x) = x(\sqrt{x+1} - \sqrt{x}) = \frac{x(\sqrt{x+1} - \sqrt{x})(\sqrt{x+1} + \sqrt{x})}{(\sqrt{x+1} + \sqrt{x})} = \frac{x}{(\sqrt{x+1} + \sqrt{x})}$$

로부터 $f(x)$는 $g(x)$와 대등함을 알 수 있다. $x = 500$일 때 함수값 $f(500)$과 $g(500)$을 반올림하여 6개의 유효숫자로 나타내고 서로 비교해 보라.

1.9 서로 인접한 두 수 $a = 7890.9$와 $b = 7887.1$의 차이 $a - b$를 구하고자 한다. 끝자리 숫자를 절단했을 때와 반올림했을 때의 차이는 무엇인가? 어느 경우가 더 실제 차이에 근접한가?

1.10 두 함수 $f(x) = \dfrac{e^x - 1 - x}{x^2}$와 $g(x) = \dfrac{1}{2} + \dfrac{x}{6} + \dfrac{x^2}{24}$를 고려해 보자. $g(x)$는 $x = 0$ 부근에서 $f(x)$에 대한 2차까지의 Taylor 근사이다. $x = 0.01$일 때 함수값 $f(0.01)$과 $g(0.01)$을 반올림하여 6개의 유효숫자로 나타내고 서로 비교해 보라.

✱ MATLAB 활용 문제

M1.1 $x = \pi/2$에서 0 주위에서의 $\sin(x)$에 대한 7차 Taylor 급수근사를 계산하라. 계산 결과를 실제값 1과 비교해 보라.

M1.2 내장함수 taylor를 이용하여 $f(x) = e^{-x^2}\sin(x)$에 대한 5차항까지의 Taylor 급수를 구하라.

비선형 방정식의 풀이

많은 화학공학 문제들에서는 비선형 방정식들의 풀이가 수반된다. 모든 비선형 방정식들은 $f(x) = 0$과 같은 일반적인 형태로 나타낼 수 있는데 이러한 형태의 방정식에 대한 근을 구하는 문제는 수치적 근사에서 매우 기본적이면서 가장 역사가 오래된 문제이다.

2.1 비선형 방정식

2.1.1 비선형 방정식의 보기

열역학에서 실제 기체의 $P-V-T$ 관계는 상태방정식을 이용하여 나타낸다. 열역학에서 널리 이용되는 상태방정식으로 Redlich−Kwong(RK), Soave−Redlich−Kwong(SRK), Peng−robinson(PR), Benedict−Webb−Rubin(BWR) 상태방정식들을 들 수 있다. Soave−Redlich−Kwong (SRK) 상태방정식은 다음과 같은 형태를 갖는다:

$$P = \frac{RT}{V-b} - \frac{a\alpha}{V(V+b)}$$

위에서 P, V, T는 각각 압력, 부피, 온도를 나타내며 R은 기체상수, α는 온도의 함수, 그리고 a와 b는 기체에 따른 상수들이다. 위의 식은 V에 대하여 비선형인 식으로서 다음과 같이 압축인자 Z의 다항식으로 다시 나타낼 수 있다:

$$Z^3 - Z^2 + (A - B - B^2)Z - AB = 0$$

위에서 $Z = \dfrac{PV}{RT}$이며 $A = \dfrac{\alpha a P}{R^2 T^2}$, $B = \dfrac{bP}{RT}$이다. 따라서 주어진 온도와 압력에서 기체의 비부피를 구하는 문제는 다항식의 근을 구하는 문제로 귀착된다.

다성분 분리계산에 있어서 때로는 다단 증류탑의 최소 환류비를 추정해야 할 필요가 있다. 여기에 이용될 수 있는 Underwood 식은

$$\sum_{j=1}^{n} \frac{\alpha_j z_{jF} F}{\alpha_j - \phi} - F(1-q) = 0$$

으로서 미지수 ϕ에 대하여 비선형이다.

비압축성 유체의 난류 흐름에 대한 마찰인자 f는 다음과 같이 비선형 Colebrook 식으로 주어진다:

$$\frac{1}{\sqrt{f}} = -0.86\ln\left(\frac{\epsilon/D}{3.7} + \frac{2.51}{N_{Re}\sqrt{f}}\right)$$

위의 식은 다항식 형태로 변환시킬 수는 없지만 0이 아닌 모든 항들을 좌변으로 모아 다음과 같이 정리할 수 있다:

$$\frac{1}{\sqrt{f}} + 0.86\ln\left(\frac{\epsilon/D}{3.7} + \frac{2.51}{N_{Re}\sqrt{f}}\right) = 0$$

반경 r인 원에서 중심각이 θ인 부분원에서의 부채꼴의 면적 A_s는

$$A_s = \frac{1}{2}r^2(\theta - \sin\theta)$$

로 주어진다. A_s와 r이 주어진 경우 위의 비선형 방정식을 풀어 θ를 구할 수 있다.

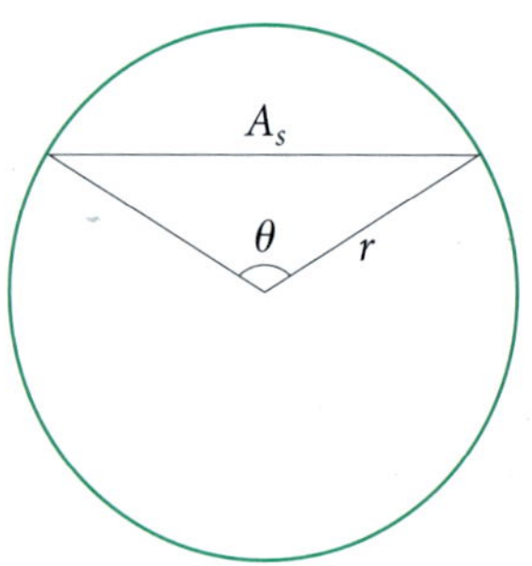

그림 2.1 부채꼴 면적.

n차 선형 미분방정식의 일반적인 형태는 다음과 같다:

$$a_n\frac{d^ny}{dt^n} + a_{n-1}\frac{d^{n-1}y}{dt^{n-1}} + \cdots + a_1\frac{dy}{dt} + a_0y = 0$$

x에 대한 미분을 나타내는 미분 연산자 D를 $D = \dfrac{d}{dx}$와 같이 정의하면 앞의 식은 다음과 같이 쓸 수 있다:

$$[a_nD^n + a_{n-1}D^{n-1} + \cdots + a_1D + a_0]y = 0$$

위의 식이 해를 가지려면 미분 연산자가 0과 같아야 한다. 즉

$$a_nD^n + a_{n-1}D^{n-1} + \cdots + a_1D + a_0 = 0$$

이 관계는 D에 대한 다항식이다.

비선형 방정식의 해를 구하는 가장 효과적인 방법은 근의 초기 추정값으로부터 시작하여 수렴값에 도달할 때까지 제한된 수의 단계에 걸쳐 반복적으로 계산하는 알고리듬을 고안하여 이용하는 것이다.

2.1.2 그래프를 이용한 근의 추정

함수의 그래프를 이용하여 근의 초기 추정치를 쉽게 설정할 수 있다. 예를 들어 $f(x)$가

$$f(x) = x^3 - x + 1$$

이라면 $f(x)$의 그래프는 다음에 보인 바와 같다.

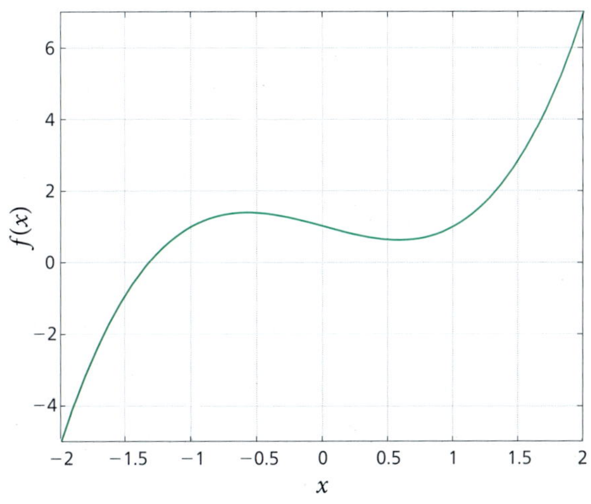

그림 2.2 구간 [−2 2]에서의 $f(x) = x^3 - x + 1$의 그래프.

그래프로부터 방정식 $x^3 - x + 1 = 0$의 하나의 실근은 대략 $x = -1.3$ 정도임을 알 수 있다. 이 방정식은 한 개의 실근 −1.3247과 두 허근 $0.6624 \pm 0.5623i$를 가진다.

반경이 $r = 8$(단위 생략)이며 밀도가 $\rho = 0.6$인 구가 깊이 d만큼 물(밀도: 1)에 잠겨 있다고 하자. 구의 질량은 밀려난 물의 질량과 같다는 관계로부터

$$M_w = \int_0^d \pi(r^2 - (x-r)^2)dx = \frac{\pi}{3}d^2(3r - d) = M_b = \frac{4\pi}{3}r^3\rho$$

를 얻는다. 이는 다음과 같이 정리할 수 있다:

$$f(d) = d^3 - 24d^2 + 1228.8 = 0$$

이 방정식은 3개의 실근 21.2887, 9.0731, −6.3618을 갖는다. d는 $d = 2r = 16$보다 클 수 없으며, 또한 음이 될 수 없으므로 해는 9.0731임을 알 수 있다. 위의 $f(d)$를 그래프로 나타내면 그림 2.3과 같다. 그래프로부터 $d \approx 9$임을 확인할 수 있다.

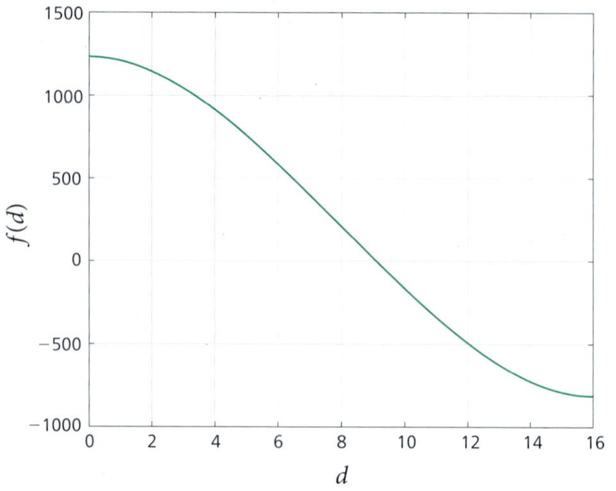

그림 2.3 $f(d) = d^3 - 24d^2 + 1228.8$의 그래프.

2.1.3 수치적 방법에 의한 비선형 방정식의 풀이

비선형 방정식의 풀이에 이용되는 수치적 방법들은 크게 구간분할 방법과 열린 구간법으로 구분할 수 있다. 구간분할 방법에서는 해를 포함하는 구간을 설정하고 구간의 크기를 점차적으로 줄여 나간다. 열린 구간법에서는 해의 초기 추정치를 가정하고 반복계산에 의해 가정한 해가 실제 해에 근접하도록 보정해 나간다.

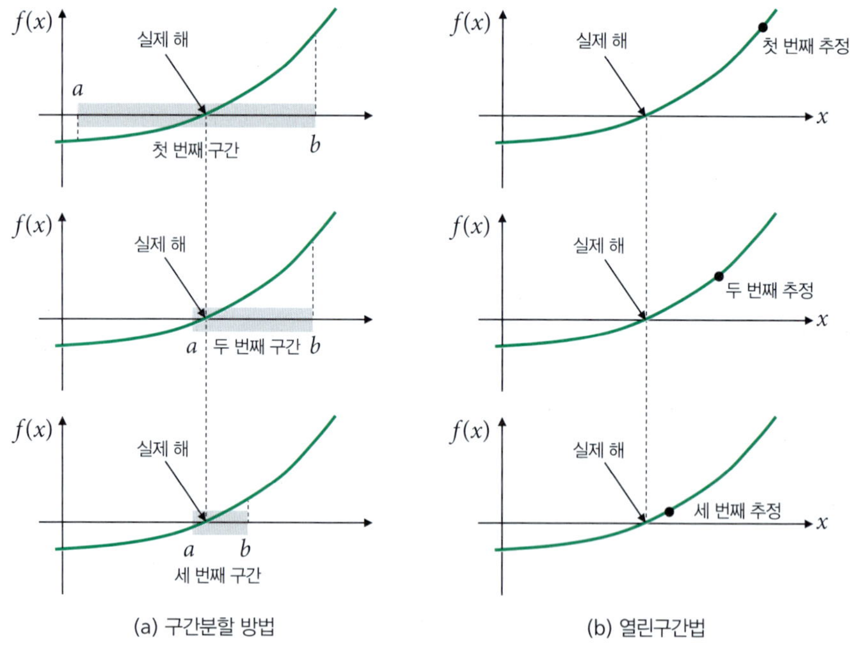

그림 2.4 구간분할 방법과 열린 구간법.

2.2 구간분할 방법

구간분할 방법을 이용하여 방정식 $f(x) = 0$의 해를 구하는 경우에는 $f(x_a)$와 $f(x_b)$의 부호가 반대가 되도록 초기구간 $[x_a \ x_b]$를 정한다. 이러한 구간이 정해지면 구간의 크기에 관계없이 해가 얻어질 때까지 반복계산 과정을 수행할 수 있다. 그러나 초기구간 $[x_a \ x_b]$ 내에서 방정식 $f(x) = 0$이 다수의 근들을 갖는 경우에는 각각의 근에 대한 초기구간을 따로 설정해야 한다. 구간분할 방법에서는 하나의 근만이 존재하는 초기구간 $[x_a \ x_b]$를 정하는 것이 중요하다.

2.2.1 Bisection 방법

함수 $f(x)$가 연속이고 점 x_a와 x_b에서 함수값의 부호가 다르면, 즉 $f(x_a)f(x_b) < 0$이면 그림 2.5에 보인 바와 같이 구간 $[x_a \ x_b]$ 내에 $f(x) = 0$의 해가 존재한다. Bisection(Binary search) 방법에서는 해의 탐색구간을 절반씩 줄여나가면서 해가 존재하지 않는 구간을 삭제한다. 주어진 구간을 둘로 나누고 중간점 $x_m = \dfrac{x_a + x_b}{2}$에서 $f(x_a)f(x_m) < 0$ 혹은 $f(x_m)f(x_b) < 0$인지를 확인한 다음, 이 조건이 충족되지 않는 구간을 삭제한다. $f(x_m) = 0$이면 해는 x_m이다. Bisection 방법은 잘 알려진 연속함수의 중간치 정리에 근거하고 있다.

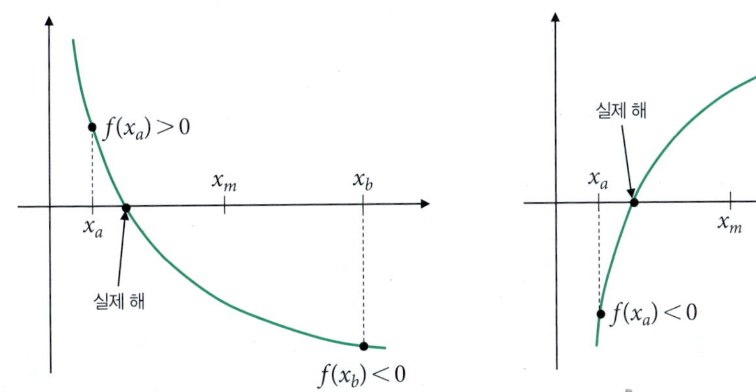

그림 2.5 $x = x_a$와 $x = x_b$ 사이의 $f(x) = 0$의 해

» Bisection 알고리듬

1) 해를 포함하는 구간의 양 끝점 x_a와 x_b를 선택(이는 $f(x_a)f(x_b) < 0$임을 의미)한다.
2) 해의 추정값 $x_m = \dfrac{x_a + x_b}{2}$를 계산한다.
3) 실제 해가 x_a와 x_m 사이 혹은 x_m과 x_b 사이에 있는지의 여부를 결정한다: $f(x_a)f(x_m) < 0$이면 해는 x_a와 x_m 사이에 위치하므로 x_b를 x_m으로 설정, $f(x_m)f(x_b) < 0$이면 해는 x_m과 x_b 사이에 위치하므로 x_a를 x_m으로 설정한다.
4) $|x_b - x_a| < \epsilon$ (ϵ: 수렴한계를 나타내는 아주 작은 수)이면 계산을 중단하고 그렇지 않으면 단계 2로 되돌아간다.

» Bisection 방법의 오차한계와 수렴성

Bisection 알고리듬의 각 계산단계에서 실제 오차가 절반씩 감소되는지는 알 수 없지만 오차의 한계는 절반씩 줄어들며 오차 비율의 극한은 1/2에 접근한다. 즉 최초의 탐색구간의 양 끝점을 $a = x_a$ 및 $b = x_b(b > a)$라고 하면 탐색구간 길이는 첫 번째 단계에서 $b - a$이고 다음 단계에서는 $(b - a)/2$이며 k번째 단계에서는 $(b - a)2^{-k}$가 된다.

Bisection 방법은 계산속도가 대체로 느리지만 근이 최초의 탐색구간 내에 존재한다면 확실하게 수렴한다. Bisection 방법의 수렴성은 다음과 같이 Bisection 정리로 요약할 수 있다.

Bisection 정리

$f(x) \in C[a, b]$이며 $f(r) = 0$인 $r \in [a, b]$이 존재한다고 하자. $f(a)$와 $f(b)$의 부호가 서로 다르며 bisection 과정에 의해 생성되는 중간점들의 수열을 $[x_n]_{n=0}^{\infty}$라 하면

$$|r - x_n| \le \frac{b-a}{2^{n+1}} \quad (n = 0, 1, \cdots)$$

이며 따라서 수열 $[x_n]_{n=0}^{\infty}$은 근 $x = r$로 수렴한다.

증명

근 r과 중간점 x_n들은 구간 $[a_n, b_n]$ 내에 위치하므로 r과 x_n 사이의 거리는 이 구간 너비의 절반을 초과할 수 없다. 즉 모든 n에 대하여 $|r - x_n| \le (b_n - a_n)/2$이다. 그런데

$$b_1 - a_1 = \frac{b_0 - a_0}{2^1}, \quad b_2 - a_2 = \frac{b_1 - a_1}{2^1} = \frac{b_0 - a_0}{2^2}, \quad \cdots, \quad b_n - a_n = \frac{b_0 - a_0}{2^n}$$

이므로

$$|r - x_n| \le \frac{b_n - a_n}{2} = \frac{b_0 - a_0}{2^{n+1}}$$

■

보기 2.1 Bisection 방법

방정식 $x^3 + 5x^2 - 12 = 0$의 하나의 근은 구간 [1, 2] 내에 존재함을 보여라. Bisection 방법을 이용하여 $c = 10^{-2}$의 수렴한계가 만족되도록 이 근에 대한 근사값을 구하라. 최종 탐색구간을 $[a_f, b_f]$라 할 때 수렴한계는 $c = \dfrac{|b_f - a_f|}{|a_f|}$와 같이 설정할 수 있다.

풀이

구간 [1, 2]의 양 끝점에서의 함수값은 $f(1) = -6$, $f(2) = 16$이므로 $f(1)f(2) < 0$이다. 따라서 사이값 정리에 의해 주어진 방정식은 구간 [1, 2] 내에 하나의 근을 갖는다. 다음 표에 보인 바와 같이 반복계산을 수행하면 반복계산 단계 $n = 8$에서 수렴한계 10^{-2}를 만족하는 근사해 $x = x_m = 1.3711$을 얻는다. 구간 [1, 2]에서 주어진 방정식의 정확한 해는 1.3723이다.

n	a_n	b_n	x_m	$f(x_m)$	c
1	1	2	1.5	2.625	1
2	1	1.5	1.25	−2.2344	0.5
3	1.25	1.5	1.375	0.0527	0.2
4	1.25	1.375	1.3125	−1.1257	0.1
5	1.3125	1.375	1.3438	−0.5453	0.0476
6	1.3438	1.375	1.3594	−0.2485	0.0232
7	1.3594	1.375	1.3672	−0.0984	0.0115
8	1.3672	1.375	1.3711	−0.023	0.0057

MATLAB 활용

Bisection 방법에 의한 방정식의 풀이는 함수 bisec에 의해 수행된다. bisec의 이용방법은

```
[x, fv, re, iter] = bisec(fun, xa, xb, crit, maxi, varargin)
```

와 같다. fun은 방정식을 포함하는 함수 이름이며, xa는 초기 풀이구간의 하한 x_a, xb는 초기 풀이구간의 상한 x_b, crit는 오차기준, maxi는 가능한 최대 반복계산 횟수이다. 출력에서 x는 결과로 얻어지는 해이며 fv는 해에서의 함수값, re는 상대오차(%), iter는 수행된 반복계산 횟수를 나타낸다. varargin은 함수 fun에서 이용되는 독립변수 이외의 파라미터들이다.

```
function [x,fv,re,iter] = bisec(fun,xa,xb,crit,maxi,varargin)
% Bisection 방법을 이용한 방정식의 풀이
% 사용방법: [x,fv,re,iter] = bisec(fun,xa,xb,crit,maxi,varargin)
% input
%   fun: 방정식을 포함하는 함수 이름, xa: 초기 풀이구간의 하한
%   xb: 초기 풀이구간의 상한, crit: 오차기준, maxi: 가능한 최대 반복계산 횟수
% output
%   x: 결과로 얻어지는 해, fv: 해에서의 함수값, re: 오차(%)
%   iter: 반복계산 횟수

fsign = fun(xa,varargin{:})*fun(xb,varargin{:});
if fsign > 0, error('함수의 부호가 동일: 이 구간에 해가 존재하지 않음'); return; end
iter = 0; xm = xa; re = 1;
while (1)
    xmold = xm; xm = (xa + xb)/2; iter = iter + 1;
    if xm ~= 0, re = abs((xm - xmold)/xm)*100;  end % 상대오차
    fsign = fun(xa,varargin{:})*fun(xm,varargin{:});
    if fsign < 0, xb = xm; % 해는 [xa xm] 내에 위치
    elseif fsign > 0, xa = xm; % 해는 [xm xb] 내에 위치
    else re = 0;
    end
```

```
    if (re <= crit) || (iter >= maxi), return; end
    x = xm; fv = fun(xm,varargin{:});
end
end
```

MATLAB 실습 Bisection 방법에 의한 방정식의 풀이

Bisection 방법을 이용하여 방정식 $f(x) = x^3 - 2x + 1 = 0$의 해를 구하라. 초기 풀이구간은 $[-2, 2]$로 하고 오차기준은 $\epsilon = 10^{-6}$으로 설정한다.

풀이

```
>> f = @(x) x^3 - 2*x + 1; [x,fv,re,iter] = bisec(f,-2,2,1e-6,1000)
x =
   -1.6180
fv =
   7.8370e-08
re =
   9.2094e-07
iter =
    28
```

■

MATLAB 실습 Bisection 방법에 의한 Colebrook 방정식의 풀이

Colebrook 식

$$\frac{1}{\sqrt{f}} = -0.86\ln\left(\frac{\epsilon/D}{3.7} + \frac{2.51}{N_{Re}\sqrt{f}}\right)$$

에서 $N_{Re} = 8 \times 10^4$, $\epsilon/D = 0.00015$일 때 Bisection 방법을 이용하여 마찰인자 f를 구하라.

풀이

Colebrook 식을 다음과 같이 $f(x) = 0$의 형태로 정리한다.

$$f(x) = \frac{1}{\sqrt{x}} + 0.86\ln\left(\frac{\epsilon/D}{3.7} + \frac{2.51}{N_{Re}\sqrt{x}}\right) = 0$$

탐색구간을 [0 1]로 하여 근을 구한 결과는 다음과 같다. 33번의 반복계산 후에 마찰인자 값은 $f = 0.0199$로 얻어졌다.

```
>> Re = 8e4; eD = 1.5e-4; fun= @(x) 1/sqrt(x) + 0.86*log(eD/3.7 + 2.51/
Re/sqrt(x));
```

```
>> [f,fv,re,iter] = bisec(fun, 0,1,1e-6,1000)
f =
    0.0199
fv =
  -1.9377e-08
re =
   5.8510e-07
iter =
    33
```

■

MATLAB 실습 Bisection 방법에 의한 충진탑 공극률 계산

어떤 충진탑에서 탑의 단위길이당 압력강하($\Delta P/L$)는 다음과 같은 Ergun 식으로 나타낼 수 있다:

$$\frac{\Delta P}{L}=150\left(\frac{\eta v_0}{D_p^2}\right)\frac{(1-\epsilon)^2}{\epsilon^3}+1.75\left(\frac{\rho v_0^2}{D_p}\right)\frac{1-\epsilon}{\epsilon^3}$$

위에서 η는 유체의 점도, v_0는 겉보기 속도, D_p는 입자의 직경, ρ는 유체의 밀도, ϵ는 공극률이다. 주어진 데이터를 이용하여 ϵ를 구하라.

데이터: $\eta = 1.1$ cP, $v_0 = 0.1$ m/s, $D_p = 4.9$ cm, $\rho = 1.98$ g/cm^3, $L = 1.6$ m, $\Delta P = 416$ Pa

풀이

주어진 식은 다음과 같이 다시 정리할 수 있다:

$$f(\epsilon)=150\left(\frac{\eta v_0}{D_p^2}\right)\frac{(1-\epsilon)^2}{\epsilon^3}+1.75\left(\frac{\rho v_0^2}{D_p}\right)\frac{1-\epsilon}{\epsilon^3}-\frac{\Delta P}{L}=0$$

스크립트 coldelp는 함수 bisec를 이용하여 ϵ를 구한다.

```
% coldelp.m: void fraction of packed bed
vis = 1.1e-3; v0 = 0.1; d = 0.049; rho = 1.98e3; L = 1.6; delP = 416; %
data (in MKS units)
f = @(x) (150*vis*v0/d^2)*(1-x)^2/x^3 + (1.75*rho*v0^2/d)*(1-x)/x^3 - delP/
L; ; % define eqn.
xa = 0; xb = 1; crit = 1e-6; maxi = 1e3;
[x,fv,re,iter] = bisec(f,xa,xb,crit,maxi)

>> coldelp
x =
    0.8071
fv =
  -1.7826e-05
re =
```

```
    9.2316e-07
iter =
     27
```

■

2.2.2 False-position 방법

False-position(혹은 Regula falsi) 방법은 함수의 두 점 사이의 선형 안짐작에 바탕을 두고 있다. 두 점 $(x_1, f(x_1))$과 $(x_2, f(x_2))$를 지나는 직선의 식은 $y = c_1x + c_0$로 쓸 수 있다. 여기에서

$$c_1 = \frac{f(x_2) - f(x_1)}{x_2 - x_1}, \quad c_0 = f(x_1) - c_1 x_1$$

이므로 직선의 식은 다음과 같다:

$$y(x) = \left[\frac{f(x_2) - f(x_1)}{x_2 - x_1}\right]x + \left\{f(x_1) - \left[\frac{f(x_2) - f(x_1)}{x_2 - x_1}\right]x_1\right\}$$

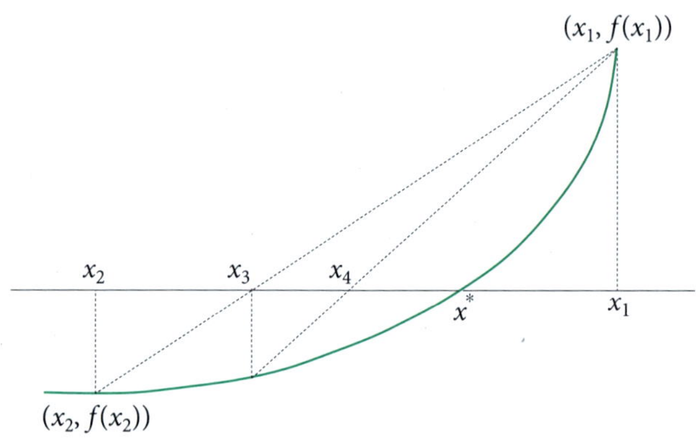

그림 2.6 False-position 방법.

x_3는 $y(x_3) = 0$으로부터 다음과 같이 얻어진다:

$$x_3 = \frac{x_1 f(x_2) - x_2 f(x_1)}{f(x_2) - f(x_1)} = x_1 - \frac{f(x_1)(x_2 - x_1)}{f(x_2) - f(x_1)}$$

마찬가지로 하여

$$x_4 = x_1 - \frac{f(x_1)(x_3 - x_1)}{f(x_3) - f(x_1)}$$

a와 b에서 각각 $f(a) > 0$, $f(b) < 0$이라면 False-position 방법의 일반적인 반복단계는 다음과 같이 나타낼 수 있다:

$$x_n = a - \frac{f(a)(a-b)}{f(a)-f(b)}$$

다음번의 반복단계에서는 $f(x_n)$의 부호에 따라 a나 b는 x_n으로 대체된다.

» False-position 알고리듬

1) 해를 포함하는 구간의 양끝 점 a와 b를 선택(이는 $f(a)f(b) < 0$임을 의미)한다.
2) 해의 추정값 $c = \dfrac{af(b) - bf(a)}{f(b) - f(a)}$를 계산한다.
3) 실제 해가 a와 c 사이 혹은 c와 b 사이에 있는지의 여부를 결정: $f(a)f(c) < 0$이면 해는 a와 c 사이에, $f(a)f(b) < 0$이면 해는 c와 b 사이에 위치한다.
4) $|b - a| < \epsilon$이면 반복계산을 중지한다. 그렇지 않으면 실제 해를 포함하는 구간을 새로 선택(즉 $f(a)f(c) < 0$이면 c를 b로, $f(c)f(b) < 0$이면 a를 c로 설정)한 다음 단계 2로 되돌아간다.

» False-position 방법의 수렴성

False-position 방법에서는 순차적으로 해가 포함되는 구간 $[a_n, b_n]$을 규명해 간다. 각 단계에서 해 x^*에 대한 근사값 c_n은

$$c = \frac{a_n f(b_n) - b_n f(a_n)}{f(b_n) - f(a_n)}$$

으로 주어지며 c_n은 x^*로 수렴함을 보일 수 있다. 그러나 구간 길이 $|b_n - a_n|$이 점차 작아지더라도 0이 되지 않을 수 있으며 설정된 수렴기준에 따라 반복계산 과정이 무한히 되풀이해 수행될 수 있다.

보기 2.2 False-position 방법

False-position 방법을 이용하여 방정식 $x^3 + 5x^2 - 12 = 0$의 해를 구하고자 한다. 이 방정식은 구간 [1, 2] 내에 하나의 해를 갖는다. $x_1 = 1$, $x_2 = 2$로 두고 False-position 방법의 수행에 따라 얻어지는 점 x_3, x_4, x_5, x_6를 구하라.

풀이

$$x_k = x_1 - \frac{f(x_1)(x_{k-1} - x_1)}{f(x_{k-1}) - f(x_1)} \quad (k \geq 3)$$

$k = 3, 4, 5, 6$이면 다음 값을 얻는다:

$$x_3 = 1.2727, \quad x_4 = 1.3477, \quad x_5 = 1.3663, \quad x_6 = 1.3709$$

k가 증가함에 따라 x_k는 엄밀해 1.3723에 근접함을 알 수 있다.

■

MATLAB 활용

False-position 방법은 함수 falsepos에 의해 수행된다. 이 함수의 이용방법은

```
[x, iter] = falsepos(fun, x1, x2, tol)
```

와 같다. fun은 방정식을 포함하는 함수 이름이며, x1과 x2는 초기 풀이구간, tol은 수렴기준이다. 출력에서 x는 결과로 얻어지는 해이며, iter는 수행된 반복계산 횟수를 나타낸다.

```
function [x, iter] = falsepos(fun,x1,x2,tol,varargin)
% false position 방법에 의한 방정식의 풀이
% input
%   x1, x2: 함수값의 부호가 다른 두 출발점
%   tol: 수렴기준
% output
%   x: 해
%   iter: 반복계산 횟수

% 초기화
iter = 0; itermax = 100; f1 = fun(x1,varargin{:}); f2 = fun(x2,varargin{:});
if f1 < 0, xm = x1; fm = f1; xp = x2; fp = f2;
else, xm = x2; fm = f2; xp = x1; fp = f1;
end
iter = iter + 1; x = xp; x0 = xm;
% 반복계산 루프
while abs(x - x0) > tol & iter <= itermax
    x0 = x; x = xp - fp * (xm - xp) / (fm - fp); fv = fun(x,varargin{:});
    if fv < 0, xm = x; fm = fv;
    else, xp = x; fp = fv;
    end
    iter = iter + 1;
end
if iter >= itermax, disp('경고: 허용가능한 최대 반복계산 횟수에 도달함.'); end
end
```

MATLAB 실습 False-position 방법에 의한 방정식의 풀이

False-position 방법을 이용하여 방정식 $f(x) = 8 - 4.5(x - \sin x) = 0$의 해를 구하라. 초기 풀이구간은 [2, 3]으로 하고 오차기준은 $\epsilon = 10^{-6}$으로 설정한다.

풀이

```
>> f = @(x) 8 - 4.5*(x-sin(x)); a = 2; b = 3; tol = 1e-6;
>> [x, iter] = falsepos(f,a,b,tol)
x =
    2.4305
iter =
    8
```

■

2.3 열린 구간법

2.3.1 고정점 반복법(연속 치환법)

수치해석의 수행에서 가장 널리 이용되는 기법은 반복계산이며 고정점 반복법(연속 치환법 혹은 단일점 반복법)에서는 얻어지는 해가 어떤 값에 도달하게 될 때까지 반복과정을 수행한다. $g(x)$가 연속함수이며 반복과정에 의해 생성되는 수열을 $[x_n]_{n=0}^{\infty}$라 하자. $\lim_{n\to\infty} x_n = x^*$이면 x^*는 $g(x)$의 고정점이라고 칭한다. 가장 간단한 고정점 반복법에서는 방정식 $f(x) = 0$을 미지변수 x가 방정식의 좌변(혹은 우변)에 오도록 재배열한다:

$$x = g(x)$$

직선 $y = x$와 곡선 $y = g(x)$의 교차점이 근이 된다. 먼저 근의 초기 추정값 x_1으로부터 시작하여 다음번 추정값 x_2를 얻는다:

$$x_2 = g(x_1)$$

이 방법에 대한 반복 공식은 다음과 같다:

$$x_{n+1} = g(x_n)$$

고정점 반복방법은 경우에 따라 수렴이 되지 않을 수도 있다. 고정점 반복공식이 해 x^*로 수렴하기 위한 충분조건은 탐색구간의 모든 x에 대하여 $|g'(x)| < 1$이 만족되는 것이다. 즉 고정점 부근에서 $g(x)$의 미분의 절대값이 1보다 작으면 고정점 반복방법은 수렴한다. 이 조건이 충족되지 않으면 발산하게 된다.

고정점 정리

모든 $x \in [a, b]$에 대하여 $g(x), g'(x) \in C[a, b]$이며 K는 양의 상수이고 $x_1 \in [a, b]$, $g(x) \in [a, b]$라고 하자. 모든 $x \in [a, b]$에 대하여 $|g'(x)| \le K < 1$이면 반복과정 $x_{n+1} = g(x_n)$은 단일 고정점 $x^* \in [a, b]$로 수렴한다. 모든 $x \in [a, b]$에 대하여 $|g'(x)| > 1$이면 반복과정 $x_{n+1} = g(x_n)$은 x^*로 수렴하지 않는다.

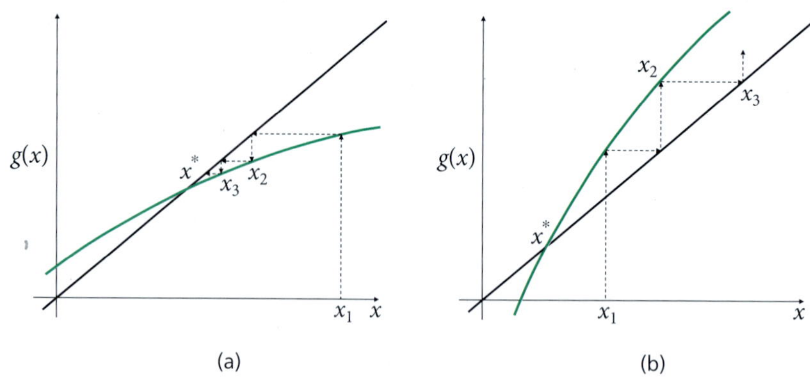

그림 2.7 고정점 반복계산 과정: (a) 수렴하는 경우; (b) 발산하는 경우.

보기 2.3 고정점 반복계산

고정점 방법에서 해의 초기 가정값은 $x_1 = 1$이며 반복공식은 $x_{n+1} = 1.01x_n$과 같다. 고정점 반복공식에 의해 해를 구할 수 있겠는가?

풀이

$$x_2 = 1.01x_1 = 1.01,\ \ x_3 = 1.01x_2 = 1.021,\ \ x_4 = 1.01x_3 = 1.0303,\ \cdots$$

따라서 $\lim_{k\to\infty} x_k = \infty$이며 반복공식으로부터 얻어지는 값은 발산한다.

■

보기 2.4 고정점 반복계산의 수렴성

고정점 반복 공식 $x_{n+1} = g(x_n)$에서 $g(x) = 1 + x - \dfrac{x^2}{4}$이다. 방정식 $x = g(x)$의 해는 ±2임을 알 수 있다. 해의 초기 가정값으로 $x_1 = -2.5$와 $x_1 = 1.5$를 선택하였을 때 고정점 반복과정은 각각 엄밀해 −2 및 2로 수렴하는가?

풀이

$|g'(x)| = \left|1 - \dfrac{x}{2}\right| < 1$로부터 $0 < x < 4$이면 수렴함을 알 수 있다. 주어진 초기 가정값들로부터 $|g'(-2.5)| = 2.25 > 1$, $|g'(1.5)| = 0.25 < 1$이므로 $x_1 = -2.5$를 선택하는 경우에는 발산하며 $x_1 = 1.5$를 선택하는 경우에는 $x = 2$로 수렴한다.

■

MATLAB 활용

연속 치환법은 함수 sucsub에 의해 수행된다. 함수 sucsub는

```
[x, iter] = sucsub(fun,x0,tol,varargin)
```

와 같이 사용한다. 여기에서 fun은 식(x = g(x))의 이름(혹은 식을 저장한 파일 이름), x0은 초기

가정값, tol은 수렴기준이며, x은 얻어진 해이고, iter은 총 반복계산 횟수이다.

```
function [x, iter] = sucsub(fun,x0,tol,varargin)
% 연속치환법에 의한 방정식의 풀이
% input
%   x0: 초기 가정값, tol: 수렴기준, fun: 방정식 파일(x = g(x))
% output
%   x: 해, iter: 반복계산 횟수

x = x0; x0 = x + 1; iter = 1; itermax = 100;
% 반복계산 루프
while abs(x - x0) > tol & iter <= itermax
   x0 = x; fv = fun(x0, varargin{:}); x = fv; % 해에 대한 새로운 근사
   iter = iter + 1;
end
if iter >= itermax, disp('Warning : Maximum iterations reached.'); end
end
```

MATLAB 실습 연속 치환법에 의한 Colebrook 방정식의 풀이

Colebrook 식

$$\frac{1}{\sqrt{f}} = -0.86\ln\left(\frac{\epsilon/D}{3.7} + \frac{2.51}{N_{Re}\sqrt{f}}\right)$$

에서 $N_{Re} = 8 \times 10^4$, $\epsilon/D = 0.00015$일 때 연속치환법을 이용하여 마찰인자 f를 구하라. f의 초기 가정값은 0.1로, 오차기준은 $\epsilon = 10^{-6}$으로 설정한다.

풀이

Colebrook 식은 다음과 같이 $x = g(x)$의 형태로 쓸 수 있다:

$$f = \frac{1}{\left[-0.86\ln\left(\frac{\epsilon/D}{3.7} + \frac{2.51}{N_{Re}\sqrt{f}}\right)\right]^2}$$

```
>> Re = 8e4; eD = 1.5e-4; fun = @(x) 1/(.86*log(eD/3.7+2.51/Re/sqrt(x)))^2;
>> x0 = 0.1; tol = 1e-6; [x, iter] = sucsub(fun,x0,tol)
x =
    0.0199
iter =
     7
```

■

MATLAB 실습 연속 치환법(발산하는 경우)

2차방정식 $x^2 - x - 1 = 0$의 근을 구한다고 하자. 이 경우 3가지의 서로 다른 $g(x)$를 얻을 수 있다. 즉

$$x = 1 + \frac{1}{x} = g_1(x),\ \ x = x^2 - 1 = g_2(x),\ \ x = \sqrt{x+1} = g_3(x)$$

이들 각각에 대하여 연속 치환법을 수행해 보라. 해의 초기 가정값은 0.1로, 오차기준은 $\epsilon = 10^{-6}$으로 설정한다.

풀이

```
>> g1 = @(x) 1+1/x; g2 = @(x) x^2-1; g3 = @(x) sqrt(x+1); x0 = 0.1; tol
= 1e-6;
>> [x1, iter1] = sucsub(g1,x0,tol)
x1 =
    1.6180
iter1 =
    19
>> [x2, iter2] = sucsub(g2,x0,tol)
Warning : Maximum iterations reached.
x2 =
     0
iter2 =
   101
>> [x3, iter3] = sucsub(g3,x0,tol)
x3 =
    1.6180
iter3 =
    15
```

즉 $g_2(x) = x^2 - 1$일 때에는 해가 얻어지지 않았다. 이는 탐색구간의 모든 x에 대하여 $|g_2'(x)| < 1$이 만족되지 않기 때문이다.

■

2.3.2 Wegstein 방법

Wegstein 방법 역시 $x = g(x)$ 형태의 방정식에 대한 해를 구한다. 먼저 근의 초기 추정값 x_1으로부터 시작하여 $x_2 = g(x_1)$로부터 다음 번 추정값 x_2를 얻는다. x_2는 x_1보다 근에 더 가까울 필요는 없다. 이 단계에서 함수 $g(x)$를 다음과 같이 두 점 $(x_1, g(x_1))$과 $(x_2, g(x_2))$를 지나는 직선으로 근사한다:

$$\frac{y - g(x_1)}{x - x_1} = \frac{g(x_2) - g(x_1)}{x_2 - x_1}$$

다음 단계에서의 근의 추정치 x_3는 위 근사관계와 직선 $y = x$의 교점으로부터 얻는다:

$$x_3 = \frac{x_1 g(x_2) - x_2 g(x_1)}{x_1 - g(x_1) - x_2 + g(x_2)}$$

그림으로부터 알 수 있듯이 보다 근에 더 근접해 있다. Wegstein 방법의 일반적인 반복단계는 다음과 같이 나타낼 수 있다:

$$x_{n+1} = \frac{x_{n-1} g(x_n) - x_n g(x_{n-1})}{x_{n-1} - g(x_{n-1}) - x_n + g(x_n)} \quad (n \geq 2)$$

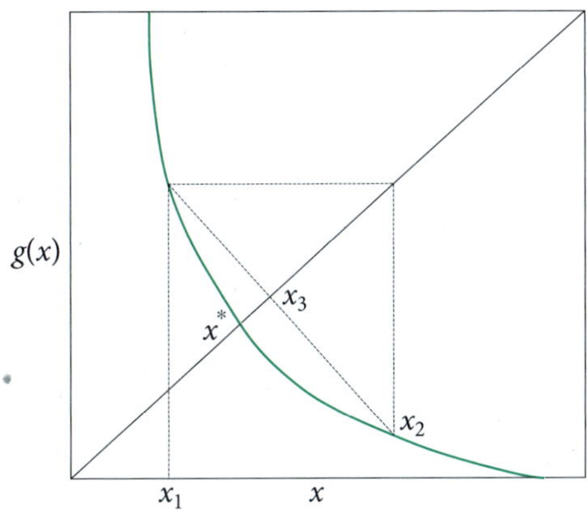

그림 2.8 Wegstein 방법.

MATLAB 활용

Wegstein 방법은 함수 wegstein에 의해 수행된다. wegstein의 이용 방법은

```
[x, iter] = wegstein(fun, x0, tol, varargin)
```

와 같다. fun은 방정식을 포함하는 함수 이름이며, x0은 해의 초기 가정값, tol은 수렴기준이다. 출력에서 x는 결과로 얻어지는 해이며, iter는 수행된 반복계산 횟수를 나타낸다.

```
function [x, iter] = wegstein(fun,x0,tol,varargin)
% Wegstein 방법에 의한 방정식의 풀이
% input
%   x0: 해의 초기 가정값, tol: 수렴기준, fun: 방정식 파일(x = g(x))
% output
%   x: 해, iter: 반복계산 횟수
x1 = x0; x2 = fun(x1,varargin{:}); iter = 1; itermax = 100;
while abs(x1 - x2) > tol & iter <= itermax % 반복계산 루프
    gx1 = fun(x1,varargin{:}); gx2 = fun(x2,varargin{:});
    x = (x1*gx2 - x2*gx1)/(x1-gx1-x2+gx2);
    x1 = x2; x2 = x;       % 해에 대한 새로운 근사
    iter = iter + 1;
end
```

```
if iter >= itermax, disp('Warning : Maximum iterations reached.'); end
end
```

MATLAB 실습 Wegstein 방법에 의한 방정식의 풀이

Wegstein 방법을 이용하여 방정식 $f(x) = 2e^{-x} - x = 0$의 해를 구하라. 해의 초기 가정값은 $x_0 = 0$, 오차기준은 $\epsilon = 10^{-6}$으로 설정한다.

풀이

주어진 함수를 다시 쓰면

$$x = 2e^{-x} = g(x)$$

함수 wegstein의 수행결과는 다음과 같다.

```
>> x0 = 0; tol = 1e-6; fun = @(x) 2*exp(-x); [x, iter] = wegstein(fun,
x0,tol)
x =
    0.8526
iter =
     7
```

■

MATLAB 실습 Wegstein 방법에 의한 Colebrook 방정식의 풀이

Colebrook 식

$$\frac{1}{\sqrt{f}} = -0.86\ln\left(\frac{\epsilon/D}{3.7} + \frac{2.51}{N_{Re}\sqrt{f}}\right)$$

에서 $N_{Re} = 8 \times 10^4$, $\epsilon/D = 0.00015$일 때 Wegstein 방법을 이용하여 마찰인자 f를 구하라. f의 초기 가정값은 0.1로 한다.

풀이

Colebrook 식은 다음과 같이 $x = g(x)$의 형태로 쓸 수 있다:

$$f = \frac{1}{\left[-0.86\ln\left(\frac{\epsilon/D}{3.7} + \frac{2.51}{N_{Re}\sqrt{f}}\right)\right]^2}$$

```
>> Re = 8e4; eD = 1.5e-4; fun = @(x) 1/(.86*log(eD/3.7+2.51/Re/sqrt(x)))^2;
>> x0 = 0.1; [x, iter] = wegstein(fun,x0,tol)
x =
    0.0199
```

```
iter =
    5
```

■

2.3.3 Newton–Raphson 방법

Newton–Raphson 방법은 비선형 방정식의 해를 구하는 방법으로서 잘 알려져 있으며 널리 이용되고 있는 방법이다. 근의 초기 추정치 x_1에서 비선형 함수 $f(x)$의 Taylor 전개는 다음과 같다:

$$f(x)=f(x_1)+f'(x_1)(x-x_1)+\frac{f''(x_1)(x-x_1)^2}{2!}+\frac{f'''(x_1)(x-x_1)^3}{3!}+\cdots$$

위 식에서 우변의 처음 두 항만 남기고 나머지 항을 모두 무시(즉 2차항 이하는 무시)한 다음 이를 x에 대하여 풀면

$$x=x_1-\frac{f(x_1)}{f'(x_1)}$$

를 얻는다. Newton–Raphson 방법의 일반적인 반복단계는 다음과 같이 나타낼 수 있다:

$$x_{n+1}=x_n-\frac{f(x_n)}{f'(x_n)}$$

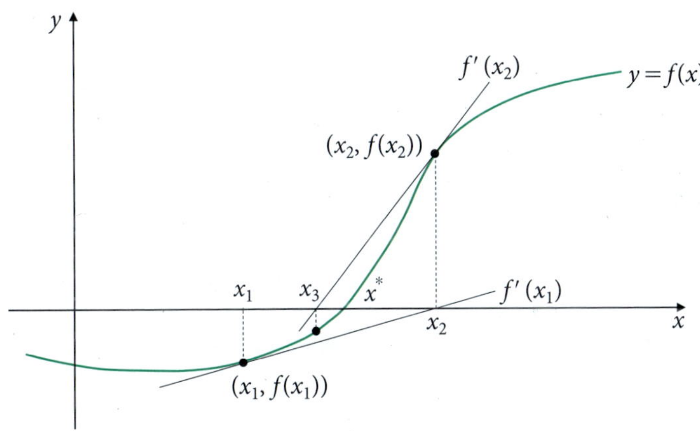

그림 2.9 Newton–Raphson 방법.

Newton–Raphson 정리

$f(x) \in C^2[a\ b]$이며 $f(x^*)=0$인 $x^* \in [a\ b]$가 존재한다고 가정하자. $f'(x^*) \neq 0$이면 임의의 초기 근사치 $x_1 \in [x^*-\delta\ x^*+\delta]$에 대하여 반복과정

$$x_{n+1}=x_n-\frac{f(x_n)}{f'(x_n)} \quad (n=1,2,\cdots)$$

에 의해 정의되는 수열 $[x_n]_{n=0}^{\infty}$이 x^*로 수렴하는 $\delta > 0$이 존재한다. 함수 $g(x) = x - \dfrac{f(x)}{f'(x)}$는 Newton–Raphson 반복함수라고 불린다.

증명

근의 초기 추정치 x_1에서의 함수 $f(x)$에 대한 Taylor 전개는 다음과 같이 1차항과 나머지 항으로 나타낼 수 있다:

$$f(x) = f(x_1) + f'(x_1)(x - x_1) + \frac{f''(c)(x - x_1)^2}{2!}$$

위에서 c는 x와 x_1 사이에 위치한다. $x = x^*$를 대입하고 $f(x^*) = 0$의 관계를 이용하면

$$f(x^*) = 0 = f(x_1) + f'(x_1)(x^* - x_1) + \frac{f''(c)(x^* - x_1)^2}{2!}$$

x_1이 x^*에 충분히 근접하다면 위 식의 오른쪽 마지막 항은 나머지 두 항들에 비해 무시할 수 있다. 따라서 $0 \approx f(x_1) + f'(x_1)(x^* - x_1)$이며, 이를 x^*에 대하여 풀면 $x^* \approx x_1 - f(x_1)/f'(x_1)$을 얻는다. 이 관계는 해에 대한 다음 근사치 x_2를 구하는 데에 이용될 수 있다. 즉 x_2는 $x_2 = x_1 - \dfrac{f(x_1)}{f'(x_1)}$와 같이 계산된다. x_1 대신 x_n을 이용하면 Newton–Raphson 반복과정 $x_{n+1} = x_n - \dfrac{f(x_n)}{f'(x_n)}$이 얻어진다.

■

» Newton–Raphson 방법 알고리듬

1) 해의 초기 가정값 x_1을 선택한다.
2) 오차가 지정된 값보다 작아질 때까지 $i = 1, 2, \cdots$ 에 대하여 $x_{i+1} = x_i - \dfrac{f(x_i)}{f'(x_i)}$에 따라 x_{i+1}을 계산한다.

보기 2.5 Newton–Raphson 방법에 의한 방정식의 풀이

방정식 $f(x) = x^3 + 5x^2 - 8 = 0$의 근을 구하고자 한다. Newton–Raphson 방법을 3단계까지 적용하여 해에 대한 근사값을 계산하라. $x_1 = 1$로 한다.

풀이

$$f(x) = x^3 + 5x^2 - 8 \quad \Rightarrow f'(x) = 3x^2 + 10x, \quad \frac{f(x)}{f'(x)} = \frac{x^3 + 5x^2 - 8}{3x^2 + 10x}$$

따라서 $x_{i+1} = x_i - \dfrac{x_i^3 + 5x_i^2 - 8}{3x_i^2 + 10x_i}$. $x_1 = 1$로부터 시작한다면

$$x_2 = 1.1538, \quad x_3 = 1.1414, \quad x_4 = 1.1413$$

을 얻는다. 주어진 방정식의 엄밀해는 3개의 실근 -4.6262, -1.5151, 1.1413로 주어진다.

■

보기 2.6 Newton–Raphson 방법에서의 진동현상

함수 모양이나 초기치에 따라 Newton–Raphson 방법에서 진동현상이 나타날 수 있다. Newton–Raphson 방법을 3회 적용하여 방정식 $f(x) = x^3 - 3x^2 + x + 3 = 0$의 근과 함수값 $f(x)$를 구하라. 해의 초기 추정치는 $x_0 = 1$로 한다.

풀이

$$f(x) = x^3 - 3x^2 + x + 3 \Rightarrow f'(x) = 3x^2 - 6x + 1, \quad \frac{f(x)}{f'(x)} = \frac{x^3 - 3x^2 + x + 3}{3x^2 - 6x + 1}$$

따라서 $x_{i+1} = x_i - \dfrac{x_i^3 - 3x_i^2 + x_i + 3}{3x_i^2 - 6x_i + 1} = \dfrac{2x_i^3 - 3x_i^2 - 3}{3x_i^2 - 6x_i + 1}$.

k	x_k	$f(x_k)$
0	1	2
1	2	1
2	1	2
3	2	1
⋮	⋮	⋮

표에 보인 바와 같이 x_k와 함수값 $f(x_k)$는 k에 따라 진동현상을 보인다. ■

» Newton–Raphson 2차 방법

보다 정확한 Newton–Raphson 방법은 Newton의 2차 방법이다. 먼저 Taylor 전개에서 우변의 세 번째 항까지 남기고 나머지 항들을 무시한 다음 이를 0으로 둔 식을 $\Delta x_1 = x - x_1$에 대하여 정리한다:

$$\frac{f''(x_1)}{2!}(\Delta x_1)^2 + f'(x_1)\Delta x_1 + f(x_1) = 0$$

이를 Δx_1에 대하여 풀면

$$\Delta x_1 = \frac{-f'(x_1) \pm \sqrt{[f'(x_1)]^2 - 2f''(x_1)f(x_1)}}{f''(x_1)}$$

2차 Newton 방법의 일반적인 반복단계는 다음과 같이 나타낼 수 있다:

$$x_{n+1}^{+} = x_n - \frac{f'(x_n)}{f''(x_n)} + \frac{\sqrt{[f'(x_n)]^2 - 2f''(x_n)f(x_n)}}{f''(x_n)}$$

$$x_{n+1}^{-} = x_n - \frac{f'(x_n)}{f''(x_n)} - \frac{\sqrt{[f'(x_n)]^2 - 2f''(x_n)f(x_n)}}{f''(x_n)}$$

위에서 x_{n+1}^{+}나 x_{n+1}^{-}의 선택은 $f(x_{n+1}^{+})$나 $f(x_{n+1}^{-})$ 가운데 어느 것이 0에 더 근접한가를 판단하여 결정한다.

다른 접근방법으로서 이전의 식

$$\frac{f''(x_1)}{2!}(\triangle x_1)^2 + f'(x_1)\triangle x_1 + f(x_1) = 0$$

를 Δx_1에 대한 또 하나의 비선형 방정식으로 간주하고 이 식의 풀이에 Newton-Raphson 방법을 적용하는 것이다.

$$F(\triangle x) = \frac{f''(x_1)}{2!}(\triangle x_1)^2 + f'(x_1)\triangle x_1 + f(x_1) = 0$$

이로부터

$$\triangle x_{n+1} = \triangle x_n - \frac{F(\triangle x_n)}{F'(\triangle x_n)}$$

» Newton-Raphson 2차 방법 알고리듬

1) x_1을 가정한다.
2) $\Delta x_1 = \dfrac{-f'(x_1) \pm \sqrt{[f'(x_1)]^2 - 2f''(x_1)f(x_1)}}{f''(x_1)}$으로부터 Δx_1을 계산한다.
3) $\Delta x_{n+1} = \Delta x_n - \dfrac{F(\Delta x_n)}{F'(\Delta x_n)}$로부터 Δx_2를 계산한다.
4) $x_2 = x_1 + \Delta x_2$로부터 x_2를 계산한다.
5) 수렴할 때까지 2~4의 단계를 반복한다.

» Newton-Raphson 방법의 수렴성

수열 $[x_n]_{n=0}^{\infty}$이 어떤 값 x^*로 수렴한다고 할 때 $n \geq 0$에 대하여 $\epsilon_n = x^* - x_n$이라 하고

$$\lim_{n\to\infty}\frac{|x^* - x_{n+1}|}{|x^* - x_n|^R} = \lim_{n\to\infty}\frac{|\epsilon_{n+1}|}{|\epsilon_n|^R} = A$$

인 두 양의 상수 A와 R가 존재한다면 수열 $[x_n]_{n=0}^{\infty}$은 수렴차수 R로 혹은 R차적으로 수렴한다고 말하며 A는 점근 오차상수라고 부른다.

$R = 1$ 혹은 $\lim_{n\to\infty}\dfrac{|x^* - x_{n+1}|}{|x^* - x_n|} = A$이면(혹은 $|x^* - x_{n+1}| \leq \delta|x^* - x_n|$인 양의 상수 δ가 존재한다면) 주어진 수열은 선형적으로 혹은 1차적으로 수렴한다고 말한다.

$R = 2$ 혹은 $\lim_{n\to\infty}\dfrac{|x^* - x_{n+1}|}{|x^* - x_n|^2} = A$이면(혹은 $|x^* - x_{n+1}| \leq \delta|x^* - x_n|^2$인 양의 상수 δ가 존재한다면) 주어진 수열은 2차적으로 수렴한다고 말한다. 해에 대한 초기 근사값이 충분히 정확하게 설정된다면 Newton-Raphson 방법은 매우 빠르게 2차적으로 수렴한다.

보기 2.7 Newton-Raphson 방법의 수렴성

Newton-Raphson 방법을 이용하여 방정식 $f(x) = x^3 - 3x + 2 = 0$의 근사해를 구하는 경우를

살펴보자. 엄밀해는 $x^* = -2$이다. 해의 초기 가정치를 $x_1 = -2.4$라 하고 $n = 1, 2, 3, 4$일 때 $P_n = x^* - x_n$과 $\frac{|\epsilon_{n+1}|}{|\epsilon_n|^2}$를 각각 구하라.

풀이

n	x_n	$x_{n+1} - x_n$	$\epsilon_n = x^* - x_n$	$\frac{\lvert\epsilon_{n+1}\rvert}{\lvert\epsilon_n\rvert^2}$
1	−2.4000	0.32381	0.40000	0.4762
2	−2.0762	0.07259	0.07619	0.6195
3	−2.0036	0.00359	0.00359	0.6642
4	−2.000009	0.0000086	0.0000086	

$\frac{|\epsilon_{n+1}|}{|\epsilon_n|^2}$ 값은 대략 $\frac{2}{3}$에 수렴하며, 따라서 $|x^* - x_4| \approx 0.0000086 \approx \frac{2}{3}|x^* - x_3|^2$

MATLAB 활용

Newton–Raphson 방법은 함수 newtonrap에 의해 수행된다. newtonrap의 이용 방법은

```
[x, iter] = newtonrap(fun, x0, tol)
```

와 같다. fun은 방정식을 포함하는 함수 이름이며 x0은 해의 초기 가정값, tol은 수렴기준이다. 출력에서 x는 결과로 얻어지는 해이며, iter는 수행된 반복계산 횟수를 나타낸다.

```
function [x, iter] = newtonrap(fun,x0,tol,varargin)
% Newton-Raphson 방법에 의한 방정식의 풀이
% input
%   x0: 초기 가정값
%   tol: 수렴기준
%   fun: 방정식 파일
% output
%   x: 해
%   iter: 반복계산 횟수

iter = 0; fv = fun(x0,varargin{:}); x = x0; x0 = x + 1; itermax = 100; % 초기화
while abs(x - x0) > tol & iter <= itermax  % 반복계산 루프
   iter = iter + 1; x0 = x;
   if x ~= 0, dx = x/100; else, dx = 1/100; end  % 미분을 위한 dx의 설정
   a = x - dx;  fa = fun(a,varargin{:});  b = x + dx;  fb = fun(b,varargin{:});
   % 미분
   df = (fb - fa)/(b - a);
   if df == 0, x = x0 + max(abs(dx),1.1*tol);  % 해의 새로운 근사
   else, x = x0 - fv/df;
   end
   fv = fun(x,varargin{:});
end
```

```
if iter >= itermax, disp('Warning: Maximum iterations reached.'); end
end
```

MATLAB 실습 Newton–Raphson 방법에 의한 방정식의 풀이

Newton–Raphson 방법을 이용하여 방정식 $f(x) = 2e^{-x} - x = 0$의 해를 구하라. 해의 초기 가정값은 $x_0 = 0$, 오차기준은 $\epsilon = 10^{-6}$으로 설정한다.

풀이

```
>> fun = @(x) 2*exp(-x)-x; x0 = 0; tol = 1e-6; [x, iter] = newtonrap(fun,
x0,tol)
x =
    0.8526
iter =
     5
```

■

MATLAB 실습 Newton–Raphson 방법에 의한 Colebrook 방정식의 풀이

Colebrook 식

$$\frac{1}{\sqrt{f}} = -0.86\ln\left(\frac{\epsilon/D}{3.7} + \frac{2.51}{N_{Re}\sqrt{f}}\right)$$

에서 $N_{Re} = 8 \times 10^4$, $\epsilon/D = 0.00015$일 때 Newton–Raphson 방법을 이용하여 마찰인자 f를 구하라. f의 초기 가정값은 0.01로 한다.

풀이

Colebrook 식을

$$f(x) = \frac{1}{\sqrt{x}} + 0.86\ln\left(\frac{\epsilon/D}{3.7} + \frac{2.51}{N_{Re}\sqrt{x}}\right) = 0$$

와 같이 $f(x) = 0$의 형태로 정리한다. 이 식은 이전에 소개한 함수 CBeqn.m에 정의되어 있다. 함수 newtonrap의 수행결과는 다음과 같다.

```
>> Re = 8e4; eD = 1.5e-4; fun = @(x) 1/sqrt(x) + 0.86*log(eD/3.7 + 2.51/
(Re*sqrt(x)));
>> tol = 1e-6; x0 = 0.01; [x, iter] = newtonrap(fun,x0,tol)
x =
    0.0199
iter =
     5
```

■

MATLAB 실습 Newton-Raphson 방법에 의한 Soave-Redlich-Kwong 상태방정식의 풀이

Soave-Redlich-Kwong(SRK) 상태방정식

$$P = \frac{RT}{V-b} - \frac{a\alpha}{V(V+b)}$$

를 이용하여 500 K와 1~40기압의 압력범위에서 순수한 n-부탄 기체의 비부피를 계산하라. 계산 결과를 이상기체 방정식으로부터 얻은 결과와 비교하고 로그-로그 그래프로 나타내어라. SRK 식에서

$$a = \frac{0.4278R^2T_c^2}{P_c}, \quad b = \frac{0.0867RT_c}{P_c},$$

$$\alpha = \left[1 + s\left(1 - \sqrt{\frac{T}{T_c}}\right)\right]^2, \quad s = 0.48508 + 1.55171\omega - 0.15613\omega^2$$

이며 n-부탄의 경우 T_c = 425.2 K, P_c = 3797 kPa, ω = 0.1931이다. 기체상수 R = 8314 J (kmol·K)이며 1기압은 101325 Pa이다.

풀이

SRK 식을 $f(x)$ = 0의 형태로

$$P - \frac{RT}{V-b} + \frac{a\alpha}{V(V+b)} = 0$$

과 같이 다시 정리한다. Newton-Raphson 방법에 의한 SRK 식의 풀이는 스크립트 spvolSRK에 의해 수행된다. 이 스크립트는 함수 newtonrap를 호출하여 계산을 수행하고 그래프를 작성한다.

```
% spvolSRK.m : SRK 방정식에 의한 비부피 계산
tol = 1e-6;
P = input('압력범위 벡터(Pa): '); T = input('온도(K): ');
Tc = input('임계온도(K): '); Pc = input('임계압력(Pa): ');
omega = input('이심인자(Acentric factor): ');
%Soave-Redlich-Kwong 상태방정식의 상수
R = 8314;    % 기체상수(J/kmol.K)
a = 0.4278 * R^2 * Tc^2 / Pc; b = 0.0867 * R * Tc / Pc; sc = [-0.15613,
1.55171, 0.48508];
s = polyval(sc,omega); alpha = (1 + s * (1 - sqrt(T/Tc)))^2;
V0 = R*T./P;  % 초기 부피값
for i=1:length(P), f = @(x) P(i) - R*T/(x-b) + a*alpha/x/(x+b);
[V iter] = newtonrap(f,V0(i),tol); vol(i) = V; end
loglog(P/1000,V0,'.',P/1000,vol), xlabel('Pressure, kPa'), ylabel('Specific
Volume, m^3/kmol')
grid, legend('Ideal','SRK')
```

스크립트 spvolSRK의 수행결과는 다음과 같다.

```
>> spvolSRK
압력범위 벡터(Pa): [1:40]*101325
온도(K): 500
임계온도(K): 425.2
임계압력(Pa): 3797e3
이심인자(Acentric factor): 0.1931
```

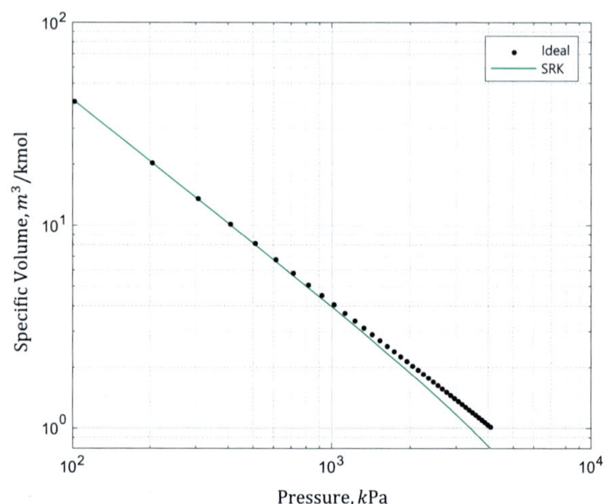

그림 2.10 SRK 식과 이상기체 식에 의한 비부피의 비교.

■

» Aitken의 Δ^2 방법

2차적으로 수렴하는 수열은 일반적으로 선형적으로(혹은 1차적으로) 수렴하는 수열보다 더 빠르게 수렴한다. 그러나 실제적으로는 선형적으로 수렴하는 방법이 2차적으로 수렴하는 방법보다 더 널리 사용된다. Aitken의 Δ^2 방법은 선형적으로 수렴하는 방법의 수렴속도를 가속화시키는 데에 사용되는 기법이다. Aitken의 방법을 고정점 반복과정과 결합시킨 방법은 Steffensen의 가속방법이라고 부른다.

Aitken의 가속정리

$\{x_n\}_{n=0}^{\infty}$이 x^*로 선형적으로 수렴한다고 하고 매우 큰 n에 대하여 $(x_n - x^*)(x_{n+1} - x^*) > 0$일 때 수열 $\{z_n\}_{n=0}^{\infty}$을

$$z_n = x_n - \frac{(\Delta x_n)^2}{\Delta^2 x_n} = x_n - \frac{(x_{n+1} - x_n)^2}{x_{n+2} - 2x_{n+1} + x_n} \quad (\Delta x_n = x_{n+1} - x_n)$$

와 같이 정의하면 $\{z_n\}_{n=0}^{\infty}$은 수열 $\{x_n\}_{n=0}^{\infty}$보다 더 빠르게 x^*로 수렴하며 $\lim_{n\to\infty} \frac{z_n - x^*}{x_n - x^*} = 0$이다.

증명

$\{x_n\}_{n=0}^{\infty}$이 x^*로 선형적으로 수렴한다고 하자. $x_n - x^*$, $x_{n+1} - x^*$, $x_{n+2} - x^*$들의 부호가 모두 동일하고 n이 충분히 커서

$$\frac{x_{n+1}-x^*}{x_n-x^*} \approx \frac{x_{n+2}-x^*}{x_{n+1}-x^*}$$

이라면 $(x_{n+1} - x^*)^2 \approx (x_{n+2} - x^*)(x_n - x^*)$이므로 이를 전개하고 정리하면

$$(x_{n+2}-2x_{n+1}+x_n)x^* \approx x_{n+2}x_n - x_{n+1}^2$$

이를 x^*에 대하여 풀고 다시 정리하면

$$\begin{aligned} x^* &\approx \frac{x_{n+2}x_n - x_{n+1}^2}{x_{n+2}-2x_{n+1}+x_n} = \frac{x_{n+2}x_n - x_{n+1}^2 - 2x_nx_{n+1} + 2x_nx_{n+1} - x_n^2 + x_n^2}{x_{n+2}-2x_{n+1}+x_n} \\ &= x_n - \frac{(x_{n+1}-x_n)^2}{x_{n+2}-2x_{n+1}+x_n} \end{aligned}$$

$\{x_n\}_{n=0}^{\infty}$이 x^*로 선형적으로 수렴한다고 하고

$$z_n = x_n - \frac{(x_{n+1}-x_n)^2}{x_{n+2}-2x_{n+1}+x_n}$$

로 두면 수열 $\{z_n\}_{n=0}^{\infty}$은 $\{x_n\}_{n=0}^{\infty}$보다 더 빠르게 x^*로 수렴한다. 위의 식은 Aitken의 공식이라고 통칭된다.

■

MATLAB 활용

함수 stfac는 주어진 초기 근사해 x0에 대하여 고정점 반복과정 $x = g(x)$에 대한 해를 신속하게 근사해 준다. 여기에서 $g(x)$와 $g'(x)$는 연속이며 $|g'(x)| < 1$이라고 가정한다. 계산되는 근사해 수열 z_n은 행렬 z에 순차적으로 저장된다.

```
function [x,z] = stfac(f,df,x0,delta,crit,maxiter)
% stfac.m: Steffensen의 가속과정
% Input:
%   f,df: 함수 및 함수의 미분, x0: 해의 초기 가정치
%   delta: x0에 대한 한계기준, crit: 함수값에 대한 한계기준
%   maxiter: 최대 반복과정 횟수
% Output:
%   x: Steffensen 과정에 따른 근사해, z: Steffensen 수열을 포함하는 행렬
R = zeros(maxiter,3); R(1,1) = x0; % 행렬 R의 초기화
for k = 1:maxiter
    for j = 2:3
        den = feval(df,R(k,j-1));
        if den == 0, disp('Newton-Raphson 방법에서 0으로 나눔.'); break;
        else, R(k,j) = R(k,j-1) - feval(f,R(k,j-1))/den; end
        aden = R(k,3) - 2*R(k,2) + R(k,1);
        if aden == 0, disp('Aitken 가속방법에서 0으로 나눔.'); break;
```

```
            else, R(k+1,1) = R(k,1) - (R(k,2) - R(k,1))^2 / aden; end
        end
        if (den == 0) | (aden == 0), break; end
        absR = abs(R(k,1) - R(k+1,1)); rerr = absR/(abs(R(k+1,1)) + delta);
        y = feval(f,R(k+1,1));
        if (absR < delta) | (rerr < delta) | (y < crit)
            x = R(k+1,1); z = R(1:k+1,:); break;
        end
    end
    end
```

MATLAB 실습 Steffensen의 가속방법

Steffensen의 가속방법을 이용하여 방정식 $f(x) = x^3 - 3x + 2 = 0$의 근사해를 구하라. 엄밀해는 $x^* = -2$이다. 해의 초기 가정치를 $x_1 = -2.4$라 하고 함수 stfac를 수행하여 근사해 x를 구하라.

풀이

$f'(x) = 3x^2 - 3$이다. $f(x)$와 $f'(x)$를 각각 익명함수로 정의하고 x0 = −2.4로 설정하며, delta와 crit는 각각 10^{-6}으로 설정한다.

```
>> f = @(x) x.^3 - 3*x + 2; df = @(x) 3*x.^2 - 3;
>> x0 = -2.4; delta = 1e-6; crit = 1e-6; maxiter = 1e3; [x,z] = stfac
(f,df,-2.4,delta,crit,maxiter)
x =
   -2.0000
z =
   -2.4000   -2.0762   -2.0036
   -1.9826   -2.0002   -2.0000
   -2.0000         0         0
```

■

2.3.4 Secant 방법

Newton 방법에서는 매 반복계산 단계마다 함수 $f(x)$에 대한 $f(x_n)$ 및 $f'(x_n)$의 계산이 요구된다. 간단한 함수의 경우 1차 미분의 계산은 쉽게 얻을 수 있지만 함수가 복잡한 형태를 갖는 경우에는 미분의 계산이 문제가 될 수 있다. Secant 방법에서는 1차 미분 $f'(x)$을 직접 계산하지 않고 두 점들에서의 $f(x)$의 함수값들을 이용하여 1차 미분을 근사하며 수렴속도는 Newton 방법에서와 유사하다. 1차 미분은 다음과 같이 근사적으로 구할 수 있다.

$$f'(x_n) = \frac{f(x_n) - f(x_{n-1})}{x_n - x_{n-1}}$$

이를 Newton−Raphson 반복과정 $x_{n+1} = x_n - \dfrac{f(x_n)}{f'(x_n)}$에 대입하면

$$x_{n+1}=x_n-f(x_n)\frac{x_n-x_{n-1}}{f(x_n)-f(x_{n-1})}=\frac{x_{n-1}f(x_n)-x_nf(x_{n-1})}{f(x_n)-f(x_{n-1})}$$

» 수정된 Secant 방법

1차 미분은 또한 $f'(x_n)\cong\dfrac{f(x_{n+1})-f(x_n)}{x_{n+1}-x_n}$과 같이 근사할 수 있다. 위에서 점 x_{n+1}과 x_n 사이의 거리를 h라고 하면 $x_{n+1}=x_n+h$이므로

$$f'(x_n)\cong\frac{f(x_{n+1})-f(x_n)}{x_{n+1}-x_n}=\frac{f(x_n+h)-f(x_n)}{h}$$

이다. 이를 Newton−Raphson 반복과정 $x_{n+1}=x_n-\dfrac{f(x_n)}{f'(x_n)}$에 대입하면

$$x_{n+1}=x_n-\frac{hf(x_n)}{f(x_n+h)-f(x_n)}$$

이는 수정된 Secant 방법이다.

» Secant 방법의 수렴성

Secant 방법에서는 수렴이 보장되지 않지만 수렴하는 경우 수렴속도는 Bisection 방법이나 False position 방법에 비해 매우 빠르며 Newton 방법의 수렴속도와 비슷하다. 엄밀해를 x^*라고 할 때 k가 클 경우 $|x_k-x^*|\approx\lambda|x_{k-1}-x^*|^p$이면 p의 차수로 수렴한다고 말한다. $\lambda>0$는 오차상수이다. $p=1$이고 $\lambda<1$이면 선형적으로 수렴한다고 말한다. Secant 방법의 경우 $p=(1+\sqrt{5})/2\approx1.62$이며 오차상수는 $\lambda=\left|\dfrac{f''(x^*)}{2f'(x^*)}\right|^b\left(b=\dfrac{\sqrt{5}-1}{2}\right)$로 주어진다.

Secant 방법의 수렴성 정리

구간 $I=[x^*-\epsilon,x^*+\epsilon]$에서 $f(x)$, $f'(x)$, $f''(x)$가 모두 연속이고 $f'(x^*)\neq0$이며 해의 초기 추정치 x_0와 x_1이 엄밀해 x^*에 충분히 근접해 있다면 Secant 방법은 수렴한다.

보기 2.8 Secant 근사공식

$f(x)=x^3-2x+2$이고 초기 추정치 x_0와 x_1을 각각 -2.6 및 -2.4로 정하였다고 하자. Secant 방법의 반복 근사공식을 써 보라.

풀이

Secant 반복과정으로부터

$$x_{n+1}=\frac{x_{n-1}f(x_n)-x_nf(x_{n-1})}{f(x_n)-f(x_{n-1})}=\frac{(x_n^3-2x_n+2)x_{n-1}-x_n(x_{n-1}^3-2x_{n-1}+2)}{(x_n^3-2x_n+2)\quad(x_{n-1}^3-2x_{n-1}+2)}$$

$$= \frac{x_n^3 x_{n-1} - x_n x_{n-1}^3 - 2x_n + 2x_{n-1}}{x_n^3 - x_{n-1}^3 - 2x_n + 2x_{n-1}} = \frac{x_n^2 x_{n-1} + x_n x_{n-1}^2 - 2}{x_n^2 + x_n x_{n-1} + x_{n-1}^2 - 2}$$

■

보기 2.9 **Secant 방법**

$f(x) = x^3 + 5x^2 - 12$일 때 $f(1) = -6$, $f(2) = 16$이므로 $f(1)f(2) < 0$이며, 따라서 방정식 $f(x) = x^3 + 5x^2 - 12 = 0$의 하나의 근은 구간 [1, 2] 내에 존재함을 알 수 있다. Secant 방법을 이용하여 $c = 10^{-2}$의 수렴한계가 만족되도록 이 근에 대한 근사값을 구하라. 수렴한계는 $c = |x_n - x_{n-1}|$와 같이 설정할 수 있다.

풀이

$x_0 = 1$, $x_1 = 2$로 설정하고 반복계산을 수행한다.

n	x_n	c
2	1.2727	0.7273
3	1.3477	0.0750
4	1.3735	0.0258
5	1.3723	0.0012

■

MATLAB 활용

Secant 방법은 MATLAB 함수 secant에 의해 수행된다. 이 함수는 다음과 같이 사용한다.

```
[x, iter] = secant(fun, x0, tol, varargin)
```

위에서 x0는 초기값(열 벡터), fun은 방정식 이름, x는 계산된 해이며, iter은 반복계산 횟수를 나타낸다.

```
function [x, iter] = secant(fun,x0,tol,varargin)
% Secant 방법에 의한 방정식의 풀이
% input:
%   x0: 초기값(열 벡터), fun: 방정식
% output:
%   x: 해, iter: 반복계산 횟수

xn = x0*1.1;  % x(n)
if xn == x0, xn = x0 + 0.1; end
xn1 = x0;   % x(n-1)
iter = 0; maxiter = 100;
while max(abs(xn - xn1)) > tol & iter < maxiter  % 반복계산 루프
    iter = iter + 1; fn1 = feval(fun,xn1,varargin{:}); % f(x(n-1))
    fn = feval(fun,xn,varargin{:});   % f(x(n))
```

```
    x = (xn1.*fn - xn.*fn1)./(fn - fn1); xn1 = xn; xn = x;
end
if iter >= maxiter, disp('경고: 허용 가능한 최대 반복계산 횟수에 도달.'); end
end
```

MATLAB 실습 Secant 방법에 의한 방정식의 풀이

Secant 방법을 이용하여 방정식 $f(x) = 2e^{-x} - x = 0$의 해를 구하라. 해의 초기 가정값은 $x_0 = 0$, 오차기준은 $\epsilon = 10^{-6}$으로 설정한다.

풀이

```
>> fun = @(x) 2*exp(-x)-x; x0 = 0; tol = 1e-6; [x, iter] = secant(fun,
x0,tol)
x =
    0.8526
iter =
     6
```

■

MATLAB 실습 실린더 두께의 계산

그림에 보인 것과 같은 높이 1.4 m, 직경 0.3 m의 실린더 내부에 3 kg의 프로판 기체가 들어 있다. 실린더 내부의 온도는 100°C, 압력은 32 bar이다. Secant 방법을 이용하여 실린더 내부의 부피와 실린더 벽의 두께를 구하라. 프로판 기체에 대하여 Redlich–Kwong 상태방정식

$$p = \frac{RT}{v-b} - \frac{a}{v(v+b)\sqrt{T}}$$

를 적용할 수 있으며 $a = 182.23\ \text{bar}\cdot\text{m}^6\cdot\text{K}^{0.5}/\text{kmol}^2$, $b = 0.06242\ \text{m}^3/\text{kmol}$이고 프로판의 분자량은 44.09 kg/kmol, 기체상수는 $R = 0.08314\ \text{bar}\cdot\text{m}^3/(\text{kmol}\cdot\text{K})$이다.

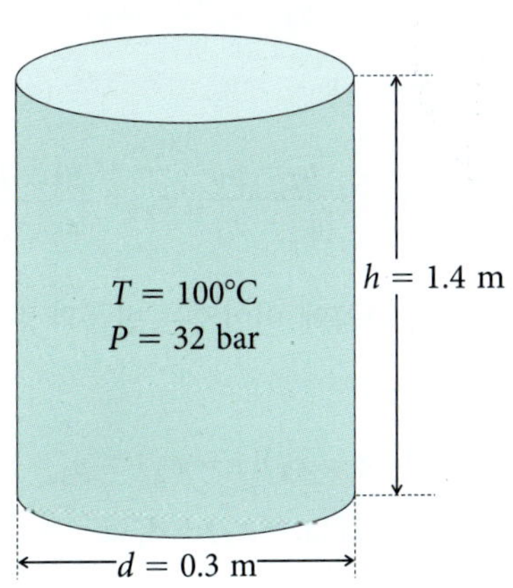

그림 2.11 프로판 기체가 채워진 실린더.

풀이

실린더 내부의 부피를 V, 기체의 몰부피를 v, 기체의 질량을 m, 기체의 분자량을 M_w라고 하면 $V = \dfrac{mv}{M_w}$이다. 실린더 두께를 무시한다면 실린더의 부피는 $V_0 = \dfrac{\pi d^2 h}{4}$로 주어진다. 따라서 실린더의 두께를 t라고 하면 $V_0 - V = t\left(\pi dh + \dfrac{\pi d^2}{4} \cdot 2\right)$로부터 t를 구할 수 있다. 몰부피의 초기 가정값은 1, 수렴한계는 10^{-6}으로 설정한다.

```
% volcyl.m
a = 182.23; b = 0.06242; R = 0.08314; tol = 1e-6; v0 = 1; % 상수 및 초기값
d = 0.3; h = 1.4; Mw = 44.09; m = 3; T = 373.15; P = 32; % 데이터
f = @(v) R*T/(v-b) - a/(v*(v+b)*sqrt(T)) - P;
[v,iter] = secant(f,v0,tol)
V0 = 0.25*pi*h*d^2; V = m*v/Mw; t = (V0 - V)/(pi*d*h + 0.5*pi*d^2)

>> volcyl
v =
    0.6644
iter =
     6
t =
    0.0368
```

즉 실린더의 두께는 t = 3.68 cm이다.

■

2.3.5 Muller 방법

Muller 방법은 함수의 미분을 필요로 하지 않는다는 관점에서 Secant 방법을 일반화시킨 방법으로 간주되며 함수를 2차식으로 근사하고 2차방정식의 풀이로부터 근을 계산한다.

3개의 점 (x_1, y_1), (x_2, y_2), (x_3, y_3)를 지나는 포물선의 식은

$$y = y_3 + c_2(x - x_3) + d_1(x - x_2)(x - x_3)$$

으로 쓸 수 있으며 계수들은

$$c_1 = \frac{y_2 - y_1}{x_2 - x_1},\quad c_2 = \frac{y_3 - y_2}{x_3 - x_2},\quad d_1 = \frac{c_2 - c_1}{x_3 - x_1}$$

와 같다. 위의 관계로부터 다음에 이어지는 반복과정을 위한 새로운 근사점 x_4를 계산한다. $y = 0$으로 두면

$$\begin{aligned} 0 &= y_3 + c_2(x - x_3) + d_1(x - x_3)(x - x_2) = y_3 + c_2(x - x_3) + d_1(x - x_3)(x - x_3 + x_3 - x_2) \\ &= y_3 + \{c_2 + d_1(x_3 - x_2)\}(x - x_3) + d_1(x - x_3)^2 \\ &= y_3 + s(x - x_3) + d_1(x - x_3)^2 \quad (s = c_2 + d_1(x_3 - x_2)) \end{aligned}$$

x_3는 근 x에 미치지 못하였으므로 $z = x - x_3 \neq 0$이다. 위 식의 양변을 $(x - x_3)^2 = z^{-2}$으로 나누면

$$y_3 z^2 + sz + d_1 = 0$$

이로부터 가장 작은 근을 구하면

$$z = \frac{1}{x - x_3} = \frac{-s - \mathrm{sign}(s)\sqrt{s^2 - 4y_3 d_1}}{2y_3}$$

따라서 새로운 근사는

$$x = x_4 = x_3 - \frac{2y_3}{s + \mathrm{sign}(s)\sqrt{s^2 - 4y_3 d_1}}, \quad s = c_2 + d_1(x_3 - x_2)$$

Muller 방법은 Newton 방법보다 효율적이지 못하지만 초기치에 덜 민감하다. 그러나 Muller 방법은 대체로 Secant 방법보다는 더 빠르게 수렴한다.

» Muller 방법 알고리듬

1) 초기점 x_0, x_1, x_2에서의 함수값 $f_0 = f(x_0)$, $f_1 = f(x_1)$, $f_2 = f(x_2)$를 구하고 수렴기준 $\epsilon > 0$ 및 최대 반복계산 횟수 $m > 0$을 설정한다. $k = 1$로 둔다.
2) $h_0 = x_0 - x_2$, $h_1 = x_1 - x_2$, $h_3 = h_0 h_1 (h_1 - h_0)$, $c_1 = f_2$,

   $c_2 = \dfrac{1}{h_3}\{h_1^2 (f_0 - f_2) - h_0^2 (f_1 - f_2)\}$, $c_3 = \dfrac{1}{h_3}\{-h_1 (f_0 - f_2) + h_0 (f_1 - f_2)\}$

   $d_1 = c_2 + \sqrt{c_2^2 - 4c_1c_3}$, $d_2 = c_2 - \sqrt{c_2^2 - 4c_1c_3}$

   를 계산한다.
3) $|d_1| \geq |d_2|$이면 $x_3 = x_2 - 2c_1/d_1$, 그렇지 않으면 $x_3 = x_2 - 2c_1/d_2$로 둔다.
4) $x_0 = x_1$, $f_0 = f_1$, $x_1 = x_2$, $f_1 = f_2$, $x_2 = x_3$, $f_2 = f(x_3)$, $k = k + 1$으로 둔다.
5) $|f_2| \geq \epsilon$ 및 $k \leq m$이면 단계 2로 되돌아간다.
6) $x = x_3$를 해로 취한다.

보기 2.10 Muller 방법

Muller 방법을 이용하여 $f(x) = x^6 - 2 = 0$의 근사해를 구하고자 한다. 초기 추정치들을 $x_1 = 0.5$, $x_2 = 1.5$, $x_3 = 1.0$로 하여 Muller 방법을 3회 반복 수행해 보라.

풀이

$f(x) = y = x^6 - 2$로부터 $f(x_1) = y_1 = -1.9844$, $f(x_2) = y_2 = 9.3906$, $f(x_3) = y_3 = -1$이다. 이로부터

$$c_1 = \frac{y_2 - y_1}{x_2 - x_1} = 11.375, \quad c_2 = \frac{y_3 - y_2}{x_3 - x_2} = 20.781, \quad d_1 = \frac{c_2 - c_1}{x_3 - x_1} = 18.812$$

$$s = c_2 + d_1(x_3 - x_2) = 11.375, \quad x_4 = x_3 - \frac{2y_3}{s + \mathrm{sign}(s)\sqrt{s^2 - 4y_3 d_1}} = 1.0779$$

반복계산을 수행하면 다음 표와 같다.

k	x_k	$y_k = f(x_k)$
1	0.5	−1.9844
2	1.5	9.3906
3	1	−1
4	1.0779	−0.4317
5	1.1170	−0.0576
6	1.1225	0.0008

MATLAB 활용

Muller 방법은 함수 muller에 의해 수행된다. 이 함수는 다음과 같이 사용한다.

```
[x, y, iter] = muller(fun, x1, x2, kmax, tol, varargin)
```

위에서 x1과 x2는 두 초기값, fun은 방정식 이름이며, x는 계산된 근사해, y는 x에서의 함수값, iter은 반복계산 횟수를 나타낸다.

```
function [x, y, iter] = muller(fun,x1,x2,kmax,tol,varargin)
% Mullert 방법에 의한 방정식의 풀이
% input:
%   fun: 방정식, x1,x2: 두 시작점. 세 번째 시작점은 (x1+x2)/2
%   tol: 수렴한계, kmax: 허용 가능한 최대 반복계산 횟수
% output:
%   x: 근사해(행벡터), y: x에서의 함수값 fun(x), iter: 반복계산 횟수

x3 = (x1 + x2)/2; y1 = feval(fun,x1,varargin{:}); y2 = feval(fun,x2,varargin{:});
y3 = feval(fun,x3,varargin{:}); c1 = (y2 - y1)/(x2 - x1);
for k = 3:kmax
    c2 = (y3 - y2)/(x3 - x2); d1 = (c2 - c1)/(x3 - x1); s = c2 + d1*(x3 - x2);
    x4 = x3 - 2*y3/(s + sign(s)*sqrt(s^2 - 4*y3*d1)); y4 = feval(fun,x4,varargin{:});
    if abs(x4 - x3) < tol, disp('Muller 방법은 수렴값에 도달함.'); break; end
    c1 = c2; x1 = x2; x2 = x3; x3 = x4; y1 = y2; y2 = y3; y3 = y4; iter
    = k; % update
end
x = x4; y = y4;
end
```

MATLAB 실습 Muller 방법에 의한 방정식의 풀이

Muller 방법을 이용하여 방정식 $f(x) = x^4 - 3x^3 + 2x^2 + 4x + 1 = 0$의 근을 구하라. 두 초기점들은 1과 2로, 수렴한계는 10^{-6}으로 한다. 두 초기값을 −1과 1로 하면 어떤 해가 얻어지는가?

풀이

```
>> f = @(x) x^4 - 3*x^3 + 2*x^2 + 4*x + 1; [x,y,iter] = muller(f,1,2,1000,1e-6)
Muller 방법은 수렴값에 도달함.
x =
  -0.3417 + 0.0000i
y =
  -4.6865e-12 + 1.6430e-12i
iter =
    15
>> [x,y,iter] = muller(f,-1,1,1000,1e-6)  % 두 초기값을 -1과 1로 설정
Muller 방법은 수렴값에 도달함.
x =
  -0.3417 + 0.0000i
y =
   2.2204e-16 + 9.8081e-21i
iter =
     9
```

■

2.3.6 함수의 최소화를 이용한 방정식의 풀이

» 황금분할 탐색

황금분할(golden-section) 탐색방법은 미분을 이용하지 않고 함수의 최소점을 찾는 가장 간단한 방법으로서 Bisection 방법과 유사하다. 방정식 $f(x) = 0$의 근이 존재하는 초기 구간을 $[a, b]$라고 하자(즉 $f(a)f(b) < 0$). 해가 존재하는 구간을 순차적으로 줄여 나가는 경우를 고려해 보기로 한다. 초기 구간의 길이를 $I_1 = b - a$라고 할 때 그림 2.12에 보인 구간축소 과정은 다음과 같이 나타낼 수 있다:

$$I_1 = I_2 + I_3, \quad I_2 = I_3 + I_4, \quad I_k = I_{k+1} + I_{k+2}, \quad \cdots \ , \quad I_{n-2} = I_{n-1} + I_n, \quad I_{n-1} = 2I_n$$

이제 순차적으로 축소되는 구간의 비율이 τ로서 일정하다면

$$\frac{I_2}{I_1} = \frac{I_3}{I_2} = \frac{I_4}{I_3} = \cdots = \tau$$

이로부터

$$I_2 = \tau I_1, \quad I_3 = \tau I_2 = \tau^2 I_1$$

을 얻는다. 이들을 $I_1 = I_2 + I_3$에 대입하면

$$\tau^2 + \tau = 1$$

이 방정식의 양의 근은

$$\tau = \frac{\sqrt{5} - 1}{2} = 0.61803$$

와 같으며 보통 황금률(golden ratio)이라고 불린다.

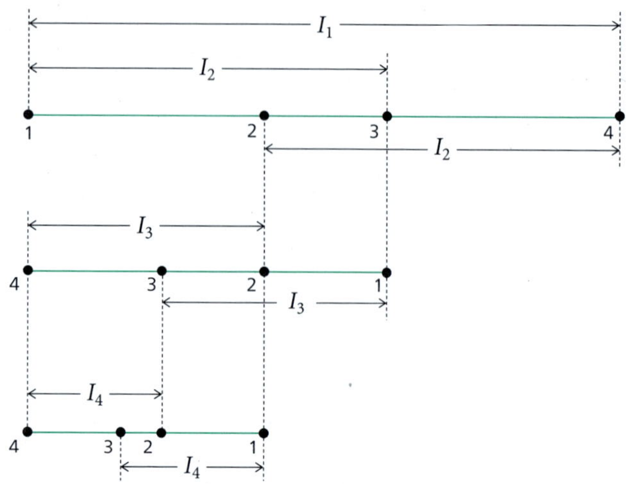

그림 2.12 탐색구간의 순차적 축소.

MATLAB 활용

황금분할 방법은 함수 gsroot에 의해 수행된다. 이 함수는

```
[x,fx] = gsroot(f,a,b,crit,kmax)
```

와 같이 사용한다. 여기에서 f는 함수, a, b는 초기 탐색구간, crit는 수렴 기준이며, kmax는 가능한 최대 반복계산 횟수이다.

```
function [x,fx,k] = gsroot(f,a,b,crit,kmax)
if f(a)*f(b) > 0, error('구간 [a b]는 해를 포함하지 않거나 너무 넓음.'); end
tau = (sqrt(5)-1)/2;
for k = 1:kmax
    fa = f(a); fb = f(b); I = b-a; t = a + tau*I; ft = f(t);
    if fa*ft < 0, b = t;
    else, a = t;
    end
    if abs(b-a) < crit, break; end
end
x = t; fx = ft;
end
```

MATLAB 실습 황금분할 방법에 의한 방정식의 풀이

황금분할 방법을 이용하여 방정식 $f(x) = 2e^{-x} - x = 0$의 해를 구하라. 초기 구간점은 [0, 2], 오

차기준은 $\epsilon = 10^{-6}$으로 설정한다.

풀이

```
>> crit = 1e-6; a =0; b = 2; kmax = 1000; f = @(x) 2*exp(-x) - x;
>> [x,f,k] = gsroot(f,a,b,crit,kmax)
x =
    0.8526
f =
  -9.4843e-07
k =
    23
```

■

» Brent 방법: 역 2차 안짐작

Brent 방법(혹은 Brent−Dekker 방법)은 구간분할법과 열린구간법의 조합이라고 볼 수 있다. 3개의 점들이 주어져 있을 경우 이 점들을 지나는 2차 곡선이 x축과 만나는 점을 해의 새로운 추정치로 정하는 과정을 반복하면 해를 구할 수 있다. 그러나 3개의 점들을 지나는 2차 곡선이 x축과 만나지 않는 경우에는 x축과 y축을 바꾸어 역 2차 안짐작을 시도한다. 즉 $y = f(x)$ 대신에 $x = f(y)$로 주어지는 2차 곡선을 구하고 이 곡선이 x축과 만나는 점을 새로운 해의 추정치로 정한다.

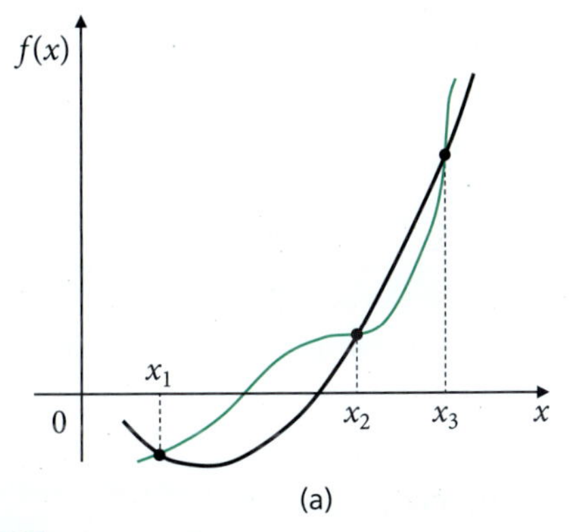

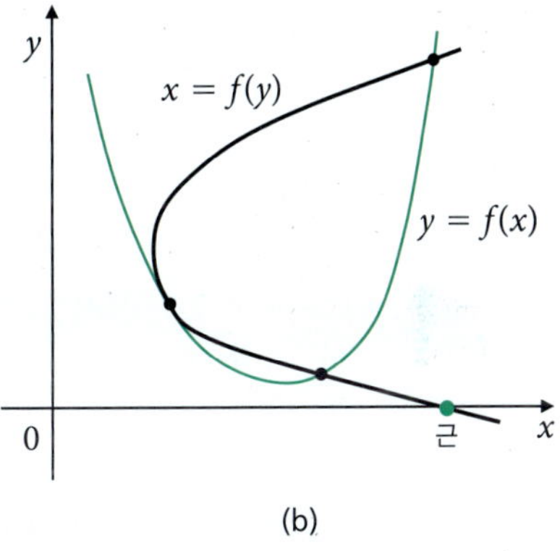

그림 2.13 Brent 방법.

3개의 점들을 (x_1, y_1), (x_2, y_2), (x_3, y_3)라 하면 이 점들을 지나는 2차 곡선의 식은

$$g(y) = \frac{(y-y_2)(y-y_3)}{(y_1-y_2)(y_1-y_3)}x_1 + \frac{(y-y_1)(y-y_3)}{(y_2-y_1)(y_2-y_3)}x_2 + \frac{(y-y_1)(y-y_2)}{(y_3-y_1)(y_3-y_2)}x_3$$

이는 Lagrange 다항식이라고 불린다. $y = 0$에 해당되는 새로운 근 x_4는 위의 식에 $y = 0$을 대입하면 된다(그림 2.13(b) 참조). 즉

$$x_4 = g(0) = \frac{y_2 y_3}{(y_1-y_2)(y_1-y_3)}x_1 + \frac{y_1 y_3}{(y_2-y_1)(y_2-y_3)}x_2 + \frac{y_1 y_2}{(y_3-y_1)(y_3-y_2)}x_3$$

MATLAB 활용

Brent 방법은 함수 Brent에 의해 수행된다. Brent의 이용 방법은

x = Brent(fun, xa, xb, varargin)

와 같다. fun은 방정식을 포함하는 함수 이름이며, xa와 xb는 해의 초기 탐색구간이다. 출력에서 x는 결과로 얻어지는 해이다.

```
function b = Brent(func,xa,xb,varargin)
% Brent 방법에 의한 방정식(func)의 풀이
% 탐색구간: [xa xb]

tol = 1e-6; a = xa; b = xb; fa = feval(func,a,varargin{:}); fb = feval(func,
b,varargin{:});
c = a; fm = fa; d = b - c; e = d;
while (1)
  if fb == 0, return; end
  if sign(fa) == sign(fb) % 필요할 경우 점들을 재배열
    a = c; fa = fm; d = b - c; e = d;
  end
  if abs(fa) < abs(fb), c = b; b = a; a = c; fm = fb; fb = fa; fa = fm; end
  m = (a - b)/2; tol = 2*eps*max(abs(b), 1);
  if abs(m) <= tol | fb == 0., break; end
  % bisection 방법을 적용
  if abs(e) >= tol & abs(fm) > abs(fb)
    s = fb/fm;
    if a == c, p = 2*m*s; q = 1 - s;
    else % 역 2차 안짐작
      q = fm/fa; r = fb/fa; p = s * (2*m*q * (q - r) - (b - c)*(r - 1));
      q = (q - 1)*(r - 1)*(s - 1);
    end
    if p > 0, q = -q; else p = -p; end;
    if 2*p < 3*m*q - abs(tol*q) & p < abs(e*q/2), e = d; d = p/q;
    else, d = m; e = m; end
  else, d = m; e = m; % Bisection 방법
  end
  c = b; fm = fb;
  if abs(d) > tol, b = b+d;
  else, b = b - sign(b-a)*tol; end
  fb = feval(func,b,varargin{:});
end
end
```

MATLAB 실습 Brent 방법에 의한 방정식의 풀이

Brent 방법을 이용하여 방정식 $f(x) = 2e^{-x} - x = 0$의 해를 구하라. 해의 초기 탐색구간은 [0,1]로 한다.

풀이

함수 Brent의 수행결과는 다음과 같다.

```
>> fun = @(x) 2*exp(-x)-x; x = Brent(fun,0,1)
x =
    0.8526
```

■

MATLAB 실습 Brent 방법에 의한 Colebrook 방정식의 풀이

Colebrook 식

$$\frac{1}{\sqrt{f}} = -0.86\ln\left(\frac{\epsilon/D}{3.7} + \frac{2.51}{N_{Re}\sqrt{f}}\right)$$

에서 $N_{Re} = 8 \times 10^4$, $\epsilon/D = 0.00015$일 때 Brent 방법을 이용하여 마찰인자 f를 구하라. 해의 초기 탐색구간은 [0,1]로 한다.

풀이

Colebrook 식을 다음과 같이 $f(x) = 0$의 형태로 정리한다.

$$f(x) = \frac{1}{\sqrt{x}} + 0.86\ln\left(\frac{\epsilon/D}{3.7} + \frac{2.51}{N_{Re}\sqrt{x}}\right) = 0$$

함수 Brent의 수행결과는 다음과 같다.

```
>> Re = 8e4; eD = 1.5e-4; xa = 0; xb = 1;
>> fun = @(x) 1/sqrt(x) + 0.86*log(eD/3.7 + 2.51/(Re*sqrt(x))); f = Brent
(fun,xa,xb)
f =
    0.0199
```

■

2.4 다항 방정식의 풀이

다항 방정식의 일반적인 형태는 다음과 같다:

$$f(x) = a_n x^n + a_{n-1} x^{n-1} + \cdots + a_1 x + a_0 = 0$$

이러한 방정식의 해는

- 서로 다른 실근

- 중근(실근)
- 복소근
- 실근, 중근, 복소근의 조합

과 같은 형태를 갖는다. 다음 표 2.1 및 그림 2.14는 4차 다항 방정식에 있어서의 근의 형태를 보인 것이다.

표 2.1 4차 다항 방정식에서의 여러 가지 근의 형태

다항 방정식	근	그림 2.14
$x^4 + 6x^3 + 7x^2 - 6x - 8 = 0$	$-4, -2, -1, 1$	(a)
$x^4 + 7x^3 + 12x^2 - 4x - 16 = 0$	$-4, -2$(중근), 1	(b)
$x^4 - 6x^3 + 18x^2 - 30x + 25 = 0$	$1\pm 2i,\ 2\pm i$	(c)
$x^4 + x^3 - 5x^2 + 23x - 20 = 0$	$-4, 1, 1\pm 2i$	(d)

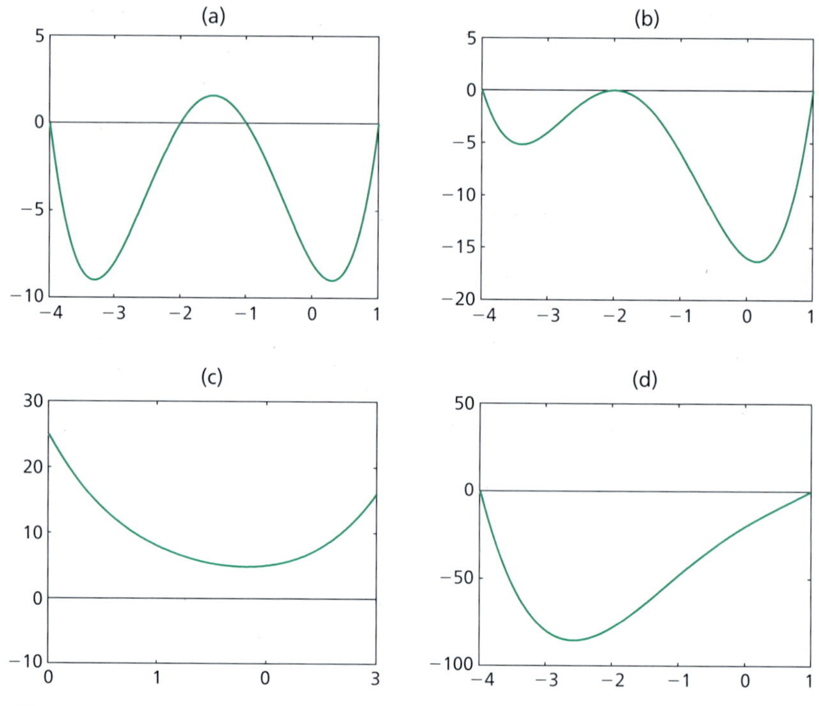

그림 2.14 4차 다항 방정식의 근의 형태.

2.4.1 Newton 관계의 이용

n차 다항 방정식

$$f(x) = a_n x^n + a_{n-1} x^{n-1} + \cdots + a_1 x + a_0 = 0$$

의 해는 표 2.2에 보인 바와 같은 다항식 계수에서의 Newton의 관계를 이용하여 규명할 수 있다.

표 2.2 다항식 계수에서의 Newton 관계

Newton 관계	관계식 ($i \neq j \neq k \neq \cdots$)
1차 관계	$\sum_{i=1}^{n} x_i = -\frac{a_{n-1}}{a_n}$
2차 관계	$\sum_{i,j=1}^{n} x_i x_j = \frac{a_{n-2}}{a_n}$
3차 관계	$\sum_{i,j,k=1}^{n} x_i x_j x_k = -\frac{a_{n-3}}{a_n}$
n차 관계	$x_1 x_2 x_3 \cdots x_n = (-1)^n \frac{a_0}{a_n}$

2.4.2 Synthetic Division 알고리듬

Synthetic division을 이용하는 간단한 알고리듬으로 다항 방정식의 해를 구할 수 있다. 4차 다항 방정식을 고려해 보자:

$$f(x) = a_4 x^4 + a_3 x^3 + a_2 x^2 + a_1 x + a_0 = 0$$

이 방정식의 첫 번째 실근을 x^*라 하면 위의 식은 다음과 같이 쓸 수 있다:

$$f(x) = (x - x^*)(b_3 x^3 + b_2 x^2 + b_1 x + b_0) = 0$$

위에서 3차 다항식의 계수 b_i를 정하려면 위의 식을 전개하여 다음과 같이 x의 내림차순으로 정리한다:

$$f(x) = b_3 x^4 + (b_2 - b_3 x^*)x^3 + (b_1 - b_2 x^*)x^2 + (b_0 - b_1 x^*)x - b_0 x^*$$

위 식과 처음 식 $f(x) = a_4x^4 + a_3x^3 + a_2x^2 + a_1x + a_0 = 0$의 계수들을 서로 비교하면

$$a_3 = b_2 - b_3 x^*, \quad a_2 = b_1 - b_2 x^*, \quad a_1 = b_0 - b_1 x^*$$

이를 b_i에 대하여 풀면

$$b_3 = a_4, \quad b_2 = a_3 + b_3 x^*, \quad b_1 = a_2 + b_2 x^*, \quad b_0 = a_1 + b_1 x^*$$

를 얻는다. 일반적으로 n차의 다항식에 대하여 계수들은

$$b_{n-1} = a_n, \quad b_{n-1-r} = a_{n-r} + b_{n-r} x^* \quad (r = 1, 2, \cdots, n-1)$$

로 주어진다. 다음에 다항식의 차수는 하나씩 줄어든다:

$$n_{j+1} = n_j - 1$$

위에서 j는 반복계산 회수를 나타낸다. 위의 과정은 모든 실근들이 얻어질 때까지 되풀이된다. 실근이 모두 얻어진 후 남아 있는 다항식에는 복소근들이 포함되어 있다.

MATLAB 활용

Synthetic division 알고리듬은 함수 newtonrapsd에 의해 수행된다. 이 함수는 다음과 같이 사용한다.

```
x = newtonrapsd(p)
```

위에서 p는 다항식의 계수들을 내림차순으로 포함하는 행벡터이며, x는 근이다.

```
function x = newtonrapsd(c)
% Synthetic division 방법을 이용한 다항방정식의 풀이
% 벡터 c는 다항식의 계수들을 내림차순으로 포함

% 초기화
tol = 1e-6; n = length(c) - 1; a = c;
for k = n:-1:3
    x0 = -a(2)/a(1); x1 = x0 + 0.1; iter = 0; maxiter = 100;
    % Newton-Raphson 방법에 의한 다항식의 풀이
    while abs(x0 - x1) > tol & iter < maxiter
        iter = iter + 1; x0 = x1; fv = polyval(a,x0);
        fp = polyval(polyder(a),x0);  % 다항식의 미분
        if fp ~= 0, x1 = x0 - fv / fp;   % 해의 새로운 근사
        else, x1 = x0 + 0.01;
        end
    end
    x(n-k+1) = x1;   % 해
    % 새로운 계수들의 계산
    b(1) = a(1);
    for r = 2:k, b(r) = a(r) + b(r-1) * x1; end
    if iter == maxiter, disp('경고: 최대 가능 반복계산 횟수에 도달.'); end
    clear a; a = b; clear b;
end
% 나머지 2차식의 근
delta = a(2)^2 - 4*a(1)*a(3); x(n-1) = (-a(2) - sqrt(delta))/(2*a(1));
x(n) = (-a(2) + sqrt(delta))/(2*a(1)); x = x';
end
```

MATLAB 실습 Synthetic division 알고리듬에 의한 다항 방정식의 풀이

Synthetic division 알고리듬을 이용하여 방정식 $x^4 + 6x^3 + 7x^2 - 6x - 8 = 0$의 해를 구하라.

풀이

함수 newtonrapsd의 수행결과는 다음과 같다.

```
>> p = [1 6 7 -6 -8]; x = newtonrapsd(p)
```

```
x =
   -4.0000
   -2.0000
   -1.0000
    1.0000
```

» Bairstow 방법

Bairstow 방법은 주어진 다항식에 대한 2차의 실수인자를 찾는 데에 이용된다. 다항식 $f(x)$를

$$f(x) = (x^2 + px + q)Q(x) + Rx + S$$

와 같이 나타낼 수 있다고 하자. R과 S는 각각 p와 q의 함수라고 간주한다. 위에서 2차의 실수인자는 $x^2 + px + q$이다. 이제 $R = 0$ 및 $S = 0$이 되도록 p와 q를 구하고자 한다. Bairstow 방법은 Synthetic division을 이용하여 R과 S의 계산 및 p와 q에 대한 이들의 편미분을 수행하며 이로부터 얻어지는 $Ax = b$ 형태의 방정식 시스템의 풀이로부터 매 반복과정에서 p와 q가 보정되도록 한다.

n차의 다항식

$$f(x) = a_0 + a_1 x + \cdots + a_n x^n$$

을 고려해 보자. $f(x)$를 2차식 $x^2 + px + q$로 나눈다면

$$f(x) = (x^2 + px + q)(b_2 + b_3 x + \cdots + b_n x^{n-2}) + b_1 x + (b_0 + pb_1)$$

과 같이 나타낼 수 있다(즉 $R = b_1$, $S = b_0 + pb_1$). Synthetic division을 이용하여 나눗셈을 수행하면

$$\begin{aligned} b_n &= a_n \\ b_{n-1} &= a_{n-1} - pb_n \\ b_i &= a_i - pb_{i+1} - qb_{i+2} \quad (i = n-2, n-3, \cdots, 0) \end{aligned}$$

의 관계를 얻는다.

MATLAB 활용

Bairstow 방법은 함수 bairs에 의해 수행된다.

```
function P = bairs(a)
% Bairstow 방법의 수행
kmax = 3; n = length(a) - 1; p = 1; q = 1;
for k = 1:kmax
    b(1) = a(1); b(2) = a(2) - b(1)*p;
    for j = 2:n, b(j+1) = a(j+1) - b(j)*p - b(j-1)*q; end
    c(1) = b(1); c(2) = b(2) - c(1)*p;
    for j = 2:n-1, c(j+1) = b(j+1) - c(j)*p - c(j-1)*q; end
```

```
        A = [c(n-1)  c(n-2); (c(n)-b(n)) c(n-1)]; r = [b(n); b(n+1)]; x = A\r;
            p = p + x(1); q = q + x(2);
end
P = [1 p q];
end
```

MATLAB 실습 Bairstow 방법

Bairstow 방법을 이용하여 다항식 $x^3 - x - 3$에 대한 2차 실수인수 $x^2 + px + q$를 구하라.

풀이

```
>> a = [1 0 -1 -3]; P = bairs(a)
P =
    1.0000    1.6719    1.7945
```

즉 2차 실수인수는 $x^2 + 1.6719x + 1.7945$이다. ■

2.4.3 Laguerre 방법

다항 방정식 $f(x) = 0$의 해를 구하기 위한 Laguerre의 방법은 해의 현재 추정치에서 다항식과 다항식의 1차 및 2차 미분값들을 이용한다. 다항식 $f(x)$를

$$f(x) = (x - x_1)(x - x_2) \cdots (x - x_n)$$

와 같이 인수분해된 형태로 나타낼 수 있다고 가정하자. 위 식의 양변에 로그를 취하면

$$\ln|f(x)| = \ln|x - x_1| + \ln|x - x_2| + \cdots + \ln|x - x_n|$$

와 같다. 이 식의 1차 미분과 2차 미분은 각각

$$\frac{d}{dx}(\ln|f(x)|) = \frac{f'(x)}{f(x)} = A(x) = \frac{1}{x - x_1} + \frac{1}{x - x_2} + \cdots + \frac{1}{x - x_n}$$
$$\frac{d^2}{dx^2}(\ln|f(x)|) = \frac{f'(x)^2}{f(x)^2} - \frac{f''(x)}{f(x)} = B(x) = \frac{1}{(x - x_1)^2} + \frac{1}{(x - x_2)^2} + \cdots + \frac{1}{(x - x_n)^2}$$

로 주어진다. 현재의 해의 추정치를 x_0, 구하고자 하는 해를 x_1이라 하고 $a = x_0 - x_1$라 하자. 다른 해 $x_2, x_3, \cdots, x_n$들이 현재의 추정치 x_0로부터 모두 동일한 거리 b만큼 떨어져 있다고 가정하면

$$A(x_0) = \frac{1}{a} + \frac{n-1}{b}, \quad B(x_0) = \frac{1}{a^2} + \frac{n-1}{b^2}$$

를 얻는다. 이를 a에 대하여 풀면

$$a = \frac{n}{A(x_0) \pm \sqrt{(n-1)(nB(x_0) - A(x_0)^2)}}$$

와 같다. 위에서 분모의 제곱근 앞의 부호 ±는 +나 −에서 분모의 크기가 최대가 되도록 선택함을 의미한다. 초기 가정치가 x_0라면 다음의 근사해는 $x_1 = x_0 - a$가 된다.

Laguerre 방법의 반복계산 과정은 다음과 같이 요약할 수 있다:

$$g(x) = \{f'(x)\}^2 - \frac{nf(x)f''(x)}{n-1}$$

$$x_{k+1} = x_k - \frac{nf(x_k)}{f'(x_k) \pm (n-1)\sqrt{g(x_k)}}$$

위에서 $g(x_k)$는 음이 될 수 있으므로 복소수 계산이 수반된다.

MATLAB 활용

Laguerre의 반복계산 과정은 함수 Laguer에 의해 수행된다. 이 함수는 다음과 같이 사용한다.

```
[x,iter] = Laguer(f,x0)
```

위에서 f는 다항식 계수벡터(행벡터)이며, x0는 해의 초기 가정값이다.

```
function [x,iter] = Laguer(f,x0)
% Laguerre 방법을 이용한 다항 방정식의 풀이
% f: 다항식 계수벡터(행벡터)
% x0: 해의 초기 가정값

epsf = 1e-6; n = length(f); iter = 1; maxiter = 100;
if n == 1, x = -f(2)/f(1); return; end
f0 = polyval(f,x0); q1 = polyder(f); q2 = polyder(q1);
for k = 1:maxiter
    f1 = polyval(q1,x0); f2 = polyval(q2,x0); g = f1^2 - n*f0*f2/(n-1);
    d1 = f1 + (n-1)*sqrt(g); d2 = f1 - (n-1)*sqrt(g);
    if (abs(d1) >= abs(d2)), x1 = x0 - n*f0/d1;
    else, x1 = x0 - n*f0/d2; end
    x0 = x1; f0 = polyval(f,x0);
    if (abs(f0) <= epsf) || (k >= maxiter), x = x1; return; end
end
x = x1; iter = k;
end
```

MATLAB 실습 Laguerre 방법에 의한 다항 방정식의 풀이

Laguerre 방법을 이용하여 방정식

$$f(x) = x^5 - 3.5x^4 + 2.75x^3 + 2.125x^2 - 3.875x + 1.25 = 0$$

의 해를 구하라. 초기 가정값은 0으로 한다.

풀이

```
>> p = [1 -3.5 2.75 2.125 -3.875 1.25]; x0 = 0; [x,iter] = Laguer(p,x0)
x =
    0.5000
iter =
     1
```

■

2.5 비선형 방정식 시스템의 풀이

비선형 방정식 시스템은 다수의 비선형 방정식들로 구성된다. 미지수의 수가 n이고 방정식의 수가 m인 비선형 방정식 시스템은 일반적으로 다음과 같이 나타낼 수 있다:

$$\begin{gathered} f_1(x_1, x_2, \cdots, x_n) = 0 \\ f_2(x_1, x_2, \cdots, x_n) = 0 \\ \vdots \\ f_m(x_1, x_2, \cdots, x_n) = 0 \end{gathered}$$

이는 다음과 같이 벡터방정식 형태로 쓸 수 있다:

$$F(x) = \begin{bmatrix} f_1(x_1, x_2, \cdots, x_n) \\ f_2(x_1, x_2, \cdots, x_n) \\ \vdots \\ f_m(x_1, x_2, \cdots, x_n) \end{bmatrix} = 0, \quad x = \begin{bmatrix} x_1 \\ x_2 \\ \vdots \\ x_n \end{bmatrix}$$

2.5.1 고정점 반복법

미지변수가 한 개인 비선형 방정식의 풀이에 이용되었던 고정점 반복법(fixed-point iteration)(연속치환법)은 미지변수가 여러 개인 비선형 방정식 시스템의 풀이에도 효과적으로 이용될 수 있다. 미지수가 3개인 다음과 같은 비선형 방정식 시스템을 고려해 보자:

$$f_1(x_1, x_2, x_3) = 0, \quad f_2(x_1, x_2, x_3) = 0, \quad f_3(x_1, x_2, x_3) = 0$$

위의 방정식들을 각각 다음과 같은 형태로 다시 정리할 수 있다:

$$\begin{aligned} f_1(x_1, x_2, x_3) &= 0 \;\Rightarrow\; x_1 = g_1(x_1, x_2, x_3) \\ f_2(x_1, x_2, x_3) &= 0 \;\Rightarrow\; x_2 = g_2(x_1, x_2, x_3) \\ f_3(x_1, x_2, x_3) &= 0 \;\Rightarrow\; x_3 = g_3(x_1, x_2, x_3) \end{aligned}$$

이로부터 다음과 같이 고정점 반복과정을 나타낼 수 있다:

$$\begin{aligned} x_{1,k+1} &= g_1(x_{1,k}, x_{2,k}, x_{3,k}) \\ x_{2,k+1} &= g_2(x_{1,k}, x_{2,k}, x_{3,k}) \\ x_{3,k+1} &= g_3(x_{1,k}, x_{2,k}, x_{3,k}) \end{aligned}$$

초기 시작점 $(x_{1,1}, x_{2,1}, x_{3,1})$이 고정점 (x_1^*, x_2^*, x_3^*)에 충분히 근접하고 다음 조건이 만족되면 위의 반복과정은 고정점 (x_1^*, x_2^*, x_3^*)로 수렴한다:

$$\left|\frac{\partial g_1}{\partial x_1}(x_1^*, x_2^*, x_3^*)\right| + \left|\frac{\partial g_1}{\partial x_2}(x_1^*, x_2^*, x_3^*)\right| + \left|\frac{\partial g_1}{\partial x_3}(x_1^*, x_2^*, x_3^*)\right| < 1$$

$$\left|\frac{\partial g_2}{\partial x_1}(x_1^*, x_2^*, x_3^*)\right| + \left|\frac{\partial g_2}{\partial x_2}(x_1^*, x_2^*, x_3^*)\right| + \left|\frac{\partial g_2}{\partial x_3}(x_1^*, x_2^*, x_3^*)\right| < 1$$

$$\left|\frac{\partial g_3}{\partial x_1}(x_1^*, x_2^*, x_3^*)\right| + \left|\frac{\partial g_3}{\partial x_2}(x_1^*, x_2^*, x_3^*)\right| + \left|\frac{\partial g_3}{\partial x_3}(x_1^*, x_2^*, x_3^*)\right| < 1$$

» Seidel 반복법

미지변수가 한 개인 비선형 방정식의 풀이에 이용되었던 Seidel 반복법을 다변수 방정식 시스템에도 적용할 수 있다. 위에 보인 3변수 방정식 시스템의 경우 Seidel 반복법은 다음과 같이 나타낼 수 있다:

$$x_{1,k+1} = g_1(x_{1,k}, x_{2,k}, x_{3,k})$$
$$x_{2,k+1} = g_2(x_{1,k+1}, x_{2,k}, x_{3,k})$$
$$x_{3,k+1} = g_3(x_{1,k+1}, x_{2,k+1}, x_{3,k})$$

보기 2.11 고정점 반복법

다음과 같은 미지수가 2개인 비선형 방정식 시스템을 고려해 보기로 한다 ($-2 \le x_1 \le 2$, $-1 \le x_2 \le 1$):

$$f_1(x_1, x_2) = x_1^2 - 2x_1 - x_2 + \frac{1}{2} = 0, \quad f_2(x_1, x_2) = x_1^2 + 4x_2^2 - 4 = 0$$

첫 번째와 두 번째 방정식의 양변에 각각 a_1x_1 및 a_2x_2를 더하면

$$x_1^2 - 2x_1 - x_2 + \frac{1}{2} + a_1x_1 = 0 + a_1x_1 \quad \Rightarrow \quad x_1 = \frac{1}{a_1}\left(x_1^2 + (a_1 - 2)x_1 - x_2 + \frac{1}{2}\right) = g_1(x_1, x_2)$$

$$x_1^2 + 4x_2^2 - 4 + a_2x_2 = 0 + a_2x_2 \quad \Rightarrow \quad x_2 = \frac{1}{a_2}\left(x_1^2 + 4x_2^2 + a_2x_2 - 4\right) = g_2(x_1, x_2)$$

수렴조건은

$$\left|\frac{\partial g_1}{\partial x_1}(x_1^*, x_2^*)\right| + \left|\frac{\partial g_1}{\partial x_2}(x_1^*, x_2^*)\right| < 1, \quad \left|\frac{\partial g_2}{\partial x_1}(x_1^*, x_2^*)\right| + \left|\frac{\partial g_2}{\partial x_2}(x_1^*, x_2^*)\right| < 1$$

$g_1(x_1, x_2)$과 $g_2(x_1, x_2)$의 편미분으로부터

$$\left|\frac{1}{a_1}(2x_1 + a_1 - 2)\right| + \left|\frac{1}{a_1}(-1)\right| < 1, \quad \left|\frac{1}{a_2}(2x_1)\right| + \left|\frac{1}{a_2}(8x_2 + a_2)\right| < 1$$

를 얻는다. 주어진 미지수들의 범위 ($-2 \le x_1 \le 2$, $-1 \le x_2 \le 1$)에서 위의 수렴조건을 만족하는 a_1과 a_2는 시행착오를 이용하여 찾을 수 있다. $a_1 = -2$, $a_2 = -11$로 정하면 위의 수렴조건을 만족함을 확인할 수 있다. 이를 이용하여 고정점 반복과정 공식을 써 보고 해의 초기 가정치를 $(x_{1,1}, x_{2,1}) = (2, 0)$으로 하여 5번째 반복과정($k = 5$)까지 계산해 보라. 엄밀해 $x_1^* = 1.90068$, $x_2^* = 0.311219$와 얻어진 해의 근사값들을 서로 비교해 보라.

풀이

$a_1 = -2$, $a_2 = -11$을 이용하면 다음과 같은 반복과정 식들을 얻을 수 있다:

$$x_{1,k+1} = g_1(x_{1,k}, x_{2,k}) = \frac{1}{2}\left(-x_{1,k}^2 + 4x_{1,k} + x_{2,k} - \frac{1}{2}\right)$$

$$x_{2,k+1} = g_2(x_{1,k}, x_{2,k}) = \frac{1}{11}\left(-x_{1,k}^2 - 4x_{2,k}^2 + 11x_{2,k} + 4\right)$$

5번째 반복과정($k = 5$)까지 계산한 결과는 다음과 같다:

k	$x_{1,k}$	$x_{2,k}$
1	2.0	0.0
2	1.75	0.0
3	1.7185	0.0852
4	1.7531	0.1777
5	1.8083	0.2504

■

MATLAB 활용

고정점 반복법을 이용한 비선형 방정식 시스템의 풀이에는 함수 fixpt가 이용된다.

```
function x = fixpt(fun,x0,tol,kmax)
```

위에서 fun은 x=f(x) 형태로 정리된 함수에서 우변의 f(x)를 나타내며, x0는 해의 초기 가정값(행벡터), tol은 수렴기준, kmax는 허용 가능한 최대 반복계산 횟수를 나타낸다.

```
function x = fixpt(fun,x0,tol,kmax)
% Fixed-point 방법(연속치환법)에 의한 방정식 시스템의 풀이
% input
%    fun: x=f(x) 형태로 정리된 함수(우변의 f(x))
%    x0: 초기해 가정값 벡터(행벡터)
%    tol: 수렴기준, kmax: 허용 가능한 최대 반복계산 횟수
% output
%    x: 해

% 초기화
y = feval(fun,x0); x1 = y';  diff = norm(x1 - x0);
if diff <= tol, x = x1; return;
else, x0 = x1; end
```

```
iter = 2;
while (iter <= kmax)
    y = feval(fun,x0); x1 = y'; diff = norm(x1 - x0);
    if diff <= tol, x = x1; return;
    else, x0 = x1; end
    iter = iter + 1;
end
end
```

MATLAB 실습 비선형 방정식 시스템의 풀이

방정식 시스템

$$x_1^3 + 10x_1 - x_2 - 5 = 0$$
$$x_1 + x_2^3 - 10x_2 + 1 = 0$$

의 해를 구하라. 해의 초기 가정값은 x = [0.5 0.5], 최대 반복횟수는 100, 수렴기준은 10^{-6}으로 설정한다.

풀이

주어진 방정식들을 $x = f(x)$의 형태로 정리한다:

$$x_1 = -0.1x_1^3 + 0.1x_2 + 0.5$$
$$x_2 = 0.1x_1 + 0.1x_2^3 + 0.1$$

이는 함수 fx12에 의해 정의된다.

```
function f = fx12(x)
f = [-0.1*x(1)^3 + 0.1*x(2) + 0.5;
    0.1*x(1) + 0.1*x(2)^3 + 0.1];
end
```

초기해 가정값을 x = [0.5 0.5], 최대 반복횟수는 100, 수렴 기준치를 0.000001로 했을 때 고정점 반복법 함수 fixpt의 수행결과는 다음과 같다.

```
>> x0 = [0.5 0.5]; tol = 1e-6; kmax = 100; x = fixpt(@fx12,x0,tol,kmax)
x =
    0.5024    0.1506
```

■

2.5.2 Newton–Raphson 방법

다수의 비선형 방정식들로 구성되는 시스템은 Newton–Raphson 방법을 이용하여 쉽게 해를 구

할 수 있다. 미지수가 2개인 방정식의 일반적인 형태는 다음과 같이 쓸 수 있다:

$$f_1(x_1, x_2) = 0$$
$$f_2(x_1, x_2) = 0$$

x_1과 x_2의 초기 추정치 $x_1^{(1)}$ 및 $x_2^{(2)}$에서 Taylor 전개시키면

$$f_1(x_1, x_2) = f_1(x_1^{(1)}, x_2^{(1)}) + \left.\frac{\partial f_1}{\partial x_1}\right|_{x^{(1)}} (x_1 - x_1^{(1)}) + \left.\frac{\partial f_1}{\partial x_2}\right|_{x^{(1)}} (x_2 - x_2^{(1)}) + \cdots$$

$$f_2(x_1, x_2) = f_2(x_1^{(1)}, x_2^{(1)}) + \left.\frac{\partial f_2}{\partial x_1}\right|_{x^{(1)}} (x_1 - x_1^{(1)}) + \left.\frac{\partial f_2}{\partial x_2}\right|_{x^{(1)}} (x_2 - x_2^{(1)}) + \cdots$$

위에서 위 첨자 (1)은 반복 추정횟수를 나타낸다. 위 식의 좌변을 0으로 두고 우변에서 2차항 이상을 무시하면 다음 관계를 얻는다:

$$\left.\frac{\partial f_1}{\partial x_1}\right|_{x^{(1)}} (x_1 - x_1^{(1)}) + \left.\frac{\partial f_1}{\partial x_2}\right|_{x^{(1)}} (x_2 - x_2^{(1)}) = - f_1(x_1^{(1)}, x_2^{(1)})$$
$$\left.\frac{\partial f_2}{\partial x_1}\right|_{x^{(1)}} (x_1 - x_1^{(1)}) + \left.\frac{\partial f_2}{\partial x_2}\right|_{x^{(1)}} (x_2 - x_2^{(1)}) = - f_2(x_1^{(1)}, x_2^{(1)})$$

이제 보정변수 δ를

$$\delta_1^{(1)} = x_1 - x_1^{(1)}, \quad \delta_2^{(1)} = x_2 - x_2^{(1)}$$

와 같이 정의하면 다음 관계를 얻는다:

$$\left.\frac{\partial f_1}{\partial x_1}\right|_{x^{(1)}} \delta_1^{(1)} + \left.\frac{\partial f_1}{\partial x_2}\right|_{x^{(1)}} \delta_2^{(1)} = - f_1(x_1^{(1)}, x_2^{(1)})$$
$$\left.\frac{\partial f_2}{\partial x_1}\right|_{x^{(1)}} \delta_1^{(1)} + \left.\frac{\partial f_2}{\partial x_2}\right|_{x^{(1)}} \delta_2^{(1)} = - f_2(x_1^{(1)}, x_2^{(1)})$$

이를 다시 쓰면

$$\begin{bmatrix} \left.\frac{\partial f_1}{\partial x_1}\right|_{x^{(1)}} & \left.\frac{\partial f_1}{\partial x_2}\right|_{x^{(1)}} \\ \left.\frac{\partial f_2}{\partial x_1}\right|_{x^{(1)}} & \left.\frac{\partial f_2}{\partial x_2}\right|_{x^{(1)}} \end{bmatrix} \begin{bmatrix} \delta_1^{(1)} \\ \delta_2^{(1)} \end{bmatrix} = - \begin{bmatrix} f_1^{(1)} \\ f_2^{(1)} \end{bmatrix}$$

새로운 해는 이전의 추정값으로부터 얻어진다:

$$x_i^{(n+1)} = x_i^{(n)} + \delta_i^{(n)}$$

미지수와 방정식의 수가 각각 k개인 시스템은 다음과 같이 표현된다:

$$f_1(x_1, \cdots, x_k) = 0$$
$$\vdots$$
$$f_k(x_1, \cdots, x_k) = 0$$

Taylor 급수전개로부터 다음 관계를 얻는다:

$$\begin{bmatrix} \frac{\partial f_1}{\partial x_1} & \cdots & \frac{\partial f_1}{\partial x_k} \\ & \cdots & \\ \frac{\partial f_k}{\partial x_1} & \cdots & \frac{\partial f_k}{\partial x_k} \end{bmatrix} \begin{bmatrix} \delta_1 \\ \vdots \\ \delta_k \end{bmatrix} = - \begin{bmatrix} f_1 \\ \vdots \\ f_k \end{bmatrix} = - F$$

이를 다시 쓰면

$$J\,\delta = - F$$

위에서 J는 Jacobian 행렬로서 1차 편미분들을 원소로 가지며, δ는 보정벡터, F는 함수 벡터이다. 이로부터

$$\delta = x^{n+1} - x^n = - [J_n]^{-1} F^n \quad \Rightarrow \quad x^{n+1} = x^n - [J_n]^{-1} F^n$$

ρ를 완화인자(relaxation factor)라 하면

$$x^{(n+1)} = x^{(n)} + \rho\delta$$

ρ는 대체로 0.5 전후로 취한다. $\rho = 0$이면 반복에 따른 보정효과가 없으며 $\rho = 1$이면 완화가 수반되지 않는 경우이다.

» Newton–Raphson 방법 알고리듬

$n = 1$로 두고 해의 초기 근사값 $x^{(1)}$을 가정한 다음 미리 설정된 수렴기준이 만족될 때까지 다음 과정을 반복 수행한다.

1) $x^{(n)}$에서 함수값 $F^n = \begin{bmatrix} f_1^n \\ \vdots \\ f_k^n \end{bmatrix}$을 계산한다.

2) Jacobian 행렬 J^n을 계산한다.

3) $J^n \delta^n = -F^n$으로부터 δ^n을 구한다.

4) $x^{(n+1)} = x^{(n)} + \rho\delta$을 계산한다.

5) $n = n + 1$로 두고 단계 1로 되돌아간다.

보기 2.12 Newton–Raphson 방법을 이용한 방정식 시스템의 풀이

다음 방정식 시스템에 대하여 Newton–Raphson 방법을 첫 번째 단계까지 적용하여 x^1을 구하라. 해의 초기값은 $x^0 = \begin{bmatrix} x_1^0 \\ x_2^0 \end{bmatrix} = \begin{bmatrix} 2 \\ 3 \end{bmatrix}$이라고 가정한다.

$$f_1(x_1, x_2) = x_1 x_2 - x_2^3 - 1 = 0$$
$$f_2(x_1, x_2) = x_1^2 x_2 + x_2 - 5 = 0$$

풀이

Jacobian은 $J = \begin{bmatrix} \frac{\partial f_1}{\partial x_1} & \frac{\partial f_1}{\partial x_2} \\ \frac{\partial f_2}{\partial x_1} & \frac{\partial f_2}{\partial x_2} \end{bmatrix} = \begin{bmatrix} x_2 & x_1 - 3x_2^2 \\ 2x_1 x_2 & x_1^2 + 1 \end{bmatrix}$.

따라서 $x^{i+1} = x^i - \left. \begin{bmatrix} x_2 & x_1 - 3x_2^2 \\ 2x_1 x_2 & x_1^2 + 1 \end{bmatrix}^{-1} \right|_{x^i} \begin{bmatrix} f_1(x^i) \\ f_2(x^i) \end{bmatrix}$

$x^0 = \begin{bmatrix} 2 \\ 3 \end{bmatrix}$이므로 $J|_{x^0} = \begin{bmatrix} 3 & -25 \\ 12 & 5 \end{bmatrix}$, $f^0 = \begin{bmatrix} -22 \\ 10 \end{bmatrix}$.

이로부터

$$x^1 = \begin{bmatrix} 2 \\ 3 \end{bmatrix} - \begin{bmatrix} 3 & -25 \\ 12 & 5 \end{bmatrix}^{-1} \begin{bmatrix} -22 \\ 10 \end{bmatrix} = \begin{bmatrix} 1.56 \\ 2.07 \end{bmatrix}$$

■

MATLAB 활용

Newton-Raphson 방법은 함수 newton에 의해 수행된다. 이 함수는 다음과 같이 사용한다.

```
[xnew, iter] = newton(fun, x0, rho, varargin)
```

위에서 x0는 초기값(열 벡터), fun은 방정식 파일 이름, rho는 완화인자(relaxation factor), xnew는 해, iter는 반복계산 횟수이다.

```
function [xnew, iter] = newton(fun,x0,rho,varargin)
% Newton 방법에 의한 방정식의 풀이
% input:
%   x0: 초기값(열 벡터)
%   fun: 방정식
%   rho: 완화인자(relaxation factor)
% output:
%   xnew: 해
%   iter: 반복계산 횟수

tol = 1e-6; nx = length(x0); x = x0 * 1.1; xnew = x0; iter = 0; maxiter
= 100;
% 반복계산 루프
while max(abs(x - xnew)) > tol & iter < maxiter
    iter = iter + 1; x = xnew; fv = feval(fun,x,varargin{:});
    for k = 1:nx  % 수치미분을 위한 dx의 설정
        if x(k) ~= 0, dx(k) = x(k) / 100; else, dx(k) = 1/100;
        end
```

```
    end
    % Jacobian 행렬의 계산
    a = x; b = x;
    for k = 1 : nx
        a(k) = a(k) - dx(k);  fa = feval(fun,a,varargin{:});
        b(k) = b(k) + dx(k);  fb = feval(fun,b,varargin{:});
        jacob(:,k) = (fb - fa) / (b(k) - a(k)); a(k) = a(k) + dx(k);  b(k) =
        b(k) - dx(k);
    end
    % 해의 새로운 근사
    if det(jacob) == 0, xnew = x + max([abs(dx), 1.1*tol]);
    else, xnew = x - rho * inv(jacob) * fv;
    end
end
if iter >= maxiter, disp('Warning: Maximum iterations reached.'); end
end
```

MATLAB 실습 Newton-Raphson 방법을 이용한 반응 시스템의 풀이

다음과 같은 반응 시스템의 평형 전환율을 구하라(농도: kmol/m^3):

$$2A + B \leftrightarrow C \qquad K_1 = \frac{C_C}{C_A^2 C_B} = 5\times 10^{-4}$$

$$A + D \leftrightarrow C \qquad K_2 = \frac{C_C}{C_A C_D} = 4\times 10^{-2}$$

초기조건은 다음과 같다:

$$C_{A0} = 40, \quad C_{B0} = 15, \quad C_{C0} = 0, \quad C_{D0} = 10$$

풀이

각 반응의 전환율을 각각 x_1, x_2라 하면 각 성분의 농도는 다음과 같이 주어진다:

$$C_A = C_{A0} - 2x_1 C_{B0} - x_2 C_{D0} = 40 - 30x_1 - 10x_2, \quad C_B = (1-x_1)C_{B0} = 15 - 15x_1$$

$$C_C = C_{C0} + x_1 C_{B0} + x_2 C_{D0} = 15x_1 + 10x_2, \quad C_D = (1-x_2)C_{D0} = 10 - 10x_2$$

평형상수 식으로부터

$$f_1(x_1,x_2) = \frac{C_C}{C_A^2 C_B} - 5\times 10^{-4} = 0, \quad f_2(x_1,x_2) = \frac{C_C}{C_A C_D} - 4\times 10^{-2} = 0$$

반응식들은 함수 rxnfun에서 정의된다.

```
function f = rxnfun(x,c0,K1,K2)
% 반응식: c0(1)=ca0, c0(2)= cb0, c0(3)=cc0, c0(4)=cd0
```

```
ca = c0(1) - 2*x(1)*c0(2) - x(2)*c0(4); cb = (1 - x(1))*c0(2);
cc = c0(3) + x(1)*c0(2) + x(2)*c0(4); cd = (1 - x(2))*c0(4);
f(1) = cc / ca^2 / cb - K1; f(2) = cc / ca / cd - K2;
f = f'; % 열 벡터로 전환
end
```

해는 스크립트 rxnsys로부터 얻어진다. rxnsy에서는 Newton-Raphson 방법을 수행하는 함수 newton을 호출하며, 함수 newton은 다시 반응식들의 정의함수 rxnfun을 호출하여 계산을 수행한다.

```
% rxnsys.m: 반응 시스템의 풀이
clear all;
% 입력 데이터
K1 = 5e-4; K2 = 4e-2; c0 = [40 15 0 10];  % 초기농도
x0 = [0.1; 0.9];  % 전환율 가정값(열 벡터)
rho = 1;  % 완화인자
% 방정식 시스템의 풀이
[x,iter] = newton(@rxnfun,x0,rho,c0,K1,K2);
fprintf('결과 :\n x1 = %6.4f   ,  x2 = %6.4f',x);
fprintf('\n%3d회의 반복계산 후에 해에 도달.\n\n',iter);
```

스크립트 rxnsys의 수행결과는 다음과 같다.

```
>> rxnsys
결과 :
x1 = 0.1203   ,  x2 = 0.4787
8회의 반복계산 후에 해에 도달
```

■

2.5.3 Broyden 방법(Quasi-Newton 방법)

Broyden 방법은 Newton-Raphson 방법에서 요구되는 Jacobian을 매 반복계산 단계마다 연속적으로 근사하는 방법으로서 Quasi-Newton 방법이라고도 칭한다. Broyden에 의한 근사 알고리듬 계산단계는 다음과 같다:

1) 해의 초기 근사값을 설정한다. $n = 0$.
2) 역 Jacobian B_n에 대한 초기 근사를 가정(혹은 계산)한다.
3) $p_n = -B_n f(x_n)$
4) $\|f(x_n + t_n p^n)\| < \|f(x_n)\|$가 되도록 스칼라 파라미터 t를 결정한다.
5) $x_{n+1} = x_n + t_n p_n$
6) $f(x_{n+1})$을 계산한다.
7) $\|f(x_{n+1})\| < \epsilon$이면 중지한다.
8) Jacobian을 보정: $y_n = f(x_{n+1}) - f(x_n)$, $B_{n+1} = B_n - \dfrac{(B_n y_n - p_n) p_n^T B_n}{p_n^T B_n y_n}$

9) $n = n + 1$. 단계 3으로 되돌아간다.

MATLAB 활용

Broyden 방법은 함수 broyden에 의해 수행된다. 이 함수는

```
[x, iter] = broyden(fun, x0, tol)
```

와 같이 사용한다. fun은 방정식 파일 이름, x0는 해의 초기 가정값(열벡터), tol은 수렴기준이며, x는 계산된 해 벡터이고, iter는 반복계산 횟수이다.

```
function [x, iter] = broyden(fun, x0, tol)
% Broyden 방법을 이용한 n 비선형 방정식들의 풀이
% input
%   fun: 방정식 파일 이름
%   x0: 해의 초기가정값(열벡터)
%   tol: 수렴기준
%   n: 변수 수(방정식 수)
% output
%   x: 해 벡터
%   iter: 반복계산 횟수

n = length(x0); fn = zeros(n,1); iter = 0; maxiter = 1000; x = x0;
Bn = eye(n);  % jacobian 초기값
fn = feval(fun,x);
while((norm(fn) > tol) || iter >= maxiter)
    iter = iter + 1; pn = -Bn*fn; tau = 1; x = x + tau*pn;
    oldfn = fn; fn = feval(fun,x); y = fn - oldfn; oldBn = Bn;
    yp = oldBn*y - pn; pB = pn'*oldBn;
    for k = 1:n
        for j = 1:n, M(k,j) = yp(k)*pB(j); end
    end
    Bn = oldBn - M./(pn'*oldBn*y);
end
end
```

MATLAB 실습 Broyden 방법을 이용한 방정식 시스템의 풀이

Broyden 방법을 이용하여 방정식

$$x^2 + y^2 = 4, \quad xy = 1$$

의 해를 구하라. 해의 초기값은 $x^0 = \begin{bmatrix} x_1^0 \\ x_2^0 \end{bmatrix} = \begin{bmatrix} 3 \\ -1.5 \end{bmatrix}$로 한다.

풀이

주어진 식은 다음과 같이 다시 정리한다:

$$f_1(x, y) = x^2 + y^2 - 4, \quad f_2(x, y) = xy - 1$$

계산과정은 다음과 같다.

```
>> f = @(x) [x(1)^2+x(2)^2-4; x(1)*x(2)-1]; x0 = [3 -1.5]'; tol = 1e-5;
>> [x,iter] = broyden(f,x0,tol)
x =
    0.5176
    1.9319
iter =
    36
```

■

MATLAB 실습 박테리아 배양기

어떤 박테리아 배양기에서 박테리아의 농도를 x_1, 배양액의 농도를 x_2라고 하면 시간에 따른 농도의 변화는

$$\frac{dx_1}{dt} = \frac{\gamma x_1 x_2}{1 + x_2} - x_1, \quad \frac{dx_2}{dt} = -x_2 - \frac{x_1 x_2}{1 + x_2} + \delta$$

로 주어진다. 위에서 γ와 δ는 초기농도, 유량, 부피, 그리고 박테리아의 형태에 따른 상수들이다. $\gamma = 4.8$, $\delta = 1.1$일 때 Broyden 방법을 이용하여 정상상태에서의 x_1과 x_2의 값을 구하라. 해의 초기값은 $x^0 = \begin{bmatrix} x_1^0 \\ x_2^0 \end{bmatrix} = \begin{bmatrix} 1 \\ 0.1 \end{bmatrix}$로 한다.

풀이

정상상태에서는 $f_1(x_1, x_2) = \dfrac{\gamma x_1 x_2}{1 + x_2} - x_1 = 0$, $f_2(x_1, x_2) = -x_2 - \dfrac{x_1 x_2}{1 + x_2} + \delta = 0$이다.

```
>> gam = 4.8; delt = 1.1; f = @(x) [gam*x(1)*x(2)/(1+x(2))-x(1); -x(2)-
x(1)*x(2)/(1+x(2))+delt];
>> x0 = [1 0.1]'; tol = 1e-5; [x,iter] = broyden(f,x0,tol)
x =
    4.0168
    0.2632
iter =
    15
```

■

2.6 MATLAB 내장함수의 이용

비선형 방정식 $f(x) = 0$의 해는 내장함수 fzero 혹은 fsolve를 이용하여 구할 수 있다. 비선형 방정식 시스템의 풀이는 fsolve 함수를 이용한다. 다항 방정식의 해는 앞에서 보인 바와 같이 roots를 이용해 얻을 수 있다.

MATLAB 실습 roots를 이용한 다항식의 풀이

방정식 $f(x) = x^3 - x + 1 = 0$의 해를 구하라.

풀이

계수들을 내림차순으로 정렬하여 행벡터에 저장한 다음 roots를 호출한다.

```
>> p = [1 0 -1 1]; roots(p)
ans =
  -1.3247 + 0.0000i
   0.6624 + 0.5623i
   0.6624 - 0.5623i
```

■

MATLAB 실습 fzero를 이용한 비선형 방정식의 풀이

방정식 $f(x) = x^3 - x \sin x + 1 = 0$의 해를 구하라.

풀이

```
>> fzero(@(x) x^3-x*sin(x)+1, -1)
ans =
   -0.7725
```

■

MATLAB 실습 Colebrook 방정식의 풀이

Colebrook 식

$$\frac{1}{\sqrt{f}} = -0.86 \ln\left(\frac{\epsilon/D}{3.7} + \frac{2.51}{N_{Re}\sqrt{f}}\right)$$

에서 $N_{Re} = 8 \times 10^4$, $\epsilon/D = 0.00015$일 때 마찰인자 f를 구하라. 초기값은 $f_0 = 0.1$로 한다.

풀이

설정된 $N_{Re} = 8 \times 10^4$, $\epsilon/D = 0.00015$들을 이용하여 Colebrook 식을 다음과 같이 함수로 정의한다.

```
function x = CBeqnf(f)
% f(x) = 0 형태로 정리한 Colebrook 방정식
Re = 8e4;  % Reynolds 수
```

```
eD = 1.5e-4;  % roughness
x = 1/sqrt(f) + 0.86*log(eD/3.7 + 2.51/Re/sqrt(f));
end
```

fzero 함수를 호출하여 근을 구한 결과는 다음과 같다.

```
>> f0 = 0.1; f = fzero(@CBeqnf,f0)
f =
    0.0199
```

한편 fsolve 함수를 호출하여 근을 구한 결과는 다음과 같다.

```
>> f0 = 0.1; f = fsolve(@CBeqnf,f0)
f =
    0.0199
```

■

MATLAB 실습 fsolve를 이용한 비선형 방정식 시스템의 풀이

내장함수 fsolve를 이용하여 방정식

$$\sin(x) + y^2 + \ln z = 7$$
$$3x + 2y - z^3 = -1$$
$$x + y + z = 5$$

의 해를 구하라.

풀이

```
>> fun = @(x) [sin(x(1))+x(2)^2+log(x(3))-7; 3*x(1)+2*x(2)-x(3)^3+1;
               x(1)+x(2)+x(3)-5];
>>  x0 = [0 2 2]'; x = fsolve(fun,x0)
x =
    0.6331
    2.3934
    1.9735
```

■

MATLAB 실습 fsolve를 이용한 향류 열교환기 유출온도의 계산

그림 2.15에 보인 향류 열교환기에서 차가운 흐름에 의해 뜨거운 흐름이 냉각되고 있다. 그림에 보인 열교환기에서 $\dot{m}$과 $\dot{m}_c$는 각각 뜨거운 흐름과 차가운 흐름의 유량이다. 뜨거운 흐름은 T_1 = 100°C에서 열교환기로 유입되며 T_2의 온도로 유출된다. 아울러 차가운 흐름은 T_{2c} = 15°C에서 유입되며 T_{1c}로 유출된다. 두 흐름간의 전달열량 Q는

$$Q = UA\Delta T_{lm}$$

로 주어진다. 여기에서 A는 열교환 면적, U는 총괄 열전달 계수, ΔT_{lm}은 로그평균 온도차로서

$$\Delta T_{lm} = \frac{(T_2 - T_{2c}) - (T_1 - T_{1c})}{\ln(T_2 - T_{2c}) - \ln(T_1 - T_{1c})}$$

와 같이 정의된다. 열역학 제1법칙으로부터

$$Q = \dot{m}C_p(T_1 - T_2) = \dot{m}_c C_{pc}(T_{1c} - T_{2c})$$

임을 알 수 있다. 그림에 보인 열교환기에서 $A = 5\ m^2$, $U = 1\ kW/(m^{2}{}^\circ C)$이며, $\dot{m}_c = 5$ kg/s라고 하자. $\dot{m}$의 변화에 따른 T_2의 변화를 그래프로 나타내어라($1 \le \dot{m} \le 8$).

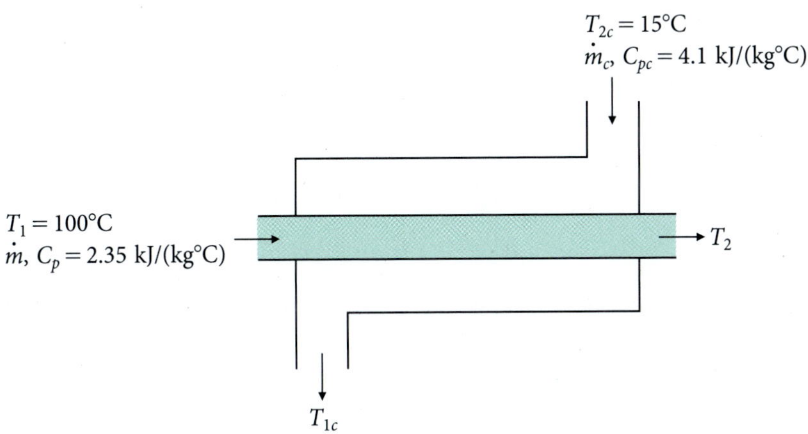

그림 2.15 향류 열교환기.

풀이

$\dot{m}$이 주어졌을 때 두 미지수를 갖는 두 개의 비선형 방정식이 얻어진다:

$$\dot{m}C_p(T_1 - T_2) - \dot{m}_c C_{pc}(T_{1c} - T_{2c}) = 0$$

$$UA\frac{(T_2 - T_{2c}) - (T_1 - T_{1c})}{\ln(T_2 - T_{2c}) - \ln(T_1 - T_{1c})} - \dot{m}_c C_{pc}(T_{1c} - T_{2c}) = 0$$

스크립트 hxnout는 내장함수 fsolve를 이용하여 $1 \le \dot{m} \le 8$의 범위에서 위의 비선형 방정식 시스템에 대한 해를 구하고 T_2에 대한 그래프를 작성한다.

```
% hxnout.m
Cp = 2.35; Cpc = 4.1; U = 1; A = 5; % data
mc = 5; T1 = 100; T2c = 15; % operating condition
m = 1:0.1:8; n = length(m); x0 = [50 50]; % initial guess(x(1): T2, x(2):
T1c
y = zeros(1,n); z = zeros(1,n); % y: T2, z: T1c
for k = 1:n
```

```
    f = @(x) [m(k)*Cp*(T1-x(1))-mc*Cpc*(x(2)-T2c);
    U*A*((x(1)-T2c)-(T1-x(2)))/(log(x(1)-T2c)-log(T1-x(1))) - mc*Cpc*
    (x(2)-T2c)];
    x = fsolve(f,x0); y(k) = x(1); z(k) = x(2);
end
plot(m,y,m,z,'--'), grid, xlabel('m(kg/s)'), ylabel('T(C)')
legend('T_2','T_1','location','best')
```

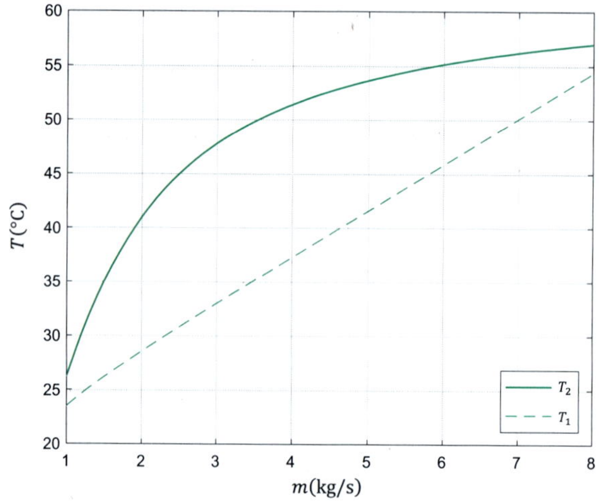

그림 2.16 열교환기에서의 유출온도의 변화.

■

연습 문제

2.1 다음에 주어진 함수 $f(x)$에 대하여 $f(a)$와 $f(b)$의 부호가 서로 다르도록 구간 $[a\ b]$를 설정하라. 이 구간 $[a\ b]$는 방정식 $f(x) = 0$의 해가 존재하는 구간이며 a와 b는 서로 가장 인접한 정수가 되도록 선택한다.

(1) $f(x) = e^x - x - 2$ (2) $f(x) = \ln(x) + x - 5$

2.2 반경이 1이며 비중(s_G)이 1보다 작은 공이 물에 떠 있다. 이 공의 물에 잠긴 부분의 깊이를 x라고 하면 물에 잠긴 부분의 부피는 $V = \frac{\pi}{6}x(x^2 + 3y^2)$로 주어진다(그림 P2.2 참조). 물에 잠긴 부분의 부피는 공의 전체 부피에 비중을 곱한 것과 같으므로 $\frac{\pi}{6}x(x^2 + 3y^2) = \frac{4\pi}{3}s_G$의 관계를 얻는다. 한편 피타고라스 정리로부터 $y^2 + (1 - x)^2 = 1$이므로 이를 대입하고 정리하면 비선형 방정식 $f(x) = x^3 - 3x^2 + 4s_G = 0$을 얻는다. 비중 $s_G = 0.8$일 때 x에 대한 함수 $f(x)$의 대략적인 그래프를 작성하고 x가 어떤 정수범위에 존재하는지 알아보라.

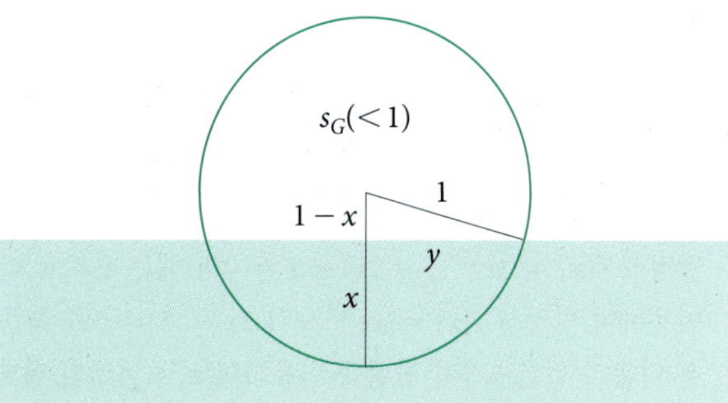

그림 P2.2 물에 잠긴 구.

2.3 공중에서 정지상태에 있던 질량 m인 물체가 자유낙하할 때 낙하가 시작된 후 시간 t이 지났을 때의 낙하속도 $v(t)$는

$$v(t) = \frac{gm}{c}\left(1 - e^{-ct/m}\right)$$

로 주어진다. 위에서 c는 항력계수이며 g는 중력가속도로서 $g = 9.8\ m/s^2$이다. $m = 60$ kg인 물체가 자유낙하를 시작한 후 $t = 8$ s가 지났을 때 낙하속도는 $v = 35$ m/s이었다. 그래프를 이용하여 항력계수 c가 존재하는 정수범위를 구하라.

2.4 방정식 $f(x) = x^2 - 3 = 0$을 풀어 $\sqrt{3}$에 대한 근사값을 구하고자 한다. Bisection 알고리듬을 3회 반복 수행하였을 때 얻어지는 최종 근사값은 얼마인가? 해의 초기 탐색구간은 [1, 2]로 한다.

2.5 Bisection 방법을 이용하여 방정식 $f(x) = x^3 - 3x^2 + 1 = 0$의 해를 구하고자 한다. Bisection 알고리듬을 3회 반복 수행하였을 때 얻어지는 최종 근사값은 얼마인가? 해의 초기 탐색구간은 [0, 1]로 한다.

2.6 구간 [2 7]에서 Bisection 방법을 이용하여 방정식 $f(x) = 0$의 근사해를 구한다고 가정하자. 근사해의 정확도가 5×10^{-9}의 정확도를 가지려면 주어진 구간을 몇 번이나 나누어 가야 하는가?

2.7 False-position 방법(Regula falsi 방법)을 이용하여 $f(x) = x^3 - 2 = 0$의 해로부터 2의 세제곱근 $2^{1/3}$의 값을 구하고자 한다. False-position 방법을 3단계까지 수행하였을 때 얻어지는 최종 근사해는 얼마인가? 해의 초기 탐색구간은 [1, 2]로 한다(즉 $a = 1$, $b = 2$).

2.8 False-position 방법을 이용하여 방정식 $f(x) = x^3 - 3x^2 + 1 = 0$의 해를 구하고자 한다. False-position 방법을 3회 반복 수행하였을 때 얻어지는 최종 근사값은 얼마인가? 해의 초기 탐색구간은 [0, 1]로 한다(즉 $a = 0$, $b = 1$).

2.9 고정점 반복공식이 $x_1 = 0.5$, $x_{n+1} = e^{-x_n}$과 같다고 하자. 수열 $[x_n]_{n=1}^{\infty}$는 수렴하는가?

2.10 고정점 반복공식 $x_{n+1} = g(x_n)$에서 $g(x) = 2\sqrt{x-1}$ $(x \geq 1)$이다. 방정식 $x = g(x)$의 해는 2임을 알 수 있다. 해의 초기 가정값으로 $x_1 = 2.5$와 $x_1 = 1.5$를 선택하였을 때 고정점 반복과정은 각각 엄밀해 2로 수렴하는가?

2.11 고정점 반복 $x = g(x)$에서 $g(x) = -\frac{1}{2}x^2 + 4x - 4$이다. 방정식 $x = g(x)$의 해는 2와 4임을 알 수 있다. 해의 초기 가정값으로 $x_1 = 1.9$를 선택하고 고정점 반복공식을 이용하여 x_2, x_3, x_4를 계산하라. 아울러 얻어진 값들에 대한 절대오차 e_k와 상대오차 $r_k(k = 2, 3, 4)$를 구하라.

2.12 $x = g(x)$에서 $g(x) = x^2 + x - 4$이다. 고정점 반복과정을 이용하여 방정식 $x = g(x)$의 해를 구할 수 있는가?

2.13 $x = g(x)$에서 $g(x)= \frac{x}{2}$이다. 고정점 반복과정을 이용하여 방정식 $x = g(x)$의 해를 구하고자 한다. $\frac{|x_{n+1} - x_n|}{|x_{n+1}|}$은 얼마인가?

2.14 방정식 $f(x) = xe^{x/2} + 1.2x - 5 = 0$의 해는 $1 < x < 2$ 범위에 존재한다. 고정점 반복과정을 이용하여 방정식 $f(x) = xe^{x/2} + 1.2x - 5 = 0$의 해를 구하는 경우를 고려해 보자. 이 방정식은 다음과 같은 3가지 방법을 이용하여 $x = g(x)$의 형태로 변형시킬 수 있다. 이들 가운데 어느 방법을 이용해야 하며 그 이유는 무엇인가?

(1) $x = \frac{1}{1.2}(5 - xe^{x/2})$ (2) $x = \frac{5}{1.2 + e^{x/2}}$ (3) $x = \frac{5 - 1.2x}{e^{x/2}}$

2.15 $\sqrt{5}$의 계산은 방정식 $f(x) = x^2 - 5 = 0$의 근을 구하는 문제와 같다. Newton–Raphson 방법을 3회 적용하여 $\sqrt{5}$에 대한 근사값을 계산하라.

2.16 $\sqrt{3/4}$의 계산은 방정식 $f(x) = 4x^2 - 3 = 0$의 근을 구하는 문제와 같다. Newton–Raphson 방법을 3번 반복하여 $\sqrt{3/4}$에 대한 근사값 x_3을 계산하라. 초기값은 $x_0 = 0.5$로 한다.

2.17 Newton–Raphson 방법을 이용하여 방정식 $f(x) = x^2 - x + 2 = 0$의 해를 구하고자 한다. Newton–Raphson 반복공식을 써 보고 해의 초기 가정값을 $x_1 = -1.5$로 정했을 때 x_2, x_3, x_4를 각각 구하라.

2.18 Newton–Raphson 방법을 이용하여 방정식 $2 - \frac{1}{x} = 0$의 해를 구하고자 한다. 해의 초기 가정값을 $x_1 = 1.4$, $x_1 = 1$, $x_1 = 0.4$로 설정하였을 때 각각에 대하여 두 번째와 세 번째 단계에서의 근사해 x_2와 x_3를 구하라.

2.19 방정식 $f(x) = 0$에서 함수 $f(x)$가 다음과 같을 때 Newton–Raphson 반복계산 공식을 써 보라.

(1) $f(x) = (x - 2)^4$ (2) $f(x) = \cos(x)$ (3) $f(x) = xe^{-x}$

2.20 Newton 방법의 수렴속도를 향상시키기 위해 Newton−Raphson 반복계산 공식을 변형시킨 다음과 같은 Halley의 반복공식이 사용되기도 한다:

$$x_{n+1} = x_n - \frac{f(x_n)}{f'(x_n)}\left[1 - \frac{f(x_n)f''(x_n)}{2\{f'(x_n)\}^2}\right]^{-1}$$

$f(x) = x^3 - 3x + 2$일 때 Halley의 반복공식을 이용하여 방정식 $f(x) = 0$의 근사해를 구하고자 한다. 해의 초기 가정값을 $x_1 = -2.4$로 설정하고 이어지는 근사해 x_2, x_3, x_4를 각각 구하라.

2.21 Aitken의 방법에서 $x_n = 2n^2 + 1$일 때 $\Delta^2 x_n$을 구하라.

2.22 수열 $x_n = \dfrac{1}{4^n + 4^{-n}}$은 선형적으로 0으로 수렴한다. $x_1 = \dfrac{1}{2}$로 설정했을 때 Aitken의 공식을 이용하여 z_1, z_2, z_3를 각각 구하라.

2.23 Muller 방법을 이용하여 $f(x) = x^3 - x - 2 = 0$의 근사해를 구하고자 한다. 초기 추정치들을 $x_1 = 1$, $x_2 = 1.2$, $x_3 = 1.4$로 하여 Muller 방법을 3회 반복수행하라.

2.24 Secant 방법을 이용하여 방정식 $f(x) = x^2 - 3 = 0$의 해로부터 $\sqrt{3}$에 대한 근사값을 구하고자 한다. 초기점 x_0와 x_1을 어떻게 정하면 좋겠는가? Secant 방법의 계산단계를 3회 반복 수행하였을 때 얻어지는 근사값 x_4는 얼마인가?

2.25 다음 방정식 시스템에 대한 고정점을 구하라.

(1) $x_1 = g_1(x_1, x_2) = x_1 - x_2^2$, $x_2 = g_2(x_1, x_2) = -x_1 + 6x_2$

(2) $x_1 = g_1(x_1, x_2) = \sin(x_2)$, $x_2 = g_2(x_1, x_2) = -6x_1 + x_2$

2.26 고정점 반복법을 이용하여 다음 방정식 시스템에 대한 해를 구하고자 한다. 해의 초기 가정치를 $x^1 = \begin{bmatrix} x_1^1 \\ x_2^1 \end{bmatrix} = \begin{bmatrix} 1.1 \\ 2 \end{bmatrix}$로 정하고 고정점 반복과정을 수행하여 $x^3 = \begin{bmatrix} x_1^3 \\ x_2^3 \end{bmatrix}$를 구하라.

$$x_1 = g_1(x_1, x_2) = \frac{1}{8}(8x_1 - 4x_1^2 + x_2^2 + 1)$$

$$x_2 = g_2(x_1, x_2) = \frac{1}{4}(2x_1 - x_1^2 + 4x_2 - x_2^2 + 3)$$

2.27 다음 방정식 시스템에 대하여 Newton 방법을 첫 번째 단계까지 적용하여 x^1을 구하라. 완화인자 $\rho = 1$, 해의 초기값은 $x^0 = \begin{bmatrix} x_1^0 \\ x_2^0 \end{bmatrix} = \begin{bmatrix} 2 \\ 0.25 \end{bmatrix}$라고 가정한다.

$$f_1(x_1, x_2) = x_1^2 - 2x_1 - x_2 + \frac{1}{2} = 0$$

$$f_2(x_1, x_2) = x_1^2 + 4x_2^2 - 4 = 0$$

2.28 Newton 방법을 이용하여 다음 방정식 시스템의 해를 구하고자 한다:

$$f_1(x_1, x_2) = x_1^2 - x_2 - 0.2 = 0$$

$$f_2(x_1, x_2) = -x_1 + x_2^2 - 0.3 = 0$$

완화인자 $\rho = 1$, 해의 초기값은 $x^0 = \begin{bmatrix} x_1^{(0)} \\ x_2^{(0)} \end{bmatrix} = \begin{bmatrix} 1.2 \\ 1.2 \end{bmatrix}$라 하고 Newton 반복과정을 수행하여 $x^1 =$

$\begin{bmatrix} x_1^{(1)} \\ x_2^{(1)} \end{bmatrix}$ 및 $x^2 = \begin{bmatrix} x_1^{(2)} \\ x_2^{(2)} \end{bmatrix}$를 구하라.

* MATLAB 활용 문제

M2.1 Bisection 방법을 수행하는 함수 `bisec`를 이용하여 방정식 $f(x) = 8 - 4.5(x - \sin x) = 0$의 해를 구하라. 초기 풀이구간은 [2, 3]으로 하고 오차기준은 $\epsilon = 10^{-6}$으로 설정한다.

M2.2 False-position 방법을 수행하는 함수 `falsepos`를 이용하여 방정식 $f(x) = x^3 - x + 1 = 0$의 해를 구하라. 초기 풀이구간은 [−2, 2]로 하고 오차기준은 $\epsilon = 10^{-6}$으로 설정한다.

M2.3 연속 치환법을 이용하여 방정식 $f(x) = 2e^{-x} - x = 0$의 해를 구하라. 함수 `sucsub`를 이용하며 해의 초기 가정값은 $x_0 = 0$, 오차기준은 $\epsilon = 10^{-6}$으로 설정한다.

M2.4 Steffensen의 가속방법을 이용하여 방정식 $f(x) = \cos(x) - 1 = 0$의 근사해를 구하라. 해의 초기 가정치를 $x_1 = 0.5$라 하고 함수 `stfac`를 수행한다.

M2.5 Muller 방법을 이용하여 방정식 $f(x) = x^7 - 3 = 0$의 근을 구하라. 두 초기점들은 0과 1로, 수렴한계는 10^{-6}으로 하며 함수 `muller`를 이용한다.

M2.6 Synthetic division 방법을 이용하여 방정식

$$f(x) = x^5 - 3.5x^4 + 2.75x^3 + 2.125x^2 - 3.875x + 1.25 = 0$$

의 해를 구하라.

M2.7 Newton 방법을 이용하여 다음 방정식 시스템의 해를 구하라. $\rho = 1$, 해의 초기 가정값은 $[x, y] = [0.7, 0.7]$로 한다.

$$5\cos(x) + 6\cos(x+y) = 10, \quad 5\sin(x) + 6\sin(x+y) = 4$$

M2.8 Broyden 방법을 수행하는 함수 `broyden`을 이용하여 방정식 시스템

$$\sin(x) + y^2 + \ln z = 7, \quad 3x + 2y - z^3 = -1, \quad x + y + z = 5$$

의 해를 구하라. 해의 초기값은 $x^0 = 0$, $y^0 = 2$, $z^0 = 2$, 수렴한계는 $\epsilon = 10^{-5}$로 설정한다.

M2.9 내장함수 `roots`를 이용하여 방정식

$$f(x) = x^5 - 3.5x^4 + 2.75x^3 + 2.125x^2 - 3.875x + 1.25 = 0$$

의 해를 구하라.

M2.10 함수 `fsolve`를 이용하여 방정식

$$\begin{aligned} &\sin(x) + y^2 + \ln z = 7 \\ &3x + 2y - z^3 = -1 \\ &x + y + z = 5 \end{aligned}$$

의 해를 구하라.

M2.11 매월 일정한 금액을 적립하여 어느 기간이 지난 후에 원하는 목돈을 마련하는 경우를 고려해 보자. 연이율을 i라고 할 때 매월 P의 금액만큼 적립한다면 n개월 후의 원리합계 A는

$$A = P\left\{1+\left(1+\frac{i}{12}\right)+\left(1+\frac{i}{12}\right)^2+\cdots+\left(1+\frac{i}{12}\right)^{n-1}\right\}=P\left\{\frac{1-(1+i/12)^n}{1-(1+i/12)}\right\}$$
$$= \frac{P}{i/12}\left\{\left(1+\frac{i}{12}\right)^n-1\right\}$$

앞으로 20년 동안 매월 250,000원씩 적립하여 20년 후의 원리합계가 250,000,000원이 되도록 하려면 연이율 i는 얼마이어야 하는가? Bisection 방법을 수행하는 함수 `bisec`를 이용하여 해를 구하라.

M2.12 Colebrook 식

$$\frac{1}{\sqrt{f}} = -0.86\ln\left(\frac{\epsilon/D}{3.7}+\frac{2.51}{N_{Re}\sqrt{f}}\right)$$

에서 $N_{Re} = 8 \times 10^4$, $\epsilon/D = 0.00015$일 때 False-position 방법을 이용하여 마찰인자 f를 구하라. 함수 `falsepos`를 이용하며 초기값은 $x_1 = 0.005$, $x_2 = 0.1$으로 한다.

M2.13 Colebrook 식

$$\frac{1}{\sqrt{f}} = -0.86\ln\left(\frac{\epsilon/D}{3.7}+\frac{2.51}{N_{Re}\sqrt{f}}\right)$$

에서 $N_{Re} = 8 \times 10^4$, $\epsilon/D = 0.00015$일 때 내장함수 `fzero`를 이용하여 마찰인자 f를 구하라. 초기값은 $f_0 = 0.1$로 한다.

M2.14 밀도가 물의 1/3인 반경 1의 공이 물 위에 떠 있을 때 물 속에 잠긴 부분의 깊이 x는 방정식 $x^3 - 3x^2 + \frac{4}{3} = 0$의 근으로 주어진다. Newton–Raphson 방법을 이용하여 x를 구하라. 초기값은 $x_0 = 0.5$, 수렴한계는 10^{-6}으로 한다.

M2.15 밀폐된 가압 용기에 1.5몰의 질소 기체가 저장되어 있다. 압력은 14.2기압이며 온도는 25°C이다. van der Waals 상태방정식

$$P = \frac{nRT}{V-b} - \frac{n^2 a}{V^2}$$

을 이용하여 용기의 부피 $V(\ell)$를 구하라. 기체상수는 $R = 0.08206\ \ell\cdot\text{atm/mol/K}$이며, 질소의 경우 $a = 1.39\ \ell^2\cdot\text{atm/mol}^2$, $b = 0.03913\ \ell/\text{mol}$이다.

M2.16 van der Waals 상태방정식은 $\left(p+\frac{a}{v^2}\right)(v - b) = RT$와 같이 주어진다. 이 식에서 $v = \frac{V}{n}$(n: 몰수)이며, $R = 0.082054\ \ell\cdot\text{atm/(mol}\cdot\text{K)}$이고, CO_2의 경우 $a = 3.592$, $b = 0.04267$이다. 내장함수 roots를 이용하여 $P = 10$ atm, $T = 300$ K일 때 몰부피 v를 구하라.

M2.17 비리얼(virial) 상태방정식은 다음과 같이 나타낼 수 있다:

$$\frac{P}{\rho RT} = 1 + B\rho + C\rho^2 + D\rho^3$$

위에서 ρ(mol/ℓ)는 밀도, P(atm)는 압력, T(K)는 온도, R은 기체상수로서 $R = 0.08206$ $\ell\cdot$atm/(mol$\cdot$K)이다. 200 K, 10 atm에서 질소의 밀도를 구하라. 질소의 경우 200 K에서 $B = -0.0361$ ℓ/mol, $C = 2.7047 \times 10^{-3}$ $(\ell/\text{mol})^2$, $D = -4.4944 \times 10^{-4}$ $(\ell/\text{mol})^3$이다.

M2.18 Soave–Redlich–Kwong(SRK) 상태방정식은

$$P = \frac{RT}{(V-b)} - \frac{a}{V(V+b)\sqrt{T}}$$

와 같이 나타낼 수 있다. 위에서 $a = 0.42748\dfrac{R^2T_c^{5/2}}{P_c}$, $b = 0.08664\dfrac{RT_c}{P_c}$이며, T_c와 P_c는 각각 임계온도(K) 및 임계압력(atm)이며, V는 몰부피(ℓ/mol)이다. 내장함수 `fzero`를 이용하여 400 K, 20 MPa에서 1-butene의 몰부피를 구하라. $R = 0.082054$ $\ell\cdot$atm/(mol$\cdot$K)이며 1-butene의 임계온도는 419.6 K, 임계압력은 40.2 MPa이다.

M2.19 그림에 보인 것과 같은 높이 1.4 m, 직경 0.3 m의 실린더 내부에 3 kg의 부탄 기체가 들어 있다. 실린더 내부의 온도는 100°C, 압력은 32 bar이다. Secant 방법을 이용하여 실린더 내부의 부피와 실린더 벽의 두께를 구하라. 부탄 기체에 대하여 Redlich–Kwong 상태방정식 $p = \dfrac{RT}{v-b} - \dfrac{a}{v(v+b)\sqrt{T}}$를 적용할 수 있으며, $a = 289.55$ bar$\cdot$m$^6\cdot$K$^{0.5}$/kmol^2, $b = 0.0806$ m^3/kmol이고, 프로판의 분자량은 58.12 kg/kmol, 기체상수는 $R = 0.08314$ bar$\cdot$m^3/(kmol$\cdot$K)이다.

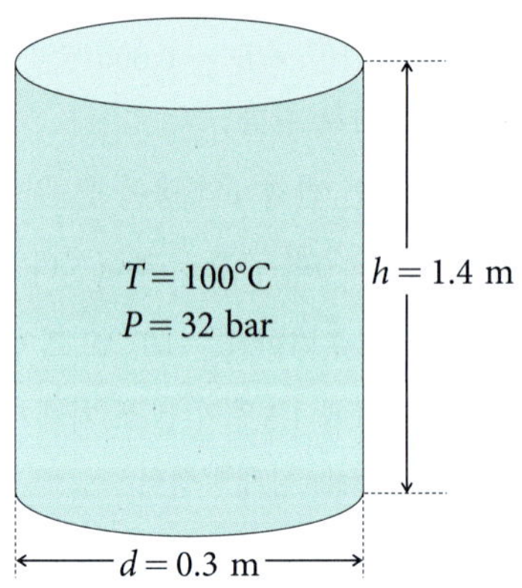

그림 M2.19 부탄 기체가 채워진 실린더.

M2.20 비례제어기(이득 K_c)를 사용하는 어떤 등온 연속교반 반응기의 전달함수로부터 다음과 같은 특성방정식이 얻어졌다:

$$\frac{2.98K_c(s+2.25)}{(s+1.45)(s+2.85)^2(s+4.35)} = -1$$

Synthetic division 방법을 이용(즉 함수 `newtonrapsd`을 이용)하여 K_c 값이 0으로부터 1씩 증가함에 따라 근을 구하고 그래프로 나타내어라. 실수부가 양수가 되는 근이 나타나면 계산을 중단하는데, 이 때의 K_c 값은 임계값이 되며 시스템이 불안정해지기 시작할 때이다. 근의 실수부가 양수가 되기 시작할 때의 K_c 값(임계값)은 얼마인가?

M2.21 혈액 중의 적혈구의 부피분율은 헤마토크릿(hematocrit)이라고 불린다. 중심부의 헤마토크릿 (H_c)은 다음과 같이 주어진다:

$$\frac{H_c}{H_0} = 1 + \frac{(1-\sigma^2)^2}{\sigma^2\{2(1-\sigma^2)+\sigma^2(1-aH_c)\}},$$

$$\sigma = 1 - \frac{\delta}{R}, \quad a = 0.07\exp\left(2.49H_c + \frac{1107}{T}e^{-1.69H_c}\right)$$

위에서

H_0: 혈관 유입부에서의 헤마토크릿

$\delta(\mu\text{m})$: 플라즈마 층의 두께

$R(\mu\text{m})$: 혈관의 반경

T(K): 온도

를 나타낸다. δ = 2.94 μm, R = 16 μm, T = 315 K, H_0 = 0.45일 때 H_c를 구하라.

M2.22 평형 상태에 있는 세포면 상에 존재하는 수용체(receptor)들의 총 수 R_t는 다음과 같이 주어진다:

$$\frac{R_t}{R_{eq}} = 1 + \nu\left(\frac{L_0}{K_D}\right)(1 + K_x R_{eq})^{f-1}$$

위에서

R_t: 세포 표면상에 존재하는 수용체들의 총 수

R_{eq}: 세포 표면상에 존재하는 수용체들의 평형농도

ν: 결합 위치들의 수

L_0: 리간드(ligand) 농도

K_D: 분해상수

K_x: 교차연결 평형상수

f: 단일세포로의 결합에 이용 가능한 결합 위치들의 총 수

이다. 다음 데이터를 이용하여 평형농도 R_{eq}를 구하라:

데이터:

R_t = 10692, ν = 17, L_0 = 2.1 × 10^{-9} M, K_D = 7.76 × 10^{-5} M, K_x = 5.82 × 10^{-5}, f = 9

M2.23 전기 가열기에 의해 온도가 x(K)의 고온으로 유지되는 공업용 오븐이 있다. 오븐 외부의 온도는 T(K)이며 오븐 외부로 대류와 복사에 의한 열손실이 일어난다. 시간 t에 따른 오븐 내의 온도의 변화는

$$\frac{dx}{dt} = \alpha(T-x) + \beta(T^4 - x^4) + \gamma u^2$$

로 나타낼 수 있다. 위에서 α, β, γ는 오븐의 열용량에 따라 좌우되는 상수들이며, 입력변수 $u(A)$는 전기 가열기를 흐르는 전류를 나타낸다. 상수들의 값이 α = 50 min^{-1}, β = 2 × 10^{-7} $\text{min}^{-1}\text{K}^{-3}$, γ = 800 K $\text{min}^{-1}\text{A}^{-2}$이며 T = 20°C, u = 21 A일 때 Newton–Raphson 방법을 이용하여 정상상태에서 오븐 내의 온도 x(K)를 구하라.

M2.24 DNA에 힘을 가했을 때 늘어난 길이는 다음 식으로 나타낼 수 있다:

$$\frac{Fb}{k_B T} = \frac{1}{2}\left(1 - \frac{x}{L}\right)^{-2} + \frac{2x}{L} - \frac{1}{2}$$

위에서 F는 DNA를 길이 x만큼 늘어나도록 하기 위해 가해지는 힘이고, k_B는 볼츠만 상수이며 T는 온도, b는 Kuhn 길이, L은 DNA 사슬의 총 길이이다. 주어진 데이터를 이용하여 DAN에 $F = 30 \times 10^{-12}$ N의 힘이 가해졌을 때 늘어난 길이 x를 구하라.

데이터: $k_B = 1.38 \times 10^{-23}$ J/(mol·K), $b = 10^{-7}$ m, $T = 298$ K, $L = 16.8\ \mu$m.

M2.25 충진층의 경우 단위길이당 압력강하($\Delta P/L$)는 다음과 같이 Ergun 식으로 나타낼 수 있다:

$$\frac{\Delta P}{L} = 150\left(\frac{\eta v_0}{D_p^2}\right)\frac{(1-\varepsilon)^2}{\varepsilon^3} + 1.75\left(\frac{\rho v_0^2}{D_p}\right)\frac{1-\varepsilon}{\varepsilon^3}$$

위에서

η: 액체의 점도
v_0: 겉보기 속도
D_p: 입자의 직경
ρ: 유체의 밀도
ϵ: 충진층의 공극률

이다. 다음에 주어진 데이터를 이용하여 P를 구하라:

$$\eta = 1.1\ \text{cP},\ v_0 = 0.1\ \text{m/sec},\ D_p = 4.9\ \text{cm},$$
$$\rho = 1.98\ \text{g/cm}^3,\ L = 1.6\ \text{m},\ \Delta P = 416\ \text{Pa}$$

M2.26 평형상태에 있는 에틸벤젠(1)-톨루엔(2) 혼합물을 고려해 보자. 기상과 액상은 이상용액이라고 가정한다. 평형상태 조건으로부터

$$x_i P_i^{sat} = p_i$$

위에서 x_i는 i 성분의 액상 몰분율, P_i^{sat}는 i 성분의 포화압력, P_i는 i 성분의 기상 분압이다. 포화압력은 Antoine 식

$$\log_{10} P_i^{sat}(\text{mmHg}) = A_i - \frac{B_i}{T(°\text{C}) + C_i}$$

을 이용하여 나타낼 수 있다고 하자. Antoine 계수들은 표 p2.3에 나타나 있다. 에틸벤젠(1)과 톨루엔(2)의 기상 분압이 각각 $P_1 = 250$ mmHg 및 $P_2 = 343$ mmHg와 같을 때 에틸벤젠의 액상 몰분율과 평형온도 t를 구하라.

표 M2.26 에틸벤젠과 톨루엔의 Antoine 계수

성분	A	B	C
에틸벤젠(1)	6.95719	1424.26	213.21
톨루엔(2)	6.95464	1344.80	219.48

M2.27 벤젠(B)-톨루엔(T) 2성분 혼합물에서 각 성분의 증기압은 다음과 같이 Antoine 식으로 나타낼 수 있다:

$$\ln P_{sat_i}(T) = A_i - \frac{B_i}{T + C_i} \quad (T: °\mathrm{C},\ P_{sat}: \mathrm{mmHg})$$

Antoine 계수들은 다음과 같다:

벤젠: $A = 15.90085$, $B = 2788.507$, $C = 220.790$

톨루엔: $A = 16.01066$, $B = 3094.543$, $C = 219.377$

비등점 T_b는 다음 식을 풀어 구할 수 있다:

$$P = x_B P_{sat_B}(T_b) + x_T P_{sat_T}(T_b)$$

(1) 1기압에서 혼합물 중의 벤젠과 톨루엔의 조성이 각각 $x_B = 0.65$ 및 $x_T = 0.35$일 때 비등점 T_b를 구하라.

(2) 1기압에서 비등점 T_b를 x_B $(0 \le x_B \le 1)$의 함수로 그래프로 나타내어라.

M2.28 n-펜탄(A)과 n-헥산(B)의 증기압(mmHg)은 다음과 같이 Antoine 식(T: °C)으로부터 구할 수 있다:

$$\log P_A = 6.85221 - \frac{1064.63}{T + 232.0}, \quad \log P_B = 6.87776 - \frac{1171.53}{T + 224.366}$$

(1) 1기압에서 10 mol% n-펜탄과 90 mol% n-헥산의 액상 혼합물의 비등점과 평형조성을 구하라.

(2) 액상 혼합물에서 n-펜탄의 조성이 0 mol%로부터 100 mol%에 이를 때까지 위의 계산을 반복하라. 액상 중의 n-펜탄의 mol% 값들에 따른 끓는 온도와 기상 중의 n-펜탄의 mol% 값들을 각각 계산하고 그 결과를 그래프로 나타내어라.

M2.29 아세톤(1)-메탄올(2) 액상 이성분계의 경우 기본적인 열역학 관계들로부터 다음 식을 얻을 수 있다:

$$y_1 P = x_1 \gamma_1 P_{sat,1}, \quad (1 - y_1)P = (1 - x_1)\gamma_2 P_{sat,2}$$

위에서 P(kPa)는 전압, γ_i는 성분 i에 대한 활동도 계수, x와 y는 각각 액상 및 기상 몰분율, 그리고 P_{sat} (kPa)는 증기압이다. γ_i는 다음과 같이 주어진다:

$$\gamma_1 = \exp\{0.64(1 - x_1)^2\}, \quad \gamma_2 = \exp(0.64 x_1^2)$$

t(°C)에서 $P_{sat,i}$는 Antoine 식으로부터 구할 수 있다:

$$\ln P_{sat,i}(T) = A_i - \frac{B_i}{T + C_i} \quad (i = 1, 2;\ T: °\mathrm{C},\ P_{sat,i}: \mathrm{kPa})$$

Antoine 식의 파라미터들은 표 M2.29에 주어져 있다.

표 M2.29 Antoine 식의 파라미터

	A	B	C
아세톤(1)	14.3916	2795.82	230.00
메탄올(2)	16.5938	3644.30	239.76

(1) 1기압에서 30 mol% 아세톤과 70 mol% 메탄올을 포함하는 액상 혼합물의 비등점 T(°C)를 구하라. 이 온도에서 아세톤의 기상 몰분율(y_1)은 얼마인가?

(2) T(°C)를 몰분율 x_1과 y_1의 함수로 그래프로 나타내어라.

M2.30 그림 M2.30은 CO_2 생성에 이용되는 탑을 보인 것이다. 탑 내부에서는 $CaCO_3$가 연도가스(flue gas)와 연속적으로 접촉되며 탑 하부로부터 900°C에서 CaO가 유출된다. 100 kg의 $CaCO_3$ 원료에 대하여 4.7 kmol의 연도가스가 소모되는데, 연도가스는 10%의 CO_2, 15%의 CO 및 75%의 N_2를 포함하고 있다.

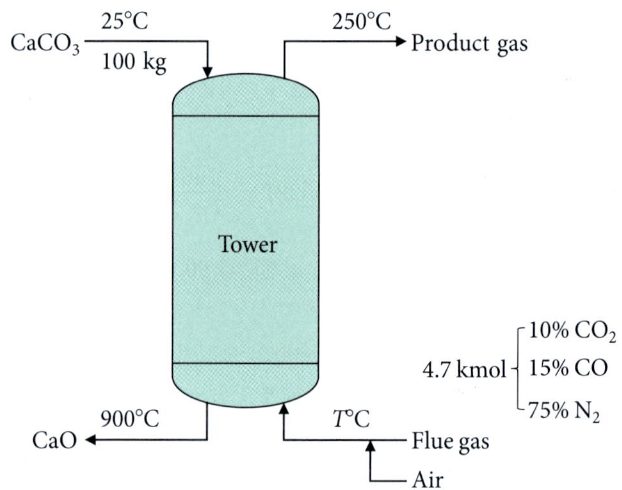

그림 M2.30

연소는 완전하게 이루어지며 에너지 손실과 공기 중의 수분 함량은 무시하기로 한다. 각 반응에 대한 반응 엔탈피는 다음과 같다:

$$CaCO_3 \rightarrow CaO + CO_2: \quad \Delta H_{298} = 4.379 \times 10^4 \text{ kcal/kmol}$$

$$CO + \frac{1}{2}O_2 \rightarrow CO_2: \quad \Delta H_{298} = -6.764 \times 10^4 \text{ kcal/kmol}$$

T(K)에서 각 성분에 대한 열용량(kcal/(kmol·K))은 다음과 같이 주어진다:

$$C_{p,CO_2} = \int_{298}^{T} (6.339 + 0.01014T - 3.415 \times 10^{-6}T^2)dT$$

$$C_{p,CO} = \int_{298}^{T} (6.350 + 1.811 \times 10^{-3}T - 2.675 \times 10^{-7}T^2)dT$$

$$C_{p,N_2} = \int_{298}^{T} (6.457 + 1.389 \times 10^{-3} T - 6.9 \times 10^{-8} T^2) dT$$
$$C_{p,O_2} = \int_{298}^{T} (6.117 + 3.167 \times 10^{-3} T - 1.005 \times 10^{-6} T^2) dT$$

한편 $C_{p,CaCO_3}$ (T = 25°C) = 0.18 및 $C_{p,CaO}$ (T = 900°C) = 0.23이다. 탑으로 유입되는 연도가스의 온도를 구하라.

M2.31 어떤 단열 연속교반 반응기에서 발열반응이 진행되고 있으며 반응기 체류시간은 τ이다. 물질 수지에 의한 반응물의 전환율 x_m과 에너지 수지에 의한 반응물의 전환율 x_e는 각각 다음과 같이 주어진다:

$$x_m = \frac{k\tau}{1 + k\tau}, \quad k = Ae^{-\frac{E}{RT}}$$
$$x_e = \frac{C_{pf}(T - T_f)}{-\Delta H}, \quad \Delta H = \Delta H_R^0 + \Delta C_p(T - T_R)$$

데이터: τ = 0.27 h, A = 4.711 × 10^9 $\sec^{-1}$, R = 8.314 J/(mol·K), E = 7.536 × 10^4 J/mol, C_{pf} = 1675 J/(mol·K), T_f = 273.15 K, ΔH_R^0 = −1.216 × 10^5 J/mol, T_R = 293.15 K, ΔC_p = −2931 J/(mol·K)

(1) x_m과 x_e를 t의 함수로 그래프로 나타내어라(260 ≤ T ≤ 360).

(2) $x_m = x_e$일 때의 t 값들을 구하라.

M2.32 다음과 같은 에탄의 촉매 탈수소화 반응으로부터 에틸렌과 아세틸렌을 얻을 수 있다:

반응 1: $C_2H_6 \leftrightarrow C_2H_4 + H_2$

반응 2: $C_2H_6 \leftrightarrow C_2H_2 + 2H_2$

위의 두 반응 1과 2의 평형상수는 다음과 같이 두 반응의 반응정도 ξ_1 및 ξ_2의 함수로 나타낼 수 있다:

$$K_1 = \frac{\xi_1(\xi_1 + 2\xi_2)}{(1 - \xi_1 - \xi_2)(1 + \xi_1 + 2\xi_2)}, \quad K_2 = \frac{\xi_2(\xi_1 + 2\xi_2)^2}{(1 - \xi_1 - \xi_2)(1 + \xi_1 + 2\xi_2)^2}$$

977°C, 1기압에서 K_1과 K_2는 각각 3.75와 0.135로 나타났다. ξ_1과 ξ_2, 그리고 생성물 흐름의 조성(몰분율) $x_{C_2H_6}$, $x_{C_2H_4}$, $x_{C_2H_2}$, x_{H_2}를 구하라.

M2.33 T = 1000 K와 P = 1기압에서 에탄은 촉매 존재하에 수증기와 반응하여 수소를 생성한다. 원료는 에탄 1몰당 수증기 4몰의 비율로 공급된다. 평형에 도달한 상태에서 혼합물에 존재하는 성분들은 다음 표에 보인 바와 같다. 표에는 또한 이 성분들의 t = 1000 K에서의 Gibbs 생성에너지(kcal/gmol)와 각 성분의 조성에 대한 초기 가정값들이 나타나 있다. 함수 `fsolve`를 이용하여 반응기로부터 유출되는 평형 혼합물의 조성을 구하라.

표 M2.33 에탄-수증기 반응평형 혼합물 성분

i	성분	Gibbs 생성에너지 (kcal/gmol)	원료 (gmol)	유출물 조성의 초기 가정치
1	CH_4	4.61		0.001
2	C_2H_4	28.249		0.001
3	C_2H_2	40.604		0.001
4	CO_2	−94.61		0.993
5	CO	−47.942		1
6	O_2	0		0.0001
7	H_2	0		5.992
8	H_2O	−46.03	4	1
9	C_2H_6	26.13	1	0.001

이 문제는 총 Gibbs 에너지의 최소화에 따른 최적화 문제로 간주될 수 있는데 이 경우 목적함수는

$$\min_{n_i} \frac{G}{RT} = \sum_{i=1}^{c} n_i \left(\frac{G_i^0}{RT} + \ln \frac{n_i}{\sum n_i} \right)$$

로 주어진다. n_i는 성분 i의 몰수이며, c는 총 성분 수, G_i^0는 온도 T에서 순수한 i 성분의 Gibbs 에너지이다. n_i를 구하기 위하여 산소, 수소, 탄소 원자에 대한 수지식을 세워 보면

산소: $f_1 = 2n_4 + n_5 + 2n_6 + n_8 - 4 = 0$

수소: $f_2 = 4n_1 + 4n_2 + 2n_3 + 2n_7 + 2n_8 + 6n_9 - 14 = 0$

탄소: $f_3 = n_1 + 2n_2 + 2n_3 + n_4 + n_5 + 2n_9 - 2 = 0$

이들 각 수지식은 제약조건이 된다. 따라서 Lagrange 곱셈자 λ_1, λ_2, λ_3를 도입하여 목적함수를 새로 구성하면

$$\min_{n_i, \lambda_j} F = \sum_{i=1}^{c} n_i \left(\frac{G_i^0}{RT} + \ln \frac{n_i}{\sum n_i} \right) + \sum_{j=1}^{3} \lambda_j f_j$$

최적점에서 n_i 및 λ_j에 의한 함수 F의 미분은 0이 된다. 즉

$$\frac{\partial F}{\partial n_i} = \frac{G_i^0}{RT} + \ln \frac{n_i}{\sum_{k=1}^{c} n_k} + 1 - \frac{n_i}{\sum_{k=1}^{c} n_k} + \sum_{j=1}^{3} \lambda_j \left(\frac{\partial f_j}{\partial n_i} \right) = 0 \quad (i = 1, 2, \cdots, c)$$

$$f_j = 0 \quad (j = 1, 2, 3)$$

제 3 장 선형 시스템

대부분의 화학공정은 비선형 시스템이다. 대부분의 경우 이러한 비선형 시스템은 수학적으로 처리하기가 어려우며, 따라서 이를 근사적으로 선형화시켜 이용하는 것이 보통이다. 또한 정상상태에서의 흡수탑 공정모델이나 증류공정 모델은 그 자체가 선형인 경우가 많다. 선형 시스템의 풀이에서는 미지수의 수와 방정식의 수에 따라 유일한 해가 얻어지기도 하고 무수한 해가 존재하거나 해를 얻을 수 없는 경우가 있다. 화학공정에서는 공정을 나타내는 선형 방정식들의 수보다 미지수의 수가 더 많은 경우가 일반적이다. 선형방정식들의 집합으로 구성되는 선형 시스템의 풀이에는 Gauss 소거법을 비롯하여 다양한 방법들이 이용될 수 있다. 여기에서는 널리 이용되는 다양한 선형 시스템 풀이 방법과 이를 수행하는 알고리듬 및 프로그램 구성 방법들을 알아보기로 한다.

3.1 행렬과 벡터

3.1.1 행렬

행렬은 숫자들이 행과 열로 정렬된 사각형 형태의 배열을 말한다. 행렬은 대량의 정보를 간명하게 나타내는 하나의 방법이다. 예를 들어 i번째 제품의 j번째 달의 판매량을 g_{ij}라 하면 n가지 제품에 대한 정해진 기간 m개월 동안의 판매량은 행렬

$$G=(g_{ij})=\begin{bmatrix} g_{11} & g_{12} & \cdots & g_{1m} \\ g_{21} & g_{22} & \cdots & g_{2m} \\ \vdots & \vdots & \cdots & \vdots \\ g_{n1} & g_{n2} & \cdots & g_{nm} \end{bmatrix} \in R^{n\times m}$$

으로 나타낼 수 있다. 만일 각 제품에 대한 월 평균 판매량을 계산하고자 한다면

$$G_{i,avg}=G\begin{bmatrix} 1 \\ 1 \\ \vdots \\ 1 \end{bmatrix}\frac{1}{m}$$

를 수행하면 된다. 일반적으로 $m\times n$ 행렬 A는

$$A=\begin{bmatrix} a_{11} & a_{12} & \cdots & a_{1n} \\ a_{21} & a_{22} & \cdots & a_{2n} \\ \vdots & \vdots & \vdots & \vdots \\ a_{m1} & a_{m2} & \cdots & a_{mn} \end{bmatrix}$$

와 같이 나타내며 원소가 n개인 열벡터 x는

$$x = \begin{bmatrix} x_1 \\ x_2 \\ \vdots \\ x_n \end{bmatrix}$$

와 같이 표시한다. 정방행렬은 행들의 수와 열들의 수가 같은 행렬이다. 즉 위의 행렬 A에서 $m = n$이면 A는 정방행렬이다.

대각행렬은 대각선상에 위치하는 원소들만 0이 아니며 다른 원소들은 모두 0인 행렬이다. 즉

$$A = \begin{bmatrix} a_{11} & 0 & \cdots & 0 \\ 0 & a_{22} & \cdots & 0 \\ \vdots & \vdots & \vdots & \vdots \\ 0 & 0 & \cdots & a_{nn} \end{bmatrix}$$

대칭행렬은 대각원소들을 중심으로 대응되는 위치의 원소가 서로 동일한 행렬이다. 즉 모든 i와 j에 대하여 $a_{ij} = a_{ji}$인 행렬로서 예를 들면

$$A = \begin{bmatrix} 4 & -2 & 1 \\ -2 & 0 & 3 \\ 1 & 3 & 5 \end{bmatrix}$$

상부삼각 행렬(upper triangular matrix)은 대각원소 아래에 위치하는 원소들이 모두 0인 행렬이다. 즉

$$A = \begin{bmatrix} a_{11} & a_{12} & \cdots & a_{1n} \\ 0 & a_{22} & \cdots & a_{2n} \\ \vdots & \vdots & \vdots & \vdots \\ 0 & 0 & \cdots & a_{nn} \end{bmatrix}$$

하부삼각 행렬(lower triangular matrix)은 대각원소 위에 위치하는 원소들이 모두 0인 행렬이다. 즉

$$A = \begin{bmatrix} a_{11} & 0 & \cdots & 0 \\ a_{21} & a_{22} & \cdots & 0 \\ \vdots & \vdots & \vdots & \vdots \\ a_{n1} & a_{n2} & \cdots & a_{nn} \end{bmatrix}$$

단위(항등)행렬 I는 대각행렬에서 0이 아닌 원소들이 모두 1인 정방행렬이다. 즉

$$I = \begin{bmatrix} 1 & 0 & \cdots & 0 \\ 0 & 1 & \cdots & 0 \\ \vdots & \vdots & \vdots & \vdots \\ 0 & 0 & \cdots & 1 \end{bmatrix}$$

이며 $IA = A$, $Ix = x$이다. 행렬 A의 트레이스(trace) trA는 A의 대각원소들의 합으로 정의된다. 즉 $trA = \sum_{i=1}^{n} a_{ii}$이다.

정방행렬 A의 행렬값(determinant)은 $|A|$ 혹은 $\det(A)$로 표시되는 스칼라이다.

행렬끼리의 곱셈에서 교환법칙은 성립하지 않는다. 즉 $AB \neq BA$이다. 행렬의 연산에서는 분배 및 결합법칙이 성립한다. 즉 $A(B + C) = AB + AC$, $A(BC) = (AB)C$이다. 행렬 A의 전치는 A'(혹은 A^T)로 나타내며 $(AB)' = B'A'$이다. A'가 A와 동일하면(즉 $A = A'$) A는 대칭행렬이다.

행렬 A의 역행렬은 A와 곱했을 때 단위(항등)행렬 I가 얻어지는 행렬로서 A^{-1}로 나타낸다. 즉 $AB = I$일 때 $B = A^{-1}$이다. 역행렬은 다음과 같은 성질을 갖는다:

$$AA^{-1} = A^{-1}A = I, \quad (AB)^{-1} = B^{-1}A^{-1}$$

행렬 A의 계수(rank)는 A 내에서 가장 큰 비특이(nonsingular) 정방행렬의 차수이다.

행렬연산 $Q^{-1}AQ = B$에서 행렬 A는 행렬 B로 변환되며 B는 A에 유사(similar)하다고 말한다. 여기에서 Q는 비특이 정방행렬이다. 이 경우 유사성(similarity)은 다음을 의미한다:

- A와 B의 행렬값은 같다: $|A| = |B|$
- A와 B의 트레이스는 같다: $trA = trB$
- A와 B의 고유치(eigenvalue)는 동일하다: $|A - \lambda I| = |B - \lambda I|$

행렬 Q의 열들이 서로 직교이면서 크기가 1인 실수벡터들이면 Q는 직교(orthogonal)행렬이라고 칭하며 $Q'Q = I$가 성립하고, 따라서 $Q' = Q^{-1}$이다. 이 경우 유사변환 $Q^{-1}AQ = B$는 $Q'AQ = B$로 쓸 수 있으며 직교변환이라고 불린다.

스칼라 다항식은 다음과 같은 형태를 갖는다:

$$f(x) = a_n x^n + a_{n-1} x^{n-1} + \cdots + a_1 x + a_0$$

마찬가지로 행렬 다항식은 다음과 같이 정의된다:

$$P(A) = \alpha_n A^n + \alpha_{n-1} A^{n-1} + \cdots + \alpha_1 A^1 + \alpha_0 I$$

위에서 A는 정방행렬이다. 행렬의 지수함수는

$$e^A = I + A + \frac{A^2}{2!} + \frac{A^3}{3!} + \cdots$$

와 같이 정의된다.

켤레 치환 행렬은 $A^* = \overline{A^T} = (\overline{A})^T$와 같이 나타내며 $A^* = A$인 행렬 A는 Hermite 행렬이라고 부른다. 이 경우 a_{ij}가 모두 실수이면 행렬 A는 대칭행렬이 된다. 행렬 A가 $A^*A = AA^* = I$(혹은 $A^* = A^{-1}$)인 관계를 만족하면 A는 Unitary 행렬이라고 부른다. 한편 $AA^* = A^*A$이면 행렬 A는 정규행렬(normal matrix)이라고 칭하며 Hermite 행렬 및 unitary 행렬들이 이에 해당된다.

3.1.2 벡터

n차원 실수벡터 x는 n개의 실수 $x_1, x_2, \cdots, x_n$들의 정렬된 집합으로서 x_i $(i \leq i \leq n)$는 벡터 x의 원소라고 부른다. 벡터 x의 원소들은 행 또는 열 형태로 정렬하여 나타낸다. 다음과 같이 원소들이 열 형태로 정렬된 두 열벡터 x와 y를 고려해 보자:

$$x = \begin{bmatrix} x_1 \\ x_2 \\ \vdots \\ x_n \end{bmatrix}, \quad y = \begin{bmatrix} y_1 \\ y_2 \\ \vdots \\ y_n \end{bmatrix}$$

이들의 전치는 $x' = [x_1\ x_2\ \cdots\ x_n]$, $y' = [y_1\ y_2\ \cdots\ y_n]$와 같으며 이들 두 벡터의 스칼라 곱(내적)은 다음과 같이 정의된다:

$$x'y = x^T y = [x_1\ x_2 \cdots x_n] \begin{bmatrix} y_1 \\ y_2 \\ \vdots \\ y_n \end{bmatrix} = x_1 y_1 + x_2 y_2 + \cdots + x_n y_n$$

이는 dot product라고도 불리며 $\langle x, y \rangle$와 같이 나타내기도 한다. 한편 두 벡터의 dyadic 곱은 다음과 같이 정의된다:

$$xy' = \begin{bmatrix} x_1 \\ x_2 \\ \vdots \\ x_n \end{bmatrix} [y_1\ \ y_2\ \ldots\ y_n] = \begin{bmatrix} x_1y_1 & x_1y_2 & \cdots & x_1y_n \\ x_2y_1 & x_2y_2 & \cdots & x_2y_n \\ \vdots & \vdots & \vdots & \vdots \\ x_ny_1 & x_ny_2 & \cdots & x_ny_n \end{bmatrix}$$

아울러 두 벡터의 교차 곱(cross product)으로부터 하나의 벡터가 얻어진다. 이를테면 3성분 벡터 x와 y의 교차곱은

$$x \times y = \begin{vmatrix} i & j & k \\ x_1 & x_2 & x_3 \\ y_1 & y_2 & y_3 \end{vmatrix} = \begin{bmatrix} x_2y_3 - x_3y_2 \\ x_3y_1 - x_1y_3 \\ x_1y_2 - x_2y_1 \end{bmatrix}$$

와 같이 얻어진다. 0이 아닌 두 벡터의 내적이 0, 즉 $x'y = \langle x, y \rangle = x^T y = 0$이면 이들은 서로 직교(orthogonal)이다.

일련의 벡터 $x, y, z, \cdots$ 들에 대하여 다음의 관계를 만족하는 스칼라 $c_1, c_2, c_3, \cdots$ 들이 존재하면 벡터 $x, y, z, \cdots$ 들은 선형적으로 종속(linearly dependent)이라고 말한다:

$$c_1 x + c_2 y + c_3 z + \cdots = 0$$

그렇지 않을 경우 위 벡터들은 선형적으로 독립(linearly independent)이다.

3.1.3 놈(Norm)

벡터 x의 p-놈(norm) $\|x\|_p$는 다음과 같이 정의된다:

$$\| x \|_p = \sqrt[p]{\sum_{i=1}^{n} |x_i|^p}$$

위에서 $p = 1, 2, \infty$이다. 다음과 같이 정의되는 유클리드 놈(Euclidean norm 혹은 2-norm)은 벡터의 길이를 나타낸다:

$$\| x \|_2 = \sqrt{\sum_{i=1}^{n} x_i^2}$$

∞-놈(norm)은 $\|x\|_\infty = \max_i |x_i|$와 같이 정의되며 벡터 x의 원소들의 크기에 대한 한계를 나타낸다. 맨하탄 놈(Manhattan norm)(1-norm)은 벡터 x의 원소들의 절대값의 합으로서 $\|x\| = \sum_{i=1}^{n} |x_i|$와 같이 정의된다. 벡터의 길이는 다음과 같이 계산된다:

$$|x| = \sqrt{x^T x}$$

길이가 1인 벡터는 단위벡터이다. 두 벡터 $x = \begin{bmatrix} x_1 \\ x_2 \\ \vdots \\ x_n \end{bmatrix}, y = \begin{bmatrix} y_1 \\ y_2 \\ \vdots \\ y_n \end{bmatrix}$ 사이의 거리는

$$\| x - y \|_2 = \sqrt{\sum_{i=1}^{n} (x_i - y_i)^2}, \quad \| x - y \|_\infty = \max_{1 \le i \le n} |x_i - y_i|$$

와 같이 표시된다.

한편 행렬 $A = (a_{ij}) \in R^{n \times n}$의 유클리드 놈(norm)(혹은 Frobenius norm) $\|A\|_e$, 1-norm $\|A\|_1$, 그리고 ∞-놈(norm)은 각각

$$\| A \|_e = \sqrt{\sum_{i=1}^{n} \sum_{j=1}^{n} a_{ij}^2}, \quad \| A \|_1 = \max_{1 \le j \le n} \sum_{i=1}^{n} |a_{ij}|, \quad \| A \|_\infty = \max_{1 \le i \le n} \sum_{j=1}^{n} |a_{ij}|$$

와 같이 정의된다. 행렬의 경우 유클리드 놈(norm)과 2-놈(norm)은 서로 다르게 정의되는데, $A^T A$의 고유치 가운데 가장 큰 값을 λ_{max}라고 하면 행렬 A의 2-놈(norm) $\|A\|_2$는

$$\| A \|_2 = \sqrt{\lambda_{max}}$$

와 같다.

3.1.4 조건수(Condition Number)

1-norm의 정의를 이용하여 다음과 같이 M과 m을 정의할 수 있다:

$$M = \max_x \frac{\| Ax \|}{\| x \|}, \quad m = \min_x \frac{\| Ax \|}{\| x \|}$$

A가 특이(singular)행렬인 경우 $m = 0$이다. 행렬 A의 조건수는

$$\mathrm{cond}(A) = \frac{M}{m} = \| A \| \, \| A^{-1} \|$$

으로 정의한다. 모든 x에 대하여 $\frac{\|Ix\|}{\|x\|} = \frac{\|x\|}{\|x\|} = 1$이므로 $\mathrm{cond}(I) = 1$이다.

이제

$$Ax = b, \quad A(x + \Delta x) = (b + \Delta b)$$

에서 b가 약간 변화하면 x는 얼마나 변할 것인가를 살펴보기로 한다. 즉 Δx와 Δb 사이의 관계를 알아보기로 한다. 위의 관계로부터 $A\Delta x = \Delta b$임을 알 수 있다. 아울러 M의 정의로부터 $M = \max_x \frac{\|Ax\|}{\|x\|} = \max_x \frac{\|b\|}{\|x\|}$. 즉 $M \ge \frac{\|b\|}{\|x\|}$임을 알 수 있다. 따라서 $\|b\| \le M\|x\|$ 혹은 $\frac{\|b\|}{M} \le \|x\|$이다. 마찬가지로 $\|\Delta b\| \ge m\ \|\Delta x\|$ 혹은 $\frac{\|\Delta b\|}{\|m\|} \ge \|\Delta x\|$임을 알 수 있다. 따라서 모든 $m \ne 0$(즉 A는 비특이 행렬)에 대하여

$$\frac{\|\Delta x\|}{\|x\|} \le \frac{\|\Delta b\|}{m} \cdot \frac{M}{\|b\|} = \mathrm{cond}(A)\frac{\|\Delta b\|}{\|b\|}$$

임을 알 수 있다.

앞에서와 달리 b에는 변화가 없고 다음과 같이 계수행렬 A와 미지변수 벡터 x에 약간의 변화가 도입되는 경우를 살펴보기로 하자:

$$Ax = b, \qquad (A + \Delta A)(x + \Delta x) = b$$

위 식의 괄호를 풀어 정리하고 $Ax = b$인 관계를 이용하면

$$A(x + \Delta x) + \Delta A(x + \Delta x) = b \quad \Rightarrow \quad \Delta A(x + \Delta x) = -A\Delta x$$

를 얻는다. 이를 Δx에 대하여 풀면

$$-\Delta x = A^{-1}\Delta A(x + \Delta x)$$

양변에 놈(norm)을 취하면

$$\|\Delta x\| \le \|A^{-1}\|\ \|\Delta A\|\ \|x + \Delta x\|$$

이로부터 행렬 A의 조건수의 정의에 따라

$$\frac{\|\Delta x\|}{\|x + \Delta x\|} \le \|A^{-1}\|\ \|\Delta A\| = \|A^{-1}\|\ \|A\|\frac{\|\Delta A\|}{\|A\|} = \mathrm{cond}(A)\frac{\|\Delta A\|}{\|A\|}$$

를 얻는다.

3.2 선형 시스템의 보기

두 개의 점은 직선, 3개의 점은 포물선을 이루며 4개의 점들은 3차 곡선을 구성한다. 곡선은 어떻게 얻는가? 예를 들어 3개의 점 (1, 0), (2, −1), (3, 2)들이 주어졌다고 하자. 이 점들을 이용하여 포물선 $p(x) = a + bx + cx^2$의 계수들을 구해 보기로 한다. 먼저 이 점들을 식에 대입한다. $p(1) = 0$, $p(2) = -1$, $p(3) = 2$이므로

$$a + b + c = 0, \quad a + 2b + 4c = -1, \quad a + 3b + 9c = 2$$

이 식들은 선형방정식 시스템으로서 다음과 같이 벡터와 행렬을 이용하여 나타낼 수 있다.

$$\begin{bmatrix} 1 & 1 & 1 \\ 1 & 2 & 4 \\ 1 & 3 & 9 \end{bmatrix}\begin{bmatrix} a \\ b \\ c \end{bmatrix} = \begin{bmatrix} 0 \\ -1 \\ 2 \end{bmatrix} \quad \Rightarrow \quad Ax = b$$

미지벡터 x는 계수들로 이루어지는 벡터이다.

물질 및 열 수지는 엔지니어들이 늘 이용하는 기본적이고 중요한 도구이며, 공정에 적용된 물질 및 열 수지로부터 다수의 미분 및 대수방정식들이 얻어진다. 예를 들어 다단 다성분 분리공정에서의 물질 및 열 수지로부터는 일련의 미분 및 대수 방정식들이 얻어진다. 비선형 방정식들이 포함되는 경우 이들을 선형화시키고 반복적인 수렴기법을 적용하여 해를 구한다. 그림에 보인 통상적인 증류탑에서 정상상태에서의 물질수지를 고려해 보기로 한다.

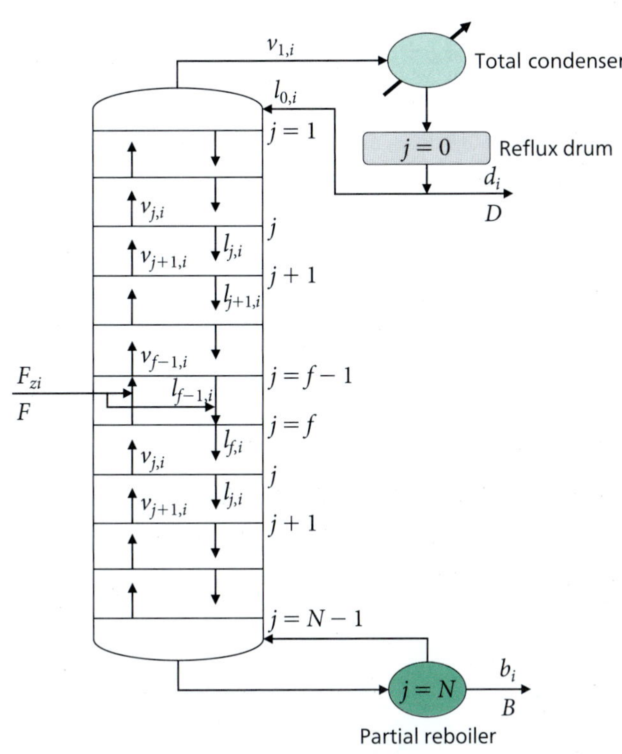

그림 3.1 증류탑.

응축기(condenser)에서는

$$V_1 y_{1i} = L_0 x_{Di} + D x_{Di}$$

j번째 단에서는

$$V_j y_{ji} = L_{j-1} x_{j-1,i} + D x_{Di}$$

를 얻는다. 각 단에서는 평형상태가 유지되며 $y_{ji} = K_{ji} x_{ji}$와 같은 평형관계가 적용된다고 가정한다. 앞의 단에 대한 두 수지식의 양변을 Dx_{Di}로 나누고 위의 평형관계를 이용하면 다음을 얻는다:

$$\frac{V_1 y_{1i}}{D x_{Di}} = \frac{L_0}{D} + 1, \qquad \frac{V_j y_{ji}}{D x_{Di}} = \left(\frac{L_{j-1}}{K_{j-1,i} V_{j-1}}\right)\left(\frac{V_{j-1} y_{j-1,i}}{D x_{Di}}\right) + 1$$

각 성분의 몰 유량은

$$v_{ji} = V_j y_{ji}, \qquad d_i = Dx_{Di}$$

와 같이 주어지며 j번째 단에서 흡착비는

$$A_{ji} = \frac{L_j}{K_{ji} V_j}$$

와 같이 정의된다. 응축기에서는 $A_{0i} = L_0/D$이다. 이들 관계로부터

$$\left(\frac{v_{1i}}{d_i}\right) = A_{0i} + 1\,, \qquad \left(\frac{v_{ji}}{d_i}\right) = A_{j-1,i}\left(\frac{v_{j-1,i}}{d_i}\right) + 1 \quad (2 \le j \le f-1)$$

위에서 A_{ij}는 보통 일정하다고 간주한다. 미지항 v_{ji}/d_i를 x_{ji}로 두고 성분을 나타내는 아래첨자 i를 생략하면 원료 주입단 위로 5개의 단이 있는 경우 다음 관계를 얻는다:

$$\begin{aligned}
x_1 \qquad\qquad\qquad\qquad\qquad &= A_0 + 1 \\
-A_1 x_1 + x_2 \qquad\qquad\qquad &= 1 \\
-A_2 x_2 + x_3 \qquad\qquad &= 1 \\
-A_3 x_3 + x_4 \qquad &= 1 \\
-A_4 x_4 + x_5 &= 1
\end{aligned}$$

이는 선형 대수방정식 시스템의 전형적인 보기이다.

선형 대수 방정식의 풀이가 요구되는 다른 예로서 복잡한 반응 시스템을 들 수 있다. 그림은 회분식 반응기에서 진행되는 3가지 성분들 사이의 반응을 나타낸 것이다.

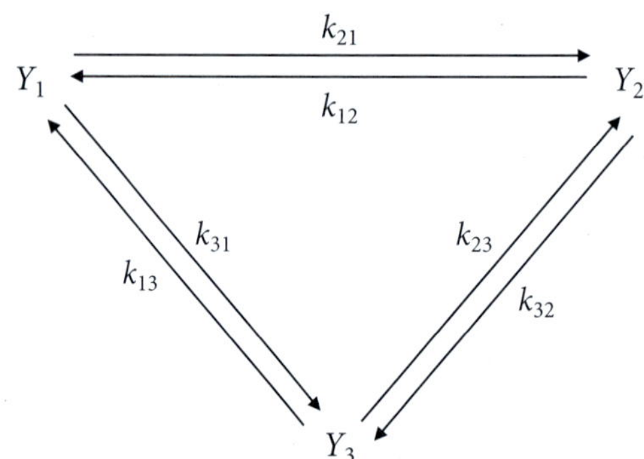

그림 3.2 화학반응 시스템.

이 반응 시스템의 동특성은 다음 식으로 나타낼 수 있다:

$$\frac{dY_1}{dt} = -(k_{21} + k_{31})Y_1 + k_{12}Y_2 + k_{13}Y_3$$

$$\frac{dY_2}{dt} = k_{21}Y_1 - (k_{12} + k_{32})Y_2 + k_{23}Y_3$$

$$\frac{dY_3}{dt} = k_{31}Y_1 + k_{32}Y_2 - (k_{13} + k_{23})Y_3$$

위의 상미분 방정식 시스템은 다음과 같이 벡터-행렬 형태로 쓸 수 있다:

$$\dot{y} = Ky$$

위에서

$$\dot{y} = \begin{bmatrix} \dfrac{dY_1}{dt} \\ \dfrac{dY_2}{dt} \\ \dfrac{dY_3}{dt} \end{bmatrix}, \quad y = \begin{bmatrix} Y_1 \\ Y_2 \\ Y_3 \end{bmatrix}, \quad K = \begin{bmatrix} -(k_{21}+k_{31}) & k_{12} & k_{13} \\ k_{21} & -(k_{12}+k_{32}) & k_{23} \\ k_{31} & k_{32} & (k_{13}+k_{23}) \end{bmatrix}$$

화학반응이 정상상태에 이르게 되면 미분항이 0이 되므로

$$Ky = 0$$

이 되며 이는 동차(homogeneous) 선형방정식이다.

발효공정의 경우 발효장치에서 생성된 신진대사 생성물과 세포 농도에 대한 물질수지를 구성할 수 있다. 예를 들면 글루타민산을 생성하여 주는 미생물의 발효에 대한 화학당량 관계는 다음과 같은 두 식으로 나타낼 수 있다:

$$C_6H_{12}O_6 + b'O_2 + c'NH_3 \rightarrow d'C_wH_xO_yN_z + e'CO_2 + f'H_2O$$
$$C_6H_{12}O_6 + \frac{3}{2}O_2 + NH_3 \rightarrow C_5H_9O_4N + CO_2 + 3H_2O$$

위의 두 식의 양변에 상수 a를 곱하면

$$aC_6H_{12}O_6 + ab'O_2 + ac'NH_3 \rightarrow ad'C_wH_xO_yN_z + ae'CO_2 + af'H_2O$$
$$aC_6H_{12}O_6 + \frac{3a}{2}O_2 + aNH_3 \rightarrow aC_5H_9O_4N + aCO_2 + 3aH_2O$$

두 번째 반응의 전환율을 g라고 하자. 첫 번째 식에 $(1-g)$를 곱한 다음 이로부터 두 번째 식에 g를 곱한 결과를 빼면 다음과 같은 총괄 반응식을 얻는다:

$$aC_6H_{12}O_6 + [b(1-g) + 1.5ag]\,O_2 + [c(1-g) + ag]\,NH_3$$
$$\rightarrow [d(1-g)]\,C_wH_xO_yN_z + agC_5H_9O_4N + [e(1-g) + ag]CO_2 + [f(1-g) + 3ag]H_2O$$

위에서 $b = ab'$, $c = ac'$, $d = ad'$, $e = ae'$, $f = af'$이다. 탄소, 수소, 산소, 질소 각각에 대한 물질수지를 고려하면 다음과 같은 4개의 식을 얻는다:

탄소: $(wd + e - 6a)(1 - g) = 0$

수소: $(xd + 2f - 3c - 12a)(1 - g) = 0$

산소: $(yd + 2e + f - 2b - 6a)(1 - g) = 0$

질소: $(c - zd)(1 - g) = 0$

미지수의 수는 7개이며 관계식은 4개이므로 3개의 관계식이 추가로 필요하다. 총 산소 및 이산화

탄소 양을 고려하면

$$(\text{총 } O_2) = b(1 - g) + 1.5ag$$
$$(\text{총 } CO_2) = e(1 - g) + ag$$

글루코스 소비를 고려하면

$$a = (G_0 - G_1)\frac{V}{M_G}$$

위에서 G_0 및 G_1은 각각 시간 0 및 t에서의 글루코스 소비량(g/ℓ)이고 V는 액체 부피(liter)이며 M_G는 글루코스의 분자량(g/mol)이다.

선형대수방정식 시스템의 일반적인 형태는 다음과 같다:

$$\begin{aligned} a_{11}x_1 + a_{12}x_2 + \cdots + a_{1n}x_n &= c_1 \\ a_{21}x_1 + a_{22}x_2 + \cdots + a_{2n}x_n &= c_2 \\ &\vdots \\ a_{n1}x_1 + a_{n2}x_2 + \cdots + a_{nn}x_n &= c_n \end{aligned}$$

이는 다음과 같이 벡터-행렬로 나타낼 수 있다:

$$Ax = c$$

위에서 A는 계수행렬, x는 미지수 벡터, c는 우변항 벡터로서

$$A = \begin{bmatrix} a_{11} & a_{12} & \cdots & a_{1n} \\ a_{21} & a_{22} & \cdots & a_{2n} \\ \vdots & \vdots & \cdots & \vdots \\ a_{n1} & a_{n2} & \cdots & a_{nn} \end{bmatrix}, \quad x = \begin{bmatrix} x_1 \\ x_2 \\ \vdots \\ x_n \end{bmatrix}, \quad c = \begin{bmatrix} c_1 \\ c_2 \\ \vdots \\ c_n \end{bmatrix}$$

와 같이 정의된다. 벡터 c가 원소값이 모두 0인 영 벡터이면 위의 방정식 시스템은 동차(homogeneous) 시스템이라고 불린다. 시스템 $Ax = c$는 하나 혹은 무수히 많은 해를 갖거나 해가 존재하지 않을 수도 있다.

3.3 Gauss 소거법

3.3.1 일반적인 Gauss 소거법

선형방정식 시스템

$$\begin{aligned} x_1 + x_2 + x_3 &= 0 \\ x_1 + 2x_2 + 4x_3 &= -1 \\ x_1 + 3x_2 + 9x_3 &= 2 \end{aligned}$$

를 고려해 보자. 해를 구하기 위해서는 먼저 첫 번째 식을 두 번째와 세 번째 식으로부터 뺀다. 즉

$$\begin{aligned} x_1 + x_2 + x_3 &= 0 \\ x_2 + 3x_3 &= -1 \\ 2x_2 + 8x_3 &= 2 \end{aligned}$$

세 번째 식으로부터 두 번째 식에 2를 곱한 식을 빼면

$$\begin{aligned} x_1 + x_2 + x_3 &= 0 \\ x_2 + 3x_3 &= -1 \\ 2x_3 &= 4 \end{aligned}$$

이를 다시

$$\begin{bmatrix} 1 & 1 & 1 \\ 0 & 1 & 3 \\ 0 & 0 & 2 \end{bmatrix} \begin{bmatrix} x_1 \\ x_2 \\ x_3 \end{bmatrix} = \begin{bmatrix} 0 \\ -1 \\ 4 \end{bmatrix}$$

와 같이 나타낼 수 있다. 위에서 계수행렬은 상부삼각(upper triangular) 형태의 행렬이다. 먼저 $x_3 = 2$를 얻으며 이를 두 번째 식에 대입하여 $x_2 = -7$을 얻는다. x_2와 x_3를 첫 번째 식에 대입하면 $x_1 = 5$가 된다.

n개의 미지수와 n개의 선형방정식으로 구성된 시스템은 다음과 같이 표현된다:

$$\begin{aligned} a_{11}x_1 + a_{12}x_2 + \cdots + a_{1n}x_n &= c_1 \\ a_{21}x_1 + a_{22}x_2 + \cdots + a_{2n}x_n &= c_2 \\ &\vdots \\ a_{n1}x_1 + a_{n2}x_2 + \cdots + a_{nn}x_n &= c_n \end{aligned}$$

행렬과 벡터를 이용하여 이를 다시 나타내면

$$Ax = c$$

위에서

$$A = \begin{bmatrix} a_{11} & a_{12} & \cdots & a_{1n} \\ a_{21} & a_{22} & \cdots & a_{2n} \\ \vdots & \vdots & \ddots & \vdots \\ a_{n1} & a_{n2} & \cdots & a_{nn} \end{bmatrix}, \qquad c = \begin{bmatrix} c_1 \\ c_2 \\ \vdots \\ c_n \end{bmatrix}$$

이다. Gauss 소거법은 위와 같은 시스템을 다음과 같은 형태로 변형시키는 방법이다:

$$\begin{aligned} a_{11}x_1 + a_{12}x_2 + a_{13}x_3 + a_{14}x_4 + \cdots + a_{1n}x_n &= c_1 \\ a_{22}'x_2 + a_{23}'x_3 + a_{24}'x_4 + \cdots + a_{2n}'x_n &= c_2' \\ a_{33}'x_3 + a_{34}'x_4 + \cdots + a_{3n}'x_n &= c_3' \\ &\vdots \\ a_{n-1,n-1}'x_{n-1} + a_{n-1,n}'x_n &= c_{n-1}' \\ a_{nn}'x_n &= c_n' \end{aligned}$$

이를 다시 쓰면

$$Ux = c'$$

위에서 행렬 U는 상부삼각 행렬이다. 위의 식에서 미지수 x_i $(1 \le i \le n)$를 구하려면 먼저 맨 아래의 식으로부터 $x_n = \frac{c_n'}{a_{nn}'}$을 구한 다음 이를 바로 위의 식에 대입하여 x_{n-1}을 구한다. 즉

$$x_{n-1} = \frac{c_{n-1}' - a_{n-1,n}' x_n}{a_{n-1,n-1}'}$$

이를 반복하여 수행하면

$$x_i = \frac{1}{a_{ii}'}\left\{c_1' - \sum_{j=i+1}^{n} a_{ij}' x_j\right\} \quad (i = n-1, n-2, \cdots, 1)$$

위에서 $i = 1$일 때에는 $a_{1j}' = a_{1j}$, $c_1' = c_1$이다.

선형 대수방정식 시스템에서 계수들과 우변의 상수항들을 조합하여 다음과 같은 확장(augmented)행렬 A_a를 구성할 수 있다:

$$A_a = [A|c] = \begin{bmatrix} a_{11} & a_{12} & \cdots & a_{1n} & c_1 \\ a_{21} & a_{22} & \cdots & a_{2n} & c_2 \\ \vdots & \vdots & \cdots & \vdots & \vdots \\ a_{n1} & a_{n2} & \cdots & a_{nn} & c_n \end{bmatrix}$$

일반적으로 확장행렬의 계수(rank)가 계수행렬의 계수와 같을 때에만 해가 존재한다. 확장행렬의 계수를 r이라 할 때 $r = n$이면 유일한 해가 존재하며 $r < n$이면 무수한 해가 존재한다(즉 미지수의 수가 식의 수보다 많다). $c = 0$, 즉 $Ax = 0$인 경우는 $x_1 = x_2 = \cdots = x_n = 0$의 사소해(trivial 해)를 갖는다.

확장행렬의 행들에 대하여 다음과 같이 정의되는 연산을 수행할 수 있다:

- $E_{i(a)}A$: 행렬 A의 i번째 행에 스칼라 a를 곱한다.
- $E_{ij}A$: 행렬 A의 i번째 행과 j번째 행을 서로 교환한다.
- $E_{ij}(a)A$: 행렬 A의 i번째 행에 스칼라 a를 곱한 다음 j번째 행에 더한다.

위와 같이 정의되는 연산들은 행렬에 대한 E-연산이라고 칭한다. 앞에서 살펴본 보기의 경우 확장행렬은

$$A_a = \begin{bmatrix} 1 & 1 & 1 & 0 \\ 1 & 2 & 4 & -1 \\ 1 & 3 & 9 & 2 \end{bmatrix}$$

와 같다. 주어진 방정식 시스템에서 첫 번째 식을 두 번째와 세 번째 식으로부터 빼는 연산은 각각 $E_{12(-1)}A_a$, $E_{13(-1)}A_a$로 나타낼 수 있다. 즉

$$E_{12(-1)}A_a = \begin{bmatrix} 1 & 1 & 1 & 0 \\ 0 & 1 & 3 & -1 \\ 1 & 3 & 9 & 2 \end{bmatrix}, \qquad E_{13(-1)}A_a = \begin{bmatrix} 1 & 1 & 1 & 0 \\ 1 & 2 & 4 & -1 \\ 0 & 2 & 8 & 2 \end{bmatrix}$$

와 같다. 이는 또한 $E_{12(-1)}E_{13(-1)}A_a$와 같이 결합하여 표시할 수 있으며

$$E_{12(-1)}E_{13(-1)}A_a = E_{12(-1)}E_{13(-1)}\begin{bmatrix}1 & 1 & 1 & 0\\ 1 & 2 & 4 & -1\\ 1 & 3 & 9 & 2\end{bmatrix} = \begin{bmatrix}1 & 1 & 1 & 0\\ 0 & 1 & 3 & -1\\ 0 & 2 & 8 & 2\end{bmatrix} = B$$

를 얻는다. 세 번째 식으로부터 두 번째 식에 2를 곱한 식을 빼는 연산은 위에서 얻은 행렬 B에 대하여 $E_{23(-2)}B$와 같은 연산을 수행하는 것과 같으며

$$E_{23(-2)}B = E_{23(-2)}\begin{bmatrix}1 & 1 & 1 & 0\\ 0 & 1 & 3 & -1\\ 0 & 2 & 8 & 2\end{bmatrix} = \begin{bmatrix}1 & 1 & 1 & 0\\ 0 & 1 & 3 & -1\\ 0 & 0 & 2 & 4\end{bmatrix} = C$$

를 얻는다. 행렬 C에 대하여 추가적인 연산 $E_{31(-1)}E_{21(-1)}E_{32(-3)}E_{3(1/2)}C$을 수행하여 보자. 연산은 행렬 C에서 가까운 것부터 순차적으로 수행해 나간다. 즉 먼저 C의 세 번째 행에 $\frac{1}{2}$을 곱한 다음($E_{3(1/2)}$) 세 번째 행에 -3을 곱하여 두 번째 행에 더한 후($E_{32(-3)}$) 두 번째 행에 -1을 곱하여 첫 번째 행에 더하고($E_{21(-1)}$) 다시 세 번째 행에 -1을 곱하여 첫 번째 행에 더한다($E_{31(-1)}$):

$$E_{31(-1)}E_{21(-1)}E_{32(-3)}E_{3(1/2)}C = E_{31(-1)}E_{21(-1)}E_{32(-3)}\begin{bmatrix}1 & 1 & 1 & 0\\ 0 & 1 & 3 & -1\\ 0 & 0 & 1 & 2\end{bmatrix}$$

$$= E_{31(-1)}E_{21(-1)}\begin{bmatrix}1 & 1 & 1 & 0\\ 0 & 1 & 0 & -7\\ 0 & 0 & 1 & 2\end{bmatrix} = E_{31(-1)}\begin{bmatrix}1 & 0 & 1 & 7\\ 0 & 1 & 0 & -7\\ 0 & 0 & 1 & 2\end{bmatrix} = \begin{bmatrix}1 & 0 & 0 & 5\\ 0 & 1 & 0 & -7\\ 0 & 0 & 1 & 2\end{bmatrix}$$

이로부터 앞에서와 같이 $x_1 = 5, x_2 = -7, x_3 = 2$가 얻어짐을 알 수 있다.

$n \times (n+1)$ 행렬에 대한 Gauss 소거과정은 초기화, 소거, 대입의 3단계로 이루어진다.

1) 초기화: $i = 1, 2, \cdots, n$에 대하여

$$a_{ij}^{(0)} = a_{ij} \quad j = 1, 2, \cdots, n; \quad a_{ij}^{(0)} = c_{ij} \quad j = n+1$$

2) 소거: $\sum a_{ij}^{(k)} = a_{ij}^{(k-1)} - \frac{a_{ik}^{(k-1)}}{a_{kk}^{(k-1)}} a_{kj}^{(k-1)}$ $(a_{kk}^{(k-1)} \neq 0; j = n+1, n, \cdots, k; i = k+1, k+2, \cdots, n)$

3) 대입: $x_n = \frac{a_{n,n+1}}{a_{nn}}, x_i = \frac{a_{i,n+1} - \sum_{j=i+1}^{n} a_{ij}x_j}{a_{ii}}$ $(i = n-1, n-2, \cdots, 1)$

Gauss 소거법 계산에는 $n^3/3$번의 곱셈과 n^2번의 치환과정이 필요하다. $n = 100$이라면 약 3×10^5회의 연산이 필요하다.

보기 3.1 Gauss 소거법

Gauss 소거법을 이용하여 다음 방정식 시스템의 해를 구하라:

$$\begin{aligned}3x_1 + 18x_2 + 9x_3 &= 18\\ 2x_1 + 3x_2 + 3x_3 &= 117\\ 4x_1 + x_2 + 2x_3 &= 283\end{aligned}$$

풀이

먼저 다음과 같이 3 × 4 확장행렬을 구성한다:

$$\begin{bmatrix} 3 & 18 & 9 & | & 18 \\ 2 & 3 & 3 & | & 117 \\ 4 & 1 & 2 & | & 283 \end{bmatrix}$$

먼저 첫 번째 행을 3으로 나누고 2를 곱한 후 그 결과를 두 번째 행으로부터 뺀다:

$$\begin{bmatrix} 3 & 18 & 9 & | & 18 \\ 0 & -9 & -3 & | & 105 \\ 4 & 1 & 2 & | & 283 \end{bmatrix}$$

다음에 첫 번째 행을 3으로 나누고 4를 곱한 후 그 결과를 세 번째 행으로부터 뺀다:

$$\begin{bmatrix} 3 & 18 & 9 & | & 18 \\ 0 & -9 & -3 & | & 105 \\ 0 & -23 & -10 & | & 259 \end{bmatrix}$$

첫 번째 열의 대각선 아랫부분 원소들은 모두 0이 되었음을 알 수 있다. 두 번째 행을 −9로 나누고 23을 곱한 다음 그 결과를 세 번째 행에 더한다:

$$\begin{bmatrix} 3 & 18 & 9 & | & 18 \\ 0 & -9 & -3 & | & 105 \\ 0 & 0 & -\dfrac{7}{3} & | & -\dfrac{28}{3} \end{bmatrix}$$

세 번째 행에 −3/7을 곱한다:

$$\begin{bmatrix} 3 & 18 & 9 & | & 18 \\ 0 & -9 & -3 & | & 105 \\ 0 & 0 & 1 & | & 4 \end{bmatrix}$$

위의 행렬을 다시 방정식으로 나타내면

$$\begin{aligned} 3x_1 + 18x_2 + 9x_3 &= 18 \\ -9x_2 - 3x_3 &= 105 \\ x_3 &= 4 \end{aligned}$$

따라서 $x_3 = 4$이며 이를 두 번째 행에 대입하면 $x_2 = -13$, 그리고 이 두 결과를 첫 번째 행에 대입하면 $x_1 = 72$를 얻는다.

■

MATLAB 활용

일반적인 Gauss 소거 계산은 함수 `GaussElm`에 의하여 수행된다. 입력인수 A는 방정식 시스템 $Ax = c$의 계수행렬이며 c는 우변항을 나타내는 벡터이다.

```
function x = GaussElm(A,c)
% Gauss 소거법에 의한 선형방정식 시스템 Ax=c의 풀이
```

```
c = (c(:).')';    % c가 열벡터임을 확인
n = length(c); [nr nc] = size(A);
% 계수행렬과 상수 벡터를 조사
if nr ~= nc, error('계수행렬이 정방행렬이 아님.'); end
if nr ~= n, error('계수행렬과 상수벡터의 길이가 서로 다름.'); end
% 계수행렬이 특이행렬인지를 조사
if det(A) == 0, fprintf('\n Rank = %7.3g\n',rank(A)); error('계수행렬이 특이행렬
임.'); end
unit = diag(ones( 1 , n));  % 단위행렬
order = [1: n]; % 미지수들의 차수
aug = [A c]; % 확장행렬
% Gauss 소거
for k = 1:n-1
   pivot = abs(aug(k, k)); prow = k; pcol = k;
   % 최대 pivot 원소를 규명
   for row = k:n
      for col = k:n
         if abs(aug(row, col)) > pivot,
            pivot = abs(aug(row, col)); prow = row; pcol = col;
         end
      end
   end
   % 행들을 교환
   pr = unit; tmp = pr(k, :); pr(k, :) = pr(prow, :); pr(prow, :) = tmp;
aug = pr*aug;
   % 열들을 교환
   pc = unit; tmp = pc(k, :); pc(k, :) = pc(pcol, :); pc(pcol, :) = tmp;
   aug(1:n, 1:n) = aug(1:n, 1:n)*pc; order = order * pc;
   % k번째 열에서 대각선 아래의 모든 원소들을 0으로 만든다.
   lk = unit;
   for m = k+1:n, lk(m, k) = -aug(m, k)/aug(k, k); end
   aug = lk*aug;
end
x = zeros(n, 1);
% Back substitution
t(n) = aug(n, n+1)/aug(n, n); x(order(n)) = t(n);
for k = n-1:-1:1
   t(k) = (aug(k,n+1) - sum(aug(k,k+1:n).*t(k+1:n)))/aug(k,k); x (order(k))
= t(k);
end
end
```

MATLAB 실습 Gauss 소거법에 의한 선형방정식의 풀이

Gauss 소거법을 이용하여 다음 선형 방정식의 해를 구하라:

$$x+2y+3z=1,\quad 2x+6y+10z=0,\quad 3x+14y+28z=-8$$

풀이

주어진 식을 $Ax = c$의 형태로 나타내면

$$\begin{bmatrix}1 & 2 & 3\\ 2 & 6 & 10\\ 3 & 14 & 28\end{bmatrix}\begin{bmatrix}x\\ y\\ z\end{bmatrix}=\begin{bmatrix}1\\ 0\\ -8\end{bmatrix}$$

과 같다.

```
>> A = [1 2 3;2 6 10;3 14 28]; c = [1 0 -8]'; x = GaussElm(A,c)
x =
     2
     1
    -1
```

■

3.3.2 Gauss-Jordan 축소방법

Gauss-Jordan 축소방법은 Gauss 소거법의 연장이다. 이 방법은 n개 방정식 집합을 그의 정준(canonical) 형태 $Ax = c$로부터 대각형태 $Ix = c'$으로 축소시킨다. 위에서 I는 항등행렬이다. 위의 식은

$$x = c'$$

와 같다. 즉 해는 c' 벡터로 주어진다. $n \times (n+1)$ 행렬에 적용되는 Gauss-Jordan 축소방법은 다음과 같은 초기화, 정규화, 축소화의 3단계로 구분된다:

1) 초기화: $i = 1, 2, \cdots, n$에 대하여 $a_{ij}^{(0)} = a_{ij}$ $(j = 1, 2, \cdots, n)$, $a_{ij}^{(0)} = c_i$ $(j = n+1)$

2) 정규화: $a_{kj}^{(k)} = \dfrac{a_{kj}^{(k-1)}}{a_{kk}^{(k-1)}}$ $(j = n+1, n, \cdots, k;\ k = 1, 2, \cdots, n;\ a_{kk}^{(k-1)} \neq 0)$

3) 축소화: $a_{ij}^{(k)} = a_{ij}^{(k-1)} - a_{ik}^{(k-1)}\, a_{kj}^{(k)}\ \begin{cases} j = n+1, n, \cdots, k \\ i = 1, 2, \cdots, n,\ i \neq k \\ k = 1, 2, \cdots, n;\ a_{kk}^{(k-1)} \neq 0 \end{cases}$

방정식 시스템 $Ax = c$에 대하여 행렬계산 형태를 이용하는 Gauss-Jordan 축소방법에서는 먼저 차원이 $n \times (2n+1)$인 확장행렬을 $[A|c|I]$와 같이 정의한 다음 3단계들을 수행한다:

1) 초기화: $i = 1, 2, \cdots, n$에 대하여 $a_{ij}^{(0)} = a_{ij}$ $(j = 1, 2, \cdots, n)$, $a_{ij}^{(0)} = c_i$ $(j = n+1)$, $a_{ij}^{(0)} = 0$ $(j = n+2, \cdots, 2n+1;\ i \neq j)$, $a_{ij}^{(0)} = 1$ $(j = n+2, \cdots, 2n+1;\ i = j)$

2) 정규화: $a_{kj}^{(k)} = \dfrac{a_{kj}^{(k-1)}}{a_{kk}^{(k-1)}}$ $(j = 2n+1, 2n, \cdots, k;\ k = 1, 2, \cdots, n;\ a_{kk}^{(k-1)} \neq 0)$

3) 축소화: $a_{ij}^{(k)} = a_{ij}^{(k-1)} - a_{ik}^{(k-1)}\, a_{kj}^{(k)} \begin{cases} j = 2n+1, 2n, \cdots, k \\ i = 1, 2, \cdots, n,\ i \neq k \\ k = 1, 2, \cdots, n;\ a_{kk}^{(k-1)} \neq 0 \end{cases}$

보기 3.2 Gauss–Jordan 축소방법

Gauss–Jordan 축소방법을 이용하여 다음 시스템의 해를 구하라:

$$\begin{aligned} 3x_1 + 18x_2 + 9x_3 &= 18 \\ 2x_1 + 3x_2 + 3x_3 &= 117 \\ 4x_1 + x_2 + 2x_3 &= 283 \end{aligned}$$

풀이

다음과 같이 확장행렬을 구성한다: $B = \left[\begin{array}{ccc|c} 3 & 18 & 9 & 18 \\ 2 & 3 & 3 & 117 \\ 4 & 1 & 2 & 283 \end{array}\right]$

첫 번째 행을 3으로 나눈다($E_{1(1/3)}$): $\left[\begin{array}{ccc|c} 1 & 6 & 3 & 6 \\ 2 & 3 & 3 & 117 \\ 4 & 1 & 2 & 283 \end{array}\right]$

위의 첫 번째 행에 2를 곱하고 두 번째 행으로부터 뺀다($E_{12(-2)}$): $\left[\begin{array}{ccc|c} 1 & 6 & 3 & 6 \\ 0 & -9 & -3 & 105 \\ 4 & 1 & 2 & 283 \end{array}\right]$

첫 번째 행에 4를 곱하고 세 번째 행으로부터 뺀다($E_{13(-4)}$): $\left[\begin{array}{ccc|c} 1 & 6 & 3 & 6 \\ 0 & -9 & -3 & 105 \\ 0 & -23 & -10 & 259 \end{array}\right]$

두 번째 행을 −9로 나눈다($E_2(-1/9)$): $\left[\begin{array}{ccc|c} 1 & 6 & 3 & 6 \\ 0 & 1 & \frac{1}{3} & -\frac{35}{3} \\ 0 & -23 & -10 & 259 \end{array}\right]$

두 번째 행에 6을 곱한 다음 첫 번째 행으로부터 뺀다($E_{21(-6)}$): $\left[\begin{array}{ccc|c} 1 & 0 & 1 & 76 \\ 0 & 1 & \frac{1}{3} & -\frac{35}{3} \\ 0 & -23 & -10 & 259 \end{array}\right]$

두 번째 행에 23을 곱한 다음 세 번째 행에 더한다($E_{23(23)}$): $\left[\begin{array}{ccc|c} 1 & 0 & 1 & 76 \\ 0 & 1 & \frac{1}{3} & -\frac{35}{3} \\ 0 & 0 & -\frac{7}{3} & -\frac{28}{3} \end{array}\right]$

세 번째 행에 −3/7을 곱한다($E_{3(-3/7)}$): $\left[\begin{array}{ccc|c} 1 & 0 & 1 & 76 \\ 0 & 1 & \frac{1}{3} & -\frac{35}{3} \\ 0 & 0 & 1 & 4 \end{array}\right]$

첫 번째 행으로부터 세 번째 행을 뺀다($E_{31(-1)}$): $\begin{bmatrix} 1 & 0 & 0 & | & 72 \\ 0 & 1 & \frac{1}{3} & | & -\frac{35}{3} \\ 0 & 0 & 1 & | & 4 \end{bmatrix}$

세 번째 행에 1/3을 곱한 다음 두 번째 행으로부터 뺀다($E_{32(-1/3)}$): $\begin{bmatrix} 1 & 0 & 0 & | & 72 \\ 0 & 1 & 0 & | & -13 \\ 0 & 0 & 1 & | & 4 \end{bmatrix}$

이는 $Ix = c'$의 형태이다. 즉 $x = \begin{bmatrix} 72 \\ -13 \\ 4 \end{bmatrix}$이다.

■

MATLAB 활용

Gauss−Jordan 축소방법은 함수 GaussJordan에 의하여 수행된다.

```
function x = GaussJordan(A,c)
% Gauss-Jordan 방법을 이용한 선형대수방정식 Ax=c의 풀이
% A: 계수행렬
% c: 상수 벡터
c = (c(:).')';  % c가 열 벡터임을 확인
n = length(c); [nr nc] = size(A);
% 계수행렬과 상수벡터의 차원을 확인
if nr ~= nc, error('계수행렬이 정방행렬이 아님.'); end
if nr ~= n, error('계수행렬과 상수벡터는 길이가 서로 같지 않음.'); end
% 상수행렬이 singular인지를 조사
if det(A) == 0, fprintf('\nRank = %7.3g\n',rank(A)); error('상수행렬은 singu-
lar이다.'); end
unit = diag(ones(1, n));  % 항등행렬
order = [1:n];  % 미지수의 차원
aug = [A c];  % 확장행렬
% Gauss-Jordan 축소 알고리듬
for k = 1:n
   pivot = abs(aug(k, k)); prow = k; pcol = k;
   % 최대 피벗 원소를 찾음
   for row = k:n
      for col = k:n
         if abs(aug(row, col)) > pivot
            pivot = abs(aug(row, col)); prow = row; pcol = col;
         end
      end
   end
   % 행들을 교환
   pr = unit; tmp = pr(k, :); pr(k, :) = pr(prow, :); pr(prow, :) = tmp;
aug = pr*aug;
```

```
    % 열들을 교환
    pc = unit; tmp = pc(k, :); pc(k, :) = pc(pcol, :); pc(pcol, :) = tmp;
    aug(1:n, 1:n) = aug(1:n, 1:n)*pc; order = order*pc;
    % 대각선 상하의 원소들을 0으로 만든다.
    lk = unit;
    for m = 1:n
       if m == k, lk(m, k) = 1/aug(k, k);
       else, lk(m, k) = -aug(m, k)/aug(k, k);
       end
    end
    aug = lk*aug;
end
x = zeros(n, 1);
% 해
for k = 1:n, x(order(k)) = aug(k, n+1); end
end
```

MATLAB 실습 **수증기 분배 시스템의 풀이**

어떤 석유화학 공장에서 수증기 분배 시스템의 물질 및 에너지 수지는 다음과 같다:

$$
\begin{aligned}
&x_1 + x_2 + x_3 = 43.93 \\
&1.17x_1 - x_4 = 0 \\
&x_5 = 95.798 \\
&x_3 + x_5 - x_6 - x_7 - x_8 + x_{13} = 99.1 \\
&x_6 + x_7 + x_8 + x_9 - x_{10} - x_{11} = -8.4 \\
&x_4 - x_{13} = 24.2 \\
&x_1 - x_4 + x_{10} + x_{14} = 189.14 \\
&4.594x_{10} + 0.11x_{14} = 146.55 \\
&x_9 = 10.56 \\
&x_2 = 2.9056 \\
&x_6 - 0.0147x_{14} = 0 \\
&x_3 - 0.07x_{12} = 0 \\
&x_7 = 14.6188 \\
&x_{10} - x_{12} + x_{14} = -97.9
\end{aligned}
$$

Gauss−Jordan 축소방법을 이용하여 미지변수들의 값을 구하라.

풀이

주어진 식은 $Ax = c$의 형태로 나타낼 수 있다. 문제의 설정 및 풀이는 스크립트 stmdist에서 수행된다.

```
% stmdist.m: 수증기 분배문제의 풀이
% GaussJordan 함수를 이용하여 Gauss-Jordan 축소를 수행
clear all;
% 계수행렬의 정의
A = [1, 1, 1, 0*[4:14]; 1.17, 0, 0, -1, 0*[5:14]; 0*[1:4], 1, 0*[6:14];
0, 0, 1, 0, 1, -1, -1, -1, 0*[9:12], 1, 0; 0*[1:5], 1, 1, 1, 1, -1, -1,
0*[12:14];
0*[1:3], 1, 0*[5:12], -1, 0; 1, 0*[2:3], -1, 0*[5:9], 1, 0*[11:13], 1;
0*[1:9], 4.594, 0*[11:13], .11;
0*[1:8], 1, 0*[10:14]; 0, 1, 0*[3:14]; 0*[1:5], 1, 0*[7:13], -.0147; 0, 0,
1, 0*[4:11], -.07, 0, 0;
0*[1:6], 1, 0*[8:14]; 0*[1:9], 1, 0, -1, 0, 1];
% 상수벡터의 정의
c = [43.93, 0, 95.798, 99.1, -8.4, 24.2, 189.14, 146.55, 10.56, 2.9056, 0,
0, 14.6188, -97.9];
% 방정식 시스템의 풀이
X = GaussJordan(A,c)
```

스크립트 stmdist의 수행결과는 다음과 같다.

```
>> stmdist
X =
   20.6854    2.9056  20.3390   24.2020  95.7980    2.4211  14.6188  -0.0010
   10.5600   27.9567   8.0422  290.5565   0.0020  164.6998
```

■

3.3.3 불량조건 시스템

벡터 x가 $x = A^{-1}B$와 같이 주어진다고 하자. 행렬 A나 B의 원소들이 조금만 교란되거나 변형되어도 x에 큰 변화가 생성되는 경우, 행렬 A는 불량조건(ill conditioned) 행렬이라고 부르며, A가 불량조건 행렬이면 선형시스템 $Ax = B$는 불량조건 시스템이라고 칭한다. 이 경우 선형시스템에 대하여 얻어지는 근사해는 보통 많은 오차를 포함한다. A의 행렬값 $|A|$가 0에 근접하면 불량조건이 발생한다.

보기 3.3 불량조건 시스템

다음과 같은 방정식을 고려해 보자:

$$\begin{bmatrix} 100 & -200 \\ -200 & 401 \end{bmatrix}\begin{bmatrix} x_1 \\ x_2 \end{bmatrix} = \begin{bmatrix} 100 \\ -100 \end{bmatrix}$$

이 방정식의 해는 $x_1 = 201$, $x_2 = 100$임을 쉽게 알 수 있다. 이제 계수행렬의 원소들에 약간의 변화를 가하여 원소 a_{11}을 100으로부터 101로(즉 1% 증가), 그리고 a_{22}를 401로부터 400으로(즉 0.254% 감소) 다음과 같이 변화시켰다고 하자:

$$\begin{bmatrix} 101 & -200 \\ -200 & 400 \end{bmatrix} \begin{bmatrix} x_1 \\ x_2 \end{bmatrix} = \begin{bmatrix} 100 \\ -100 \end{bmatrix}$$

위와 같이 약간 변경된 시스템의 해를 구하고 변경 이전의 해와 비교해 보라.

풀이

변경된 시스템의 해는 $x_1 = 50$, $x_2 = 24.75$와 같다. 즉 계수의 1% 정도만 변화되었을 때 해는 75% 이상의 변화를 보인다. 주어진 시스템에서 해는 계수에 매우 민감함을 알 수 있다. ■

3.4 반복계산 방법

3.4.1 Jacobi 방법

미지수가 n개인 n 방정식 시스템은 $Ax = b$로 나타낼 수 있다. 여기에서 계수행렬 A는 $A = (A - D) + D$와 같이 쓸 수 있다. 여기에서 D는 그 원소들이 A의 대각원소들인 대각행렬이다. 위의 관계들로부터

$$Dx = b - (A - D)x$$

를 얻을 수 있으며 이로부터 벡터 x는 다음과 같이 얻어진다:

$$x = D^{-1}b - (D^{-1}A - I)x = b' - Bx$$

위에서 $b' = D^{-1}b$, $B = D^{-1}A - I$이다. 위의 식은 다음과 같이 반복 형태로 쓸 수 있다:

$$x^{(k)} = b' - Bx^{(k-1)}$$

Jacobi 방법에서는 모든 미지수들에 대한 초기 가정치를 필요로 하며, 새로 계산된 벡터 x는 매 반복과정의 끝부분에서 이전의 x 값을 대체한다.

한편 삼각 행렬들을 이용하는 경우 선형 시스템의 계수행렬 A는 $A = L + D + U$와 같은 형태로 분해할 수 있다. 여기에서 L은 하부삼각 행렬, D는 대각행렬, U는 상부삼각 행렬이다. 이를 이용하면 선형 시스템 $Ax = b$는 다음과 같이 나타낼 수 있다:

$$Ax = (L + D + U)x = b \quad \Rightarrow \quad Dx = (-L - U)x + b$$

이로부터

$$x = D^{-1}(-L - U)x + D^{-1}b = Cx + d$$

위에서 $C = D^{-1}(-L - U)$, $d = D^{-1}b$이며 앞에 보인 형태와 비교하면 $C = -B$, $d = b'$에 해당된다. 즉 위의 형태는

$$x^{(k)} = Cx^{(k-1)} + d$$

와 같은 반복과정 형태로 나타낼 수 있다. Jacobi 방법이 수렴하기 위한 필요충분조건은 반복과정 행렬 C의 가장 큰 고유치의 크기가 1보다 작아야 한다는 조건이다. Jacobi 방법은 선형 시스템의 계수행렬 A 또는 행렬 C의 형태에 매우 민감하며 그 형태에 따라 수렴에 도달하지 못할 수도 있다.

보기 3.4 **Jacobi 방법**

다음 선형 시스템을 Jacobi 반복과정을 이용하여 풀어라.

$$\begin{aligned}
&7x_1 - 2x_2 + x_3 = 17\\
&x_1 - 9x_2 + 3x_3 - x_4 = 13\\
&2x_1 + 10x_3 + x_4 = 15\\
&x_1 - x_2 + x_3 + 6x_4 = 10
\end{aligned}$$

풀이

주어진 식들을 각 미지변수에 대하여 다시 쓰면

$$\begin{aligned}
x_1 &= \frac{1}{7}(17 + 2x_2 - x_3)\\
x_2 &= \frac{1}{9}(-13 + x_1 + 3x_3 - x_4)\\
x_3 &= \frac{1}{10}(15 - 2x_1 - x_4)\\
x_4 &= \frac{1}{6}(10 - x_1 + x_2 - x_3)
\end{aligned}$$

이를 Jacobi 반복과정 형태로 나타내면

$$\begin{aligned}
x_1^{(k+1)} &= \frac{1}{7}(17 + 2x_2^{(k)} - x_3^{(k)})\\
x_2^{(k+1)} &= \frac{1}{9}(-13 + x_1^{(k)} + 3x_3^{(k)} - x_4^{(k)})\\
x_3^{(k+1)} &= \frac{1}{10}(15 - 2x_1^{(k)} - x_4^{(k)})\\
x_4^{(k+1)} &= \frac{1}{6}(10 - x_1^{(k)} + x_2^{(k)} - x_3^{(k)})
\end{aligned}$$

초기값으로서 $k=0$일 때 $x^{(0)} = \begin{bmatrix}0\\0\\0\\0\end{bmatrix}$을 이용하면 위의 관계로부터 $x^{(1)} = \begin{bmatrix}2.43\\-1.44\\1.5\\1.67\end{bmatrix}$을 얻는다. 이를 위의 관계식들의 우변에 대입하여 $x^{(2)}$를 계산한다. $x^{(k)}$가 수렴할 때까지 이 과정을 반복하면 $k=9$일 때 $x^{(9)} = \begin{bmatrix}2\\-1\\1\\1\end{bmatrix}$을 얻는다. ■

보기 3.5 계수행렬에 따른 Jacobi 방법의 민감도

Jacobi 방법을 이용하여 다음 선형 시스템의 해를 구하라. 해의 초기 가정치는 $x_1^{(0)} = x_2^{(0)} = 0.5$로 한다:

$$x_1 + 2x_2 = 6$$
$$2x_1 + x_2 = 6$$

풀이

주어진 식들을 각 미지변수에 대하여 다시 쓰고 Jacobi 반복과정 형태로 나타내면

$$x_1^{(k+1)} = -2x_2^{(k)} + 6$$
$$x_2^{(k+1)} = -2x_1^{(k)} + 6$$
$$x_1^{(0)} = x_2^{(0)} = 0.5 \text{로부터}$$

$x_1^{(1)} = 5$, $x_2^{(1)} = 5$, $x_1^{(2)} = -4$, $x_2^{(2)} = -4$, $x_1^{(3)} = 14$, $x_2^{(3)} = 14$, $\cdots$ 을 얻는다. 즉 매 반복과정으로부터 얻어지는 해는 발산함을 알 수 있다.

■

MATLAB 활용

Jacobi 방법은 함수 Jacobi에 의해 수행된다. 함수 Jacobi는 다음과 같이 사용한다.

```
x = Jacobi(A, c, x0, tol)
```

위에서 A는 계수 행렬, c는 상수항 벡터, x0는 초기 가정값 벡터, tol은 수렴성 테스트 기준이다.

```
function x = Jacobi(A, c, x0, tol)
% Jacobi 반복법에 의한 선형 대수방정식 Ax=c의 풀이
% input:
%     A: 계수 행렬
%     c: 상수항 벡터
%     x0: 초기 가정값 벡터
%    tol: 수렴성 테스트 기준.

% 초기화
if nargin < 4 | isempty(tol), tol = 1e-6; end
if nargin >= 4 & tol == 0, tol = 1e-6; end
c = (c(:).')'; % 열 벡터임을 확인
x0 = (x0(:).')'; % 열 벡터임을 확인
n = length(c); [nr nc] = size(A);
% 계수행렬, 상수항 벡터, 그리고 미지수 벡터를 확인
if nr ~= nc, error('계수행렬은 정방행렬이 아님.'); end
if nr ~= n, error('계수행렬과 상수항 벡터의 길이가 다름.'); end
if length(x0) ~= n, error('미지수 벡터와 상수항 벡터의 길이가 다름.'); end
```

```
% 계수행렬이 비정칙(singular)임을 확인
if det(A) == 0, fprintf('\nRank = %7.3g\n',rank(A)); error('계수행렬은 singular.');
end
% 수정된 계수행렬과 계수벡터를 갱신
D = diag(diag(A));          % 대각행렬
a0 = inv(D)*A - eye(n); % 수정된 계수행렬
c0 = inv(D)*c;              % 수정된 상수항 벡터
x = x0; x0 = x + 2*tol; iter = 0;
% 대입과정
while max(abs(x - x0)) >= tol, x0 = x; x = c0 - a0*x0; end
end
```

MATLAB 실습 Jacobi 방법

다음 선형 시스템을 Jacobi 반복과정을 이용하여 풀어라.

$$
\begin{aligned}
&7x_1 - 2x_2 + x_3 = 17 \\
&x_1 - 9x_2 + 3x_3 - x_4 = 13 \\
&2x_1 + 10x_3 + x_4 = 15 \\
&x_1 - x_2 + x_3 + 6x_4 = 10
\end{aligned}
$$

풀이

```
>> A = [7 -2 1 0;1 -9 3 -1; 2 0 10 1;1 -1 1 6]; c = [17 13 15 10]';
>> x0 = [0 0 0 0]'; tol = 1e-6; x = Jacobi(A, c, x0, tol)
x =
    2.0000
   -1.0000
    1.0000
    1.0000
```

■

3.4.2 Gauss-Seidel 반복방법

Gauss-Seidel 반복방법은 앞의 Jacobi 반복과정과 유사하며 미지변수 값의 보정에서 가장 최근에 얻은 변수값을 이용하는 것만이 다르다. 이를테면

$$
\begin{aligned}
x_1^{(k+1)} &= w_{12}x_2^{(k)} + w_{13}x_3^{(k)} + w_{14}x_4^{(k)} + \cdots \\
x_2^{(k+1)} &= w_{21}x_1^{(k+1)} + w_{23}x_3^{(k)} + w_{24}x_4^{(k)} + \cdots \\
x_3^{(k+1)} &= w_{31}x_1^{(k+1)} + w_{32}x_2^{(k+1)} + w_{34}x_4^{(k)} + \cdots \\
x_4^{(k+1)} &= w_{41}x_1^{(k+1)} + w_{42}x_2^{(k+1)} + w_{43}x_3^{(k+1)} + \cdots \\
&\vdots
\end{aligned}
$$

방정식 시스템 $Ax = b$를 분해된 형태로 나타내면

$$(L+D+U)x = b$$

와 같다. 위에서 D는 대각행렬, L은 하부삼각행렬, U는 상부삼각행렬이다. 이로부터

$$(D+L)x = -Ux + b$$

따라서 해는

$$x = (D+L)^{-1}(-U)x + (D+L)^{-1}b$$

와 같이 얻어진다.

보기 3.6 Gauss–Seidel 반복과정

다음 선형 시스템을 Gauss–Seidel 반복과정을 이용하여 풀어라.

$$\begin{aligned}
&7x_1 - 2x_2 + x_3 = 17 \\
&x_1 - 9x_2 + 3x_3 - x_4 = 13 \\
&2x_1 + 10x_3 + x_4 = 15 \\
&x_1 - x_2 + x_3 + 6x_4 = 10
\end{aligned}$$

풀이

주어진 식들을 각 미지변수에 대하여 다시 쓰면

$$x_1 = \frac{1}{7}(17 + 2x_2 - x_3)$$

$$x_2 = \frac{1}{9}(-13 + x_1 + 3x_3 - x_4)$$

$$x_3 = \frac{1}{10}(15 - 2x_1 - x_4)$$

$$x_4 = \frac{1}{6}(10 - x_1 + x_2 - x_3)$$

이를 Gauss–Seidel 반복과정 형태로 나타내면

$$x_1^{(k+1)} = \frac{1}{7}(17 + 2x_2^{(k)} - x_3^{(k)})$$

$$x_2^{(k+1)} = \frac{1}{9}(-13 + x_1^{(k+1)} + 3x_3^{(k)} - x_4^{(k)})$$

$$x_3^{(k+1)} = \frac{1}{10}(15 - 2x_1^{(k+1)} - x_4^{(k)})$$

$$x_4^{(k+1)} = \frac{1}{6}(10 - x_1^{(k+1)} + x_2^{(k+1)} - x_3^{(k+1)})$$

초기값으로서 $k = 0$일 때 $x^{(0)} = \begin{bmatrix} 0 \\ 0 \\ 0 \\ 0 \end{bmatrix}$을 이용하면 위의 관계로부터 $x^{(1)} = \begin{bmatrix} 2.43 \\ -1.17 \\ 1.01 \\ 0.89 \end{bmatrix}$을 얻는다. 이를 위의 관계식들의 우변에 대입하여 $x^{(2)}$를 계산한다. $x^{(k)}$가 수렴할 때까지 이 과정을 반복하면 $k = 5$일 때 $x^{(5)} = \begin{bmatrix} 2 \\ -1 \\ 1 \\ 1 \end{bmatrix}$을 얻는다.

■

MATLAB 활용

Gauss–Seidel 반복방법은 함수 GaussSeidel에 의해 수행된다. 함수 GaussSeidel은 다음과 같이 사용한다.

```
x = GaussSeidel(A, b, x0, tol)
```

위에서 A는 계수 행렬, b는 상수항 벡터, x0는 초기 가정값 벡터, tol은 수렴성 테스트 기준이다.

```
function x = GaussSeidel(A, b, x0, tol)
% Gauss-Seidel 반복법에 의한 선형 대수방정식 Ax=b의 풀이
% input:
%     A: 계수 행렬
%     b: 상수항 벡터
%     x0: 초기 가정값 벡터
%   tol: 수렴성 테스트 기준.

% 초기화
itmax = 500;
if nargin < 4 | isempty(tol), tol = 1e-6; end
if nargin >= 4 & tol == 0, tol = 1e-6; end
b = (b(:).')';  % 열 벡터임을 확인
x0 = (x0(:).')';  % 열 벡터임을 확인
n = length(b); [nr nb] = size(A);
% 계수행렬, 상수항 벡터, 그리고 미지수 벡터를 확인
if nr ~= nb, error('계수행렬은 정방행렬이 아님.'); end
if nr ~= n, error('계수행렬과 상수항 벡터의 길이가 다름.'); end
if length(x0) ~= n, error('미지수 벡터와 상수항 벡터의 길이가 다름.'); end
% 계수행렬이 비정칙(singular)임을 확인
if det(A) == 0, fprintf('\nRank = %7.3g\n',rank(A)); error('계수행렬은 singular.');
end
% 수정된 계수행렬과 계수벡터를 갱신
Au = [A b]; x = zeros(n,1); y = zeros(n,1); y = x0;
for k = 1:itmax+1
    for i = 1:n
```

```
        s = 0;
        for j = 1:i-1, s = s + A(i,j)*x(j); end
        for j = i+1:n, s = s + A(i,j)*x0(j); end
        if (A(i,i) == 0), break; end
        x(i) = (-s+b(i))/A(i,i);
    end
    err = abs(norm(x-x0)); rerr = err / (norm(x) + eps); x0 = x; y = [y x];
    if (rerr < tol), break; end
end
if (k == itmax+1), disp('수렴되지 않음.');
else, fprintf('반복계산 횟수: %d\n',k); end
end
```

MATLAB 실습 Jacobi-Seidel 반복과정

다음 선형 시스템을 Jacobi-Seidel 반복과정을 이용하여 풀어라.

$$7x_1 - 2x_2 + x_3 = 17$$
$$x_1 - 9x_2 + 3x_3 - x_4 = 13$$
$$2x_1 + 10x_3 + x_4 = 15$$
$$x_1 - x_2 + x_3 + 6x_4 = 10$$

풀이

```
>> A = [7 -2 1 0;1 -9 3 -1; 2 0 10 1;1 -1 1 6]; c = [17 13 15 10]';
>> x0 = [0 0 0 0]'; tol = 1e-6; x = GaussSeidel(A, c, x0, tol)
반복계산 횟수: 9
x =
    2.0000
   -1.0000
    1.0000
    1.0000
```

■

3.4.3 연속 과다이완 방법

반복계산의 수렴속도를 향상시켜 줄 수 있는 파라미터를 도입함으로써 Gauss-Seidel 반복방법을 개선시킬 수 있다. 이를 위해 도입되는 파라미터 w는 이전의 해에 따른 부분과 현재의 계산에 따른 부분을 조정하여 준다. 즉 $0 < w < 1$이면 연속 과소이완(successive under-relaxation, SUR), $1 < w < 2$이면 연속 과다이완(successive over-relaxation, SOR), $w = 1$이면 앞의 Gauss-Seidel 반복방법이 된다.

다음과 같은 3×3 시스템을 고려해 보자:

$$a_{11}x_1 + a_{12}x_2 + a_{13}x_3 = b_1$$
$$a_{21}x_1 + a_{22}x_2 + a_{23}x_3 = b_2$$
$$a_{31}x_1 + a_{32}x_2 + a_{33}x_3 = b_3$$

파라미터를 w라고 하면 Gauss-Seidel 반복과정으로부터

$$x_1^{(k+1)} = (1-w)x_1^{(k)} + \frac{w}{a_{11}}(b_1 - a_{12}x_2^{(k)} - a_{13}x_3^{(k)})$$

$$x_2^{(k+1)} = (1-w)x_2^{(k)} + \frac{w}{a_{22}}(b_2 - a_{21}x_1^{(k+1)} - a_{23}x_3^{(k)})$$

$$x_3^{(k+1)} = (1-w)x_3^{(k)} + \frac{w}{a_{33}}(b_3 - a_{31}x_1^{(k+1)} - a_{32}x_2^{(k+1)})$$

Gauss-Seidel 방법에서 얻어진 시스템에 이완(relaxation) 파라미터 w를 곱하면

$$w(D+L)x = -wUx + wb$$

양변에 $(1 - w)Dx$를 더하고 정리하면

$$(D-wL)x = ((1-w)D - wU)x + wb$$

이로부터

$$x = (D-wL)^{-1}((1-w)D - wU)x + w(D-wL)^{-1}b = Cx + w(D-wL)^{-1}b$$

위에서

$$C = (D-wL)^{-1}((1-w)D - wU)$$

이다. 계산에 있어서는 $r = b - Ax^{(k)}$로 두고 반복과정을 수행한다.

MATLAB 활용

연속 과다이완 반복방법은 함수 sucor에 의해 수행된다. 함수 sucor은 다음과 같이 사용한다.

```
[x,iter] = sucor(A,b,x0,w,tol,kmax)
```

위에서 A는 계수 행렬, b는 상수항 벡터, x0는 초기 가정값 벡터, w는 이완 파라미터, tol은 수렴성 테스트 기준이며, kmax는 최대 반복계산 횟수이다. x는 얻어진 해이고 iter은 수행된 반복과정 횟수이다.

```
function [x,iter] = sucor(A,b,x0,w,tol,kmax)
% Successive over-relaxation 방법에 의한 선형 시스템 Ax=b의 풀이
% input:
%   A,b: 선형방정식 시스템의 계수행렬과 우변벡터(Ax=b)
%   w: 파라미터(1<w<2)
%   tol: 수렴한계
%   kmax: 허용 가능한 최대 반복계산 횟수
```

```
% output:
%    x: 근사해 벡터
%    iter: 반복계산 횟수

[n, m] = size(A); x = x0; C = -A; r = b;  % C와 r을 초기화
for i = 1:n, C(i,i) = 0; end
for i = 1:n, C(i,1:n) = C(i,1:n)/A(i,i); r(i,1) = b(i)/A(i,i); end
iter = 1;
while iter <= kmax
    xk = x;
    for j = 1:n, x(j) = (1-w)*xk(j) + w*(C(j,:)*x + r(j)); end
    if norm(xk - x) <= tol, disp('Successive over-relaxation 방법은 수렴에 도달.');
break;
    end
    iter = iter + 1;
end
end
```

MATLAB 실습 연속 과다이완 반복과정

연속 과다이완 방법을 이용하여 다음 선형 시스템의 근을 구하라. 해의 초기 가정값은 $x_1 = x_2 = x_3 = 0$으로 하며 이완 파라미터는 $w = 1.2$를 이용한다:

$$
\begin{aligned}
&4x_1 - 2x_2 = 8 \\
&-2x_1 + 6x_2 - 5x_3 = -29 \\
&-5x_2 + 11x_3 = 43
\end{aligned}
$$

풀이

```
>> A = [4 -2 0;-2 6 -5; 0 -5 11]; b = [8 -29 43]';
>> w = 1.2; x0 = [0 0 0]'; tol = 1e-6; kmax = 100; [x,iter] = sucor
(A,b,x0,w,tol,kmax)
Successive over-relaxation 방법은 수렴에 도달.
x =
    1.0000
   -2.0000
    3.0000
iter =
    12
```

3.5 켤레 기울기 방법

켤레 기울기(conjugate gradient) 방법은 0이 아닌 원소들이 예측 가능한 패턴으로 나타나는 대규모의 희소(sparse) 시스템 풀이에 이용될 수 있는 반복적인 근사방법이다. A가 대칭이며 양수확정(positive definite) 행렬이라고 할 때 두 벡터 x 및 $z = Ay$의 내적은

$$\langle x, z \rangle = \langle x, Ay \rangle = x^T Ay = x^T A^T y = (Ax)^T y = \langle Ax, y \rangle$$

이며 A가 양수확정 행렬이므로 벡터 x가

$$g(x) = \langle x, Ax \rangle - 2\langle x, b \rangle$$

를 최소로 하는 경우 x는 선형 시스템 $Ax = b$의 해가 된다. A가 양수확정 행렬이고 방향벡터를 $v^{(i)}$라 할 때

$$\langle v^{(i)}, Av^{(j)} \rangle = 0 \quad (i \neq j)$$

은 A-직교성(orthogonality) 조건이라고 부르며, 이를 만족하는 0이 아닌 방향벡터들의 집합 $\{v^{(1)}, v^{(2)}, \cdots, v^{(n)}\}$를 A-직교(orthogonal)라고 칭한다. A-직교 벡터들은 선형적으로 서로 독립적이며, 따라서 임의의 벡터는 A-직교 벡터들의 선형 조합으로 나타낼 수 있다. 즉 A-직교 벡터들은 기저 벡터 집합이 된다.

켤레 기울기 방법의 수행단계는 다음과 같다.

1) $Ax = b$에 대한 근사해 $x^{(0)}$를 선택한다. 아울러 $g(x) = \langle x, Ax \rangle - 2\langle x, b \rangle$로 둔다.
2) $x^{(0)}$로부터 잔류벡터 $r^{(0)} = b - Ax^{(0)}$와 해를 $x^{(0)}$로부터 향상시키기 위한 탐색 방향을 $v^{(1)} = r^{(0)}$ $(\neq 0)$와 같이 정한다. 아울러 t_1을 계산한다:
$$t_1 = \frac{\langle v^{(1)}, b - Ax^{(0)} \rangle}{\langle v^{(1)}, Av^{(1)} \rangle} = \frac{\langle v^{(1)}, r^{(0)} \rangle}{\langle v^{(1)}, Av^{(1)} \rangle} = \frac{\| r^{(0)} \|^2}{\langle v^{(1)}, Av^{(1)} \rangle}$$
3) $r^{(0)} \neq 0$ 및 $t_1 \neq 0$이면 $x^{(1)} = x^{(0)} + t_1 v^{(1)}$을 계산한다. 이 경우 $g(x^{(1)}) < g(x^{(0)})$이며 $x^{(1)}$은 $x^{(0)}$보다 실제 해에 더 근접한다.
4) $k = 2, 3, \cdots$ 에 대하여 새로운 탐색 방향 $v^{(k)}$를 정하고 t_k, $x^{(k)}$를 계산한다:
$$t_k = \frac{\| r^{(k-1)} \|^2}{\langle v^{(k)}, Av^{(k)} \rangle}, \quad x^{(k)} = x^{(k-1)} + t_k v^{(k)},$$
$$r^{(k)} = r^{(k-1)} - t_k A v^{(k)}, \quad v^{(k+1)} = r^{(k)} + \frac{\| r^{(k)} \|^2}{\| r^{(k-1)} \|^2} v^{(k)}$$
이로부터 얻어지는 방향벡터 집합 $\{v^{(1)}, v^{(2)}, \cdots, v^{(n)}\}$는 A-직교 벡터 집합이다.
5) 만일
$$t_n = \frac{\| r^{(n-1)} \|^2}{\langle v^{(n)}, Av^{(n)} \rangle}, \quad x^{(n)} = x^{(n-1)} + t_n v^{(n)}$$
이면 $x^{(n)}$은 $Ax = b$에 대한 엄밀해이다(즉 $Ax^{(n)} = b$).

MATLAB 활용

켤레 기울기 방법은 함수 congr에 의해 수행된다.

```
x = congr(A,b,x0,tol)
```

위에서 A는 positive definite 계수행렬, b는 방정식 시스템 Ax=b의 우변벡터, x0는 해 x의 초기 가정값 벡터, tol는 수렴성 판정기준, x는 얻어진 근사해이다.

```
function x = congr(A,b,x0,tol)
% 켤레 기울기 방법을 이용하여 선형 시스템 Ax=b를 풀이
% 호출예: x = congr(A,b,x0,tol)
% inputs:
%    A: positive definite 계수행렬
%    b: 방정식 시스템의 우변벡터
%    x0: 해 x의 초기 가정값(벡터)
%    tol: 시스템이 만족해야 하는 정확도
% output:
%    x: 얻어진 근사해

r0 = b - A*x0; v0 = r0; crit = 1;
while crit == 1
    t = dot(r0,r0)/dot(v0,A*v0); x1 = x0 + t*v0; xd = x1 - x0; r1 = r0 - t*A*v0;
    v1 = r1 + v0 * dot(r1,r1)/dot(r0,r0);
    if (abs(t) <= tol || dot(xd,xd) <= tol), crit = 0; end
    x0 = x1; r0 = r1; v0 = v1;
end
x = x1;
end
```

MATLAB 실습 켤레기울기 방법

다음과 같은 선형 시스템의 해를 구하라.

$$
\begin{aligned}
4x_1 + 3x_2 &= 24 \\
3x_1 + 4x_2 - x_3 &= 30 \\
-x_2 + 4x_3 &= -24
\end{aligned}
$$

해의 초기값 벡터는 $[1\ 1\ 1]^T$, 수렴기준은 10^{-6}으로 한다.

풀이

```
>> A = [4 3 0; 3 4 -1; 0 -1 4]; b = [24 30 -24]'; x0 = [1 1 1]'; tol = 1e-6;
>> x = congr(A,b,x0,tol)
x =
    3.0000
    4.0000
   -5.0000
```

■

3.6 3중대각 행렬 시스템

규모가 큰 공정을 나타내는 선형 모델식의 행렬들은 흔히 대부분의 원소가 0인 희소(sparse) 행렬이거나 0이 아닌 원소들이 대각선을 중심으로 몰려 있는 띠행렬(band matrix)이다. 3중대각(tridiagonal) 행렬은 정방행렬의 대각선상의 원소들과 대각선 바로 위와 아래의 원소들을 제외한 나머지 원소들이 모두 0인 행렬을 말한다. 계수행렬이 3중대각 행렬인 3중대각 선형 시스템의 형태는 다음과 같다:

$$\begin{bmatrix} b_1 & c_1 & 0 & 0 & \cdots & 0 \\ a_2 & b_2 & c_2 & 0 & \cdots & 0 \\ 0 & a_3 & b_3 & c_3 & \cdots & 0 \\ \vdots & \vdots & \ddots & \ddots & \ddots & \vdots \\ 0 & \cdots & 0 & a_{n-1} & b_{n-1} & c_{n-1} \\ 0 & \cdots & \cdots & 0 & a_n & b_n \end{bmatrix} \begin{bmatrix} x_1 \\ x_2 \\ x_3 \\ \vdots \\ x_{n-1} \\ x_n \end{bmatrix} = \begin{bmatrix} s_1 \\ s_2 \\ s_3 \\ \vdots \\ s_{n-1} \\ s_n \end{bmatrix}$$

다음과 같은 3중대각 시스템을 고려하여 보자:

$$\begin{aligned} d_1x_1 + a_1x_2 \qquad\qquad\qquad\qquad &= r_1 \\ b_2x_1 + d_2x_2 + a_2x_3 \qquad\qquad &= r_2 \\ \ddots \qquad \ddots \qquad \ddots \qquad\qquad &= \vdots \\ b_{n-1}x_{n-2} + d_{n-1}x_{n-1} + a_{n-1}x_n &= r_{n-1} \\ b_nx_{n-1} + d_nx_n &= r_n \end{aligned}$$

이 시스템의 해는 Gauss 소거법을 이용하여 구할 수 있다. 이 경우 각 단계에서 대각원소의 계수를 1로 하면 반복과정을 쉽게 수행할 수 있다. 이는 Thomas 알고리듬으로 알려져 있다. Thomas 알고리듬의 수행단계는 다음과 같다.

1) 첫 번째 방정식에 대하여 새로운 원소 a_1과 r_1을 생성한다: $a_1 = \dfrac{a_1}{d_1}$, $r_1 = \dfrac{r_1}{d_1}$

2) 나머지 방정식들에 대하여 계수를 보정한다.

$$a_i = \frac{a_i}{d_i - b_ia_{i-1}}, \qquad r_i = \frac{r_i - b_ir_{i-1}}{d_i - b_ia_{i-1}} \qquad (i = 2, 3, \cdots, n-1)$$

3) 마지막 방정식의 경우: $r_n = r_n = \dfrac{r_n - b_nr_{n-1}}{d_n - b_na_{n-1}}$

4) 되치환(back substitution)에 의해 해를 계산한다:

$$x_n = r_n, \qquad x_i = r_i - a_ix_{i+1} \qquad (i = n-1, n-2, \cdots, 2, 1)$$

보기 3.7 액-액 추출공정

그림 3.3에 보인 4단 추출공정에서는 용질이 녹아 있는 묽은 수용액(유량: W)를 용매(유량: S)와 접촉시켜 용질을 추출하고 있다. 수용액 중의 용질 농도는 X이며 용매 흐름 중의 용질 농도는 Y이다. 각 단으로부터의 유출 수용액 중의 용질 농도를 나타내는 식을 구하라. 평형관계는 Henry의 법칙(즉 $Y_i = KX_i$)으로 나타낼 수 있다고 가정한다.

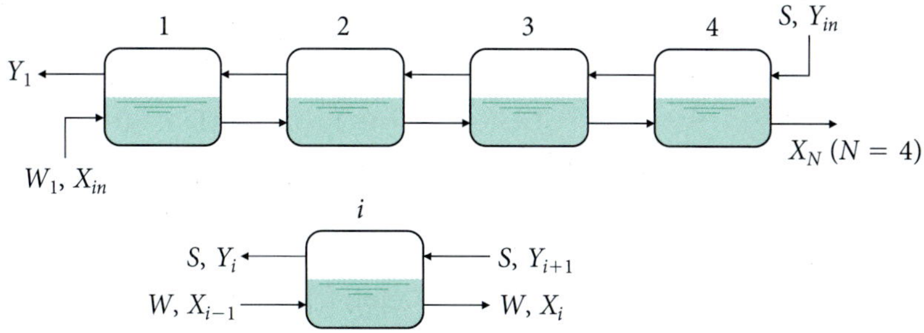

그림 3.3 다단 추출공정.

풀이

i번째 단에서의 물질수지를 세우고 Henry의 법칙을 적용하면

$$WX_{i-1}+SY_{i+1}=WX_i+SY_i \Rightarrow WX_{i-1}+SKX_{i+1}=WX_i+SKX_i=(W+SK)X_i$$

양변을 W로 나누고 정리하면

$$X_{i-1}-\left(1+\frac{SK}{W}\right)X_i+\frac{SK}{W}X_{i+1}=0$$

처음 단($i=1$)과 마지막 단($i=N$)에서는

$$-\left(1+\frac{SK}{W}\right)X_1+\frac{SK}{W}X_2=-X_{in},\qquad X_{N-1}-\left(1+\frac{SK}{W}\right)X_N=-\frac{S}{W}Y_{in}$$

$\alpha=\dfrac{SK}{W}$로 두고 위의 식들을 다시 쓰면 $N=4$이므로

$$\begin{bmatrix} -(1+\alpha) & \alpha & 0 & 0 \\ 1 & -(1+\alpha) & \alpha & 0 \\ 0 & 1 & -(1+\alpha) & \alpha \\ 0 & 0 & 1 & -(1+\alpha) \end{bmatrix}\begin{bmatrix} X_1 \\ X_2 \\ X_3 \\ X_4 \end{bmatrix}=\begin{bmatrix} -X_{in} \\ 0 \\ 0 \\ -\dfrac{\alpha}{K}Y_{in} \end{bmatrix}$$

■

보기 3.8 3중대각 시스템의 풀이

다음과 같은 3중대각 시스템의 해를 구하라:

$$\begin{bmatrix} 2 & -1 & 0 & 0 \\ -1 & 2 & -1 & 0 \\ 0 & -1 & 2 & -1 \\ 0 & 0 & -1 & 2 \end{bmatrix}\begin{bmatrix} x_1 \\ x_2 \\ x_3 \\ x_4 \end{bmatrix}=\begin{bmatrix} 40 \\ 0 \\ 0 \\ 200 \end{bmatrix}$$

풀이

먼저 확장행렬(augmented matrix)을 구성한다: $B=\left[\begin{array}{cccc|c} 2 & -1 & 0 & 0 & 40 \\ -1 & 2 & -1 & 0 & 0 \\ 0 & -1 & 2 & -1 & 0 \\ 0 & 0 & -1 & 2 & 200 \end{array}\right]$

첫 번째 행에 $\frac{1}{2}$을 곱한다($E_{1(1/2)}$): $\left[\begin{array}{cccc|c} 1 & -\frac{1}{2} & 0 & 0 & 20 \\ -1 & 2 & -1 & 0 & 0 \\ 0 & -1 & 2 & -1 & 0 \\ 0 & 0 & -1 & 2 & 200 \end{array}\right]$

첫 번째 행에 1을 곱하여 두 번째 행에 더한다($E_{12(1)}$): $\left[\begin{array}{cccc|c} 1 & -\frac{1}{2} & 0 & 0 & 20 \\ 0 & \frac{3}{2} & -1 & 0 & 20 \\ 0 & -1 & 2 & -1 & 0 \\ 0 & 0 & -1 & 2 & 200 \end{array}\right]$

두 번째 행에 $\frac{2}{3}$를 곱한다($E_2(2/3)$): $\left[\begin{array}{cccc|c} 1 & -\frac{1}{2} & 0 & 0 & 20 \\ 0 & 1 & -\frac{2}{3} & 0 & \frac{40}{3} \\ 0 & -1 & 2 & -1 & 0 \\ 0 & 0 & -1 & 2 & 200 \end{array}\right]$

두 번째 행에 1을 곱하여 세 번째 행에 더한다($E_{23(1)}$): $\left[\begin{array}{cccc|c} 1 & -\frac{1}{2} & 0 & 0 & 20 \\ 0 & 1 & -\frac{2}{3} & 0 & \frac{40}{3} \\ 0 & 0 & \frac{4}{3} & -1 & \frac{40}{3} \\ 0 & 0 & -1 & 2 & 200 \end{array}\right]$

세 번째 행에 $\frac{3}{4}$을 곱한다($E_{3(3/4)}$): $\left[\begin{array}{cccc|c} 1 & -\frac{1}{2} & 0 & 0 & 20 \\ 0 & 1 & -\frac{2}{3} & 0 & \frac{40}{3} \\ 0 & 0 & 1 & -\frac{3}{4} & 10 \\ 0 & 0 & -1 & 2 & 200 \end{array}\right]$

세 번째 행에 1을 곱하여 4번째 행에 더한다($E_{34(1)}$): $\left[\begin{array}{cccc|c} 1 & -\frac{1}{2} & 0 & 0 & 20 \\ 0 & 1 & -\frac{2}{3} & 0 & \frac{40}{3} \\ 0 & 0 & 1 & -\frac{4}{3} & 10 \\ 0 & 0 & 0 & \frac{5}{4} & 210 \end{array}\right]$

네 번째 행에 $\frac{4}{5}$를 곱한다($E_{4(4/5)}$): $\left[\begin{array}{cccc|c} 1 & -\frac{1}{2} & 0 & 0 & 20 \\ 0 & 1 & -\frac{2}{3} & 0 & \frac{40}{3} \\ 0 & 0 & 1 & -\frac{4}{3} & 10 \\ 0 & 0 & 0 & 1 & 168 \end{array}\right]$

이로부터 $x_4 = 168$임을 알 수 있다. 위의 행렬에서 순차적으로 네 번째 행에 4/3을 곱하여 3행에 더하고($E_{43(4/3)}$) 세 번째 행에 2/3을 곱하여 2행에 더하고($E_{32(2/3)}$) 두 번째 행에 1/2를 곱하여 첫 번째 행에 더하는($E_{21(1/2)}$) 과정을 수행하면 다음을 얻는다:

$$\left[\begin{array}{cccc|c} 1 & 0 & 0 & 0 & 72 \\ 0 & 1 & 0 & 0 & 104 \\ 0 & 0 & 1 & 0 & 136 \\ 0 & 0 & 0 & 1 & 168 \end{array}\right]$$

즉 $x_1 = 72, x_2 = 104, x_3 = 136, x_4 = 168$이다.

■

MATLAB 활용

함수 tridiag는 Thomas 알고리듬에 의한 3중대각 시스템 풀이과정을 수행한다:

```
x = tridiag(a,b,c,r)
```

위에서 a는 주대각 하부의 원소들의 벡터, b는 주대각 원소들의 벡터, c는 주대각 상부 원소들의 벡터이며 r은 시스템의 우변 항들의 벡터이다. 각 벡터의 크기는 주대각 원소들의 벡터인 b의 크기와 동일해야 한다. 따라서 벡터 a의 첫 번째 원소는 0으로, c의 마지막 원소는 0으로 해준다.

```
function x = tridiag(a,b,c,r)
% 3중대각 시스템의 풀이
% input
%    a: 대각하부 원소들의 벡터
%    b: 주대각 원소들의 벡터
%    c: 대각상부 원소들의 벡터
%    r: 시스템의 우변 벡터
% output
%    x: 해 벡터

n = length(b);
for k = 2:n  % 소거
   factor = a(k)/b(k-1); b(k) = b(k) - factor*c(k-1); r(k) = r(k) - factor*r
(k-1);
end
x(n) = r(n)/b(n);  % 치환
for k = n-1:-1:1, x(k) = (r(k)-c(k)*x(k+1))/b(k); end
end
```

MATLAB 실습 3중대각 시스템의 풀이

함수 tridiag를 이용하여 다음과 같은 3중대각 시스템의 해를 구하라:

$$\begin{bmatrix} 2 & -1 & 0 & 0 \\ -1 & 2 & -1 & 0 \\ 0 & -1 & 2 & -1 \\ 0 & 0 & -1 & 2 \end{bmatrix} \begin{bmatrix} x_1 \\ x_2 \\ x_3 \\ x_4 \end{bmatrix} = \begin{bmatrix} 40 \\ 0 \\ 0 \\ 200 \end{bmatrix}$$

풀이

```
>> a = [0 -1 -1 -1]; b = [2 2 2 2]; c = [-1 -1 -1 0]; r = [40 0 0 200];
>> x = tridiag(a,b,c,r)
x =
    72   104   136   168
```

■

3.7 일반 최소잔류 방법

일반 최소잔류(generalized minimal residual, GMRES) 방법은 선형시스템 $Ax = b$에서 행렬 A가 아주 크거나 희소행렬인 경우, 반 양수확정(semi-positive definite)인 경우 혹은 비대칭인 경우에 적용할 수 있다. 일반 최소잔류 방법은 수정된 Gram–Schmidt 방법과 유사하다. 벡터 $v = b - Ax$는 해 벡터 x에 대응하는 잔류편차이다. A의 모든 고유치들이 양인 경우 일반 최소잔류 방법은 해에 수렴하는 것으로 알려져 있다.

MATLAB 활용

일반 최소잔류 방법은 함수 gmresd에 의해 수행된다. 이 함수는 다음과 같이 사용한다.

```
[x, res] = gmresd(A,b,x0,m)
```

위에서 A와 b는 선형방정식 시스템의 계수행렬과 우변벡터(Ax=b), m은 단계 수, x0는 해의 초기값이며, x는 근사해 벡터이고, res는 잔류편차이다.

```
function [x,res] = gmresd(A,b,x0,m)
% Generalized minimal residual 방법에 의한 선형 시스템 Ax=b의 풀이
% input:
%   A,b: 선형방정식 시스템의 계수행렬과 우변벡터(Ax=b)
%   m: 단계 수
%   x0: 해의 초기값
% output:
%   x: 근사해 벡터
%   res: 잔류편차

n = length(x0); r0 = b - A*x0; nr0 = norm(r0); v(:,1) = r0/nr0; H = zeros
(m+1,m);
for j = 1:m
    w(:,j) = A*v(:,j);
    for i = 1:j, H(i,j) = w(:,j)'*v(:,i); w(:,j) = w(:,j) - H(i,j)*v(:,i);
```

```
end
    H(j+1,j) = norm(w(:,j));
    if H(j+1,j) == 0, m = j; break; end
    v(:,j+1) = w(:,j)/H(j+1,j);
end
G(1:m+1,:) = 0; G(1,:) = nr0;
for j = 1:m
    P = eye(m+1); s = H(j+1,j)/(sqrt(H(j+1,j)^2 + H(j,j)^2));
    c = H(j,j)/(sqrt(H(j+1,j)^2 + H(j,j)^2)); P(j,j) = c; P(j+1,j+1) = c;
    P(j,j+1) = s; P(j+1,j) = -s; H = P*H; G = P*G;
end
R(1:m, 1:m) = H(1:m, 1:m);  % H의 마지막 행을 무시
yk = R\G(1:m); xm = x0 + v(1:n, 1:m)*yk; x = xm; res = b - A*x;
end
```

MATLAB 실습 일반 최소잔류 방법

일반 최소잔류 방법을 수행하는 함수 gmresd를 이용하여 선형시스템

$$\begin{bmatrix} 5 & 0 & 1 & 5 & 0 & -1 \\ 0 & 2 & 0 & 0 & 1 & 0 \\ 1 & 0 & 1 & -1 & 0 & 1 \\ 5 & 0 & -1 & 5 & 0 & 1 \\ 0 & 1 & 0 & 0 & 2 & 0 \\ -1 & 0 & 1 & 1 & 0 & 1 \end{bmatrix} x = \begin{bmatrix} 10 \\ 3 \\ 2 \\ 10 \\ 3 \\ 2 \end{bmatrix}$$

의 해를 구하라. 해의 초기값은 0 벡터로 하고 m=4로 한다.

풀이

```
>> A = [5 0 1 5 0 -1;0 2 0 0 1 0;1 0 1 -1 0 1;5 0 -1 5 0 1;
        0 1 0 0 2 0; -1 0 1 1 0 1];
>> b = [10  3 2 10 3 2]'; x0 = [0 0 0 0 0 0]'; m = 4; [x,res] = gmresd
(A,b,x0,m)
x =
    1.0000
    1.0000
    1.0000
    1.0000
    1.0000
    1.0000
rres =
   1.0e-15 *
         0
    0.8882
         0
```

```
        0
   0.8882
        0
```

■

3.8 과다계 및 과소계의 풀이: Moore–Penrose 의사 역행렬

선형 시스템 $Ax = b$에서 A가 정방행렬이 아닌 경우(즉 $A \in R^{m \times n}$, $m \neq n$)에는 A^{-1}를 계산할 수 없으므로 $x = A^{-1}b$로부터 해를 얻을 수 없다. 선형 시스템 $Ax = b$의 양변에 A^T를 곱하면

$$A^TAx = A^Tb$$

위에서 A^TA는 정방행렬이므로 해는 $x = (A^T A)^{-1} A^T b$와 같다. 이제

$$A^+ = (A^TA)^{-1}A^T$$

로 두면 $x = A^+b$로 주어진다. 위에서 A^+는 A의 Moore–Penrose 의사 역행렬(pseudo-inverse)이라고 칭한다. A가 비특이(nonsingular)이면 $A^+ = A^{-1}$이며 A가 복소수 행렬이면

$$A^+ = (A^HA)^{-1}A^H$$

이다. 의사 역행렬 A^+는 $A(A^+)A = A$, $(A^+)A(A^+) = A^+$을 만족하며 $(A^+)A$와 $A(A^+)$는 대칭행렬이다.

MATLAB 활용

A의 Moore–Penrose 의사 역행렬 $A^+ = (A^T A)^{-1} A^T$의 계산은 직접 수행하거나 내장함수 `pinv`를 이용할 수 있다.

MATLAB 실습 의사 역행렬의 계산

행렬 $A = \begin{bmatrix} 1 & -2 & 3 \\ -4 & 5 & 8 \\ 6 & 5 & 7 \\ 3 & 2 & -1 \end{bmatrix}$의 의사 역행렬 $A^+ = (A^T A)^{-1}A^T$를 구하라.

풀이

```
>> A = [1 -2 3;-4 5 8; 6 5 7;3 2 -1]; B = inv(A'*A)*A'
B =
    0.0381   -0.0849    0.0858    0.0358
   -0.1842    0.0636    0.0211    0.1041
    0.1216    0.0373    0.0385   -0.0677
```

■

3.9 MATLAB 내장함수의 이용

3.9.1 백슬래시(\) 연산자의 이용

선형방정식 시스템 $Ax = b$는 MATLAB의 내장 백슬래시 연산자(\)를 이용하여

$$x = A\backslash b$$

로부터 쉽게 해를 구할 수 있다. 행렬 A가 정방행렬로서 비특이 행렬이면(즉 A의 역행렬이 존재한다면) 해는 $x = A^{-1}b$로부터 구할 수도 있다. 그러나 백슬래시 연산자는 A의 역행렬이 존재하지 않을 때에도 해를 제공하므로 일반적으로 널리 이용된다.

MATLAB 실습 백슬래시 연산자에 의한 선형방정식의 풀이

MATLAB 연산자를 이용하여 다음 시스템의 해를 구하라:

$$3x_1 + 18x_2 + 9x_3 = 18$$
$$2x_1 + 3x_2 \ \ + 3x_3 = 117$$
$$4x_1 + x_2 + 2x_3 = 283$$

풀이

```
>> A = [3 18 9;2 3 3;4 1 2]; b = [18; 117; 283]; x = A\b % Backslash 연산자를 이용
x =
     72.0000
    -13.0000
      4.0000
>> x = inv(A)*b          % A의 역행렬을 이용
x =
     72.0000
    -13.0000
      4.0000
```

■

MATLAB 실습 과소계(Underdetermined System)

다음 시스템의 해를 구하라.

$$x_1 + 2x_2 + 3x_3 + 4x_4 = 1$$
$$-5x_1 + 3x_2 + 2x_3 + 7x_4 = 2$$

풀이

```
>> A = [1 2 3 4;-5 3 2 7]; b = [1 2]'; x = A\b
xm =
   -0.0370
```

```
        0
        0
   0.2593
```

■

MATLAB 실습 플래시 드럼

그림 3.4는 이상적인 다성분 플래시 드럼을 보인 것이다. 크실렌의 3가지 이성체들인 *o*-크실렌(1), *m*-크실렌(2), *p*-크실렌(3)들의 혼합물로 이루어진 원료는 온도 T_f와 압력 P_f에서 F의 유량으로 플래쉬 드럼에 공급되며 원료 중의 각 성분의 몰분율은 z_i이다. 플래시 드럼에서는 온도 T와 압력 P에서 기–액 평형이 이루어지며 드럼으로부터 배출되는 기체와 액체흐름의 유량은 각각 V 및 L이다. 각 성분의 증기압은 Antoine 식으로 나타낼 수 있다고 가정한다:

$$\log_{10} P_i^{sat}(\text{mmHg}) = A_i - \frac{B_i}{T(℃) + C_i}$$

위에서 A_i, B_i, C_i들은 i 성분에 대한 Antoine 계수들로서 표 3.1에 주어져 있다. T = 141°C, P = 760 mmHg, F = 1 mol/s, z_1 = 0.4, L = 0.6 mol/s일 때 액상과 기상의 몰분율 x_i와 y_i를 구하라.

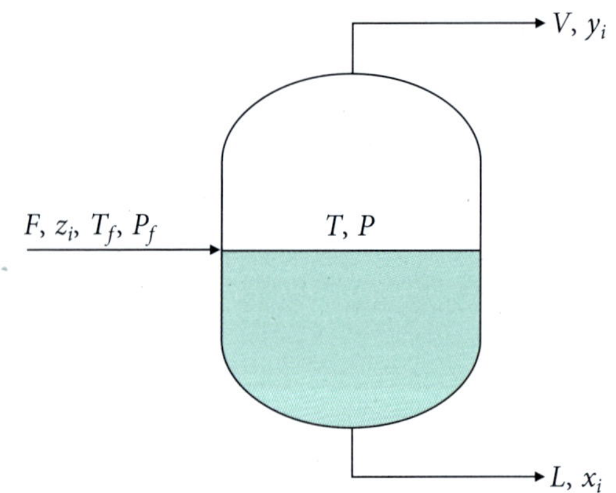

그림 3.4 이상적인 다성분 플래시 드럼.

표 3.1 크실렌 이성체들에 대한 Antoine 계수

이성체	A	B_i	C_i
o-크실렌(1)	6.99891	1474.679	213.69
m-크실렌(2)	7.00908	1462.266	215.11
p-크실렌(3)	6.99052	1453.430	215.31

풀이

물질수지와 평형 관계식으로부터

$$x_i P_i^{sat} = y_i P \ \ (i=1,2,3), \quad x_1 L + y_1 V = z_1 F, \quad \sum_{i=1}^{3} x_i = \sum_{i=1}^{3} y_i = 1$$

F = 1 mol/s이고 L = 0.6 mol/s이므로 $V = F - L$ = 0.4 mol/s이다. 위의 식들을 다시 정리하면 다음과 같은 선형 시스템이 얻어진다:

$$\begin{bmatrix} P_1^{sat} & 0 & 0 & -P & 0 & 0 \\ 0 & P_2^{sat} & 0 & 0 & -P & 0 \\ 0 & 0 & P_3^{sat} & 0 & 0 & -P \\ L & 0 & 0 & V & 0 & 0 \\ 1 & 1 & 1 & 0 & 0 & 0 \\ 0 & 0 & 0 & 1 & 1 & 1 \end{bmatrix} \begin{bmatrix} x_1 \\ x_2 \\ x_3 \\ x_4 \\ x_5 \\ x_6 \end{bmatrix} = \begin{bmatrix} 0 \\ 0 \\ 0 \\ z_1 F \\ 1 \\ 1 \end{bmatrix}$$

위에서 $x_4 = y_1$, $x_5 = y_2$, $x_6 = y_3$이다. 스크립트 eqflashdr은 백슬래시 연산자를 이용하여 위의 시스템에 대한 해를 계산한다.

```
% eqflashdr.m
A = [6.99891 7.00908 6.99052]; B = [1474.679 1462.266 1453.430];
C = [213.69 215.11 215.31];
T = 141; P = 760; F = 1; L = 0.6; z1 = 0.4; % 운전조건
Pv = 10.^(A - B./(T + C)); % Antoine 식에 의한 증기압 계산
V = F - L; % 기상 유량
Am = [Pv(1) 0 0 -P 0 0; 0 Pv(2) 0 0 -P 0; 0 0 Pv(3) 0 0 -P;L 0 0 V 0 0;...
      1 1 1 0 0 0;0 0 0 1 1 1]; % 선형 시스템의 계수행렬
b = [0 0 0 z1*F 1 1]'; % 선형 시스템의 우변벡터
s = Am\b; x = s(1:3), y = s(4:6)

>> eqflashdr
x =
    0.4144
    0.3182
    0.2674
y =
    0.3784
    0.3347
    0.2869
```

■

3.9.2 선형 시스템 Ax=b의 풀이함수

내장함수 pcg는 계수행렬 A가 대칭 양수확정인 선형 시스템의 해를 계산한다.

```
x = pcg(A,b)
```

내장함수 minres는 계수행렬 A가 대칭인 선형 시스템의 해를 계산한다.

```
x = minres(A,b)
```

내장함수 bicg는 계수행렬 A가 큰 sparse 행렬인 선형 시스템의 해를 계산한다.

```
x = bicg(A,b)
```

내장함수 gmres는 일반 최소잔류(generalized minimal residual) 방법을 이용하여 선형 시스템의 해를 계산한다.

```
x = gmres(A,b)
```

내장함수 qmr은 quasi-minimal residual 방법을 이용하여 선형 시스템의 해를 계산한다.

```
x = qmr(A,b)
```

MATLAB 실습 선형시스템 풀이함수의 이용

다음 선형 시스템을 내장함수 pcg, minres, bicg, gmres, qmr, 그리고 백슬래시를 이용하여 풀어라.

$$10x_1 + 4x_2 + x_3 = 1$$
$$4x_1 + 6x_2 = 2$$
$$x_1 + 2x_3 = 3$$

풀이

```
>> A = [10 4 1;4 6 0;1 0 2]; b = [1 2 3]';
>> x = pcg(A,b)
pcg이(가) 반복 3에서 해로 수렴했습니다(상대 잔차: 5.9e-17).
x =
  -0.2683
   0.5122
   1.6341
>> x = minres(A,b)
minres이(가) 반복 3에서 해로 수렴했습니다(상대 잔차: 3.8e-16).
x =
  -0.2683
   0.5122
   1.6341
>> x = bicg(A,b)
bicg이(가) 반복 3에서 해로 수렴했습니다(상대 잔차: 5.9e-17).
x =
  -0.2683
   0.5122
   1.6341
>> x = gmres(A,b)
gmres이(가) 반복 3에서 해로 수렴했습니다(상대 잔차: 0).
```

```
x =
  -0.2683
   0.5122
   1.6341
>> x = qmr(A,b)
qmr이(가) 반복 3에서 해로 수렴했습니다(상대 잔차: 2.4e-16).
x =
  -0.2683
   0.5122
   1.6341
>> x = A\b
x =
  -0.2683
   0.5122
   1.6341
```

연습 문제

3.1 다음과 같은 3×3 행렬 A의 조건수를 구하라:

$$A = \begin{bmatrix} 1 & 1/2 & 1/3 \\ 1 & 2/3 & 1/2 \\ 1 & 3/4 & 3/5 \end{bmatrix}$$

3.2 다음 방정식 시스템의 해를 구하라:

$$x_1 - 2x_2 + x_3 = 0, \quad 2x_2 - 8x_3 = 8, \quad -4x_1 + 5x_2 + 9x_3 = -9$$

3.3 다음 선형 시스템이 해를 갖는지의 여부를 확인하라:

$$\begin{aligned} x_2 - 4x_3 &= 8 \\ 2x_1 - 3x_2 + 2x_3 &= 1 \\ 5x_1 - 8x_2 + 7x_3 &= 1 \end{aligned}$$

3.4 행렬에 대한 E-연산을 이용하여 확장행렬(augmented matrix)이 다음과 같은 선형 시스템의 일반해를 구하라:

$$A = \begin{bmatrix} 1 & 6 & 2 & -5 & -2 & 4 \\ 0 & 0 & 2 & -8 & -1 & 3 \\ 0 & 0 & 0 & 0 & 1 & 7 \end{bmatrix}$$

3.5 행렬에 대한 E-연산을 이용하여 A와 b가 다음과 같은 방정식 $Ax = b$의 모든 해를 구하라.

$$A = \begin{bmatrix} 3 & 5 & -4 \\ -3 & -2 & 4 \\ 6 & 1 & -8 \end{bmatrix}, \quad b = \begin{bmatrix} 7 \\ -1 \\ -4 \end{bmatrix}$$

3.6 $A = \begin{bmatrix} 1 & 3 & 4 \\ -4 & 2 & -6 \\ -3 & -2 & -7 \end{bmatrix}$, $b = \begin{bmatrix} b_1 \\ b_2 \\ b_3 \end{bmatrix}$라면 방정식 $Ax = b$는 모든 가능한 b_1, b_2, b_3에 대하여 해를 갖는가(즉 하나 혹은 무한한 해를 갖는가)?

3.7 Hilbert 행렬은 불량조건 행렬이며 원소들이 조금씩 달라져도 선형시스템의 해는 크게 변한다.

(1) 행렬 A가 Hilbert 행렬인 다음과 같은 방정식 $Ax = b$의 해를 구하라:

$$A = \begin{bmatrix} 1 & \frac{1}{2} & \frac{1}{3} & \frac{1}{4} \\ \frac{1}{2} & \frac{1}{3} & \frac{1}{4} & \frac{1}{5} \\ \frac{1}{3} & \frac{1}{4} & \frac{1}{5} & \frac{1}{6} \\ \frac{1}{4} & \frac{1}{5} & \frac{1}{6} & \frac{1}{7} \end{bmatrix}, \quad b = \begin{bmatrix} 1 \\ 0 \\ 0 \\ 0 \end{bmatrix}$$

(2) 행렬 A가 다음과 같이 주어졌을 때 방정식 $Ax = b$의 해를 구하라:

$$A = \begin{bmatrix} 1 & 0.5 & 0.3333 & 0.25 \\ 0.5 & 0.3333 & 0.25 & 0.2 \\ 0.3333 & 0.25 & 0.2 & 0.1667 \\ 0.25 & 0.2 & 0.1667 & 0.1429 \end{bmatrix}, \quad b = \begin{bmatrix} 1 \\ 0 \\ 0 \\ 0 \end{bmatrix}$$

3.8 Jacobi 반복과정을 이용하여 다음 선형 시스템의 해를 구하고자 한다. Jacobi 반복과정을 두 번째 단계까지 수행해 보라. 해의 초기 가정치는 $x^{(0)} = [0\ 0\ 0]^T$으로 한다.

$$\begin{aligned} 2x_1 - x_2 + x_3 &= -1 \\ x_1 + 2x_2 - x_3 &= 6 \\ x_1 - x_2 + 2x_3 &= -3 \end{aligned}$$

3.9 Gauss–Seidel 반복과정을 이용하여 다음 선형 시스템의 해를 구하고자 한다. Gauss–Seidel 반복과정을 두 번째 단계까지 수행해 보라. 해의 초기 가정치는 $x^{(0)} = [0\ 0\ 0]^T$으로 한다.

$$\begin{aligned} 2x_1 - x_2 + x_3 &= -1 \\ x_1 + 2x_2 - x_3 &= 6 \\ x_1 - x_2 + 2x_3 &= -3 \end{aligned}$$

* MATLAB 활용 문제

M3.1 Gauss–Seidel 반복방법을 수행하는 함수 `GaussSeidel`을 이용하여 다음 선형 시스템의 해를 구하라:

$$\begin{aligned} 9x_1 - 2x_2 + 3x_3 + 2x_4 &= 54.5 \\ 2x_1 + 8x_2 - 2x_3 + 3x_4 &= -14 \\ -3x_1 + 2x_2 + 11x_3 - 4x_4 &= 12.5 \\ -2x_1 + 3x_2 + 2x_3 + 10x_4 &= -21 \end{aligned}$$

M3.2 함수 `tridiag`를 이용하여 다음과 같은 3중대각 시스템의 해를 구하라:

$$2x_1 + 2x_2 = 4, \quad 2x_1 + 4x_2 + 4x_3 = 6, \quad x_2 + 3x_3 + 3x_4 = 7, \quad 2x_3 + 5x_4 = 10$$

M3.3 백슬래시 연산자를 이용하여 다음 시스템의 해를 구하라:

$$\begin{aligned} 3x_1 + 18x_2 + 9x_3 &= 18 \\ 2x_1 + 3x_2 + 3x_3 &= 117 \\ 4x_1 + x_2 + 2x_3 &= 283 \end{aligned}$$

M3.4 적절한 MATLAB 내장함수를 이용하여 다음 시스템의 해를 구하라.

$$\begin{aligned} x_1 + x_2 &= 1.95 \\ 1.9x_1 - x_2 &= 0.94 \\ 3.02x_1 + x_2 &= 4.01 \\ -1.03x_1 + 2x_2 &= 0.94 \\ 4.05x_1 - x_2 &= 2.98 \end{aligned}$$

M3.5 내장함수 pinv를 이용하여 행렬 $A = \begin{bmatrix} 1 & -2 & 3 \\ -4 & 5 & 8 \\ 6 & 5 & 7 \\ 3 & 2 & -1 \end{bmatrix}$의 의사 역행렬 $A^+ = (A^T A)^{-1} A^T$를 구하라.

M3.6 다음 화학반응식의 계수 a, b, c, d, e를 구하라:

$$a\mathrm{CaCO_3} + b\mathrm{HC1} \rightarrow c\mathrm{CO_2} + d\mathrm{H_2O} + e\mathrm{CaCl_2}$$

M3.7 다음과 같은 광합성 반응에서는 물과 CO_2의 반응으로부터 글루코스와 산소가 생성된다:

$$x_1\mathrm{CO_2} + x_2\mathrm{H_2O} \rightarrow x_3\mathrm{O_2} + x_4\mathrm{C_6H_{12}O_6}$$

x_1, x_2, x_3, x_4의 값을 구하라. 만일 이들 값들을 구할 수 없다면 어떤 조건에서 해가 얻어질 수 있겠는가?

M3.8 질량 분광기를 이용한 탄화수소 샘플의 분석에서는 샘플 성분들의 다양한 이온들의 질량을 나타내는 피크값 P가 얻어진다. 피크값 P_j는

$$P_j = \sum_{i=1}^{N} C_{ij} n_j$$

로 주어진다. 위에서 C_{ij}는 피크 j의 높이에 대한 i 성분의 기여도를 나타내며, n_j는 j 성분의 농도를 나타낸다. 각 피크에 대한 계수 C_{ij}가 다음과 같이 얻어졌다. 샘플의 성분들의 농도 n_j를 구하라.

표 M3.8 피크에 대한 성분 농도

피크값 P_j	성분				
	CH_4	C_2H_4	C_2H_6	C_3H_6	C_3H_8
I_1 = 3.3	0.18	0.2	0.31	0.19	0.21
I_2 = 20.2	29.2	1.1	0	0	0.12
I_3 = 168.4		17.5	13	2.5	15
I_4 = 51.6			10.1	0	1
I_5 = 40.5				9.9	2
I_6 = 97.1					17.8

M3.9 130°C(T_s)의 포화 수증기가 내경(D_1) 2 cm, 외경(D_2) 2.5 cm인 강철 파이프 내를 흐르고 있다. 파이프 외부는 두께(($D_3 - D_2$)/2) 4 cm의 단열재로 싸여 있다(D_3: 단열재의 외경). 파이프 내의 열전달 계수(h_i)는 1700 $W/(m^2K)$이며 단열재 외부 공기 중에서의 열전달 계수(h_o)는 3 $W/(m^2K)$이다. 강철의 평균 열전도도(k_s)는 45 $W/(mK)$, 단열재의 평균 열전도도(k_i)는 0.064 $W/(mK)$, 외부 공기 온도(T_a)는 25°C이다. 각 경계면에서의 온도 T_1, T_2, T_3를 각각 구하라.

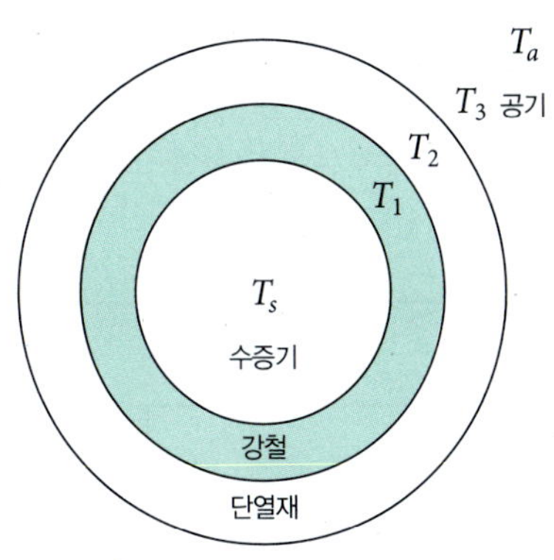

그림 M3.9 수증기 파이프의 단면.

M3.10 다음 그림은 열전도가 이루어지는 슬랩(slab)의 단면을 보인 것이다. 백슬래시 연산자를 이용하여 x_1, x_2, x_3, x_4에서의 온도를 구하라. 작은 원은 노드를 나타내며 노드 x_1, x_2, x_3, x_4에서의 온도는 주위 노드들의 온도의 평균으로 주어진다고 간주한다.

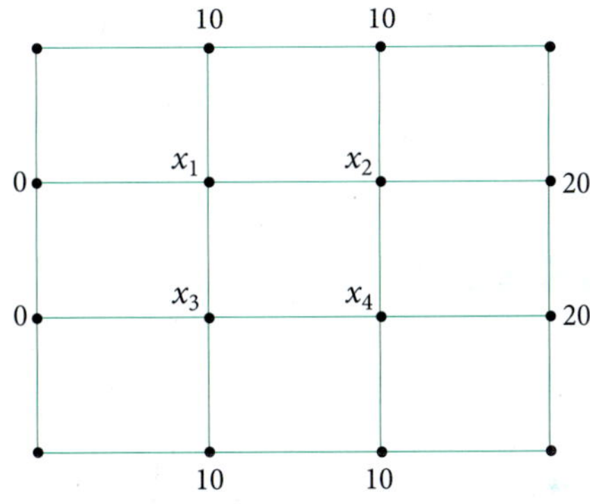

그림 M3.10 열전달 노드.

M3.11 다음 그림은 각 변이 200°C와 500°C의 일정한 온도로 유지되고 있는 평평한 정사각형 판을 보인 것이다. 번호가 붙여진 각 내부 점들의 온도를 구하라. 내부 점의 온도는 인접한 점들의 온도의 평균으로 주어진다고 가정한다.

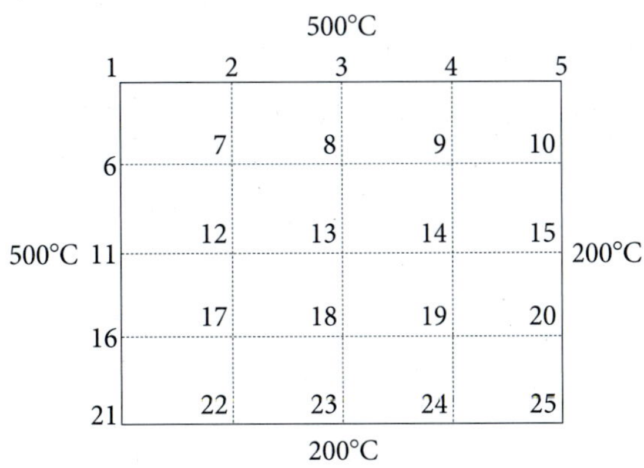

그림 M3.11 사각형 평판온도.

M3.12 다음 그림에 보인 바와 같이 x 및 y 축을 따라 일정한 열전도가 일어나는 긴 사각형 굴뚝을 고려해 보자. 사각형 굴뚝의 양끝 부분은 대칭이므로 그림에 보인 굴뚝 단면의 1/4 부분만을 고려하면 된다. 이 부분에 대하여 그림에 보인 바와 같이 작은 정사각형들로 이루어진 노드 망을 구성할 수 있다.

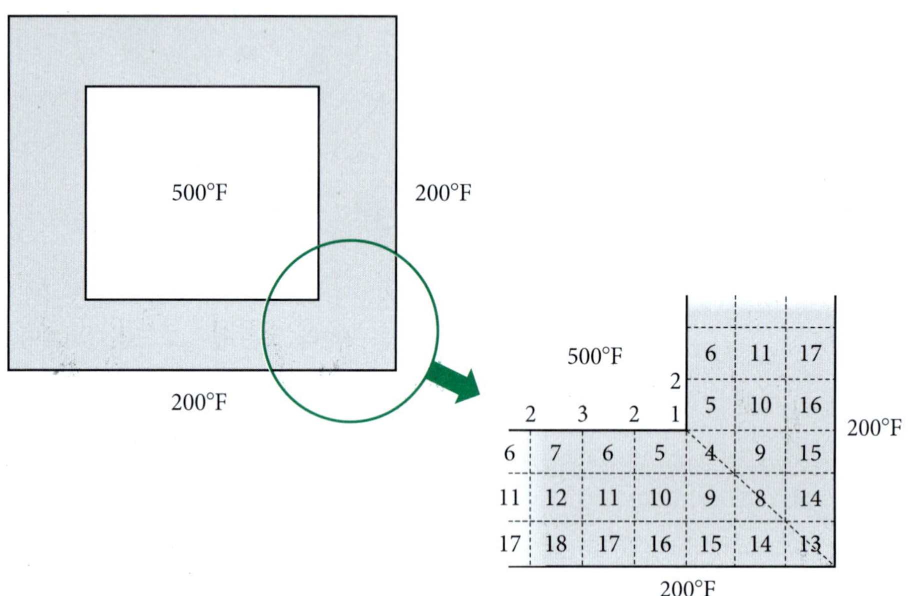

그림 M3.12 사각형 굴뚝.

예로서 노드 4에 대한 열수지로부터

$$q_4 = \frac{kA}{\Delta x}(T_5 - T_4) + \frac{kA}{\Delta x}(T_9 - T_4) + \frac{kA}{\Delta y}(T_5 - T_4) + \frac{kA}{\Delta y}(T_9 - T_4)$$

를 얻는다. $\Delta x = \Delta y$이므로 위의 식을 다시 쓰면

$$\frac{q_4 \Delta x}{kA} = 2T_5 + 2T_9 - 4T_4$$

가 된다. 정상상태에서 $\frac{q_4}{kA}$는 0으로 간주한다. 노드 4에서부터 노드 12까지의 각 노드에서의 온도 $T_4, T_5, \cdots, T_{12}$를 구하라.

M3.13 그림은 5단 흡수탑을 보인 것이다. 각 단에서의 액체의 체류량(hold-up) H 및 기체와 액체의 유량 G와 L은 일정하며 k번째 단에서의 기-액 평형 관계식은 $y_k = ax_k + b$로 주어진다고 가정한다.

(1) 각 단에서 시간에 따른 액상 조성의 변화를 나타내는 모델식을 세워 보라.

(2) $a = 0.72$, $b = 0$, $K = G/L = 1.63$, $x_f = 0.01$, $y_f = 0.06$일 때 Gauss 소거 계산을 수행하는 함수 `GaussElm`을 이용하여 각 단에서의 기체와 액체의 정상상태 조성 x_k, y_k ($k = 1, 2, \cdots, 5$)들을 구하라.

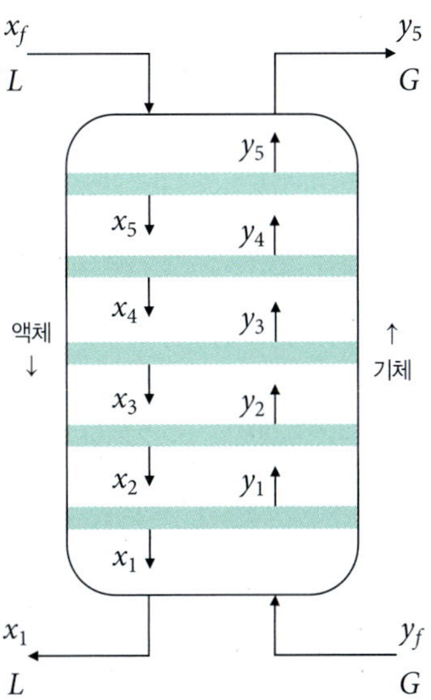

그림 M3.13 5단 흡수탑.

M3.14 그림 M3.14는 간단한 공정 유통도를 나타낸 것이다. 그림에서 m_i (i = 1, 2, ⋯ , 12)는 흐름 i의 유량을 의미한다. 블록으로 나타낸 각 공정단위에서는 화학반응이 일어나지 않으며 물질의 축적도 없다고 가정한다. 유입유량 m_1는 100 kg/min로 유지되며

$$m_3 = 0.7m_1 - m_2,\ \ m_6 = \frac{1}{3.2}(m_7 + m_8),\ \ m_7 = 0.84m_{12} - m_4,\ \ m_8 = 0.2m_5,$$

$$m_{10} = 0.2m_9,\ \ m_9 = 0.85m_2 - m_{11},\ \ m_{12} = 0.55m_1 - m_9$$

이다. 각 흐름의 유량 m_i (i = 2, 3, ⋯ , 12)를 구하라.

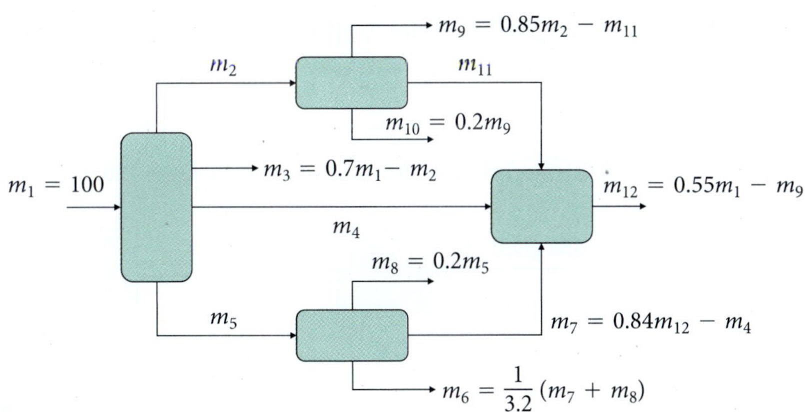

그림 M3.14 간단한 공정 유통도.

M3.15 그림에 보인 일련의 증류탑들을 이용하여 p-크실렌, 스티렌, 톨루엔, 벤젠들을 분리하고자 한다. 몰 유량(kg·mol/min) D_1, D_2, B_1, B_2를 구하라.

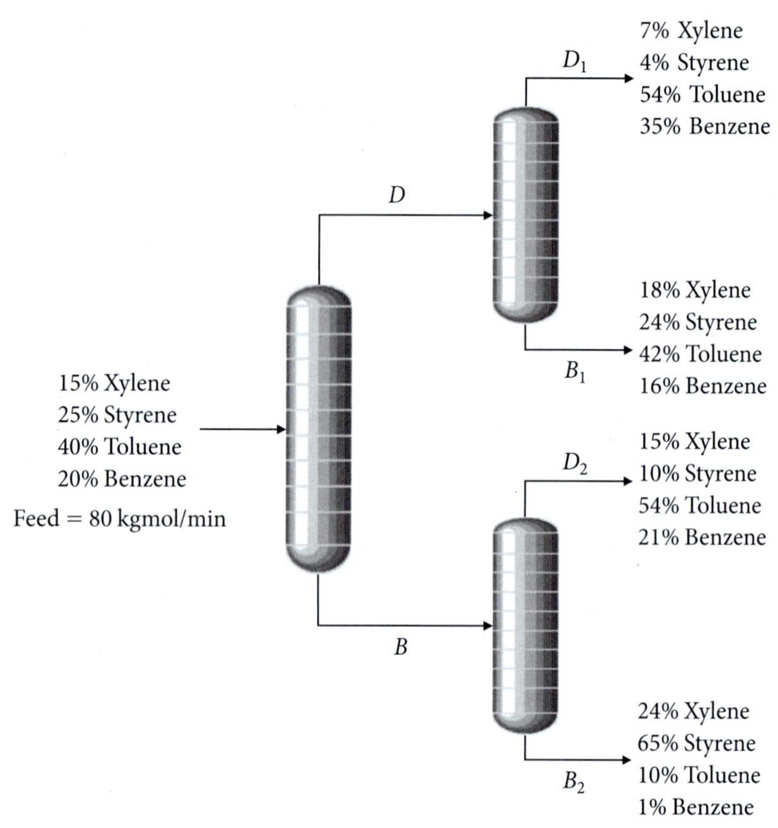

그림 M3.15 증류공정.

M3.16 4개의 반응기들이 그림에 보인 바와 같이 서로 연결되어 있다. 관심 있는 주요 성분의 유량(g/sec)은 부피유량에 그 성분의 농도를 곱하여 얻어진다. 주어진 유량 데이터를 이용하여 각 반응기에서의 농도C_i (i = 1, ⋯ , 4)를 구하라.

유량(ℓ/sec) 데이터: $Q_{13} = 75$, $Q_{21} = 25$, $Q_{24} = 20$, $Q_{32} = 45$, $Q_{33} = 60$, $Q_{43} = 30$

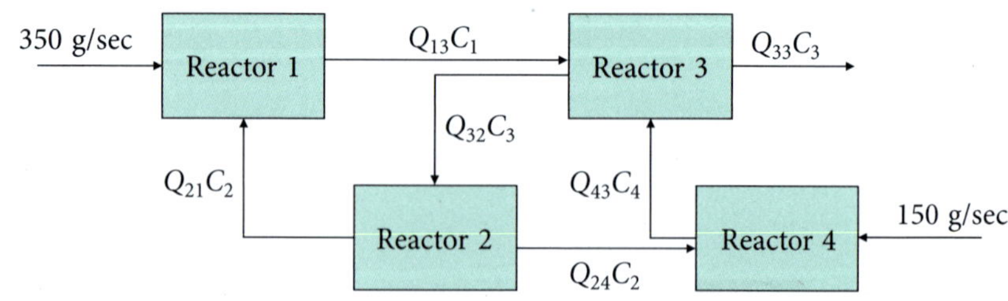

그림 M3.16 반응 시스템.

M3.17 그림에 보인 바와 같이 직렬로 연결된 4개의 연속교반 반응기에서 반응이 일어나고 있다.

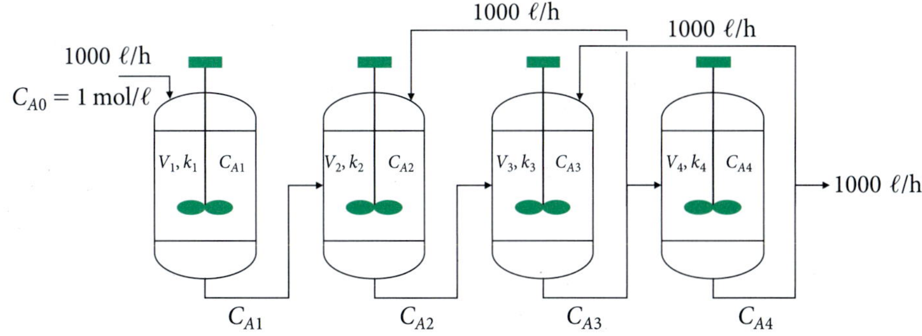

그림 M3.17 직렬로 연결된 4개의 연속교반 반응기.

반응은 다음과 같은 1차 비가역 반응이다: $A \xrightarrow{k_i} B$. 각 반응기의 온도는 각 반응기에서의 속도상수 k_i 값이 서로 다르도록 조절된다. 아울러 각 반응기의 부피 V_i 역시 서로 다르다. V_i와 k_i 값들은 다음과 같다:

반응기	$V_i(\ell)$	$k_i(h^{-1})$
1	1000	0.1
2	1500	0.2
3	100	0.4
4	500	0.3

기본 가정은 다음과 같다:

① 시스템은 정상상태로 운전된다.
② 반응은 액상반응이다.
③ 액상의 부피나 밀도 변화는 없다.
④ 각 반응기에서의 성분 A의 소멸속도는 $R_i = V_i k_i C_{Ai}$ (mol/h)로 주어진다.

(1) 4개의 반응기 각각에 대한 물질수지식을 구하라.

(2) Jacobi 방법을 수행하는 함수 `Jacobi`를 이용하여 이 식들로부터 각 반응기로부터 유출되는 반응물의 농도를 구하기 위한 MATLAB 스크립트를 작성하고 수행하라.

M3.18 그림 M3.18에 보인 공정은 반응기와 분리기로 이루어져 있다. 반응물 A와 B가 각각 A_1과 B_1의 유량으로 반응기로 공급되며 반응기에서는 다음과 같은 두 가지 반응이 일어난다:

$$\text{반응 1: } A + B \rightarrow C \ (\text{반응 정도} = \xi_1)$$
$$\text{반응 2: } A + C \rightarrow D \ (\text{반응 정도} = \xi_2)$$

반응 1에서 생성되는 중간 생성물 C는 반응 2에 의해 원하는 생성물 D로 전환될 필요가 있다. 반응기의 단일패스 전환율은 90%이며 반응 2에 대한 선택도는 30%이다. 분리탑에서 흐름 B_2는 생성물 흐름(stream 3)과 재순환 흐름(stream 4)으로 균일하게 분리되며 분리탑으로 공급되는 D의 65%와 C의 85%는 stream 4를 따라 재순환된다. 아울러 흐름 A_2의 10%는 생성물 흐름(stream 3)으로 빠져나간다. 반응물 유량은 A_1 = 10 mol/sec 및 B_1 = 20 mol/sec이다. 각 흐름의 성분유량 A_i, B_i, C_i, D_i (i = 2, 3, 4)들과 반응 1과 2의 반응 정도 ξ_1과 ξ_2를 구하라.

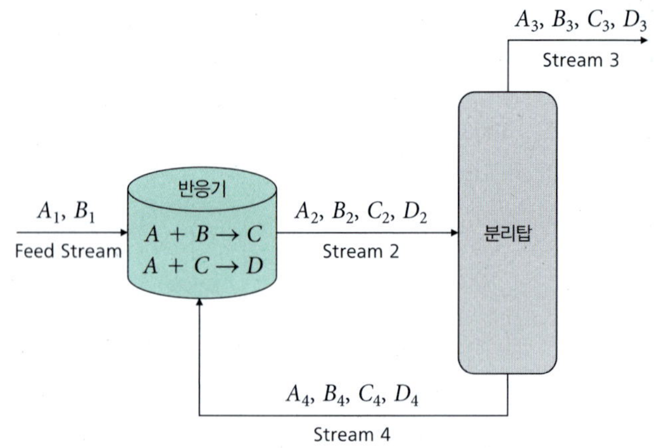

그림 M3.18 반응기와 분리탑으로 구성된 공정.

M3.19 그림 M3.19는 이상적인 다성분 플래시(flash) 드럼을 나타낸 것이다. 유량 F의 원료 혼합물은 크실렌(xylene)의 세 가지 이성체 *o*-xylene(1), *m*-xylene(2), *p*-xylene(3)들로 이루어져 있다. 원료 흐름의 온도는 T_f, 압력은 P_f이며 각 성분의 몰분율은 z_i이다. 플래시 드럼에서는 T와 P에서 기-액 평형이 이루어지며 액상과 기상 유량은 각각 L과 V이다. 각 성분의 증기압은 다음과 같이 Antoine 식으로 구할 수 있다:

$$\log_{10} P^{sat}(\text{mmHg}) = A_i - \frac{B_i}{T(°\text{C}) + C_i}$$

크실렌의 세 이성체들에 대한 Antoine 상수들은 표 M3.19에 주어져 있다. $P = 760$ mmHg, $F = 1$ mol/sec이며 $L = 0.2$ mol/sec이다. *o*-xylene의 몰분율 $z_1(0.1 \le z_1 \le 0.9)$에 따른 운전온도 T의 범위를 그래프로 나타내어라.

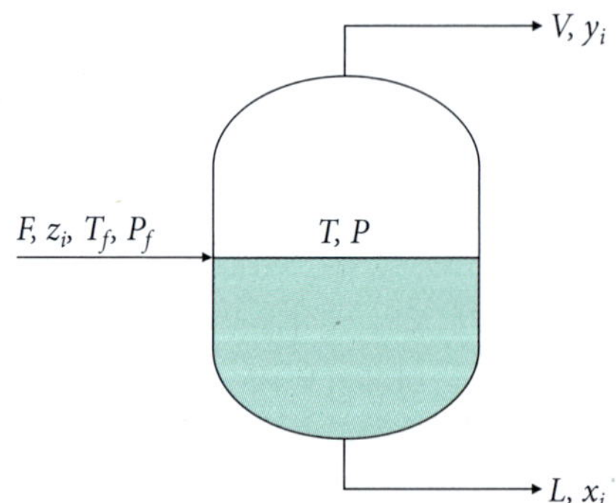

그림 M3.19 이상적인 다성분 플래시 드럼.

표 M3.19 크셀렌의 세 가지 이성체들에 대한 Antoine 계수

성분	A_i	B_i	C_i	비등점(°C)
o-xylene(1)	6.99891	1474.679	213.69	144.4
m-xylene(2)	7.00908	1462.266	215.11	139.1
p-xylene(3)	6.99052	1453.430	215.31	138.4

행렬의 분해와 고유치

4.1 행렬의 *LU* 분해와 QR 분해

4.1.1 *LU* 분해

행렬 $A \in R^{m \times n}$가 행들끼리의 교환이 없이 행들에 대한 연산을 통해 사다리꼴 형태(echelon form)로 변환될 수 있다면 행렬 A는 $A = LU$의 형태로 나타낼 수 있다. 이를 LU 인수화(factorization) 혹은 LU 분해라고 부른다. 위에서 행렬 $L \in R^{m \times n}$은 하부삼각 행렬(대각선 윗부분에 위치하는 원소들이 모두 0)이며 $U \in R^{m \times n}$는 상부삼각 행렬(대각선 아랫부분에 위치하는 원소들이 모두 0)이다. 즉 행렬 A의 LU 분해는

$$A = LU = \begin{bmatrix} * & 0 & 0 & 0 \\ * & * & 0 & 0 \\ * & * & * & 0 \\ * & * & * & * \end{bmatrix} \begin{bmatrix} * & * & * & * \\ 0 & * & * & * \\ 0 & 0 & * & * \\ 0 & 0 & 0 & * \end{bmatrix}$$

와 같이 나타낼 수 있다.

» Gauss 소거법에 의한 *LU* 분해

주어진 행렬의 LU 분해는 이전에 살펴보았던 행렬에 대한 E-연산을 이용하여 효율적으로 수행할 수 있다. 행렬에 대한 E-연산을 다시 정리해 보면 다음과 같다:

- $E_{i(a)}A$: 행렬 A의 i번째 행에 스칼라 a를 곱한다.
- $E_{ij}A$: 행렬 A의 i번째 행과 j번째 행을 서로 교환한다.
- $E_{ij(a)}A$: 행렬 A의 i번째 행에 스칼라 a를 곱한 다음 j번째 행에 더한다.

위와 같이 정의되는 행렬에 대한 E-연산들의 역을 고려해 보자. 행렬 A에 대하여 $E_{i(1/a)}E_{i(a)}A$는 행렬 A의 i번째 행에 스칼라 a를 곱한 다음 다시 같은 행에 스칼라 $1/a$를 곱하는 연산이므로 행렬 A는 변하지 않는다. 즉 $E_{i(1/a)}E_{i(a)}A = A = IA$이다. 따라서 $E_{i(1/a)}E_{i(a)} = I$이므로 $E_{i(a)}^{-1} = E_{i(1/a)}$임을 알 수 있다. 마찬가지로 $E_{ij}E_{ij}A = A = IA$로부터 $E_{ij}E_{ij} = I$이며, 따라서 $E_{ij}^{-1} = E_{ij}$이다. 아울러 $E_{ij(-a)}E_{ij(a)}A = A = IA$로부터 $E_{ij(a)}^{-1} = E_{ij(-a)}$임을 알 수 있다. 이들을 다시 정리해 보면 다음과 같다:

- $E_{i(a)}^{-1} = E_{i(1/a)}$
- $E_{ij}^{-1} = E_{ij}$
- $E_{ij(a)}^{-1} = E_{ij(-a)}$

행렬 A의 i번째 행에 대한 E-연산을 E_i로 나타내면

$$E_p \cdots E_1 A = U \quad \Rightarrow \quad A = (E_p \cdots E_1)^{-1} U = LU$$

위에서 $L = (E_p \cdots E_1)^{-1}$이다. 차원이 같은 서로 다른 행렬 A, B, C의 곱 ABC의 역행렬은

$$(ABC)^{-1} = C^{-1}B^{-1}A^{-1}$$

와 같이 주어짐을 상기하면 하부삼각 행렬 L은

$$L = (E_p \cdots E_1)^{-1} = E_1^{-1}E_2^{-1} \cdots E_p^{-1}$$

와 같이 나타낼 수 있다.

보기 4.1 Gauss 소거법에 의한 *LU* 분해

Gauss 소거법을 수행하는 행렬 E-연산을 이용하여 다음 행렬 A에 대한 LU 분해를 수행하라:

$$A = \begin{bmatrix} 4 & 12 & 8 & 4 \\ 1 & 7 & 18 & 9 \\ 2 & 9 & 20 & 20 \\ 3 & 11 & 15 & 14 \end{bmatrix}$$

풀이

행렬 A에 대한 E-연산을 수행하여 결과로서 상부삼각 행렬 U가 얻어지도록 한다. 먼저 A의 첫 번째 행을 4로 나눈다:

$$E_{1(1/4)}A = \begin{bmatrix} 1 & 3 & 2 & 1 \\ 1 & 7 & 18 & 9 \\ 2 & 9 & 20 & 20 \\ 3 & 11 & 15 & 14 \end{bmatrix} = B$$

결과로 얻어지는 위의 행렬 B에서 첫 번째 행에 -1을 곱하여 두 번째 행에, -2를 곱하여 세 번째 행에, 그리고 -3을 곱하여 네 번째 행에 더한다. 이에 따라 첫 번째 열에서 첫 번째 행의 원소를 제외한 나머지 행들의 원소값들이 모두 0으로 된다:

$$E_{12(-1)}E_{13(-2)}E_{14(-3)}B = \begin{bmatrix} 1 & 3 & 2 & 1 \\ 0 & 4 & 16 & 8 \\ 0 & 3 & 16 & 18 \\ 0 & 2 & 9 & 11 \end{bmatrix} = C$$

결과로 얻어지는 행렬 C에서 두 번째 행을 4로 나눈 다음 두 번째 행에 -3을 곱하여 세 번째 행에, 그리고 -2를 곱하여 네 번째 행에 더한다:

$$E_{24(-2)}E_{23(-3)}E_{2(1/4)}C = \begin{bmatrix} 1 & 3 & 2 & 1 \\ 0 & 1 & 4 & 2 \\ 0 & 0 & 4 & 12 \\ 0 & 0 & 1 & 7 \end{bmatrix} = D$$

결과로 얻어지는 행렬 D에서 세 번째 행을 4로 나눈 다음 세 번째 행에 -1을 곱하여 네 번째 행에 더한다:

$$E_{34(-1)}E_{3(1/4)}D = \begin{bmatrix} 1 & 3 & 2 & 1 \\ 0 & 1 & 4 & 2 \\ 0 & 0 & 1 & 3 \\ 0 & 0 & 0 & 4 \end{bmatrix} = U$$

즉 행렬 A에 대하여 수행된 E-연산들은 다음과 같다:

$$E_{34(-1)}E_{3(1/4)}E_{24(-2)}E_{23(-3)}E_{2(1/4)}E_{12(-1)}E_{13(-2)}E_{14(-3)}E_{1(1/4)}A = MA = U$$

따라서 $A = M^{-1}U = LU$로 나타낼 수 있다. 앞에서 보인 E-연산의 역 관계들을 이용하면

$$\begin{aligned} L = M^{-1} &= [E_{34(-1)}E_{3(1/4)}E_{24(-2)}E_{23(-3)}E_{2(1/4)}E_{12(-1)}E_{13(-2)}E_{14(-3)}E_{1(1/4)}]^{-1}I \\ &= E_{1(1/4)}^{-1}E_{14(-3)}^{-1}E_{13(-2)}^{-1}E_{12(-1)}^{-1}E_{2(1/4)}^{-1}E_{23(-3)}^{-1}E_{24(-2)}^{-1}E_{3(1/4)}^{-1}E_{34(-1)}^{-1}I \\ &= E_{1(4)}E_{14(3)}E_{13(2)}E_{12(1)}E_{2(4)}E_{23(3)}E_{24(2)}E_{3(4)}E_{34(1)}I \\ &= \begin{bmatrix} 4 & 0 & 0 & 0 \\ 1 & 4 & 0 & 0 \\ 2 & 3 & 4 & 0 \\ 3 & 2 & 1 & 1 \end{bmatrix} \end{aligned}$$

즉

$$A = \begin{bmatrix} 4 & 12 & 8 & 4 \\ 1 & 7 & 18 & 9 \\ 2 & 9 & 20 & 20 \\ 3 & 11 & 15 & 14 \end{bmatrix} = \begin{bmatrix} 4 & 0 & 0 & 0 \\ 1 & 4 & 0 & 0 \\ 2 & 3 & 4 & 0 \\ 3 & 2 & 1 & 1 \end{bmatrix} \begin{bmatrix} 1 & 3 & 2 & 1 \\ 0 & 1 & 4 & 2 \\ 0 & 0 & 1 & 3 \\ 0 & 0 & 0 & 4 \end{bmatrix} = LU$$

■

MATLAB 활용

행렬 A의 LU 분해는 함수 lucomp에 의해 수행된다:

[L U] = lucomp(A)

위에서 얻어지는 결과에서 L은 하부삼각 행렬이며 U는 상부삼각 행렬이다.

```
function [L U] = lucomp(A)
% Gauss 소거법을 이용한 행렬 A의 LU 분해(LU factorization)
[n m] = size(A); L = eye(n); U = A;
for j = 1:n-1
    for k = j+1:n
        L(k,j) = U(k,j)/U(j,j); U(k,:) = U(k,:) - L(k,j)*U(j,:);
```

```
        end
    end
end
```

MATLAB 실습 Gauss 소거법을 이용한 *LU* 분해

함수 lucomp를 이용하여 행렬 A에 대한 LU 분해를 수행하라:

$$A = \begin{bmatrix} 4 & 12 & 8 & 4 \\ 1 & 7 & 18 & 9 \\ 2 & 9 & 20 & 20 \\ 3 & 11 & 15 & 14 \end{bmatrix}$$

풀이

```
>> A = [4 12 8 4; 1 7 18 9; 2 9 20 20; 3 11 15 14];
>> [L U] = lucomp(A)
L =
    1.0000         0         0         0
    0.2500    1.0000         0         0
    0.5000    0.7500    1.0000         0
    0.7500    0.5000    0.2500    1.0000
U =
     4    12     8     4
     0     4    16     8
     0     0     4    12
     0     0     0     4
```

■

» *LU* 분해를 이용한 선형 시스템의 풀이

선형 시스템

$$Ax = b$$

에 Gauss 소거를 수행하여

$$Ux = d$$

를 얻었다고 하자. 하부삼각 행렬 L을 양변에 곱하면

$$LUx = Ld$$

이를 $Ax = b$와 비교하면

$$A = LU, \quad b = Ld$$

이다. 즉 시스템 $Ax = b$의 해를 구하는 과정은

1) $Ax = b$를 $Ax = LUx = Ld = b$로 다시 쓴다.

2) $Ux = y$로 두고(즉 $LUx = Ly = b$) $Ly = b$의 해 y를 구한다.

3) $Ux = y$를 풀어 x를 얻는다.

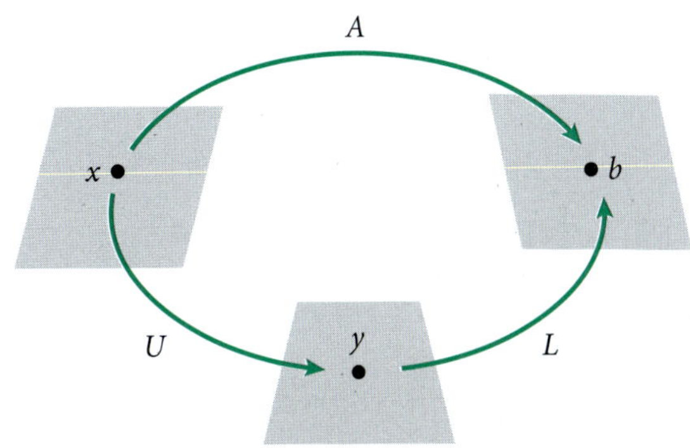

그림 4.1 LU 분해를 이용한 선형 시스템의 풀이 과정.

보기 4.2 LU 분해를 이용한 선형 시스템의 풀이

LU 분해를 이용하여 다음 선형 시스템의 해를 구하라:

$$\begin{bmatrix} 30 & -20 & -10 \\ -20 & 55 & -10 \\ -10 & -10 & 50 \end{bmatrix} x = \begin{bmatrix} 0 \\ 80 \\ 0 \end{bmatrix}$$

풀이

행렬 A에 대한 LU 분해를 수행하면

$$A = LU = \begin{bmatrix} 1 & 0 & 0 \\ -2/3 & 1 & 0 \\ -1/3 & -2/5 & 1 \end{bmatrix} \begin{bmatrix} 30 & -20 & -10 \\ 0 & 125/3 & -50/3 \\ 0 & 0 & 40 \end{bmatrix}$$

먼저 방정식 $Ly = b$의 해 y를 구한다:

$$\begin{bmatrix} 1 & 0 & 0 \\ -2/3 & 1 & 0 \\ -1/3 & -2/5 & 1 \end{bmatrix} y = \begin{bmatrix} 0 \\ 80 \\ 0 \end{bmatrix} \quad \Rightarrow \quad y = \begin{bmatrix} 0 \\ 80 \\ 32 \end{bmatrix}$$

다음에 $Ux = y$를 풀어 x를 얻는다:

$$\begin{bmatrix} 30 & -20 & -10 \\ 0 & 125/3 & -50/3 \\ 0 & 0 & 40 \end{bmatrix} x = \begin{bmatrix} 0 \\ 80 \\ 32 \end{bmatrix} \quad \Rightarrow \quad x = \begin{bmatrix} 56/25 \\ 44/25 \\ 4/5 \end{bmatrix}$$

■

» 순열행렬을 이용한 LU 분해

행렬 A에서 행들끼리의 교환이 없이 직접 $A = LU$로 분해할 수 없는 경우가 있다. 이 경우 행렬 A에 각 행과 열이 0이 아닌 하나의 원소 1만을 포함하고 나머지 원소들은 모두 0인 행렬 P를 곱하면 행렬의 E-연산에 의해 $E_{ij}A$의 연산을 순차적으로 수행하는 셈이 되어 행들이 서로 교환된 새로운 행렬 $B = PA$가 얻어진다. 행렬 B는 LU 분해가 가능한 행렬이 되도록 P를 정해준다. 이러한 행렬 P를 순열행렬(permutation matrix)이라고 한다. 즉

$$PA = B = LU$$

로 쓸 수 있다. 이 경우 선형 시스템 $Ax = b$는

$$PAx = Bx = Pb \;\Rightarrow\; LUx = Pb$$

와 같이 나타낼 수 있다. $z = LUx$, $y = Ux$로 두면

$$z = Pb, \quad Ly = z, \quad Ux = y$$

와 같은 방정식 시스템을 얻는다. 순열행렬 P는 비특이(nonsingular) 행렬이며 $P^{-1} = P^T$이다.

보기 4.3 순열행렬을 이용한 LU 분해

행렬 $A = \begin{bmatrix} 1 & 2 & 6 \\ 4 & 8 & -1 \\ -2 & 3 & 5 \end{bmatrix}$에 대한 LU 분해를 수행하고자 한다. A에 대하여 행들끼리의 교환이 없는 직접적인 E-연산을 수행하면 LU 분해가 이루어지지 않음을 보여라. 어떤 순열행렬 P를 A에 곱해 주어야 LU 분해가 가능하겠는가?

풀이

A에 대하여 행들끼리의 교환이 없는 직접적인 E-연산을 수행하면

$$E_{13(2)}E_{12(-4)}A = \begin{bmatrix} 1 & 2 & 6 \\ 0 & 0 & -25 \\ 0 & 7 & 17 \end{bmatrix}$$

를 얻는다. 따라서 이로부터 LU 분해를 수행할 수 없다. A의 2행과 3행을 교환하면

$$E_{23}A = E_{23}IA = E_{23}\begin{bmatrix} 1 & 0 & 0 \\ 0 & 1 & 0 \\ 0 & 0 & 1 \end{bmatrix}A = \begin{bmatrix} 1 & 0 & 0 \\ 0 & 0 & 1 \\ 0 & 1 & 0 \end{bmatrix}A = PA = \begin{bmatrix} 1 & 2 & 6 \\ -2 & 3 & 5 \\ 4 & 8 & -1 \end{bmatrix} = B$$

가 되며 이에 대하여 직접 E-연산을 수행하면

$$E_{13(-4)}E_{12(2)}\begin{bmatrix} 1 & 2 & 6 \\ -2 & 3 & 5 \\ 4 & 8 & -1 \end{bmatrix} = \begin{bmatrix} 1 & 2 & 6 \\ 0 & 7 & 17 \\ 0 & 0 & -25 \end{bmatrix} = U$$

를 얻는다. 즉 $P = \begin{bmatrix} 1 & 0 & 0 \\ 0 & 0 & 1 \\ 0 & 1 & 0 \end{bmatrix}$이다.

■

» 대칭행렬: Cholesky 분해

행렬 $A = (a_{ij})$가 대칭행렬인 경우, 즉 $A = A^T$이면 A는 다음과 같이 하부삼각 행렬 $L = (\ell_{ij})$ 혹은 상부삼각 행렬 $U = (u_{ij})$의 곱의 형태로 나타낼 수 있다:

$$A = LL^T = U^T U$$

즉 $U = L^T = (\ell_{ij})^T$로 주어진다. 이는 Cholesky 분해라고 부른다. 위에서 하부삼각 행렬 $L = (\ell_{ij})$의 원소들은

$$l_{ki} = \left(a_{ki} - \sum_{j=1}^{i-1} l_{ij} l_{kj}\right) \frac{1}{l_{ii}} \quad (i = 1, 2, \cdots, k-1)$$

$$l_{kk} = \sqrt{a_{kk} - \sum_{j=1}^{k-1} l_{kj}^2} \quad (i = k)$$

와 같이 얻어진다.

MATLAB 활용

행렬 A가 대칭행렬인 경우의 LU 분해는 함수 luchols에 의해 수행된다:

```
[L U] = luchols(A)
```

위에서 얻어지는 결과에서 L은 하부삼각 행렬이며 $U = L^T$는 상부삼각 행렬이다.

```
function [L U] = luchols(A)
% 대칭행렬 A의 LU 분해: Cholesky 분해
[n m] = size(A); L = zeros(n,n); U = A;
for k = 1:n
    L(k,k) = sqrt(A(k,k) - L(k,1:k-1)*L(k,1:k-1)');
    for j = k+1:n, L(j,k) = (A(j,k) - L(j,1:k-1)*L(k,1:k-1)')/L(k,k); end
end
U = L';
end
```

MATLAB 실습 **Cholesky 분해**

함수 luchols를 이용하여 대칭행렬 A에 대한 LU 분해를 수행하라:

$$A = \begin{bmatrix} 1 & 4 & 5 \\ 4 & 20 & 32 \\ 5 & 32 & 64 \end{bmatrix}$$

풀이

```
>> A = [1 4 5;4 20 32;5 32 64];
>> [L U] = luchols(A)
```

```
L =
    1.0000         0         0
    4.0000    2.0000         0
    5.0000    6.0000    1.7321
U =
    1.0000    4.0000    5.0000
         0    2.0000    6.0000
         0         0    1.7321
```

4.1.2 QR 분해

» 직교사영

벡터 y와 부공간(subspace) W가 주어졌다면 다음 성질들을 만족하는 $\hat{y} \in W$가 존재한다:

1) $\hat{y}$은 $y - \hat{y}$가 W에 직교(orthogonal)인 벡터이다.
2) $\hat{y}$은 y에 가장 근접한 W 내의 유일한 벡터이다.

부공간 W에 속하는 벡터 u를 고려해 보자. 주어진 벡터 y를 하나는 u의 스칼라 곱으로 주어지는 성분 $\hat{y} = \alpha u$와 다른 하나는 u에 직교인 벡터 z의 합으로 분해하여

$$y = \hat{y} + z = \alpha u + z \quad (\alpha\text{: 스칼라, } z\text{: } u\text{에 대하여 직교인 벡터})$$

와 같이 나타낼 수 있다. 이 경우

$$z = y - \hat{y} = y - \alpha u$$

이다. z와 u는 서로 직교이므로 이들의 내적은 0이다. 따라서

$$z \cdot u = (y - \alpha u) \cdot u = y \cdot u - \alpha(u \cdot u) = 0$$

이로부터 스칼라 α는

$$\alpha = \frac{y \cdot u}{u \cdot u}$$

와 같이 얻어짐을 알 수 있다. $\hat{y}$는 u의 스칼라 곱으로서 u에 대한 y의 직교사영(orthogonal projection)이라고 칭하며 $proj_L y$로 나타낸다. 즉

$$\hat{y} = proj_L y = \alpha u = \left(\frac{y \cdot u}{u \cdot u}\right) u = \frac{y \cdot u}{\| u \|^2} u$$

아울러 u에 직교인 벡터 z는

$$z = y - \hat{y} = y - \frac{y \cdot u}{\| u \|^2} u$$

로 주어진다.

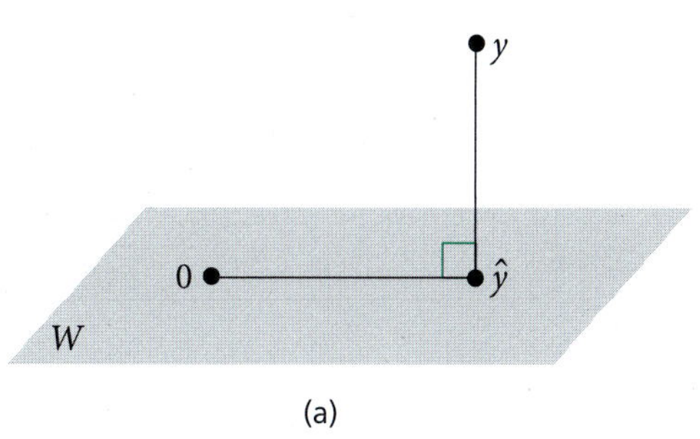

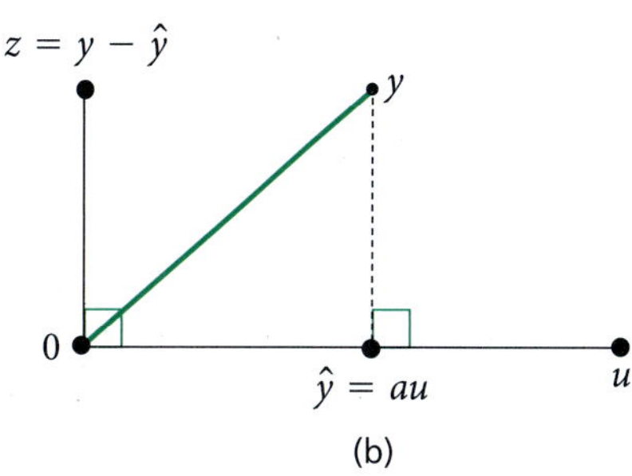

그림 4.2 (a) 직교벡터; (b) 직교사영.

보기 4.4 직교사영

벡터 y와 u가 $y = \begin{bmatrix} 7 \\ 6 \end{bmatrix}$, $u = \begin{bmatrix} 4 \\ 2 \end{bmatrix}$와 같이 주어졌다고 하자. u에 대한 y의 직교사영을 구하고 y를 서로 수직인 두 벡터들의 합으로 나타내어라.

풀이

$$y \cdot u = y^T u = [7 \;\; 6]\begin{bmatrix} 4 \\ 2 \end{bmatrix} = 40, \qquad u \cdot u = u^T u = [4 \;\; 2]\begin{bmatrix} 4 \\ 2 \end{bmatrix} = 20$$

그러므로 u에 대한 y의 직교사영은 $\hat{y} = \dfrac{u \cdot u}{u \cdot u} u = \dfrac{40}{20}\begin{bmatrix} 4 \\ 2 \end{bmatrix} = \begin{bmatrix} 8 \\ 4 \end{bmatrix}$이다. 따라서 u에 수직인 y 성분은

$$z = y - \hat{y} = \begin{bmatrix} 7 \\ 6 \end{bmatrix} - \begin{bmatrix} 8 \\ 4 \end{bmatrix} = \begin{bmatrix} -1 \\ 2 \end{bmatrix}$$

로 주어진다. 이로부터

$$y = \hat{y} + z \quad \Rightarrow \begin{bmatrix} 7 \\ 6 \end{bmatrix} = \begin{bmatrix} 8 \\ 4 \end{bmatrix} + \begin{bmatrix} -1 \\ 2 \end{bmatrix}$$

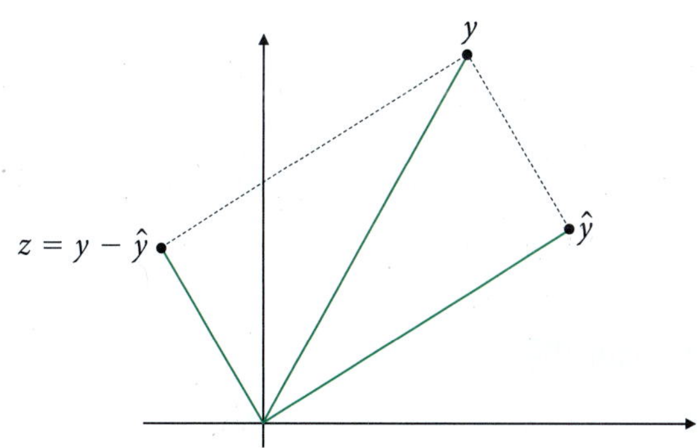

그림 4.3 벡터의 수직성분들로의 분해.

■

서로 선형적으로 독립인 기저 벡터(basis vector)들이 주어졌을 경우 이들을 상호 간에 서로 직교인 벡터들로 변환시킬 수 있다. 이러한 변환은 어느 하나의 벡터를 기준으로 하고 이 벡터에 대한 다른 벡터의 수직 성분을 순차적으로 구해 나가는 방법으로 수행할 수 있다.

앞에서 살펴본 바와 같이 W를 R^n의 부공간이라고 하면 임의의 $y \in R^n$는 서로 수직인 두 성

분들로 $y = \hat{y} + z$와 같이 분해할 수 있다. W의 직교 기저벡터들의 집합을 $\{u_1, u_2, \cdots, u_p\}$라 하면 W에 대한 y의 직교사영은

$$\hat{y} = \left(\frac{y \cdot u_1}{u_1 \cdot u_1}\right)u_1 + \left(\frac{y \cdot u_2}{u_2 \cdot u_2}\right)u_2 + \cdots + \left(\frac{y \cdot u_p}{u_p \cdot u_p}\right)u_p, \quad z = y - \hat{y}$$

로 주어진다.

보기 4.5 직교 기저벡터

x_1, x_2를 공간 W에 대한 두 기저벡터라 하자. x_1, x_2가 각각 $x_1 = \begin{bmatrix} 3 \\ 6 \\ 0 \end{bmatrix}$, $x_2 = \begin{bmatrix} 1 \\ 2 \\ 2 \end{bmatrix}$와 같이 주어졌을 때 공간 W에 대한 직교 기저벡터들의 집합 $\{v_1, v_2\}$를 구하라.

풀이

x_1으로의 x_2의 사영(projection)을 p라고 하면 $p = \alpha x_1 = \left(\frac{x_2 \cdot x_1}{x_1 \cdot x_1}\right)x_1$이고 x_1에 수직인 x_2의 성분 z는 $x_2 = z + p$로부터 $z = v_2 = x_2 - p$이다.

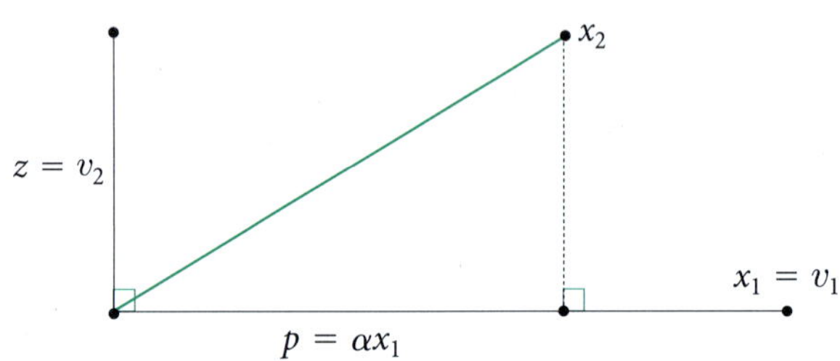

그림 4.4 직교 기저벡터.

따라서 직교 기저벡터들의 집합을 $v = \{v_1, v_2\}$라 하면 $v_1 = x_1$로 두고 v_2는

$$v_2 = x_2 - p = x_2 - \left(\frac{x_2 \cdot x_1}{x_1 \cdot x_1}\right)x_1 = \begin{bmatrix} 1 \\ 2 \\ 2 \end{bmatrix} - \frac{15}{45}\begin{bmatrix} 3 \\ 6 \\ 0 \end{bmatrix} = \begin{bmatrix} 0 \\ 0 \\ 2 \end{bmatrix}$$

로부터 얻는다. $v_1 \cdot v_2 = 0$이므로 $\{v_1, v_2\}$는 직교 벡터들의 집합임을 알 수 있다. ■

» Householder 변환

Householder 변환 문제는 길이가 같은 두 벡터 x와 y가 주어졌을 때(즉 $\|x\|_2 = \|y\|_2$) $Hx = y$를 만족하는 변환 H를 결정하는 문제이다. 여기에서 H는 대칭 직교행렬이다. 0이 아닌 벡터 u에 대하여 Householder 행렬 H는 $H = I - 2uu^T$와 같이 정의된다. H는 직교행렬이므로 $\|Hx\| = \|x\|$임을 알 수 있다.

$x = \begin{bmatrix} x_1 \\ x_2 \\ \vdots \\ x_n \end{bmatrix} \in R^n$이 주어졌을 때 $\alpha = \| x \|$, $\beta = \alpha(\alpha - x_1)$, $v = \begin{bmatrix} x_1 - \alpha \\ x_2 \\ x_3 \\ \vdots \\ x_n \end{bmatrix}$와 같이 정의하면

$$\| v \| = \sqrt{v^T v} = \sqrt{2\beta} \quad (\text{즉 } \beta = \frac{1}{2} v^T v)$$

임을 알 수 있다. 이제

$$u = \frac{v}{\| v \|} = \frac{v}{\sqrt{2\beta}}, \qquad H = I - 2uu^T = I - \frac{1}{\beta} vv^T = I - \frac{2}{v^T v} vv^T$$

로 두면

$$Hx = \alpha e_1 = \| x \| e_1$$

이다. 즉 Householder 변환행렬 H는 벡터 v와 스칼라 β에 의해 결정된다. 임의의 벡터 $y \in R^n$에 대하여

$$Hy = \left(I - \frac{1}{\beta} vv^T\right) y = y - \left(\frac{1}{\beta} v^T y\right) v$$

로 주어진다.

Householder 변환정리

x와 y가 동일한 놈(norm)을 갖는 벡터이면 $y = Hx$를 만족하는 대칭 직교행렬 $H = I - 2uu^T$가 존재한다. 여기에서 $u = \dfrac{x - y}{\|x - y\|_2}$와 같이 정의된다. H는 대칭 직교행렬이므로 $H^{-1} = H$이다.

증명

벡터 u는 $x - y$ 방향으로의 단위벡터이므로 $u^T u = 1$이며 $y = x + cu$ ($c = -\|x - y\|_2$)와 같이 나타낼 수 있다. x와 y의 놈(norm)이 서로 같으므로 u와 수직인 벡터 z를 $z = (x + y)/2 = x + (c/2)u$와 같이 정의하면

$$u^T z = u^T\left(x + \frac{c}{2} u\right) = u^T x + \frac{c}{2} u^T u = u^T x + \frac{c}{2} = 0$$

임을 알 수 있다. 이로부터 $c = -2(u^T x)$를 얻는다. 이를 이용하면 $u^T x$가 스칼라이므로

$$y = x + cu = x - 2u^T xu = x - 2uu^T x = (I - 2uu^T)x = Hx$$

즉 $H = I - 2uu^T$이다. 한편

$$H^T = (I - 2uu^T)^T = I - 2(uu^T)^T - I - 2uu^T = H$$

이므로 H는 대칭행렬이다. 아울러

$$H^T H = HH = (I - 2uu^T)(I - 2uu^T) = I - 4uu^T + 4uu^T = I \quad \Rightarrow \quad H^{-1} = H$$

■

보기 4.6 Householder 변환행렬

벡터 x가 $x = \begin{bmatrix} 4 \\ 4 \\ 2 \end{bmatrix}$와 같이 주어졌다고 하자. x의 마지막 두 원소들을 0으로 만들기 위한 Householder 행렬을 구하라(혹은 $Hx = y = \begin{bmatrix} 6 \\ 0 \\ 0 \end{bmatrix}$을 만족하는 변환 H를 구하라).

풀이

$$\alpha = \| x \|, \quad \beta = \alpha(\alpha - x_1), \quad v = \begin{bmatrix} x_1 - \alpha \\ x_2 \\ x_3 \\ \vdots \\ x_n \end{bmatrix}, \quad u = \frac{v}{\sqrt{2\beta}}, \quad H = I - \frac{1}{\beta} vv^T \text{로부터}$$

$$\alpha = \sqrt{4^2 + 4^2 + 2^2} = 6, \quad \beta = 6(6-4) = 12, \quad v = \begin{bmatrix} -2 \\ 4 \\ 2 \end{bmatrix},$$

$$H = \begin{bmatrix} 1 & 0 & 0 \\ 0 & 1 & 0 \\ 0 & 0 & 1 \end{bmatrix} - \frac{1}{12} \begin{bmatrix} 4 & -8 & -4 \\ -8 & 16 & 8 \\ -4 & 8 & 4 \end{bmatrix} = \frac{1}{3} \begin{bmatrix} 2 & 2 & 1 \\ 2 & -1 & -2 \\ 1 & -2 & 2 \end{bmatrix}$$

이 경우

$$Hx = \frac{1}{3} \begin{bmatrix} 2 & 2 & 1 \\ 2 & -1 & -2 \\ 1 & -2 & 2 \end{bmatrix} \begin{bmatrix} 4 \\ 4 \\ 2 \end{bmatrix} = \frac{1}{3} \begin{bmatrix} 18 \\ 0 \\ 0 \end{bmatrix} = \begin{bmatrix} 6 \\ 0 \\ 0 \end{bmatrix} = 6e_1 = \alpha e_1 = \| x \| e_1$$

■

MATLAB 활용

행렬 A에 대한 Householder 변환은 함수 hhtran에 의해 수행된다. 함수 hhtran는 부함수 hhold와 mhouse를 호출한다. 부함수 hhold는 Householder 벡터 u를 계산하며, mhouse는 행렬 A에 Householder 행렬을 곱하는 연산을 수행한다.

```
function R = hhtran(A)
[m n] = size(A);
for i = 1:m
    u = hhold(A(i:m,i)); A(i:m,i:n) = mhouse(u,A(i:m,i:n));
end
R = A;
end

function u = hhold(x)
% Householder vector u를 계산
% (I - 2uu')x = alpha*e_1
n = length(x);  % x의 원소 수
alpha = norm(x); v = zeros(n,1); v(1) = x(1) + sign(x(1))*alpha;
```

```
v(2:n) = x(2:n); u = v/norm(v);
end

function y = mhouse(u,A)
% 행렬 A에 Householder 행렬을 곱한다.
% y = (I - 2uu')A
y = A - 2*u*(u'*A);
end
```

MATLAB 실습 Householder 변환

함수 hhtran을 이용하여 $A = \begin{bmatrix} 1 & 2 & -4 \\ 2 & 6 & 7 \\ -2 & 1 & 8 \end{bmatrix}$을 상부삼각 행렬 R로 변환시켜 보라.

풀이

```
>> A = [1 2 -4;2 6 7;-2 1 8]; R = hhtran(A)
R =
   -3.0000   -4.0000    2.0000
   -0.0000   -5.0000  -10.0000
    0.0000    0.0000    5.0000
```

■

» Gram–Schmidt 과정

Gram–Schmidt 과정은 직교 기저벡터들을 구하는 간단한 알고리듬이다. 부공간(subspace) W에 대한 기저벡터들의 집합을 $\{x_1, x_2, \cdots, x_p\}$라 하자. Gram–Schmidt 과정은 위에 보인 직교분해 과정의 일반적인 형태로서 다음과 같이 나타낼 수 있다:

$$v_1 = x_1$$

$$v_2 = x_2 - \left(\frac{x_2 \cdot v_1}{v_1 \cdot v_1}\right)v_1$$

$$v_3 = x_3 - \left(\frac{x_3 \cdot v_1}{v_1 \cdot v_1}\right)v_1 - \left(\frac{x_3 \cdot v_2}{v_2 \cdot v_2}\right)v_2$$

$$\vdots$$

$$v_p = x_p - \left(\frac{x_p \cdot v_1}{v_1 \cdot v_1}\right)v_1 - \left(\frac{x_p \cdot v_2}{v_2 \cdot v_2}\right)v_2 - \cdots - \left(\frac{x_p \cdot v_{p-1}}{v_{p-1} \cdot v_{p-1}}\right)v_{p-1}$$

이로부터 얻어지는 새로운 기저벡터들의 집합 $\{v_1, v_2, \cdots, v_p\}$는 W에 대한 직교 기저이다. 위에서 얻어지는 벡터 $v_1, v_2, \cdots, v_p$들을 각각의 크기(즉 $\|v_i\|$)로 나누어서 크기가 모두 1이 되도록 할 수 있다. 이러한 연산을 정규화(normalization)라고 칭한다. 정규화로부터 얻어지는 크기가 1인 벡터

를 u_i라고 하면 u_i는

$$u_i = \frac{v_i}{\| v_i \|} \quad (i = 1, 2, \cdots, p)$$

와 같이 얻어진다. u_i를 열로 갖는 행렬 $Q = [u_1\ u_2\ \cdots\ u_p]$는 직교행렬(orthogonal matrix)이라고 부른다. 즉 직교행렬의 열들은 서로 직교이면서 크기가 모두 1인 벡터들이다. Q가 직교행렬이면 $Q^{-1} = Q^T$이며 $Q^TQ = I$의 관계를 만족한다.

보기 4.7 Gram–Schmidt 과정

기저벡터들이 $x_1 = \begin{bmatrix}1\\1\\1\\1\end{bmatrix}$, $x_2 = \begin{bmatrix}0\\1\\1\\1\end{bmatrix}$, $x_3 = \begin{bmatrix}0\\0\\1\\1\end{bmatrix}$와 같이 주어졌다고 하자. 이 경우 $\{x_1, x_2, x_3\}$는 선형적으로 독립(linearly independent)이며 따라서 R^4의 부공간(subspace) W에 대한 기저(basis)가 된다. W에 대한 직교기저(orthogonal basis)를 구하라.

풀이

1) $v_1 = x_1$로 둔다.

2) v_1에 대한 x_2의 사영을 x_2로부터 빼어 이루어지는 벡터를 v_2라 하면

$$v_2 = x_2 - proj_{W_1}x_2 = x_2 - \frac{x_2 \cdot v_1}{v_1 \cdot v_1}v_1$$

그런데 $x_2 \cdot v_1 = x_2 \cdot x_1 = 3$, $v_1 \cdot v_1 = x_1 \cdot x_1 = 4$이므로

$v_2 = \begin{bmatrix}0\\1\\1\\1\end{bmatrix} - \frac{3}{4}\begin{bmatrix}1\\1\\1\\1\end{bmatrix} = \begin{bmatrix}-3/4\\1/4\\1/4\\1/4\end{bmatrix}$. 이로부터 $v_1 \cdot v_2 = [1\ 1\ 1\ 1]\begin{bmatrix}-3/4\\1/4\\1/4\\1/4\end{bmatrix} = 0$. 따라서 v_1, v_2는 서로 수직이다.

3) 계산의 단순화를 위하여 v_2를 조정한다. 즉 $v_2' = 4v_2 = \begin{bmatrix}-3\\1\\1\\1\end{bmatrix}$.

4) v_1, v_2'에 대한 x_3의 사영을 x_3로부터 빼어 이루어지는 벡터를 v_3라 하면 직교기저 $\{v_1, v_2'\}$로부터 $proj_{W_2}x_3 = \frac{x_3 \cdot v_1}{v_1 \cdot v_1}v_1 + \frac{x_3 \cdot v_2'}{v_2' \cdot v_2'}v_2'$. 그런데 $x_3 \cdot v_1 = 2$, $x_3 \cdot v_2' = 2$, $v_1 \cdot v_1 = 4$, $v_2' \cdot v_2' = 12$이므로

$proj_{W_2}x_3 = \frac{2}{4}\begin{bmatrix}1\\1\\1\\1\end{bmatrix} + \frac{2}{12}\begin{bmatrix}-3\\1\\1\\1\end{bmatrix} = \begin{bmatrix}0\\2/3\\2/3\\2/3\end{bmatrix}$. 따라서 $v_3 = x_3 - proj_{W_2}x_3 = \begin{bmatrix}0\\0\\1\\1\end{bmatrix} - \begin{bmatrix}0\\2/3\\2/3\\2/3\end{bmatrix} = \begin{bmatrix}0\\-2/3\\1/3\\1/3\end{bmatrix}$.

$\{v_1, v_2', v_3\}$는 W에 대한 직교기저가 된다. ■

» QR 분해

행렬 $A \in R^{m \times n}$의 열들이 선형적으로 서로 독립이면 행렬 A는 두 행렬들의 곱 $A = QR$로 분해할 수 있다. 위에서 $Q \in R^{m \times n}$는 직교행렬(열 벡터들이 서로 직교인 행렬)로서 A의 열 공간(column space) Col A에 대한 단위직교 기저(orthonormal basis)를 구성한다. $R \in R^{n \times n}$은 대각원소들이 양인 비특이 상부삼각 행렬이다. QR 분해는 Householder 변환행렬이나 Gram−Schmidt 과정을 이용하여 수행할 수 있다.

행렬 $A = [a_1\ a_2\ \cdots\ a_n]$이 $n \times n$ 비특이(nonsingular) 행렬이라고 하자. A의 첫 번째 열에 Householder 행렬 $H_1 = I - \dfrac{1}{\beta_1} v_1 v_1{}^T$을 적용하면 $H_1 a_1 = \|a_1\|\ e_1$이다. 따라서 $H_1 A$는 $\begin{bmatrix} * & * & \cdots & * \\ 0 & * & \cdots & * \\ 0 & * & \cdots & * \\ \vdots & \vdots & \cdots & \vdots \\ 0 & * & \cdots & * \end{bmatrix}$의 형태가 된다. $H_1 A$의 두 번째 열에서 마지막 $n - 2$개의 원소들을 0으로 만들어 주는 Householder 행렬 H_2를 구하였다면 $H_2 H_1 A = \begin{bmatrix} * & * & * & \cdots & * \\ 0 & * & * & \cdots & * \\ 0 & 0 & * & \cdots & * \\ \vdots & \vdots & \vdots & \cdots & \vdots \\ 0 & 0 & * & \cdots & * \end{bmatrix}$를 얻는다. 상부삼각 행렬 R이 얻어질 때까지 Householder 행렬의 적용을 반복하면

$$H_{n-1} H_{n-2}\ \cdots\ H_2 H_1 A = R$$

H_i는 직교행렬이므로 $H_i^{-1} = H_i$이다. 따라서

$$A = H_1^{-1} H_2^{-1}\ \cdots\ H_{n-2}^{-1} H_{n-1}^{-1} R = H_1 H_2\ \cdots\ H_{n-2} H_{n-1} R$$

$Q = H_1 H_2 \cdots H_{n-2} H_{n-1}$로 두면 A의 QR 분해 $A = QR$을 얻는다.

$m \times n$ 행렬 $A \in R^{m \times n}$의 열들이 서로 선형적으로 독립이며 A의 QR 분해를 $A = QR$이라 하고 $b \in R^m$일 때 선형 시스템 $Ax = b$의 풀이를 고려해 보자. $Ax = QRx = b$의 양변에 Q^T를 곱하면 $Q^T QRx = Q^T b$를 얻는다. Q는 직교행렬이므로 $Q^T Q = I$이다. 따라서 $Q^T QRx = Rx = Q^T b$이다. 이로부터

$$x = \hat{x} = R^{-1} Q^T b$$

를 얻는다. 위에서 얻어지는 해 $\hat{x}$는 최적 근사해이다(즉 $R\hat{x} = Q^T b$).

보기 4.8 **QR 분해**

$A = \begin{bmatrix} 1 & 0 & 0 \\ 1 & 1 & 0 \\ 1 & 1 & 1 \\ 1 & 1 & 1 \end{bmatrix}$에 대한 QR 분해를 수행하라.

풀이

$A = [x_1\ x_2\ x_3]$로 표시하기로 한다(x_i는 A의 열 벡터들이다). 이제 $v_1 = x_1 = \begin{bmatrix}1\\1\\1\\1\end{bmatrix}$로 두면 Gram-Schmidt 과정에 따라

$$v_2 = x_2 - \left(\frac{x_2 \cdot v_1}{v_1 \cdot v_1}\right)v_1 = \begin{bmatrix}0\\1\\1\\1\end{bmatrix} - \frac{3}{4}\begin{bmatrix}1\\1\\1\\1\end{bmatrix} = \frac{1}{4}\begin{bmatrix}-3\\1\\1\\1\end{bmatrix}$$

$$v_3 = x_3 - \left(\frac{x_3 \cdot v_1}{v_1 \cdot v_1}\right)v_1 - \left(\frac{x_3 \cdot v_2}{v_2 \cdot v_2}\right)v_2 = \begin{bmatrix}0\\0\\1\\1\end{bmatrix} - \frac{2}{4}\begin{bmatrix}1\\1\\1\\1\end{bmatrix} - \frac{4}{6} \cdot \frac{1}{4}\begin{bmatrix}-3\\1\\1\\1\end{bmatrix} = \frac{1}{3}\begin{bmatrix}0\\-2\\1\\1\end{bmatrix}$$

를 얻는다. 위에서 얻어지는 벡터들의 크기가 1이 되도록 다음과 같이 정규화(normalization)시키는 것이 일반적이다:

$$u_1 = \frac{v_1}{\| v_1 \|} = \frac{1}{2}\begin{bmatrix}1\\1\\1\\1\end{bmatrix}, \quad u_2 = \frac{v_2}{\| v_2 \|} = \frac{1}{\sqrt{12}}\begin{bmatrix}-3\\1\\1\\1\end{bmatrix}, \quad u_3 = \frac{v_3}{\| v_3 \|} = \frac{1}{\sqrt{6}}\begin{bmatrix}0\\-2\\1\\1\end{bmatrix}$$

따라서

$$Q = [u_1\ u_2\ u_3] = \begin{bmatrix}1/2 & -3/\sqrt{12} & 0\\ 1/2 & 1/\sqrt{12} & -2/\sqrt{6}\\ 1/2 & 1/\sqrt{12} & 1/\sqrt{6}\\ 1/2 & 1/\sqrt{12} & 1/\sqrt{6}\end{bmatrix}$$

Q의 열들은 서로 직교이면서 크기가 1(즉 열들은 단위직교(orthonormal) 벡터)이므로 Q는 직교행렬이며 $Q^TQ = I$이다. 따라서 $Q^TA = Q^T(QR) = Q^TQR = R$임을 알 수 있다. 즉

$$R = \begin{bmatrix}1/2 & 1/2 & 1/2 & 1/2\\ -3/\sqrt{12} & 1/\sqrt{12} & 1/\sqrt{12} & 1/\sqrt{12}\\ 0 & -2/\sqrt{6} & 1/\sqrt{6} & 1/\sqrt{6}\end{bmatrix}\begin{bmatrix}1 & 0 & 0\\ 1 & 1 & 0\\ 1 & 1 & 1\\ 1 & 1 & 1\end{bmatrix} = \begin{bmatrix}2 & \frac{3}{2} & 1\\ 0 & \frac{3}{\sqrt{12}} & \frac{2}{\sqrt{12}}\\ 0 & 0 & \frac{2}{\sqrt{6}}\end{bmatrix}$$

과 같이 얻어진다.

■

MATLAB 활용

Gram-Schmidt 과정은 함수 `gschmidt`를 이용한다. 함수 `gschmidt`는 주어진 행렬 A에 대하여 QR 분해를 수행하고 결과로서 행렬 Q와 R을 반환한다.

```
function [Q,R] = gschmidt(A)
```

```
% 행렬 A의 Gram-Schmidt QR 인수화.
% [Q R] = gschmidt(A)에서 Q의 열 벡터들은 A의 column space에 대한
% orthonormal basis를 형성하며 R은 A=QR인 정방 upper triangular 행렬이다.
[m,n] = size(A); R = zeros(n);
if rank(A) ~= n, error('열 벡터들은 선형적으로 독립적이지 않음.'); end
Q = A;
for k = 1:n
    R(k,k) = norm(Q(:,k)); Q(:,k) = Q(:,k)/R(k,k);
    R(k,k+1:n) = Q(:,k)'*Q(:,k+1:n); Q(:,k+1:n) = Q(:,k+1:n) - Q(:,k)*R
    (k,k+1:n);
end
end
```

MATLAB 실습 Gram–Schmidt 과정

함수 gschmidt를 이용하여 $A = \begin{bmatrix} 2 & 3 & -1 \\ 1 & 0 & -2 \\ 3 & 1 & 1 \end{bmatrix}$에 대한 QR 분해를 수행하라.

풀이

```
>> A = [2 3 -1;1 0 -2;3 1 1]; [Q,R] = gschmidt(A)
Q =
    0.5345    0.8351   -0.1302
    0.2673   -0.3132   -0.9113
    0.8018   -0.4523    0.3906
R =
    3.7417    2.4054   -0.2673
         0    2.0529   -0.6611
         0         0    2.3434
```

행렬의 QR 분해는 함수 qrhold를 이용하여 수행할 수 있다. 이 함수는 행렬에 대한 Householder 변환을 이용하여 QR 분해를 수행한다.

```
function [Q R] = qrhold(A)
% Householder 변환을 이용하는 QR 분해
[n,m] = size(A); R = A; Q = eye(n);
for k = 1:n-1
    x = zeros(n,1); x(k:n,1) = R(k:n,k); g = norm(x); v = x; v(k) = x(k) + g; s =
norm(v);
    if s ~= 0, w = v/s; u = 2*R'*w; R = R - w*u'; Q = Q - 2*Q*w*w'; end
end
end
```

MATLAB 실습 QR 분해

함수 qrhold를 이용하여 $A = \begin{bmatrix} 2 & 6 & 10 \\ 1 & 3 & 3 \\ 3 & 14 & 28 \end{bmatrix}$에 대한 QR 분해를 수행하라.

풀이

```
>> A = [2 6 10;1 3 3;3 14 28]; [Q R] = qrhold(A)
Q =
   -0.5345    0.7171    0.4472
   -0.2673    0.3586   -0.8944
   -0.8018   -0.5976         0
R =
   -3.7417  -15.2339  -28.5970
    0.0000   -2.9881   -8.4861
    0.0000         0    1.7889
```

■

4.2 고유치와 특이값 분해

4.2.1 고유치의 계산

선형 대수방정식 $Ax = \lambda x$는

$$(A - \lambda I)x = 0$$

와 같이 쓸 수 있다. 여기에서 스칼라 λ는 행렬 A의 고유치(eigenvalue)라 부르며 벡터 x는 λ에 해당하는 고유벡터(eigenvector)이다.

» 특성방정식의 이용

고유치 λ는 다음과 같이 정의되는 행렬 A의 특성방정식으로부터 구할 수 있다:

$$|A - \lambda I| = \begin{vmatrix} a_{11} - \lambda & a_{12} & \cdots & a_{1n} \\ a_{21} & a_{22} - \lambda & \cdots & a_{2n} \\ \vdots & \vdots & \cdots & \vdots \\ a_{n1} & a_{n2} & \cdots & a_{nn} - \lambda \end{vmatrix} = 0$$

위의 특성방정식으로부터

$$\lambda^n - \alpha_1 \lambda^{n-1} - \alpha_2 \lambda^{n-2} - \ \cdots \ - \alpha_n = 0$$

을 얻는다. 이 방정식의 근 $\lambda_1, \lambda_2, \cdots, \lambda_n$들이 행렬 A의 고유치가 된다. 일반적으로 $n \times n$ 행렬 A의 고유치들은

$$\mathrm{trace}(A) = \lambda_1 + \lambda_2 + \ \cdots \ + \lambda_n, \qquad |A| = \lambda_1 \lambda_2 \cdots \lambda_n$$

과 같은 관계를 만족한다.

특성방정식의 계수는 Faddeev-Leverrier 방법을 이용하여 계산할 수 있다. 이 방법에서는 트레이스(trace)가 특성방정식의 계수와 같은 일련의 행렬 A_k를 생성함으로써 특성방정식의 계수 α_i를 계산한다. 방정식의 첫 번째 계수는

$$A_1 = A, \quad \alpha_1 = trA_1$$

이어지는 행렬들은 다음과 같은 반복과정에 의해 계산된다:

$$A_k = A(A_{k-1} - \alpha_{k-1}I), \quad \alpha_k = \frac{1}{k}trA_k \quad (k = 2, 3, \cdots, n)$$

보기 4.9 특성방정식 계수의 계산

동차(homogeneous) 방정식 시스템

$$\begin{aligned} x_1 + 2x_2 + x_3 &= 0 \\ 3x_1 + x_2 + 2x_3 &= 0 \\ 4x_1 + 2x_2 + 3x_3 &= 0 \end{aligned}$$

의 특성방정식의 계수들을 구하라.

풀이

이 시스템의 특성방정식은 $\lambda^3 - \alpha_1\lambda^2 - \alpha_2\lambda - \alpha_3 = 0$의 형태를 갖는다. 행렬 A는

$$A = \begin{bmatrix} 1 & 2 & 1 \\ 3 & 1 & 2 \\ 4 & 2 & 3 \end{bmatrix}$$

이므로

$$A_1 = A, \quad \alpha_1 = trA_1 = 5$$

$k = 2$이면

$$A_2 = A(A_1 - \alpha_1 I) = A(A - 5I) = \begin{bmatrix} 6 & -4 & 3 \\ -1 & 6 & 1 \\ 2 & 6 & 2 \end{bmatrix}, \quad \alpha_2 = \frac{1}{2}trA_2 = \frac{1}{2} \cdot 14 = 7$$

$k = 3$이면

$$A_3 = A(A_2 - \alpha_2 I) = A(A_2 - 7I) = \begin{bmatrix} 1 & 2 & 1 \\ 3 & 1 & 2 \\ 4 & 2 & 3 \end{bmatrix}\left(\begin{bmatrix} 6 & -4 & 3 \\ -1 & 6 & 1 \\ 2 & 6 & 2 \end{bmatrix} - \begin{bmatrix} 7 & 0 & 0 \\ 0 & 7 & 0 \\ 0 & 0 & 7 \end{bmatrix}\right) = \begin{bmatrix} -1 & 0 & 0 \\ 0 & -1 & 0 \\ 0 & 0 & -1 \end{bmatrix},$$

$$\alpha_3 = \frac{1}{3}trA_3 = \frac{1}{3} \cdot (-3) = -1$$

따라서 특성방정식은

$$\lambda^3 - 5\lambda^2 - 7\lambda + 1 = 0$$

와 같다. 이를 풀어 고유치를 구한다.

■

» 반복과정(파워 방법)

반복과정에 의한 고유치 계산방법은 파워(power) 방법으로도 알려져 있으며 행렬 A의 지배 고유치(크기가 가장 큰 고유치)를 구하는 반복과정이다. 벡터 x가 행렬 A의 고유벡터이면 $Ax = \lambda x$의 관계를 만족하는데 이 관계는 λ와 x에 대한 순차적인 근사들로 전환시킬 수 있다.

먼저 고유벡터 x에 대한 초기 추정치를 z라 하고 $w = Az$를 계산한다. z가 고유벡터이면 z와 w의 임의의 성분에 대하여 $\lambda z_k = w_k$를 얻는다. z가 고유벡터가 아니면 w를 다음 근사치로 이용한다. 이 경우 w를 정규화시켜 z에 대한 다음 근사치로 적용한다. 반복계산 과정은 다음과 같다:

$$z^{(1)} = [1\ 1\ \cdots\ 1]^T,$$

$$w^{(1)} = Az^{(1)}, \quad z^{(2)} = \frac{1}{w_k^{(1)}} w^{(1)} = \frac{1}{c_2} w^{(1)} = \frac{1}{c_2} Az^{(1)}$$

$$w^{(2)} = Az^{(2)} = A\frac{1}{c_2}Az^{(1)} = \frac{1}{c_2}A^2 z^{(1)}, \quad z^{(3)} = \frac{1}{w_k^{(2)}} w^{(2)} = \frac{1}{c_3} w^{(2)} = \frac{1}{c_3}\frac{1}{c_2} A^2 z^{(1)}$$

$$w^{(3)} = Az^{(3)} = A\frac{1}{c_3}\frac{1}{c_2}A^2 z^{(1)} = \frac{1}{c_3}\frac{1}{c_2}A^3 z^{(1)}, \quad z^{(4)} = \frac{1}{w_k^{(3)}} w^{(3)} = \frac{1}{c_4} w^{(3)} = \frac{1}{c_4}\frac{1}{c_3}\frac{1}{c_2} A^3 z^{(1)}$$

$$\vdots$$

Power 방법 정리

행렬 $A \in R^{n\times n}$가 n개의 서로 다른 고유치 $\lambda_1, \lambda_2, \cdots, \lambda_n$들을 가지며 $|\lambda_1| > |\lambda_2| \geq |\lambda_3| \geq \cdots \geq |\lambda_n|$라고 하자. 수열 $\{z^{(k)} = [z_1^{(k)}\ z_2^{(k)}\ \cdots\ z_n^{(k)}]^T\}$와 $\{c_k\}$가 반복과정 $w^{(k)} = Az^{(k)}$, $z^{(k+1)} = \frac{1}{c_{k+1}} w^{(k)}$, $c_{k+1} = z_j^{(k)}$, $z_j^{(k)} = \max_{1\leq i\leq n}\{|z_i^{(k)}|\}$에 의해 생성되는 경우

$$\lim_{k\to\infty} z^{(k)} = v_1, \qquad \lim_{k\to\infty} c_k = \lambda_1$$

이다. 즉 이 수열들은 각각 지배 고유치 벡터 v_1과 지배 고유치(최대 고유치) λ_1에 수렴한다. ■

보기 4.10 반복과정에 의한 고유치 계산

반복과정을 이용하여 행렬 $A = \begin{bmatrix} 21 & 7 & -1 \\ 5 & 7 & 7 \\ 4 & -4 & 20 \end{bmatrix}$의 가장 큰 고유치와 이에 따른 고유벡터를 구하라. 고유벡터의 초기 추정치는 $z = [1\ 1\ 1]^T$로 하고 반복과정을 3단계까지 수행해 보라.

풀이

1단계: $z = \begin{bmatrix} 1 \\ 1 \\ 1 \end{bmatrix} \Rightarrow w = Az = \begin{bmatrix} 27 \\ 19 \\ 20 \end{bmatrix}$. 고유치 λ의 초기 추정치로 $w_1 = 27$을 취한다. w의 첫 번째 원소가 가장 크므로 $k = 1$로 둔다.

2단계: w를 정규화시켜 z를 계산한다. 즉 $z = \frac{w}{w_1} = \begin{bmatrix} 1 \\ 19/27 \\ 20/27 \end{bmatrix} = \begin{bmatrix} 1 \\ 0.7037 \\ 0.7407 \end{bmatrix}$. 이로부터 $w = Az =$

$\begin{bmatrix} 25.185 \\ 15.111 \\ 16.000 \end{bmatrix}$. λ에 대한 추정치로 $w_1 = 25.185$를 취한다. 여기에서도 w의 첫 번째 원소가 가장 크므로 $k = 1$로 둔다.

3단계: $z = \dfrac{w}{w_1} = \begin{bmatrix} 1 \\ 0.6 \\ 0.635 \end{bmatrix}$, $w = Az = \begin{bmatrix} 24.565 \\ 13.647 \\ 14.306 \end{bmatrix} \Rightarrow w_1 = 24.565$

즉 3단계의 반복과정 후에 최대 고유치의 근사값으로서 $\lambda \approx 24.565$, 고유벡터에 대한 근사치로서 $z = \begin{bmatrix} 1 \\ 0.6 \\ 0.635 \end{bmatrix}$를 얻었다.

■

MATLAB 활용

반복과정에 의한 최대 고유치 계산은 함수 maxeig를 이용한다. maxiter은 가능한 최대 반복계산 횟수이며, tol은 수렴한계이다.

```
function [z m] = maxeig(A,maxiter,tol)
% 반복과정에 의한 최대 고유치 계산
[n1 n2] = size(A); w = ones(n1,1);
for j = 1:maxiter
    [kk k] = max(abs(w)); z = w/w(k); w = A*z; m = w(k); r = norm(m*z - w);
    if r<tol, disp('반복과정은 수렴함.'); break; end
end
end
```

MATLAB 실습 반복과정에 의한 고유치 계산

함수 maxeig를 이용하여 다음 행렬의 최대 고유치와 이에 따른 고유벡터를 추정하라:

$$A = \begin{bmatrix} 42 & -32 & 21 & -11 \\ 43 & -33 & 22 & -11 \\ 2 & -2 & 2 & -1 \\ 0.2 & -0.2 & 0.2 & 0 \end{bmatrix}$$

최대 반복계산 횟수 maxiter은 1000, 수렴한계 tol은 10^{-6}로 설정한다.

풀이

```
>> maxiter = 1e3; tol = 1e-6; A = [42 -32 21 -11; 43 -33 22 -11; 2 -2 2 -1; 0.2
-0.2 0.2 0];
>> [z m] = maxeig(A,maxiter,tol)
z =
     1.0000
     1.0000
    -0.0000
```

```
   -0.0000
m =
    10.0000
```

» QR 알고리듬의 이용

행렬 $A \in R^{m \times n}$의 QR 분해는 $A = QR$로 주어진다. A가 대칭행렬이면 A의 직교 변환으로부터 대각행렬 D를 얻을 수 있다: $D = Q'AQ$. 여기에서 D의 대각원소들은 A의 고유치들이다.

QR 분해를 이용하는 행렬 A의 고유치 계산에서는 A와 동일한 고유치를 가지며 A에 직교인 행렬수열 $A^{(m)}$을 생성한다. 수열 $A^{(m)}$은 고유치를 쉽게 얻을 수 있는 형태의 행렬로 수렴한다. 첫 번째 단계에서는 $A = QR \Rightarrow R = Q'A$로부터 $A^{(1)} = RQ = Q'AQ$를 얻는다. QR 분해로부터 $A^{(1)} = Q^{(1)}R^{(1)}$을 얻고 $A^{(2)} = R^{(1)}Q^{(1)}$으로 둔다. 계산에서는 행렬 A를 Hessenberg 형태(대각선 바로 아래 대각선의 하부에 위치하는 원소들이 모두 0인 상부삼각 행렬)로 변환시키는 것이 좋다.

MATLAB 활용

QR 분해를 이용하는 고유치 계산은 함수 qreig를 이용한다. maxiter은 가능한 최대 반복계산 횟수이고, tol은 수렴한계이며, V는 얻어지는 고유치들의 벡터이다.

```
function V = qreig(A,maxiter,tol)
% QR 분해에 의한 최대 고유치 계산
[n m] = size(A);
for k = 1:n-2
    x = A(:,k); x(1:k) = 0; p = sign(x(k+1)); if p == 0, p = 1; end
    g = norm(x); s = sqrt(2*g*(g + p*(x(k+1))));
    if s ~= 0
        w = x/s; w(k+1) = (x(k+1) + p*g)/s; C = w*w'; d = (w'*A)*w;
        A = A - 2*C*A - 2*A*C + 4*d*C;
    end
end
for i = 1:maxiter
    Q = eye(n); R = A;
    for k = 1:n-1
        x1 = R(k,k); x2 = R(k+1,k); rr = sqrt(x1^2 + x2^2); c = x1/rr; s =
        -x2/rr;
        Rn = R; Qn = Q;
        Rn(k,:) = c*R(k,:) - s*R(k+1,:); Rn(k+1,:) = s*R(k,:) + c*R(k+1,:);
        Qn(:,k) = c*Q(:,k) - s*Q(:,k+1); Qn(:,k+1) = s*Q(:,k) + c*Q(:,k+1);
        R = Rn; Q = Qn;
    end
    A = R*Q;
    for j = 1:n-1, t(j) = max(abs(A(j+1:n,j))); end
    mt(i) = max(t);
```

```
    if mt(i) < tol, disp('QR 방법은 수렴함.'); break; end
end
V = diag(A);
end
```

MATLAB 실습 QR 분해에 의한 고유치 계산

함수 qreig를 이용하여 다음 행렬의 고유치들을 계산하라:

$$A = \begin{bmatrix} 15 & -2 & -2 & -1 \\ 10 & 6 & -4 & -2 \\ 10 & 4 & -1 & -3 \\ 10 & 4 & -2 & -2 \end{bmatrix}$$

최대 반복계산 횟수 maxiter은 1000, 수렴한계 tol은 10^{-6}로 설정한다.

풀이

```
>> A = [15 -2 -2 -1;10 6 -4 -2;10 4 -1 -3;10 4 -2 -2];
>> maxiter = 1e3; tol = 1e-6; V = qreig(A,maxiter,tol)
V =
   10.0000
    5.0000
    2.0000
    1.0000
```

■

» Danilevsky 방법

Danilevsky 방법은 두 단계들을 이용하는 고유치 계산방법이다. 먼저 동반행렬을 정의하고 다음에 일반적인 행렬을 이러한 동반행렬의 형태로 변환시키는 방법을 알아보기로 한다.

동반행렬(companion matrix)은 다음과 같은 형태를 갖는 행렬을 의미한다:

$$B = \begin{bmatrix} -a_n & -a_{n-1} & \cdots & -a_2 & -a_1 \\ 1 & 0 & \cdots & 0 & 0 \\ 0 & 1 & \cdots & 0 & 0 \\ \vdots & \vdots & \cdots & \vdots & \vdots \\ 0 & 0 & \cdots & 1 & 0 \end{bmatrix}$$

위의 동반행렬 B에 대한 특성방정식은

$$p(\lambda) = \lambda^n + a_n\lambda^{n-1} + \ \cdots \ + a_1$$

와 같다. 즉 동반행렬의 특성방정식의 계수들은 첫 번째 행으로부터 바로 얻을 수 있다. 동반행렬 B의 k번째 고유치를 λ_k라 하면 k번째 고유벡터 v_k는

$$v_k = [\lambda_k^{n-1},\ \lambda_k^{n-2},\ \cdots,\ \lambda_k,\ 1]^T \quad (1 \le k \le n)$$

으로부터 얻을 수 있다.

일반적인 $n \times n$ 행렬 A를 동반행렬 B의 형태로 변환시킬 수 있다면 A와 B의 고유치들은 서로 동일하며 B의 고유벡터들을 역변환시켜 A의 고유벡터들을 구할 수 있다. A를 동반행렬 B로 변환시키기 위해 A의 마지막 행으로부터 시작하여 하나의 행씩 차례로 연산을 수행해 나간다. $A_{n,n-1} \neq 0$이라면 A의 $n-1$번째 열을 $\alpha = A_{n,n-1}$로 나누어 정규화시킨다. 다음에 A의 열들에 대한 기본 연산을 수행하여 A의 마지막 행의 나머지 원소 A_{nk} $(k \neq n-1)$들을 모두 0으로 만들어줄 수 있다. 이러한 연산은 행렬 P_k를 A에 곱해 주는 것과 같으며 이러한 연산을 순차적으로 수행하는 것은 행렬 $P = P_n P_{n-1} \cdots P_3 P_2$를 A에 곱해 주는 것과 같다. 이는 유사변환(similarity transformation)

$$B = P^{-1}AP$$

와 같이 나타낼 수 있다. 이와 같이 $n-1$번의 순차적인 유사변환을 이용하여 행렬 A를 동반행렬로 변환시키는 방법을 Danilevsky 방법이라고 부른다.

4.2.2 특이값 분해

» 행렬의 특이값

A를 $m \times n$ 행렬이라고 하면 A^TA는 대칭행렬이며 직교 대각화가 가능하다. A^TA의 고유치들과 이들 각각에 해당되는 단위 고유벡터들을 각각 $\lambda_1, \cdots, \lambda_n$ 및 $v_1, \cdots, v_n$이라 하면

$$\| Av_i \|^2 = (Av_i)^T(Av_i) = v_i^T A^T A v_i = v_i^T(\lambda_i v_i) = \lambda_i v_i^T v_i = \lambda_i$$

즉 λ_i는 음수가 아니다.

고유치들을 $\lambda_1 \geq \lambda_2 \geq \cdots \geq \lambda_n \geq 0$와 같이 정렬했다고 하자. 행렬 A의 특이값(singular value) σ는 A^TA의 고유치들의 제곱근(즉 $\sigma_i = \sqrt{\lambda_i}$ $(1 \leq i \leq n)$)으로 정의된다. $\|Av_i\|^2 = \lambda_i$로부터 $\|Av_i\| = \sqrt{\lambda_i} = \sigma_i$임을 알 수 있다. 즉 A의 특이값은 벡터 $Av_1, \cdots, Av_n$의 길이이다.

보기 4.11 행렬의 특이값

행렬 $A = \begin{bmatrix} 4 & 11 & 14 \\ 8 & 7 & -2 \end{bmatrix}$의 특이값을 구하라.

풀이

$A^TA = \begin{bmatrix} 80 & 100 & 40 \\ 100 & 170 & 140 \\ 40 & 140 & 200 \end{bmatrix}$이므로 특성방정식은 $\lambda^3 - 450\lambda^2 + 32400\lambda = 0$. 따라서 A^TA의 고유치들은 360, 90, 0이다. 그러므로 A의 특이값은 $\sigma_1 = 6\sqrt{10}$, $\sigma_2 = 3\sqrt{10}$, $\sigma_3 = 0$.

■

» 특이값 분해

A를 $m \times n$ 행렬이라고 하고 A의 계수(rank)를 r이라고 하자. 이 경우 $A = U\Sigma V^T$를 만족하는 U, Σ, V가 존재하며 이와 같은 분해를 특이값 분해(singular value decomposition, SVD)라고 칭한다.

여기에서 U와 V는 직교행렬이다. $A = U\Sigma V^T$에서 U, Σ, V는 각각 다음과 같이 구한다.

1) $\Sigma = \begin{bmatrix} D & 0 \\ 0 & 0 \end{bmatrix} \in R^{m\times n}$이며 D는 A의 처음 r 특이값들($\sigma_1 \geq \sigma_2 \geq \cdots \geq \sigma_r > 0$)로 구성되는 대각행렬(즉 $D = \begin{bmatrix} \sigma_1 & 0 & \cdots & 0 \\ 0 & \sigma_2 & \cdots & 0 \\ \vdots & \vdots & \cdots & \vdots \\ 0 & 0 & \cdots & \sigma_r \end{bmatrix}$)이다.

2) $V = [v_1\ v_2\ \cdots\ v_n] \in R^{n\times n}$은 직교행렬이다($v_i$는 단위 고유벡터).

3) $U = [u_1\ u_2\ \cdots\ u_m]$는 단위 직교기저이며 $u_i = \dfrac{Av_i}{\|Av_i\|} = \dfrac{1}{\sigma_i}Av_i$로부터 얻는다.

보기 4.12 특이값 분해

행렬 $A = \begin{bmatrix} 4 & 11 & 14 \\ 8 & 7 & -2 \end{bmatrix}$에 대한 특이값 분해를 수행하라.

풀이

1) A^TA의 고유치들을 계산한다:

$$A^TA = \begin{bmatrix} 80 & 100 & 40 \\ 100 & 170 & 140 \\ 40 & 140 & 200 \end{bmatrix} \Rightarrow \lambda_1 = 360,\ \lambda_2 = 90,\ \lambda_3 = 0$$

2) 단위 고유벡터 v_1, v_2, v_3를 계산한다:

$$v_1' = \begin{bmatrix} 1 \\ 2 \\ 2 \end{bmatrix},\ v_2' = \begin{bmatrix} 2 \\ 1 \\ -2 \end{bmatrix},\ v_3' = \begin{bmatrix} 2 \\ -2 \\ 1 \end{bmatrix} \Rightarrow v_1 = \begin{bmatrix} 1/3 \\ 2/3 \\ 2/3 \end{bmatrix},\ v_2 = \begin{bmatrix} 2/3 \\ 1/3 \\ -2/3 \end{bmatrix},\ v_3 = \begin{bmatrix} 2/3 \\ -2/3 \\ 1/3 \end{bmatrix}$$

따라서 특이값들은 $\sigma_1 = \sqrt{\lambda_1} = 6\sqrt{10}$, $\sigma_2 = \sqrt{\lambda_2} = 3\sqrt{10}$, $\sigma_3 = 0$

이로부터

$$V = [v_1\ v_2\ v_3] = \begin{bmatrix} 1/3 & 2/3 & 2/3 \\ 2/3 & 1/3 & -2/3 \\ 2/3 & -2/3 & 1/3 \end{bmatrix},\quad D = \begin{bmatrix} 6\sqrt{10} & 0 \\ 0 & 3\sqrt{10} \end{bmatrix},$$

$$\Sigma = [D\ 0] = \begin{bmatrix} 6\sqrt{10} & 0 & 0 \\ 0 & 3\sqrt{10} & 0 \end{bmatrix}$$

3) U를 구성한다:

$$u_1 = \frac{1}{\sigma_1}Av_1 = \frac{1}{6\sqrt{10}}\begin{bmatrix} 4 & 11 & 14 \\ 8 & 7 & -2 \end{bmatrix}\begin{bmatrix} 1/3 \\ 2/3 \\ 2/3 \end{bmatrix} = \frac{1}{18\sqrt{10}}\begin{bmatrix} 54 \\ 18 \end{bmatrix} = \frac{1}{\sqrt{10}}\begin{bmatrix} 3 \\ 1 \end{bmatrix}$$

$$u_2 = \frac{1}{\sigma_2}Av_2 = \frac{1}{3\sqrt{10}}\begin{bmatrix} 4 & 11 & 14 \\ 8 & 7 & -2 \end{bmatrix}\begin{bmatrix} 2/3 \\ 1/3 \\ -2/3 \end{bmatrix} = \frac{1}{9\sqrt{10}}\begin{bmatrix} -9 \\ 27 \end{bmatrix} = \frac{1}{\sqrt{10}}\begin{bmatrix} -1 \\ 3 \end{bmatrix}$$

$$\therefore\quad U = [u_1\ u_2] = \begin{bmatrix} \dfrac{3}{\sqrt{10}} & -\dfrac{1}{\sqrt{10}} \\ \dfrac{1}{\sqrt{10}} & \dfrac{3}{\sqrt{10}} \end{bmatrix}$$

$$즉\ \ A = U\Sigma V^T = \begin{bmatrix} \frac{3}{\sqrt{10}} & -\frac{1}{\sqrt{10}} \\ \frac{1}{\sqrt{10}} & \frac{3}{\sqrt{10}} \end{bmatrix} \begin{bmatrix} 6\sqrt{10} & 0 & 0 \\ 0 & 3\sqrt{10} & 0 \end{bmatrix} \begin{bmatrix} 1/3 & 2/3 & 2/3 \\ 2/3 & 1/3 & -2/3 \\ 2/3 & -2/3 & 1/3 \end{bmatrix}$$

■

4.3 MATLAB 내장함수의 이용

» *LU* 분해

LU 분해는 내장함수 lu에 의해 수행된다.

MATLAB 실습 *LU* 분해를 이용한 선형 시스템의 풀이

LU 분해를 이용하여 다음 선형 시스템의 해를 구하라:

$$3x_1 - 0.1x_2 - 0.2x_3 = 7.85$$
$$0.1x_1 + 7x_2 - 0.3x_3 = -19.3$$
$$0.3x_1 - 0.2x_2 + 10x_3 = 71.4$$

풀이

```
>> A = [3 -0.1 -0.2;0.1 7 -0.3;0.3 -0.2 10]; b = [7.85; -19.3; 71.4]; [L U]
= lu(A)
L =
    1.0000         0         0
    0.0333    1.0000         0
    0.1000   -0.0271    1.0000
U =
    3.0000   -0.1000   -0.2000
         0    7.0033   -0.2933
         0         0   10.0120
>> d = L\b, x = U\d
d =
    7.8500
  -19.5617
   70.0843
x =
    3.0000
   -2.5000
    7.0000
```

■

» QR 분해

QR 분해는 내장함수 qr에 의해 수행된다. 내장함수 linsolve는 선형 방정식 시스템 $Ax = b$의 해를 계산한다: x = linsolve(A,b). 함수 linsolve는 A가 정방행렬이면 부분 피벗팅을 이용한 LU 분해를 이용하고 그렇지 않은 경우에는 열 피벗팅을 이용한 QR 분해를 이용하여 해를 구한다.

MATLAB 실습 QR 분해

행렬 $A = \begin{bmatrix} 1 & 0 & 1 \\ 1 & -1 & 1 \\ 2 & 0 & 0 \end{bmatrix}$의 QR 분해를 수행하라.

풀이

```
>> A = [1 0 1;1 -1 1;2 0 0]; [Q, R] = qr(A)
Q =
   -0.4082    0.1826   -0.8944
   -0.4082   -0.9129   -0.0000
   -0.8165    0.3651    0.4472
R =
   -2.4495    0.4082   -0.8165
         0    0.9129   -0.7303
         0         0   -0.8944
```

■

MATLAB 실습 QR 분해를 이용한 선형 시스템의 풀이

내장함수 linsolve를 이용하여 다음 선형 시스템의 해를 구하라:

$$3x_1 - 0.1x_2 - 0.2x_3 = 7.85$$
$$0.1x_1 + 7x_2 - 0.3x_3 = -19.3$$
$$0.3x_1 - 0.2x_2 + 10x_3 = 71.4$$

풀이

```
>> A = [3 -0.1 -0.2;0.1 7 -0.3;0.3 -0.2 10]; b = [7.85; -19.3; 71.4]; x =
linsolve(A,b)
x =
    3.0000
   -2.5000
    7.0000
```

■

» Cholesky 분해

Cholesky 분해는 내장함수 chol에 의해 수행된다.

MATLAB 실습 **Cholesky 분해**

$A = \begin{bmatrix} 6 & 15 & 55 \\ 15 & 55 & 225 \\ 55 & 225 & 979 \end{bmatrix}$에 대한 Cholesky 분해를 수행하라.

풀이

```
>> A = [6 15 55; 15 55 225; 55 225 979]; U = chol(A)
U =
    2.4495    6.1237   22.4537
         0    4.1833   20.9165
         0         0    6.1101
>> U'*U
ans =
    6.0000   15.0000   55.0000
   15.0000   55.0000  225.0000
   55.0000  225.0000  979.0000
```

» 고유치와 고유벡터

고유치와 고유벡터는 내장함수 eig에 의해 계산된다.

MATLAB 실습 **고유치 및 고유벡터의 계산**

MATLAB 함수 eig를 이용하여 행렬 $A = \begin{bmatrix} 1 & 0 & 0 \\ -2 & 1 & 3 \\ 1 & 1 & -1 \end{bmatrix}$의 고유치와 고유벡터를 구하라.

풀이

[v d] = eig(A)에서 행렬 d의 대각선상의 원소들은 A의 고유치들이며 행렬 v의 각 열은 각 고유치에 상응하는 고유벡터이다.

```
>> A = [1 0 0;-2 1 3; 1 1 -1]; [v d] = eig(A)
v =
         0         0    0.8018
    0.7071   -0.9487    0.2673
   -0.7071   -0.3162    0.5345
d =
   -2.0000         0         0
         0    2.0000         0
         0         0    1.0000
```

» 특이값 분해

특이값 분해는 내장함수 svd를 이용한다.

MATLAB 실습 특이값 분해

행렬 $A = \begin{bmatrix} 4 & 11 & 14 \\ 8 & 7 & -2 \end{bmatrix}$에 대한 특이값 분해를 수행하라.

풀이

```
>> A = [4 11 14; 8 7 -2]; [U,S,V] = svd(A)
U =
   -0.9487   -0.3162
   -0.3162    0.9487
S =
   18.9737         0         0
         0    9.4868         0
V =
   -0.3333    0.6667   -0.6667
   -0.6667    0.3333    0.6667
   -0.6667   -0.6667   -0.3333
```

■

연습 문제

4.1 행렬 $A = \begin{bmatrix} -5 & 2 & -1 \\ 1 & 0 & 3 \\ 3 & 1 & 6 \end{bmatrix}$에 대한 LU 분해를 수행하라.

4.2 LU 분해를 이용하여 다음 선형 시스템의 해를 구하라:

$$\begin{bmatrix} 1 & 2 & 4 & 1 \\ 2 & 8 & 6 & 4 \\ 3 & 10 & 8 & 8 \\ 4 & 12 & 10 & 6 \end{bmatrix} \begin{bmatrix} x_1 \\ x_2 \\ x_3 \\ x_4 \end{bmatrix} = \begin{bmatrix} 21 \\ 52 \\ 79 \\ 82 \end{bmatrix}$$

4.3 행렬 A에 대한 LU 분해는 다음과 같다:

$$A = \begin{bmatrix} 4 & 8 & 4 & 0 \\ 1 & 5 & 4 & -3 \\ 1 & 4 & 7 & 2 \\ 1 & 3 & 0 & -2 \end{bmatrix} = LU = \begin{bmatrix} 1 & 0 & 0 & 0 \\ 1/4 & 1 & 0 & 0 \\ 1/4 & 2/3 & 1 & 0 \\ 1/4 & 1/3 & -1/2 & 1 \end{bmatrix} \begin{bmatrix} 4 & 8 & 4 & 0 \\ 0 & 3 & 3 & -3 \\ 0 & 0 & 4 & 4 \\ 0 & 0 & 0 & 1 \end{bmatrix}$$

벡터 b가 $b = [8 \; -4 \;\; 10 \; -4]^T$와 같이 주어졌을 때 $Ly = b$, $Ux = y$의 관계를 이용하여 선형 시스템 $Ax = b$의 해를 구하라.

4.4 벡터 $z = \begin{bmatrix} 3 \\ 4 \\ 4 \\ 2 \end{bmatrix}$의 마지막 두 원소들만을 0으로 만들기 위한 Householder 행렬을 구하라.

4.5 $A = \begin{bmatrix} 1 & -1 \\ -2 & 2 \\ 2 & -2 \end{bmatrix}$의 SVD를 구하라.

4.6 행렬 $A = \begin{bmatrix} 1 & 0 & 1 \\ 0 & 1 & 0 \\ 0 & 1 & 1 \\ 0 & 1 & 0 \\ 1 & 1 & 0 \end{bmatrix}$에 대한 특이값 분해 $A = U\Sigma V^T$를 수행하라.

* MATLAB 활용 문제

M4.1 다음 함수 houstrans는 $n \times n$ 대칭행렬 A를 삼각대각 형태로 변환시켜준다:

```
function T = houstrans(A)
% A: n×n 대칭행렬, T: 삼각대각(tridiagonal) 행렬
[n n] = size(A);
for k = 1:n-2
    s = norm(A(k+1:n,k));
    if (A(k+1,k) < 0), s = -s; end
    r = sqrt(2*s*(A(k+1,k) + s));
    u(1:k) = zeros(1,k); v(1:k) = zeros(1,k); q(1:k) = zeros(1,k);
```

```
    u(k+1) = (A(k+1,k) + s)/r; u(k+2:n) = A(k+2:n,k)'/r;
    v(k+1:n) = A(k+1:n,k+1:n)*u(k+1:n)';
    c = u(k+1:n)*v(k+1:n)'; q(k+1:n) = v(k+1:n) - c*u(k+1:n);
    A(k+2:n,k) = zeros(n-k-1,1); A(k,k+2:n) = zeros(1,n-k-1);
    A(k+1,k) = -s; A(k,k+1) = -s;
    A(k+1:n,k+1:n) = A(k+1:n,k+1:n) - 2*u(k+1:n)'*q(k+1:n)
    - 2*q(k+1:n)'*u(k+1:n);
end
T = A;
end
```

함수 houstrans를 이용하여 다음과 같은 대칭행렬 A를 삼각대각 형태로 변환시켜 보라:

$$A = \begin{bmatrix} 4 & 2 & 2 & 1 \\ 2 & -3 & 1 & 1 \\ 2 & 1 & 3 & 1 \\ 1 & 1 & 1 & 2 \end{bmatrix}$$

화공 수치해석 MATLAB의 활용과 실습

유한차분과 안짐작

공정의 운전이나 실험에서 얻은 데이터는 흔히 데이터에 나타나 있지 않은 점에서의 값을 추정하거나 측정된 데이터 범위 밖의 값을 예측하는 데에 이용된다. 주어진 데이터 범위 내에서 미지의 값을 추정하는 과정은 안짐작(interpolation, 혹은 내삽)이라고 불리며 측정 데이터 범위 외부의 값을 예측하는 과정은 바깥짐작(extrapolation, 혹은 외삽)이라고 칭한다.

안짐작에서는 보통 데이터 점들을 잘 나타내어 주는 다항식을 구한 다음 그 다항식을 이용하여 측정된 데이터 점들 사이의 미지의 데이터 값을 추정한다. 데이터 사이의 간격은 다양한 형식의 유한차분으로 나타낼 수 있다.

5.1 유한차분

5.1.1 기호 연산자

미분은 다음과 같이 정의할 수 있다:

$$\left.\frac{df(x)}{dx}\right|_{x_0} = f'(x_0) = \lim_{x \to x_0} \frac{f(x) - f(x_0)}{x - x_0}$$

유한차분 미적분에서 $x - x_0$는 0에 근접하지 않고 유한한 양으로 존재한다. $h = x - x_0$으로 두면 미분은 근사적으로

$$f'(x_0) \cong \frac{f(x_0 + h) - f(x)}{h}$$

와 같이 나타낼 수 있다.

구간 $[x_0, x]$에서 연속이며 미분가능한 함수 $f(x)$는 Taylor 수열로 나타낼 수 있다:

$$f(x) = f(x_0) + f'(x_0)(x - x_0) + \frac{f''(x_0)}{2!}(x - x_0)^2 + \cdots + \frac{f^{(n)}(x_0)}{n!}(x - x_0)^n + R_n(x)$$

위에서 $R_n(x)$는 잔류항으로서 절단 오차를 나타낸다. 중간치 정리에 의해

$$R_n(x) = \frac{(x - x_0)^{n+1} f^{(n+1)}(\xi)}{(n+1)!}$$

인 점 ξ가 존재한다.

표 5.1 연산자의 정의($h = x - x_0$)

연산자 기호	연산자 이름	의미와 특성
D	미분 연산자, $\dfrac{d}{dx}$	$\dfrac{dy(x)}{dx} = Dy(x)$
I	적분 연산자, $\int_x^{x+h} dx$	$\int_x^{x+h} y(x)dx = Iy(x),\ I = D^{-1}$
E	Shift 연산자	$Ey(x) = y(x+h),\ E^{-1}y(x) = y(x-h)$ $E^n y(x) = y(x+nh)$
Δ	Forward 차분연산자	$\Delta y(x) = y(x+h) - y(x)$ $\Delta y_i = y_{i+1} - y_i$
∇	Backward 차분연산자	$\nabla y(x) = y(x) - y(x-h)$ $\nabla y_i = y_i - y_{i-1}$

x에서 $y(x+h)$의 Taylor 전개는

$$\begin{aligned} y(x+h) &= y(x) + hy'(x) + \frac{h^2}{2!}y''(x) + \frac{h^3}{3!}y'''(x) + \cdots \\ &= y(x) + hDy(x) + \frac{h^2}{2!}D^2y(x) + \frac{h^3}{3!}D^3y(x) + \cdots \\ &= \left\{1 + hD + \frac{h^2}{2!}D^2 + \frac{h^3}{3!}D^3 + \cdots\right\}y(x) \end{aligned}$$

그런데 $f(x) = e^x$에 대한 0에서의 Taylor 전개는 $e^x = 1 + x + \dfrac{x^2}{2!} + \dfrac{x^3}{3!} + \cdots$ 이므로

$$1 + hD + \frac{h^2}{2!}D^2 + \frac{h^3}{3!}D^3 + \cdots = e^{hD}$$

와 같이 쓸 수 있다. 따라서 $y(x+h) = e^{hD}y(x)$이다. 이 관계를 shift 연산자 $Ey(x) = y(x+h)$와 비교하면 $E = e^{hD}$를 얻는다.

마찬가지로 x에서 $y(x-h)$의 Taylor 전개는

$$\begin{aligned} y(x-h) &= y(x) - hy'(x) + \frac{h^2}{2!}y''(x) - \frac{h^3}{3!}y'''(x) + \cdots \\ &= \left\{1 - hD + \frac{h^2}{2!}D^2 - \frac{h^3}{3!}D^3 + \cdots\right\}y(x) \end{aligned}$$

여기에서 $e^{-x} = 1 - x + \dfrac{x^2}{2!} - \dfrac{x^3}{3!} + \cdots$ 를 이용하면

$$1 - hD + \frac{h^2}{2!}D^2 - \frac{h^3}{3!}D^3 + \cdots = e^{-hD}$$

와 같이 쓸 수 있다. 따라서 $y(x-h) = e^{-hD}y(x)$이다. 이 관계를 shift 연산자 $E^{-1}y(x) = y(x-h)$와 비교하면 $E^{-1} = e^{-hD}$로 쓸 수 있다.

5.1.2 Backward 유한차분

Backward 차분연산자에 따르면 $\nabla y(x) = y(x) - y(x-h)$ 혹은 $\nabla y_i = y_i - y_{i-1}$이므로

$$\nabla^2 y_i = \nabla(\nabla y_i) = \nabla(y_i - y_{i-1}) = (y_i - y_{i-1}) - (y_{i-1} - y_{i-2}) = y_i - 2y_{i-1} + y_{i-2}$$

혹은

$$\nabla^2 y(x) = y(x) - 2y(x-h) + y(x-2h)$$

마찬가지로

$$\begin{aligned}\nabla^3 y_i &= \nabla(\nabla^2 y_i) = \nabla(y_i - 2y_{i-1} + y_{i-2}) = (y_i - y_{i-1}) - 2(y_{i-1} - y_{i-2}) + (y_{i-2} - y_{i-3}) \\ &= y_i - 3y_{i-1} + 3y_{i-2} - y_{i-3} \\ \nabla^4 y_i &= \nabla(\nabla^3 y_i) = y_i - 4y_{i-1} + 6y_{i-2} - 4y_{i-3} + y_{i-4} \\ \nabla^5 y_i &= \nabla(\nabla^4 y_i) = y_i - 5y_{i-1} + 10y_{i-2} - 10y_{i-3} + 5y_{i-4} - y_{i-5}\end{aligned}$$

위에서 계수들은 이항전개 $(a-b)^n$의 계수에 해당된다(계수들의 합은 0이다). 따라서

$$\nabla^n y_i = \sum_{m=0}^{n} (-1)^m \frac{n!}{(n-m)!m!} y_{i-m}$$

한편 $\nabla y(x) = y(x) - y(x-h) = y(x) - e^{-hD}y(x) = (1-e^{-hD})y(x)$로부터

$$\nabla = 1 - e^{-hD} = 1 - \left(1 - hD + \frac{h^2}{2!}D^2 - \frac{h^3}{3!}D^3 + \cdots\right) = hD - \frac{h^2}{2!}D^2 + \frac{h^3}{3!}D^3 - \cdots$$

따라서

$$\begin{aligned}\nabla^2 &= (1-e^{-hD})^2 = 1 - 2e^{-hD} + e^{-2hD} = h^2D^2 - h^3D^3 + \frac{7}{12}h^4D^4 - \cdots \\ \nabla^3 &= (1-e^{-hD})^3 = 1 - 3e^{-hD} + 3e^{-2hD} - e^{-3hD} = h^3D^3 - \frac{3}{2}h^4D^4 + \frac{5}{4}h^5D^5 - \cdots \\ &\vdots \\ \nabla^n &= (1-e^{-hD})^n\end{aligned}$$

미분 연산자 D를 backward 차분연산자 ∇로 나타낼 수 있다. $\nabla = 1 - e^{-hD}$로부터 $e^{-hD} = 1 - \nabla$이다. 따라서

$$-hD = \ln(1-\nabla) = -\nabla - \frac{\nabla^2}{2} - \frac{\nabla^3}{3} - \frac{\nabla^4}{4} - \cdots$$

이로부터

$$hD = \nabla + \frac{\nabla^2}{2} + \frac{\nabla^3}{3} + \frac{\nabla^4}{4} + \cdots$$

임을 알 수 있다. 이를 이용하면

$$h^2D^2 = \nabla^2 + \nabla^3 + \frac{11}{12}\nabla^4 + \cdots$$
$$h^3D^3 = \nabla^3 + \frac{3}{2}\nabla^4 + \frac{7}{4}\nabla^5 + \cdots$$
$$\vdots$$
$$h^nD^n = \left(\nabla + \frac{\nabla^2}{2} + \frac{\nabla^3}{3} + \frac{\nabla^4}{4} + \cdots\right)^n$$

5.1.3 Forward 유한차분

Forward 차분연산자에 따르면 $\Delta y(x) = y(x+h) - y(x)$ 혹은 $\Delta y_i = y_{i+1} - y_i$이므로

$$\Delta^2 y_i = \Delta(\Delta y_i) = \Delta(y_{i+1} - y_i) = (y_{i+2} - y_{i+1}) - (y_{i+1} - y_i) = y_{i+2} - 2y_{i+1} + y_i$$

혹은

$$\Delta^2 y(x) = y(x+2h) - 2y(x+h) + y(x)$$

마찬가지로

$$\Delta^3 y_i = \Delta(\Delta^2 y_i) = \Delta(y_{i+2} - 2y_{i+1} + y_i) = (y_{i+3} - y_{i+2}) - 2(y_{i+2} - y_{i+1}) + (y_{i+1} - y_i)$$
$$= y_{i+3} - 3y_{i+2} + 3y_{i+1} - y_i$$
$$\Delta^4 y_i = \Delta(\Delta^3 y_i) = y_{i+4} - 4y_{i+3} + 6y_{i+2} - 4y_{i+1} + y_i$$
$$\Delta^5 y_i = \Delta(\Delta^4 y_i) = y_{i+5} - 5y_{i+4} + 10y_{i+3} - 10y_{i+2} + 5y_{i+1} - y_i$$

위에서 계수들은 이항전개 $(a-b)^n$의 계수에 해당된다(계수들의 합은 0이다). 따라서

$$\Delta^n y_i = \sum_{m=0}^{n} (-1)^m \frac{n!}{(n-m)!m!} y_{i+n-m}$$

한편 $\Delta y(x) = y(x+h) - y(x) = e^{hD}y(x) - y(x) = (e^{hD} - 1)y(x)$로부터

$$\Delta = e^{hD} - 1 = \left(1 + hD + \frac{h^2}{2!}D^2 + \frac{h^3}{3!}D^3 + \cdots\right) - 1 = hD + \frac{h^2}{2!}D^2 + \frac{h^3}{3!}D^3 + \cdots$$

따라서

$$\Delta^2 = (e^{hD} - 1)^2 = e^{2hD} - 2e^{hD} + 1 = h^2D^2 + h^3D^3 + \frac{7}{12}h^4D^4 + \cdots$$
$$\Delta^3 = (e^{hD} - 1)^3 = e^{3hD} - 3e^{2hD} + 3e^{hD} - 1 = h^3D^3 + \frac{3}{2}h^4D^4 + \frac{5}{4}h^5D^5 + \cdots$$
$$\vdots$$
$$\Delta^n = (e^{hD} - 1)^n$$

미분 연산자 D는 forward 차분연산자 Δ로 나타낼 수 있다. $e^{hD} = 1 + \Delta$로부터

$$\ln e^{hD} = hD = \ln(1+\Delta) = \Delta - \frac{\Delta^2}{2} + \frac{\Delta^3}{3} - \frac{\Delta^4}{4} + \cdots$$

이를 이용하면

$$h^2D^2 = \Delta^2 - \Delta^3 + \frac{11}{12}\Delta^4 - \cdots$$

$$h^3D^3 = \Delta^3 - \frac{3}{2}\Delta^4 + \frac{7}{4}\Delta^5 - \cdots$$

$$\vdots$$

$$h^nD^n = \left(\Delta - \frac{\Delta^2}{2} + \frac{\Delta^3}{3} - \frac{\Delta^4}{4} + \cdots\right)^n$$

5.1.4 Central 유한차분

Central 유한차분은 점 x를 중심으로 좌우로 $h/2$만큼 떨어진 위치에서의 함수값을 이용하는 차분 방법이다. 첫 번째 central 차분은 $\delta y_i = y_{i+1/2} - y_{i-1/2}$ 혹은

$$\delta y(x) = y\left(x + \frac{h}{2}\right) - y\left(x - \frac{h}{2}\right)$$

이며 두 번째 central 차분은

$$\delta^2 y_i = \delta(\delta y_i) = \delta(y_{i+1/2} - y_{i-1/2}) = (y_{i+1} - y_i) - (y_i - y_{i-1}) = y_{i+1} - 2y_i + y_{i-1}$$

이다. 마찬가지로 하여

$$\begin{aligned}\delta^3 y_i &= \delta(\delta^2 y_i) = \delta(y_{i+1} - 2y_i + y_{i-1}) \\ &= (y_{i+3/2} - y_{i+1/2}) - 2(y_{i+1/2} - y_{i-1/2}) + (y_{i-1/2} - y_{i-3/2}) \\ &= y_{i+3/2} - 3y_{i+1/2} + 3y_{i-1/2} - y_{i-3/2} \\ \delta^4 y_i &= \delta(\delta^3 y_i) = y_{i+2} - 4y_{i+1} + 6y_i - 4y_{i-1} + y_{i-2}\end{aligned}$$

Central 유한차분의 계수들 역시 이항전개 $(a - b)^n$의 계수에 해당된다(계수들의 합은 0이다). 따라서 n차 central 유한차분은

$$\delta^n y_i = \sum_{m=0}^{n} (-1)^m \frac{n!}{(n-m)!m!} y_{i-m+n/2}$$

과 같이 정의된다. Central 유한차분에서 홀수 차수의 차분은 구간들의 중간 위치에서의 함수값을 필요로 하는 반면에 짝수 차수의 차분은 구간 점에서의 함수값을 필요로 한다. 따라서 홀수 차수와 짝수 차수의 차분을 모두 이용한다면 backward나 forward 차분에서 이용된 점들보다 두 배 더 많은 점들에서의 함수값 계산이 필요하다.

이제 평균 연산자 $\mu = \frac{1}{2}(E^{1/2} + E^{-1/2})$를 도입하면 1차 평균 central 차분은

$$\begin{aligned}\mu\delta y_i - \frac{1}{2}(E^{1/2}\delta y_i + E^{-1/2}\delta y_i) &= \frac{1}{2}(\delta y_{i+1/2} + \delta y_{i-1/2}) \\ = \frac{1}{2}\{(y_{i+1} - y_i) + (y_i - y_{i-1})\} &= \frac{1}{2}(y_{i+1} - y_{i-1})\end{aligned}$$

3차 평균 central 차분은

$$\mu\delta^3 y_i = \frac{1}{2}(E^{1/2}\delta^3 y_i + E^{-1/2}\delta^3 y_i) = \frac{1}{2}(\delta^3 y_{i+1/2} + \delta^3 y_{i-1/2})$$
$$= \frac{1}{2}\{(y_{i+2} - 3y_{i+1} + 3y_i - y_{i-1}) + (y_{i+1} - 3y_i + 3y_{i-1} - y_{i-2})\}$$
$$= \frac{1}{2}(y_{i+2} - 2y_{i+1} + 2y_{i-1} - y_{i-2})$$

한편 1차 평균 central 차분으로부터

$$\mu\delta y(x) = \frac{1}{2}\{y(x+h) - y(x-h)\} = \frac{1}{2}\{Ey(x) - E^{-1}y(x)\} = \frac{1}{2}\{e^{hD}y(x) - e^{-hD}y(x)\}$$
$$= \frac{1}{2}(e^{hD} - e^{-hD})y(x)$$

따라서

$$\mu\delta = \frac{1}{2}(e^{hD} - e^{-hD}) = \sinh(hD) = hD + \frac{h^3D^3}{6} + \frac{h^5D^5}{120} + \frac{h^7D^7}{5040} + \cdots$$

아울러

$$\delta^2 y(x) = y(x+h) - 2y(x) + y(x-h) = e^{hD}y(x) - 2y(x) + e^{-hD}y(x)$$
$$= (e^{hD} - 2 + e^{-hD})y(x) = (E + E^{-1} - 2)y(x)$$

따라서

$$\delta^2 = E + E^{-1} - 2 = h^2D^2 + \frac{h^4D^4}{12} + \frac{h^6D^6}{360} + \cdots$$

마찬가지로 하여

$$\mu\delta^3 = h^3D^3 + \frac{h^5D^5}{4} + \frac{h^7D^7}{40} + \cdots$$
$$\delta^4 = h^4D^4 + \frac{h^6D^6}{6} + \frac{h^8D^8}{80} + \cdots$$

를 얻는다. 표 5.2는 일부 central 차분들을 보인 것이다.

한편 $\mu = \frac{1}{2}(E^{1/2} + E^{-1/2})$로부터 $\mu^2 = \frac{1}{4}(E + E^{-1} + 2)$를 얻는다. 앞에서 $\delta^2 = E + E^{-1} - 2$이므로 $\delta^2 + 2 = E + E^{-1}$이다. 따라서

$$\mu^2 = \frac{1}{4}(E + E^{-1} + 2) = \frac{1}{4}(\delta^2 + 2 + 2) = 1 + \frac{\delta^2}{4}$$

또한 $\mu\delta = \sinh(hD)$로부터

$$hD = \sinh^{-1}(\mu\delta) = \mu\delta - \frac{(\mu\delta)^3}{6} + \frac{3(\mu\delta)^5}{40} - \cdots = \mu\left(\delta - \frac{\mu^2}{6}\delta^3 + \frac{3\mu^4}{40}\delta^5 - \cdots\right)$$

표 5.2 Central 차분의 보기

x	y	$\mu\delta y$	$\delta^2 y$
$x-3h$	y_{i-3}		
$x-2h$	y_{i-2}	$\frac{1}{2}(y_{i-1}-y_{i-3})$	$y_{i-1}-2y_{i-2}+y_{i-3}$
$x-h$	y_{i-1}	$\frac{1}{2}(y_i-y_{i-2})$	$y_i-2y_{i-1}+y_{i-2}$
x	y_i	$\frac{1}{2}(y_{i+1}-y_{i-1})$	$y_{i+1}-2y_i+y_{i-1}$
$x+h$	y_{i+1}	$\frac{1}{2}(y_{i+2}-y_i)$	$y_{i+2}-2y_{i+1}+y_i$
$x+2h$	y_{i+2}	$\frac{1}{2}(y_{i+3}-y_{i+1})$	$y_{i+3}-2y_{i+2}+y_{i+1}$
$x+3h$	y_{i+3}		

$\mu^2 = 1 + \frac{\delta^2}{4}$인 관계를 이용하면

$$hD=\mu\left\{\delta-\frac{\delta^3}{6}\left(\frac{\delta^2}{4}+1\right)+\frac{3\delta^5}{40}\left(\frac{\delta^4}{16}+\frac{\delta^2}{2}+1\right)-\ \cdots\ \right\}=\mu\left(\delta-\frac{1}{6}\delta^3+\frac{1}{30}\delta^5-\ \cdots\right)$$

고차의 경우

$$h^2D^2=\delta^2-\frac{\delta^4}{12}+\frac{\delta^6}{90}-\cdots$$
$$h^3D^3=\mu\left(\delta^3-\frac{\delta^5}{4}+\frac{7}{120}\delta^7-\cdots\right)$$
$$h^4D^4=\delta^4-\frac{\delta^6}{6}+\frac{7\delta^8}{240}-\cdots$$
$$\vdots$$

이들을 요약하면 표 5.3과 같다.

표 5.3 Central 유한차분

Central 차분 연산자	미분연산자
$\mu\delta=hD+\frac{h^3D^3}{6}+\frac{h^5D^5}{120}+\frac{h^7D^7}{5040}+\cdots$	$hD=\mu\left(\delta-\frac{\mu^2}{6}\delta^3+\frac{3\mu^4}{40}\delta^5-\cdots\right)$
$\delta^2=h^2D^2+\frac{h^4D^4}{12}+\frac{h^6D^6}{360}+\cdots$	$h^2D^2=\delta^2-\frac{\delta^4}{12}+\frac{\delta^6}{90}-\cdots$
$\mu\delta^3=h^3D^3+\frac{h^5D^5}{4}+\frac{h^7D^7}{40}+\cdots$	$h^3D^3=\mu\left(\delta^3-\frac{\delta^5}{4}+\frac{7}{120}\delta^7-\cdots\right)$
$\delta^4=h^4D^4+\frac{h^6D^6}{6}+\frac{h^8D^8}{80}+\cdots$	$h^4D^4=\delta^4-\frac{\delta^6}{6}+\frac{7\delta^8}{240}-\cdots$

5.2 다항식 안짐작

데이터를 잘 나타내어 주는 다항식을 규명하는 다항식 접합(fitting)은 가장 기본적인 안짐작 형태이다. $n + 1$개의 데이터 점들이 주어진 경우 이 점들을 모두 지나는 오로지 하나의 n차 다항식이 존재한다. 아울러 임의의 연속함수에 근접하는 다항식이 언제나 존재하며, 따라서 주어진 연속함수를 근사하는 다항식을 쉽게 찾을 수 있다.

Weierstrass 근사정리

함수 f가 구간 $[a, b]$에서 연속이라고 하자. $\epsilon > 0$에 대하여 모든 $x \in [a, b]$에서 $|f(x) - P(x)| < \epsilon$인 다항식 $P(x)$가 존재한다.

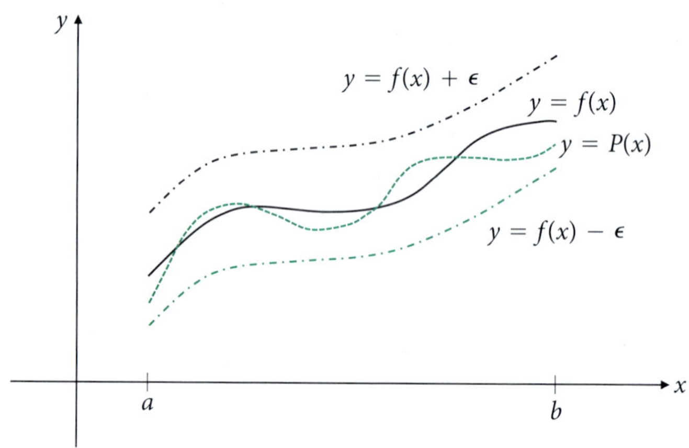

그림 5.1 Weierstrass 근사정리.

5.2.1 선형 안짐작

선형 안짐작은 주어진 데이터에 대한 가장 간단한 안짐작 형태로서 인접한 두 점들 사이의 관계를 직선으로 나타낸다. 데이터 점들의 총 수를 n이라 하고 서로 인접한 두 점을 (x_k, y_k) 및 (x_{k+1}, y_{k+1})라고 하면 이 점들을 지나는 직선의 식은

$$\frac{y - y_k}{x - x_k} = \frac{y_{k+1} - y_k}{x_{k+1} - x_k} \quad (1 \le k \le n)$$

로 주어진다($x \in [x_k, x_{k+1}]$, $y \in [y_k, y_{k+1}]$). 위의 식을 y에 대하여 정리하면

$$y = y_k + \left(\frac{x - x_k}{x_{k+1} - x_k}\right)(y_{k+1} - y_k) \quad (1 \le k \le n)$$

와 같다.

보기 5.1 **선형 안짐작**

데이터 집합이 다음과 같이 주어졌다고 할 때 6번째와 7번째 데이터 점들 사이를 나타내는 직선의 식을 구하라:

k	1	2	3	4	5	6	7	8	9
x_k	0	1	2	3	4	5	6	7	8
y_k	6	0	2	−1	3	4	−2	5	4

풀이

$k = 6$인 경우이므로

$$y = y_6 + \left(\frac{x - x_6}{x_7 - x_6}\right)(y_7 - y_6) = 4 + \left(\frac{x - 5}{6 - 5}\right)(-2 - 4) = 34 - 6x$$

■

5.2.2 다항식 안짐작

안짐작은 주어진 데이터들 사이의 값을 추정하는 데에 이용할 수 있으며 함수로서 다항식을 이용한 안짐작이 가장 일반적이다. 함수의 근사로서 Taylor 다항식이 이용되기도 하는데 Taylor 전개로부터 얻어지는 다항식은 지정된 어느 한 점에서만 주어진 함수를 근사한다. 안짐작 다항식은 전체 구간에 걸쳐서 주어진 함수나 데이터를 잘 근사해야 한다.

n개의 데이터 점 (x_i, f_i) $(i = 1, 2, \cdots, n)$가 주어져 있으며 x_i는 독립변수이고 $f_i = f(x_i)$는 종속변수라고 하자. 다항식 안짐작에서는 주어진 데이터를 가장 잘 나타내는 다항식 $P_n(x)$를 규명한다:

$$P_n(x) = a_0 + a_1 x + \cdots + a_n x^n$$

즉 x_i $(i = 1, 2, \cdots, n)$에 대하여

$$P_n(x_i) = f(x_i) = f_i \quad (i = 1, 2, \cdots, n)$$

을 만족하는 $P_n(x)$를 구한다. 다음에 이로부터 얻어진 $P_n(x)$를 이용하여, 주어진 데이터 점들 사이의 값을 추정할 수 있다.

보기 5.2 **2차 다항식의 규명**

다음은 세 온도에서의 포화증기의 엔트로피들이다. 이 점들을 지나는 2차식을 구하라(즉 엔트로피를 온도의 2차함수로 나타내어라). 이를 이용하여 $T = 373.15$ K에서의 엔트로피 값을 추정하라.

온도(K)	엔트로피(kJ/kg/K)
313.15	8.2583
363.15	7.4799
413.15	6.9284

풀이

$$f(x) = a_2x^2 + a_1x + a_0$$

i	x_i	$f(x_i) = f_i = a_2x_i^2 + a_1x_i + a_0$
1	313.15	$8.2583 = a_2(313.15)^2 + a_1(313.15) + a_0$
2	363.15	$7.4799 = a_2(363.15)^2 + a_1(363.15) + a_0$
3	413.15	$6.9284 = a_2(413.15)^2 + a_1(413.15) + a_0$

이를 다시 쓰면

$$\begin{bmatrix} 313.15^2 & 313.15 & 1 \\ 363.15^2 & 363.15 & 1 \\ 413.15^2 & 413.15 & 1 \end{bmatrix} \begin{bmatrix} a_2 \\ a_1 \\ a_0 \end{bmatrix} = \begin{bmatrix} 8.2583 \\ 7.4799 \\ 6.9284 \end{bmatrix} \Rightarrow Ax = b \Rightarrow x = A^{-1}b$$

역행렬 계산을 수행하면 다음 해를 얻는다:

$$x = \begin{bmatrix} a_2 \\ a_1 \\ a_0 \end{bmatrix} = \begin{bmatrix} 0.000045 \\ -0.046 \\ 18.29 \end{bmatrix}$$

따라서 2차식은 $S(T) = 0.000045T^2 - 0.046T + 18.29$이다. $T = 373.15$ K에서의 엔트로피를 구해 보면 $S(T = 373.15) = 7.3909$를 얻는다.

■

MATLAB 활용

주어진 어떤 독립변수 값에서의 다항식 값의 계산은 내장함수 polyval을 이용한다.

MATLAB 실습 2차 다항식의 규명

앞의 보기에 주어진 세 온도에 따른 포화증기의 엔트로피들을 온도의 2차함수로 나타내어라. 이를 이용하여 $T = 373.15$ K에서의 엔트로피 값을 추정해 보라.

풀이

```
>> format long, T = [313.15 363.15 413.15]'; A = [T.^2 T ones(3,1)];
>> b = [8.2583 7.4799 6.9284]'; x = A\b
x =
   0.000045380000000
  -0.046258494000000
  18.294051973049942
```

즉 $a_2 = 0.00004538$, $a_1 = -0.0462585$, $a_0 = 18.294052$. 따라서

$$S(T) = 0.00004538\,T^2 - 0.0462585\,T + 18.294052$$

T = 373.15 K에서의 엔트로피를 구해 보면

```
>> s = polyval(x,373.15)
s =
   7.351448
```

Steam table로부터 T = 373.15 K에서의 포화증기의 엔트로피는 7.3554 kJ/kg/K로서 위에서 얻은 값과 큰 차이가 없음을 알 수 있다.

■

» Aitken의 방법

데이터가 주어진 경우 다항식을 낮은 차수부터 순차적으로 접합시켜 간다. 다항식의 차수가 증가함에 따라 더 많은 데이터 점들이 사용되며 안짐작의 정확도는 증가한다. 데이터 수는 4개 이상이어야 한다.

MATLAB 활용

Aitken의 방법은 함수 Aitken에 의해 수행된다. 이 함수는 다음과 같이 사용한다.

```
[q r] = Aitken(x, y, xv)
```

x, y는 데이터 집합이며, xv는 안짐작이 요구되는 x 값이고, q는 xv에서의 y의 안짐작 결과이며, r은 중간 결과들이다.

```
function [q r] = Aitken(x,y,xv)
% Aitken의 방법을 이용한 안짐작 계산
% x,y: 데이터, xv: 안짐작이 요구되는 x 값
% q: xv에서의 y의 안짐작 결과, r: 중간결과들

n = length(x); p = zeros(n); p(1,:) = y;
for j = 1:n-1
    for i = j+1:n, p(j+1,i) = (p(j,i)*(xv-x(j))-p(j,j)*(xv-x(i)))/(x(i)-x(j));
end
end
q = p(n,n); r = [x.' p.'];
end
```

MATLAB 실습 Aitken 방법의 이용

다음은 온도에 따른 포화증기의 엔트로피들이다. Aitken의 방법을 이용하여 350.15 K에서 엔트로피 값을 구하라.

표 5.4 포화증기의 엔트로피

온도(K)	283.15	303.15	323.15	363.15	393.15	413.15
엔탈피(kJ/kg)	2519.9	2556.4	2592.2	2660.1	2706.0	2733.1

풀이

함수 Aitken을 이용하면 간단하게 해를 구할 수 있다.

```
>> format long
>> T = [283.15 303.15 323.15 363.15 393.15 413.15];
>> H = [2519.9 2556.4 2592.2 2660.1 2706.0 2733.1];
>> Tx = 350.15; [Hx r] = Aitken(T,H,Tx);
>> Hx
Hx =
     2.638716682318182e+03
```

즉 엔탈피는 2638.71 kJ/kg이다. 수증기표로부터 T = 350.15 K에서 2638.7 kJ/kg임을 알 수 있는데 이는 위의 결과와 거의 일치한다.

■

5.2.3 간격이 균일한 점들의 안짐작

» Gregory–Netwon 안짐작

균일한 간격 h로 분포된 x에서의 함수값들을 알고 있다고 하자. Forward 유한차분 관계를 이용하면

$$f(x+h) = e^{hD} f(x), \quad f(x+nh) = e^{nhD} f(x) = (e^{hD})^n f(x)$$

그런데 $e^{hD} = 1 + \Delta$이므로

$$f(x+nh) = (1+\Delta)^n f(x) = \left\{1 + n\Delta + \frac{n(n-1)}{2!}\Delta^2 + \frac{n(n-1)(n-2)}{3!}\Delta^3 + \cdots\right\} f(x)$$
$$= f(x) + n\Delta f(x) + \frac{n(n-1)}{2!}\Delta^2 f(x) + \frac{n(n-1)(n-2)}{3!}\Delta^3 f(x) + \cdots$$

이는 n차의 다항식이다. 이제

$$x_i = x_0 + ih \quad (\text{즉 } x_1 = x_0 + h,\ x_2 = x_0 + 2h,\ \cdots)$$

로 정의하고 x_0으로부터 떨어진 어떤 점 x가 $x = x_0 + nh$로 주어진다고 가정하자. 앞의 식에서 $x \to x_0$로 두면 $n = \dfrac{x - x_0}{h}$이므로

$$f(x) = f(x_0) + n\Delta f(x_0) + \frac{n(n-1)}{2!}\Delta^2 f(x_0) + \frac{n(n-1)(n-2)}{3!}\Delta^3 f(x_0) + \cdots$$

$$= f(x_0) + \frac{(x-x_0)}{h} \Delta f(x_0) + \frac{(x-x_0)(x-x_1)}{2!h^2} \Delta^2 f(x_0) + \frac{(x-x_0)(x-x_1)(x-x_2)}{3!h^3} \Delta^3 f(x_0) + \cdots$$

일반적으로

$$f(x) = f(x_0) + \sum_{k=1}^{n} \left(\prod_{m=0}^{k-1} (x - x_m) \right) \frac{\Delta^k f(x_0)}{k!h^k}$$

와 같다. 만일 backward 차분을 이용한다면

$$f(x) = f(x_0) + \sum_{k=1}^{n} \left(\prod_{m=0}^{k-1} (x - x_{-m}) \right) \frac{\nabla^k f(x_0)}{k!h^k}$$

을 얻는다.

MATLAB 활용

Gregory–Newton 안짐작은 함수 GregNew에 의해 수행된다:

```
function yi = GregNew(x,y,xi,n)
```

위에서 x와 y는 주어진 데이터(x:독립변수, y: 종속변수), n은 Gregory–Newton forward 안짐작 차수, xi는 함수값을 알고자 하는 종속변수 벡터이며, 출력값 yi는 벡터 xi에서의 함수의 함수값이다.

```
function yi = GregNew(x,y,xi,n)
% GregoryNewton 방법에 의한 선형(1차원) 안짐작 계산
% 벡터 xi에서의 함수 y의 함수값 yi를 계산
% 입력데이터:
%   x,y: 주어진 데이터(x:독립변수, y: 종속변수)
%   n: n차의 Gregory-Newton forward 안짐작
%   xi: 함수값을 알고자 하는 종속변수 벡터
% 출력값:
%   yi: 벡터 xi에서의 함수의 함수값

% 초기화
if nargin < 3, error('입력인수가 부족.'); end
% 데이터의 간격이 균일한지를 조사하고 구간(간격) h를 결정
if min(diff(x)) ~= max(diff(x)), error('독립변수 간격이 균일하지 않음.');
else, h = x(2) - x(1); end
% x와 y가 열벡터임을 확인
x = (x(:).')'; y = (y(:).')'; nx = length(x); ny = length(y);
if nx ~= ny, error('X, Y 벡터의 크기가 다름.'); end
if nargin == 3 | n < 1, n = 1; end % 안짐작 차수
```

```
n = floor(n);
if n >= nx
    fprintf('\n%2d-차 안짐작을 수행하기에는 데이터 수가 부족.',n)
    fprintf('\n여기에서는 %2d-차 안짐작을 수행.\n',nx-1); n = nx - 1;
end
deltax(1,1:length(xi)) = ones(1,length(xi));
% 필요한 수만큼 기준점들을 배치
for m = 1:length(xi)
    dx = xi(m) - x; [dxm , loc(m)] = min(abs(dx));
    if dx(loc(m)) < 0, loc(m) = loc(m) - 1; end
    if loc(m) < 1, loc(m) = 1; end
    if loc(m)+n > nx, loc(m) = nx - n; end
    deltax(2:n+1,m) = dx(loc(m):loc(m)+n-1); ytemp(1:n+1,m) = y(loc(m):loc(m)+n);
end
% 안짐작 계산을 수행
yi = y(loc)';
for k = 1:n, yi = yi + prod(deltax(1:k+1,:)) .* diff(ytemp(1:k+1,:),k) /
(gamma(k+1) * h^k); end
end
```

MATLAB 실습 Gregory–Newton 안짐작

다음은 시간에 따른 반응온도 데이터이다. 반응온도는 어느 시점에서 최대온도에 도달하며 그 시점에서의 온도는 몇 도인가? 안짐작 차수는 2차로 설정한다.

표 5.5 시간에 따른 반응온도

t(시간)	1	2	3	4	5	6	7	8	9	10	11	12
T(°C)	66	68	69	70	72	76	84	91	92	82	69	70

풀이

스크립트 rxntemp은 Gregory–Newton 안짐작 계산함수인 GregNew를 이용하여 최대온도와 그 시점을 계산한다.

```
% rxntemp.m: Gregory-Newton forward 안짐작을 이용한 최대 반응온도 계산
% 주어진 반응온도 데이터로부터 최대 반응온도와 이 온도에 도달하는 시간을 계산
rt = [1:12]; T = [66 68 69 70 72 76 84 91 92 82 69 70];
tvec = linspace(min(rt),max(rt)); % 안짐작을 위한 시간벡터
n = 2; % 안짐작 차수
tint = GregNew(rt,T,tvec,n); [maxtemp,k] = max(tint); maxt = tvec(k);
fprintf('\n시간 t = %5.2f에서 최대온도 %5.2fC에 도달함.\n', maxt, maxtemp);
plot(rt,T,'o',tvec,tint), grid, xlabel('t(hr)'), ylabel('온도(deg C)')
```

스크립트 rxntemp의 수행결과는 다음과 같다.

```
>> rxntemp
시간 t = 8.56에서 최대온도 92.91C에 도달함.
```

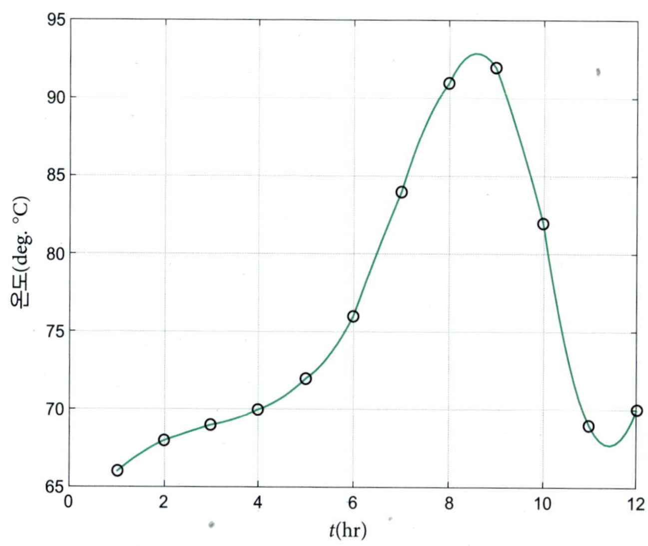

그림 5.2 균일간격 점들의 안짐작.

» Stirling의 안짐작

Stirling의 안짐작 방법은 central 차분을 이용한다. x에서의 함수 $f(x + nh)$의 Taylor 전개는

$$f(x+nh)=f(x)+\frac{nh}{1!}f'(x)+\frac{n^2h^2}{2!}f''(x)+\frac{n^3h^3}{3!}f'''(x)+\cdots$$

$f(x)$의 미분을 미분연산자로 대체하면

$$f(x+nh)=f(x)+\frac{nh}{1!}Df(x)+\frac{n^2h^2}{2!}D^2f(x)+\frac{n^3h^3}{3!}D^3f(x)+\cdots$$

위에서 홀수차수의 미분연산자들을 평균 central 차분으로, 짝수차수의 미분연산자들은 central 차분으로 대체하고 정리하면

$$f(x+nh)=f(x)+n\mu\delta f(x)+\frac{n^2}{2!}\delta^2 f(x)+\frac{n(n^2-1)}{3!}\mu\delta^3 f(x)+\cdots$$

$n = x - \dfrac{x - x_0}{h}$를 이용하여 위의 식에서 x를 x_0로 두고 $x + nh = x_0 + nh$를 x로 나타내면 다음과 같은 Stirling의 안짐작 공식을 얻는다.

$$f(x) = f(x_0) + \frac{(x-x_0)}{h}\mu\delta f(x_0) + \frac{(x-x_0)^2}{2!h^2}\delta^2 f(x_0)$$
$$+ \frac{(x-x_{-1})(x-x_0)(x-x_1)}{3!h^3}\mu\delta^3 f(x_0) + \frac{(x-x_{-1})(x-x_0)^2(x-x_1)}{4!h^4}\mu\delta^4 f(x_0) + \cdots$$

위에서 홀수 차분들을 포함하는 고차항의 일반식은

$$\left[\frac{1}{k!h^k}\prod_{m=-(k-1)/2}^{(k-1)/2}(x-x_m)\right]\mu\delta^k f(x_0) \quad (k=1,3,5,\cdots)$$

이며 짝수 차분들을 포함하는 고차항의 일반식은

$$\left[\frac{(x-x_0)}{k!h^k}\prod_{m=-(k-2)/2}^{(k-2)/2}(x-x_m)\right]\delta^k f(x_0) \quad (k=2,4,6,\cdots)$$

이다.

5.2.4 간격이 균일하지 않은 점들의 안짐작

» Lagrange 안짐작 다항식

• **1차 Lagrange 안짐작**

주어진 두 점 (x_1, f_1), (x_2, f_2) 사이의 선형 안짐작(즉 두 점을 잇는 직선)은 두 점들의 가중평균

$$p(x) = p_1(x)f_1 + p_2(x)f_2$$

으로 나타낼 수 있다. 여기에서 $p_1(x)$는 $x = x_1$이면 1, $x = x_2$이면 0이 되도록 하고, $p_2(x)$는 $x = x_1$이면 0, $x = x_2$이면 1이 되도록 한다. 즉

$$p_1(x) = \frac{x-x_2}{x_1-x_2}, \qquad p_2(x) = \frac{x-x_1}{x_2-x_1}$$

으로 설정하면 이러한 조건들이 충족된다. 따라서 두 점을 잇는 직선의 식은

$$p(x) = \left(\frac{x-x_2}{x_1-x_2}\right)f_1 + \left(\frac{x-x_1}{x_2-x_1}\right)f_2$$

보기 5.3 **1차 Lagrange 안짐작 다항식**

두 점 (3, 5)와 (6, 2)를 지나는 선형 Lagrange 안짐작 다항식을 구하라.

풀이

$$p_1(x) = \frac{x-x_2}{x_1-x_2} = \frac{x-6}{3-6} = -\frac{1}{3}(x-6), \quad p_2(x) = \frac{x-x_1}{x_2-x_1} = \frac{x-3}{6-3} = \frac{1}{3}(x-3)$$

따라서

$$p(x) = p_1(x)f_1 + p_2(x)f_2 = -\frac{1}{3}(x-6)(5) + \frac{1}{3}(x-3)(2) = -x+8$$

■

- **2차 Lagrange 안짐작**

3개의 데이터 점 (x_1, f_1), (x_2, f_2), (x_3, f_3)들이 주어진 경우 이들 사이의 2차식 안짐작(즉 3 점들을 잇는 2차곡선)은 3점들의 가중평균

$$p(x) = p_1(x)f_1 + p_2(x)f_2 + p_3(x)f_3$$

으로 나타낼 수 있다. 여기에서 $p_1(x)$는 $x = x_1$이면 1, $x = x_2$ 혹은 $x = x_3$이면 0이 되도록 하고, $p_2(x)$는 $x = x_1$ 혹은 $x = x_3$이면 0, $x = x_2$이면 1이 되도록 한다. 마찬가지로 $p_3(x)$는 $x = x_1$ 혹은 $x = x_2$이면 0이고 $x = x_3$이면 1이 되도록 한다. 즉

$$p_1(x) = \frac{(x-x_2)(x-x_3)}{(x_1-x_2)(x_1-x_3)}, \quad p_2(x) = \frac{(x-x_1)(x-x_3)}{(x_2-x_1)(x_2-x_3)}, \quad p_3(x) = \frac{(x-x_1)(x-x_2)}{(x_3-x_1)(x_3-x_2)}$$

으로 설정하면 이러한 조건들이 충족된다. 따라서 3점을 잇는 2차곡선의 식은

$$p(x) = \frac{(x-x_2)(x-x_3)}{(x_1-x_2)(x_1-x_3)}f_1 + \frac{(x-x_1)(x-x_3)}{(x_2-x_1)(x_2-x_3)}f_2 + \frac{(x-x_1)(x-x_2)}{(x_3-x_1)(x_3-x_2)}f_3$$

보기 5.4 2차 Lagrange 안짐작 다항식

$x_1 = 2$, $x_2 = 2.5$, $x_3 = 4$에서 $f(x) = \dfrac{1}{x}$를 근사하는 2차 Lagrange 안짐작 다항식을 구하고, 이 다항식을 이용하여 $f(3) = \dfrac{1}{3}$을 근사하라.

풀이

$$x_1 = 2,\ x_2 = 2.5,\ x_3 = 4,\ f_1 = \frac{1}{2},\ f_2 = \frac{1}{2.5},\ f_3 = \frac{1}{4}$$

$$\begin{aligned} p(x) &= \frac{(x-x_2)(x-x_3)}{(x_1-x_2)(x_1-x_3)}f_1 + \frac{(x-x_1)(x-x_3)}{(x_2-x_1)(x_2-x_3)}f_2 + \frac{(x-x_1)(x-x_2)}{(x_3-x_1)(x_3-x_2)}f_3 \\ &= \frac{(x-2.5)(x-4)}{(2-2.5)(2-4)} \cdot \frac{1}{2} + \frac{(x-2)(x-4)}{(2.5-2)(2.5-4)} \cdot \frac{1}{2.5} + \frac{(x-2)(x-2.5)}{(4-2)(4-2.5)} \cdot \frac{1}{4} \\ &= 0.05x^2 - 0.425x + 1.15 \end{aligned}$$

$$f(3) = \frac{1}{3} \approx p(3) = 0.325$$

■

- **$n-1$차 Lagrange 안짐작 다항식**

일반적인 $n-1$차 Lagrange 안짐작 다항식은

$$p(x) = \sum_{k=1}^{n} p_k(x) f_k, \quad p_k(x) = \prod_{i=1, i \neq k}^{n} \left(\frac{x - x_i}{x_k - x_i} \right)$$

와 같이 주어진다. 위의 안집작 다항식은 다음과 같은 나머지 항을 갖는다.

$$R_n(x) = \prod_{i=1}^{n} (x - x_i) \frac{p^{(n+1)}(\xi)}{(n+1)!} \quad (x_1 < \xi < x_n)$$

MATLAB 활용

주어진 n개 데이터 점들에 대한 $n-1$차 Lagrange 안집작 다항식은 함수 `lagrintp`에 의해 계산된다. 함수 `lagrintp`는 `yi = lagrintp(x,y,xi)`와 같이 이용한다. 여기에서 `x`는 독립변수 데이터, `y`는 종속변수 데이터, `xi`는 안집작 함수값을 계산할 독립변수 값, `yi`는 `xi`에서의 안집작 함수값이다.

```
function yi = lagrintp(x,y,xi)
% n개 데이터를 이용한 n-1차 Lagrange 안집작 다항식 계산
% input:
%   x: n개 독립변수 데이터, y: n개 종속변수 데이터, xi: 안집작을 계산할 독립변수 벡터
% output:
%   yi: xi에서 계산된 안집작 종속변수 벡터

n = length(x); sum = 0;
if length(y) ~= n, error('x와 y의 길이는 같아야 함.'); end
for i = 1:n
  pr = y(i);
  for j = 1:n
    if i ~= j, pr = pr.*(xi-x(j))./(x(i)-x(j)); end
  end
  sum = sum+pr;
end
yi = sum;
end
```

MATLAB 실습 Lagrange 안집작 다항식

다음에 주어진 4개 데이터 점들을 바탕으로 Lagrange 안집작을 이용하여 log(3)의 값을 추정해 보라. log(3)의 실제값은 0.4771이다. 데이터는 4개가 주어져 있으므로 3차 다항식이 얻어진다.

x_i	1	2	4	5
f_i	0.0	0.3010	0.6021	0.6990

풀이

함수 lagrintp를 이용한 풀이과정은 다음과 같다. 그래프는 주어진 데이터와 Lagrange 안짐작을 이용한 3차곡선을 비교한 것이다.

```
>> x = [1 2 4 5]; y = [0 0.3010 0.6021 0.6990]; xi = 3; yi = lagrintp(x,y,xi)
yi =
    0.4856
>> xi = 1:0.1:5; yp = lagrintp(x,y,xi); plot(xi,yp,x,y, 'o'), xlabel('x'),
ylabel('log(x)')
```

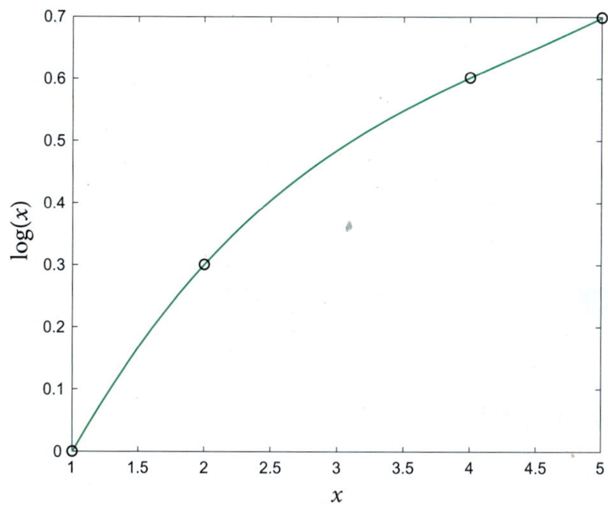

그림 5.3 Lagrange 3차 다항식 안짐작.

MATLAB 실습 Lagrange 안짐작을 이용한 압력강하 추정

어떤 여과장치에서 유량(ℓ/s)에 따른 압력강하(kPa)의 측정 결과는 다음 표와 같다. Lagrange 안짐작 방법을 이용하여 임의의 유량에서 압력강하를 추정할 수 있는 관계식을 구성해 보라.

표 5.6 여과장치의 유량에 따른 압력강하

유량(ℓ/s)	0	9.7	15.6	21.3	31.7	35.2	38.4	42.9
압력강하(kPa)	0	0.28	0.524	0.998	1.695	2.306	2.781	3.205

풀이

함수 lagrintp를 이용한 풀이 과정은 다음과 같다. 그래프는 주어진 데이터와 Lagrange 안짐작을 이용한 7차 곡선을 비교한 것이다.

```
>> x = [0 9.7 15.6 21.3 31.7 35.2 38.4 42.9];
>> y = [0 0.28 0.524 0.998 1.695 2.306 2.781 3.205];
>> xi = min(x):0.1:max(x); yi = lagrintp(x,y,xi); plot(xi,yi,x,y,'o'), grid
```

```
>> xlabel('유량'), ylabel('압력강하'), legend('Lagrange 안짐작','데이터','location',
'best')
```

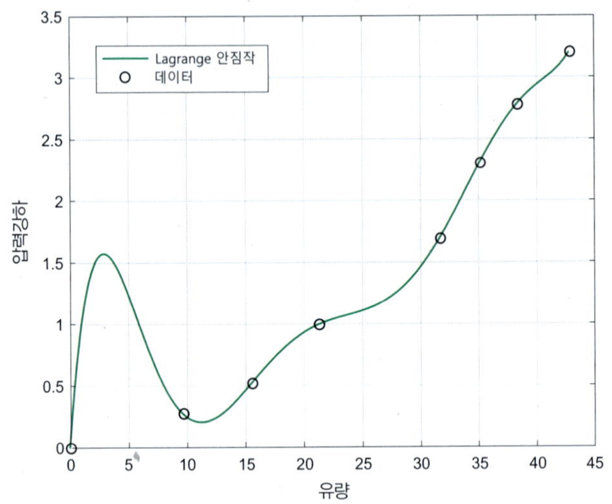

그림 5.4 Lagrange 고차(7차) 다항식 안짐작.

» Newton 안짐작 다항식

- 선형 안짐작

중간치 정리

$f(x)$가 $a \le x \le b$에서 연속이며 $a < x < b$에서 미분가능하다고 하면

$$f'(\xi) = \frac{f(b) - f(a)}{b - a}$$

인 적어도 하나의 ξ $(a < \xi < b)$가 존재한다. b 대신 $x(a < x < b)$를 대입하면

$$f'(\xi) = \frac{f(b) - f(a)}{b - a} \approx \frac{f(x) - f(a)}{x - a}$$

이로부터

$$f(x) \approx f(a) + (x - a)\frac{f(b) - f(a)}{b - a}$$

와 같은 1차식을 얻는다. 선형 안짐작에서는 곡선을 근사적으로 직선으로 나타내는 셈이다.

보기 5.5 Newton의 선형 안짐작

log(1) = 0, log(5) = 0.6990을 이용하여 Newton의 선형 안짐작으로부터 log(3)의 값을 추정해 보라. log(3)의 실제값은 0.4771이다.

풀이

$x = 3$, $a = 1$, $b = 5$인 경우이므로

$$f(x) \approx f(a) + (x-a)\frac{f(b)-f(a)}{b-a} = 0 + (3-1)\frac{0.6990-0}{5-1} = 0.3495$$

이 경우 상대오차는 $\dfrac{0.4771 - 0.3495}{0.4771} = 0.267 = 26.7(\%)$이다.

간격을 줄여서 $b = 4$로 하면(이 경우 log(4) = 0.6021)

$$f(x) \approx 0 + (3-1)\frac{0.6021-0}{4-1} = 0.4014$$

이 경우 오차는 $\dfrac{0.4771 - 0.4014}{0.4771} = 0.159 = 15.9(\%)$로서 많이 줄어들었음을 알 수 있다.

■

- **2차식 안짐작**

3개의 데이터 점들$((x_1, f_1), (x_2, f_2), (x_3, f_3))$이 주어진 경우$(x_1 < x_2 < x_3)$ 이 점들을 지나는 2차식은

$$f(x) = a_0 + a_1(x - x_1) + a_2(x - x_1)(x - x_2)$$

로 나타낼 수 있다. 위에서 $x_1 < x_2 < x_3$이며 $x \neq x_2$이다. 이 식으로부터

$$x = x_1\text{이면}\quad f(x_1) = f_1 = a_0$$

$$x = x_2\text{이면}\quad f(x_2) = f_2 = a_0 + a_1(x_2 - x_1) \ \Rightarrow\ a_1 = \frac{f_2 - a_0}{x_2 - x_1} = \frac{f_2 - f_1}{x_2 - x_1}$$

$$x = x_3\text{이면}\quad f(x_3) = f_3 = a_0 + a_1(x_3 - x_1) + a_2(x_3 - x_1)(x_3 - x_2)$$

임을 알 수 있다. 이로부터

$$a_2 = \frac{1}{x_3 - x_2}\left(\frac{f_3 - f_1}{x_3 - x_1} - \frac{f_2 - f_1}{x_2 - x_1}\right) = \frac{1}{x_3 - x_1}\left(\frac{f_3 - f_2}{x_3 - x_2} - \frac{f_2 - f_1}{x_2 - x_1}\right)$$

보기 5.6 Newton의 2차식 안짐작

Newton의 2차식 안짐작을 이용하여 log(3)의 값을 추정해 보라. 3개 데이터로서 log(1) = 0, log(4) = 0.6021, log(5) = 0.6990을 이용한다. log(3)의 실제값은 0.4771이다.

풀이

$$x_1 = 1,\ f_1 = 0,\ x_2 = 4,\ f_2 = 0.6021,\ x_3 = 5,\ f_3 = 0.6990$$

따라서

$$a_0 = 0,\ a_1 = \frac{0.6021 - 0}{4 - 1} = 0.2007,\ a_2 = \frac{1}{5-4}\left(\frac{0.6990 - 0}{5 - 1} - \frac{0.6021 - 0}{4 - 1}\right) = -0.02595$$

이로부터 $x = 3$인 경우

$$\begin{aligned} f(3) &= a_0 + a_1(3 - x_1) + a_2(3 - x_1)(3 - x_2) \\ &= 0 + 0.2007(3-1) - 0.02595(3-1)(3-4) = 0.4533 \end{aligned}$$

상대오차는 $\dfrac{0.4771 - 0.4533}{0.4771} = 0.0499 = 4.99(\%)$임을 알 수 있다.

■

MATLAB 활용

함수 newtonquad는 Newton의 2차식 안짐작 계산을 수행한다. newtonquad 함수는 [f, e] = newtonquad(fi, x, y)와 같이 사용한다. 데이터 fi는 열이 2개인 행렬로 제공되는데 1열은 독립변수, 2열은 종속변수 데이터이다. 함수값을 안짐작하고자 하는 독립변수는 x, 그리고 x에서의 실제 함수값은 y로 제공된다. 출력에서 f는 안짐작된 함수값, e는 상대오차(%)를 나타낸다.

```
function [f,e] = newtonquad(fi,x,y)
% newtonquad.m: Newton 2차식 안짐작
% input:
%    fi: 3개의 data point(1열: 독립변수, 2열: 종속변수)
%    x: 함수값을 구하고자 하는 독립변수 값
%    y: x에서의 실제 함수값 데이터
% output:
%    f: x에서의 안짐작 함수값, e: 상대오차

ti = fi(:,1); % 1열: 독립변수 데이터
ft = fi(:,2); % 2열: 종속변수 데이터
% 2차식 계수의 계산
a0 = ft(1);  a1 = (ft(2)-ft(1))./(ti(2)-ti(1));
a2 = ((ft(3)-ft(1))./(ti(3)-ti(1)) - (ft(2)-ft(1))./(ti(2)-ti(1)))./(ti(3)-ti(2));
f = a0 + a1*(x - ti(1)) + a2*(x-ti(1)).*(x-ti(2)); % x에서의 함수값 계산
e = 100*(y-f)./y; % 상대오차(%) 계산
end
```

MATLAB 실습 Newton의 2차식 안짐작

함수 newtonquad를 이용하여 log(3)의 값을 추정해 보라. 3개 데이터로서 log(1) = 0, log(4) =

0.6021, log(5) = 0.6990을 이용한다. log(3)의 실제값은 0.4771이다.

풀이

```
>> fi = [1 0; 4 0.6021; 5 0.6990]; x = 3; y = 0.4771; [f,e] = newtonquad(fi,x,y)
f =
    0.4533
e =
    4.9885
```

- **일반적인 Newton 안짐작**

Newton의 2차식 안짐작 방법은 n개 데이터 점들에 대한 $n-1$차 다항식 접합으로 확장시킬 수 있다. n개의 데이터 $(x_1, f_1), (x_2, f_2), \cdots, (x_n, f_n)$들이 주어져 있다면 $n-1$차 다항식은 $f(x) = a_0 + a_1(x-x_1) + a_2(x-x_1)(x-x_2) + \cdots + a_{n-1}(x-x_1)(x-x_2)\cdots(x-x_{n-1})$로 나타낼 수 있다. 계수들은

$$x = x_1: \ f_1 = a_0 \ \Rightarrow \ a_0 = f_1$$

$$x = x_2: \ f_2 = a_0 + a_1(x_2 - x_1) \ \Rightarrow \ a_1 = \frac{f_2 - f_1}{x_2 - x_1}$$

$$x = x_3: \ f_3 = a_0 + a_1(x_3 - x_1) + a_2(x_3 - x_1)(x_3 - x_2)$$

$$\Rightarrow a_2 = \frac{1}{x_3 - x_1}\left(\frac{f_3 - f_2}{x_3 - x_2} - \frac{f_2 - f_1}{x_2 - x_1}\right)$$

$$\vdots$$

이제

$$g_{ij} = \frac{f_j - f_i}{x_j - x_i}, \quad g_{ijk} = \frac{g_{jk} - g_{ij}}{x_k - x_i}, \quad g_{ijkl} = \frac{g_{jkl} - g_{ijk}}{x_l - x_i}, \quad \cdots$$

로 두면 $a_0 = g_0 = f_1$, $a_1 = g_{12}$, $a_2 = g_{123}$, $\cdots$ 이며 안짐작 함수는

$$f(x) = f_1 + g_{12}(x - x_1) + g_{123}(x - x_1)(x - x_2) + \cdots$$

로 주어진다.

MATLAB 활용

주어진 n개 데이터 점들에 대한 $n-1$차 Newton 안짐작 다항식은 함수 newintp에 의해 계산된다. 함수 newintp는 yi = newintp(x,y,xi)와 같이 이용한다. 여기에서 x: 독립변수 데이터, y: 종속변수 데이터, xi: 안짐작 함수값을 계산할 독립변수 값, yi: xi에서의 안짐작 함수값이다.

```
function yi = newintp(x,y,xi)
% n개 데이터 점들을 이용한 n-1차 Newton 안짐작 다항식
% input:
```

```
%    x: 독립변수 데이터, y: 종속변수 데이터
%    xi: 안짐작 함수값을 계산할 독립변수 값
% output:
%    yi: xi에서의 안짐작 함수값

n = length(x); m = length(xi);
if length(y) ~= n, error('x와 y의 길이는 같아야 함.'); end
a = zeros(n,n); a(:,1) = y(:); % y는 열벡터
for j = 2:n
  for i = 1:n-j+1, a(i,j) = (a(i+1,j-1)-a(i,j-1))/(x(i+j-1)-x(i)); end
end
for k = 1:m
    xt = 1; yi(k) = a(1,1);
    for j = 1:n-1, xt = xt*(xi(k)-x(j)); yi(k) = yi(k)+a(1,j+1)*xt; end % 안짐작
    계산
end
end
```

MATLAB 실습 **일반적인 Newton 안짐작 다항식**

다음에 주어진 4개 데이터 점들을 바탕으로 일반적인 Newton 안짐작을 이용하여 log(3)의 값을 추정해 보라. log(3)의 실제값은 0.4771이다. 데이터는 4개가 주어져 있으므로 3차 다항식이 얻어진다.

x_i	1	2	4	5
f_i	0	0.3010	0.6021	0.6990

풀이

```
>> x = [1 2 4 5]; y = [0 0.3010 0.6021 0.6990]; xi = 3; yi = newintp(x,y,xi)
yi =
    0.4856
```

이로부터 상대오차는

$$\frac{0.4771-0.4856}{0.4771}=-0.0178=-1.78(\%)$$

■

» Newton의 유한차분 안짐작

$n+1$개의 데이터 점 $(x_0, f_0), (x_1, f_1), \cdots, (x_n, f_n)$이 주어져 있다고 하자. 여기에서 $f_i = f(x_i)$이다. 함수 f의 0차 차분은

$$f[x_i]=f(x_i)=f_i \quad (i=0, 1, \cdots, n)$$

와 같이 정의된다. 함수 f의 1차 차분은

$$f[x_i, x_{i+1}] = \frac{f[x_{i+1}] - f[x_i]}{x_{i+1} - x_i} \quad (i = 0, 1, \cdots, n-1)$$

과 같이 정의된다. 주어진 $n+1$개의 데이터 점들로부터 n개의 1차 차분이 얻어짐을 알 수 있다. 함수 f의 k차 차분은

$$\begin{aligned} & f[x_i, x_{i+1}, \cdots, x_{i+k}] \\ & = \frac{f[x_{i+1}, x_{i+2}, \cdots, x_{i+k}] - f[x_i, x_{i+1}, \cdots, x_{i+k-1}]}{x_{i+k} - x_i} \quad (i = 0, 1, \cdots, n-k) \end{aligned}$$

와 같이 나타낼 수 있으며 함수 f의 마지막 n차 차분은

$$f[x_0, x_1, \cdots, x_n] = \frac{f[x_1, x_2, \cdots, x_n] - f[x_0, x_1, \cdots, x_{n-1}]}{x_n - x_0}$$

와 같다.

표 5.7 0차, 1차, 2차 차분

x	0차	1차	2차
x_0	$f[x_0]$		
		$f[x_0, x_1] = \frac{f[x_1] - f[x_0]}{x_1 - x_0}$	
x_1	$f[x_1]$		$f[x_0, x_1, x_2] = \frac{f[x_1, x_2] - f[x_0, x_1]}{x_2 - x_0}$
		$f[x_1, x_2] = \frac{f[x_2] - f[x_1]}{x_2 - x_1}$	
x_2	$f[x_2]$		$f[x_1, x_2, x_3] = \frac{f[x_2, x_3] - f[x_1, x_2]}{x_3 - x_1}$
		$f[x_2, x_3] = \frac{f[x_3] - f[x_2]}{x_3 - x_2}$	
x_3	$f[x_3]$		$f[x_2, x_3, x_4] = \frac{f[x_3, x_4] - f[x_2, x_3]}{x_4 - x_2}$
		$f[x_3, x_4] = \frac{f[x_4] - f[x_3]}{x_4 - x_3}$	
x_4	$f[x_4]$		$f[x_3, x_4, x_5] = \frac{f[x_4, x_5] - f[x_3, x_4]}{x_5 - x_3}$
		$f[x_4, x_5] = \frac{f[x_5] - f[x_4]}{x_5 - x_4}$	
x_5	$f[x_5]$		

이들을 이용하면 함수 f에 대한 n차 Lagrange 안짐작 다항식은

$$p(x) = f[x_0] + f[x_0, x_1](x - x_0) + f[x_0, x_1, x_2](x - x_0)(x - x_1) + \cdots + f[x_0, x_1, \cdots, x_n](x - x_0)(x - x_1) \cdots (x - x_{n-1})$$

와 같이 나타낼 수 있다. 이는 Newton의 유한차분 공식이라고 통칭되며 다음과 같이 정리할 수 있다:

$$\begin{aligned} p(x) = & f[x_0] + f[x_0, x_1](x - x_0) + f[x_0, x_1, x_2](x - x_0)(x - x_1) + \\ & + f[x_0, x_1, x_2, x_3](x - x_0)(x - x_1)(x - x_2) + \cdots + f[x_0, x_1, \cdots, x_n](x - x_0) \cdots (x - x_{n-1}) \\ = & f[x_0] + \sum_{k=1}^{n} f[x_0, x_1, \cdots, x_k](x - x_0)(x - x_1) \cdots (x - x_{k-1}) \end{aligned}$$

주어진 독립변수 값들 사이의 간격이 모두 동일한 경우에는 Newton의 유한차분 안짐작 다항식을 보다 간단하게 나타낼 수 있다. $h = x_{i+1} - x_i$ $(i = 0, 1, \cdots, n-1)$로 두면 새로운 변수 s를 도입하여 $x = x_0 + sh$로 쓸 수 있으며 $x_i = x_0 + ih$이므로

$$x - x_i = (x_0 + sh) - (x_0 + ih) = (s - i)h$$

와 같다. 그러므로

$$\begin{aligned} p(x) &= p(x_0 + sh) = f[x_0] + shf[x_0, x_1] + s(s-1)h^2 f[x_0, x_1, x_2] + \cdots \\ &\quad + s(s-1) \cdots (s-n+1)h^n f[x_0, x_1, \cdots, x_n] \\ &= f[x_0] + \sum_{k=1}^{n} s(s-1) \cdots (s-k+1)h^k f[x_0, x_1, \cdots, x_k] \\ &= f[x_0] + \sum_{k=1}^{n} \binom{s}{k} k! h^k f[x_0, x_1, \cdots, x_k] \end{aligned}$$

위에서 $\binom{s}{k}$는 이항계수로서

$$\binom{s}{k} = \frac{s(s-1) \cdots (s-k+1)}{k!}$$

와 같다.

보기 5.7 유한차분 안짐작 다항식

주어진 데이터를 이용하여 유한차분 안짐작 다항식을 구하라.

x_i	1.0	1.2	1.4	1.6	1.8	2.0
$f(x_i)$	2.000	2.738	3.834	5.442	7.754	11.000

풀이

데이터 점의 수는 6개이므로 0차, 1차, ⋯ , 5차까지의 유한차분 표를 구성하면 다음과 같다.

i	x_i	0차	1차	2차	3차	4차	5차
0	1.0	2.000					
			3.690				
1	1.2	2.738		4.475			
			5.480		3.208		
2	1.4	3.834		6.400		1.006	
			8.040		4.013		−0.075
3	1.6	5.442		8.808		0.931	
			11.563		4.758		
4	1.8	7.754		11.663			
			16.228				
5	2.0	11.000					

따라서

$$\begin{aligned} p(x) &= 2+3.69(x-1)+4.475(x-1)(x-1.2)+3.208(x-1)(x-1.2)(x-1.4) \\ &\quad +1.006(x-1)(x-1.2)(x-1.4)(x-1.6) \\ &\quad -0.075(x-1)(x-1.2)(x-1.4)(x-1.6)(x-1.8) \\ &= -0.075x^5+1.531x^4-3.478x^3+5.021x^2-2.357x+1.358 \end{aligned}$$

주어진 데이터와 $p(x)$로부터 계산된 값들을 비교해 보면 그림 5.5에 보인 바와 같다.

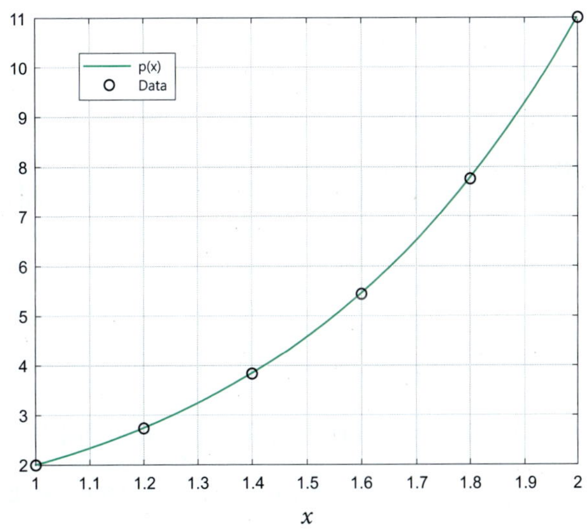

그림 5.5 유한차분 안집작 다항식에 의한 근사.

■

» Hermite 안집작 다항식

Hermite 안집작에서는 지정된 점들에서 주어진 함수의 함수값과 1차미분 값이 일치되는 다항식을 규명한다. 즉 Hermite 안집작에서는 $m+1$개의 점 $x_0 < x_1 < \cdots < x_m$들에서 다음과 같은 $n+1$개의 조건들을 만족하는 차수 n의 다항식 $p(x)$를 구한다.

$$p^{(k)}(x_j) = \left.\frac{d^k p}{dx^k}\right|_{x_j} = \left.\frac{d^k f}{dx^k}\right|_{x_j} = f_j^{(k)} \quad (j=0,1,\cdots,m;\ k=0,1,\cdots,n_j-1;\ \sum_j n_j = n+1)$$

즉 점 x_j에서 $p(x)$의 n_j-1차까지의 미분값은 $f(x)$의 해당차수의 미분값과 일치하도록 다항식 $p(x)$를 구한다. 다항식 $p(x)$는 다음과 같이 주어진다.

$$p(x) = \sum_{j=0}^{m}\sum_{k=0}^{n_j-1} f_j^{(k)} L_{jk}(x)$$

$$l_{jk}(x) = \frac{(x-x_j)^k}{k!}\prod_{h=0,h\neq j}^{m}\left(\frac{x-x_h}{x_j-x_h}\right)^{n_h}$$

$$L_{j,n_j-1}(x) = l_{j,n_j-1}(x) \quad (j=0,1,\cdots,m)$$

$$L_{jk}(x) = l_{jk}(x) - \sum_{v=k+1}^{n_j-1} l_{jk}^{(v)}(x_j)L_{jv}(x) \quad (k=n_j-2, n_j-3, \cdots, 1, 0)$$

예를 들어 구간 [a b]에서 구간 양 끝점에서의 $f(x)$ 및 $f'(x)$ 값들을 이용하여 함수 $f(x)$를 근사하여 보자. 위에서 $x_0 = a$, $x_1 = b$로 두면 $k=0$ 및 1일 때

$$l_{0k}(x) = \frac{(x-a)^k}{k!}\left(\frac{x-b}{a-b}\right)^2, \qquad l_{1k}(x) = \frac{(x-b)^k}{k!}\left(\frac{x-a}{b-a}\right)^2$$

따라서

$$L_{01}(x) = l_{01}(x) = (x-a)\left(\frac{x-b}{a-b}\right)^2, \qquad L_{11}(x) = l_{11}(x) = (x-b)\left(\frac{x-a}{b-a}\right)^2$$

한편 $L_{j0}(x) = l_{j0}(x) - l_{j0}^{(1)}(x_j)L_{j0}(x)$로부터

$$L_{00}(x) = \left(\frac{x-b}{a-b}\right)^2 - \frac{2}{a-b}\left\{(x-a)\left(\frac{x-b}{a-b}\right)^2\right\},$$

$$L_{01}(x) = \left(\frac{x-a}{b-a}\right)^2 - \frac{2}{b-a}\left\{(x-b)\left(\frac{x-a}{b-a}\right)^2\right\}$$

MATLAB 활용

Hermite 안집작은 함수 hermintp에 의해 수행된다. 이 함수는 다음과 같이 사용한다.

```
nflag = hermintp(fun, a, b)
```

위에서 nflag는 별 의미가 없는 수이며 fun은 안집작할 함수 이름이고 안집작 구간은 [a b]로 주어진다. 안집작 결과는 주어진 $f(x)$와 다항식 $p(x)$의 그래프로 제시된다. 함수 hermintp는 Hermite 다항식을 계산해 주는 함수 hermpoly를 호출한다.

```
function ntag = hermintp(fun,a,b)
% Hermite 다항식을 이용한 안집작 계산
% fun: 안집작할 함수 이름
% [a b]: 구간
ntag = 0; eps = 1e-6;
```

```
% 구간의 양 끝점에서 함수값을 구하고 유한차분을 이용하여 1차미분을 계산
fa = feval(fun,a); dx = sqrt(eps); f1a = (feval(fun,a+dx) - fa)/dx;
fb = feval(fun,b); f1b = (fb - feval(fun,b-dx))/dx;
n = 500; x = linspace(a,b,n); f = zeros(size(x)); p = zeros(size(x));
for k = 1:n
    f(k) = feval(fun,x(k)); [L00, L01, L10, L11] = hermpoly(x(k),a,b);
    p(k) = fa*L00 + f1a*L01 + fb*L10 + f1b*L11;
end
plot(x,f,x,p,'-.'), xlabel('x'), ylabel('f(x), p(x)'), title('f(x) 및 Hermite
안집작 다항식 p(x)');
legend('f(x)', 'p(x)', 'Location','Best'); ntag = 1;
end

function [L00, L01, L10, L11] = hermpoly(x,a,b);
% 구간의 양 끝점 x0 = a와 x1 = b에서 f(x) 및 f'(x)와 일치하는 Hermite 다항식 값을 계산
var0 = ((x-b)/(a-b))^2;  var1 = ((x-a)/(b-a))^2; L01 = (x-a)*var0; L11 =
(x-b)*var1;
L00 = var0 - 2/(a-b)*(x-a)*var0; L10 = var1 - 2/(b-a)*(x-b)*var1;
end
```

MATLAB 실습 Hermite 안집작

구간 $[0\ \pi]$에서 함수 $f(x) = 2e^x \sin(x) - 4$에 대한 Hermite 안집작을 수행해 보라.

풀이

```
>> fun = @(x) 2*sin(x).*exp(x) - 4; hermintp(fun,0,pi)
ans =
     1
```

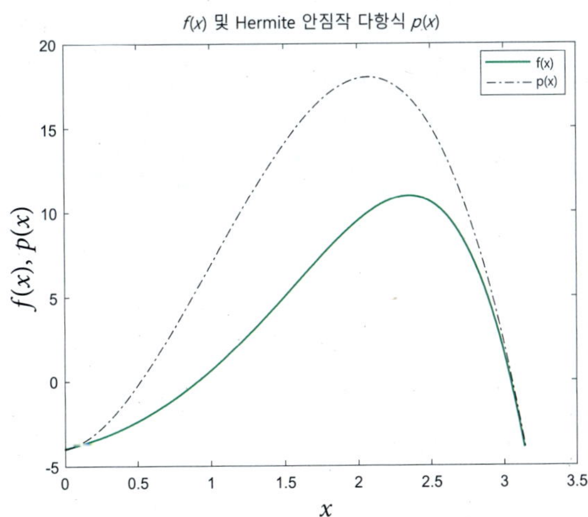

그림 5.6 Hermite 안집작.

5.3 구간 안짐작 함수의 이용

데이터 수가 많은 경우 Lagrange 안짐작에서와 같은 고차의 안짐작 다항식들은 데이터 점들 사이에서 불규칙한 오르내림 현상을 나타낸다. 이 경우에는 데이터 점들 사이의 값을 정확하게 예측하기가 어렵다.

전체 데이터 집합을 데이터 수가 적은 소그룹들로 나누고 각 소그룹의 데이터들에 대하여 낮은 차수의 안짐작 다항식들을 각각 적용하면 소그룹의 데이터 점들을 매끄럽게 연결해 줄 수 있는데 이러한 안짐작 다항식들의 집합을 스플라인(spline) 함수라고 칭한다. 각 쌍의 데이터들을 3차 곡선으로 연결시키는 경우에는 3차(cubic) 다항식(즉 cubic spline)이 되는데 이는 가장 널리 이용되는 스플라인 함수이다.

5.3.1 선형 스플라인

n개의 데이터 (x_1, f_1), (x_2, f_2), ⋯ , (x_n, f_n)들이 주어져 있다면 점들 사이의 구간 수는 $n - 1$개가 된다. 구간 i에서의 스플라인 함수를 $s_i(x)$라 하자. 선형 스플라인의 경우 $s_i(x)$는 단순히 두 점을 연결하는 직선의 식이 된다. 따라서 구간 $[x_i, x_{i+1}]$ 사이에서

$$s_i(x) = a_i + b_i(x - x_i)$$

로 나타낼 수 있다. 이 직선은 두 점 (x_i, f_i), (x_{i+1}, f_{i+1})을 지나므로 a_i와 b_i는

$$a_i = f_i, \qquad b_i = \frac{f_{i+1} - f_i}{x_{i+1} - x_i}$$

와 같이 주어진다. 따라서 구간 $[x_i, x_{i+1}]$ 사이에서 $s_i(x)$는

$$s_i(x) = f_i + \left(\frac{f_{i+1} - f_i}{x_{i+1} - x_i}\right)(x - x_i)$$

와 같다.

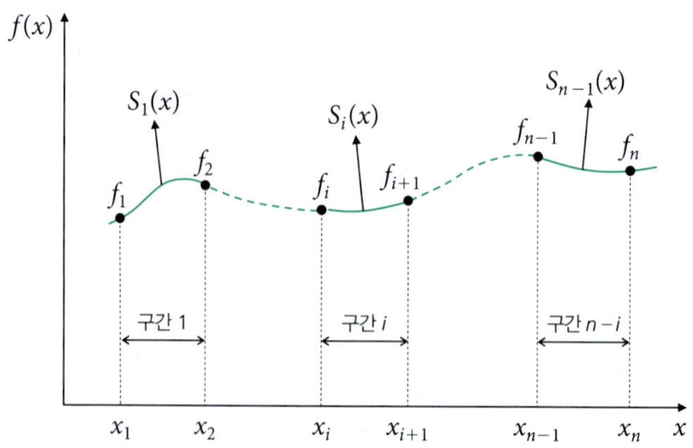

그림 5.7 스플라인 안짐작.

보기 5.8 선형 스플라인 안짐작

주어진 데이터를 이용하여 선형 스플라인 안짐작 식을 구하라.

x_i	3.0	5.0	7.0	10.0
$f(x_i)$	2.5	1.5	3.0	0.5

풀이

구간 $[x_i, x_{i+1}]$ 사이에서의 안짐작 식은 $s_i(x) = f_i + \left(\frac{f_{i+1} - f_i}{x_{i+1} - x_i}\right)(x - x_i)$로 주어진다.

i	구간 $[x_i, x_{i+1}]$	$s_i(x) = f_i + \left(\frac{f_{i+1} - f_i}{x_{i+1} - x_i}\right)(x - x_i)$
1	[3, 5]	$s_1 = 2.5 + \left(\frac{1.5 - 2.5}{5 - 3}\right)(x - 3) = 0.5x + 4$
2	[5, 7]	$s_2 = 1.5 + \left(\frac{3 - 1.5}{7 - 5}\right)(x - 5) = 0.75x - 2.25$
3	[7, 10]	$s_3 = 3 + \left(\frac{0.5 - 3}{10 - 7}\right)(x - 7) = -0.833x + 8.833$

MATLAB 활용

스플라인 선형 안짐작은 함수 bintblook에 의해 수행된다. 이 함수는 다음과 같이 사용한다.

```
function yi = bintblook(x, y, xi)
```

x는 데이터 독립변수, y는 데이터 종속변수, xi는 종속변수를 읽을 독립변수, yi는 xi에서의 종속변수 계산값이다.

```
function yi = bintblook(x, y, xi)
% binary table look: 선형 spline을 이용
% input
%   x: 데이터 독립변수
%   y: 데이터 종속변수
%   xi: 종속변수를 읽을 독립변수
% output
%   yi: xi에서의 종속변수 값

n = length(x);
if xi < x(1) | xi > x(n), error('Interpolation outside range'); end
% binary 탐색
ia = 1; ib = n;
while (1)
```

```
  if ib - ia <= 1, break, end
  im = fix((ia + ib) / 2);
  if x(im) < xi, ia = im; else, ib = im; end
end
% 선형 안짐작
yi = y(ia) + (y(ia+1) - y(ia))/(x(ia+1) - x(ia))*(xi - x(ia));
end
```

MATLAB 실습 스플라인 선형 안짐작을 이용한 수증기표 읽기

다음은 포화 수증기의 온도에 따른 압력, 엔탈피 및 엔트로피 데이터이다. 스플라인 선형 안짐작을 이용하여 380 K에서의 압력, 엔탈피 및 엔트로피를 표로부터 구하라. 각 데이터들 사이는 1차 직선으로 근사될 수 있다고 가정한다.

표 5.8 수증기표(일부)

온도(K)	압력(*k*Pa)	엔탈피(kJ/kg)	엔트로피(kJ/kg/K)
283.15	1.227	2519.9	8.9020
293.15	2.337	2538.2	8.6684
303.15	5.241	2556.4	8.4546
313.15	7.375	2574.4	8.2583
323.15	12.34	2592.2	8.0776
348.15	38.55	2635.4	7.6835
363.15	70.11	2660.1	7.4799
373.15	101.33	2676.0	7.3554
393.15	198.54	2706.0	7.1293
413.15	361.38	2733.1	6.9284

풀이

스플라인 선형 안짐작은 함수 bintblook에 의해 수행된다.

```
>> T = [283.15 293.15 303.15 313.15 323.15 348.15 363.15 373.15 393.15
413.15];
>> P = [1.227 2.337 4.241 7.375 12.34 38.55 70.11 101.33 198.54 361.38];
>> H = [2519.9 2538.2 2556.4 2574.4 2592.2 2635.4 2660.1 2676.0 2706.0
2733.1];
>> S = [8.9020 8.6684 8.4546 8.2583 8.0776 7.6835 7.4799 7.3554 7.1293
6.9284];
>> Ti = 380; Pi = bintblook(T,P,Ti)
Pi =
  134.6244
>> Hi = bintblook(T,H,Ti)
Hi =
```

```
   2.6863e+03
>> Si = bintblook(T,S,Ti)
Si =
    7.2780
```

5.3.2 2차 스플라인

2차 스플라인의 경우 $s_i(x)$는 두 점을 연결하는 2차곡선의 식이 된다. 따라서 구간 $[x_i, x_{i+1}]$ 사이에서 $s_i(x)$는

$$s_i(x) = a_i + b_i(x - x_i) + c_i(x - x_i)^2$$

로 나타낼 수 있다. n개의 데이터 (x_1, f_1), (x_2, f_2), ⋯ , (x_n, f_n)들이 주어져 있다면 점들 사이의 구간 수는 $n - 1$개가 되므로 미지 계수들의 수는 각 구간에서 3개씩(a, b, c) 모두 $3(n - 1)$개가 된다. 따라서 $3(n - 1)$개의 식이 필요하다. 2차곡선 $s_i(x)$는 두 점 (x_i, f_i), (x_{i+1}, f_{i+1})을 지나므로

$$f_i = a_i, \quad f_{i+1} = f_i + b_i(x_{i+1} - x_i) + c_i(x_{i+1} - x_i)^2$$

$h_i = x_{i+1} - x_i$로 두면

$$f_{i+1} = f_i + b_i h_i + c_i h_i^2$$

양 끝점 내의 임의의 점 (x_k, f_k) $(2 \le k \le n - 1)$에서 1차 미분은 서로 같아야 한다. 점 (x_{i+1}, f_{i+1})에서 1차미분을 살펴보면 이 점의 왼쪽 구간에서의 스플라인 함수 $s_i(x)$의 미분은

$$s_i'(x) = b_i + 2c_i(x - x_i)$$

이며 오른쪽 구간에서의 스플라인 함수 $s_{i+1}(x)$의 미분은

$$s_{i+1}'(x) = b_{i+1} + 2c_{i+1}(x - x_{i+1})$$

이다. $x = x_{i+1}$일 때 $s_i'(x_{i+1}) = s_{i+1}'(x_{i+1})$이어야 하므로

$$b_i + 2c_i(x_{i+1} - x_i) = b_i + 2c_i h_i = b_{i+1}$$

첫 번째 데이터 점 (x_1, f_1)에서 스플라인 함수의 2차미분은 0이라고 가정한다. 2차미분은 $s_i''(x) = 2c_i$이므로 $i = 1$이면 $c_1 = 0$이다.

계수들의 계산 순서는 다음과 같다(구간 수는 $n - 1$이므로 $i = 1, 2, \cdots, n - 1$).

1) $i = 1$: $h_1 = x_2 - x_1$, $c_1 = 0$, $a_1 = f_1$, $b_1 = \dfrac{f_2 - f_1}{h_1}$, $b_2 = b_1$

2) $2 \le i \le n - 1$: $h_i = x_{i+1} - x_i$, $a_i = f_i$, $c_i = \dfrac{f_{i+1} - f_i - b_i h_i}{h_i^2}$, $b_{i+1} = b_i + 2c_i h_i$

보기 5.9 2차 스플라인 안짐작

주어진 데이터를 이용하여 각 데이터 구간에서의 2차 스플라인 안짐작 식을 구하라.

x_i	3.0	5.0	7.0	10.0
$f(x_i)$	2.5	1.5	3.0	0.5

풀이

$i = 1$:

$$h_1 = 5 - 3 = 2,\ \ c_1 = 0,\ \ a_1 = 2.5,\ \ b_1 = \frac{1.5 - 2.5}{2} = -0.5,\ \ b_2 = b_1 = -0.5$$

$$s_1(x) = 2.5 - 0.5(x-3) = -0.5x + 4$$

$i = 2$:

$$h_2 = 7 - 5 = 2,\ \ a_2 = 1.5,\ \ c_2 = \frac{3 - 1.5 - (-0.5)(2)}{2^2} = 0.625,$$

$$b_3 = -0.5 + 2(0.625)(2) = 2$$

$$s_2(x) = 1.5 - 0.5(x-5) + 0.625(x-5)^2 = 0.625x^2 - 6.75x + 19.625$$

$i = 3$:

$$h_3 = 10 - 7 = 3,\ \ a_i = 3,\ \ c_3 = \frac{0.5 - 3 - (2)(3)}{3^2} = -0.9444,$$

$$b_4 = 2 + 2(-0.9444)(3) = -3.6664$$

$$s_3(x) = 3 + 2(x-7) - 0.9444(x-7)^2 = -0.9444x^2 + 15.2216x - 57.2756$$

i	구간 $[x_i, x_{i+1}]$	$s_i(x) = a_i + b_i(x - x_i) + c_i(x - x_i)^2$
1	[3, 5]	$s_1(x) = -0.5x + 4$
2	[5, 7]	$s_2(x) = 0.625x^2 - 6.75x + 19.625$
3	[7, 10]	$s_3(x) = -0.9444x^2 + 15.2216x - 57.2756$

■

MATLAB 활용

2차 스플라인은 함수 qdspintp에 의해 수행된다. 이 함수는 다음과 같이 사용한다.

```
function yi = qdspintp(x, y, xi)
```

x는 n개 독립변수 데이터, y는 n개 종속변수 데이터, xi는 안짐작을 계산할 독립변수 값이며, yi는 xi에서 계산된 안짐작 종속변수값이다.

```
function yi = qdspintp(x,y,xi)
% n개 데이터를 이용한 2차 spline 안짐작 계산
```

```
% input:
%   x: n개 독립변수 데이터
%   y: n개 종속변수 데이터
%   xi: 안집작을 계산할 독립변수
% output:
%   yi: xi에서 계산된 안집작 종속변수값

m = length(xi); n = length(x);
if length(y) ~= n, error('x와 y의 길이는 같아야 함.'); end
ni = n-1;  % spline 함수들의 수(=구간수)
% 초기화
a = zeros(1,n); b = zeros(1,n); c = zeros(1,n); h = zeros(1,ni); yi = zeros(1,m);
for i = 1:ni, a(i) = y(i); h(i) = x(i+1)-x(i); end
c(1) = 0; b(1) = (y(2) - y(1))/h(1); b(2) = b(1);
% spline 계수들의 계산
for k = 2:ni
    c(k) = (y(k+1) - y(k) - b(k)*h(k))./(h(k).^2); b(k+1) = b(k) + 2*c(k)*h(k);
end
for k = 1:m;
    for j = 1:ni
        if (xi(k) >= x(j)) & (xi(k) <= x(j+1))
              yi(k) = a(j) + b(j)*(xi(k)-x(j)) + c(j)*(xi(k) - x(j)).^2;
break;
        end
    end
end
end
```

MATLAB 실습 2차 스플라인을 이용한 압력강하 추정

어떤 여과장치에서 유량(ℓ/s)에 따른 압력강하(*k*Pa)의 측정 결과는 다음 표와 같다. 2차 스플라인 안집작 방법을 이용하여 임의의 유량에서 압력강하를 추정할 수 있는 관계식을 구성해 보라.

표 5.9 여과장치의 유량에 따른 압력강하

유량(ℓ/s)	0	9.7	15.6	21.3	31.7	35.2	38.4	42.9
압력강하(*k*Pa)	0	0.28	0.524	0.998	1.695	2.306	2.781	3.205

풀이

함수 qdspintp를 이용한 풀이 과정은 다음과 같다. 그래프는 주어진 데이터와 2차 스플라인 안집작을 이용한 곡선을 비교한 것이다.

```
>> x = [0 9.7 15.6 21.3 31.7 35.2 38.4 42.9];
```

```
>> y = [0 0.28 0.524 0.998 1.695 2.306 2.781 3.205];
>> xi = min(x):0.1:max(x); yi = qdspintp(x,y,xi);
>> plot(xi,yi,x,y,'o'), xlabel('유량'), ylabel('압력강하'), legend('2차 spline 안짐작','데이터'), grid
```

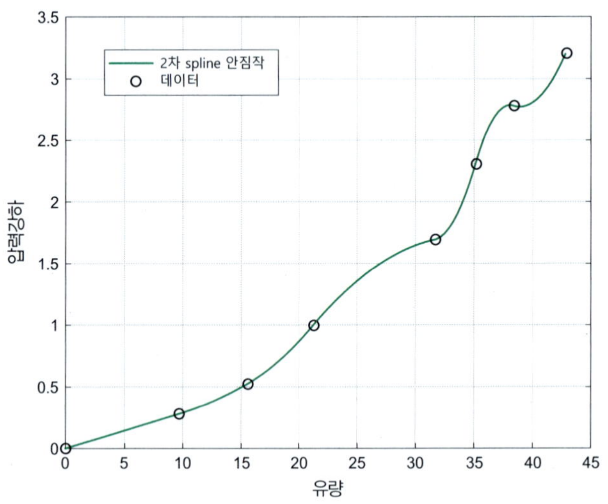

그림 5.8 2차 스플라인 안짐작.

5.3.3 3차 스플라인

3차 스플라인(cubic spline)에서는 인접한 두 데이터 점들 사이를 3차 다항식으로 근사한다. 두 점을 지나는 3차 다항식의 수는 무수히 많으므로 모든 다항식들이 기준 데이터 점에서 1차와 2차 미분이 같도록 조건을 설정한다. 이 조건은 기준점들에서 스플라인 다항식들의 기울기와 곡률이 연속임을 의미한다. 구간 $[x_{i-1}, x_i]$에서 3차 스플라인은

$$P_i(x) = a_i x^3 + b_i x^2 + c_i x + d_i$$

의 형태를 갖는다. 미지계수들의 수는 4이며 전체 데이터 구간 $[x_0, x_n]$에서 이러한 다항식들은 n개 존재한다. 따라서 미지계수들의 총 수는 $4n$이며 이들을 구하기 위해서 $4n$개의 관계식들이 필요하다.

3차 스플라인의 1차 및 2차 미분은

$$P_i'(x) = y' = 3a_i x^2 + 2b_i x + c_i, \qquad P_i''(x) = y'' = 6a_i x + 2b_i$$

와 같다. 구간 $[x_{i-1}, x_i]$에서 위의 2차미분 y''을 Lagrange 다항식으로 근사하면

$$P_i''(x) = y'' = \frac{x - x_i}{x_{i-1} - x_i} y_{i-1}'' + \frac{x - x_{i-1}}{x_i - x_{i-1}} y_i''$$

위의 관계를 두 번 적분하면

$$P_i(x) = y = \frac{(x-x_i)^3}{6(x_{i-1}-x_i)} y_{i-1}'' + \frac{(x-x_{i-1})^3}{6(x_i - x_{i-1})} y_i'' + C_1 x + C_2$$

적분상수 C_1과 C_2는

$$y(x_{i-1}) = y_{i-1}, \qquad y(x_i) = y_i$$

로부터 얻는다. 즉

$$y_{i-1} = \frac{1}{6}(x_{i-1}-x_i)^2 y_{i-1}'' + C_1 x_{i-1} + C_2, \qquad y_i = \frac{1}{6}(x_i - x_{i-1})^2 y_i'' + C_1 x_i + C_2$$

이로부터

$$C_1 = \frac{y_{i-1}-y_i}{x_{i-1}-x_i} - \frac{1}{6}\{(x_{i-1}-x_i)y_{i-1}'' + (x_i - x_{i-1})y_i''\}$$

$$C_2 = \frac{x_i y_{i-1} - x_{i-1} y_i}{x_i - x_{i-1}} + \frac{1}{6}\{x_i(x_{i-1}-x_i)y_{i-1}'' + x_{i-1}(x_i - x_{i-1})y_i''\}$$

이들을 대입하고 정리하면

$$\begin{aligned} P_i(x) = y = {} & \frac{1}{6}\left\{\frac{(x-x_i)^3}{x_{i-1}-x_i} - (x_{i-1}-x_i)(x-x_i)\right\} y_{i-1}'' \\ & + \frac{1}{6}\left\{\frac{(x-x_{i-1})^3}{x_i - x_{i-1}} - (x_i - x_{i-1})(x - x_{i-1})\right\} y_i'' + \left(\frac{x-x_i}{x_{i-1}-x_i}\right) y_{i-1} + \left(\frac{x-x_{i-1}}{x_i - x_{i-1}}\right) y_i \end{aligned}$$

이는

$$P_i(x) = a_i x^3 + b_i x^2 + c_i x + d_i$$

과 대등하므로 같은 차수 항들끼리의 계수비교로부터

$$a_i = \frac{1}{6}\left(\frac{y_{i-1}'' - y_i''}{x_{i-1}-x_i}\right), \qquad b_i = \frac{1}{2}\left(\frac{x_{i-1}y_i'' - x_i y_{i-1}''}{x_{i-1}-x_i}\right),$$

$$c_i = \frac{1}{2}\left(\frac{x_i^2 y_{i-1}'' - x_{i-1}^2 y_i''}{x_{i-1}-x_i}\right) + \frac{1}{6}(x_i - x_{i-1})(y_{i-1}'' - y_i'') + \frac{y_{i-1}-y_i}{x_{i-1}-x_i},$$

$$d_i = \frac{1}{6}\left(\frac{x_{i-1}^3 y_i'' - x_i^3 y_{i-1}''}{x_{i-1}-x_i}\right) + \frac{1}{6}(x_{i-1}-x_i)(x_i y_{i-1}'' - x_{i-1} y_i'') + \frac{x_{i-1}y_i - x_i y_{i-1}}{x_{i-1}-x_i}$$

위의 계수계산을 위해서는 y_{i-1}'' 및 y_i''의 값들을 알 필요가 있다. 기준 데이터 점에서 스플라인의 1차미분이 연속인 조건을 이용하면

$$y_{i-1}' = y_i'$$

이를 이용하면 처음과 마지막 데이터의 이치미분값을 0이라고 할 때

$$(x_i - x_{i-1})y_{i-1}'' + 2(x_{i+1} - x_{i-1})y_i'' + (x_{i+1} - x_i)y_{i+1}'' = 6\left(\frac{y_{i+1} - y_i}{x_{i+1} - x_i} - \frac{y_i - y_{i-1}}{x_i - x_{i-1}}\right)$$

$$(i = 1, 2, \cdots, n-1; \quad y_0'' = y_n'' = 0)$$

이는 $(n - 1)$차 삼각대각(tridiagonal) 행렬을 구성하는 식들의 집합이다. 즉

$$\begin{bmatrix} 2(x_2 - x_0) & (x_2 - x_1) & 0 & 0 & \cdots & 0 & 0 \\ (x_2 - x_1) & 2(x_3 - x_1) & (x_3 - x_2) & 0 & \cdots & 0 & 0 \\ 0 & (x_3 - x_2) & 2(x_4 - x_2) & (x_4 - x_3) & \cdots & 0 & 0 \\ \vdots & \vdots & \vdots & \vdots & \ddots & \vdots & \vdots \\ 0 & 0 & 0 & 0 & \cdots & (x_{n-1} - x_{n-2}) & 2(x_n - x_{n-2}) \end{bmatrix} \cdot \begin{bmatrix} y_1'' \\ y_2'' \\ y_3'' \\ \vdots \\ y_{n-1}'' \end{bmatrix}$$

$$= 6\begin{bmatrix} (y_2 - y_1)/(x_2 - x_1) - (y_1 - y_0)/(x_1 - x_0) \\ (y_3 - y_2)/(x_3 - x_2) - (y_2 - y_1)/(x_2 - x_1) \\ (y_4 - y_3)/(x_4 - x_3) - (y_3 - y_2)/(x_3 - x_2) \\ \vdots \\ (y_n - y_{n-1})/(x_n - x_{n-1}) - (y_{n-1} - y_{n-2})/(x_{n-1} - x_{n-2}) \end{bmatrix}$$

보기 5.10 3차 스플라인

3개의 점 (2, 3), (3, 4), (4, 6)을 지나는 3차 스플라인을 구하라.

풀이

i	x_i	y_i
0	2	3
1	3	4
2	4	6

먼저 2차미분 값을 구한다. $y_0''(2) = 0$, $y_2''(4) = 0$, $2(x_2 - x_0)y_1'' = \left(\frac{y_2 - y_1}{x_2 - x_1} - \frac{y_1 - y_0}{x_1 - x_0}\right)$로부터

$$y_1'' = \frac{6}{2(x_2 - x_0)}\left(\frac{y_2 - y_1}{x_2 - x_1} - \frac{y_1 - y_0}{x_1 - x_0}\right) = \frac{6}{2 \cdot 2} \cdot (2/1 - 1/1) = \frac{3}{2}$$

구간 $[x_1, x_0]$에서

$$P_1(x) = \frac{1}{6}\left\{\frac{(x - x_0)^3}{x_1 - x_0} - (x_1 - x_0)(x - x_0)\right\}y_1'' + \left(\frac{x - x_1}{x_0 - x_1}\right)y_0 + \left(\frac{x - x_0}{x_1 - x_0}\right)y_1$$

$$= \frac{1}{6}\left\{\frac{(x - 2)^3}{3 - 2} - (3 - 2)(x - 2)\right\}\frac{3}{2} + \frac{(x - 3)}{2 - 3} \cdot 3 + \left(\frac{x - 2}{3 - 2}\right)4$$

$$= \frac{1}{4}x^3 - \frac{3}{2}x^2 + \frac{15}{4}x - \frac{1}{2}$$

구간 $[x_2, x_1]$에서

$$P_2(x) = \frac{1}{6}\left\{\frac{(x-x_2)^3}{x_1-x_2} - (x_1-x_2)(x-x_2)\right\}y_1'' + \left(\frac{x-x_2}{x_1-x_2}\right)y_1 + \left(\frac{x-x_1}{x_2-x_1}\right)y_2$$

$$= \frac{1}{6}\left\{\frac{(x-4)^3}{3-4} - (3-4)(x-4)\right\}\frac{3}{2} + \frac{(x-4)}{3-4}\cdot 4 + \left(\frac{x-3}{4-3}\right)6$$

$$= -\frac{1}{4}x^3 + 3x^2 - \frac{39}{4}x + 13$$

■

MATLAB 활용

3차 스플라인은 함수 cspline에 의해 수행된다. 이 함수는 다음과 같이 사용한다.

```
function yi = cspline(x, y, xi)
```

x, y는 데이터 벡터이며 벡터 xi에서 함수값 yi가 계산된다.

```
function yi = cspline(x,y,xi)
% Cubic spline에 의한 1차원 안짐작 계산
% 벡터 xi에서 함수값 yi를 계산
% x, y: 데이터 벡터

% 초기화
if nargin < 3, error('Invalid number of inputs.'); end
% x, xi와 y는 열벡터
x = (x(:).')'; y = (y(:).')'; xi = (xi(:).')'; nx = length(x); ny =
length(y);
if nx ~= ny, error('X and Y vectors are not the same size.'); end
lxi = length(xi);
for m = 1:lxi
    d = xi(m) - x; [dm, loc(m)] = min(abs(d));
    if d(loc(m)) < 0 | loc(m) == nx, loc(m) = loc(m) - 1; end
    if loc(m) < 1, loc(m) = 1; end
end
dx = diff(x); dy = diff(y); yox = dy ./ dx;
% 행렬의 계수
A = 2*diag(x(3:nx)-x(1:nx-2)) + [zeros(nx-2,1) [diag(dx(2:nx-2)); zeros(1,nx-3)]] + ...
    [zeros(1,nx-2); [diag(dx(2:nx-2)) zeros(nx-3,1)]];
% 상수들의 벡터
c = 6*(yox(2:nx-1) - yox(1:nx-2));
% 선형방정식 시스템의 해
y2 = [0; inv(A)*c; 0];
% 안짐작 계산
yi = (1/6) * ((xi - x(loc+1)).^3 ./ (x(loc) - x(loc+1)) ...
    - (x(loc) - x(loc+1)) .* (xi - x(loc+1))) .* y2(loc) ...
```

```
    + (1/6) * ((xi - x(loc)).^3 ./ (x(loc+1) - x(loc)) ...
    - (x(loc+1) - x(loc)) .* (xi - x(loc))) .* y2(loc+1) ...
    + (xi - x(loc+1)) ./ (x(loc) - x(loc+1)) .* y(loc) ...
    + (xi - x(loc)) ./ (x(loc+1) - x(loc)) .* y(loc+1);
end
```

MATLAB 실습 3차 스플라인 안짐작

어떤 여과장치에서 유량(ℓ/s)에 따른 압력강하(kPa)의 측정 결과는 앞의 MATLAB 실습의 표 5.8과 같다. 3차 스플라인 방법을 이용하여 3차 안짐작을 수행하라.

풀이

3차 스플라인 안짐작 계산함수인 cspline을 이용하여 최대유량과 최소유량 사이의 점들에서 압력강하를 계산한다. 풀이 과정은 다음과 같다. 그래프는 주어진 데이터와 2차 및 3차 스플라인 안짐작을 이용한 곡선을 비교한 것이다.

```
>> x = [0 9.7 15.6 21.3 31.7 35.2 38.4 42.9];
>> y = [0 0.28 0.524 0.998 1.695 2.306 2.781 3.205];
>> xi = min(x):0.1:max(x); y2 = qdspintp(x,y,xi); y3 = cspline(x,y,xi);
>> plot(xi,y2,':',xi,y3,x,y,'o'), xlabel('유량'), ylabel('압력강하')
>> legend('2차 spline 안짐작','3차 spline 안짐작','데이터','location','best'), grid
```

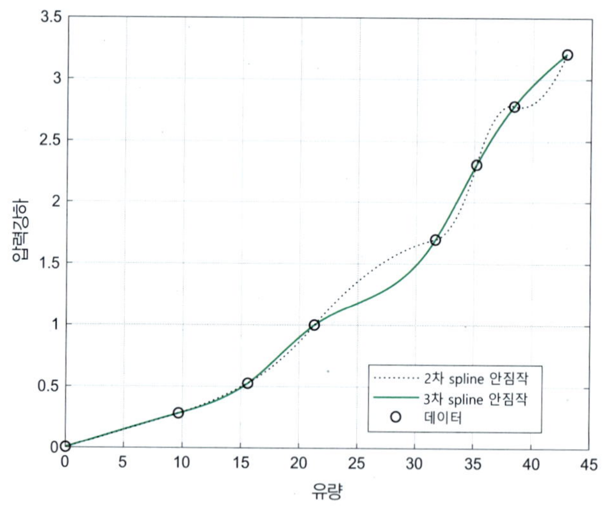

그림 5.9 3차 스플라인 방법에 의한 안짐작 계산.

■

5.4 유리함수 안짐작(Rational Function Interpolation)

두 다항식들의 비로 정의되는 유리함수를 이용하여 주어진 데이터나 함수에 대한 안짐작을 수행할 수 있다. 데이터 집합 $S = \{(x_1, y_1), (x_2, y_2), \cdots, (x_k, y_k)\}$가 주어졌다고 하자. 다음과 같은 형태의 안짐작 함수를 규명하는 문제를 고려해 보자:

$$r(x) = \frac{p(x)}{q(x)} = \frac{a_m x^m + a_{m-1} x^{m-1} + \cdots + a_1 x + a_0}{b_n x^n + b_{n-1} x^{n-1} + \cdots + b_1 x + b_0}$$

위에서 데이터 점들의 수 k가 짝수 혹은 홀수인 경우에 따라, $m = n$ 혹은 $m = n - 1$이다. "대각형" 유리함수를 생성하는 Bulirsch–Stoer 알고리듬은 다음과 같이 정리할 수 있다:

1) (x_i, y_i)의 안짐작: $R_i = y_i$

2) $(x_1, y_1), (x_2, y_2)$의 안짐작: $R_{12} = R_2 + \dfrac{R_2 - R_1}{\dfrac{x - x_1}{x - x_2}\left(1 - \dfrac{R_2 - R_1}{R_2}\right) - 1}$

3) $(x_2, y_2), (x_3, y_3)$의 안짐작: $R_{23} = R_3 + \dfrac{R_3 - R_2}{\dfrac{x - x_2}{x - x_3}\left(1 - \dfrac{R_3 - R_2}{R_3}\right) - 1}$

4) $(x_1, y_1), (x_2, y_2), (x_3, y_3)$의 안짐작: R_{12}, R_{23}, R_2를 조합하여 얻는다. 즉

$$R_{123} = R_{23} + \frac{R_{23} - R_{12}}{\dfrac{x - x_1}{x - x_3}\left(1 - \dfrac{R_{23} - R_{12}}{R_{23} - R_2}\right) - 1}$$

5) $(x_1, y_1), (x_2, y_2), \cdots, (x_k, y_k)$의 안짐작: $R_{123\ldots k}, R_{12\ldots(k-1)}, R_{23\ldots(k-1)}$을 조합하여 얻는다. 즉

$$R_{123\ldots k} = R_{23\ldots(k-1)} + \frac{R_{23\ldots k} - R_{12\ldots(k-1)}}{\dfrac{x - x_1}{x - x_k}\left(1 - \dfrac{R_{23\ldots k} - R_{12\ldots(k-1)}}{R_{23\ldots k} - R_{23\ldots(k-1)}}\right) - 1}$$

이를 단계별로 요약하면 다음 표 5.10에 보인 바와 같다.

표 5.10 유리함수 안짐작 단계

제1단계	제2단계	제3단계
$R_1 = y_1$		
	$R_{12} = R_2 + \dfrac{R_2 - R_1}{\dfrac{x - x_1}{x - x_2}\left(1 - \dfrac{R_2 - R_1}{R_2}\right) - 1}$	
$R_2 = y_2$		$R_{123} = R_{23} + \dfrac{R_{23} - R_{12}}{\dfrac{x - x_1}{x - x_3}\left(1 - \dfrac{R_{23} - R_{12}}{R_{23} - R_2}\right) - 1}$
	$R_{23} = R_3 + \dfrac{R_3 - R_2}{\dfrac{x - x_2}{x - x_3}\left(1 - \dfrac{R_3 - R_2}{R_3}\right) - 1}$	
$R_3 = y_3$		

MATLAB 활용

유리함수 안집작은 함수 ratintp에 의해 수행된다. 이 함수는 다음과 같이 사용한다.

```
function yi = ratintp(x,y,xi)
```

x, y는 데이터 벡터이며 벡터 xi에서 함수값 벡터 yi가 계산된다.

```
function yi = ratintp(x,y,xi)
% 유리함수 안집작 계산
% input:
%   x: 독립변수 데이터, y: 종속변수 데이터
%   xi: 안집작 함수값을 계산할 독립변수 값
% output:
%   yi: xi에서의 안집작 함수값
[mx nx] = size(x); [mix nix] = size(xi); test = 0;
for h = 1:nix
    for i = 1:nx
        dfx = (xi(h) - x(i));
        if dfx == 0, yi(h) = y(i); test = 1; end
    end
    if test == 0
        R = zeros(nx); R(:,1) = y(:);
        for i = 1:nx-1
            D = R(i+1,1) - R(i,1); rf = (xi(h) - x(i))/(xi(h) - x(i+1));
            den = rf*(1 - D/R(i+1,1)) - 1; R(i,2) = R(i+1,1) + D/den;
        end
        for j = 3:nx
            for i = 1:nx-j+1
                D = R(i+1,j-1) - R(i,j-1); rf = (xi(h) - x(i))/(xi(h) -
                x(i+j-1));
                if D == 0, R(i,j) = R(i+1,j-1);
                else
                    dif = R(i+1,j-1) - R(i+1,j-2); den = rf*(dif-D) - dif;
                    R(i,j) = R(i+1,j-1) + D*dif/den;
                end
            end
        end
        yi(h) = R(1,nx);
    end
    test = 0;
end
end
```

MATLAB 실습 **유리함수 안집작**

유리함수 안집작을 수행하는 함수 ratintp를 이용하여 다음에 주어진 데이터에 대한 유리함수 안집작을 수행하고 그 결과를 데이터와 함께 그래프로 나타내어라.

x_i	−1.0	−0.5	0.0	0.5	1.0
$f(x_i)$	0.0385	0.1379	1.0000	0.1379	0.0385

풀이

```
>> x = -1:0.5:1; y = [0.0385 0.1379 1 0.1379 0.0385]; xi = -1:0.01:1; yi
= ratintp(x,y,xi);
>> plot(xi,yi,x,y,'o'), grid, xlabel('x'), ylabel('y')
```

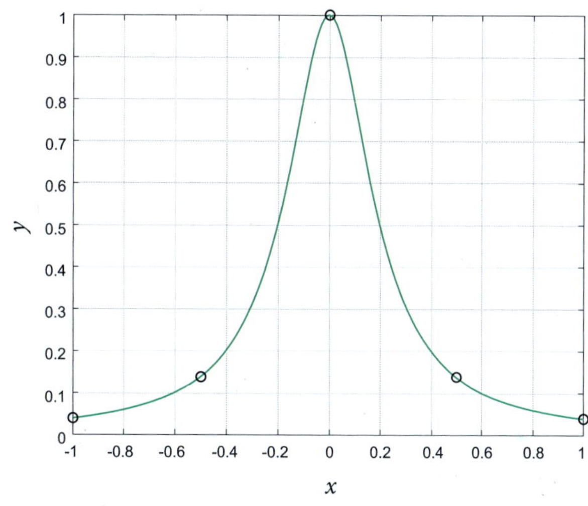

그림 5.10 유리함수 안집작.

5.5 2차원 안집작: 쌍일차 변환

2차원 안집작에서는 두 독립변수들의 함수 $z = f(x_i, y_i)$에 대한 안집작을 수행한다. $x - y$ 관계를 나타내는 데이터 표가 다음과 같다고 하자.

(x_1, y_1)	(x_2, y_1)	(x_3, y_1)	$\cdots$
(x_1, y_2)	(x_2, y_2)	(x_3, y_2)	$\cdots$
(x_1, y_3)	(x_2, y_3)	(x_3, y_3)	$\cdots$
$\vdots$	$\vdots$	$\vdots$	$\ddots$

이 표에서 어떤 사각형 모양의 구간을 사각형의 왼쪽 상부를 나타내는 점 (x_{m-1}, y_{n-1})과 오른쪽 하부를 나타내는 점 (x_m, y_n)으로 나타내면 점 (x, y) $(x_{m-1} \le x \le x_m, y_{n-1} \le y \le y_n)$에 대한 쌍일차(bilinear) 안집작은

$$z(x, y_{n-1}) = \frac{x_m - x}{x_m - x_{m-1}} z_{m-1,n-1} + \frac{x - x_{m-1}}{x_m - x_{m-1}} z_{m,n-1}$$

$$z(x, y_n) = \frac{x_m - x}{x_m - x_{m-1}} z_{m-1,n} + \frac{x - x_{m-1}}{x_m - x_{m-1}} z_{m,n}$$

$$\begin{aligned} z(x, y) &= \frac{y_n - y}{y_n - y_{n-1}} z(x, y_{n-1}) + \frac{y - y_{n-1}}{y_n - y_{n-1}} z(x, y_n) \\ &= \frac{1}{(x_m - x_{m-1})(y_n - y_{n-1})} \{(x_m - x)(y_n - y) z_{m-1,n-1} \\ &\quad + (x - x_{m-1})(y_n - y) z_{m,n-1} \\ &\quad + (x_m - x)(y - y_{n-1}) z_{m-1,n} + (x - x_{m-1})(y - y_{n-1}) z_{m,n}\} \end{aligned}$$

$$(x_{m-1} \le x \le x_m,\ y_{n-1} \le y \le y_n)$$

와 같이 얻어진다.

4개의 점 $z_{11} = f(x_1, y_1)$, $z_{21} = f(x_2, y_1)$, $z_{12} = f(x_1, y_2)$, $z_{22} = f(x_2, y_2)$가 주어져 있다고 하자. 이 데이터들을 이용하여 점 $(x_i, y_i)(x_1 \le x_i \le x_2,\ y_1 \le y_i \le y_2)$에서의 함수값 $z = f(x_i, y_i)$를 추정해 보자. Lagrange 안짐작 방법을 이용하면

$$\text{점 } (x_i, y_1)\text{에서 } z_{i1} = f(x_i, y_1) = \frac{x_i - x_2}{x_1 - x_2} z_{11} + \frac{x_i - x_1}{x_2 - x_1} z_{21}$$

$$\text{점 } (x_i, y_2)\text{에서 } z_{i2} = f(x_i, y_1) = \frac{x_i - x_2}{x_1 - x_2} z_{12} + \frac{x_i - x_1}{x_2 - x_1} z_{22}$$

이 점들을 이용하여 y에 따라 선형 안짐작을 수행하여 다음을 얻는다.

$$\begin{aligned} z = f(x_i, y_i) &= \frac{y_i - y_2}{y_1 - y_2} z_{i1} + \frac{y_i - y_1}{y_2 - y_1} z_{i2} \\ &= \frac{x_i - x_2}{x_1 - x_2} \frac{y_i - y_2}{y_1 - y_2} z_{11} + \frac{x_i - x_1}{x_2 - x_1} \frac{y_i - y_2}{y_1 - y_2} z_{21} + \frac{x_i - x_2}{x_1 - x_2} \frac{y_i - y_1}{y_2 - y_1} z_{12} + \frac{x_i - x_1}{x_2 - x_1} \frac{y_i - y_1}{y_2 - y_1} z_{22} \end{aligned}$$

보기 5.11 사각 금속판에서의 열전달

다음은 열전달이 이루어지고 있는 어떤 사각형 금속판에서의 온도 측정값이다.

x	y	$T = f(x, y)$
2	1	80
2	8	75
10	1	78
10	8	90

2차원 안짐작을 이용하여 $x_i = 6.4$, $y_i = 5.2$에서의 온도를 추정해 보라.

풀이

$z_{11} = 80$, $z_{12} = 75$, $z_{21} = 78$, $z_{22} = 90$을 이용하면

$$z_{i1} = \frac{x_i - x_2}{x_1 - x_2} z_{11} + \frac{x_i - x_1}{x_2 - x_1} z_{21} = \frac{6.4 - 10}{2 - 10}(80) + \frac{6.4 - 2}{10 - 2}(78) = 78.9$$

$$z_{i2} = \frac{x_i - x_2}{x_1 - x_2} z_{12} + \frac{x_i - x_1}{x_2 - x_1} z_{22} = \frac{6.4 - 10}{2 - 10}(75) + \frac{6.4 - 2}{10 - 2}(90) = 83.25$$

$$z = f(x_i, y_i) = \frac{y_i - y_2}{y_1 - y_2} z_{i1} + \frac{y_i - y_1}{y_2 - y_1} z_{i2} = \frac{5.2 - 8}{1 - 8}(78.9) + \frac{5.2 - 1}{8 - 1}(83.25) = 81.51$$

따라서 $x_i = 6.4$, $y_i = 5.2$에서의 온도는 81.51이다.

■

5.6 MATLAB 내장함수를 이용한 안짐작

5.6.1 3차 스플라인 안짐작: spline

MATLAB은 3차 스플라인을 계산하는 함수 spline을 지니고 있다. 이 함수는

```
yi = spline(x, y, xi)
```

와 같이 사용한다. x와 y는 각각 독립변수 및 종속변수 데이터이며 xi와 yi는 각각 안짐작할 독립변수와 이 점들에서 안짐작 계산된 종속변수 벡터이다.

MATLAB 실습 Cubic spline 안짐작

다음에 주어진 데이터에 대하여 내장함수 spline을 이용하여 3차 스플라인을 수행하고 데이터 점들과 안짐작으로부터 얻어진 다항식에 의해 계산된 곡선을 하나의 그래프에 나타내어라.

x	0.9	1.9	2.6	3.9	4.7	6.0	8.0	10.5	11.6	12.4
f(*x*)	1.3	1.8	2.6	2.4	2.1	2.3	2.3	1.4	0.7	0.6

풀이

```
>> x = [0.9 1.9 2.6 3.9 4.7 6 8 10.5 11.6 12.4]; y = [1.3 1.8 2.6 2.4 2.1
2.3 2.3 1.4 0.7 0.6];
>> xi = min(x):0.1:max(x); y3 = spline(x,y,xi); plot(xi,y3,x,y,'o'), xlabel
('x'), ylabel('y')
>> legend('3차 spline 안짐작','데이터','location','best'), grid
```

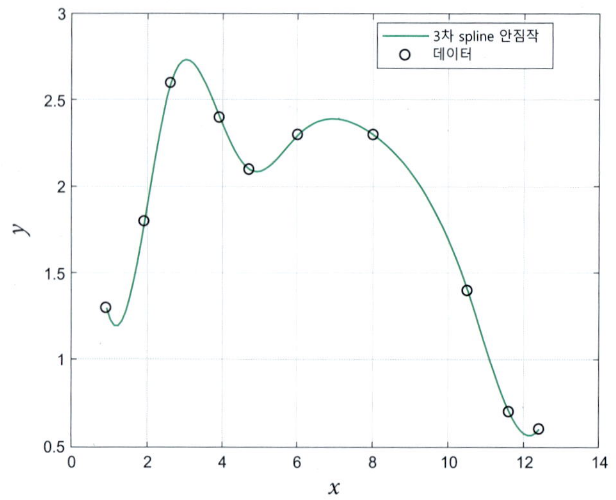

그림 5.11 내장함수 spline을 이용한 3차 안짐작.

5.6.2 1차원 안짐작: interp1

MATLAB은 다양한 형태의 1차원 안짐작을 수행하는 함수 `interp1`을 지니고 있다. 이 함수는

```
yi = interp1(x, y, xi, 'method')
```

와 같이 사용한다. `x`와 `y`는 각각 독립변수 및 종속변수 데이터이며 `xi`와 `yi`는 각각 안짐작할 독립변수와 이 점들에서 안짐작 계산된 종속변수 벡터이다. 'method'는 원하는 안짐작 방법으로서 다음과 같은 옵션을 이용할 수 있다.

표 5.11 내장함수 interp1에서 사용 가능한 method 옵션

method	기능
nearest	가장 근접한 이웃 안짐작. 안짐작 점을 가장 가까이 존재하는 데이터 점으로 취함.
linear	선형 안짐작을 수행. 인접한 두 점을 잇는 직선의 식을 규명.
spline	Cubic spline을 수행. spline 함수와 동일.
pchip, cubic	3차 Hermite 안짐작을 수행.

입력인수로서 'method'를 생략하면 `interp1` 함수는 선형 안짐작 방법을 사용한다. `pchip` 옵션은 `spline`과 마찬가지로 인접한 데이터 점들의 구간에서 3차 다항식을 이용하지만 2차 미분이 반드시 연속일 필요는 없다는 것이 `spline`과 다른 점이다.

MATLAB 실습 내장함수 interp1의 이용

다음은 어떤 반응기에서 시간에 따른 온도 변화를 측정한 데이터이다. `interp1` 내장함수를 이용하여 이 데이터를 접합시켜 보라. `interp1` 함수의 옵션들을 모두 사용해 보고, 그 결과를 서로 비교해 보자.

표 5.12 시간에 따른 반응온도 변화

시간(min)	0	18	42	55	70	82	86	95	102	115
온도(°C)	15	23	24	36	78	80	98	96	127	126

풀이

스크립트 useinterp1은 interp1의 method 옵션들을 사용하고 그 결과를 그래프로 나타낸다.

```
% useinterp1.m: 내장함수 interp1의 사용
tm = [0 18 42 55 70 82 86 95 102 115]; TC = [15 23 24 36 78 80 98 96 127 126];
tinv = linspace(0,115);
yn = interp1(tm, TC, tinv, 'nearest'); yl = interp1(tm, TC, tinv, 'linear');
ys = interp1(tm, TC, tinv, 'spline'); yp = interp1(tm, TC, tinv, 'pchip');
subplot(2,2,1), plot(tm,TC,'o',tinv,yn), axis([0 115 0 130]), title('nearest')
subplot(2,2,2), plot(tm,TC,'o',tinv,yl), axis([0 115 0 130]), title('linear')
subplot(2,2,3), plot(tm,TC,'o',tinv,ys), axis([0 115 0 130]), title('cubic spline')
subplot(2,2,4), plot(tm,TC,'o',tinv,yp), axis([0 115 0 130]), title('cubic Hermite')
```

다음은 스크립트 useinterp1의 수행결과이다.

```
>> useinterp1
```

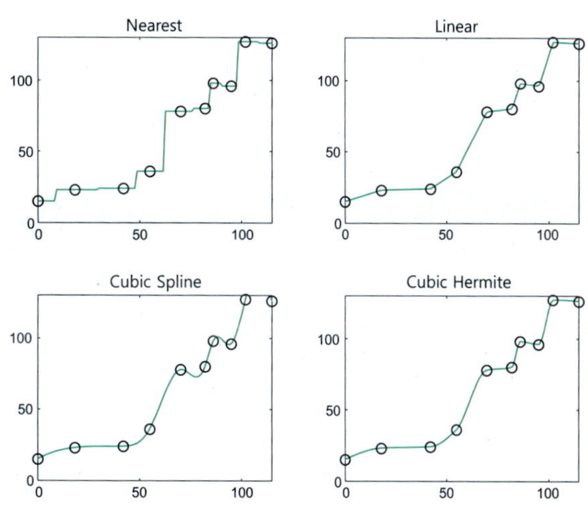

그림 5.12 내장함수 interp1의 method 옵션 비교.

■

5.6.3 다차원 안집작

내장함수 interp2와 interp3는 각각 2차원 및 3차원 안집작을 수행한다. interp2 함수는

```
zi = interp2(x, y, z, xi, yi, 'method')
```

와 같이 사용한다. x와 y는 독립변수 데이터이고 z는 종속변수 데이터이며 xi와 yi는 안짐작이 수행될 독립변수 벡터이다. 'method'는 원하는 안짐작 방법으로서 interp1에서와 동일하다(즉 사용 가능한 옵션으로서 nearest, linear, spline, pchip들이 있다).

다차원 안짐작의 계산 및 그래프 작성에 이용되는 다른 MATLAB 내장함수들은 다음과 같다.

표 5.13 다차원 안짐작 계산 및 그래프 작성에 이용되는 MATLAB 내장함수

내장함수	사용 방법	기능
meshgrid	[X,Y] = meshgrid(x,y) [X,Y,Z] = meshgrid(x,y,z)	벡터 x, y, z에 의해 지정된 영역을 다변수 함수의 계산 및 그래프 작성에 이용할 수 있는 배열 X, Y, Z로 전환
griddata	ZI = griddata(x,y,z,XI,YI) [XI,YI,ZI] = griddata(x,y,z,XI,YI)	z = f(x,y)로 계산. (XI,YI)에서의 안짐작 ZI를 계산.
delaunay	t = delaunay(x,y)	Delaunay 삼각화를 수행
trisurf	trisurf(Tri,X,Y,Z)	행렬 Tri로 정의된 삼각형들을 표면그래프로 표현
trimesh	trimesh(Tri,X,Y,Z)	행렬 Tri로 정의된 삼각형들을 격자(mesh)로 표현

MATLAB 실습 직각격자상의 2차원 안짐작

벡터 x와 y가 각각 x = [0 0.5 1], y = [0 0.2 0.8 1]과 같이 주어져 있다. 표면 z는

$$z = (x^2)^T\{1 + (y-1)\}^3$$

에 의해 정의된다. x 구간 [0 1]을 간격 0.25의 소구간들로 나누고 y 구간 [0 1]을 간격 0.2의 소구간들로 나눈 각 점들에서의 표면 z 값들을 안짐작해 보고 3차원 그래프로 나타내어라. 안짐작에는 spline 방법을 이용하고 그래프 작성에서는 mesh 함수를 이용한다.

풀이

```
>> xd = [0 0.5 1]; yd = [0 0.2 0.8 1]; zd = (xd.^2)'*(1+(yd-1).^3); x =
0:0.25:1; y = 0:0.2:1;
>> z = interp2(xd, yd', zd', x, y', 'spline'); mesh(x,y,z), xlabel('x'),
ylabel('y'), zlabel('z')
```

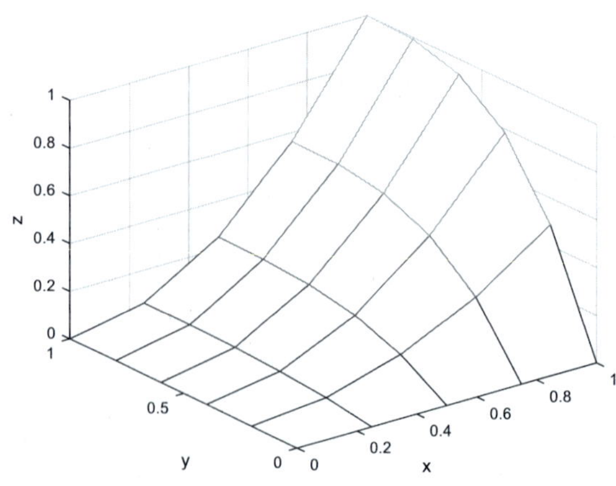

그림 5.13 내장함수 interp2에 의한 안짐작.

■

MATLAB 실습 Delaunay 삼각화

주어진 데이터 집합 (x_i, y_i)에 대한 Delaunay 삼각화(triangulation)는 영역을 삼각형들로 나누어 주는 선들의 집합을 생성한다. 이 때 삼각형의 외접원 내에는 어떠한 데이터 점도 포함되지 않는다. Delaunay 삼각화는 내장함수 delaunay에 의해 수행된다.

```
z = delaunay(x,y)
```

벡터 x와 y는 데이터 벡터들이며 z는 Delaunay 삼각형들의 집합이다.

$0 \leq x \leq 1$, $0 \leq y \leq 2$로 정의되는 사각형 내의 10개 점들과 이 점들에서의 z 값들로 구성되는 데이터를 고려해 보자:

x	0	0	0	0.5	0.5	0.5	1	1	1	1
y	0	1.5	2	0	1.5	2	0	1	1.5	2
z	0	0	0	0.6	0	0	0	0	1	0

이 점들에 대한 Delaunay 삼각화를 수행하고 얻어지는 표면을 그래프로 나타내어라.

풀이

```
>> x = [0 0 0 0.5 0.5 0.5 1 1 1 1]; y = [0 1.5 2 0 1.5 2 0 1 1.5 2];
>> z = [0 0 0 0.6 0 0 0 0 1 0]; d = delaunay(x,y);
>> trimesh(d,x,y,z), xlabel('x'), ylabel('y'), zlabel('z')
```

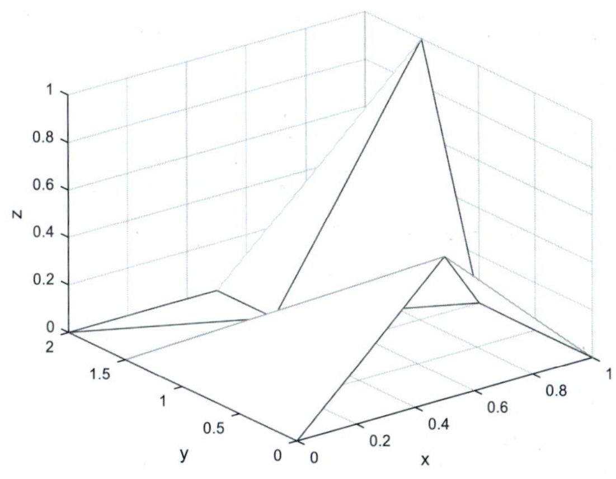

그림 5.14 Delaunay 삼각화.

MATLAB 실습 분산 데이터의 안짐작

데이터 집합 (x_i, y_i, z_i)가 다음과 같이 주어졌다고 하자:

x	0	0	0.2	0.5	0.6	0.5	1	1.1	1.2	1.2
y	0	1.5	2	0	1.5	2	0	1	1.5	2
z	0	0	0.3	0.6	0	0	0.6	0.8	1	0

$0 \le x \le 1$, $0 \le y \le 2$로 정의되는 사각형의 x축과 y축을 각각 크기 0.1인 소구간들로 나누었을 때 생성되는 점들에서의 z 값들에 대한 안짐작을 수행하고 그래프로 나타내어라. 안짐작 수행은 내장함수 griddata를 이용한다.

풀이

```
>> x = [0 0 0.2 0.5 0.6 0.5 1 1.1 1.2 1.2]; y = [0 1.5 2 0 1.5 2 0 1 1.5 2];
>> z = [0 0 0.3 0.6 0 0 0.6 0.8 1 0];
>> xi = 0:0.1:1; yi = 0:0.1:2;  [XI,YI] = meshgrid(xi,yi); ZI = griddata(x,
y,z,XI,YI,'cubic');
mesh(XI,YI,ZI), hold on  % 안짐작된 표면을 그래프로 표현
plot3(x,y,z,'o'),  xlabel('x'), ylabel('y'), zlabel('z'), hold off % 데이터 점
들을 추가
```

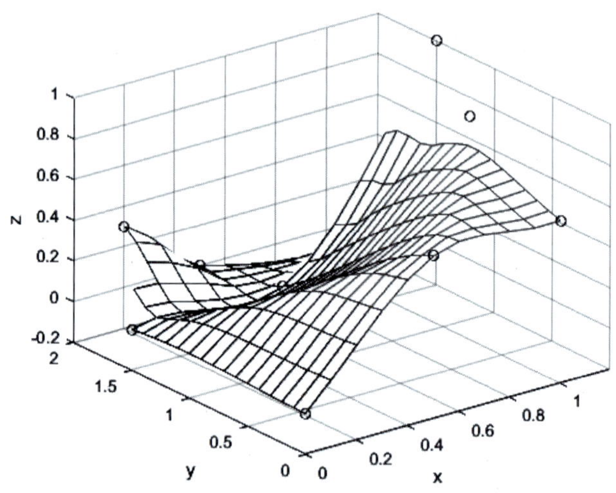

그림 5.15 분산 데이터의 안짐작.

연습 문제

5.1 $\ln 1 = 0$, $\ln 5 = 1.6094$이다. 선형 안짐작을 이용하여 이들 두 점들로부터 ln 3의 값을 추정하라.

5.2 3개의 점 (0, 6), (1, 0), (2, 2)를 지나는 2차 다항식을 구하라.

5.3 다음은 세 온도에서의 포화증기의 엔트로피들이다. 이 점들을 지나는 2차식을 구하라(즉 엔트로피를 온도의 2차함수로 나타내어라). 이를 이용하여 $T = 373.15$ K에서의 엔트로피 값을 추정해 보라.

표 P5.3 프로판의 점도

온도(K)	엔트로피(kJ/kg/K)
313.15	8.2583
363.15	7.4799
413.15	6.9284

5.4 두 점 (2, 4)와 (5, 1)을 지나는 선형 Lagrange 안짐작 다항식을 구하라.

5.5 3점 $(x_1, f_1) = (-2, 4)$, $(x_2, f_2) = (0, 2)$, $(x_3, f_3) = (2, 8)$을 잘 나타내어 주는 2차 Lagrange 안짐작 다항식을 구하라.

5.6 구간 [0, 1.2]의 3점 $x_1 = 0$, $x_2 = 0.6$, $x_3 = 1.2$을 이용하여 함수 $f(x) = \cos(x)$를 잘 나타내어 주는 2차 Lagrange 안짐작 다항식 $p(x)$를 구하라.

5.7 $\ln 1 = 0$, $\ln 4 = 1.3863$, $\ln 6 = 1.7918$이다. 이 점들로부터 1차 및 2차 Lagrange 안짐작 다항식을 이용하여 ln 2의 값을 추정하여 보고 실제값 0.6931과 비교해 보라.

5.8 Newton의 안짐작을 이용하여 3개의 데이터 점 (−2, 4), (0, 2), (2, 8)을 잘 나타내는 2차식을 구하라.

5.9 $\ln 1 = 0$, $\ln 2 = 0.6931$, $\ln 4 = 1.3863$이다. Newton의 2차식 안짐작을 이용하여 주어진 점들로부터 ln 3의 값을 추정하라.

5.10 주어진 데이터를 이용하여 Newton의 유한차분 안짐작 다항식을 구하라.

x_i	1.0	1.3	1.6	1.9	2.2
$f(x_i)$	0.7652	0.6201	0.4554	0.2818	0.1104

5.11 3개의 점 (1, 2), (2, 3), (3, 5)를 지나는 cubic spline을 구하라.

5.12 다음과 같이 주어지는 5개의 점을 지나는 cubic spline을 구하라:

x	−2	−1	0	1	2
y	4	−1	2	1	8

* MATLAB 활용 문제

M5.1 주어진 데이터를 이용하여 함수 newintp로부터 Newton의 유한차분 안짐작 다항식 $p(x)$를 구하고 $x = 1.2$에서의 함수값 $p(1.2)$를 구하라.

x_i	−2	−1.5	−1	−0.5	0	0.5	1	1.5	2
$f(x_i)$	0	0	0	0.87	1	0.87	0	0	0

M5.2 Runge 함수는 $f(x) = \dfrac{1}{1+25x^2}$와 같이 정의되며 다항식 형태의 안짐작이 어려운 함수로 잘 알려져 있다.

(1) 구간 [−1, 1]에서 0.5 간격으로 함수값을 구하면 다음 표와 같다:

x_i	−1.0	−0.5	0.0	0.5	1.0
$f(x_i)$	0.0385	0.1379	1.0000	0.1379	0.0385

표에 주어진 데이터를 이용하여 함수 newintp로부터 Newton의 유한차분 안짐작 다항식 $p(x)$를 구하고, 이를 Runge 함수 및 표의 데이터와 함께 그래프로 나타내어 비교해 보라.

(2) 구간 [−1, 1]에서 0.25 간격으로 함수값을 구한 다음 이 데이터를 이용하여 위의 (1)에서와 같이 함수 newintp로부터 Newton의 유한차분 안짐작 다항식 $p(x)$를 구하고 이를 Runge 함수 및 데이터와 함께 그래프로 나타내어 비교해 보라.

M5.3 다음에 주어진 5개 데이터 점들을 바탕으로 함수 lagrintp로부터 Lagrange 안짐작 다항식을 구하고 이를 데이터와 함께 그래프로 나타내어 비교해 보라.

x_i	0.0	0.5	1.0	1.5	2.0
$f(x_i)$	0.00	0.19	0.26	0.29	0.31

M5.4 주어진 데이터를 이용하여 함수 lagrintp로부터 Lagrange 안짐작 다항식 $f(x)$를 구하고 얻어지는 다항식 곡선을 데이터와 함께 그래프에 나타내어라.

x_i	−2	−1.5	−1	−0.5	0	0.5	1	1.5	2
$f(x_i)$	0	0	0	0.87	1	0.87	0	0	0

M5.5 다음은 온도에 따른 포화 수증기의 엔탈피를 나타낸 표이다. 엔탈피를 가장 잘 나타내어 주는 2차 다항식을 구하라. 이 결과를 이용하여 T = 350.15 K에서의 포화증기의 엔탈피를 계산하고 수증기표와 대조해 보라.

표 M5.5 포화수증기의 엔탈피

온도(K)	엔탈피(kJ/kg)
283.15	2519.9
303.15	2556.4
323.15	2592.2
363.15	2660.1
393.15	2706.0
413.15	2733.1

M5.6 다음과 같은 가역 촉매개질 반응속도를 나타내기 위하여 몇 가지 모델들이 제안되었다:

$$CH_4 + 2H_2O \longleftrightarrow CO_2 + 4H_2$$

어떤 모델(모델 1)에서는 메탄이 촉매 표면에 흡착된다고 간주하고 반응식을 다음과 같이 나타낸다:

$$r_{CO_2} = k_s K_{CH_4}\left(P_{CH_4}P_{H_2O}^2 - \frac{P_{CO_2}P_{H_2}^4}{K_P}\right)\frac{1}{1 + K_{CH_4}P_{CH_4}}$$

다른 모델(모델 2)에서는 촉매에서의 성분 흡착을 무시하고 반응식을 다음과 같이 나타낸다:

$$r_{CO_2} = k_1\left(P_{CH_4}P_{H_2O}^2 - \frac{P_{CO_2}P_{H_2}^4}{K_P}\right)$$

위에서 $K_P = 5.051 \times 10^{-5}$ atm^{2}이다. 표 M5.6은 350°C에서 생성물의 성분 분압들의 함수로 얻어진 반응속도에 대한 실험데이터이다.

(1) 모델 1과 모델 2의 파라미터 k_s, K_{CH_4}, k_1을 추정하라.

(2) 그래프를 이용하여 어느 모델이 데이터를 더 잘 나타내는가를 결정하라.

표 M5.6 생성물의 성분 분압들의 함수로 얻어진 반응속도

n	$r_{CO_2} \times 10^3$ (gmol/hr/g)	분압(atm)			
		CH_4	H_2O	CO_2	H_2
1	0.13717	0.06298	0.23818	0.00420	0.01669
2	0.15584	0.03748	0.26315	0.00467	0.01686
3	0.20028	0.05178	0.29557	0.00542	0.02079
4	0.05700	0.04978	0.23239	0.00177	0.07865
5	0.20150	0.04809	0.29491	0.00655	0.02464
6	0.07887	0.03849	0.24171	0.00184	0.06873
7	0.14983	0.03886	0.26048	0.00381	0.01480
8	0.15988	0.05230	0.26286	0.05719	0.01635
9	0.26194	0.05185	0.33529	0.00718	0.02820
10	0.14426	0.06432	0.24787	0.00509	0.02055
11	0.20195	0.09609	0.28457	0.00652	0.02627

M5.7 다음에 주어진 데이터에 대하여 `cubic spline`을 수행하고 데이터 점들과 안짐작으로부터 얻어진 다항식에 의해 계산된 곡선을 하나의 그래프에 나타내어라.

x	0.9	1.9	2.6	3.9	4.7	6.0	8.0	10.5	11.6	12.4
$f(x)$	1.3	1.8	2.6	2.4	2.1	2.3	2.3	1.4	0.7	0.6

M5.8 표 M5.8은 온도(T)에 따른 물의 증기압(P)과 포화 수증기의 비부피(v)를 보인 것이다. 3차 스플라인 방법을 이용하여 T = 8°C 및 14°C에서의 P와 v를 구하라.

표 M5.8 온도에 따른 물의 증기압과 포화 수증기의 비부피

T(°C)	3.0	6.0	9.0	12.0	15.0	18.0
P(kPa)	0.758	0.935	1.148	1.402	1.705	2.064
v(m^3/kg)	168.13	137.73	113.39	93.78	77.93	65.04

M5.9 어떤 여과장치에서 유량(ℓ/s)에 따른 압력강하(*k*Pa)의 측정 결과는 다음 표와 같다. 함수 `spline`을 이용하여 3차 안짐작을 수행하라.

표 M5.9 여과장치의 유량에 따른 압력강하

유량(ℓ/s)	압력강하(kPa)	유량(ℓ/s)	압력강하(kPa)
0	0	31.7	1.695
9.7	0.28	35.2	2.306
15.6	0.524	38.4	2.781
21.3	0.998	42.9	3.205

M5.10 다음에 주어진 벤젠–톨루엔 평형데이터를 이용하여 x가 0.45일 때 y의 값을 안짐작으로 구하라. 함수 `interp1`의 여러 가지 안짐작 옵션들을 시도해 보라.

표 M5.10 벤젠–톨루엔 평형데이터

x	0.0	0.1	0.2	0.3	0.4	0.5	0.6	0.7	0.8	0.9	1.0
y	0.000	0.211	0.378	0.512	0.623	0.714	0.791	0.856	0.911	0.959	1.000

M5.11 다음은 어떤 반응기에서 시간에 따른 온도 변화를 측정한 데이터이다. `interp1` 함수를 이용하여 이 데이터를 접합시켜 보라. `interp1` 함수의 `pchip` 옵션을 사용해 보자.

표 M5.11 반응온도

시간(min)	0	18	42	55	70	82	86	95	102	115
온도(°C)	15	23	24	36	78	80	98	96	127	126

M5.12 다음은 열전달이 이루어지고 있는 어떤 사각형 금속판에서의 온도 측정값이다.

x	y	$T = f(x, y)$
2	1	80
2	8	75
10	1	78
10	8	90

내장함수 `interp2`를 이용하여 $x_i = 6.4$, $y_i = 5.2$에서의 온도를 추정해 보라.

M5.13 다음은 절대습도(H)와 이슬점(DP) 데이터표를 보인 것이다. 적절한 안짐작 방법을 이용하여 RH = 58.4이고 온도가 46.8°C일 때 H와 DP의 근사값을 구하라.

표 M5.13 절대습도(H)와 이슬점(DP)

상대습도(%RH) 건구온도(°C)		10%	30%	50%	70%	90%
51	H, g/m^3	8.27	24.75	41.30	58.10	73.51
	DP, °C	10.10	26.89	37.01	43.21	47.80
44	H, g/m^3	6.52	19.58	32.70	45.75	58.78
	DP, °C	6.40	23.34	32.18	38.32	42.81

M5.14 다음은 어떤 산악지대에서 너비(x)가 4 km이고 길이(y)가 5 km인 영역 내의 여러 위치에서 고도(z)를 측정한 결과이다. $x = 1.7$, $y = 3.6$에서의 고도를 추정하라.

```
>> x = 0:0.5:4; % x(km)
>> y = 0:0.5:5; % y(km)
>> z = [95 93 96 94 97 94 93 94 96; 96 94 93 94 97 93 96 94 94;
93 94 92 91 96 93 97 96 98; 95 93 92 91 93 95 96 96 93;
97 96 93 92 95 98 99 97 98; 97 98 97 96 98 99 98 96 95;
93 97 95 96 98 102 101 100 98; 91 94 95 96 98 101 102 101 95;
95 97 98 96 97 98 97 95 94; 98 99 101 98 96 95 96 94 93;
94 95 96 96 95 94 93 94 95];
```

M5.15 x축과 y축 방향으로 정상상태 열전도가 이루어지는 긴 사각형 굴뚝을 고려해 보자. 그림 M5.15는 너비(x)와 길이(y)가 각각 11 ft인 사각형 굴뚝의 단면에서의 온도 분포를 보인 것이다. x와 y의 범위를 각각 55개의 소구간들로 나누고(즉 인접 노드들 사이의 거리가 0.2 ft) 각 노드에서의 온도를 추정하라. 아울러 추정 결과를 그래프로 나타내어라.

200	200	200	200	200	200	200	200	200	200	200	200
200	227.2	254.4	279.5	289.8	293	293	289.8	279.5	254.4	227.2	200
200	254.4	312	369.6	387.9	392.2	392.2	387.9	369.6	312	254.4	200
200	279.5	369.6	500	500	500	500	500	500	369.6	279.5	200
200	289.8	387.9	500	500	500	500	500	500	387.9	289.8	200
200	293	392.2	500	500	500	500	500	500	392.2	293	200
200	293	392.2	500	500	500	500	500	500	392.2	293	200
200	289.8	387.9	500	500	500	500	500	500	387.9	289.8	200
200	279.5	369.6	500	500	500	500	500	500	369.6	279.5	200
200	254.4	312	369.6	387.9	392.2	392.2	387.9	369.6	312	254.4	200
200	227.2	254.4	279.5	289.8	293	293	289.8	279.5	254.4	227.2	200
200	200	200	200	200	200	200	200	200	200	200	200

그림 M5.15 사각형 굴뚝의 단면에서의 온도 분포.

제 6 장 미분과 적분

공학문제에서는 미분이나 적분을 해석적으로 구할 수 없는 경우가 많다. 미분이나 적분을 수행할 대상이 비선형 함수이거나 혹은 함수가 아닌 데이터로 주어지는 경우에는 해석적인 미분 및 적분계산이 어렵기 때문에 수치적인 방법이 이용된다.

예를 들면 화학반응에서 반응차수를 결정할 때 초기 반응속도를 이용할 수 있다. 대개 원료 반응물 A의 농도(C_{A0})를 변화시켜가면서 시간에 따른 A의 농도를 측정하는데 반응 초기의 반응속도는 $-r_{A0} = -\left.\frac{dC_A}{dt}\right|_{t=0}$로 표시된다. 반응속도식이 $-r_A = kC_A^n$으로 주어진다면 양변을 미분하여 $\ln(-r_A) = \ln k + n\ln C_A$를 얻는다. $t = 0$에서는 $\ln(-r_{A0}) = \ln k + n\ln C_{A0}$이다. 즉 반응의 차수 n은 $\ln(-r_{A0})$와 $\ln C_{A0}$ 사이의 선형관계를 나타내는 직선의 기울기가 된다.

한편 냉각공정에서 냉각탑의 높이 z는

$$z = \frac{G}{MK_f P}\int_{H_1}^{H_2}\frac{dH}{H^* - H}$$

로부터 얻어진다. 위에서 G는 건조공기의 질량유량, M은 공기의 분자량, K_f는 총괄 물질전달 계수, P는 압력, H는 공기의 엔탈피, H^*는 포화공기의 엔탈피이다. 적분의 하한과 상한 H_1과 H_2는 각각 냉각탑 유입부와 유출부에서의 엔탈피이다. 건습구 습도계 도표로부터 H_1과 H_2 사이의 엔탈피 값들을 취하여 수치적분을 수행함으로써 z를 얻을 수 있다.

6.1 차분을 이용한 미분

6.1.1 Forward 차분을 이용한 미분

점 x에서의 함수 $f(x)$의 미분은 아주 작은 값의 h에 대하여

$$f'(x) = \lim_{h\to 0}\frac{f(x+h) - f(x)}{h}$$

와 같이 정의된다. 함수 $f(x)$의 Taylor 전개로부터

$$f(x+h) = f(x) + hf'(x) + \frac{h^2}{2!}f''(x) + \frac{h^3}{3!}f'''(x) + \cdots$$

$x = x_i$, $x + h = x_{i+1}$, $f(x + h) = f_{i+1}$, $f(x) = f_i$로 나타내면

$$f(x+h) = f(x_{i+1}) = f_{i+1} = f_i + hf_i' + \frac{h^2}{2!}f_i'' + \frac{h^3}{3!}f_i''' + \cdots$$

위 관계를 $f'(x) = f_i'$에 대하여 풀고 2차 미분항 이하를 무시하면

$$f'(x) = f_i' = \frac{df_i}{dx} \approx \frac{f_{i+1} - f_i}{h}$$

이는 1차 미분을 근사하는 2점 forward 차분근사식이다.

한편 $x_{i+2} = x + 2h$에서의 Taylor 전개는

$$f(x+2h) = f(x_{i+2}) = f_{i+2} = f_i + 2hf_i' + \frac{(2h)^2}{2!}f_i'' + \frac{(2h)^3}{3!}f_i''' + \cdots$$

f_{i+1}과 f_{i+2}에 대한 Taylor 전개들로부터 h^3 항 이하를 무시하면

$$f_{i+1} = f_i + hf_i' + \frac{h^2}{2!}f_i'', \quad f_{i+2} = f_i + 2hf_i' + \frac{(2h)^2}{2!}f_i''$$

를 얻는다. 이들로부터 h^2 항을 소거하면 $4f_{i+1} - f_{i+2} = 3f_i + 2hf_i'$. 따라서

$$f_i' = \frac{1}{2h}(-f_{i+2} + 4f_{i+1} - 3f_i)$$

이는 1차미분을 근사하는 3점 forward 차분근사식이다.

2차미분에 대해서도 마찬가지로 근사미분을 구할 수 있다.

$$f_{i+1} = f_i + hf_i' + \frac{h^2}{2!}f_i'' + \frac{h^3}{3!}f_i''' + \cdots$$

$$f_{i+2} = f_i + 2hf_i' + \frac{(2h)^2}{2!}f_i'' + \frac{(2h)^3}{3!}f_i''' + \cdots$$

3차 미분항 이하를 무시하고 위의 두 식으로부터 1차 미분항을 소거하면

$$2f_{i+1} - f_{i+2} = f_i - h^2 f_i''$$

이로부터

$$f_i'' = \frac{1}{h^2}(f_{i+2} - 2f_{i+1} + f_i)$$

을 얻는다.

요약해 보면 1차미분의 경우

$$\frac{df_i}{dx} = \frac{1}{h}(f_{i+1} - f_i) + O(h), \quad \frac{df_i}{dx} = \frac{1}{2h}(-f_{i+2} + 4f_{i+1} - 3f_i) + O(h^2)$$

2차미분의 경우

$$\frac{d^2 f_i}{dx^2} = \frac{1}{h^2}(f_{i+2} - 2f_{i+1} + f_i) + O(h), \quad \frac{d^2 f_i}{dx^2} = \frac{1}{h^2}(-f_{i+3} + 4f_{i+2} - 5f_{i+1} + 2f_i) + O(h^2)$$

위에서 $O(\cdot)$는 잔류항(절단오차)의 h에 대한 차수를 나타낸다.

6.1.2 Backward 차분을 이용한 미분

함수 $f(x) = f_i$의 Taylor 전개에서 h를 $-h$로 치환하면

$$f(x-h) = f_{i-1} = f_i - hf_i' + \frac{h^2}{2!}f_i'' - \frac{h^3}{3!}f_i''' +- \cdots$$

위 관계를 $f'(x) = f_i'$에 대하여 풀고 2차 미분항 이하를 무시하면

$$f'(x) = f_i' = \frac{df_i}{dx} \approx \frac{f_i - f_{i-1}}{h}$$

$x_{i-2} = x - 2h$에서의 Taylor 전개는

$$f(x-2h) = f_{i-2} = f_i - 2hf_i' + \frac{(2h)^2}{2!}f_i'' - \frac{(2h)^3}{3!}f_i''' +- \cdots$$

위의 f_{i-1}과 f_{i-2}에 대한 식으로부터 1차미분을 근사하는 3점 backward 차분근사식

$$f_i' = \frac{1}{2h}(f_{i-2} - 4f_{i-1} + 3f_i)$$

를 얻을 수 있다. 2차미분에 대해서도 마찬가지로 근사미분을 구할 수 있다. 요약해 보면 1차미분의 경우

$$\frac{df_i}{dx} = \frac{1}{h}(f_i - f_{i-1}) + O(h), \quad \frac{df_i}{dx} = \frac{1}{2h}(3f_i - 4f_{i-1} + f_{i-2}) + O(h^2)$$

2차미분의 경우

$$\frac{d^2 f_i}{dx^2} = \frac{1}{h^2}(f_i - 2f_{i-1} + f_{i-2}) + O(h), \quad \frac{d^2 f_i}{dx^2} = \frac{1}{h^2}(2f_i - 5f_{i-1} + 4f_{i-2} - f_{i-3}) + O(h^2)$$

보기 6.1 Backward 차분을 이용한 미분

1차 미분을 근사하는 3점 backward 차분근사

$$\frac{df_i}{dx} = f_i' \approx \frac{1}{2h}(3f_i - 4f_{i-1} + f_{i-2})$$

을 유도하라.

풀이

$$f(x-h) = f_{i-1} = f_i - hf_i' + \frac{h^2}{2!}f_i'' - \frac{h^3}{3!}f_i''' +- \cdots$$

$$f(x-2h)=f_{i-2}=f_i-2hf_i'+\frac{(2h)^2}{2!}f_i''-\frac{(2h)^3}{3!}f_i'''+-\ \cdots$$

위의 두 식들로부터 h^3 항 이하를 무시하면

$$f_{i-1}=f_i-hf_i'+\frac{h^2}{2!}f_i'',\quad f_{i-2}=f_i-2hf_i'+\frac{(2h)^2}{2!}f_i''$$

이들로부터 h^2 항을 소거하면 $2f_{i-1}-\frac{1}{2}f_{i-2}=\frac{3}{2}f_i-hf_i'$. 따라서

$$f_i'=\frac{1}{2h}(3f_i-4f_{i-1}+f_{i-2})$$

■

6.1.3 Central 차분에 의한 미분

앞의 Taylor 전개로부터

$$f(x+h)=f(x)+hf'(x)+\frac{h^2}{2!}f''(x)+\frac{h^3}{3!}f'''(x)+\ \cdots$$

$$f(x-h)=f(x)-hf'(x)+\frac{h^2}{2!}f''(x)-\frac{h^3}{3!}f'''(x)+-\ \cdots$$

위의 식으로부터 아래 식을 빼면

$$f(x+h)-f(x-h)=2hf'(x)+\frac{2h^3}{3!}f'''(x)-+\ \cdots$$

위 관계를 $f'(x)$에 대하여 풀면

$$f'(x)=\frac{f(x+h)-f(x-h)}{2h}-\frac{h^2}{3!}f'''(x)+-\ \cdots$$

3차 미분항 이하를 무시하면

$$f'(x)\approx\frac{f(x+h)-f(x-h)}{2h}$$

$f(x+h)=f_{i+1}$, $f(x)=f_i$, $f(x-h)=f_{i-1}$로 나타내면

$$f'(x)=\frac{df_i}{dx}\approx\frac{f_{i+1}-f_{i-1}}{2h}$$

2차미분에 대해서도 마찬가지로 근사미분을 구할 수 있다. 요약해 보면 1차미분의 경우

$$\frac{df_i}{dx}=\frac{1}{2h}(f_{i+1}-f_{i-1})+O(h^2),$$

$$\frac{df_i}{dx}=\frac{1}{12h}(-f_{i+2}+8f_{i+1}-8f_{i-1}+f_{i-2})+O(h^4)$$

2차미분의 경우

$$\frac{d^2 f_i}{dx^2} = \frac{1}{h^2}(f_{i+1} - 2f_i + f_{i-1}) + O(h^2),$$

$$\frac{d^2 f_i}{dx^2} = \frac{1}{12h^2}(-f_{i+2} + 16f_{i+1} - 30f_i + 16f_{i-1} - f_{i-2}) + O(h^4)$$

를 얻는다. 표 6.1~6.3은 1~3차의 수치미분을 근사하는 차분근사식들을 요약한 것이다.

표 6.1 수치미분을 위한 forward 차분근사식

미분	방법	근사식	절단오차
1차미분	2점차분	$f_i' = \frac{1}{h}(f_{i+1} - f_i)$	$O(h)$
	3점차분	$f_i' = \frac{1}{2h}(-3f_i + 4f_{i+1} - f_{i+2})$	$O(h^2)$
2차미분	3점차분	$f_i'' = \frac{1}{h^2}(f_i - 2f_{i+1} + f_{i+2})$	$O(h)$
	4점차분	$f_i'' = \frac{1}{h^2}(2f_i - 5f_{i+1} + 4f_{i+2} - f_{i+3})$	$O(h^2)$
3차미분	4점차분	$f_i''' = \frac{1}{h^3}(-f_i + 3f_{i+1} - 3f_{i+2} + f_{i+3})$	$O(h)$
	5점차분	$f_i''' = \frac{1}{2h^3}(-5f_i + 18f_{i+1} - 24f_{i+2} + 14f_{i+3} - 3f_{i+4})$	$O(h^2)$

표 6.2 수치미분을 위한 backward 차분근사식

미분	방법	근사식	절단오차
1차미분	2점차분	$f_i' = \frac{1}{h}(f_i - f_{i-1})$	$O(h)$
	3점차분	$f_i' = \frac{1}{2h}(f_{i-2} - 4f_{i-1} + 3f_i)$	$O(h^2)$
2차미분	3점차분	$f_i'' = \frac{1}{h^2}(f_{i-2} - 2f_{i-1} + f_i)$	$O(h)$
	4점차분	$f_i'' = \frac{1}{h^2}(-f_{i-3} + 4f_{i-2} - 5f_{i-1} + 2f_i)$	$O(h^2)$
3차미분	4점차분	$f_i''' = \frac{1}{h^3}(-f_{i-3} + 3f_{i-2} - 3f_{i-1} + f_i)$	$O(h)$
	5점차분	$f_i''' = \frac{1}{2h^3}(3f_{i-4} - 14f_{i-3} + 24f_{i-2} - 18f_{i-1} + 5f_i)$	$O(h^2)$

표 6.3 수치미분을 위한 central 차분근사식

미분	방법	근사식	절단오차
1차미분	2점차분	$f_i' = \frac{1}{2h}(f_{i+1} - f_{i-1})$	$O(h^2)$
	4점차분	$f_i' = \frac{1}{12h}(f_{i-2} - 8f_{i-1} + 8f_{i+1} - f_{i+2})$	$O(h^4)$
2차미분	3점차분	$f_i'' = \frac{1}{h^2}(f_{i-1} - 2f_i + f_{i+1})$	$O(h^2)$
	5점차분	$f_i'' = \frac{1}{12h^2}(-f_{i-2} + 16f_{i-1} - 30f_i + 16f_{i+1} - f_{i+2})$	$O(h^4)$
3차미분	4점차분	$f_i''' = \frac{1}{2h^3}(-f_{i-2} + 2f_{i-1} - 2f_{i+1} + f_{i+2})$	$O(h^2)$
	6점차분	$f_i''' = \frac{1}{8h^3}(f_{i-3} - 8f_{i-2} + 13f_{i-1} - 13f_{i+1} + 8f_{i+2} - f_{i+3})$	$O(h^4)$

보기 6.2 차분을 이용한 미분

$x_i = 1.5$에서 forward 차분, backward 차분, central 차분을 이용하여 $f(x) = \ln(x)$의 미분을 근사하라. 2개의 데이터 점들만을 이용하며 $h = 0.1$로 설정한다.

풀이

$$f_i = \ln(1.5) = 0.4055, \quad f_{i+1} = \ln(1.5 + 0.1) = 0.4700, \quad f_{i-1} = \ln(1.5 - 0.1) = 0.3365$$

Forward 차분: $f_i' \approx \frac{1}{h}(f_{i+1} - f_i) = \frac{0.4700 - 0.4055}{0.1} = 0.645$

Backward 차분: $f_i' \approx \frac{1}{h}(f_i - f_{i-1}) = \frac{0.4055 - 0.3365}{0.1} = 0.690$

Central 차분: $f_i' \approx \frac{1}{2h}(f_{i+1} - f_{i-1}) = \frac{0.4700 - 0.3365}{2(0.1)} = 0.668$

■

MATLAB 활용

차분을 이용한 $f(x)$의 x=a에서의 미분은 함수 diffdr에 의해 수행된다:

function dy = diffdr(a,h,n,m,f)

위에서 a는 미분을 계산하는 점, h는 구간의 크기, n은 차분점들의 수, f는 미분되는 함수이며, m은 차분근사의 형태로서 m=−1이면 n-점 backward 차분(n=2,3,4), m=0이면 n-점 central 차분(n=3,5,4), m=1이면 n-점 forward 차분(n=2,3,4)을 수행한다.

```
function dy = diffdr(a,h,n,m,f)
% 차분을 이용한 함수 f의 x=a에서의 미분
% Inputs:
%    a: 미분을 계산하는 점, h: 구간 크기, n: 차분점들의 수
```

```
%    m: 근사 형태
%       m=-1: n-점 backward 차분 (n=2,3,4)
%       m=0: n-점 central 차분 (n=2,4)
%       m=1: n-점 forward 차분 (n=2,3,4)
%    e: 바깥짐작 파라미터
%    f: 미분되는 함수
% Outputs:
%    dy: x=a에서의 df(x)/dx
if m < 0 % backward 차분
    switch n
        case 2, dy = f(a) - f(a-h);
        case 3, dy = (3*f(a) - 4*f(a-h) + f(a-2*h))/2;
        case 4, dy = (11*f(a) - 18*f(a-h) + 9*f(a-2*h) - 2*f(a-3*h))/6;
    end
elseif m == 0 % central 차분
    switch n
        case 2, dy = (f(a+h) - f(a-h))/2;
        case 3, dy = (f(a+h) - f(a-h))/2;
        case 4, dy = (f(a-2*h) - 8*f(a-h) + 8*f(a+h) - f(a+2*h))/12;
    end
else % forward 차분
    switch n
        case 2, dy = -f(a) + f(a+h);
        case 3, dy = (-3*f(a) + 4*f(a+h) - f(a+2*h))/2;
        case 4, dy = (-11*f(a) + 18*f(a+h) - 9*f(a+2*h) + 2*f(a+3*h))/6;
    end
end
dy = dy/h;
end
```

MATLAB 실습 차분을 이용한 미분

함수 diffdr를 이용하여 $x_i = 1.5$에서 forward 차분, backward 차분, central 차분을 이용하여 $f(x) = \ln(x)$의 미분을 근사하라. 3개의 데이터 점들을 이용하며 $h = 0.1$로 설정한다.

풀이

```
>> f = @(x) log(x); a = 1.5; h = 0.5; n = 3;
>> m = -1; dy = diffdr(a,h,n,m,f) % backward 차분
dy =
    0.5232
>> m = 0; dy = diffdr(a,h,n,m,f) % central 차분
dy =
    0.6931
```

```
>> m = 1; dy = diffdr(a,h,n,m,f) % % forward 차분
dy =
    0.6399
```

■

6.2 데이터의 미분

6.2.1 Lagrange 다항식의 미분

간격이 일정하지 않은 데이터의 경우에는 먼저 미분을 구하고자 하는 점 주위의 인접한 점들에 대하여 Lagrange 안짐작 다항식을 접합시킨다. 다음에 이 다항식을 미분하고 이로부터 얻은 식을 이용하여 구하고자 하는 미분을 계산한다.

예를 들어 인접한 3점 (x_1, y_1), (x_2, y_2), (x_3, y_3)가 주어진 경우 이 점들에 대한 2차 Lagrange 다항식을 얻을 수 있다.

$$f(x)=\frac{(x-x_2)(x-x_3)}{(x_1-x_2)(x_1-x_3)}y_1+\frac{(x-x_1)(x-x_3)}{(x_2-x_1)(x_2-x_3)}y_2+\frac{(x-x_1)(x-x_2)}{(x_3-x_1)(x_3-x_2)}y_3$$

이를 미분하면

$$f'(x)=\frac{2x-x_2-x_3}{(x_1-x_2)(x_1-x_3)}y_1+\frac{2x-x_1-x_3}{(x_2-x_1)(x_2-x_3)}y_2+\frac{2x-x_1-x_2}{(x_3-x_1)(x_3-x_2)}y_3$$

보기 6.3 Lagrange 다항식의 미분

간격이 h로서 일정한 4점에 대한 Lagrange 안짐작 다항식을 이용하여 2차미분 공식

$$f''(x_1)\approx\frac{2y_1-5y_2+4y_3-y_4}{h^2}$$

를 유도하라.

풀이

$$\begin{aligned}f(x)\approx&\frac{(x-x_2)(x-x_3)(x-x_4)}{(x_1-x_2)(x_1-x_3)(x_1-x_4)}y_1+\frac{(x-x_1)(x-x_3)(x-x_4)}{(x_2-x_1)(x_2-x_3)(x_2-x_4)}y_2\\&+\frac{(x-x_1)(x-x_2)(x-x_4)}{(x_3-x_1)(x_3-x_2)(x_3-x_4)}y_3+\frac{(x-x_1)(x-x_2)(x-x_3)}{(x_4-x_1)(x_4-x_2)(x_4-x_3)}y_4\end{aligned}$$

양변을 두 번 미분한 다음 $x = x_1$, $x_i - x_j = (i - j)h$로 두면

$$f''(x_1)\approx\frac{2\{(x_1-x_2)+(x_1-x_3)+(x_1-x_4)\}}{(x_1-x_2)(x_1-x_3)(x_1-x_4)}y_1+\frac{2\{(x_1-x_1)+(x_1-x_3)+(x_1-x_4)\}}{(x_2-x_1)(x_2-x_3)(x_2-x_4)}y_2$$

$$+\frac{2\{(x_1-x_1)+(x_1-x_2)+(x_1-x_4)\}}{(x_3-x_1)(x_3-x_2)(x_3-x_4)}y_3+\frac{2\{(x_1-x_1)+(x_1-x_2)+(x_1-x_3)\}}{(x_4-x_1)(x_4-x_2)(x_4-x_3)}y_4$$

$$=\frac{2\{(-h)+(-2h)+(-3h)\}}{(-h)(-2h)(-3h)}y_1+\frac{2\{(0)+(-2h)+(-3h)\}}{(h)(-h)(-2h)}y_1$$

$$+\frac{2\{(0)+(-h)+(-3h)\}}{(2h)(h)(-h)}y_3+\frac{2\{(0)+(-h)+(-2h)\}}{(3h)(2h)(h)}y_4$$

$$=\left(\frac{-12h}{-6h^3}\right)y_1+\left(\frac{-10h}{2h^3}\right)y_2+\left(\frac{-8h}{-2h^3}\right)y_3+\left(\frac{-6h}{6h^3}\right)y_4=\frac{2y_1-5y_2+4y_3-y_4}{h^2}$$

■

MATLAB 활용

Lagrange 안짐작 다항식을 이용한 데이터의 미분은 MATLAB 함수 uneqder를 이용한다. 이 함수는

```
dyi = uneqder(x, y, xi)
```

와 같이 사용한다. x와 y는 각각 독립변수 및 종속변수 데이터 벡터이며, xi는 미분을 구하고자 하는 점이다. 미분값은 dyi로 주어진다.

```
function dyi = uneqder(x, y, xi)
dyi = y(1)*(2*xi-x(2)-x(3))/((x(1)-x(2))*(x(1)-x(3)))+...
      y(2)*(2*xi-x(1)-x(3))/((x(2)-x(1))*(x(2)-x(3)))+...
      y(3)*(2*xi-x(1)-x(2))/((x(3)-x(1))*(x(3)-x(2)));
end
```

MATLAB 실습 간격이 균일하지 않은 데이터의 미분

다음은 어떤 반응기에서 시간에 따른 압력을 측정한 결과이다. 시간이 2일 때의 압력의 변화율을 구하라. 시간이 0일 때의 변화율은 얼마인가?

$x_i = t$(min)	$y_i = P$(Pa)
0	14.2
1.3	12.1
4	3.8

풀이

Lagrange 다항식을 이용한 미분계산은 함수 uneqder에 의해 수행된다. 이 함수의 수행결과는 다음과 같다.

```
>> x = [0 1.3 4]; y = [14.2 12.1 3.8];
>> yi2 = uneqder(x,y,2)
yi2 =
   -2.6000
```

```
>> yi0 = uneqder(x,y,0)
yi0 =
   -1.1413
```

즉 시간이 2일 때의 압력의 변화율은 −2.6, 시간이 0일 때의 변화율은 −1.1413이다.

6.2.2 Newton 다항식의 미분

3점 (x_1, y_1), (x_2, y_2), (x_3, y_3)가 주어진 경우 이 점들에 대한 2차의 Newton 다항식은

$$f(x) \approx a_0 + a_1(x - x_1) + a_2(x - x_1)(x - x_2)$$

와 같으며 계수들은

$$a_0 = f(x_1), \quad a_1 = \frac{f(x_2) - f(x_1)}{x_2 - x_1}, \quad a_2 = \frac{1}{x_3 - x_1}\left(\frac{f(x_3) - f(x_2)}{x_3 - x_2} - \frac{f(x_2) - f(x_1)}{x_2 - x_1}\right)$$

로 주어진다. $f(x)$의 미분 $f'(x)$는 $f'(x) = a_1 + a_2\{(x - x_1) + (x - x_2)\}$이다. 따라서 $x = x_1$에서는 $f'(x_1) \approx a_1 + a_2(x_1 - x_2)$이다.

점들 사이의 간격이 h로서 일정하다면 x_1, x_2, x_3들의 순서에 따라 다양한 차분공식이 얻어진다. 예를 들어 $x_1 = x$, $x_2 = x - h$, $x_3 = x - 2h$로 두면

$$a_1 = \frac{f(x) - f(x-h)}{h}, \qquad a_2 = \frac{f(x) - 2f(x-h) + f(x-2h)}{2h^2}$$

이며 따라서

$$f'(x) \approx \frac{3f(x) - 4f(x-h) + f(x-2h)}{2h}$$

를 얻는다. 이는 2차 backward 차분공식이다. 만일 $x_1 = x$, $x_2 = x + h$, $x_3 = x - h$로 둔다면

$$a_1 = \frac{f(x+h) - f(x)}{h}, \qquad a_2 = \frac{f(x+h) - 2f(x) + f(x-h)}{2h^2}$$

이며 이로부터

$$f'(x) \approx \frac{f(x+h) - f(x-h)}{2h}$$

와 같은 2차 central 차분공식이 얻어진다.

$n + 1$개의 점 (x_1, y_1), (x_2, y_2), $\cdots$, (x_{n+1}, y_{n+1})이 주어진 경우 이 점들에 대한 n차의 Newton 다항식 $f(x)$는

$$f(x) = a_0 + a_1(x - x_1) + a_2(x - x_1)(x - x_2) + \ \cdots\ + a_n(x - x_1)(x - x_2)\ \cdots\ (x - x_n)$$

와 같으며 $f(x)$의 미분 $f'(x)$는

$$f'(x) = a_1 + a_2\{(x-x_1)+(x-x_2)\} + \cdots + a_n \sum_{k=1}^{n} \prod_{j=1, j \neq k}^{n} (x-x_j)$$

와 같다. 따라서 $x = x_1$에서는

$$f'(x_1) = a_1 + a_2(x_1 - x_2) + \cdots + a_n(x_1-x_2)(x_1-x_3)(x_1-x_4) \cdots (x_1-x_n)$$

이다. 이 식의 우변의 k번째 항까지의 부분합은 차수가 k인 Newton 다항식의 미분이 된다.

MATLAB 활용

Newton 다항식을 이용한 데이터의 미분은 함수 dfnewpoly를 이용한다. 이 함수는

```
[P, df] = dfnewpoly(x, y)
```

와 같이 사용한다. x와 y는 각각 독립변수 및 종속변수 데이터 벡터이며, P는 n차 Newton 다항식의 계수들을 포함하는 벡터이고, 초기점 x(1)에서의 미분의 근사값은 df로 주어진다.

```
function [P, df] = dfnewpoly(x, y)
% Input:
%   x, y: 각각 독립변수 및 종속변수 데이터 벡터
% Output:
%   P: n차 Newton 다항식의 계수들을 포함하는 벡터, df: x(1)에서의 미분의 근사값
P = y; n = length(x);
for j = 2:n
    for k = n:-1:j, P(k) = (P(k) - P(k-1))/(x(k) - x(k-j+1)); end
end
x1 = x(1); df = P(2); pdn = 1; m = length(P) - 1;
for k = 2:m, pdn = pdn*(x1 - x(k)); df = df + pdn*P(k+1); end
end
```

MATLAB 실습 Newton 다항식을 이용한 데이터의 미분

함수 dfnewpoly를 이용하여 다음 데이터로부터 $f'(x_k)$ ($k = 1, 2, 3, 4$)를 근사하라:

k	1	2	3	4
x_k	0.0	0.12	0.25	0.34
$f(x_k)$	0.98	1.01	0.99	0.97

풀이

```
>> x = [0 0.12 0.25 0.34]; y = [0.98 1.01 0.99 0.97]; [P, df] = dfnewpoly(x, y)
P =
    0.9800    0.2500   -1.6154    3.8370
df =
```

```
    0.5590
```

■

6.2.3 Spline 미분

흔히 데이터 점들 사이의 점에서 미분을 수행할 필요가 있는데 이 경우에는 먼저 안짐작을 수행한 다음에 안짐작 다항식을 미분하여 미분값을 구할 수 있다. 구간 $[x_{i-1}, x_i]$ 내의 임의의 점 x에서의 미분은 함수의 cubic spline 안짐작으로부터

$$\frac{df}{dx}=\frac{1}{2}\frac{(x-x_i)^2}{x_{i-1}-x_i}y_{i-1}{''}+\frac{1}{2}\frac{(x-x_{i-1})^2}{x_i-x_{i-1}}y_i{''}-\frac{1}{6}(x_{i-1}-x_i)(y_{i-1}{''}-y_i{''})+\frac{y_{i-1}-y_i}{x_{i-1}-x_i}$$

에 의해 구할 수 있다.

6.2.4 Richardson의 공식

Richardson 방법은 서로 다른 미분구간(h)을 적용하여 얻은 차분 미분값들을 이용함으로써 차분에 의한 미분의 정확도를 높이는 방법이다. Central 차분에 의한 미분은

$$f'(x)=\frac{f(x+h)-f(x-h)}{2h}-\frac{h^2}{3!}f'''(x)+- \quad \cdots \ =g(h)+c_2h^2+c_4h^4+\ \cdots$$

와 같이 나타낼 수 있다. 위에서

$$g(h)=\frac{f(x+h)-f(x-h)}{2h}=\frac{f_{i+1}-f_{i-1}}{2h}$$

오차항 c_2h^2을 소거하기 위해 h 대신 $\frac{h}{2}$를 대입하면

$$f'(x)=g\left(\frac{h}{2}\right)+c_2\left(\frac{h}{2}\right)^2+c_4\left(\frac{h}{2}\right)^4+\ \cdots\ =g\left(\frac{h}{2}\right)+\frac{c_2h^2}{4}+\frac{c_4h^4}{16}+\ \cdots$$

위 식의 양변에 4를 곱하면

$$4f'(x)=4g\left(\frac{h}{2}\right)+c_2h^2+\frac{c_4h^4}{4}+\ \cdots$$

앞에서

$$f'(x)=g(h)+c_2h^2+c_4h^4+\ \cdots$$

위의 두 식에서 c_2h^2을 소거하고 정리하면

$$f'(x)\approx\frac{1}{3}\left\{4g\left(\frac{h}{2}\right)-g(h)\right\}=g\left(\frac{h}{2}\right)+\frac{1}{3}\left\{g\left(\frac{h}{2}\right)-g(h)\right\}$$

위에서

$$g\left(\frac{h}{2}\right)=\frac{y\left(x+\frac{h}{2}\right)-y\left(x-\frac{h}{2}\right)}{h}=\frac{f_{i+1/2}-f_{i-1/2}}{h}$$

보기 6.4 Richardson 바깥짐작을 이용한 미분

Central 차분 공식으로부터

$$D(h)=f'(x)=f_i'\approx\frac{1}{2h}(f_{i+1}-f_{i-1})-\frac{h^2}{6}f_i'''$$

$$D\left(\frac{h}{2}\right)=f'(x)=f_i'\approx\frac{1}{h}(f_{i+1/2}-f_{i-1/2})-\frac{h^2}{24}f_i'''$$

와 같이 쓸 수 있다. 이로부터 f_i'를 $D(h)$와 $D(h/2)$로 나타내어라.

풀이

$D(h)$와 $D(h/2)$에 대한 식들로부터 h^2 항을 소거하려면 $D(h)$와 $4D\left(\frac{h}{2}\right)-D(h)$를 수행하면 된다. 주어진 관계들로부터 $4D\left(\frac{h}{2}\right)-D(h)=3f_i'$. 따라서

$$f_i'=\frac{1}{3}\left\{4D\left(\frac{h}{2}\right)-D(h)\right\}$$

■

MATLAB 활용

Richardson 공식은 MATLAB 함수 richar에 의해 계산된다. 이 함수는

```
dyi = richar(fun, h, xi)
```

와 같이 사용한다. fun은 미분하고자 하는 함수 이름, h는 독립변수 구간, xi는 미분을 계산하고자 하는 점이며 dyi는 xi에서의 미분값이다.

```
function dyi = richar(fun,h,xi)
% Richardson 공식을 이용한 함수의 xi에서의 미분
% input
%   fun: 미분하고자 하는 함수 이름
%   h: 독립변수 구간
%   xi: 미분을 계산하고자 하는 점
% output
%   dyi: xi에서의 미분값

y2 = feval(fun, xi+h); y1 = feval(fun, xi-h); y2m = feval(fun, xi+h/2); y1m =
 feval(fun, xi-h/2);
gh = (y2 - y1)./(2*h); gh2 = (y2m - y1m)./h; dyi = gh2 + (gh2 - gh)/3;
end
```

MATLAB 실습 Richardson 공식을 이용한 함수의 미분

$x = 1.5$에서 $f(x) = e^x$의 미분값을 구하라. $h = 0.1$로 한다.

풀이

함수 richar를 이용한다.

```
>> f = @(x) exp(x); xi = 1.5; h = 0.1; dyi = richar(f,h,xi)
dyi =
    4.4817
```

■

6.3 Newton–Cotes 적분방법

적분연산은

$$I = \int_{x_0}^{x_n} f(x)dx$$

에 의해 이루어진다. 피적분 함수 $f(x)$가 매우 복잡한 함수이거나 함수가 주어지지 않고 x와 y의 데이터가 주어진 경우에는 위의 적분을 수치적으로 수행해야 한다.

구적법(quadrature)은 지정된 영역에서 주어진 함수의 적분을 계산(즉 수치적 방법에 의한 정적분 계산)하는 방법을 일컫는다. n개의 데이터 (x_1, f_1), (x_2, f_2), $\cdots$, (x_n, f_n)이 주어져 있을 경우 평균값은

$$f_m = \frac{1}{n}\sum_{i=1}^{n} f_i$$

구간 $[x_0, x_n]$에서 함수 $y = f(x)$에 대한 중간치 정리에 따르면

$$y_m = \frac{1}{x_n - x_0}\int_{x_0}^{x_n} f(x)dx$$

위에서 y_m은 구간 $[x_0, x_n]$ 내의 점 $x_m = \frac{x_0 + x_n}{2}$에서의 함수값 $y_m = f(x_m)$이다. 위의 관계로부터

$$\int_{x_0}^{x_n} f(x)dx = y_m(x_n - x_0) = f(x_m)(x_n - x_0) = f\left(\frac{x_0 + x_n}{2}\right)(x_n - x_0)$$

위에서 $f_m \approx y_m$이라면

$$y_m = \frac{1}{x_n - x_0}\int_{x_0}^{x_n} f(x)dx \approx \frac{1}{n}\sum_{i=1}^{n} f_i = f_m$$

이로부터

$$\int_{x_0}^{x_n} f(x)dx \approx \frac{x_n - x_0}{n}\sum_{i=1}^{n} f_i$$

일반적으로 구적법은 구간 $[x_0, x_n]$에서의 함수 $y = f(x)$의 적분이

$$\int_{x_0}^{x_n} f(x)dx = \sum_{k=0}^{n} c_k f_k + E(f)$$

로부터 계산되는 경우를 의미하며, $[c_k]_{k=0}^{n}$는 가중치, $E(f)$는 적분의 절단오차를 나타낸다.

Newton-Cotes 방법에서는 함수 $y = f(x)$나 데이터를 적분하기가 쉬운 다항식 근사로 대체시킨 후 독립변수의 간격을 균일하게 하여 적분을 수행한다. 독립변수의 간격이 불균일한 경우에는 Gauss quadrature 방법이 이용된다. 이러한 방법들은 모두 적분구간의 양 끝점 $x = x_0$ 및 $x = x_n$에서의 함수값을 필요로 하므로 닫힌 Newton-Cotes 방법이라고도 불린다. 이와 달리 적분구간 양 끝점에서의 함수값을 이용하지 않고 적분구간 내의 점들에서의 함수값만을 이용하는 방법들은 열린 Newton-Cotes 방법이라고 통칭된다.

구간 $[x_0, x_n]$을 h의 일정한 간격으로 나누면 $x_{i+1} = x_i + h$이며 Gregory-Newton forward 안짐작 공식으로부터

$$y = y_0 + \frac{(x-x_0)}{h}\Delta y_0 + \frac{(x-x_0)(x-x_1)}{2!h^2}\Delta^2 y_0 + \frac{(x-x_0)(x-x_1)(x-x_2)}{3!h^3}\Delta^3 y_0 + \cdots$$

위에서 forward 차분 $\Delta y_0 = y_1 - y_0$이다. 위의 관계를 이용하여 적분연산 $I = \int_{x_0}^{x_n} f(x)dx$를 수행한다. 닫힌 Newton-Cotes 방법에는 Trapezoidal 규칙, Simpson의 1/3 규칙, Simpson의 3/8 규칙, Romberg 구적법들이 있다.

6.3.1 열린 Newton-Cotes 방법

» 중간치 규칙(1점 공식)

위에서 살펴본 바와 같이 적분구간 $[x_0, x_n]$의 양 끝점의 평균을 $x_m = \frac{x_0 + x_n}{2}$라 하면

$$\int_{x_0}^{x_n} f(x)dx \approx f(x_m)(x_n - x_0) = f_m(x_n - x_0)$$

로 주어진다.

보기 6.5 중간치 규칙

중간치 규칙을 이용하여 적분 $I = \int_0^{\pi} \frac{\sin(x)}{x}dx$를 근사하라.

풀이

$x_m = \frac{0+\pi}{2} = \frac{\pi}{2}$이므로 중간치 규칙으로부터

$$I = \int_0^{\pi} \frac{\sin(x)}{x}dx \approx \frac{\sin(\pi/2)}{\pi/2} \cdot (\pi - 0) = 2$$

■

» 2점 공식

적분구간 $[x_0, x_n]$ 내의 두 점들에서의 함수값을 이용하여 적분값을 근사한다. 구간 내의 두 점 x_1과 x_2를 각각 $x_1 = \dfrac{2x_0 + x_n}{3}$, $x_2 = \dfrac{x_0 + 2x_n}{3}$으로 정하면

$$\int_{x_0}^{x_n} f(x)dx \approx \frac{(x_n - x_0)}{2}\{f(x_1) + f(x_2)\} = \frac{(x_n - x_0)}{2}(f_1 + f_2)$$

» 3점 공식

적분구간 $[x_0, x_n]$ 내의 3 점들에서의 함수값을 이용하여 적분값을 근사한다. 구간 내의 점 x_1, x_2, x_3를 각각 $x_1 = \dfrac{3x_0 + x_n}{4}$, $\dfrac{2x_0 + 2x_n}{4}$, $x_3 = \dfrac{x_0 + 3x_n}{4}$으로 정하면 적분값은

$$\int_{x_0}^{x_n} f(x)dx \approx \frac{(x_n - x_0)}{3}\{2f(x_1) - f(x_2) + 2f(x_3)\} = \frac{(x_n - x_0)}{3}(2f_1 - f_2 + 2f_3)$$

와 같이 근사할 수 있다.

6.3.2 Trapezoidal 규칙

너비가 h인 구간 $[x_0, x_1]$의 양 끝점 (x_0, f_0), (x_1, f_1)이 주어졌을 때 이 점들을 접합하는 안짐작 다항식을 고려해 보자. 이 경우 $a = x_0$, $b = x_1$으로 두면 구간 너비 h는 $h = x_1 - x_0 = b - a$이다. Gregory–Newton forward 안짐작 다항식을 이용하면 적분식은

$$I_1 = \int_a^b \left\{f_0 + \frac{(x-a)}{h}\Delta f_0\right\}dx + \int_a^b R_n(x)dx = \frac{h}{2}(f_0 + f_1) + \int_a^b R_n(x)dx$$

위에서 잔류항(나머지 항)은

$$\begin{aligned}\int_{a=x_0}^{b=x_1} R_n(x)dx &= \int_{x_0}^{x_1}\left[\frac{(x-x_0)(x-x_1)}{2!h^2}\Delta^2 f_0 + \frac{(x-x_0)(x-x_1)(x-x_2)}{3!h^3}\Delta^3 f_0 + \cdots\right]dx \\ &= -\frac{1}{12}h\Delta^2 f_0 + \frac{1}{24}h\Delta^3 f_0 - \cdots \\ &= -\frac{1}{12}h^3 D^2 f_0 + \frac{1}{24}h^4 D^3 f_0 - \cdots = -\frac{1}{12}h^3 D^2 f(\xi_1)\end{aligned}$$

따라서

$$I_1 = \frac{h}{2}(f_0 + f_1) + O(h^3)$$

나머지 구간들에서도 마찬가지 연산을 수행한다. 즉

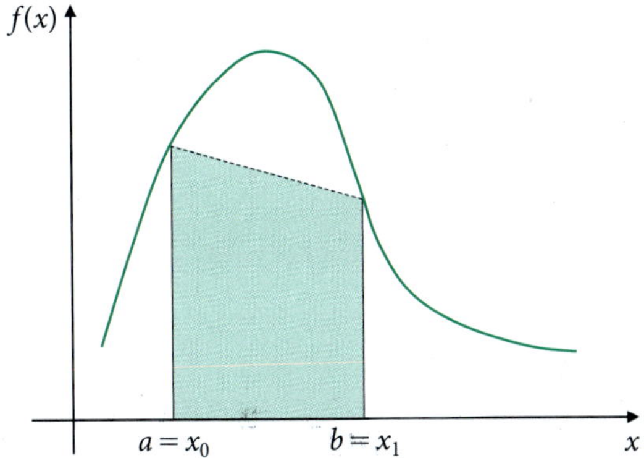

그림 6.1 Trapezoidal 규칙.

$$I_1 = \frac{h}{2}(f_0 + f_1) + O(h^3)$$

$$I_2 = \frac{h}{2}(f_1 + f_2) + O(h^3)$$

$$\vdots$$

$$I_n = \frac{h}{2}(f_{n-1} + f_n) + O(h^3)$$

이들을 모두 합하면

$$I = \frac{h}{2}\left(f_0 + 2\sum_{i=1}^{n-1} f_i + f_n\right) + nO(h^3)$$

위에서 $h = \frac{x_n - x_0}{n}$이다. 아울러 $n = \frac{x_n - x_0}{h}$이므로

$$nO(h^3) = \frac{x_n - x_0}{h} O(h^3) \approx O(h^2)$$

보기 6.6 Trapezoidal 적분규칙

함수 $f(x)$가 다음과 같이 주어졌을 때 Trapezoidal 규칙을 이용하여 적분 $\int_0^3 f(x)dx$를 근사하라. $x_0 = 0$, $x_1 = 3$으로 두고 $h = x_1 - x_0 = 3 - 0 = 3$을 이용한다.

(1) $f(x) = x^2$ (2) $f(x) = e^x$

풀이

Trapezoidal 규칙으로부터 $I_1 \approx \frac{h}{2}(f_0 + f_1)$. $f_0 = f(x_0)$, $f_1 = f(x_1)$, $h = x_1 - x_0$를 이용한다.

(1) $h = 3 - 0 = 3$, $f_0 = 0^2 = 0$, $f_1 = 3^2 = 9$. 따라서 $I_1 \approx \frac{h}{2}(f_0 + f_1) = \frac{3}{2}(0 + 9) = 13.5$

(2) $h = 3 - 0 = 3$, $f_0 = e^0 = 1$, $f_1 = e^3$. 따라서 $I_1 \approx \frac{h}{2}(f_0 + f_1) = \frac{3}{2}(1 + e^3) = 31.63$ ■

MATLAB 활용

Trapezoidal 적분규칙 계산은 함수 tzint에 의해 수행된다. 이 함수는

```
y = tzint(func, a, b, n, varargin)
```

와 같이 사용한다. func는 피적분 함수 이름, a와 b는 적분의 하한과 상한, n은 구간 수(기정은 100), y는 계산된 적분값이다.

```
function y = tzint(func,a,b,n,varargin)
% Trapezoidal 수치적분 규칙
% input
%    func: 피적분 함수 이름
%    a, b: 적분의 하한과 상한
%    n: 구간 수(디폴트는 100)
% output
%    y: 적분 추정값

if ~(b > a), error('적분 상한이 하한보다 커야 함'); end
if isempty(n), n = 100; end % n이 지정되지 않으면 100으로 설정
x = a; h = (b - a)/n; s = func(a,varargin{:});
for i = 1:n-1, x = x + h; s = s + 2*func(x,varargin{:}); end
s = s + func(b,varargin{:}); y = (b - a) * s/(2*n);
end
```

MATLAB 실습 Trapezoidal 적분규칙

질량 m인 물체가 자유낙하할 때의 속도는

$$v = \sqrt{\frac{gm}{c_D}} \tanh\left(\sqrt{\frac{gc_D}{m}}\, t\right)$$

로 주어진다. 여기에서 g는 중력 가속도, c_D는 항력계수이다. $g = 9.8$ m/s^2, $m = 70$ kg, $c_D = 0.22$ kg/m일 때 4초 동안(즉 $t_0 = 0$, $t_f = 4$) 낙하한 거리를 구하라. 적분구간 수를 5, 10, 100, 1000으로 변화시켜 가면서 결과가 어떻게 달라지는지 살펴보라.

풀이

```
>> format long
>> g = 9.8; m = 70; cd = 0.22; fun = @(t) sqrt(g.*m./cd).*tan-
h(sqrt(g.*cd./m).*t);
>> t0 = 0; tf = 4; n = 5; y = tzint(fun,t0,tf,n)
y =
  72.505629712746355
>> n = 10; y = tzint(fun,t0,tf,n)
```

```
y =
  72.649756658390970
>> n = 100; y = tzint(fun,t0,tf,n)
y =
  72.697227784594020
>> n = 1000; y = tzint(fun,t0,tf,n)
y =
  72.697702269580390
```

» 재귀 Trapezoidal 규칙

짝수점 $x_0 < x_2 < \cdots < x_{2m-2} < x_{2m}$에 대하여 Trapezoidal 규칙을 적용하면 구간 크기는 $2h$이므로

$$I(J-1) = \frac{2h}{2}(f_0 + 2f_2 + 2f_4 + \cdots + 2f_{2m-4} + 2f_{2m-2} + f_{2m})$$

를 얻는다. 모든 점 $x_0 < x_1 < x_2 < \cdots < x_{2m-1} < x_{2m}$에 대하여 Trapezoidal 규칙을 적용하면

$$I(J) = \frac{h}{2}(f_0 + 2f_1 + 2f_2 + \cdots + 2f_{2m-2} + 2f_{2m-1} + f_{2m})$$

$I(J)$에서 짝수점에서의 근사와 홀수점에서의 근사를 구분하여 나타내면

$$\begin{aligned} I(J) &= \frac{h}{2}\left(f_0 + 2f_2 + \cdots + 2f_{2m-2} + f_{2m}\right) + \frac{h}{2}(2f_1 + 2f_3 + \cdots + 2f_{2m-1}) \\ &= \frac{1}{2}I(J-1) + h\sum_{k=1}^{m} f_{2k-1} \end{aligned}$$

이는 재귀 Trapezoidal 규칙이라고 불린다. $J = 1$에서는 $I(0) = \frac{h}{2}(f_0 + f_n)$이다.

MATLAB 활용

재귀 Trapezoidal 규칙은 함수 rctrapz에 의해 수행된다:

z = rctrapz(f,a,b,n)

위에서 f는 피적분 함수, a와 b는 적분구간의 하한 및 상한, n는 반복 횟수이며, z는 매 반복단계에서 얻어지는 $I(J)$ 값이다.

```
function z = rctrapz(f,a,b,n)
% Input:
%    f: 피적분 함수, a, b: 적분구간의 하한 및 상한, n: 반복 횟수
% Output:
%    z: I(J) 값
```

```
m = 1; h = b-a; z = zeros(1,n+1); z(1) = h*(f(a)+f(b))/2;
for j = 1:n
    m = 2*m; h = h/2; sm = 0;
    for k = 1:m/2, x = a + h*(2*k-1); sm = sm + f(x); end
    z(j+1) = z(j)/2 + h*sm;
end
end
```

MATLAB 실습 재귀 Trapezoidal 규칙

$\int_1^3 \frac{1}{x+5}dx$를 구하라. 반복 횟수는 5로 한다.

풀이

```
>> f = @(x) 1./(x+5); a = 1; b = 3; z = rctrapz(f,a,b,5)
z =
   0.2917    0.2887    0.2879    0.2877    0.2877    0.2877
```

■

6.3.3 Simpson의 1/3 규칙

Newton−Cotes 적분공식에서 너비가 각각 h인 두 구간을 이용하여 3개의 점 (x_0, f_0), (x_1, f_1), (x_2, f_2)에서 다항식을 접합시킨다. Gregory−Newton forward 안짐작 다항식에서 처음부터 세 번째 항까지에 대한 적분을 수행하면

$$I_1 = \int_{x_0}^{x_2}\left\{f_0 + \frac{(x-x_0)}{h}\Delta f_0 + \frac{(x-x_0)(x-x_1)}{2!h^2}\Delta^2 f_0\right\}dx + \int_{x_0}^{x_2} R_n(x)dx$$
$$= \frac{h}{3}(f_0 + 4f_1 + f_2) - \frac{1}{90}h^5 D^4 f(\xi_1)$$

즉

$$I_1 = \frac{h}{3}(f_0 + 4f_1 + f_2) + O(h^5)$$

전체 적분구간 $[x_0, x_n]$에서는

$$I = \frac{h}{3}\left(f_0 + 4\sum_{i=1}^{n/2} f_{2i-1} + 2\sum_{i=1}^{n/2-1} f_{2i} + f_n\right) + O(h^4)$$

와 같다.

Simpson의 1/3 규칙에서는 소구간들의 간격이 모두 동일해야 하며 적분구간 $[x_0, x_f]$ 내의 소구간들의 수는 짝수이어야 한다.

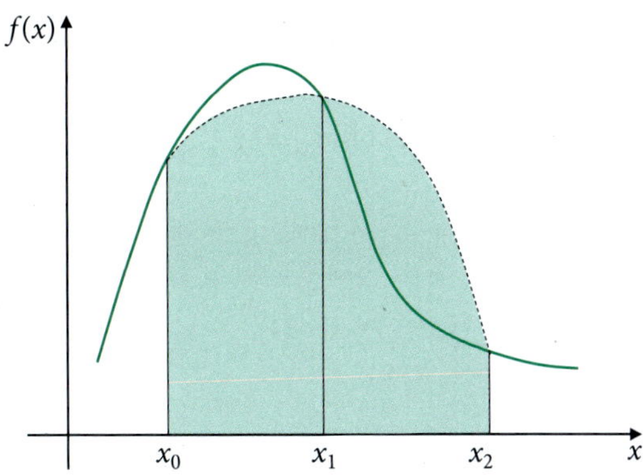

그림 6.2 Simpson의 1/3 규칙.

보기 6.7 Simpson의 1/3 규칙

함수 $f(x)$가 다음과 같이 주어졌을 때 Simpson의 1/3 규칙을 이용하여 적분 $\int_0^3 f(x)dx$를 근사하라. $x_0 = 0,\ x_1 = \dfrac{0+3}{2} = 1.5,\ x_2 = 3$으로 설정한다.

(1) $f(x) = x^2$ (2) $f(x) = e^x$

풀이

$x_0 = 0,\ x_1 = 0 + \dfrac{0+3}{2} = 1.5,\ x_2 = 3$으로 설정하면 $h = \dfrac{3-0}{2} = 1.5$이다. Simpson의 1/3 규칙으로부터 $I_1 = \dfrac{h}{3}(f_0 + 4f_1 + f_2)$. $f_0 = f(x_0), f_1 = f(x_1), f_2 = f(x_2)$를 이용한다.

(1) $h = 1.5, f_0 = 0^2 = 0, f_1 = 1.5^2 = 2.25, f_2 = 3^2 = 9$. 따라서 $I_1 \approx \dfrac{h}{3}(f_0 + 4f_1 + f_2) = \dfrac{1.5}{3}(0 + 4 \cdot 2.25 + 9) = 9$. 정확한 적분값은 $\int_0^3 x^2 dx = 9$이다.

(2) $h = 1.5, f_0 = e^0 = 1, f_1 = e^{1.5}, f_2 = e^3$. 따라서 $I_1 \approx \dfrac{h}{3}(f_0 + 4f_1 + f_2) = \dfrac{1.5}{3}(1 + 4 \cdot e^{1.5} + e^3) = 19.5$. 정확한 적분값은 $\int_0^3 e^x dx = 19.0855$이다. ■

MATLAB 활용

함수가 주어진 경우 Simpson의 1/3 규칙은 함수 SimpsonFun에 의해 수행된다. 이 함수는 다음과 같이 사용한다.

```
function Q = SimpsonFun(fun, a, b, n)
```

위에서 fun은 주어진 함수 이름이며, [a b]는 적분구간, n은 소구간 수(짝수)이다.

```
function Q = SimpsonFun(fun,a,b,n)
% Simpson의 1/3 규칙에 의한 적분의 수행: 함수가 주어진 경우
```

```
% fun: 함수 이름, [a b]: 적분구간, n: 소구간 수(짝수)
if n/2 ~= floor(n/2), disp('n은 짝수여야 함.'); return; end
h = (b-a)/n; fv = feval(fun, a);
for i = 1:n/2
    m = 2*i - 1; x = a + h*m; g = feval(fun, x);
    fv = fv + 4*g; m = 2*i; x = a + h*m; g = feval(fun, x);
    if i == n/2, fv = fv + g;
    else, fv = fv + 2*g;
    end
end
Q = h*fv/3;
end
```

데이터가 주어진 경우 Simpson의 1/3 규칙은 함수 SimpsonDat에 의해 수행된다. 이 함수는 다음과 같이 사용한다.

```
function Q = SimpsonDat(x, y)
```

위에서 x는 독립변수 벡터(동일간격)이고, y는 함수값 벡터이다.

```
function Q = SimpsonDat(x , y)
% Simpson의 1/3 규칙에 의한 적분의 수행
% x: 독립변수 벡터(동일간격), y: 함수값 벡터
points = length(x);
if length(y) ~= points, error('x와 y의 길이가 다름.'); return; end
dx = diff(x);
if max(dx)-min(dx) > min(abs(x))/1000, error('x의 간격이 균일하지 않음.'); return;
end
h = dx(1);
if mod(points,2) == 0
   warning('구간 수가 홀수: 마지막 구간에서는 Trapezoidal 규칙을 이용.'); n = points - 1;
else, n = points;
end
% 적분
y1 = y(2 : 2 : n - 1); y2 = y(3 : 2 : n - 2);
Q = (y(1) + 4*sum(y1) + 2*sum(y2) + y(n))*h/3;
if n ~= points, Q = Q + (y(points) + y(n))*h/2; end
end
```

MATLAB 실습 Simpson의 1/3 규칙

$\int_1^3 \frac{1}{x+5} dx$를 구하라. 구간 수를 20으로 설정하라.

풀이

```
>> f = @(x) 1./(x+5); a = 1; b = 3; Q = SimpsonFun(f,a,b,20)
Q =
    0.2877
```

■

MATLAB 실습 페니실린 발효공정

다음은 페니실린 발효공정에서 6시간 동안의 이산화탄소 발생률과 산소 소모율 데이터이다. Simpson의 1/3 규칙을 이용하여 6시간 동안의 발효공정 동안에 소모된 산소량과 생성된 이산화탄소의 양을 구하라.

발효시간(hr)	130	131	132	133	134	135	136
CO_2 발생률(g/hr)	15.72	15.53	15.19	16.56	16.21	17.39	17.36
O_2 소모율(g/hr)	15.49	16.16	15.35	15.13	14.20	14.23	14.29

풀이

데이터가 주어진 경우 Simpson의 1/3 규칙은 함수 SimpsonDat에 의해 수행된다. 스크립트 ferm02C02는 SimpsonDat 함수를 호출하여 적분을 수행한다.

```
% ferm02C02.m
% 페니실린 발효공정에서의 이산화탄소 발생률과 산소 소모량
% Simpson의 1/3 규칙을 이용
clear all; t = [130:136]; rC02 = [15.72 15.53 15.19 16.56 16.21 17.39 17.36];
r02 = [15.49 16.16 15.35 15.13 14.20 14.23 14.29];
m2C02 = SimpsonDat(t,rC02);  m202 = SimpsonDat(t,r02);
fprintf('총 C02 발생량: %9.4f (Simpson 1/3 규칙을 이용)',m2C02)
fprintf('\n총 산소 소모량: %9.4f (Simpson 1/3 규칙을 이용)\n',m202)
```

스크립트 ferm02C02의 수행결과는 다음과 같다.

```
>> ferm02C02
총 C02 발생량:   97.9333 (Simpson 1/3 규칙을 이용)
총 산소 소모량:   90.3200 (Simpson 1/3 규칙을 이용)
```

■

6.3.4 Simpson의 3/8 규칙

Newton–Cotes 적분공식에서 너비가 각각 h인 3개의 구간을 이용하여 4개의 점 (x_0, f_0), (x_1, f_1), (x_2, f_2), (x_3, f_3)에서 다항식을 접합시킨다. Gregory–Newton forward 안짐작 다항식에서 처음부터 네 번째 항까지에 대한 적분을 수행하면

$$I_1 = \int_{x_0}^{x_3}\left\{f_0 + \frac{(x-x_0)}{h}\Delta f_0 + \frac{(x-x_0)(x-x_1)}{2!h^2}\Delta^2 f_0 + \frac{(x-x_0)(x-x_1)(x-x_2)}{3!h^3}\Delta^3 f_0\right\}dx$$

$$+\int_{x_0}^{x_3} R_n(x)dx = \frac{3h}{8}(f_0+3f_1+3f_2+f_3) - \frac{3}{80}h^5 D^4 f(\xi_1)$$

즉

$$I_1 = \frac{3h}{8}(f_0+3f_1+3f_2+f_3) + O(h^5)$$

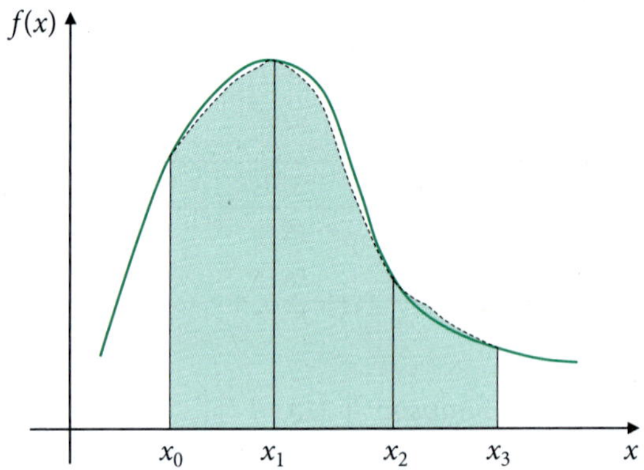

그림 6.3 Simpson의 3/8 규칙.

전체 구간에서는

$$I = \frac{3h}{8}\left(f_0 + 3\sum_{i=1}^{n/3}(f_{3i-2}+f_{3i-1}) + 2\sum_{i=1}^{n/3-1} f_{3i} + f_n\right) + O(h^4)$$

와 같다.

Simpson의 3/8 규칙에서는 소구간들의 간격이 모두 동일해야 하며, 적분구간 $[x_0, x_f]$ 내의 소구간들의 수는 3의 배수이어야 한다.

6.3.5 Romberg 구적법

Romberg 구적법(quadrature)은 Trapezoidal 규칙과 Richardson의 바깥짐작 방법을 조합한 적분 알고리듬이다. 이전의 Trapezoidal 규칙으로부터

$$I = \frac{h}{2}\left(f_0 + 2\sum_{i=1}^{n-1} f_i + f_n\right) = \frac{h}{2}(f_0+f_n) + h\sum_{i=1}^{n-1} f_i$$

위에서 $h = \frac{x_n - x_0}{n}$, $f_i = f(x_i)$이다. $a = x_0$, $b = x_n$, $f_a = f(a)$, $f_b = f(b)$로 두면

$$h = \frac{b-a}{n}, \quad x_i = a + ih \quad (i = 0, 1, 2, \cdots, n)$$

이제 n을 2의 배수로 정하면, 즉 $n = 2^{k-1}$ ($k = 1, 2, \cdots$)라 하면

$$h = \frac{b-a}{n} = \frac{b-a}{2^{k-1}}$$

이를 위의 Trapezoidal 규칙에 대입하면

$$I = R_{k,1} = \frac{h}{2}(f_0 + f_n) + h\sum_{i=1}^{n-1} f_i = \frac{b-a}{2^k}(f_a + f_b) + \frac{b-a}{2^{k-1}}\sum_{i=1}^{2^{k-1}-1} f\left(a + i\frac{b-a}{2^{k-1}}\right)$$

따라서

$$R_{1,1} = \frac{b-a}{2}(f_a + f_b)$$

$$R_{2,1} = \frac{b-a}{4}(f_a + f_b) + \frac{b-a}{2} f\left(a + \frac{b-a}{2}\right) = \frac{R_{1,1}}{2} + \frac{b-a}{2} f\left(a + \frac{b-a}{2}\right)$$

$$R_{3,1} = \frac{b-a}{8}(f_a + f_b) + \frac{b-a}{4}\sum_{i=1}^{3} f\left(a + i\frac{b-a}{4}\right) = \frac{R_{2,1}}{2} + \frac{b-a}{4}\sum_{i=1}^{2} f\left\{a + \left(i - \frac{1}{2}\right)\frac{b-a}{2}\right\}$$

$$\vdots$$

$$R_{k,1} = \frac{R_{k-1,1}}{2} + \frac{b-a}{2^{k-1}}\sum_{i=1}^{2^{k-2}} f\left\{a + \left(i - \frac{1}{2}\right)\frac{b-a}{2^{k-2}}\right\} \quad (k = 2, 3, \cdots, n)$$

$R_{1,1}$ 혹은 $R_{2,1}$을 이용하여 적분을 근사한다면

$$I = R_{1,1} + O(h^2)$$

$$I = R_{2,1} + O\left(\frac{h^2}{4}\right) \quad \Rightarrow \quad 4I = 4R_{2,1} + O(h^2)$$

위의 두 식으로부터 오차항 $O(h^2)$을 소거하면 $3I = 4R_{2,1} - R_{1,1}$을 얻는다. 따라서

$$I = R_{2,2} = \frac{4R_{2,1} - R_{1,1}}{3}$$

마찬가지로 하여

$$R_{3,3} = \frac{16R_{3,2} - R_{2,2}}{15}$$

일반적인 바깥짐작 공식은

$$R_{i,k} = \frac{4^{k-1}R_{i,k-1} - R_{i-1,k-1}}{4^{k-1} - 1} \quad (i = 2, 3, \cdots, n;\ k = 2, 3, \cdots, i)$$

MATLAB 활용

Romberg 구적법은 함수 `Romberg`에 의해 수행된다. 이 함수는 다음과 같이 사용한다.

```
Q = Romberg(fun, a, b, n)
```

위에서 fun는 함수 이름, [a b]는 적분구간, n은 소구간 수이다.

```
function Q = Romberg(fun,a,b,n)
% Romberg quadrature에 의한 적분의 수행
% fun: 함수 이름, [a b]: 적분구간, n: 소구간 수
h = b - a; R(1,1) = h*(feval(fun,a) + feval(fun,b))/2; m = 1;
for i = 1:n-1
    h = h/2; s = 0;
    for j = 1:m, x = a + h*(2*j - 1);  s = s + feval(fun,x); end
    R(i+1,1) = R(i,1)/2 + h*s;  m = 2*m;
    for k = 1:i, R(i+1,k+1) = R(i+1,k) + (R(i+1,k) - R(i,k))/(4^k - 1); end
end
Q =  R(i+1,k+1);
end
```

MATLAB 실습 Romberg 구적법

$I = \int_0^2 2x^2 e^{1.3x} dx$를 구하라.

풀이

```
>> f = @(x) 2*x.^2*exp(1.3*x); a = 0; b = 2; n = 10; Q = Romberg(f,a,b,n)
Q =
   41.8124
```

■

6.3.6 적응 구적법

Simpson 규칙과 같은 방법을 이용하여 적분을 수행하는 경우 피적분 함수가 급격하게 변할 때에는 적분구간의 크기를 더 작게 조정할 필요가 있다. 적응 구적법(adaptive quadrature)은 적분 계산에서 피적분 함수의 변화에 따라 적분구간의 크기를 조정하는 방법이다. 구간 $[a_k, b_k]$에서 Simpson의 1/3 규칙을 적용하면

$$\int_{a_k}^{b_k} f(x)dx \approx I_k = \frac{h}{3}\{f(a_k) + 4f(c_k) + f(b_k)\}$$

를 얻는다. 위에서 $c_k = (b_k - a_k)/2$, 그리고 $h = (b_k - a_k)/2$이다. 구간 $[a_k, b_k]$를 크기가 같은 두 개의 구간 $[a_{k1}, b_{k1}]$과 $[a_{k2}, b_{k2}]$로 나누고 각 구간에 대하여 위의 적분과정을 수행하면

$$\int_{a_k}^{b_k} f(x)dx \approx I_{k1} + I_{k2} = \frac{h/2}{3}\{f(a_{k1}) + 4f(c_{k1}) + f(b_{k1})\} + \frac{h/2}{3}\{f(a_{k2}) + 4f(c_{k2}) + f(b_{k2})\}$$

를 얻는다. 위에서 $a_{k1} = a_k$, $b_{k1} = a_{k2} = c_k$, $b_{k2} = b_k$이며 c_{k1}은 구간 $[a_{k1}, b_{k1}]$의 중간점, c_{k2}는 구간 $[a_{k2}, b_{k2}]$의 중간점이다.

MATLAB 활용

Simpson 규칙에 근거한 적응 구적법은 함수 adqsim에 의해 수행된다:

```
[z, eh] = adqsim(f,a,b,crit)
```

위에서 f는 피적분 함수, a와 b는 적분의 하한 및 상한, crit는 수렴기준, z는 적분의 근사값, eh는 추정오차이다. 함수 adqsim는 부함수로서 Simpson 1/3 규칙을 수행하는 sim13을 지닌다.

```
function [z, eh] = adqsim(f,a,b,crit)
% Input:
%   f: 피적분 함수, a, b: 적분의 하한 및 상한, crit: 수렴기준
% Output:
%   z: 적분의 근사값, eh: 추정오차
sm = zeros(30,6); iter = 0; strue = 1; sv = zeros(1,6);
sv = sim13(f,a,b,crit); sm(1,1:6) = sv; m = 1; st = iter;
while(st == iter)
    n = m;
    for j = n:-1:1
        p = j; sr0 = sm(p,:); eh = sr0(5); crit = sr0(6);
        if (crit <= eh)
            st = strue; sr1 = sr0; sr2 = sr0;
            a = sr0(1); b = sr0(2); c = (a + b)/2;
            eh = sr0(5); crit = sr0(6); crit2 = crit/2;
            sr1 = sim13(f,a,c,crit2); sr2 = sim13(f,c,b,crit2);
            eh = abs(sr0(3) - sr1(3) - sr2(3))/10;
            if (eh < crit)
                sm(p,:) = sr0; sm(p,4) = sr1(3) + sr2(3); sm(p,5) = eh;
            else
                sm(p+1:m+1,:) = sm(p:m,:); m = m+1;
                sm(p,:) = sr1; sm(p+1,:) = sr2; st = iter;
            end
        end
    end
end
z = sum(sm(:,4)); eh = sum(abs(sm(:,5))); sm = sm(1:m,1:6);
end

function z = sim13(f,a0,b0,crit)
h = (b0 - a0)/2; c = zeros(1,3); c = f([a0 (a0+b0)/2 b0]);
s = h*(c(1) + 4*c(2) + c(3))/3; s2 = s; crit1 = crit; eh = crit;
z = [a0 b0 s s2 eh crit1];
end
```

MATLAB 실습 적응 구적법

함수 $f(x) = 13(x - x^2)e^{-3x/2}$는 그림 6.4에 보인 바와 같이 $0 < x < 1$의 구간에서 급격하게 변한다. 적응 구적법을 수행하는 함수 adqsim을 이용하여 $\int_0^4 13(x - x^2)e^{-3x/2}dx$의 근사값을 구하고 이 적분의 참값 −1.54878837과 비교해 보라. 수렴기준은 10^{-6}으로 설정한다.

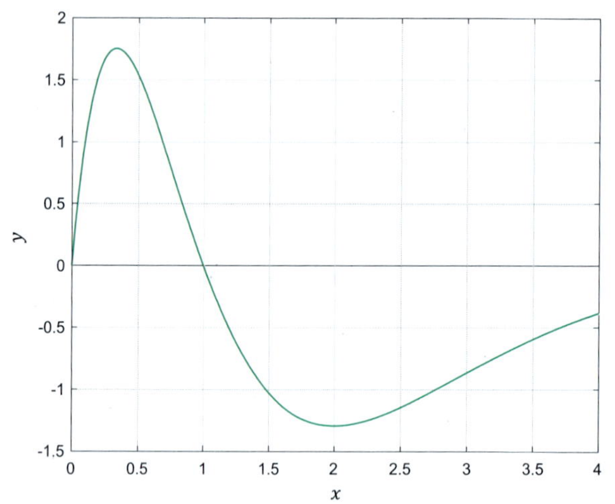

그림 6.4 $f(x) = 13(x - x^2)e^{-3x/2}$의 그래프.

풀이

```
>> f = @(x) 13*(x - x.^2).*exp(-3*x/2); a = 0; b = 4; crit = 1e-6; [z,eh]
= adqsim(f,a,b,crit)
z =
   -1.5488
eh =
   3.3397e-07
```

■

6.4 Gauss 구적법

Gauss 구적법(quadrature)은 간격이 균일하지 않은 데이터의 적분에 적합하다. 이 방법에서는 Lagrange 다항식을 이용하여 함수를 근사한 다음 직교 다항식들을 적용하여 기준점들의 궤적을 추적한다. 구간 $[a, b]$에서의 함수 $f(x)$의 적분 $\int_a^b f(x)dx$는 $[a, b]$ 내의 점 $x_1, x_2, \cdots, x_n$들과 계수 $c_1, c_2, \cdots, c_n$을 이용하여 다음과 같이 근사할 수 있다:

$$\int_a^b f(x)dx \approx \sum_{k=1}^{n} c_k f(x_k)$$

예를 들면 $n = 2$와 $n = 3$인 경우에는 적분의 근사는 각각

$$\int_a^b f(x)dx \approx c_1 f(x_1) + c_2 f(x_2), \quad \int_a^b f(x)dx \approx c_1 f(x_1) + c_2 f(x_2) + c_3 f(x_3)$$

와 같이 주어진다.

6.4.1 Gauss–Legendre 구적법

» 2점 Gauss–Legendre 구적법

함수 $y = f(x)$를 선형 다항식과 나머지로 나타내면

$$y = \left(\frac{x - x_1}{x_0 - x_1} y_0 + \frac{x - x_0}{x_1 - x_0} y_1 \right) + R(x)$$

위에서 $y_0 = f(x_0)$, $y_1 = f(x_1)$이다. $y = f(x)$에 대한 적분은

$$\int_a^b f(x)dx = \int_a^b ydx = \int_a^b \left(\frac{x - x_1}{x_0 - x_1} y_0 + \frac{x - x_0}{x_1 - x_0} y_1 \right) dx + \int_a^b R(x)dx$$

구간 $[a, b]$ 내의 점 x와 구간 $[c, d]$ 내의 점 z 사이의 변환은

$$\frac{x - a}{b - a} = \frac{z - c}{d - c}$$

$c = -1$, $d = 1$인 경우(즉 구간 $[-1, 1]$)

$$z = \frac{2x - (a + b)}{b - a}$$

이로부터

$$x = \frac{b - a}{2} z + \frac{b + a}{2}, \qquad dx = \frac{b - a}{2} dz$$

따라서

$$\frac{x - x_1}{x_0 - x_1} = \frac{(z - z_1)(b - a)/2}{(z_0 - z_1)(b - a)/2} = \frac{z - z_1}{z_0 - z_1}, \qquad \frac{x - x_0}{x_1 - x_0} = \frac{z - z_0}{z_1 - z_0}$$

즉 일반적으로 구간 $[a, b]$는 $[-1, 1]$로 대체할 수 있다. 변환된 적분은

$$\begin{aligned}\int_a^b f(x)dx &= \int_a^b ydx = \int_a^b \left(\frac{x - x_1}{x_0 - x_1} y_0 + \frac{x - x_0}{x_1 - x_0} y_1 \right) dx + \int_a^b R(x)dx \\ &= \frac{b - a}{2} \int_{-1}^1 \frac{z - z_1}{z_0 - z_1} dz\, Y_0 + \frac{b - a}{2} \int_{-1}^1 \frac{z - z_0}{z_1 - z_0} dz\, Y_1 + \frac{b - a}{2} \int_{-1}^1 R(z)dz \\ &= \frac{b - a}{2} \left(\frac{-2z_1}{z_0 - z_1} Y_0 + \frac{-2z_0}{z_1 - z_0} Y_1 \right) + \frac{b - a}{2} \int_{-1}^1 R(z)dz\end{aligned}$$

위에서 $Y = f(x|_z)$이다. 2차 Legendre 다항식을 이용하면

$$\int_{-1}^1 R(z)dz = \frac{3}{2} z^2 - \frac{1}{2}$$

방정식 $\frac{3}{2}z^2 - \frac{1}{2} = 0$의 근을 z_0와 z_1라고 하면 $z_0 = -\frac{1}{\sqrt{3}}$, $z_1 = \frac{1}{\sqrt{3}}$이며 오차항은 소멸된다. 따라서

$$\int_a^b f(x)dx = \frac{b-a}{2}\left(\frac{-2/\sqrt{3}}{-2/\sqrt{3}} Y_0 + \frac{2/\sqrt{3}}{2/\sqrt{3}} Y_1\right) + 0 = \frac{b-a}{2}(Y_0 + Y_1)$$

위에서

$$Y_0 = f(x|_{z_0}) = f\left(\frac{a+b}{2} - \frac{b-a}{2\sqrt{3}}\right), \quad Y_1 = f(x|_{z_1}) = f\left(\frac{a+b}{2} + \frac{b-a}{2\sqrt{3}}\right)$$

이다.

적분구간 $[a, b]$가 $[-1, 1]$로 주어졌다면(즉 $a = -1$, $b = 1$)

$$Y_0 = f\left(\frac{a+b}{2} - \frac{b-a}{2\sqrt{3}}\right) = f\left(-\frac{1}{\sqrt{3}}\right), \quad Y_1 = f\left(\frac{a+b}{2} + \frac{b-a}{2\sqrt{3}}\right) = f\left(\frac{1}{\sqrt{3}}\right)$$

이므로

$$\int_a^b f(x)dx = \int_{-1}^1 f(x)dx \approx \frac{1-(-1)}{2}(Y_0 + Y_1) = f\left(-\frac{1}{\sqrt{3}}\right) + f\left(\frac{1}{\sqrt{3}}\right)$$
$$\approx f(-0.5774) + f(0.5774)$$

을 얻는다.

보기 6.8 2점 Gauss-Legendre 구적법

2점 Gauss-Legendre 구적법을 이용하여 적분 $\int_{-1}^1 e^{-x}dx$를 근사하라.

풀이

$$\int_{-1}^1 e^{-x}dx \approx e^{-0.5774} + e^{0.5774} = 2.3427$$

정확한 적분값은 2.3504이다.

■

» 복수점 Gauss-Legendre 구적법

함수 $y = f(x)$를 Lagrange 다항식으로 나타내면

$$y = \sum_{i=0}^{n} L_i y_i + R_n(x)$$

와 같다. 위에서

$$L_i = \prod_{j=0, j\neq i}^{n} \frac{x - x_j}{x_i - x_j}, \qquad R_n(x) = \prod_{i=0}^{n}(x - x_i)\frac{f^{(n+1)}(\xi)}{(n+1)!} \quad (a < \xi < b)$$

이다. 따라서 적분 $\int_a^b f(x)dx = \int_a^b ydx$는

$$\int_a^b ydx = \int_a^b \left(\sum_{i=0}^{n} L_i y_i\right)dx + \int_a^b R_n(x)dx$$

구간 $[a, b]$를 $[-1, 1]$로 변환하면$\left(z = \dfrac{2x-(a+b)}{b-a}\right)$

$$\int_a^b ydx = \frac{b-a}{2}\int_{-1}^{1} Y(z)dz = \frac{b-a}{2}\left(\sum_{i=0}^{n} w_i Y_i + \int_{-1}^{1} R_n(z)dz\right)$$

위에서 가중치 w_i는

$$w_i = \int_{-1}^{1} L_i(z)dz = \int_{-1}^{1} \prod_{j=0, j\neq i}^{n} \frac{z-z_j}{z_i - z_j}dz, \qquad \int_{-1}^{1} R_n(z)dz = \int_{-1}^{1} \prod_{i=0}^{n}(z-z_i)q_n(z)dz$$

위 식에서 $q_n(z)$와 $\prod_{i=0}^{n}(z - z_i)$는 각각 차수가 n 및 $n + 1$인 다항식이다. z_i를 차수가 $n + 1$인 Legendre 다항식의 근으로 선택하면 오차항이 소멸된다. 따라서

$$\int_a^b ydx = \frac{b-a}{2}\int_{-1}^{1} Y(z)dz = \frac{b-a}{2}\sum_{i=0}^{n} w_i Y_i$$

적분구간 $[a, b]$가 $[-1, 1]$로 주어졌다면(즉 $a = -1$, $b = 1$)

$$I = \int_a^b f(x)dx = \int_{-1}^{1} f(x)dx \approx \sum_{k=1}^{n} c_k f(x_k)$$

와 같이 나타낼 수 있다. $n = 2$이면 $I \approx c_1 f(x_1) + c_2 f(x_2)$로 얻어지며 앞의 2점 Gauss–Legendre 구적법에서 살펴본 바와 같이

$$x_1 = -0.5774, \quad x_2 = 0.5774, \quad c_1 = c_2 = 1$$

이다. $n = 2, 3, \cdots, 6$일 때 c_k와 x_k 값들을 요약하면 다음 표에 보인 바와 같다.

표 6.4 적분구간이 [−1, 1]인 경우의 복수점 Gauss–Legendre 구적법 계산

n	c_k	x_k
2	1	±0.57735
3	0.88889	0
	0.55556	±0.7746
4	0.65214	±0.33998
	0.34785	±0.86114
5	0.56889	0
	0.47863	±0.53847
	0.23693	±0.90618
6	0.46791	±0.23862
	0.36076	±0.66121
	0.17132	±0.93247

MATLAB 활용

Gauss−Legendre 구적법은 함수 GaussLegend에 의해 수행된다. 이 함수는

```
function Q = GaussLegend(fcn, a, b, h, n, varargin)
```

와 같이 사용한다. 이 함수는 n-point Gauss−Legendre 구적법에 의한 함수 fcn의 적분을 수행하며, a와 b는 각각 적분의 하한 및 상한이고, h는 적분구간 간격(즉 $h = b - a$)이다.

```
function Q = GaussLegend(fcn,a,b,h,n,varargin)
% n-point Gauss-Legendre 구적법에 의한 함수 fcn의 적분
% a, b: 적분의 하한 및 상한, h: 구간간격(h=b-a)
% 입력인수를 체크
if nargin < 4 | isempty(h) | h == 0 | abs(b - a) < abs(h), h = b - a; end
if nargin < 5 | isempty(n) | n < 2, n = 2; end
if sign(h) ~= sign(b-a), h = -h; end
n = fix(n);
% Legendre 다항식의 계수
for k = 0:n/2
    cl(2*k+1) = (-1)^k * gamma(2*n - 2*k + 1) / ...
      (2^n * gamma(k + 1) * gamma(n - k + 1) * gamma(n - 2*k + 1));
    if k < n/2, cl(2*k+2) = 0; end
end
z = roots(cl);  % Legendre 다항식의 근
% 가중치
for p = 1 : n
    B = [1 0]; k = 0; denom = 1;  A(1) = B(1);
    % Legendre 다항식의 계수들의 벡터를 구성
    for q = 1 : n
       if q ~= p
          k = k + 1;
          for r = 2 : k+1, A(r) = B(r) - B(r-1) * z(q); end  % 계수벡터
          denom = denom * (z(p) - z(q));
       end
       B = [A 0];
    end
    % Legendre 다항식의 적분의 계수벡터
    for k = 1:n, Ai(k) = A(k) / (n - k + 1); end % Ai들은 적분 다항식의 계수들이다
    Ai(n + 1) = 0;
    w(p) = (polyval(Ai , 1) - polyval(Ai , -1)) / denom; % 가중치 Wi
    clear A
end
Q = 0;
% 적분을 수행
for x = a:h:b-h
```

```
    for p = 1:n, xp = x + (z(p) + 1)*h/2; Q = Q + w(p)*feval(fcn, xp,
varargin{:})*h/2; end
end
% 나머지 구간의 적분 ((b-a)/h가 정수가 아닌 경우)
xr = x + h;  hr = b - (x + h);
if hr > 0
    for p = 1:n, xp = xr + (z(p) + 1)*hr/2; Q = Q + w(p)*feval(fcn, xp,
varargin{:})*hr/2; end
end
end
```

MATLAB 실습 Gauss–Legendre 구적법

Gauss–Legendre 구적법을 이용하여 다음 적분을 구하라:

$$\int_1^3 \{x^5 - x^2\cos(2x)\}\, dx$$

풀이

```
>> f = @(x) x.^5 - x.^2 .* cos(2*x); Q = GaussLegend(f, 1, 3)
Q =
  118.6480
```

■

MATLAB 실습 Gauss–Legendre 구적법에 의한 온도분포 계산

온도 T_0인 액체가 수직 벽을 흘러내리고 있다. 수직 벽은 액체온도 T_0보다 높은 온도인 T_s로 유지되고 있다. 액체가 흘러내리는 수직 방향을 z라고 하면 액체 내의 온도분포와 속도분포는 각각

$$\rho C_P v_z \frac{\partial T}{\partial z} = k\frac{\partial^2 T}{\partial y^2}, \quad v_z = \frac{\delta^2 \rho g}{2\mu}\left[\frac{2y}{\delta} - \left(\frac{y}{\delta}\right)^2\right]$$

로 주어진다. 위에서 δ는 액체 필름의 두께, μ는 점도, y는 벽면으로부터 필름 표면 방향으로의 거리이다. 벽면 근처에서는(즉 $y \ll \delta$) $v_z = \dfrac{\rho g \delta}{\mu} y$이므로 이를 이용하면

$$\rho C_p v_z \frac{\partial T}{\partial z} = \frac{\rho^2 C_p g \delta y}{\mu}\frac{\partial T}{\partial z} = k\frac{\partial^2 T}{\partial y^2} \quad \Rightarrow \quad y\frac{\partial T}{\partial z} = \left(\frac{\mu k}{\rho^2 C_p g \delta}\right)\frac{\partial^2 T}{\partial y^2} = \beta\frac{\partial^2 T}{\partial y^2}$$

경계조건은

$$z = 0: \ T = T_0 \ \ (y > 0), \quad y = 0: \ T = T_s \ \ (z > 0), \quad y = \infty: \ T = T_0 \ \ (z \to \infty)$$

와 같다. 위 편미분 방정식의 해는

$$\Theta = \frac{T - T_0}{T_s - T_0} = 1 - \frac{1}{\Gamma\left(\frac{4}{3}\right)} \int_0^{\eta} e^{-\eta^3} d\eta$$

으로 주어진다. 위에서 $\eta = \frac{y}{\sqrt[3]{9\beta z}}$이며 Gamma 함수 $\Gamma(x)$는

$$\Gamma(x) = \int_0^{\infty} t^{x-1} e^{-t} dt \quad (x > 0)$$

로 주어진다. Gauss–Legendre 구적법을 이용하여 위의 온도분포 Θ를 계산하고 이를 η에 따른 그래프로 나타내어라.

풀이

Gauss–Legendre 구적법을 이용하여 $\eta \geq 0$에 대하여 함수 $e^{-\eta^3}$을 적분한다. 함수 $e^{-\eta^3}$는 스크립트 tempdist 내에서 익명함수로 정의되며 적분은 함수 GaussLegend에 의해 수행된다. 스크립트 tempdist는 η의 범위를 입력 데이터로 받아 적분을 수행하고 결과로 얻어지는 Θ를 η에 따른 그래프로 제시해 준다. η의 범위는 행벡터(예: [0:0.1:6])로 입력한다.

```
% tempdist.m: Gauss-Legendre 구적법을 이용한 수직벽을 흐르는 액체 중의 온도분포 계산
clear all;
% 데이터 입력
etv = input('독립변수 벡터(eta): '); h = etv(2) - etv(1); % Step 크기
% fname = input('적분할 함수를 정의하는 m-파일의 이름: ');
f = @(x) exp(-x.^3); % 피적분 함수의 정의
% 온도분포 계산
for k = 1:length(etv), theta(k) = GaussLegend(f,0,etv(k),h); end
theta = 1 - theta/gamma(4/3); plot(etv,theta), grid, xlabel('\eta'), ylabel
('\theta')
```

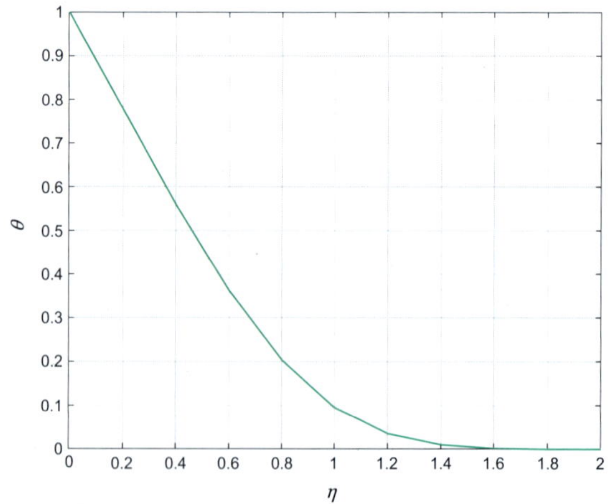

그림 6.5 온도분포.

스크립트 tempdist의 수행결과는 다음과 같다.

```
>> tempdist
독립변수 벡터(eta): [0:0.2:2]
```

6.4.2 Gauss–Lobatto 적분방법

Gauss−Lobatto 적분방법은 1965년 네덜란드의 수학자 Rehuel Lobatto가 제안하였다. 이 방법은 앞에서 소개한 Gauss 구적법과 유사하지만 적분구간의 양 끝점들도 적분에 이용된다는 점이 다르다. 그러나 정확도는 Gauss 구적법보다 다소 떨어진다.

구간 [−1 1]에서 함수 $f(x)$에 대한 Lobatto 구적법은 다음과 같은 공식으로 주어진다.

$$\int_{-1}^{1} f(x)dx = \frac{2\{f(1)+f(-1)\}}{n(n-1)} + \sum_{i=2}^{n-1} w_i f(x_i) + R_n$$

위에서 x_i는 Legendre 다항식 $P_{n-1}(x) = 0$의 근들이다. $f(1)$과 $f(-1)$에 대한 가중치는 모두 $\frac{2}{n(n+1)}$이며 $f(1)$과 $f(-1)$을 제외한 함수값들에 대한 가중치 w_i는 다음 식으로 주어진다.

$$w_i = \frac{2}{n(n-1)[P_{n-1}(x_i)]^2} \qquad (x_i \neq \pm 1)$$

Legendre 다항식의 미분에 대한 근이 주어지면 가중치들을 쉽게 얻을 수 있다. 임의의 차수의 Legendre 다항식의 계수는 다음과 같은 Bonnet 공식으로부터 얻어진다.

$$(n+1)P_{n+1}(x) = (2n+1)xP_n(x) - nP_{n-1}(x), \quad P_0(x) = 1, \quad P_1(x) = x$$

MATLAB 활용

Lobatto 적분방법은 MATLAB 함수 lobatto에 의해 수행된다. 이 함수는 다음과 같이 사용한다.

```
function y = lobatto(fun, a, b, n)
```

이 함수는 n-point Lobatto 방법에 의한 함수 fun의 적분을 수행하며, a와 b는 각각 적분의 하한 및 상한이고, y는 계산된 적분결과이다.

```
function y = lobatto(fun,a,b,n)
% n-point Lobatto 방법에 의한 함수 fun의 적분
% a, b: 적분의 하한 및 상한
% y: 계산된 적분결과

qc = [];
for k = 0:n-1
    if n >= 2*k
        fnk = factorial(2*n-2*k); fnp = 2^n*factorial(k)*factorial(n-k)*
factorial(n-2*k);
```

```
            qc(n-2*k+1) = (-1)^k*fnk/fnp;
        end
    end
    % 다항식의 미분의 계수를 계산
    qcd = [];
    for k = 0:n-1
        if n >= 2*k, qcd(n-2*k+1) = (n-2*k)*qc(n-2*k+1); end
    end
    qcd(n) = 0;
    % Lobatto 점들을 계산
    x = roots(fliplr(qcd(2:n+1))); x1 = sort(x,'descend'); pv = zeros(size(x));
    for k = 1:n+1, pv = pv + qc(k)*x.^(k-1); end % Lobatto 가중치를 계산
    n = n+1; w = 2./(n*(n-1)*pv.^2); w = [2/(n*(n-1)); w; 2/(n*(n-1))];
    x1 = (x*(b-a)+(a+b))/2; pts = [a; x1; b]; % 원래 적분구간 [a b]로 변환
    y = (b-a)*w'*feval(fun,pts)/2; % 적분결과 계산
    end
```

MATLAB 실습 Lobatto 적분방법

Lobatto 방법을 이용하여 $\int_0^{\pi/2} e^{5x}\cos(2x)dx$를 구하라. 구간의 점들의 수 n이 2, 4, 8, 16, 32, 64일 때 적분값이 어떻게 달라지는지 살펴보라.

풀이

스크립트 파일 uselobatto는 함수 lobatto의 사용방법을 예시하여 주고 있다.

```
% uselobatto.m: lobatto 함수 사용의 보기
f = @(x) exp(5*x).*cos(2*x); a = 0; b = pi/2;
for n = [2 4 8 16 32 64], y = lobatto(f,a,b,n); fprintf('%3.0f%19.9f\n',n,real
(y)); end
intf = -5*(exp(2.5*pi)+1)/29; fprintf('\n Exact %15.9f\n', intf);
```

스크립트 파일 uselobatto를 수행한 결과는 다음과 같다.

```
>> uselobatto
  2     -674.125699610
  4     -443.869707406
  8     -444.305258004
 16     -444.305258035
 32     -444.303291589
 64      -15.828963820

 Exact  -444.305258034
```

$n = 8$ 혹은 $n = 16$일 때 정확한 결과가 얻어짐을 알 수 있다.

■

6.4.3 Gauss–Hermite 적분방법

다항식 $f(x)$에 e^{-x^2}을 곱한 함수의 적분 $I = \int_{-\infty}^{\infty} e^{-x^2} f(x)dx$는 다음과 같이 근사적으로 나타낼 수 있다:

$$I = \int_{-\infty}^{\infty} e^{-x^2} f(x)dx \approx \sum_{k=1}^{n} c_{n,k} f(x_k)$$

위에서 다항식 $f(x)$의 차수는 $2n - 1$ 이하이다. n개의 점 x_i들은 다음과 같은 n점 Hermite 다항식을 0으로 하여 주는 값들로부터 얻을 수 있다:

$$H_n(x) = \sum_{k=0}^{n/2} \frac{(-1)^k}{k!} n(n-1)\cdots(n-2k+1)(2x)^{n-2k}, \quad H_n(x) = 2xH_{n-1}(x) - H'(x)$$

n개의 점 x_i들이 주어지면 다음과 같은 선형 시스템의 해로부터 n점 Gauss–Hermite 적분공식의 계수 $c_{n,k}$들을 구할 수 있다.

$$\begin{bmatrix} 1 & 1 & \cdots & 1 & \cdots & 1 \\ x_1 & x_2 & \cdots & x_i & \cdots & x_n \\ \vdots & \vdots & \cdots & \vdots & \cdots & \vdots \\ x_1^{i-1} & x_2^{i-1} & \cdots & x_i^{i-1} & \cdots & x_n^{i-1} \\ \vdots & \vdots & \cdots & \vdots & \cdots & \vdots \\ x_1^{n-1} & x_2^{n-1} & \cdots & x_i^{n-1} & \cdots & x_n^{n-1} \end{bmatrix} \begin{bmatrix} c_{n,1} \\ c_{n,2} \\ \vdots \\ c_{n,i} \\ \vdots \\ c_{n,n} \end{bmatrix} = \begin{bmatrix} r_1 \\ r_2 \\ \vdots \\ r_i \\ \vdots \\ r_n \end{bmatrix}$$

위에서

$$\begin{aligned} r_1 &= \int_{-\infty}^{\infty} e^{-t^2} dt = \sqrt{\int_{-\infty}^{\infty} e^{-x^2} dx \int_{-\infty}^{\infty} e^{-y^2} dy} = \sqrt{\int_{-\infty}^{\infty}\int_{-\infty}^{\infty} e^{-x^2-y^2} dxdx} \\ &= \sqrt{\int_{-\infty}^{\infty} e^{-r^2} 2\pi r dr} = \sqrt{-\pi e^{-r^2}\Big|_0^{\infty}} = \sqrt{\pi} \\ r_i &= \int_{-\infty}^{\infty} e^{-x^2} x^{i-1} dx = \int_{-\infty}^{\infty} (-2x)e^{-x^2}\left(-\frac{1}{2}\right) x^{i-2} dx \\ &= -\frac{1}{2} e^{-x^2} x^{i-2}\Big|_{-\infty}^{\infty} + \frac{i-2}{2}\int_{-\infty}^{\infty} e^{-x^2} x^{i-3} dx = \frac{1}{2}(i-2) r_{i-2} \end{aligned}$$

로 주어진다. i가 짝수일 때에는 $r_i = 0$이다.

MATLAB 활용

Gauss–Hermite 적분의 n개 점들과 이에 해당하는 가중치 계수 $c_{n,k}$들은 함수 gaushm에 의해 계산된다:

```
function [x,c] = gaushm(n)
```

```
% Gauss-Hermite 적분을 수행
if n <= 0, p = 1;
else
    p = [2 0]; for k = 2:n, p = 2*[p 0] - [0 0 polyder(p)]; end
end
x = roots(p)'; A(1,:) = ones(1,n); b(1) = sqrt(pi);
for k = 2:n
    A(k,:) = A(k-1,:).*x;
    if mod(k,2) == 1, b(k) = (k-2)/2 * b(k-2); else, b(k) = 0; end
end
c = b/A';
end
```

MATLAB 실습 Gauss–Hermite 적분의 격자점과 계수

함수 gaushm을 이용하여 $n = 5$일 때의 격자점들과 계수들을 구하라.

풀이

```
>> [x,c] = gaushm(5)
x =
         0   -2.0202    2.0202   -0.9586    0.9586
c =
    0.9453    0.0200    0.0200    0.3936    0.3936
```

■

6.4.4 Filon의 Sine 및 Cosine 적분공식

Filon의 공식은 $\int_a^b f(x)\cos(kx)dx$ 또는 $\int_a^b f(x)\sin(kx)dx$와 같은 형태의 적분계산에 적용될 수 있다. 먼저 $a = 0$, $b = 2\pi$인 구간에서의 적분 $\int_0^{2\pi} f(x)\cos(kx)dx$를 고려해 보자. 이 적분은 다음과 같은 근사식으로 나타낼 수 있다:

$$\int_0^{2\pi} f(x)\cos(kx)dx \approx C_1 f(0) + C_2 f(\pi) + C_3 f(2\pi)$$

$f(x) = 1, x, x^2$일 때 이 관계가 성립하려면

$$0 = C_1 + C_2 + C_3, \quad 0 = \pi C_2 + 2\pi C_3, \quad 4\pi = \pi^2 C_2 + 4\pi^2 C_3$$

이로부터

$$C_1 = \frac{2}{\pi}, \quad C_2 = -\frac{4}{\pi}, \quad C_3 = \frac{2}{\pi}$$

을 얻는다. 따라서

$$\int_0^{2\pi} f(x)\cos(kx)dx \approx \frac{1}{\pi}\{2f(0)-4f(\pi)+2f(2\pi)\}$$

일반적으로

$$\int_0^{2\pi} f(x)\cos(kx)dx = h[A\{f(x_n)\sin(kx_n)-f(x_0)\sin(kx_0)\}+BC_e+DC_0]$$

$$\int_0^{2\pi} f(x)\sin(kx)dx = h[A\{f(x_0)\cos(kx_0)-f(x_n)\cos(kx_n)\}+BS_e+DS_0]$$

위에서

$$h=\frac{b-a}{n}, \quad q=kh$$

$$A=\frac{1}{q^3}\left\{q^2+\frac{q\sin(2q)}{2}-2\sin^2(q)\right\}, \quad B=\frac{2}{q^3}\{q(1+\cos^2 q)-\sin(2q)\}$$

$$D=\frac{4}{q^3}(\sin q - q\cos q), \quad C_0=\sum_{i=1,3,5,\cdots}^{n-1} f(x_i)\cos(kx_i)$$

$$C_e=\frac{1}{2}\{f(x_0)\cos(kx_0)+f(x_n)\cos(kx_n)\}+\sum_{i=2,4,6,\cdots}^{n-2} f(x_i)\cos(kx_i)$$

이며 S_0와 S_e는 C_0와 C_e의 계산식에서 cosine 항을 sine 항으로 바꾸면 된다. A, B, D에 대해서는 보통 다음과 같은 근사식이 이용된다.

$$A=2q^2\left(\frac{q}{45}-\frac{q^3}{315}+\frac{q^5}{4725}-\cdots\right), \quad B=2\left(\frac{1}{3}+\frac{q^2}{15}-\frac{2q^4}{105}+\frac{q^6}{567}-\cdots\right),$$

$$D=\frac{4}{3}-\frac{2q^2}{15}+\frac{q^4}{210}-\frac{q^6}{11340}+\cdots$$

MATLAB 활용

Filon의 공식은 MATLAB 함수 `filon`에 의해 수행된다. `filon`의 사용방법은 다음과 같다.

```
fint = filon(fun, m, k, a, b, n)
```

이 함수는 Filon 방법에 의한 $\int_a^b f(x)\cos(kx)dx$ 혹은 $\int_a^b f(x)\sin(kx)dx$의 적분을 계산한다. `fun`은 $f(x)$ 이름이며 `m`은 삼각함수 인식자로서 `m=1`이면 $f(x)\cos(kx)$를, 그렇지 않으면 $f(x)\sin(kx)$의 적분을 수행한다. `a`와 `b`는 적분의 하한 및 상한이며, `n`은 구간 수, `fint`는 계산된 적분결과이다.

```
function fint = filon(fun,m,k,a,b,n)
% Filon 방법에 의한 f(x)*cos(kx) 혹은 f(x)*sin(kx)의 적분
% fun: f(x)
% m: 삼각함수 인식자(m=1: cos(kx)*f(x)를 적분), m~=1: sin(kx)*f(x)를 적분)
% k: cos(kx) 혹은 sin(kx)에서의 k 값
% a, b: 적분의 하한 및 상한
```

```
% n: 구간 수
% fint: 계산된 적분결과

if (n/2) ~= floor(n/2), disp('n은 짝수여야 함.');  return;
else
    h = (b - a)/n; q = k*h; q2 = q*q; q3 = q2*q;
    if q < 0.1
        A = 2*q2*(q/45 - q3/315 + q2*q3/4725);
        B = 2*(1/3 + q2/15 + 2*q2*q2/105 + q3*q3/567);
        D = 4/3 - 2*q2/15 + q2*q2/210 - q3*q3/11340;
    else
        A = (q2 + q*sin(2*q)/2 - 2*(sin(q))^2)/q3;
        B = 2*(q*(1+(cos(q))^2) - sin(2*q))/q3;
        D = 4*(sin(q) - q*cos(q))/q3;
    end
    x = a:h:b; y = feval(fun,x); yodd = y(2:2:n); yeven = y(3:2:n-1);
    if m == 1
        c = cos(k*x); codd = c(2:2:n);  ceven = c(3:2:n-1);
        co = codd*yodd'; ce = (y(1)*c(1) + y(n+1)*c(n+1))/2 + ceven*yeven';
        fint = h*(A*(y(n+1)*sin(k*b)-y(1)*sin(k*a))+B*ce+D*co);
    else
        s = sin(k*x); sodd = s(2:2:n); seven = s(3:2:n-1);
        so = sodd*yodd'; se = (y(1)*s(1) + y(n+1)*s(n+1))/2 + seven*yeven';
        fint = h*(-A*(y(n+1)*cos(k*b)-y(1)*cos(k*a))+B*se+D*so);
    end
end
end
```

MATLAB 실습 Filon의 적분공식

Filon의 공식을 이용하여 $\int_{\epsilon}^{1} \frac{\sin(x)}{x} dx$를 구하라. 구간 수 n이 변할 때 적분값이 어떻게 달라지는지 살펴보라. $\epsilon = 1 \times 10^{-10}$이다.

풀이

스크립트 파일 usefilon은 함수 filon의 사용 방법을 예시하여 주고 있다.

```
% usefilon.m: filon 함수 사용의 보기
n = 4; f = @(x) 1./x;
while n <= 4096
    fint = filon(f,2,1,1e-10,1,n); fprintf('%4.0f %17.8e\n',n,fint); n = 2*n;
end
```

스크립트 usefilon의 수행결과는 다음과 같다.

```
>> usefilon
   4     1.72067549e+06
   8     1.08265940e+05
  16     6.77884667e+03
  32     4.24742207e+02
  64     2.74361124e+01
 128     2.60175321e+00
 256     1.04956313e+00
 512     9.52550585e-01
1024     9.46487290e-01
2048     9.46108334e-01
4096     9.46084649e-01
```

■

6.5 스플라인과 Monte Carlo 적분

6.5.1 스플라인 적분

간격이 균일하지 않은 데이터 점들을 적분하는 또 다른 방법으로서 3차 스플라인과 같은 적절한 안짐작 방법을 이용하여 데이터를 안짐작한 다음 관련되는 다항식을 적분하는 방법이 있다. 적분 $I = \int_{x_0}^{x_n} f(x)dx$는 구간 $[x_{i-1}, x_i]$에서

$$P_i(x) = y = \frac{1}{6}\left\{\frac{(x-x_i)^3}{x_{i-1}-x_i} - (x_{i-1}-x_i)(x-x_i)\right\}y_{i-1}'' + \frac{1}{6}\left\{\frac{(x-x_{i-1})^3}{x_i-x_{i-1}} - (x_i-x_{i-1})(x-x_{i-1})\right\}y_i'' + \left(\frac{x-x_i}{x_{i-1}-x_i}\right)y_{i-1} + \left(\frac{x-x_{i-1}}{x_i-x_{i-1}}\right)y_i$$

에 대한 적분을 수행하고 모든 구간들에 대한 위의 적분 결과들을 합하여 다음과 같이 얻어진다.

$$I = \int_{x_0}^{x_n} f(x)dx = \sum_{i=1}^{n}\left[\frac{1}{2}(x_i - x_{i-1})(y_i + y_{i-1}) + \frac{1}{36}(x_{i-1}-x_i)^3(y_{i-1}'' + y_i'')\right]$$

위의 적분계산에서는 2차미분 계산(y_i'', y_{i-1}'')이 선행되어야 하는데 이는

$$\begin{bmatrix} 2(x_2-x_0) & (x_2-x_1) & 0 & 0 & \cdots & 0 & 0 \\ (x_2-x_1) & 2(x_3-x_1) & (x_3-x_2) & 0 & \cdots & 0 & 0 \\ 0 & (x_3-x_2) & 2(x_4-x_2) & (x_4-x_3) & \cdots & 0 & 0 \\ \vdots & \vdots & \vdots & \vdots & \ddots & \vdots & \vdots \\ 0 & 0 & 0 & 0 & \cdots & (x_{n-1}-x_{n-2}) & 2(x_n-x_{n-2}) \end{bmatrix} \cdot \begin{bmatrix} y_1'' \\ y_2'' \\ y_3'' \\ \vdots \\ y_{n-1}'' \end{bmatrix}$$

$$= 6\begin{bmatrix} (y_2-y_1)/(x_2-x_1) - (y_1-y_0)/(x_1-x_0) \\ (y_3-y_2)/(x_3-x_2) - (y_2-y_1)/(x_2-x_1) \\ (y_4-y_3)/(x_4-x_3) - (y_3-y_2)/(x_3-x_2) \\ \vdots \\ (y_n-y_{n-1})/(x_n-x_{n-1}) - (y_{n-1}-y_{n-2})/(x_{n-1}-x_{n-2}) \end{bmatrix}$$

로부터 구할 수 있다.

6.5.2 Monte Carlo 적분

구적법(Quadrature 방법)들은 다항식에 근거하는 적분방법들이다. Monte Carlo 적분방법에서는 적분구간 내에서의 피적분 함수의 평균을 이용한다. 구간 [a, b]에서 함수 $f(x)$의 평균을 f_m이라고 하면 $I = \int_a^b f(x)dx = (b - a)f_m$과 같이 나타낼 수 있다. 적분구간 내에서 임의로 N개의 점들을 취하고 이 점들에서의 함수값들의 평균을 취하면

$$f_m = \frac{1}{N}\sum_{i=1}^{N} f(x_i)$$

따라서

$$I \approx \Theta_N = \frac{b-a}{N}\sum_{i=1}^{N} f(x_i)$$

로 쓸 수 있다. N이 커지면 Θ_N은 정규분포에 근접하며 오차는 0에 접근할 것이므로

$$E[\Theta_N] = I, \qquad \sigma_{\Theta_N}^2 = E\left[\frac{(b-a)^2}{N} \cdot \frac{1}{N}\sum_{i=1}^{N}\{f(x_i) - \bar{f}\}^2\right] = \frac{(b-a)^2}{N}\sigma_f^2$$

Monte Carlo 적분방법은 특히 독립변수 x가 m차원 벡터(즉 $x \in R^m$)일 때 유용하다.

6.6 비정상 적분

비정상 적분(improper integral)은 적분구간 내에서 피적분 함수값이 무한대이거나 정의되지 않는 경우 혹은 적분구간의 양 끝점이나 어느 한쪽 끝점에서 피적분 함수값이 무한대인 경우의 적분을 의미한다. 비정상 적분의 근사에서는 앞에 소개한 수치적분 규칙들을 그대로 적용할 수 없으며 수정된 형태의 근사규칙들을 적용하여 적분에 대한 근사를 구할 수 있다. 다음 그림에 보인 바와 같이 피적분 함수값이 적분구간의 왼쪽 끝점에서 무한대이거나 정의되지 않으면 왼쪽 특이점, 오른쪽 끝점에서 무한대이거나 정의되지 않으면 오른쪽 특이점을 갖는다고 말한다.

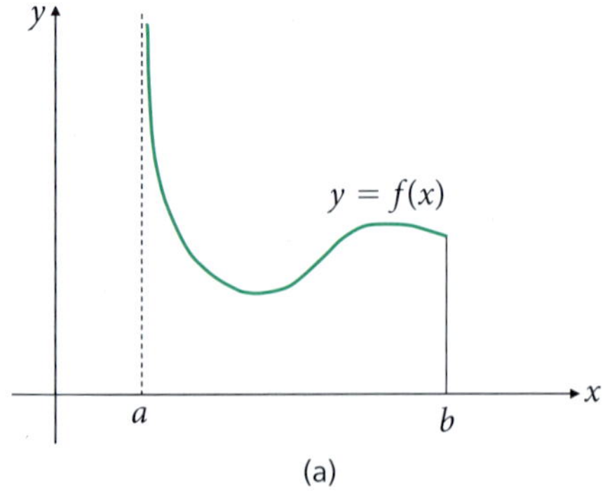

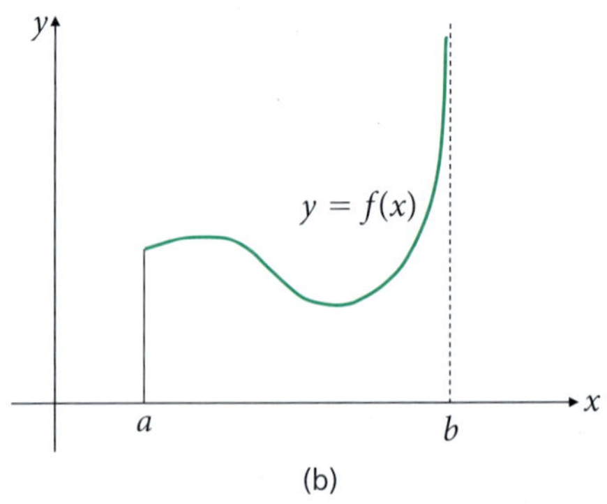

(a) (b)

그림 6.6 (a) 왼쪽 특이점과 (b) 오른쪽 특이점.

6.6.1 왼쪽 특이점의 경우

왼쪽 특이점의 경우 비정상 적분

$$\int_a^b \frac{1}{(x-a)^p} dx$$

는 $0 < p < 1$인 경우에만 수렴하며 이때의 적분결과는

$$\int_a^b \frac{1}{(x-a)^p} dx = \left.\frac{(x-a)^{1-p}}{1-p}\right|_a^b = \frac{(b-a)^{1-p}}{1-p}$$

로 주어진다.

함수 $f(x)$가 $f(x) = \dfrac{g(x)}{(x-a)^p}$와 같이 정의되며 $0 < p < 1$이고 $g(x)$는 구간 $[a, b]$에서 연속이면 비정상 적분 $I = \int_a^b f(x)dx$의 값이 존재하며 이를 구할 수 있다. a를 중심으로 $g(x)$에 대한 Taylor 전개를 4차항까지 써보면

$$\begin{aligned} p(x) &= g(a) + g'(a)(x-a) + \frac{g''(a)}{2!}(x-a)^2 + \frac{g'''(a)}{3!}(x-a)^3 + \frac{g^{(4)}(a)}{4!}(x-a)^4 \\ &= \sum_{k=0}^{4} \frac{g^{(k)}(a)}{k!}(x-a)^k \end{aligned}$$

이를 이용하면 비정상 적분 $I = \int_a^b f(x)dx$는

$$\int_a^b f(x)dx = \int_a^b \frac{g(x)-p(x)}{(x-a)^p} dx + \int_a^b \frac{p(x)}{(x-a)^p} dx$$

로 쓸 수 있으며 우변의 두 번째 항은

$$\int_a^b \frac{p(x)}{(x-a)^p} dx = \sum_{k=0}^{4} \int_a^b \frac{g^{(k)}(a)}{k!}(x-a)^{k-p} dx = \sum_{k=0}^{4} \frac{g^{(k)}(a)}{k!(k+1-p)}(b-a)^{k+1-p}$$

와 같이 나타낼 수 있다. 따라서 비정상 적분값 $I = \int_a^b f(x)dx$를 구하기 위해서는 위의 결과를 $\int_a^b \dfrac{g(x)-p(x)}{(x-a)^p} dx$의 근사값에 더해 주면 된다. 이를 위해 $G(x)$를

$$G(x) = \begin{cases} \dfrac{g(x)-p(x)}{(x-a)^p} & : \ a < x \le b \\ 0 & : \ x = a \end{cases}$$

와 같이 정의하고 Simpson의 1/3 규칙을 이용하여 구간 $[a, b]$에서의 $G(x)$의 적분을 근사한다.

보기 6.9 왼쪽 특이점의 비정상 적분(1)

비정상 적분 $\int_0^1 \dfrac{1}{\sqrt{x}} dx$는 수렴하지만 $\int_0^1 \dfrac{1}{x^2} dx$는 발산함을 보여라.

풀이

$\int_0^1 \frac{1}{\sqrt{x}}dx = \lim_{M\to 0^+}\int_M^1 x^{-1/2}dx = \lim_{M\to 0^+} 2x^{1/2}\,|_{x=M}^{x=1} = 2 - 0 = 2$. 즉 2로 수렴한다. 그러나 $\int_0^1 \frac{1}{x^2}dx = \lim_{M\to 0^+}\int_M^1 x^{-2}dx = \lim_{M\to 0^+}(-x^{-1})\,|_{x=M}^{x=1}$. 이는 수렴하지 않는다. ■

보기 6.10 왼쪽 특이점의 비정상 적분(2)

Simpson의 1/3 규칙을 이용하여 비정상 적분 $\int_0^1 \frac{e^x}{\sqrt{x}}dx$를 근사하라. 적분구간 $h = 0.25$로 설정한다.

풀이

$x = 0$을 중심으로 하는 e^x에 대한 4차 Taylor 전개식은

$$p(x) = 1 + x + \frac{x^2}{2} + \frac{x^3}{6} + \frac{x^4}{24}$$

와 같다. 따라서

$$\int_0^1 \frac{p(x)}{\sqrt{x}}dx = \int_0^1 \left(x^{-1/2} + x^{1/2} + \frac{1}{2}x^{3/2} + \frac{1}{6}x^{5/2} + \frac{1}{24}x^{7/2}\right)dx$$

$$= \lim_{M\to 0^+}\left[2x^{1/2} + \frac{2}{3}x^{3/2} + \frac{1}{5}x^{5/2} + \frac{1}{21}x^{7/2} + \frac{1}{108}x^{9/2}\right]_M^1$$

$$= 2 + \frac{2}{3} + \frac{1}{5} + \frac{1}{21} + \frac{1}{108} \approx 2.924$$

한편 $G(x)$를

$$G(x) = \begin{cases} \frac{1}{\sqrt{x}}(e^x - p(x)) : & 0 < x \le 1 \\ 0 \quad : & x = 0 \end{cases}$$

과 같이 정의하고 Simpson의 1/3 규칙을 적용하면

$$\int_0^1 G(x)dx \approx \frac{0.25}{3}\{0 + 4(0.000017) + 2(0.0004) + 4(0.0026) + 0.01\} = 0.0018$$

따라서

$$\int_0^1 \frac{e^x}{\sqrt{x}}dx = 2.924 + 0.0018 = 2.9258$$

■

6.6.2 오른쪽 특이점의 경우

오른쪽 특이점의 경우 비정상 적분 $\int_a^b f(x)dx$는 $z = -x$, $dz = -dx$를 이용하여 다음과 같이 왼

쪽 특이점을 갖는 경우로 변환시킬 수 있다:

$$\int_a^b f(x)dx = \int_{-a}^{-b} f(-z)dz$$

» 무한 특이점의 경우

비정상 적분 $\int_a^\infty \frac{1}{x^p}dx$ ($p > 1$)를 고려해 보자. $t = x^{-1}$로 두면 $dt = -x^{-2}dx$이며 $dx = -x^2dt = -t^{-2}dt$임을 알 수 있다. 따라서 주어진 비정상 적분은

$$\int_a^\infty \frac{1}{x^p}dx = \int_{1/a}^0 \left(-\frac{t^p}{t^2}\right)dt = \int_0^{1/a} \frac{1}{t^{2-p}}dt$$

와 같이 왼쪽 특이점을 갖는 경우로 전환시킬 수 있다. 마찬가지로 비정상 적분 $\int_a^\infty f(x)dx$는

$$\int_a^\infty f(x)dx = \int_0^{1/a} t^{-2} f\left(\frac{1}{t}\right)dt$$

와 같이 쓸 수 있다.

보기 6.11 무한 특이점의 비정상 적분

비정상 적분 $I = \int_1^\infty x^{-3/2}\sin\left(\frac{1}{x}\right)dx$를 근사하라.

풀이

$t = x^{-1}$로 두면 $dt = -x^{-2}dx$이며 $dx = -x^2dt = -t^{-2}dt$이므로

$$I = \int_{x-1}^{x=\infty} x^{-3/2}\sin\left(\frac{1}{x}\right)dx = \int_{t=1}^{t=0}\left(\frac{1}{t}\right)^{-3/2}\sin t\left(-\frac{1}{t^2}\right)dx = \int_0^1 \frac{\sin(t)}{t^{1/2}}dt$$

$t = 0$ 부근에서 $\sin(t)$에 대한 4차 Taylor 전개는 $p(t) = t - \frac{1}{6}t^3$이므로 $G(t)$를

$$G(t) = \begin{cases} \dfrac{\sin(t) - t + \frac{1}{6}t^3}{t^{1/2}} & : \ 0 < t \le 1 \\ 0 & : \ t = 0 \end{cases}$$

와 같이 정의할 수 있으며, 따라서

$$I = \int_0^1 t^{-1/2}\left(t - \frac{1}{6}t^3\right)dt + \int_0^1 \frac{\sin(t) - t + \frac{1}{6}t^3}{t^{1/2}}dt$$

$$= \left[\frac{2}{3}t^{3/2} - \frac{1}{21}t^{7/2}\right]_0^1 + \int_0^1 \frac{\sin(t) - t + \frac{1}{6}t^3}{t^{1/2}}dt = 0.619 + \int_0^1 \frac{\sin(t) - t + \frac{1}{6}t^3}{t^{1/2}}dt$$

Simpson의 1/3 규칙을 이용하면 $\int_0^1 \frac{\sin(t) - t + \frac{1}{6}t^3}{t^{1/2}} dt \approx 0.0015$를 얻는다. 그러므로

$$I \approx 0.619 + 0.0015 = 0.6205$$

■

6.7 다중적분

xy 평면상의 사각형에 대한 이중 정적분

$$I = \int_a^b \int_c^d f(x, y) dy dx = \int_a^b \left\{ \int_c^d f(x, y) dy \right\} dx$$

에서 안쪽의 첫 번째 적분은 앞의 방법들을 이용하여 얻을 수 있다. 사다리꼴 규칙을 이용한다면

$$\int_c^d f(x, y) dy \approx \frac{k}{2} \left[f(x, c) + 2 \sum_{j=1}^{m-1} f(x, y_j) + f(x, d) \right]$$

위에서 m은 나누어진 구간 수이고 k는 y 방향으로의 적분 step이다. 위의 적분에서 x는 일정하다고 간주된다. 위의 관계들로부터

$$I = \frac{k}{2} \int_a^b f(x, c) dx + k \sum_{j=1}^{m-1} \int_a^b f(x, y_j) dx + \frac{k}{2} \int_a^b f(x, d) dx$$

사다리꼴 규칙을 적용하면

$$\int_a^b f(x, y_j) dx = \frac{h}{2} \left\{ f(a, y_j) + 2 \sum_{i=1}^{n-1} f(x_i, y_j) + f(b, y_j) \right\}$$

위에서 n은 구간 수이며, h는 x 방향으로의 적분단계이고, y_j는 적분구간 내에서 일정하다고 간주한다. 이들 관계로부터

$$I = \frac{hk}{4} \left\{ f(a, c) + 2 \sum_{i=1}^{n-1} f(x_i, c) + f(b, c) \right\} + \frac{hk}{2} \left\{ \sum_{j=1}^{m-1} f(a, y_j) + 2 \sum_{j=1}^{m-1} \sum_{i=1}^{n-1} f(x_i, y_j) + \sum_{j=1}^{m-1} f(b, y_j) \right\}$$
$$+ \frac{hk}{4} \left\{ f(a, d) + 2 \sum_{i=1}^{n-1} f(x_i, d) + f(b, d) \right\}$$

위의 방법을 약간 수정하여 내부적분의 상한과 하한이 변하는 이중적분

$$I = \int_a^b \int_{c(x)}^{d(x)} f(x, y) dy dx$$

에 적용할 수 있다. 내부적분에 대한 적분구간의 길이(즉 구간 [c, d])는 x의 값에 따라 변하기 때문에 y 방향으로의 구간들 수를 일정하게 유지하고 적분단계가 x에 따라 변하도록 하거나 각 x 값에서 구간 수를 다르게 한다. 그러나 오차의 크기를 동일하게 유지하려면 구간 크기를 일정하게 유지해야 한다. 따라서 각 점 x_i에서 적분 $\int_c^d f(x, y) dy$는

$$\int_{c(x_i)}^{d(x_i)} f(x_i, y)dy \approx \frac{k}{2}\left[f(x_i, c(x_i)) + 2\sum_{j=1}^{m_i-1} f(x_i, y_j) + f(x_i, d(x_i))\right]$$

와 같이 나타낼 수 있다. 위에서 m_i는 y 방향으로의 구간들 수가 x의 함수임을 의미한다. 이를 이용하면

$$\begin{aligned} I = & \frac{hk_0}{4}\left\{f(a, c(a)) + 2\sum_{i=1}^{n-1} f(x_i, c(x_i)) + f(b, c(b))\right\} \\ & + \frac{h}{2}\sum_{i=1}^{n-1}\left[k_i \sum_{j=1}^{m-1}\{f(a, y_j) + 2f(x_i, y_j) + f(b, y_j)\}\right] \\ & + \frac{hk_n}{4}\left\{f(a, d(a)) + 2\sum_{i=1}^{n-1} f(x_i, d(x_i)) + f(b, d(b))\right\} \end{aligned}$$

6.7.1 Monte Carlo 다중적분

적분구간을 D라 하고 n이 충분히 큰 수라고 하면 구간 D에서의 함수 $f(x, y)$의 평균 f_m은

$$f_m \approx \frac{1}{n}\sum_{k=1}^{n} f(x_k, y_k)$$

와 같이 근사할 수 있다. $x-y$ 평면에서 적분구간 D가 $a \le x \le b$, $\alpha(x) \le y \le \beta(x)$와 같이 주어졌다고 하고, 이중적분

$$I(D) = \int\int_D f(x, y)dydx = \int_a^b \int_{\alpha(x)}^{\beta(x)} f(x, y)dydx$$

를 고려해 보자. 적분구간 D의 면적을 A_D라고 하면 A_D는

$$A_D - \int_a^b \int_{\alpha(x)}^{\beta(x)} dydx$$

와 같다. 즉 A_D는 $f(x, y) = 1$일 때의 적분값 $I(D)$이다. $f(x, y)$의 평균 f_m에 A_D를 곱하여 얻어지는 수열을 s_n이라고 하면

$$s_n = A_D f_m = \frac{A_D}{n}\sum_{k=1}^{n} f(x_k, y_k) \quad (n \ge 1)$$

와 같으며 이를 이용하여 $I(D)$를 추정할 수 있다. 수열 s_n이 정규분포를 따른다고 가정하면 충분히 큰 n에 대하여

$$I(D) \approx \frac{A_D}{n}\sum_{k=1}^{n} f(x_k, y_k) + O\left(\frac{1}{\sqrt{n}}\right)$$

이다. 이는 3중적분에 대해서도 쉽게 확장될 수 있다. 즉

$$A_D = \int_a^b \int_{\alpha(x)}^{\beta(x)} \int_{\gamma(x,y)}^{\delta(x,y)} dzdydx$$

로 두면

$$I(D) = \int_a^b \int_{\alpha(x)}^{\beta(x)} \int_{\gamma(x,y)}^{\delta(x,y)} f(x, y, z)dzdydx \approx \frac{A_D}{n} \sum_{k=1}^{n} f(x_k, y_k, z_k) + O\left(\frac{1}{\sqrt{n}}\right)$$

로 주어진다.

MATLAB 활용

Monte Carlo 방법을 이용한 적분은 함수 montcarint에 의해 수행된다:

```
y = montcarint(a,b,n,f)
```

위에서 적분구간은 $a(k) \le x(k) \le b(k)$ $(1 \le k \le m)$이며, a와 b는 각각 적분의 하한 및 상한으로서 $m \times 1$ 벡터이다. n은 피적분 함수 f의 추정에 이용되는 랜덤수들의 개수를 나타내며 y는 얻어지는 근사 적분값이다.

```
function y = montcarint(a,b,n,f)
% montcarint.m: Monte Carlo 방법을 이용한 f(x)의 적분 수행
% Inputs:
%    a: 적분 하한(mx1 벡터), b: 적분 상한(mx1 벡터)
%    (적분구간은 D = {x: a(k)<=x(k)<=b(k), 1<=k<= m})
%    n: 피적분 함수 추정에 이용되는 랜덤수들의 갯수
%    f: 적분되는 함수
% Outputs:
%    y: 근사 적분값
m = length(a); x = zeros(m,1); y = 0;
Ad = prod(b - a);
for i = 1:n
    for j = 1:m, x(j) = a(j) + (b(j) - a(j))*rand(1,1); end
    y = y + f(x);
end
y = y*Ad/n;
end
```

MATLAB 실습 Monte Carlo 이중적분

Monte Carlo 적분방법을 수행하는 함수 montcarint를 이용하여 다음 적분을 근사하라:

$$I(D) = \int_0^1 \int_0^1 \frac{2x}{(1+y)^2} dydx$$

이 경우 $a = 0$, $b = 1$, $\alpha(x) = 0$, $\beta(x) = 1$이다. 정확한 적분값은 0.5이다. 이를 이용하여 함수

추정에 이용되는 랜덤수들의 수를 변화시켜 가면서 상대오차가 어떻게 달라지는지 살펴보라.

풀이

스크립트 파일 mcint는 함수 montcarint를 이용하여 적분을 수행하고 상대오차를 계산한다.

```
% mcint.m
f = @(x) 2*x(2)/((1 + x(1))^2);
m = 2; maxn = 3; yt = 0.5; a = zeros(m,1); b = ones(m,1);
fprintf ('\n  n      I(D)        |e|   \n');
fprintf ('-----------------------------\n');
for k = 0 : maxn
    n = 10^k; y = montcarint(a,b,n,f); rle = 100*(y - yt)/yt;
    fprintf ('%4i %11.7f %11.7f\n',n,y,rle);
end

>> mcint
   n       I(D)         |e|
-----------------------------------------
   1   1.8213215 264.2642990
  10   0.5548665  10.9733074
 100   0.5318052   6.3610362
1000   0.4996964  -0.0607123
```

6.8 선형적분방정식(Linear Integral Equation)의 풀이

적분방정식은 피적분 함수에 미지함수가 포함되어 있는 방정식을 말한다. 구슬이 미리 정해진 시간동안에 마찰이 없는 줄을 따라 주어진 위치 $(0, h)$로부터 최종위치 $(x, 0)$까지 굴러 내려올 때 줄의 모양을 계산하는 것을 고려해 보자.

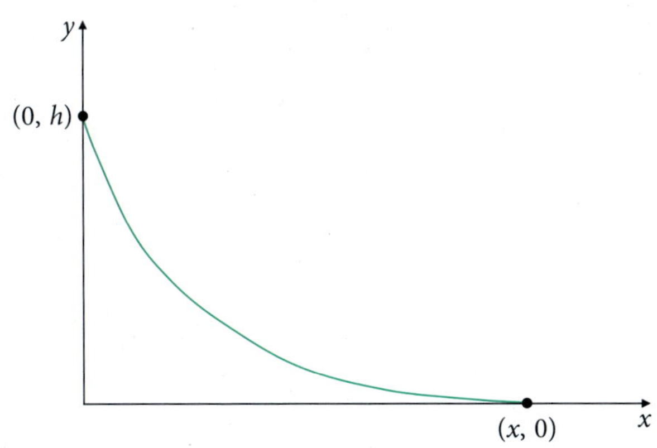

그림 6.7 줄을 따라 굴러 내려오는 구슬.

$f(x)$를 주어진 함수, $u(t)$를 줄의 모양을 나타내는 방정식과 관련되는 미지함수라 하면

$$f(x) = \int_0^x \frac{u(t)}{\sqrt{x-t}} dt = \int_a^x k(x,t)u(t)dt$$

위에서 $k(x, t)$는 주어진 함수로서 보통 커널(kernel)이라고 칭한다. 이 식은 제1종 Volterra 적분방정식으로 불린다. 아울러 방정식

$$f(x) = u(x) + \int_a^x k(x,t)u(t)dt$$

는 제2종 선형 Volterra 적분방정식으로 불린다. Fredholm 적분방정식은 다음과 같이 구분할 수 있다:

제1종 선형 Fredholm 적분방정식: $f(x) = \int_a^b k(x, t)u(t)dt$

제2종 선형 Fredholm 적분방정식: $f(x) = u(x) + \int_a^b k(x, t)u(t)dt$

6.8.1 Fredholm 방정식의 풀이: Quadrature(구적법) 규칙의 이용

» Trapezoidal 규칙

Trapezoidal 규칙을 적용하여 Fredholm 적분방정식 $f(x) = u(x) + \int_a^b k(x, t)u(t)dt$의 해를 구해보자. 먼저 적분구간 $[a, b]$를 길이가 h인 N개의 소구간들로 나눈다. 즉

$$h = \frac{b-a}{N}, \qquad t_j = a + jh \quad (j = 0, 1, 2, \cdots, N)$$

정적분 $\int_a^b k(x, t)u(t)dt$에 Trapezoidal 규칙을 적용하면

$$\int_a^b k(x,t)u(t)dt = \frac{h}{2}\{k(x,a)u(a) + k(x,b)u(b)\} + h\sum_{j=1}^{N-1} k(x,t_j)u(t_j)$$

따라서

$$f(x) = u(x) + \frac{h}{2}\{k(x,a)u(a) + k(x,b)u(b)\} + h\sum_{j=1}^{N-1} k(x,t_j)u(t_j)$$

이다. 위에서 $x \to t_i$ $(\alpha \le t_i \le b,\ i = 0, 1, \cdots, N)$로 두면

$$f(t_i) = u(t_i) + \frac{h}{2}\{k(t_i,a)u(a) + k(t_i,b)u(b)\} + h\sum_{j=1}^{N-1} k(t_i,t_j)u(t_j)$$

와 같다. $f_i = f(t_i)$, $k_{ij} = k(t_i, t_j)$, $u_i = u(t_i)$, $f = [f_i]^T$, $u = [u_i]^T$, $K = [k_{ij}]$ 그리고

$$D = \begin{bmatrix} h/2 & 0 & \cdots & 0 & 0 \\ 0 & h & \cdots & 0 & 0 \\ \vdots & \vdots & \ddots & \vdots & \vdots \\ 0 & 0 & \cdots & h & 0 \\ 0 & 0 & \cdots & 0 & h/2 \end{bmatrix} = \mathrm{diag}\left(\frac{h}{2},\ h,\ \cdots,\ h,\ \frac{h}{2}\right)$$

로 두면 위의 식은

$$(I + KD) \cdot u = f$$

의 형태로 쓸 수 있다.

MATLAB 활용

Trapezoidal 규칙에 의한 Fredholm 적분방정식의 풀이는 함수 FredTrap에 의해 수행된다. 이 함수는 다음과 같이 사용한다.

```
[y u] = FredTrap(fx, kxt, a, b, n)
```

위에서 fx는 함수 $f(x)$ 이름, kxt는 커널 $k(x, t)$ 이름, [a b]는 적분구간이며, n은 소구간 수이다.

```
function [y u] = FredTrap(fx,kxt,a,b,n)
% Trapezoidal 규칙을 이용한 Fredholm 적분방정식의 풀이
% fx: 함수 f(x), kxt: 커널 k(x,t), [a b]: 적분구간, n: 소구간 수
In1 = eye(n+1); h = (b-a)/n;
for i = 1:n+1
    v(i) = h; x = a + (i-1)*h; F(i) = feval(fx,x);
    for j = 1:n+1, t = a + (j-1)*h; K(i,j) = feval(kxt,x,t); end
end
v(1) = h/2;  v(n+1) = h/2; D = diag(v); M = In1 + K*D; f = F';
u = inv(M)*F'; y = [a:h:b]';
end
```

MATLAB 실습 Fredholm 적분방정식의 풀이(Trapezoidal 규칙의 이용)

Trapezoidal 규칙을 이용하여 적분방정식

$$x = u(x) - \int_0^1 x^2 t u(t) dt$$

를 풀어라(즉 $u(x)$를 구하라). 얻은 결과를 그래프로 나타내어 보고 엄밀해 $u(x) = x + \frac{4}{9}x^2$와 비교해 보라. 소구간 수는 4로 한다.

풀이

$f(x) = x$, $k(x, t) = -x^2 t$이다. 풀이과정은 다음과 같다.

```
>> fx = @(x) x; kxt = @(x,t) -x.^2.*t; g = @(x) x+4*x.^2/9;
>> a = 0; b = 1; n = 4; [y u] = FredTrap(fx,kxt,a,b,n); gy = g(y);
>> plot(y,u,':',y,gy), grid, xlabel('x'), ylabel('u(x)'), legend('Trapezoidal 규칙',
'엄밀해')
```

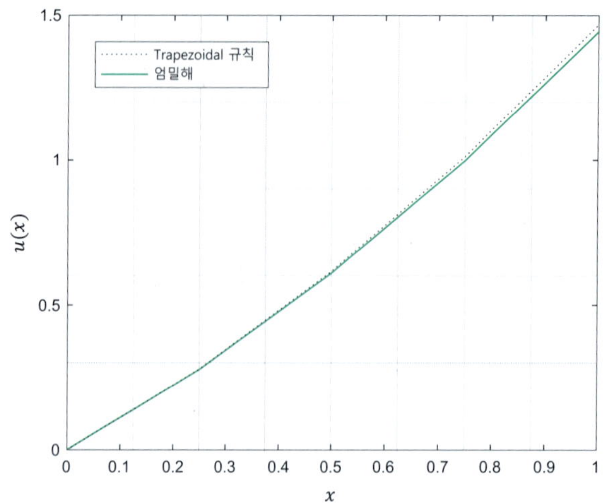

그림 6.8 Trapezoidal 규칙을 이용한 Fredholm 방정식의 풀이.

Gauss–Nystrom 방법

Gauss–Nystrom 방법을 적용하여 Fredholm 적분방정식 $f(x) = u(x) + \int_{-1}^{1} k(x, t)u(t)dt$의 해를 구해 보자. 임의의 적분구간 $[a\ b]$는

$$t = a + \frac{b-a}{2}(z+1) \quad (-1 \le z \le 1)$$

에 의해 쉽게 구간 $[-1\ 1]$로 전환시킬 수 있다(즉 $t = a$이면 $z = -1$, $t = b$이면 $z = 1$).

Gauss–Nystrom 방법은 Trapezoidal 규칙과 유사하며 Gauss–Legendre 구적법 계산방법을 적용하여 정적분 $\int_{-1}^{1} k(x, t)u(t)dt$이

$$\int_{-1}^{1} k(x,t)u(t)dt = \sum_{j=1}^{N} w_j k(x, t_j)u(t_j)$$

로 대체된다. 이를 이용하면

$$f(x) = u(x) + \int_{-1}^{1} k(x,t)u(t)dt = u(x) + \sum_{j=1}^{N} w_j k(x, t_j)u(t_j)$$

를 얻는다. Trapezoidal 규칙에서와 마찬가지로 하여

$$f(x_i) = u(x_i) + \sum_{j=1}^{N} w_j k(x_i, t_j)u(t_j)$$

$\overline{K} = k_{ij}w_j$로 두면

$$(I + \overline{K}) \cdot u = f$$

를 얻는다. 위에서 $f_i = f(t_i)$, $k_{ij} = k(t_i, t_j)$, $u_i = u(t_i)$, $f = [f_i]^T$, $u = [u_i]^T$이다.

MATLAB 활용

Gauss–Nystrom 방법에 의한 Fredholm 적분방정식의 풀이는 함수 FredGN에 의해 수행된다. 이 함수는 다음과 같이 사용한다.

```
[y u] = FredGN(fx, kxt, a, b, n)
```

위에서 fx는 함수 $f(x)$ 이름, kxt는 커널 $k(x, t)$ 이름, [a b]는 적분구간이며, n은 소구간 수로서 4 혹은 5를 이용한다.

```
function [y u] = FredGN(fx,kxt,a,b,n)
% Gauss-Nystrom 방법을 이용한 Fredholm 적분방정식의 풀이
% fx: 함수 f(x), kxt: 커널 k(x,t), [a b]: 적분구간, n: 소구간 수
if n == 4
    z(1) = -sqrt(1/7*(3 - 4*sqrt(0.3))); z(2) = -sqrt(1/7*(3 + 4*sqrt(0.3)));
    z(3) = -z(1); z(4) = -z(2); w(1) = 1/2 + 1/12*sqrt(10/3);
    w(2) = 1/2 - 1/12*sqrt(10/3); w(3) = w(1);  w(4) = w(2);
end
if n == 5
    z(1) = -sqrt(1/9*(5 - 2*sqrt(10/7))); z(2) = -sqrt(1/9*(5 + 2*sqrt(10/7)));
    z(3) = 0;  z(4) = -z(1);  z(5) = -z(2);
    w(1) = 0.3*((-0.7 + 5*sqrt(0.7))/(-2 + 5*sqrt(0.7)));
    w(2) = 0.3*((0.7 + 5*sqrt(0.7))/(2 + 5*sqrt(0.7)));
    w(3) = 128/225;  w(4) = w(1);  w(5) = w(2);
end
In = eye(n);
for i = 1:n
    x = ((b-a)*z(i)+a+b)/2; y(i) = x; F(i) = feval(fx,x);
    for j = 1:n, t = ((b-a)*z(j)+a+b)/2; K(i,j) = (b-a)/2*feval(kxt,x,t)
*w(j); end
end
M = In + K; f = F'; u = inv(M)*F';
end
```

MATLAB 실습 Fredholm 적분방정식의 풀이(Gauss–Nystrom 방법의 이용)

Gauss–Nystrom 방법을 이용하여 적분방정식

$$x = u(x) - \int_0^1 x^2 t u(t) dt$$

를 풀어라(즉 $u(x)$를 구하라). 소구간 수는 5로 한다.

풀이

$f(x) = x$, $k(x, t) = -x^2 t$이다. 풀이과정은 다음과 같다.

```
>> fx = @(x) x; kxt = @(x,t) -x.^2.*t; a = 0; b = 1; n = 5; [y u] = FredGN
(fx,kxt,a,b,n)
y =
     0.2308    0.0469    0.5000    0.7692    0.9531
u =
     0.2544
     0.0479
     0.6111
     1.0322
     1.3568
```

6.8.2 Volterra 방정식의 풀이: Euler 방법

Volterra 적분방정식은

$$u(x) = f(x) + \int_a^b k(x,t)u(t)dt \quad (a \le x \le b)$$

의 형태로 나타낼 수 있다. $x = x_1$으로 두면

$$u(x_1) = u_1 = f(x_1) + \int_a^{x_1} k(x_1, s)u(s)ds = f(x_1) + k(x_1, a)u_0 h$$

$x = x_2$이면

$$\begin{aligned} u(x_2) = u_2 &= f(x_2) + \int_a^{x_2} k(x_2, s)u(s)ds \\ &= f(x_2) + \int_a^{x_1} k(x_2, s)u(s)ds + \int_{x_1}^{x_2} k(x_2, s)u(s)ds = f(x_2) + k(x_2 a)u_0 h + k(x_2, x_1)u_1 h \end{aligned}$$

마찬가지로 하여

$$u_3 = f(x_3) + k(x_3 a)u_0 h + k(x_3, x_1)u_1 h + k(x_3, x_2)u_2 h$$

일반적으로

$$u(x_n) = u_n = f(x_n) + \sum_{j=0}^{n-1} hk(x_n, x_j)u_j \quad (n = 0, 1, 2, \cdots)$$

와 같이 주어진다.

MATLAB 활용

Euler 방법에 의한 Volterra 적분방정식의 풀이는 함수 VolEuler에 의해 수행된다. 이 함수는 다음과 같이 사용한다.

```
[y u] = VolEuler(fx, kxt, a, b, n)
```

위에서 fx는 함수 $f(x)$의 명칭, kxt는 커널 $k(x, t)$의 명칭, [a b]는 적분구간이며, n은 소구간 수이다.

```
function [y u] = VolEuler(fx,kxt,a,b,n)
% Euler 규칙을 이용한 Volterra 적분방정식의 풀이
% fx: 함수 f(x), kxt: 커널 k(x,t), [a b]: 적분구간, n: 소구간 수
h = (b-a)/n; u(1) = feval(fx,a);
for i = 2:n+1
    x = a + (i-1)*h; F = feval(fx,x); s = 0;
    for j = 1:i-1, t = a + (j-1)*h; s = s + u(j)*h*feval(kxt,x,t); end
    u(i) = F + s;
end
y = [a:h:b]';
end
```

MATLAB 실습 Volterra 적분방정식의 풀이(Euler 방법의 이용)

Euler 방법을 이용하여 적분방정식

$$u(x) = x + \int_0^1 xtu(t)dt$$

를 풀어라(즉 $u(x)$를 구하라). 얻은 결과를 그래프로 나타내어 보고 엄밀해 $u(x) = xe^{x^3/3}$과 비교해 보라. 소구간 수는 4로 한다.

풀이

$f(x) = x$, $k(x, t) = xt$이다. 풀이과정은 다음과 같다.

```
>> fx = @(x) x; kxt = @(x,t) x.*t; g = @(x) x.*exp(x.^3/3);
>> a = 0; b = 1; n = 4; [y u] = VolEuler(fx,kxt,a,b,n); gy = g(y);
>> plot(y,u,':',y,gy), grid, xlabel('x'), ylabel('u(x)'), legend('Euler 방법',
'엄밀해')
```

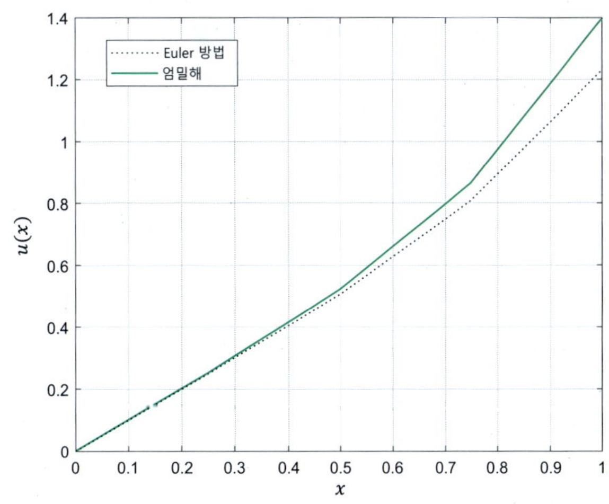

그림 6.9 Euler 방법을 이용한 Volterra 방정식의 풀이.

6.9 MATLAB 내장함수의 활용

6.9.1 미분의 계산

» diff 함수

내장함수 diff는 길이 n인 1차원 벡터에 대하여 두 인접원소들 간의 차분을 계산하고 그 결과(길이 $n-1$인 1차원 벡터)를 반환한다. diff(y)는 종속변수 데이터 y들 사이의 차분을, diff(x)는 독립변수 데이터 x 점들 사이의 차분을 계산하므로 각 데이터 점들에서의 미분은

```
d = diff(y)./diff(x)
```

로부터 얻을 수 있다.

함수의 미분을 구하는 경우 적절한 기호(symbolic) 변수들을 설정한 후 미분하고자 하는 항이나 식을 diff의 입력인수로 넣어준다. diff(f,n)은 함수 f를 n번 미분함을 의미하며, diff(f,x,n)은 함수 f를 변수 x에 대하여 n번 미분함을 의미한다. 함수 f(x)의 2차미분은 diff(f(x), 2), n차 미분은 diff(f(x), n)에 의해 얻을 수 있다.

» gradient 함수

내장함수 gradient는 두 점들 사이에서가 아닌 데이터 점 자체에서의 미분을 계산하여 반환한다. 미분은

```
df = gradient(f, h)
```

로부터 계산된다. 위에서 f는 길이 n인 1차원 데이터 벡터이며, h는 데이터 점들 사이의 간격(균일)이다.

» polyder 함수

내장함수 polyder은 선형 다항식의 미분을 계산해 준다. polyder의 입력인수는 다항식의 계수들로 이루어지는 벡터이다.

MATLAB 실습 diff를 이용한 1차 및 2차 미분

$f(x) = x^3 - 2x^2 + x - 1$의 1차 및 2차 미분을 구하라.

풀이

```
>> syms x, f = @(x) x^3-2*x^2+x-1; diff(f(x)), diff(f(x),2)
ans =
3*x^2 - 4*x + 1
ans =
6*x - 4
```

■

MATLAB 실습 diff와 gradient를 이용한 미분의 비교

diff와 gradient를 이용하여 $0 \le x \le 1$의 범위에서 함수

$$f(x) = 0.3 + 20x - 180x^2 + 650x^3 - 880x^4 + 360x^5$$

의 미분을 구하라. 그 결과를

$$f'(x) = 20 - 360x + 1950x^2 - 3520x^3 + 1800x^4$$

와 비교해 보라.

풀이

```
>> f = @(x) 0.3+20*x-180*x.^2+650*x.^3-880*x.^4+360*x.^5;
>> x = 0:0.1:1.0; n = length(x); y = f(x); dd = diff(y)./diff(x); dg = gradient
(y,0.1);
>> xd = (x(1:n-1) + x(2:n))/2;  % 각 구간의 중간위치
>> xt = 0:0.01:1; yt = 20-360*xt+1950*xt.^2-3520*xt.^3+1800*xt.^4;
>> plot(xt,yt, xd,dd,'o', x,dg,'*'), grid, xlabel('x'), ylabel('df/dx'),
legend('Exact','diff','gradient')
```

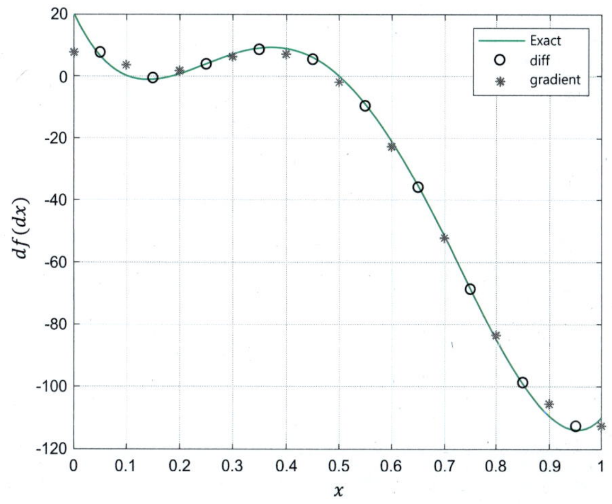

그림 6.10 내장함수 diff와 gradient를 이용한 미분의 비교.

■

MATLAB 실습 polyder을 이용한 다항식의 미분

polyder을 이용하여 다항식 $f(x) = 8x^4 - 2x^3 + x + 1$의 미분을 수행해 보라.

풀이

```
>> p = [8 -2 0 1 1]; dp = polyder(p)
dp =
    32    -6     0     1
```

■

6.9.2 적분의 계산

» 부정적분

MATLAB은 정적분과 부정적분을 계산하는 내장함수 int를 제공하고 있다.

다항식의 적분은 내장함수 polyint로 수행할 수 있다. 이 함수에서 옵션으로 적분상수를 부여할 수 있다.

MATLAB 실습 int를 이용한 부정적분

내장함수 int를 이용하여 다음 적분을 구하라:

(1) $\int x dx$ (2) $\int \sqrt{(x)} dx$

풀이

```
(1) >> syms x; int(x)
ans =
x^2/2
(2) >> syms x; f = sqrt(tan(x)); int(f)
ans =
(2^(1/2)*(log(2^(1/2)*tan(x)^(1/2) - tan(x) - 1) - log(tan(x) +
2^(1/2)*tan(x)^(1/2) + 1)))/4 + (2^(1/2)*(atan(2^(1/2)*tan(x)^(1/2) - 1) +
atan(2^(1/2)*tan(x)^(1/2) + 1)))/2
```

■

MATLAB 실습 polyint를 이용한 다항식의 적분

$h(x) = 12x^2 - 2$를 적분해 보자. 적분상수를 부여하지 않을 때와 부여할 때의 결과를 비교해 보자.

풀이

```
>> h = [12 0 -2]; hi = polyint(h)  % 적분상수가 없을 경우
hi =
     4     0    -2     0
>> hi = polyint(h,1)  % 적분상수=1
hi =
     4     0    -2     1
```

■

» 정적분

MATLAB은 정적분을 수행하는 내장함수들을 지니고 있다.

함수 int는 기호로 나타낸 식의 적분에 이용할 수 있다. 정적분의 계산에서는 함수 int에 적분의 하한과 상한을 제공해 주면 된다.

함수 trapz는 간격이 균일하지 않은 경우의 Trapezoidal 적분규칙을 수행한다.

$$z = \text{trapz}(x, y)$$

와 같이 사용하는데, x는 독립변수, y는 종속변수이며, z는 계산된 적분결과이다. 함수 trapz는 반복적인 사다리꼴 규칙을 적용하는데 이 함수가 quad 및 quadl과 다른 점은 trapz에서는 입력이 피적분항 f를 나타내는 함수가 아닌 수치 데이터(즉 x_i와 $f(x_i)$ 값들의 벡터)로 구성된다는 점이다.

함수 cumtrapz는 독립변수 x의 각 원소에 따른 누적 적분을 계산한다.

$$z = \text{cumtrapz}(x, y)$$

함수 quad는 적응 Simpson 구적법(quadrature)을 수행한다.

$$z = \text{quad}(fun, a, b, tol)$$

에서 fun은 피적분 함수의 이름, a와 b는 적분의 하한 및 상한이며 tol은 오차 허용한계로서 이를 지정하지 않으면 1×10^{-6}으로 자동 설정된다.

함수 quadl은 Lobatto 구적법(quadrature)을 수행하며 보다 정확한 4점 Gauss-Lobatto 규칙을 7점 Kronrod 확장과 함께 이용한다.

$$z = \text{quadl}(fun, a, b, tol)$$

에서 fun은 피적분 함수의 이름, a와 b는 적분의 하한 및 상한이며 tol은 오차 허용한계로서 이를 지정하지 않으면 1×10^{-6}으로 자동 설정된다.

내장함수 integral은 적응 Simpson 규칙을 이용하여 주어진 함수의 적분을 계산한다. 이 함수는

$$z = \text{integral}(fun, a, b)$$

와 같이 사용하는데 이로부터 함수 fun을 하한 a로부터 상한 b까지 적분한 결과가 얻어진다.

MATLAB 실습 내장함수 int의 이용

int를 이용하여 정적분 $\int_0^1 \frac{\tan^{-1}(x)}{x^{3/2}} dx$를 구하라.

풀이

```
>> syms x; int(atan(x)/x^(3/2), 0, 1)
ans =
(pi*2^(1/2))/2 - pi/2 - 2^(1/2)*log(2 - 2^(1/2))*(1/4 - 1i/4) +
2^(1/2)*log(-1/(2^(1/2) - 2))*(1/4 + 1i/4) + (2^(1/2)*log(2^(1/2) + 2))/2
>> double(ans)
ans =
   1.8971 - 0.0000
```

■

MATLAB 실습 내장함수 trapz와 cumtrapz의 이용

낙하하는 어떤 물체의 속도를 시간에 따라 측정한 결과는 다음과 같다.

t(sec)	0	0.5	1.2	1.6	2.5	3.1	4.8	6.9
v(m/sec^2)	0	5	12	15	23	28	38	47

t = 2.5초일 때 낙하한 거리는 얼마인가? 매 시점에서 낙하한 거리를 구하라.

풀이

어느 시점까지 낙하한 거리는 함수 trapz, 매 시점에서 낙하한 거리는 함수 cumtrapz를 이용한다.

```
>> t = [0 0.5 1.2 1.6 2.5 3.1 4.8 6.9]; t1 = [0 0.5 1.2 1.6 2.5];
>> v = [0 5 12 15 23 28 38 47]; v1 = [0 5 12 15 23]; z1 = trapz(t1,v1)
z1 =
   29.7000
>> z = cumtrapz(t,v)
z =
         0    1.2500    7.2000   12.6000   29.7000   45.0000  101.1000  190.3500
```

즉 매 시점에서의 낙하거리는 다음과 같다.

t(sec)	0	0.5	1.2	1.6	2.5	3.1	4.8	6.9
v(m/sec^2)	0	5	12	15	23	28	38	47
낙하거리(m)	0	1.25	7.2	12.6	29.7	45.0	101.1	190.35

■

MATLAB 실습 내장함수 quad와 quadl의 이용

MATLAB은 다음과 같이 정의되는 humps 함수를 지니고 있다:

$$f(x) = \frac{1}{(x-q)^2 + 0.01} + \frac{1}{(x-r)^2 + 0.04} + s\,, \quad q = 0.3,\ r = 0.9,\ s = 6$$

이제 $a = 0$, $b = 1$, $q = 0.2$, $r = 0.7$, $s = 4$일 때 적분 $\int_a^b f(x)dx$를 구하라. 내장함수 quad과 quadl을 이용해 보고 결과를 비교해 보라.

풀이

```
>> format long, q = 0.2; r = 0.7; s = 4;
>> hfun = @(x) 1./((x-q).^2+0.01)+1./((x-r).^2+0.04)-s; quad(hfun,0,1)
ans =
  32.912352767792420
>> quadl(hfun,0,1)
ans =
  32.912352455611952
```

■

MATLAB 실습 내장함수 integral의 이용

적분 $\int_2^4 x\log(x)dx$에 대한 근사값을 구하라.

풀이

```
>> f = @(x) x.*log(x); integral(f, 2, 4)
ans =
    6.7041
```

■

MATLAB 실습 엔탈피 계산

어떤 물체의 열용량 C_p (cal/(g·°C))는

$$C_p(T) = 0.132 + 1.56 \times 10^{-4} T + 2.64 \times 10^{-7} T^2 \quad (T: ℃)$$

로 주어진다. 이 물체 1 kg을 −100°C로부터 200°C까지 가열하는 데에 소요되는 열량을 구하라.

풀이

```
>> m = 1000; f = @(T) 0.132 + 1.56e-4*T + 2.64e-7*T.^2; delH = m*integral
(f, -100, 200)
delH =
   4.2732e+04
```

■

» 다중적분 계산

함수 dblquad는 이중적분

$$I = \int_a^b \int_c^d f(x, y)dydx = \int_a^b \left\{ \int_c^d f(x, y)dy \right\} dx = \int_c^d \left\{ \int_a^b f(x, y)dx \right\} dy$$

를 계산한다. 이 함수는

```
z = dblquad(fun, xa, xb, yc, yd, tol)
```

과 같이 사용한다. tol은 오차 허용한계로서 이를 지정하지 않으면 1×10^{-6}으로 자동 설정된다.

이중적분은 또한 함수 quad2d를 이용해 계산할 수 있다. 이 함수는 y의 적분한계가 x의 함수인 경우에도 이용할 수 있다.

또한 이중적분은 함수 integral2를 이용해 쉽게 구할 수 있다.

MATLAB 실습 이중적분의 계산

함수 integral2, dblquad, quad2d를 이용하여 $\int_1^2 \int_0^3 (x^3 + x + y)dxdy$의 적분을 수행해 보라.

풀이

```
>> f = @(x,y) x.^3 + x + y;
>> Ii = integral2(f,1,2,0,3), Id = dblquad(f,1,2,0,3), Iq = quad2d(f,1,2,0,3)
Ii =
   20.2500
Id =
   20.2500
Iq =
   20.2500
```

■

MATLAB 실습 quad2d를 이용한 이중적분의 계산

quad2d를 이용하여 적분 $I = \int_1^2 \int_{x^2}^{x^4} x^2 y dy dx$를 구하라.

풀이

```
>> I = quad2d(@(x,y) x.^2.*y, 1, 2, @(x) x.^2, @(x) x.^4)
I =
   83.9740
```

■

함수 triplequad는 3중적분

$$I = \int_a^b \int_c^d \int_g^h f(x, y, z) dz dy dx = \int_a^b \left\{ \int_c^d \left\{ \int_g^h f(x, y, z) dz \right\} dy \right\} dx$$

를 계산한다.

삼중적분은 또한 내장함수 integral3를 이용하여 편리하게 구할 수 있다. 함수 integral3의 사용방법은 integral2와 유사하다.

MATLAB 실습 triplequad를 이용한 삼중적분의 계산

함수 triplequad를 이용하여 적분 $I = \int_0^1 \int_0^1 \int_0^1 64xy(1 - x)^2 z dz dy dx$를 구하라.

풀이

```
>> I = triplequad(@(x,y,z) 64*x.*y.*(1-x).^2.*z, 0, 1, 0, 1, 0, 1)
I =
   1.3333
```

■

MATLAB 실습 삼중적분의 계산

적분 $\int_0^1 \int_{-1}^1 \int_0^\pi (y + z)\sin(\pi(x^2 + y^2))dxdydz$를 구하라.

풀이

```
>> f = @(x,y,z) (y+z).*sin(pi*(x.^2 + y.^2));
>> It = triplequad(f,0,pi,-1,1,0,1), Ii = integral3(f,0,pi,-1,1,0,1)
It =
    0.2829
Ii =
    0.2829
```

내장함수 int를 이용하는 경우에는 다음과 같이 위의 삼중적분을 수행할 수 있다:

```
>> syms x y z; f = (y+z)*sin(pi*(x^2 + y^2)); double(int(int(int(f,x,0,pi),
y,-1,1),0,1))
ans =
    0.2829
```

■

이중적분이나 삼중적분의 계산에는 integral2 및 integral3가 선호된다. 표 6.5는 적분에 이용되는 주요 내장함수들이다.

표 6.5 주요 적분함수

함수	기능
integral, quad, int	저차 수치적분
quadl	고차 수치적분
trapz	사다리꼴 공식을 수행
integral2, dblquad	수치 이중적분
integral3, triplequad	삼중적분의 수치해

연습 문제

6.1 $x_i = 2$에서 forward 차분, backward 차분, central 차분을 이용하여 $f(x) = x^2\ln(x)$의 미분을 근사하라. 2개의 데이터 점들만을 이용하며 $h = 0.1$로 설정한다.

6.2 5개의 데이터 점들이 다음과 같이 주어져 있다:

$$(x_0, f_0) = (1, 2),\ (x_1, f_1) = (2, 4),\ (x_2, f_2) = (3, 8),$$
$$(x_3, f_3) = (4, 16),\ (x_4, f_4) = (5, 32)$$

$x_2 = 3$에서 forward 차분, backward 차분, central 차분, 3점 forward 차분, 3점 backward 차분을 이용하여 $x_2 = 3$에서의 미분값 $f'(x_2) = f'(3)$을 근사하라.

6.3 중앙차분을 이용하여 다음 관계를 유도하라:

$$f'(x) \approx \frac{1}{12h}\{-f(x+2h) + 8f(x+h) - 8f(x-h) + f(x-2h)\}$$

6.4 3개의 점들이 $(x_1, f_1) = (2, 4)$, $(x_2, f_2) = (3, 8)$, $(x_3, f_3) = (4, 16)$와 같이 주어졌을 때 central 차분을 이용하여 $x_2 = 3$에서의 2차 미분값 $f''(x_2) = f''(3)$을 근사하라.

6.5 어떤 두꺼운 벽체의 깊이 x(cm)에 따른 온도 T(°C)는 다음과 같다:

x(cm)	0	1.25	3.75
T(°C)	13.5	12	10

$x = 0$에서의 온도의 미분값 $\left.\frac{dT}{dx}\right|_{x=0}$을 구하라.

6.6 $f(x) = a_0 + a_1x + a_2x^2 + a_3x^3$와 같을 때 구간 $[-1, 1]$에서의 $f(x)$의 적분을 다음과 같이 근사하고자 한다($x_1, x_2 \in [a, b]$):

$$\int_{-1}^{1} f(x)dx \approx c_1f(x_1) + c_2f(x_2)$$

c_1, c_2, x_1, x_2를 각각 구하라.

6.7 함수 $f(x)$가 다음과 같이 주어졌을 때 Trapezoidal 규칙을 이용하여 적분 $\int_0^2 f(x)dx$를 근사하라.

(1) $f(x) = x^4$ (2) $f(x) = \sin(x)$

6.8 함수 $f(x)$가 다음과 같이 주어졌을 때 Simpson의 1/3 규칙을 이용하여 적분 $\int_0^2 f(x)dx$를 근사하라.

(1) $f(x) = x^4$ (2) $f(x) = \sin(x)$

6.9 다음 데이터로부터 Trapezoidal 규칙에 의한 $\int_{x_0}^{x_1} f(x)dx$, Simpson 1/3 규칙에 의한 $\int_{x_0}^{x_2} f(x)dx$, Simpson 3/8 규칙에 의한 $\int_{x_0}^{x_3} f(x)dx$의 값을 근사하라:

k	0	1	2	3
x_k	0.0	0.5	1.0	1.5
$f(x_k)$	1.0	1.55	0.72	0.94

6.10 Simpson의 1/3 규칙을 사용하여 이중적분 $\int_{1.4}^{2.0}\int_{1.0}^{1.5}\ln(x+2y)dydx$의 근사값을 구하라.

6.11 2점 Gauss–Legendre 구적법을 이용하여 적분 $\int_{-1}^{1}\frac{1}{x+2}dx = \ln(3) - \ln(1) \approx 1.09861$을 근사하라.

* MATLAB 활용 문제

M6.1 표 M6.1은 어떤 기상반응에 대한 실험 데이터를 보인 것이다. 이 반응의 속도식은 다음과 같이 나타낼 수 있음을 알았다:

$$\frac{dP}{dt} = k(3P_0 - P)^m$$

위에서 k는 반응속도 상수, P_0는 초기압력이며 m은 반응 차수이다. k와 m을 결정하라.

표 M6.1 어떤 기상반응에 대한 실험 데이터

t(min)	0.0	2.5	5.0	10.0	15.0	20.0
P(mmHg)	7.8	10.5	12.7	15.8	17.9	19.4

M6.2 1기압, 25°C에서 개방된 용기의 상부 표면으로부터 증발되는 물의 플럭스를 계산해 보자. 수면으로부터 용기 표면까지의 거리를 0.1 m, 0.2 m, 0.3 m로 변화시키고 이에 따른 물의 플럭스를 구하라. 수면 위로부터 z의 위치에서 수증기의 플럭스는

$$N_z = -cD\frac{\partial x}{\partial z} - x\left(\frac{cD}{1-x_0}\right)\frac{\partial x}{\partial z}\bigg|_{z=0}$$

로 주어진다. 위에서 N_z는 수면 위로부터 z의 위치에서 수증기의 플럭스, c는 기상 총 농도, D는 공기 중의 수증기의 확산계수, x는 수증기의 몰분율, x_0는 $z = 0$에서의 x 값이다.

용기 상부에서 공기 흐름이 없다고 가정하면 해는

$$X = \frac{1 - erf(Z - \phi)}{1 + erf\phi}$$

로 주어진다. 위에서 $X = \frac{x}{x_0}$, $Z = \frac{z}{\sqrt{4Dt}}$이며 ϕ는 비선형 방정식

$$x_0 - \frac{1}{1 + \{\sqrt{\pi}(1 + erf\,\phi)\phi\exp(\phi^2)\}^{-1}} = 0$$

의 해이다. 공기–물 시스템의 경우

$$D = 2.2 \times 10^{-5}\ \mathrm{m^2/s}, \quad x_0 = 0.0312, \quad c = \frac{P_{total}}{RT} = 0.0409\ \mathrm{kmol/m^3}$$

이다.

M6.3 하드체인(hard-chain) 유체의 상태방정식은 잔류 Helmholtz 에너지 a^{res}를 이용하여 나타낼 수 있다:

$$a^{res} = m\frac{4\gamma - 3\gamma^2}{(1-\gamma)^2} + (1-m)\ln\frac{1-\gamma/2}{(1-\gamma)^3}$$

위에서 m은 체인 토막들의 수, γ는 환산밀도이다. 임의의 유체의 압축인자 $Z = PV/(RT)$는 다음 관계를 이용하여 a^{res}로부터 얻을 수 있다:

$$Z = 1 + \gamma\frac{\partial a^{res}}{\partial \gamma}$$

$m = 5$일 때 $\gamma(0 < \gamma < 0.5)$에 대한 Z의 그래프를 작성하라.

M6.4 어떤 기체-고체 유동층에서 고체의 부피분율을 구하고자 한다. 2상 흐름에서 압력강하는

$$-\frac{dP}{dz} = \{\rho_g(1-\epsilon_s) + \rho_s\epsilon_s\}g$$

로 주어진다. 위에서 P는 압력, z는 높이, ρ_g와 ρ_s는 각각 기체와 고체의 밀도, ϵ_s는 고체의 부피분율, g는 중력가속도이다. 위의 식을 ϵ_s에 대하여 풀면

$$\epsilon_s = \frac{(-dP/dz) - \rho_g g}{(\rho_s - \rho_g)g}$$

높이에 따른 압력측정 결과는 다음과 같다. 이로부터 수치미분을 이용하여 고체의 부피분율 ϵ_s를 구하라. 기체의 밀도는 1.2 kg/m^3, 고체의 밀도는 2650 kg/m^{3}이다.

높이(m)	압력(kPa g)
0.0	1.78
0.5	1.40
1.0	1.06
1.5	0.61
2.0	0.15

M6.5 낙하하는 어떤 물체의 속도를 시간에 따라 측정한 결과는 다음과 같다.

표 M6.5 속도 데이터

t(sec)	0	0.5	1.2	1.6	2.5	3.1	4.8	6.9
v(m/sec)	0	5	12	15	23	28	38	47

$t = 2.5$초일 때 낙하한 거리는 얼마인가? 매 시점에서 낙하한 거리를 구하라.

M6.6 다음은 페니실린 발효공정에서 4시간 동안의 이산화탄소 발생률과 산소 소모율 데이터이다. Simpson의 1/3 규칙을 이용하여 4시간 동안의 발효공정 동안에 소모된 산소량과 생성된 이산화탄소의 양을 구하라. 데이터가 주어진 경우에 해당되므로 스크립트 fermO2CO2를 이용하여 계산을 수행할 수 있다.

발효시간(hr)	CO_2 발생률(g/hr)	O_2 소모율(g/hr)
136	17.36	14.29
137	17.42	12.74
138	17.60	14.74
139	17.75	13.68
140	18.95	14.51

M6.7 humps 함수는 다음과 같이 정의된다:

$$f(x) = \frac{1}{(x-q)^2 + 0.01} + \frac{1}{(x-r)^2 + 0.04} + s$$

이제 $a = 0$, $b = 1$, $q = 0.2$, $r = 0.7$, $s = 4$일 때 내장함수를 이용하여 적분 $\int_a^b f(x)dx$를 구하라.

M6.8 함수 $f(x, y)$가

$$f(x, y) = 3xy + x - 1.2x^2 - 3y^2 + 25$$

와 같이 주어졌을 때 이중적분

$$I = \int_0^5 \int_0^7 f(x, y)dxdy$$

를 구하라.

M6.9 프로판 1 gmol을 1기압에서 200°C로부터 700°C까지 가열시키는 네에 소요되는 열량(cal)을 구하라. 프로판의 열용량은 다음과 같이 주어진다:

$$C_p = 2.41 + 0.057195T - 4.3 \times 10^{-6} T^2 \quad (T: \mathrm{K})$$

제 7 장

초기치 미분방정식의 풀이

미분방정식은 미지 함수의 미분들을 포함하는 방정식으로서 어떤 독립변수에 대한 종속변수의 변화를 표현한다. 화학공정에서 일어나는 많은 현상들은 이러한 형태의 미분방정식들로 나타낼 수 있다. 독립변수가 한 개인 미분방정식은 상미분 방정식(ordinary differential equation, ODE)이라고 불린다. 초기조건이 주어진 미분방정식의 풀이는 초기치 문제라고 통칭된다.

7.1 미분방정식의 보기

초기치 미분방정식은 물질 및 에너지의 변화가 수반되는 전달현상이나 반응공학 또는 유체역학에서 빈번하게 나타난다. 예를 들면 물질 확산을 나타내는 Fick의 법칙은

$$J = -D\frac{dC}{dx} \quad (C\text{: 농도})$$

다공성 매체를 통한 흐름을 나타내는 Darcy의 법칙은

$$W = -k\frac{dg}{dx} \quad (g\text{: 헤드})$$

열전도를 나타내는 Fourier의 법칙은

$$q = -k\frac{dT}{dx} \quad (T\text{: 온도})$$

그리고 Newton의 점성법칙은

$$\tau = \mu\frac{dv}{dx} \quad (v\text{: 속도})$$

와 같은 미분방정식들로 주어진다.

뜨거운 물체가 냉각되는 경우 시간에 따른 뜨거운 물체의 온도변화는 1차 미분방정식

$$\frac{dT}{dt} = K(T - T_a)$$

의 형태로 나타낼 수 있다. T는 뜨거운 물체의 온도, T_a는 주위 온도이며, K는 (음의 값을 갖는) 상수이다. 이 방정식을 풀기 위해서는 K, T_a, 그리고 초기조건으로서 시간 $t = 0$일 때의 온도 측정값

$T(0) = T_0$가 필요하다.

어떤 반응기에서 다음과 같은 액상반응이 이루어진다고 하자:

$$A + B \underset{k_2}{\overset{k_1}{\rightleftarrows}} C + D \xrightarrow{k_3} E$$

A와 B 및 C와 D의 반응은 각 성분 농도에 대하여 1차이며 E의 생성반응은 C와 D의 농도에 대하여 각각 n차 및 m차 반응이라고 하면 부피변화는 없다고 가정할 때 각 성분에 대한 수지식은 다음과 같이 쓸 수 있다:

$$\frac{dC_A}{dt} = -k_1 C_A C_B + k_2 C_C C_D$$

$$\frac{dC_B}{dt} = -k_1 C_A C_B + k_2 C_C C_D$$

$$\frac{dC_C}{dt} = k_1 C_A C_B - k_2 C_C C_D - k_3 C_C^n C_D^m$$

$$\frac{dC_D}{dt} = k_1 C_A C_B - k_2 C_C C_D - k_3 C_C^n C_D^m$$

$$\frac{dC_E}{dt} = k_3 C_C^n C_D^m$$

이는 1차 비선형 상미분 방정식 시스템을 구성한다.

그림 7.1에 보인 연속 발효장치에서 이스트와 같은 미생물의 성장을 고려해 보자.

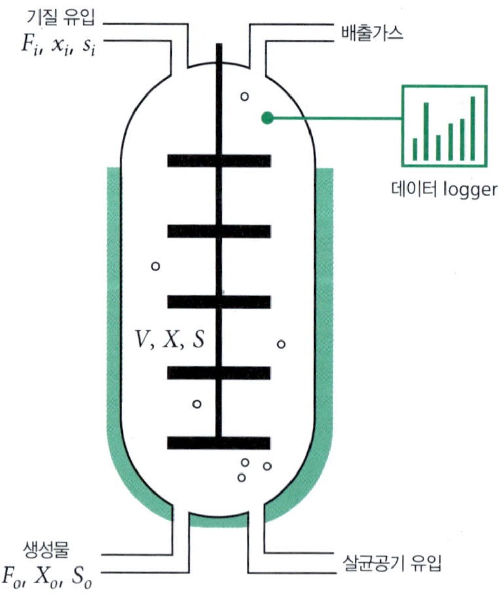

그림 7.1 연속 발효장치.

발효장치의 부피를 V, 주입되는 배양액의 유량을 F_i, 발효장치로부터의 생성물의 유량을 F_o이라고 하면 셀 X에 대한 물질수지는

$$F_iX_i + r_XV = F_oX_o + \frac{d(VX)}{dt}$$

기질 S에 대한 물질수지는

$$F_iS_i + r_SV = F_oS_o + \frac{d(SX)}{dt}$$

와 같이 나타낼 수 있다. 위에서 r_X는 셀 생성속도, r_S는 기질 소모율이다. 총괄 부피수지는

$$F_i = F_o + \frac{dV}{dt}$$

와 같이 주어진다. 발효장치에서 교반이 잘 이루어진다고 하면 $X_o = X$, $S_o = S$로 둘 수 있으므로 위의 식들을 다음과 같이 정리할 수 있다:

$$\frac{d(VX)}{dt} = F_iX_i - F_oX + r_XV, \quad \frac{d(SX)}{dt} = F_iS_i - F_oS + r_SV, \quad \frac{dV}{dt} = F_i - F_o$$

유량 F_i와 F_o는 서로 동일하다고 가정하고 r_X와 r_S는 다음과 같이 셀과 기질의 농도로 주어진다고 간주한다:

$$r_X = \frac{\mu_{max}SX}{K+S}, \qquad r_S = -\frac{1}{Y_S}\frac{\mu_{max}SX}{K+S}$$

이들 관계를 이용하면 발효장치에 대한 다음과 같은 모델식을 얻는다:

$$\frac{dX}{dt} = \left(\frac{F_o}{V}\right)(X_i - X) + \frac{\mu_{max}SX}{K+S}, \qquad \frac{dS}{dt} = \left(\frac{F_o}{V}\right)(S_i - S) - \frac{1}{Y_S}\frac{\mu_{max}SX}{K+S}$$

그림 7.2에 보인 다단 증류탑을 고려해 보자. 증류탑의 경우 n번째 단에서의 holdup을 H_n, n번째 단으로의 액체 유량과 i 성분의 조성을 각각 L_{n+1} 및 $x_{i,n+1}$, n번째 단으로의 기체 유량과 i 성분의 조성을 각각 V_{n-1} 및 $y_{i,n-1}$, n번째 단으로부터의 액체 유량과 i 성분의 조성을 각각 L_n 및 $x_{i,n}$, n번째 단으로부터의 기체 유량과 i 성분의 조성을 각각 V_n 및 $y_{i,n}$으로 나타내면 n번째 단에서의 총괄 물질수지 및 성분수지는 다음과 같이 쓸 수 있다:

$$\frac{dH_n}{dt} = V_{n-1} + L_{n+1} - V_n - L_n,$$
$$\frac{d(H_nx_{i,n})}{dt} = V_{n-1}y_{i,n-1} + L_{n+1}x_{i,n+1} - V_ny_{i,n} - L_nx_{i,n}$$

기-액 평형관계는 $y_{i,n} = f(x_{i,n})$ 형태로 나타낼 수 있다.

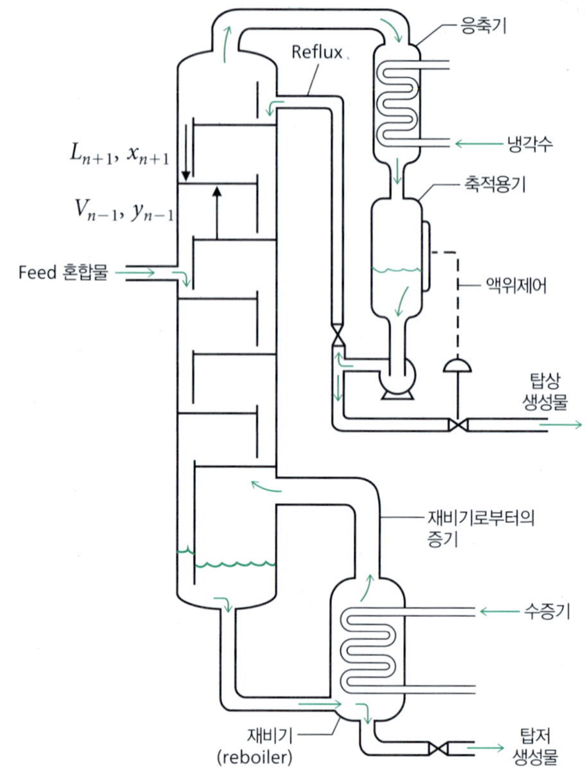

그림 7.2 다단 증류탑.

일반적으로 차수 n인 선형미분 방정식은

$$b_0(x)\frac{d^n y}{dx^n} + b_1(x)\frac{d^{n-1}y}{dx^{n-1}} + \cdots + b_{n-1}(x)\frac{dy}{dx} + b_n(x)y = R(x)$$

로 주어진다. 위의 방정식은 $R(x) = 0$이면 동차(同次, homogeneous), $R(x) \neq 0$이면 비동차(non-homogeneous) 방정식이다.

비선형 상미분 방정식의 보기로서 어느 골짜기에서의 여우와 토끼의 개체 수를 나타내는 관계식을 들 수 있다. 토끼는 개체 수에 비례하여 증식하고, 개체 수에 비례하여 여우에게 희생당하며, 여우의 개체 수는 먹이가 충분할 때 번식하고 먹이가 없으면 감소한다. 따라서 토끼의 개체수를 x, 여우의 개체 수를 y라고 하면

$$\frac{dx}{dt} = \alpha x - \beta xy, \qquad \frac{dy}{dt} = \gamma xy - \delta y$$

로 나타낼 수 있다. 위에서 α β, γ, δ는 여우와 토끼 사이의 증식관계를 나타내는 파라미터들이다.

7.2 정준형태

미분방정식들의 수치해를 위해서는 먼저 주어진 방정식을 1차의 미분방정식 시스템으로 전환시킨다.

$$\frac{dy_1}{dx} = f_1(y_1, y_2, \cdots, y_n, x)$$
$$\frac{dy_2}{dx} = f_2(y_1, y_2, \cdots, y_n, x)$$
$$\vdots$$
$$\frac{dy_n}{dx} = f_n(y_1, y_2, \cdots, y_n, x)$$

위와 같은 형태는 정준형태(canonical form)라고 부른다. $x = x_0$에서의 초기조건이

$$y_1(x_0) = y_{1,0}, \quad y_2(x_0) = y_{2,0}, \quad \cdots \quad , \quad y_n(x_0) = y_{n,0}$$

와 같이 주어졌다면 미분방정식 시스템의 해는

$$y_1 = F_1(x), \quad y_2 = F_2(x), \quad \cdots \quad , \quad y_n = F_n(x)$$

와 같이 나타낼 수 있다. 위에 주어진 미분방정식 시스템을 벡터-행렬로 나타내면

$$\frac{dy}{dx} = f(x, y)$$

초기조건 벡터는

$$y(x_0) = y_0$$

해는

$$y = F(x)$$

와 같이 쓸 수 있다.

고차 미분방정식은 일차 미분방정식 시스템(즉 정준형태)으로 나타낼 수 있다. n차 미분방정식

$$\frac{d^n z}{dx^n} = G\left(z, \frac{dz}{dx}, \frac{d^2 z}{dx^2}, \cdots, \frac{d^{n-1} z}{dx^{n-1}}, x\right)$$

의 경우

$$z = y_1, \quad \frac{dz}{dx} = \frac{dy_1}{dx} = y_2, \quad \frac{d^2 z}{dx^2} = \frac{dy_2}{dx} = y_3, \quad \cdots, \quad \frac{d^{n-1} z}{dx^{n-1}} = \frac{dy_{n-1}}{dx} = y_n$$

로 두면 $\frac{d^n z}{dx^n} = \frac{dy_n}{dx}$이며 주어진 n차 미분방정식으로부터

$$\frac{dy_1}{dx} = y_2$$
$$\frac{dy_2}{dx} = y_3$$
$$\vdots$$
$$\frac{dy_n}{dx} = G(y_1, y_2, \cdots, y_n, x)$$

와 같은 정준형태를 얻는다. 위 방정식 시스템의 우변이 독립변수 x의 함수가 아니라면 이를 벡터-행렬 형태로

$$\frac{dy}{dx} = f(y)$$

로 쓸 수 있으며 autonomous 시스템이라고 부른다. $f(y)$가 선형이라면 $f(y) = Ay$로 쓸 수 있으므로

$$\frac{dy}{dx} = f(y) = Ay$$

보기 7.1 정준형태

다음 미분방정식들을 정준형태로 전환시켜 보라.

(1) $\frac{d^4z}{dt^4} + 5\frac{d^3z}{dt^3} - 2\frac{d^2z}{dt^2} - 6\frac{dz}{dt} + 3z = 0$

(2) $\frac{d^4z}{dt^4} + 5\frac{d^3z}{dt^3} - 2\frac{d^2z}{dt^2} - 6\frac{dz}{dt} + 3z = e^{-t}$

풀이

(1) $y_1 = z,\ y_2 = \frac{dy_1}{dt} = \frac{dz}{dt},\ y_3 = \frac{dy_2}{dt} = \frac{d^2z}{dt^2},\ y_4 = \frac{dy_3}{dt} = \frac{d^3z}{dt^3}$으로 두면

$$\frac{dy_4}{dt} = \frac{d^4z}{dt^4} = -5y_4 + 2y_3 + 6y_2 - 3y_1$$

이를 다시 쓰면

$$\frac{dy_1}{dt} = y_2,\quad \frac{dy_2}{dt} = y_3,\quad \frac{dy_3}{dt} = y_4,\quad \frac{dy_4}{dt} = -3y_1 + 6y_2 + 2y_3 - 5y_4$$

이를 벡터-행렬로 나타내면

$$\dot{y} = Ay = \begin{bmatrix} 0 & 1 & 0 & 0 \\ 0 & 0 & 1 & 0 \\ 0 & 0 & 0 & 1 \\ -3 & 6 & 2 & -5 \end{bmatrix} y$$

(2) 이 방정식은 우변에 e^{-t}가 존재하므로 비동차(nonhomogeneous) 방정식이다. 이 방정식의 좌변은 (1)에서와 동일하다. 이제 $y_5 = e^{-t}$로 두면

$$\frac{dy_5}{dt} = -e^{-t} = -y_5$$

따라서

$$\frac{dy_1}{dt} = y_2,\quad \frac{dy_2}{dt} = y_3,\quad \frac{dy_3}{dt} = y_4,\quad \frac{dy_4}{dt} = -3y_1 + 6y_2 + 2y_3 - 5y_4,\quad \frac{dy_5}{dt} = -y_5$$

이를 벡터-행렬로 나타내면

$$\dot{y} = Ay = \begin{bmatrix} 0 & 1 & 0 & 0 & 0 \\ 0 & 0 & 1 & 0 & 0 \\ 0 & 0 & 0 & 1 & 0 \\ -3 & 6 & 2 & -5 & 1 \\ 0 & 0 & 0 & 0 & -1 \end{bmatrix} y$$

■

7.3 선형 상미분방정식

미분방정식과 초기조건이

$$\frac{dy}{dt} = ay, \qquad y(0) = y_0$$

와 같이 주어진 경우 해는

$$\int_{y_0}^{y} \frac{dy}{y} = \int_0^t a dt \quad \Rightarrow \quad \ln\frac{y}{y_0} = at \quad \Rightarrow \quad y = e^{at} y_0$$

와 같이 얻어진다. 미분방정식 시스템의 경우 y와 y_0를 각각 종속변수 벡터 및 초기조건 벡터라 하면

$$\frac{dy}{dt} = Ay, \quad y(0) = y_0 \quad \Rightarrow \quad y = e^{At} y_0$$

와 같다. 위에서

$$e^{At} = I + At + \frac{A^2}{2!}t^2 + \frac{A^3}{3!}t^3 + \cdots$$

이다. $y = e^{At}y_0$가 방정식 $\dfrac{dy}{dt} = Ay$의 해가 됨은 쉽게 보일 수 있다. 즉

$$\begin{aligned} \frac{dy}{dt} &= \frac{d}{dt}(e^{At}y_0) = \frac{d}{dt}\left(I + At + \frac{A^2}{2!}t^2 + \frac{A^3}{3!}t^3 + \cdots\right)y_0 \\ &= \left(A + A^2 t + \frac{A^3}{2!}t^2 + \cdots\right)y_0 = A\left(I + At + \frac{A^2}{2!}t^2 + \frac{A^3}{3!}t^3 + \cdots\right)y_0 = A(e^{At})y_0 = Ay \end{aligned}$$

비특이(nonsingular) 행렬 A가 n개의 서로 다른 고유치(eigenvalue) λ_i ($i = 1, 2, \cdots, n$)와 이에 대응하는 n개의 서로 다른 고유벡터(eigenvector) v_i ($i = 1, 2, \cdots, n$)들을 갖는다면

$$Av_1 = \lambda_1 v_1, \quad Av_2 = \lambda_2 v_2, \quad \cdots, \quad Av_n = \lambda_n v_n$$

이를 다시 쓰면

$$AP = P\Lambda$$

와 같으며 여기에서

$$P = [v_1 \; v_2 \; \cdots \; v_n], \qquad \Lambda = \begin{bmatrix} \lambda_1 & 0 & 0 & \cdots & 0 \\ 0 & \lambda_2 & 0 & \cdots & 0 \\ 0 & 0 & \lambda_3 & \cdots & 0 \\ \vdots & \vdots & \vdots & \ddots & \vdots \\ 0 & 0 & 0 & \cdots & \lambda_n \end{bmatrix}$$

이다. 식 $AP = P\Lambda$의 양변의 오른쪽에 P^{-1}을 곱하면

$$APP^{-1} = A = P\Lambda P^{-1}$$

를 얻는다. 이로부터

$$A^2 = (P\Lambda P^{-1})^2 = P\Lambda P^{-1}P\Lambda P^{-1} = P\Lambda^2 P^{-1}$$

이 과정을 반복하면

$$A^n = P\Lambda^n P^{-1}$$

임을 알 수 있다. 따라서 $I = PP^{-1}$인 관계를 이용하면

$$\begin{aligned} e^{At} &= I + At + \frac{A^2}{2!}t^2 + \frac{A^3}{3!}t^3 + \cdots = PP^{-1} + P\Lambda P^{-1}t + P\Lambda^2 P^{-1}\frac{t^2}{2!} + P\Lambda^3 P^{-1}\frac{t^3}{3!} + \cdots \\ &= P\left(I + \Lambda t + \frac{\Lambda^2}{2!}t^2 + \frac{\Lambda^3}{3!}t^3 + \cdots\right)P^{-1} = Pe^{\Lambda t}P^{-1} \end{aligned}$$

위에서

$$e^{\Lambda t} = \begin{bmatrix} e^{\lambda_1 t} & 0 & 0 & \cdots & 0 \\ 0 & e^{\lambda_2 t} & 0 & \cdots & 0 \\ 0 & 0 & e^{\lambda_3 t} & \cdots & 0 \\ \vdots & \vdots & \vdots & \ddots & \vdots \\ 0 & 0 & 0 & \cdots & e^{\lambda_n t} \end{bmatrix}$$

이다. 즉 미분방정식 시스템

$$\frac{dy}{dt} = Ay, \qquad y(0) = y_0$$

의 해는

$$y = Pe^{\Lambda t}P^{-1}y_0$$

로 주어진다.

MATLAB 활용

선형 상미분방정식의 해는 함수 `linODEsys`를 이용하여 구할 수 있다. 이 함수는 다음과 같이 사용한다:

```
y = linODEsys(A,y0,t,t0,method)
```

이 함수는 계수행렬이 A, 초기조건이 t0(기정값은 0)에서 y0인 시스템의 해를 계산한 다음 시간 t에서의 해 y를 반환한다. method=1이면 지수행렬(e^At) 방법(기정), method=2이면 고유벡터 방법이 이용된다.

```
function y = linODEsys(A,y0,t,t0,method)
%   계수행렬이 A, 초기조건이 t0에서 y0인 시스템의 풀이(t0의 default 값은 0)
%   시간 t에서의 해 y를 반환
%   method=1: 지수행렬(e^At) 방법 (default)
%   method=2: 고유벡터 방법
t = t - t0; nt = length(t); nA = length(A);
if nA ~= length(y0), error('계수행렬과 초기값 벡터의 차원이 같지 않음'); end
y0 = (y0(:).')'; % 초기값 벡터는 열벡터임을 확인
switch method
case 1  % 지수행렬 방법
   for k = 1:nt
      if t(k) > 0, y(:,k) = expm(A*t(k))*y0; else, y(:,k) = y0; end
   end
case 2  % 고유벡터 방법
   [P,D] = eig(A);  % 고유벡터(P)와 고유치(D)
   IP = inv(P); elambdat = zeros(nA,nA,nt);
   for k = 1:nA, elambdat(k,k,:) = exp(D(k,k) * t);  end  % 행렬 exp(LAMBDA.t)를 구축
   % 방정식 시스템의 풀이
   for k = 1:nt
      if t(k) > 0, y(:,k) = P*elambdat(:,:,k)*IP*y0; else, y(:,k) = y0; end
   end
end
```

MATLAB 실습 반응시스템

반응기에서 다음과 같은 일련의 1차 가역반응이 진행되고 있다:

$$A \underset{k_2}{\overset{k_1}{\rightleftarrows}} B \underset{k_4}{\overset{k_3}{\rightleftarrows}} C$$

반응속도상수와 각 성분의 초기 농도는

$$k_1 = 1\ \text{min}^{-1},\quad k_2 = 0\ \text{min}^{-1},\quad k_3 = 2\ \text{min}^{-1},\quad k_4 = 3\ \text{min}^{-1},$$
$$C_{A0} = 1\ \text{mol/L},\quad \mathrm{C_{B0}} = \mathrm{C_{C0}} = 0$$

로 주어져 있다. 시간에 따른 각 성분의 농도변화를 그래프로 나타내어라.

풀이

1차 반응이므로 반응속도식은 다음과 같이 쓸 수 있다.

$$\frac{dC_A}{dt} = -k_1 C_A + k_2 C_B$$

$$\frac{dC_B}{dt} = k_1 C_A - k_2 C_B - k_3 C_B + k_4 C_C = k_1 C_A - (k_2 + k_3) C_B + k_4 C_C$$

$$\frac{dC_C}{dt} = k_3 C_B - k_4 C_C$$

이를 벡터-행렬 형태로 나타내면

$$\frac{dC}{dt} = KC$$

와 같다. 여기에서

$$C = \begin{bmatrix} C_A \\ C_B \\ C_C \end{bmatrix}, \quad K = \begin{bmatrix} -k_1 & k_2 & 0 \\ k_1 & -(k_2 + k_3) & k_4 \\ 0 & k_3 & -k_4 \end{bmatrix}$$

와 같이 정의된다. 이 방정식 시스템의 해는

$$C(t) = Pe^{\Lambda t} P^{-1} C_0$$

로 주어진다. 위에서 $C_0 = \begin{bmatrix} C_{A0} \\ C_{B0} \\ C_{C0} \end{bmatrix}$이며, P는 행렬 K의 고유벡터들로 구성되는 행렬이고, Λ는 행렬 K의 고유치들이 대각선상에 위치하는 대각행렬이다. 위의 미분방정식 시스템에 대한 해를 계산하는 스크립트 revrxns에서는 풀이 방법으로서 지수행렬 방법과 고유벡터 방법을 선택할 수 있다. 이 스크립트에서는 선형미분방정식 풀이함수 linODEsys를 호출하여 방정식을 푼다.

```
% revrxns.m: 선형 상미분시스템의 풀이함수 linODEsys를 이용한 가역반응 시스템의 풀이
clear all;
k1 = 1; k2 = 0; k3 = 2; k4 = 3; % 속도상수
c0 = [1 0 0]; % 초기농도
tmax = 5; dt = 0.1; % tmax: 최대 적분시간, dt: 시간구간
K = [-k1, k2, 0; k1, -k2-k3, k4; 0, k3, -k4]; t = [0:dt:tmax]; % 시간 벡터
if t(end) ~= tmax, t(end+1) = tmax; end
tlen = length(t); t0 = zeros(1,tlen);
method = 2; % method = 1: 지수행렬 방법, 2: 고유벡터 방법
c = linODEsys(K,c0,t,t0,method);  % 방정식 시스템의 풀이
plot(t,c), grid, xlabel('Time'), ylabel('Concentration'), legend('C_A','C_B',
'C_C')
```

다음은 스크립트 revrxns의 수행결과이다.

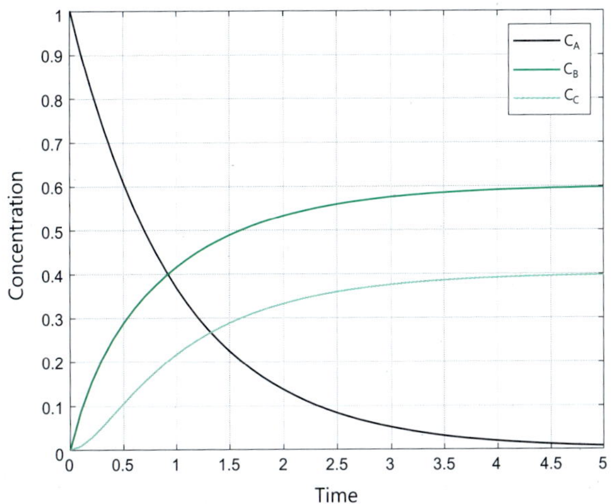

그림 7.3 농도분포.

7.4 Euler 방법

7.4.1 명시적 Euler 방법

초기치를 갖는 비선형 상미분방정식 문제는

$$\frac{dy}{dx} = f(x, y), \qquad y(x_0) = y_0$$

로 쓸 수 있다. $dy = f(x, y)dx$이므로 양변을 범위 $y_i \le y \le y_{i+1}$, $x_i \le x \le x_{i+1}$에서 적분하면

$$\int_{y_i}^{y_{i+1}} dy = y_{i+1} - y_i = \int_{x_i}^{x_{i+1}} f(x, y)dx$$

$x_{i+1} = x_i + h$라 하자. 점 i에서 $y(x_{i+1} + h) = y_{i+1}$에 대한 Taylor 전개는

$$y(x_i + h) = y_{i+1} = y_i + h\left.\frac{dy}{dx}\right|_i + \frac{h^2}{2!}\left.\frac{d^2y}{dx^2}\right|_i + \cdots$$

h가 작을 경우 2차항 이하를 무시할 수 있다. 즉

$$y_{i+1} \approx y_i + h\left.\frac{dy}{dx}\right|_i = y_i + hf(x_i, y_i)$$

이는 명시적(explicit) Euler 방법이라고 불린다. 일반적으로 x_k에서의 정보를 이용하여 y_{k+1}을 예측하는 방법을 명시적 방법이라고 부른다.

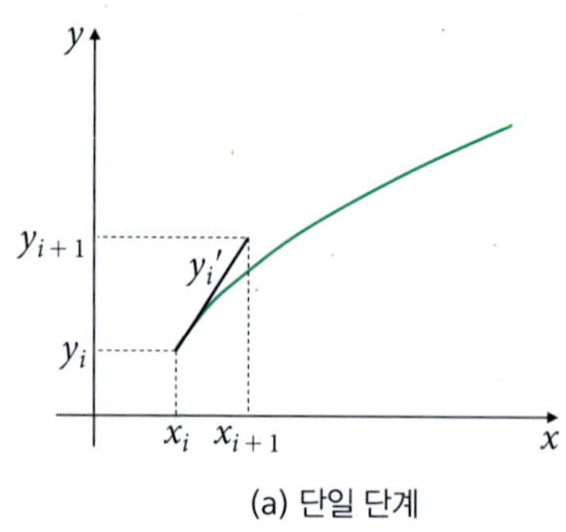

(a) 단일 단계

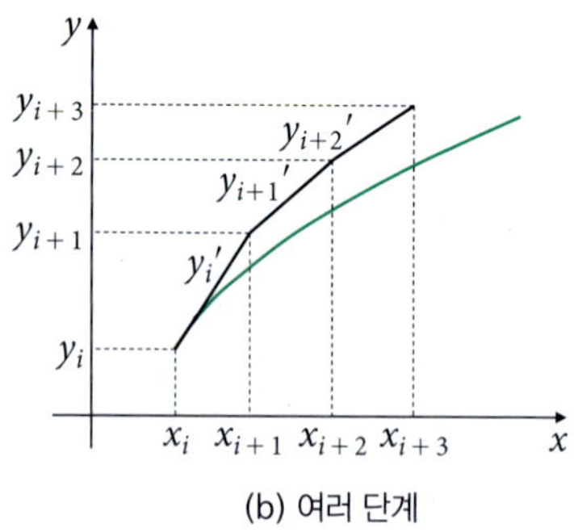

(b) 여러 단계

그림 7.4 Euler 방법.

명시적 Euler 방법은 1차미분에 대한 유한차분 근사로부터 얻을 수도 있다. 점 x_i에서의 1차미분의 유한차분 근사는 $h = x_{i+1} - x_i$라고 하면

$$\left.\frac{dy}{dx}\right|_{x=x_i} = f(x_i, y_i) \approx \frac{y_{i+1} - y_i}{x_{i+1} - x_i} = \frac{y_{i+1} - y_i}{h}$$

와 같다. 이 관계를 y_{i+1}에 대하여 정리하면

$$y_{i+1} \approx y_i + f(x_i, y_i)(x_{i+1} - x_i) = y_i + hf(x_i, y_i)$$

를 얻는다.

보기 7.2 명시적 Euler 방법

초기치 문제

$$\frac{dy}{dt} = y' = y - t^2 + 2 \quad (0 \le t \le 2)$$

의 해를 근사하라. $y(0) = 0.2$이며 $h = 0.5$로 한다.

풀이

명시적 Euler 공식으로부터

$$y_{i+1} \approx y_i + hf(t_i, y_i) = y_i + \frac{1}{2}(y_i - t_i^2 + 2) = 1.5y_i - 0.5t_i^2 + 1$$

i	t_i	y_i
0	0	0.2
1	0.5	$1.5(0.2) - 0.5(0)^2 + 1 = 1.3$
2	1.0	$1.5(1.3) - 0.5(0.5)^2 + 1 = 2.825$
3	1.5	$1.5(2.825) - 0.5(1.0)^2 + 1 = 4.7375$
4	2.0	$1.5(4.7375) - 0.5(1.5)^2 + 1 = 6.9813$

■

MATLAB 활용

명시적 Euler 방법은 함수 expEuler, 혹은 Euler에 의해 수행된다. 함수 expEuler에서는 소구간 수(즉 적분구간을 n등분)를, Euler 함수에서는 구간 크기(즉 h)를 이용하여 적분을 수행한다.

expEuler 함수의 사용방법은 다음과 같다.

```
[x, y] = expEuler(odefun, xi, xf, n, yi)
```

위에서 odefun은 미분방정식, xi와 xf는 적분구간, n은 소구간 수, yi는 종속변수 y의 초기값 벡터(xi에서의 함수값)이다.

```
function [x,y] = expEuler(odefun,xi,xf,n,yi)
% explicit Euler 방법에 의한 ODE의 풀이
% odefun: 미분방정식, xi, xf: 적분구간, n: 적분구간 수
% yi: 종속변수 y의 초기값 벡터(xi에서의 함수값)
h = (xf - xi)/n; % 구간길이
yi = (yi(:).')'; % 열벡터임을 확인
x = [xi:h:xf-h]; % x 값들의 벡터
y(:,1) = yi;  % 초기조건
for i = 1:n-1, y(:,i+1) = y(:,i) + h*feval(odefun,x(i),y(:,i)); end
end
```

Euler 함수의 사용방법은 다음과 같다.

```
function [x, y] = Euler(odefun, xi, xf, h, yi, varargin)
```

위에서 odefun은 미분방정식, xi와 xf는 적분구간, h는 소구간 길이, yi는 종속변수 y의 초기값 벡터(xi에서의 함수값)이다.

```
function [x,y] = Euler(odefun,xi,xf,h,yi,varargin)
% EULER 방법에 의한 ODE의 풀이
% odefun: 미분방정식, xi, xf: 적분구간, h: 구간 길이
% yi: 종속변수 y의 초기값 벡터(xi에서의 함수값)

% 초기화
if isempty(h) | h == 0, h = (xf - xi)/99; end
yi = (yi(:).')'; % 열벡터임을 확인
x = [xi:h:xf];   % x 값들의 벡터
if x(end) ~= xf, x(end+1) = xf; end
d = diff(x);  % x의 증가분 벡터
y(:,1) = yi;  % 초기조건
for i = 1:length(x)-1, y(:,i+1) = y(:,i) + d(i) * feval(odefun,x(i),y(:,i),varargin
{:}); end
end
```

MATLAB 실습 적분구간 수를 지정하는 명시적 Euler 방법

구간 $0 \le t \le 5$에서 함수 expEuler를 이용하여 미분방정식

$$\frac{dy}{dt} = -\frac{3}{5}y + 3.8e^{0.7t}, \qquad y(0) = 2$$

를 풀어라. 적분구간 수를 500, 50, 5로 변화시킴에 따라 해는 어떻게 달라지는가?

풀이

스크립트 expleuler는 함수 expEuler를 이용하여 명시적 Euler 방법을 수행한다.

```
% expleuler.m: explicit Euler method
dyt = @(t,y) -3*y/5 + 3.8*exp(0.7*t); ti = 0; tf = 5; y0 = 2;
n1 = 500; [t1,y1] = expEuler(dyt,ti,tf,n1,y0);
n2 = 50; [t2,y2] = expEuler(dyt,ti,tf,n2,y0);
n3 = 5; [t3,y3] = expEuler(dyt,ti,tf,n3,y0);
plot(t1,y1,t2,y2,':',t3,y3,'.-'), grid, xlabel('t'), ylabel('y'), legend
('n=500','n=50','n=5')
```

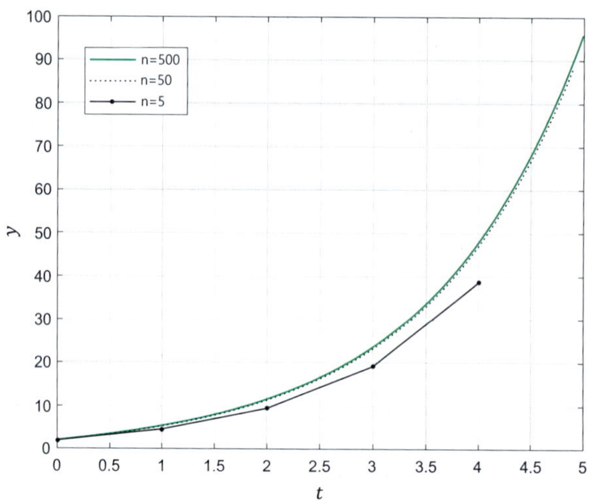

그림 7.5 구간 크기에 따른 명시적 Euler 방법의 비교.

MATLAB 실습 소구간 크기를 지정하는 명시적 Euler 방법

$0 \le x \le 2.5$의 구간에서 다음 방정식의 해를 구하고 그래프를 이용하여 엄밀해와 비교해 보라. 적분구간 크기 h는 0.1로 한다.

$$\frac{dy}{dx} = -1.2y + 7e^{-0.3x}, \qquad y(0) = 3$$

이 방정식에 대한 엄밀해는

등 적절한 수치적 방법을 이용한다.

MATLAB 실습 암묵적 Euler 방법

암묵적 Euler 방법을 이용하여 초기치 문제

$$\frac{dy}{dt} = y' = -0.8y^{1.5} + 10y_0(1 - e^{3t}), \qquad y(0) = y_0 = 2000 \quad (0 \le t \le 0.5)$$

의 해를 구하라. 비선형 방정식의 풀이에는 Newton 방법을 이용하며 시간 간격은 $h = 0.002$로 설정한다.

풀이

스크립트 impeuler는 Newton 방법을 이용하여 암묵적 Euler 방법을 수행하고 결과를 그래프로 작성한다.

```
% impeuler.m: 암묵적 Euler 방법을 이용한 비선형 미분방정식의 풀이
ti = 0; tf = 0.5; h = 0.002; y0 = 2000; n = (tf - ti)/h; y(1) = y0; t(1) = ti;
for k = 1:n
    t(k+1) = t(k) + h; z = y(k);
    for j = 1:20  % Newton 방법을 이용한 비선형 방정식의 풀이
        num = z + 0.8*h*z^1.5 - 10*y0*h*(1 - exp(-3*t(k+1))) - y(k);
        den = 1 + 1.2*h*sqrt(z); zn = z - num/den;
        if abs((zn - z)/z) < 1e-4, break; else, z = zn; end
    end
    if j == 20, fprintf('t=%g s에서 수치해를 구할 수 없음.',t(k)); break; end
    y(k+1) = zn;
end
plot(t,y), grid, axis([0 0.5 0 2000]), xlabel('t(s)'), ylabel('y(t)')
```

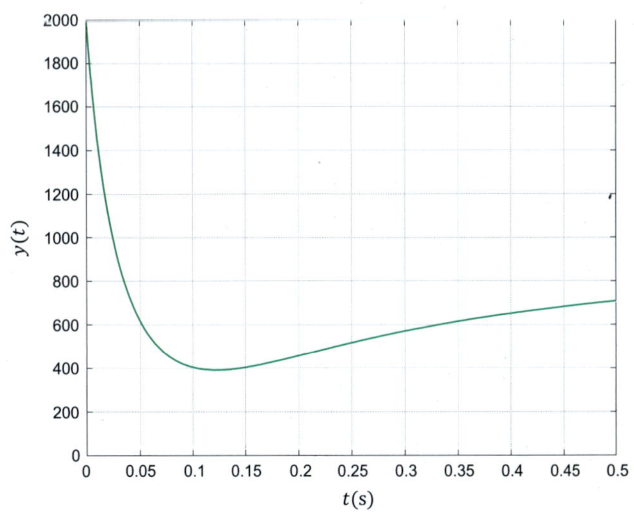

그림 7.7 암묵적 Euler 방법을 이용한 초기치 문제의 풀이.

7.4.3 수정된 Euler 방법

» Crank–Nicolson 방법

명시적 Euler 방법과 암묵적 Euler 방법을 서로 합하면

$$2y_{i+1} = 2y_i + hf(x_i, y_i) + hf(x_{i+1}, y_{i+1}) + O(h^2)$$

와 같다. 따라서 y_{i+1}은

$$y_{i+1} = y_i + \frac{h}{2}\{f(x_i, y_i) + f(x_{i+1}, y_{i+1})\} + O(h^2)$$

와 같이 얻어진다. 이는 Crank–Nicolson 방법이라고 부른다. 이 방법의 일반적인 형태는

$$y_{i+1} = y_i + w_1 k_1 + w_2 k_2, \quad k_1 = hf(x_i, y_i), \quad k_2 = hf(x_i + c_2 h, y_i + a_{21} k_1)$$

와 같다. 위에서 w_1, w_2는 가중치들이다.

» Heun의 방법

점 i에서의 미분 $\frac{dy_i}{dx} = y_i' = f(x_i, y_i)$에서 점 y_{i+1}까지 바깥짐작을 수행하면

$$y_{i+1}^p = y_i + \frac{dy_i}{dx}h = y_i + f(x_i, y_i)h$$

를 얻는다. 이는 Euler 방법에 의한 y_{i+1}의 근사와 동일하다. Heun의 방법은 Euler 방법에 의한 근사값 y_{i+1}을 추가로 보정하는 방법이라고 볼 수 있으며 Trapezoidal 방법으로도 불린다. 위에서 y_{i+1}^p는 y_{i+1}에 대한 중간단계의 예측값이라고 간주한다. 이를 이용하면 i번째 구간 끝에서의 미분은

$$\frac{dy_{i+1}}{dx} = y_{i+1}' = f(x_{i+1}, y_{i+1}^p)$$

그러므로 이 구간에서의 미분은 y_i'와 y_{i+1}'의 평균을 취하여

$$y_m' = \frac{1}{2}(y_i' + y_{i+1}') = \frac{1}{2}\{f(x_i, y_i) + f(x_{i+1}, y_{i+1}^p)\}$$

와 같이 근사할 수 있다. 위의 평균 미분값을 이용하면

$$y_{i+1} = y_i + y_m' h = y_i + \frac{1}{2}\{f(x_i, y_i) + f(x_{i+1}, y_{i+1}^p)\}h$$

이 방법은 다음과 같이 요약할 수 있다:

$$p_{i+1} = y_i + hf(x_i, y_i), \qquad x_{i+1} = x_i + h$$

$$y_{i+1} = y_i + \frac{h}{2}\{f(x_i, y_i) + f(x_{i+1}, p_{i+1})\}$$

보기 7.4 **Heun의 방법**

Heun의 방법을 이용하여 초기치 문제

$$\frac{dy}{dt} = y' = \frac{1}{2}(t-y), \qquad y(0) = y_0 = 1 \qquad (0 \le t \le 3)$$

의 해를 구하고자 한다. $h = \dfrac{1}{4}$로 하고 y_3까지 구하라.

풀이

$$f(t_0, y_0) = \frac{0-1}{2} = -0.5, \quad p_1 = y_0 + hf(x_0, y_0) = 1 + (0.25)(-0.5) = 0.875$$

$$t_1 = t_0 + h = 0.25, \quad f(t_1, p_1) = \frac{0.25 - 0.875}{2} = -0.3125,$$

$$y_1 = y_0 + \frac{h}{2}\{f(t_0, y_0) + f(t_1, p_1)\} = 1 + \frac{0.25}{2}(-0.5 - 0.3125) = 0.8984$$

$$p_2 = y_1 + hf(t_1, y_1) = 0.8984 + \frac{1}{4} \cdot \frac{1}{2}(0.25 - 0.8984) = 0.8174, \quad t_2 = t_1 + h = 0.5,$$

$$y_2 = y_1 + \frac{h}{2}\{f(t_1, y_1) + f(t_2, p_2)\} = 0.8984 + \frac{0.25}{2}(-0.3242 - 0.1587) = 0.8380$$

$$p_3 = y_2 + hf(t_2, y_2) = 0.8380 + \frac{1}{4} \cdot \frac{1}{2}(0.5 - 0.8380) = 0.7958, \quad t_3 = t_2 + h = 0.75,$$

$$y_3 = y_2 + \frac{h}{2}\{f(t_2, y_2) + f(t_3, p_3)\} = 0.8380 + \frac{0.25}{2}(-0.169 - 0.0229) = 0.8140$$

■

MATLAB 활용

Heun의 방법은 함수 Heun, 혹은 trapode에 의해 수행된다. 함수 Heun의 사용방법은 다음과 같다.

```
function [x, y] = Heun(odefun, xi, xf, h, yi)
```

위에서 odefun은 미분방정식, xi와 xf는 적분구간, h는 소구간 길이, yi는 종속변수 y의 초기값 벡터(xi에서의 함수값)이다.

```
function [x,y] = Heun(odefun,xi,xf,h,yi,varargin)
% Heun 방법에 의한 ODE의 풀이
% odefun: 미분방정식
% xi, xf: 적분구간
% h: 구간 길이
% yi: 종속변수 y의 초기값 벡터(xi에서의 함수값)

% 초기화
if isempty(h) | h == 0, h = (xf - xi)/99; end
yi = (yi(:).')'; x = [xi:h:xf];   % x 값들의 벡터
```

```
if x(end) ~= xf, x(end+1) = xf; end
d = diff(x);  % x의 증가분 벡터
y(:,1) = yi;  yp(:,1) = yi;
for i = 1:length(x)-1
    fi = feval(odefun,x(i),y(:,i),varargin{:}); yp(:,i+1) = y(:,i) + d(i)*fi;
    fp = feval(odefun,x(i+1),yp(:,i+1),varargin{:}); y(:,i+1) = y(:,i) + d(i)*
(fi + fp)/2;
end
end
```

함수 trapode의 사용방법은 다음과 같다.

```
function [x, y] = trapode(odefun, xi, xf, h, yi)
```

위에서 odefun은 미분방정식, xi와 xf는 적분구간, h는 소구간 길이, yi는 종속변수 y의 초기값 벡터(xi에서의 함수값)이다.

```
function [xv,yv] = trapode(odefun,xi,xf,h,yi)
% Trapezoidal 방법에 의한 ODE의 풀이
% odefun: 미분방정식, xi, xf: 적분구간, h: 소구간 크기
% yi: 종속변수 y의 초기값 벡터(xi에서의 함수값)

nh = (xf-xi)/h + 1; y = yi; x = xi; yv = yi; xv = xi;
for i = 2:nh
    y1 = y + h*feval(odefun,x,y);  x1 = x + h; k = 0; diffy = 1;
    while abs(diffy) > 1e-3
        k = k + 1; y2 = y + h*(feval(odefun,x,y) + feval(odefun,x1,y1))/2;
        diffy = y1 - y2; y1 = y2;
    end
    xv = [xv, x1]; yv = [yv, y1]; x = x1; y = y1;
end
end
```

MATLAB 실습 Heun의 방법

구간 $0 \le t \le 5$에서 Heun의 방법을 이용하여 미분방정식

$$\frac{dy}{dt} = -\frac{3}{5}y + 3.8e^{0.7t}, \qquad y(0) = 2$$

를 풀어라. 시간구간 크기(h)를 0.01, 0.1, 1로 변화시킴에 따라 해는 어떻게 달라지는가?

풀이

스크립트 odeheun에서는 함수 Heun을 호출하여 해를 근사한다. $h = 0.1$보다 작아지는 경우에는 근사해가 큰 변화를 보이지 않음을 알 수 있다.

```
% odeheun.m: example of Heun's method
dyt = @(t,y) -3*y/5 + 3.8*exp(0.7*t); ti = 0; tf = 5; y0 = 2;
h1 = 0.01; [t1,y1] = Heun(dyt,ti,tf,h1,y0);
h2 = 0.1; [t2,y2] = Heun(dyt,ti,tf,h2,y0);
h3 = 1; [t3,y3] = Heun(dyt,ti,tf,h3,y0);
plot(t1,y1,t2,y2,':',t3,y3,'.-'), grid, legend('h=0.01','h=0.1','h=1'),
xlabel('t'), ylabel('y')
```

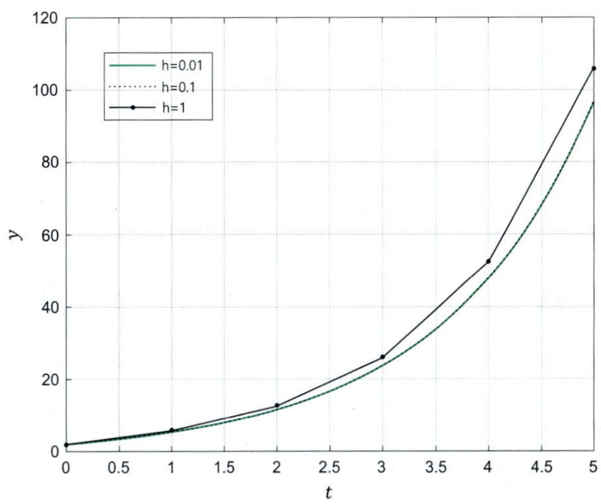

그림 7.8 구간 크기에 따른 Heun 방법의 비교.

7.5 Taylor 급수방법

Taylor 전개를 이용하여 원하는 정도의 정확도를 갖는 근사해를 구할 수 있다. 미분방정식이

$$\frac{dy(x)}{dx} - y'(x) - f(x, y) = f$$

와 같이 주어졌다고 하자. x에 대한 f의 전미분

$$df = \frac{\partial f}{\partial x}dx + \frac{\partial f}{\partial y}dy \quad \Rightarrow \quad \frac{df}{dx} = \frac{\partial f}{\partial x} + \frac{\partial f}{\partial y}\frac{dy}{dx} = f_x + f_y y'$$

의 관계를 이용하면

$$y''(x) = \frac{d}{dx}y'(x) = \frac{df}{dx} = f_x + f_y y'$$

임을 알 수 있다. x에 대한 f의 $j-1$번째 전미분을 $y^{(j)}(x) = f^{(j-1)}(x, y(x))$로 나타낸다면

$$
\begin{aligned}
&y'(x) = f \\
&y''(x) = f_x + f_y y' = f_x + f_y f \\
&y^{(3)}(x) = f_{xx} + 2f_{xy}y' + f_y y'' + f_{yy}(y')^2 = f_{xx} + 2f_{xy}f + f_{yy}f^2 + f_y(f_x + f_y f) \\
&y^{(4)}(x) = f_{xxx} + 3f_{xxy}y' + 3f_{xyy}(y')^2 + 3f_{xy}y'' + f_y y''' + 3f_{yy}y'y'' + f_{yyy}(y')^3 \\
&\qquad = (f_{xxx} + 3f_{xxy}f + 3f_{xyy}f^2 + f_{yyy}f^3) + f_y(f_{xx} + 2f_{xy}f + f_{yy}f^2) \\
&\qquad\quad + 3(f_x + f_y f)(f_{xy} + f_{yy}f) + f_y^2(f_x + f_y f) \\
&\qquad \vdots
\end{aligned}
$$

일반적으로

$$y^{(n)}(x) = P^{(n-1)}f(x, y(x)), \qquad P = \left(\frac{\partial}{\partial x} + f\frac{\partial}{\partial y}\right)$$

로 주어진다. 이를 이용하면 $x = x_i \in [x_0, b]$ 부근에서의 Taylor 급수는

$$y(x_i + h) \approx y(x_i) + h\sum_{k=1}^{n} \frac{y^{(k)}(x_i)}{k!} h^{k-1}$$

와 같다. 즉 n차의 Taylor 급수방법은 다음과 같이 나타낼 수 있다:

$$
\begin{aligned}
&y_{i+1} = y_i + d_1 h + \frac{d_2 h^2}{2!} + \frac{d_3 h^3}{3!} + \cdots + \frac{d_n h^n}{n!}, \\
&d_j = y^{(j)}(x_i) \quad (j = 1, 2, \cdots, n;\ i = 0, 1, \cdots, m-1)
\end{aligned}
$$

보기 7.5 Taylor 급수방법

Taylor 급수방법을 이용하여 초기치 문제

$$\frac{dy}{dx} = y' = \frac{1}{2}(x - y), \qquad y(0) = y_0 = 1 \qquad (0 \le x \le 3)$$

의 해를 구하고자 한다. 4차 Taylor 급수(즉 $n = 4$)를 이용하며 $h = 1$로 하고 y_1을 구하라.

풀이

$$
\begin{aligned}
&y' = \frac{x - y}{2} \\
&y'' = \frac{d}{dx}\left(\frac{x - y}{2}\right) = \frac{1 - y'}{2} = \frac{2 - x + y}{4} \\
&y^{(3)} = \frac{d}{dx}\left(\frac{2 - x + y}{4}\right) = \frac{0 - 1 + y'}{4} = \frac{-2 + x - y}{8} \\
&y^{(4)} = \frac{d}{dx}\left(\frac{-2 + x - y}{8}\right) = \frac{-0 + 1 - y'}{8} = \frac{2 - x + y}{16}
\end{aligned}
$$

따라서 초기점 $(x_0, y_0) = (0, 1)$에서 $d_j = y^{(j)}(0)|_{x=0,\, y=1}$인 관계를 이용하면

$$d_1 = y'(0) = -0.5, \quad d_2 = y''(0) = 0.75, \quad d_3 = y^{(3)}(0) = -0.375, \quad d_4 = y^{(4)}(0) = 0.1875$$

를 얻는다. 이로부터

$$y_1 = y_0 + d_1 h + \frac{d_2 h^2}{2!} + \frac{d_3 h^3}{3!} + \frac{d_4 h^4}{4!} = 1 + d_1 + \frac{d_2}{2} + \frac{d_3}{6} + \frac{d_4}{24}$$
$$= 1 - 0.5 + \frac{0.75}{2} - \frac{0.375}{6} + \frac{0.1875}{24} = 0.8203$$

■

MATLAB 활용

함수 taylor4s는 4차 Taylor 급수방법을 이용하여 미분방정식

$$y' = f(x, y), \quad y(a) = y_0 \quad (a \le x \le b)$$

에 대한 근사해를 구한다.

```
function z = taylor4s(df,a,b,y0,m)
```

위에서 df는 y', y'', $y^{(3)}$, $y^{(4)}$를 포함하며 a와 b는 x의 하한과 상한, y0는 초기조건, m은 수행단계 수(즉 적분구간 수)이며, 출력 z에는 x에 따라 계산된 y 값들의 벡터가 저장된다.

```
function z = taylor4s(df,a,b,y0,m)
% Input:
%   df: y의 미분, a와 b: x의 하한과 상한, y0: 초기조건, m: 적분구간 수
% Output:
%   z: 계산된 y 값들의 벡터
h = (b-a)/m; x = zeros(1,m+1); y = zeros(1,m+1); x = a:h:b; y(1) = y0;
for k = 1:m
    d = df(x(k),y(k));
    y(k+1) = y(k) + h*(d(1) + h*(d(2)/2 + h*(d(3)/6 + h*d(4)/24)));
end
z = [x' y'];
end
```

MATLAB 실습 Taylor 급수방법

4차 Taylor 급수방법을 수행하는 함수 taylor4s를 이용하여 초기치 문제

$$\frac{dy}{dx} = y' = \frac{1}{2}(x - y), \quad y(0) = y_0 = 1 \quad (0 \le x \le 3)$$

의 해를 구하라. 적분구간을 3등분(즉 $h = 1$)한다.

풀이

```
>> df = @(x,y)[(x-y)/2; (2-x+y)/4; (-2+x-y)/8; (2-x+y)/16];
>> a = 0; b = 3; m = 3; y0 = 1; z = taylor4s(df,a,b,y0,m)
z =
         0    1.0000
    1.0000    0.8203
    2.0000    1.1045
    3.0000    1.6702
```

■

7.6 Runge–Kutta 방법

7.6.1 2차 Runge–Kutta 방법

1901년 Martin Wilhelm Kutta(1867~1944)는 1895년 Carl Runge(1856~1927)가 고안한 초기치 문제 해결방법을 일반화시켜(Runge–Kutta 방법) 1차 미분방정식 시스템에 적용하였다. Runge–Kutta 방법은 미분을 나타내는 함수 $f(x, y)$의 Taylor 전개에 근거한다. 2변수 함수 $f(x, y)$에 대한 Taylor 전개는 다음과 같이 나타낼 수 있다:

$$f(x+a,\ y+b) \approx f(x,y) + a\frac{\partial f}{\partial x}(x,y) + b\frac{\partial f}{\partial y}(x,y) + \frac{a^2}{2}\frac{\partial^2 f}{\partial x^2}(x,y) + ab\frac{\partial^2 f}{\partial x \partial y}(x,y)$$
$$+\frac{b^2}{2}\frac{\partial^2 f}{\partial y^2}(x,y) + \frac{1}{n!}\sum_{k=0}^{n}\binom{n}{k}a^{n-k}b^k\frac{\partial^k f}{\partial x^{n-k}\partial y^k}(x,y)$$

한편 $y(x+h) = y(x_{i+1}) = y_{i+1}$에 대한 2차항까지의 Taylor 전개는

$$y(x_i+1) = y_{i+1} \approx y(x_i) + hy'(x_i) + \frac{h^2}{2}y''(x_i) = y_i + hy_i' + \frac{h^2}{2}y_i''$$

위에서 $y_i' = y'(x_i)$ 이다. 그런데 $y'(x_i) = y_i' = f(x_i, y(x_i)) = f(x_i, y_i)$이므로

$$y_i'' = f'(x_i, y_i) = \frac{\partial f}{\partial x}(x_i, y_i) + \frac{\partial f}{\partial y}(x_i, y_i)\cdot y_i' = \frac{\partial f}{\partial x}(x_i, y_i) + \frac{\partial f}{\partial y}(x_i, y_i)\cdot f(x_i, y_i)$$

이를 y_{i+1}에 대한 2차항까지의 Taylor 전개 $y_{i+1} \approx y_i + hy_i' + \frac{h^2}{2}y_i''$에 대입하면

$$y_{i+1} \approx y_i + h\left\{f(x_i, y_i) + \frac{h}{2}\frac{\partial f}{\partial x}(x_i, y_i) + \frac{h}{2}\frac{\partial f}{\partial y}(x_i, y_i)\cdot f(x_i, y_i)\right\}$$

를 얻는다. y_{i+1}의 근사해를 구하는 2차 Runge–Kutta 방법의 일반적인 형태는 다음과 같다:

$$k_1 = hf(x_i, y_i)$$
$$k_2 = hf(x_i + c_2 h,\ y_i + a_{21}k_1)$$
$$y_{i+1} = y_i + w_1 k_1 + w_2 k_2$$

2차 Runge–Kutta 방법은 사실상 Crank–Nichols 방법과 동일하다.

» 중간점 방법

2변수 Taylor 전개에서 1차항까지만 고려하면

$$f(x_i+a,\ y_i+b) \approx f(x_i, y_i) + a\frac{\partial f}{\partial x}(x_i, y_i) + b\frac{\partial f}{\partial y}(x_i, y_i)$$

이를 이전의 식과 서로 비교하면

$$a = h, \qquad b = \frac{h}{2}f(x_i, y_i)$$

일 때 두 식은 서로 같아진다. 즉 a는 $(x_i + a) - x_i = x_{i+1} - x_i = a = h$로서 구간 크기 h와 같다. 따라서 y_{i+1}의 근사값은 다음과 같이 얻어진다:

$$k_1 = hf(x_{i,} y_i), \quad k_2 = hf\left(x_i + \frac{1}{2}h,\ y_i + \frac{1}{2}k_1\right), \quad y_{i+1} = y_i + k_2$$

혹은

$$y_{i+1/2} = y_i + \frac{h}{2}f(x_i, y_i), \qquad y_{i+1} = y_i + hf(x_{i+1/2},\ y_{i+1/2})$$

와 같이 나타낼 수 있다. 즉 이는 2차 Runge–Kutta 방법의 일반적인 형태에서 $w_1 = 0$, $w_2 = 1$, $c_2 = a_{21} = \frac{1}{2}$인 경우이다. 이 방법은 중간점(midpoint) 방법이라고 불리며, 수정된 형태의 명시적 Euler 방법으로 간주할 수 있다.

보기 7.6 중간점 방법

중간점 방법을 이용하여 나음 비분방정식의 해를 근사하라:

$$\frac{dy}{dx} = f(x, y) = 2y - x^2 + 1 \qquad 0 \le x \le 1, \quad y(0) = y_0 = 1$$

구간 크기 h는 일정하며 $h = 0.5$로 설정한다.

풀이

$y_{i+1/2} = y_i + \frac{h}{2}f(x_i, y_i)$, $y_{i+1} = y_i + hf(x_{i+1/2}, y_{i+1/2})$을 반복적으로 계산한다.

$$i = 0: \ x_0 = 0, \ x_{0+1/2} = 0.25, \ y_0 = 1, \ f_0 = f(x_0, y_0) = 2\times 1 - 0^2 + 1 = 3,$$

$$y_{0+1/2} = 1 + \frac{0.5}{2}f_0 = 1.75$$

$$i = 1: \ x_1 = 0.5, \ x_{1+1/2} = 0.75, \ y_1 = 1 + 0.5(2\times 1.75 - 0.25^2 + 1) = 3.219,$$

$$f_1 = f(x_1, y_1) = 2\times 3.219 - 0.5^2 + 1 = 7.188,$$

$$y_{1+1/2} = 3.219 + \frac{0.5}{2} f_1 = 5.016$$

$$i = 2: \; x_2 = 1.0, \; x_{2+1/2} = 1.25, \; y_2 = 3.219 + 0.5(2 \times 5.016 - 0.75^2 + 1) = 8.454$$

■

MATLAB 활용

중간점 방법은 함수 midp에 의해 수행된다.

```
function [x,y] = midp(odefun,xi,xf,h,yi,varargin)
% 중간점 방법에 의한 ODE의 풀이
% odefun: 미분방정식, xi, xf: 적분구간, h: 구간 길이, yi: y의 초기값 벡터(xi에서의 함수값)

% 초기화
if isempty(h) | h == 0, h = (xf - xi)/99; end
yi = (yi(:).')'; % 열벡터임을 확인
x = [xi:h:xf];    % x 값들의 벡터
if x(end) ~= xf, x(end+1) = xf; end
d = diff(x);  y(:,1) = yi;  ym(:,1) = yi;
for i = 1:length(x)-1
    fi = feval(odefun,x(i),y(:,i),varargin{:}); xm = (x(i)+x(i+1))/2; ym(:,i)
= y(:,i) + d(i)*fi/2;
    fm = feval(odefun,xm,ym(:,i),varargin{:}); y(:,i+1) = y(:,i) + d(i)*fm;
end
end
```

MATLAB 실습 중간점 방법

구간 $0 \le t \le 5$에서 중간점 방법을 이용하여 미분방정식

$$\frac{dy}{dt} = -\frac{3}{5}y + 3.8e^{0.7t}, \qquad y(0) = 2$$

를 풀어라. 시간구간 크기(h)를 0.01, 0.1, 1로 변화시킴에 따라 해는 어떻게 달라지는가?

풀이

스크립트 odemidp에서는 함수 midp를 호출하여 해를 근사한다. $h = 0.1$보다 작아지는 경우에는 근사해가 큰 변화를 보이지 않음을 알 수 있다.

```
% odemidp.m: example of midpoint method
dyt = @(t,y) -3*y/5 + 3.8*exp(0.7*t); ti = 0; tf = 5; y0 = 2;
h1 = 0.01; [t1,y1] = midp(dyt,ti,tf,h1,y0);
h2 = 0.1; [t2,y2] = midp(dyt,ti,tf,h2,y0);
h3 = 1; [t3,y3] = midp(dyt,ti,tf,h3,y0);
```

```
plot(t1,y1,t2,y2,':',t3,y3,'.-'), grid, legend('h=0.01','h=0.1','h=1'),
xlabel('t'), ylabel('y')
```

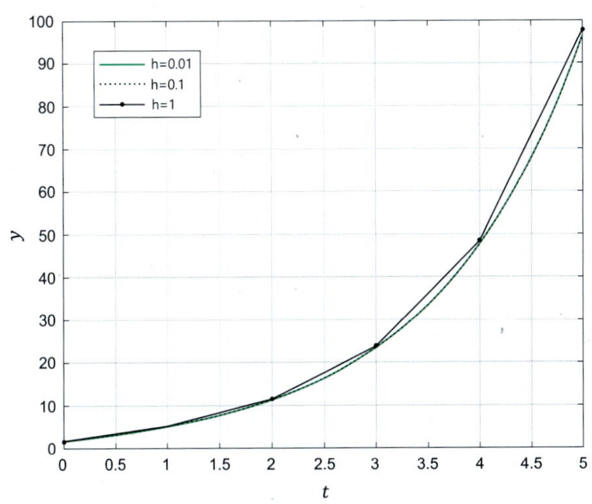

그림 7.9 구간 크기에 따른 중간점 방법의 비교.

» Trapezoidal 방법

앞의 2차 Runge–Kutta 방법에서 $k_1 = hf(x_i, y_i)$, $k_2 = hf(x_{i+1}, y_{i+1})$로 두면 $y_{i+1} = y_i + hf(x_i, y_i) = y_i + k_1$로부터

$$k_2 = hf(x_{i+1}, y_{i+1}) = hf(x_{i+1},\ y_i + hf(x_i, y_i)) = hf(x_{i+1}, y_i + k_1)$$

이다. 따라서 Heun의 방법으로부터

$$y_{i+1} = y_i + \frac{1}{2}(k_1 + k_2)$$

임을 알 수 있다.

» 최적(Optimal) 방법

이 방법에서는 위의 2차 Runge–Kutta 방법에서

$$k_1 = hf(x_i, y_i), \qquad k_2 = hf\left(x_i + \frac{2}{3}h,\ y_i + \frac{2}{3}k_1\right)$$

와 같이 두고 y_{i+1}의 근사값을 다음과 같이 얻는다:

$$y_{i+1} = y_i + \frac{1}{4}k_1 + \frac{3}{4}k_2$$

2차 Runge–Kutta 방법들은 다음 표와 같이 요약할 수 있다.

표 7.1 다양한 형태의 2차 Runge–Kutta 방법

방법	k_1 및 k_2의 계산	y_{i+1}
중간점(midpoint) 방법	$k_1 = hf(x_i, y_i)$ $k_2 = hf\left(x_i + \frac{1}{2}h,\ y_i + \frac{1}{2}k_1\right)$	$y_{i+1} = y_i + k_2$
Trapezoidal 방법	$k_1 = hf(x_i, y_i)$ $k_2 = hf(x_{i+1}, y_{i+1})$	$y_{i+1} = y_i + \frac{1}{2}(k_1 + k_2)$
Ralston 방법	$k_1 = hf(x_i, y_i)$ $k_2 = hf\left(x_i + \frac{3}{4}h,\ y_i + \frac{3}{4}k_1\right)$	$y_{i+1} = y_i + \frac{1}{3}(k_1 + 2k_2)$
최적(optimal) 방법	$k_1 = hf(x_i, y_i)$ $k_2 = hf\left(x_i + \frac{2}{3}h,\ y_i + \frac{2}{3}k_1\right)$	$y_{i+1} = y_i + \frac{1}{4}k_1 + \frac{3}{4}k_2$

7.6.2 3차 Runge–Kutta 방법

3차 Runge–Kutta 방법의 일반적인 형태는 다음과 같다:

$$k_1 = hf(x_i, y_i), \quad k_2 = hf(x_i + c_2 h,\ y_i + a_{21}k_1), \quad k_3 = hf(x_i + c_3 h,\ y_i + a_{31}k_1 + a_{32}k_2)$$
$$y_{i+1} = y_i + w_1 k_1 + w_2 k_2 + w_3 k_3$$

위에서 파라미터들은 다음 관계들을 만족한다:

$$c_2 = a_{21}, \qquad c_3 = a_{31} + a_{32}$$
$$c_2 w_2 + c_3 w_3 = \frac{1}{2}, \qquad c_2^2 w_2 + c_3^2 w_3 = \frac{1}{3}$$
$$c_2 a_{32} w_3 = \frac{1}{6}, \qquad w_1 + w_2 + w_3 = 1$$

이는 미지수(파라미터)가 8개이고, 식이 6개인 비선형 방정식 시스템이며, 2개의 파라미터들을 적절하게 설정하여 나머지 파라미터들을 결정할 수 있다. 보통 $c_2 = \frac{1}{2}$, $c_3 = 1$로 설정하며, 이 경우 3차 Runge–Kutta 방법의 형태는 다음과 같다:

$$k_1 = hf(x_i, y_i), \quad k_2 = hf\left(x_i + \frac{1}{2}h,\ y_i + \frac{1}{2}k_1\right), \quad k_3 = hf(x_i + h,\ y_i - k_1 + 2k_2)$$
$$y_{i+1} = y_i + \frac{1}{6}(k_1 + 4k_2 + k_3)$$

8개 파라미터들의 값에 따라서 표 7.2에 보인 바와 같이 다양한 형태의 3차 Runge–Kutta 방법들이 얻어진다.

표 7.2 파라미터에 따른 다양한 형태의 3차 Runge–Kutta 방법

방법	w_1	w_2	w_3	c_2	c_3	a_{21}	a_{31}	a_{32}
일반 3차 Runge–Kutta	1/6	2/3	1/6	1/2	1	1/2	−1	2
Nystrom의 3차 Runge–Kutta	1/4	3/8	3/8	2/3	2/3	2/3	0	2/3
준 최적 3차 Runge–Kutta	2/9	1/3	4/9	1/2	3/4	1/2	0	3/4
Heun의 3차 Runge–Kutta	1/4	0	3/4	1/3	2/3	1/3	0	2/3

7.6.3 4차 Runge–Kutta 방법

4차 Runge–Kutta 방법의 일반적인 형태는 다음과 같다:

$$k_1 = hf(x_i, y_i), \quad k_2 = hf(x_i + c_2 h,\ y_i + a_{21}k_1), \quad k_3 = hf(x_i + c_3 h,\ y_i + a_{31}k_1 + a_{32}k_2)$$

$$k_4 = hf(x_i + c_4 h,\ y_i + a_{41}k_1 + a_{42}k_2 + a_{43}k_3)$$

$$y_{i+1} = y_i + w_1 k_1 + w_2 k_2 + w_3 k_3 + w_4 k_4$$

위에서 파라미터들은 다음 관계들을 만족한다:

$$c_2 a_{32} a_{43} w_4 = \frac{1}{24}, \qquad c_2 c_3 a_{32} w_3 + c_4 (c_2 a_{42} + c_3 a_{43}) w_4 = \frac{1}{8}$$

$$c_2 a_{32} w_3 + (c_2 a_{42} + c_3 a_{43}) w_4 = \frac{1}{6}, \qquad c_2^2 w_2 + c_3^2 w_3 + c_4^2 w_4 = \frac{1}{3}$$

$$c_2^2 a_{32} w_3 + (c_2^2 a_{42} + c_3^2 a_{43}) w_4 = \frac{1}{12}, \qquad c_2^3 w_2 + c_3^3 w_3 + c_4^3 w_4 = \frac{1}{4}$$

$$c_2 w_2 + c_3 w_3 + c_4 w_4 = \frac{1}{2}, \qquad \sum_{i=1}^{4} w_i = 1$$

이는 미지수(파라미터)가 13개이고, 식이 8개인 비선형 방정식 시스템이며, 2개의 파라미터들을 적절하게 설정하여 나머지 파라미터들을 결정할 수 있다. 가장 널리 이용되는 형태의 Runge–Kutta 방법은 $c_2 = c_3 = \frac{1}{2}$, $c_4 = 1$, $a_{21} = a_{31} = 0$, $a_{32} = \frac{1}{2}$, $a_{41} = a_{42} = 0$, $a_{43} = 1$, $w_1 = \frac{1}{6}$, $w_2 = w_3 = \frac{1}{3}$, $w_4 = \frac{1}{6}$인 경우로서 이에 따른 4차 Runge–Kutta 방법의 형태는 다음과 같다:

$$k_1 = hf(x_i, y_i), \quad k_2 = hf\left(x_i + \frac{h}{2},\ y_i + \frac{k_1}{2}\right), \quad k_3 = hf\left(x_i + \frac{h}{2},\ y_i + \frac{k_2}{2}\right),$$

$$k_4 = hf(x_i + h,\ y_i + k_3)$$

$$y_{i+1} = y_i + \frac{1}{6}(k_1 + 2k_2 + 2k_3 + k_4) \quad (i = 1, 2, 3, \cdots)$$

Gill에 의한 4차 Runge–Kutta 방법은 다음과 같다.

$$k_1 = hf(x_i, y_i), \quad k_2 = hf\left(x_i + \frac{h}{2},\ y_i + \frac{k_1}{2}\right),$$

$$k_3 = hf\left\{x_i + \frac{h}{2},\ y_i + \frac{(\sqrt{2}-1)k_1}{2} + \frac{(2-\sqrt{2})k_2}{2}\right\},$$

$$k_4 = hf\left\{x_i + h,\ y_i - \frac{\sqrt{2}}{2}k_2 + \left(1 + \frac{\sqrt{2}}{2}\right)k_3\right\}$$

$$y_{i+1} = y_i + \frac{1}{6}\{k_1 + (2 - \sqrt{2})k_2 + (2 + \sqrt{2})k_3 + k_4\} \quad (i = 1, 2, 3, \cdots)$$

보기 7.7 4차 Runge–Kutta 방법

4차 Runge–Kutta 방법을 이용하여 다음 미분방정식의 해를 근사하라:

$$\frac{dy}{dx} = f(x, y) = 2y - x^2 + 1 \qquad 0 \le x \le 1, \quad y(0) = y_0 = 1$$

구간 크기 h는 일정하며 $h = 0.5$로 설정한다.

풀이

$$k_1 = hf(x_i, y_i), \quad k_2 = hf\left(x_i + \frac{h}{2},\ y_i + \frac{k_1}{2}\right),$$

$$k_3 = hf\left(x_i + \frac{h}{2},\ y_i + \frac{k_2}{2}\right), \quad k_4 = hf(x_i + h,\ y_i + k_3)$$

$y_{i+1} = y_i + \frac{1}{6}(k_1 + 2k_2 + 2k_3 + k_4)$을 반복적으로 계산한다.

$$i = 0:\ k_1 = 1.5,\ k_2 = 2.2188,\ k_3 = 2.5781,\ k_4 = 3.9531,\ y_1 = 3.5078$$

$$i = 1:\ k_1 = 3.8828,\ k_2 = 5.6680,\ k_3 = 6.5605,\ k_4 = 10.0684,\ y_2 = 9.9092$$

■

MATLAB 활용

4차 Runge–Kutta 방법을 이용한 미분방정식의 풀이는 함수 rk4ode에 의해 수행된다.

```
[tv,yv] = rk4ode(dyt, tspan, y0, h, varargin)
```

dyt는 ode들을 포함하는 파일 이름, tspan은 시간구간(즉 $[t_i, t_f]$), y0는 초기값 벡터, h는 시간구간 크기(step size)이다. 출력에서 tv는 독립변수 벡터이고, yv는 계산된 종속변수 벡터이다.

```
function [tv,yv] = rk4ode(dyt,tspan,y0,h,varargin)
% rk4ode: 4차 Runge-Kutta 방법을 이용한 ode 시스템의 풀이
% input:
%   dyt: ode들을 포함하는 파일 이름, tspan: 시간구간([ti,tf] = [t0 t1 ... tf])
%   y0: 초기값, h: 시간구간 크기(step size)
%   varargin(p1,p2,...): dyt에서 이용되는 추가적인 파라미터
% output:
%   tv: 독립변수 벡터, yv: 종속변수 벡터
```

```
if nargin < 4, error('입력인수는 4개 이상이어야 함.'); end
if any(diff(tspan) <= 0), error('독립변수는 오름차순이어야 함'); end
n = length(tspan); ti = tspan(1); tf = tspan(n);
if n == 2
    t = (ti:h:tf)'; n = length(t);
    if t(n) < tf, t(n+1) = tf; n = n+1; end
else, t = tspan;
end
tt = ti; y(1,:) = y0; np = 1; tv(np) = tt; yv(np,:) = y(1,:); i = 1;
while(1)
    tend = t(np+1); hh = t(np+1) - t(np);
    if hh > h, hh = h; end
    while(1)
        if tt+hh > tend, hh = tend-tt; end
        k1 = dyt(tt,y(i,:),varargin{:})'; ymid = y(i,:) + k1.*hh./2;
        k2 = dyt(tt+hh/2,ymid,varargin{:})'; ymid = y(i,:) + k2*hh/2;
        k3 = dyt(tt+hh/2,ymid,varargin{:})'; yend = y(i,:) + k3*hh;
        k4 = dyt(tt+hh,yend,varargin{:})'; phi = (k1+2*(k2+k3)+k4)/6;
        y(i+1,:) = y(i,:) + phi*hh; tt = tt+hh; i = i+1;
        if tt >= tend, break; end
    end
    np = np+1; tv(np) = tt; yv(np,:) = y(i,:);
    if tt >= tf, break; end
end
end
```

MATLAB 실습 4차 Runge-Kutta 방법

함수 rk4ode를 이용하여 다음 미분방정식의 해를 구하고 그래프로 나타내어라.

$$\frac{dy}{dx} = f(x, y) = 2y - x^2 + 1 \qquad 0 \le x \le 1, \quad y(0) = y_0 = 1$$

구간 크기 h는 일정하며 $h = 0.01$로 설정한다.

풀이

```
>> dyt = @(t,y) 2*y - t.^2 + 1; tv = [0 1]; y0 = 1; h = 0.01;
>> [t,y] = rk4ode(dyt,tv,y0,h); plot(t,y), grid, xlabel('t'), ylabel('y')
```

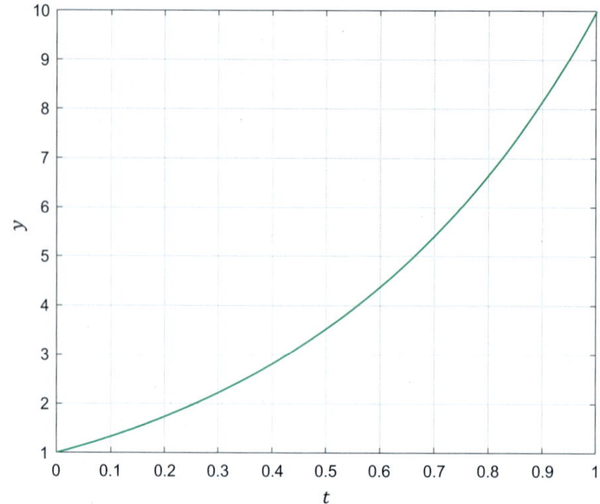

그림 7.10 rk4ode를 이용한 미분방정식의 풀이.

7.6.4 5차 Runge–Kutta 방법

5차 Runge–Kutta 방법의 일반적인 형태는 다음과 같다:

$$\begin{aligned} k_1 &= hf(x_i, y_i) \\ k_2 &= hf(x_i + c_2 h,\ y_i + a_{21}k_1) \\ &\vdots \\ k_6 &= hf(x_i + c_6 h,\ y_i + a_{61}k_1 + a_{62}k_2 + \cdots + a_{65}k_5) \\ y_{i+1} &= y_i + \sum_{i=1}^{6} w_i k_i \end{aligned}$$

Butcher에 의한 5차 Runge–Kutta 방법은 다음과 같다:

$$k_1 = hf(x_i, y_i),\quad k_2 = hf\left(x_i + \frac{1}{4}h,\ y_i + \frac{1}{4}k_1\right),\quad k_3 = hf\left(x_i + \frac{1}{4}h,\ y_i + \frac{1}{8}k_1 + \frac{1}{8}k_2\right)$$

$$k_4 = hf\left(x_i + \frac{1}{2}h,\ y_i - \frac{1}{2}k_2 + k_3\right),\quad k_5 = hf\left(x_i + \frac{3}{4}h,\ y_i + \frac{3}{16}k_1 + \frac{9}{16}k_4\right)$$

$$k_6 = hf\left(x_i + h,\ y_i - \frac{3}{7}k_1 + \frac{2}{7}k_2 + \frac{12}{7}k_3 - \frac{12}{7}k_4 + \frac{8}{7}k_5\right)$$

$$y_{i+1} = y_i + \frac{1}{90}(7k_1 + 32k_3 + 12k_4 + 32k_5 + 7k_6)$$

7.6.5 일반적인 Runge–Kutta 방법

일반적인 Runge–Kutta 방법의 형태는 다음과 같다:

$$\begin{aligned} k_1 &= hf(x_i, y_i) \\ k_j &= hf\left(x_i + d_j h,\ y_i + \sum_{r=1}^{j-1} c_{jr}k_r\right), \qquad d_1 = 0, \quad c_{1j} = 0 \end{aligned}$$

$$y_{i+1} = y_i + \sum_{j=1}^{m} b_j k_j$$

m은 다음으로부터 결정된다:

$$y_{i+1} = y_i + hDy_i + \frac{h^2D^2}{2!}y_i + \frac{h^3D^3}{3!}y_i + \quad \cdots \quad + \frac{h^mD^m}{m!}y_i + O(h^{m+1})$$

위에서 D는 미분연산자이다. 이는 앞에서 살펴 본 Taylor 급수방법과 같다.

MATLAB 활용

2차에서 5차까지의 Runge–Kutta 방법을 이용한 미분방정식의 풀이는 함수 RungeKutta에 의해 수행된다.

```
[x,y] = RungeKutta(odefun,xi,xf,h,yi,n,varargin)
```

odefun은 ode들을 포함하는 파일 이름, xi와 xf는 적분구간(즉 $[x_i, x_f]$), yi는 초기값 벡터, h는 구간 크기(step size)이다. 출력에서 x는 독립변수 벡터이고, y는 계산된 종속변수 벡터이다.

```
function [x,y] = RungeKutta(odefun,xi,xf,h,yi,n,varargin)
% Runge-Kutta 방법에 의한 ODE의 풀이
% odefun: 미분방정식, xi, xf: 적분구간, h: 구간 길이
% yi: 종속변수 y의 초기값 벡터(xi에서의 함수값)
% n: Runge-Kutta 방법의 차수(2~5) (default: 2(2차 Runge-Kutta 방법))

% 초기화
if isempty(h) | h == 0, h = (xf - xi)/99; end
if nargin == 5 | isempty(n) | n < 2 | n > 5, n = 2; end
n = fix(n); yi = (yi(:).')'; % 열벡터임을 확인
x = [xi:h:xf];  % x값들의 벡터
if x(end) ~= xf, x(end+1) = xf; end
d = diff(x); y(:,1) = yi; % 초기조건
switch n
case 2  % 2차 Runge-Kutta
   for i = 1:length(x)-1
      k1 = d(i) * feval(odefun,x(i),y(:,i),varargin{:});
      k2 = d(i) * feval(odefun,x(i+1),y(:,i)+k1,varargin{:}); y(:,i+1) =
      y(:,i) + (k1=k2)/2;
   end
case 3  % 3차 Runge-Kutta
   for i = 1:length(x)-1
      k1 = d(i) * feval(odefun,x(i),y(:,i),varargin{:});
      k2 = d(i) * feval(odefun,x(i)+d(i)/2,y(:,i)+k1/2,varargin{:});
      k3 = d(i) * feval(odefun,x(i+1),y(:,i)+2*k2-k1,varargin{:});
      y(:,i+1) = y(:,i) + (k1+4*k2+k3)/6;
```

```
    end
case 4  % 4차 Runge-Kutta
    for i = 1:length(x)-1
        k1 = d(i) * feval(odefun,x(i),y(:,i),varargin{:});
        k2 = d(i) * feval(odefun,x(i)+d(i)/2,y(:,i)+k1/2, varargin{:});
        k3 = d(i) * feval(odefun,x(i)+d(i)/2,y(:,i)+k2/2, varargin{:});
        k4 = d(i) * feval(odefun,x(i+1),y(:,i)+k3,varargin{:});
        y(:,i+1) = y(:,i) + (k1+2*k2+2*k3+k4)/6;
    end
case 5  % Butcher의 5차 Runge-Kutta
    for i = 1:length(x)-1
        k1 = d(i) * feval(odefun,x(i),y(:,i),varargin{:});
        k2 = d(i) * feval(odefun,x(i)+d(i)/2,y(:,i)+k1/2, varargin{:});
        k3 = d(i) * feval(odefun,x(i)+d(i)/4,y(:,i)+3*k1/16+k2/16, varargin
        {:});
        k4 = d(i) * feval(odefun,x(i)+d(i)/2,y(:,i)+k3/2, varargin{:});
        k5 = d(i) * feval(odefun,x(i)+3*d(i)/4,y(:,i)-3*k2/16+6*k3/16+9
        *k4/16,varargin{:});
        k6 = d(i) * feval(odefun,x(i+1),y(:,i)+k1/7+4*k2/7+6*k3/7-12*k4/7+
        8*k5/7,varargin{:});
        y(:,i+1) = y(:,i) + (7*k1+32*k3+12*k4+32*k5+7*k6)/90;
    end
end
end
```

MATLAB 실습 5차 Runge-Kutta 방법

미분방정식

$$\frac{dy}{dt}=\begin{cases} y\left(-2t+\frac{1}{t}\right) & : \ t \neq 0 \\ 1 & : \ t=0 \end{cases}$$

의 엄밀해는 $y = te^{-t^2}$으로 주어진다. 함수 RungeKutta에서 5차 Runge-Kutta 방법을 이용하여 위 미분방정식의 해를 구하고, 엄밀해와 함께 그래프로 나타내어라. 적분구간은 $0 \le t \le 2$이며 $y(0) = 0$, $h = 0.2$로 설정한다.

풀이

주어진 미분방정식을 다음과 같이 함수 fn으로 정의한다:

```
function dy = fn(t,y)
n = length(t);
for k = 1:n
    if t(k) == 0, dy(k) = 1; else, dy(k) = y(k)*(-2*t(k) + 1/t(k)); end
```

```
end
end
```

함수 RungeKutta에서 미분방정식 fn을 호출하여 해를 구한다:

```
>> [t,y] = RungeKutta(@fn,0,2,0.2,0,5); ti = 0:0.01:2; yi = ti.*ex-
p(-ti.^2); plot(ti,yi,t,y,'o'), grid
>> xlabel('t'), ylabel('y(t)'), legend('엄밀해','5차 RK 근사해')
```

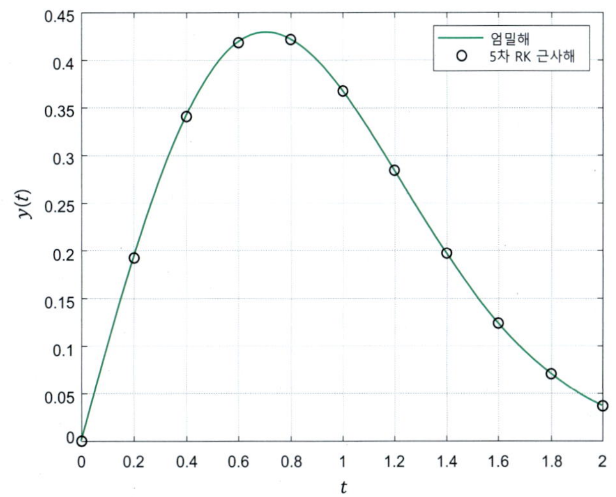

그림 7.11 5차 Runge-Kutta 방법을 이용한 미분방정식의 풀이.

7.6.6 Runge-Kutta-Fehlberg(RKF) 방법

초기치 문제의 정확도를 향상시키는 한 가지 방법은 구간 크기를 h와 $h/2$로 하여 근사해를 두 번 구한 다음 큰 구간점에서의 결과를 서로 비교하는 것이다. Runge-Kutta-Fehlberg(RKF) 방법에서는 이를 위해 한 쌍의 Runge-Kutta 방법을 사용하여 근사해와 오차 추정치를 계산하는 데 얻어진 오차 추정치는 적분구간의 조정에 이용된다.

» 중간점 Kutta 방법

이 방법은

$$k_1 = hf(x_i, y_i), \quad k_2 = hf\left(x_i + \frac{1}{2}h,\ y_i + \frac{1}{2}k_1\right), \quad y_{i+1} = y_i + k_2$$

와 같이 나타낸 2차 Runge-Kutta 방법과

$$k_1 = hf(x_i, y_i), \quad k_2 = hf\left(x_i + \frac{1}{2}h,\ y_i + \frac{1}{2}k_1\right), \quad k_3 = hf(x_i + h,\ y_i - k_1 + 2k_2)$$

$$y_{i+1}=y_i+\frac{1}{6}(k_1+4k_2+k_3)$$

와 같이 나타낸 3차 Runge–Kutta 방법의 조합으로 이루어진다. 이 경우 절단오차 ϵ은 $\epsilon=\frac{1}{6}(k_1-2k_2+k_3)$와 같이 주어진다.

» RKF23 방법

이 방법은

$$k_1=hf(x_i,y_i),\quad k_2=hf(x_i+h,\ y_i+k_1),\quad y_{i+1}=y_i+\frac{1}{2}(k_1+k_2)$$

와 같이 나타낸 2차 Runge–Kutta 방법과

$$k_1=hf(x_i,y_i),\quad k_2=hf(x_i+h,\ y_i+k_1),\quad k_3=hf\left(x_i+\frac{1}{2}h,\ y_i+\frac{1}{4}k_1+\frac{1}{4}k_2\right)$$

$$y_{i+1}=y_i+\frac{1}{6}(k_1+k_2+4k_3)$$

와 같이 나타낸 3차 Runge–Kutta 방법의 조합으로 이루어진다. 이 경우 절단오차 ϵ은 $\epsilon=\frac{1}{3}(-k_1-k_2+2k_3)$와 같이 주어진다.

» ODE23 방법

이 방법에서 근사해는

$$y_{i+1}=y_i+\frac{1}{9}(2k_1+3k_2+4k_3)$$

로 주어지며 위에서

$$k_1=hf(x_i,y_i),\quad k_2=hf\left(x_i+\frac{1}{2}h,\ y_i+\frac{1}{2}k_1\right),\quad k_3=hf\left(x_i+\frac{3}{4}h,\ y_i+\frac{3}{4}k_2\right)$$

와 같다.

» Runge–Kutta–Merson 방법

이 방법에서 근사해는

$$y_{i+1}=y_i+\frac{1}{6}(k_1+4k_4+k_5)$$

로 주어지며 위에서

$$k_1=hf(x_i,y_i),\quad k_2=hf\left(x_i+\frac{1}{3}h,\ y_i+\frac{1}{3}k_1\right),\quad k_3=hf\left(x_i+\frac{1}{3}h,\ y_i+\frac{1}{6}k_1+\frac{1}{6}k_2\right)$$

$$k_4=hf\left(x_i+\frac{1}{2}h,\ y_i+\frac{1}{8}k_1+\frac{3}{8}k_3\right),\quad k_5=hf\left(x_i+h,\ y_i+\frac{1}{2}k_1-\frac{3}{2}k_3+2k_4\right)$$

와 같다.

» 고전적인 RKF 방법

Runge–Kutta–Fehlberg에 의한 고전적인 5차 Runge–Kutta 방법은 다음과 같다:

$$y_{i+1} = y_i + \frac{25}{216}k_1 + \frac{1408}{2565}k_3 + \frac{2197}{4104}k_4 - \frac{1}{5}k_5$$

$$k_1 = hf(x_i, y_i), \quad k_2 = hf\left(x_i + \frac{h}{4},\ y_i + \frac{k_1}{4}\right), \quad k_3 = hf\left(x_i + \frac{3h}{8},\ y_i + \frac{3}{32}k_1 + \frac{9}{32}k_2\right),$$

$$k_4 = hf\left(x_i + \frac{12h}{13},\ y_i + \frac{1932}{2197}k_1 - \frac{7200}{2197}k_2 + \frac{7296}{2197}k_3\right),$$

$$k_5 = hf\left(x_i + h,\ y_i + \frac{439}{216}k_1 - 8k_2 + \frac{3680}{513}k_3 - \frac{845}{4104}k_4\right)$$

» Cash–Karp RKF 방법

Cash와 Karp(1990)에 의한 4차 및 5차 Runge–Kutta–Fehlberg(CK–RKF) 방법은 다음과 같다.

4차 CK–RKF 방법: $y_{i+1} = y_i + \frac{37}{378}k_1 + \frac{250}{621}k_3 + \frac{125}{594}k_4 + \frac{512}{1771}k_6$

5차 CK–RKF 방법: $y_{i+1} = y_i + \frac{2825}{27648}k_1 + \frac{18575}{48384}k_3 + \frac{13525}{55296}k_4 + \frac{277}{14336}k_5 + \frac{1}{4}k_6$

위에서

$$k_1 = hf(x_i, y_i), \quad k_2 = hf\left(x_i + \frac{h}{5},\ y_i + \frac{k_1}{5}\right), \quad k_3 = hf\left(x_i + \frac{3}{10}h,\ y_i + \frac{3}{40}k_1 + \frac{9}{40}k_2\right),$$

$$k_4 = hf\left(x_i + \frac{3}{5}h,\ y_i + \frac{3}{10}k_1 - \frac{9}{10}k_2 + \frac{6}{5}k_3\right),$$

$$k_5 = hf\left(x_i + h,\ y_i - \frac{11}{54}k_1 + \frac{5}{2}k_2 - \frac{70}{27}k_3 + \frac{35}{27}k_4\right),$$

$$k_6 = hf\left(x_i + \frac{7}{8}h,\ y_i + \frac{1631}{55296}k_1 + \frac{175}{512}k_2 + \frac{575}{13824}k_3 + \frac{44275}{110592}k_4 + \frac{253}{4096}k_5\right)$$

MATLAB 활용

Runge–Kutta–Fehlberg(RKF) 방법은 함수 rkfode에 의해 수행된다:

```
[x y] = rkfode(f,a,b,y0,m,tol)
```

위에서 f는 $y' = f(x, y)$로 정의되는 미분식이며, a와 b는 적분구간의 하한 및 상한, y0는 초기값, m은 적분 소구간 수, tol은 수렴한계이며, y는 x에 따른 근사해 y(x)이다.

```
function [x y] = rkfode(f,a,b,y0,m,crit)
% Input:
%   f: 미분식, a와 b: 적분구간의 하한 및 상한, y0: 초기값
%   m: 적분구간 수, crit: 수렴한계
% Output:
```

```
%   y: x에 따른 근사해 y(x)

a2 = 0.25; a3 = 3/8; a4 = 12/13; a5 = 1; a6 = 0.5;
b2 = 0.25; b3 = 3/32; b4 = 1932/2197; b5 = 439/216; b6 = -8/27;
c3 = 9/32; c4 = -7200/2197; c5 = -8; c6 = 2;
d4 = 7296/2197; d5 = 3680/513; d6 = -3544/2565;
e5 = -845/4104; e6 = 1859/4104; f6 = -11/40;
r1 = 1/360; r3 = -128/4275; r4 = -2197/75240; r5 = 1/50; r6 = 2/55;
n1 = 25/216; n3 = 1408/2565; n4 = 2197/4104; n5 = -1/5;
bignum = 1e15; h = (b-a)/m; hmin = h/64; hmax = 64*h; maxi = 200;
y(1) = y0; x(1) = a; bv = b - (1e-5)*abs(b); j = 1;
while (x(j) < b)
    if ((x(j)+h) > bv), h = b - x(j); end
    k1 = h*f(x(j),y(j)); y2 = y(j) + b2*k1;
    if bignum < abs(y2), break; end
    k2 = h*f(x(j)+a2*h,y2); y3 = y(j) + b3*k1 + c3*k2;
    if bignum < abs(y3), break; end
    k3 = h*f(x(j)+a3*h,y3); y4 = y(j) + b4*k1 + c4*k2 + d4*k3;
    if bignum < abs(y4), break; end
    k4 = h*f(x(j)+a4*h,y4); y5 = y(j) + b5*k1 + c5*k2 + d5*k3 + e5*k4;
    if bignum < abs(y5), break; end
    k5 = h*f(x(j)+a5*h,y5); y6 = y(j) + b6*k1 + c6*k2 + d6*k3 + e6*k4 +
    f6*k5;
    if bignum < abs(y6), break; end
    k6 = h*f(x(j)+a6*h,y6); err = abs(r1*k1 + r3*k3 + r4*k4 + r5*k5 +
    r6*k6);
    ynew = y(j) + n1*k1 + n3*k3 + n4*k4 + n5*k5;
    if (err<crit | h<2*hmin)
        y(j+1) = ynew;
        if (x(j)+h > bv), x(j+1) = b; else, x(j+1) = x(j) + h; end;
        j = j + 1;
    end
    if err == 0, s = 0;
    else, s = 0.84*(crit*h/err)^(1/4); end
    if (s < 0.75) & (h > 2*hmin), h = h/2; end
    if (s > 1.5) & (2*h < hmax), h = 2*h; end
    if ((bignum < abs(y(j))) | (maxi == j)), break; end
    m = j;
    if b > x(j), m = j+1; else, m = j; end
end
x = x'; y = y';
end
```

MATLAB 실습 Runge–Kutta–Fehlberg 방법

Runge–Kutta–Fehlberg(RKF) 방법을 수행하는 함수 rkfode를 이용하여 미분방정식

$$y' = f(x, y) = 1 + y^2 \qquad y(0) = 0 \quad (0 \le x \le 1.4)$$

의 근사해를 구하고 그래프로 나타내어라.

풀이

```
>> f = @(x,y) 1+y.^2; y0 = 0; a = 0; b = 1.4; m = 20; crit = 1e-6;
>> [x y] = rkfode(f,a,b,y0,m,crit); plot(x,y), grid, xlabel('x'), ylabel('y(x)')
```

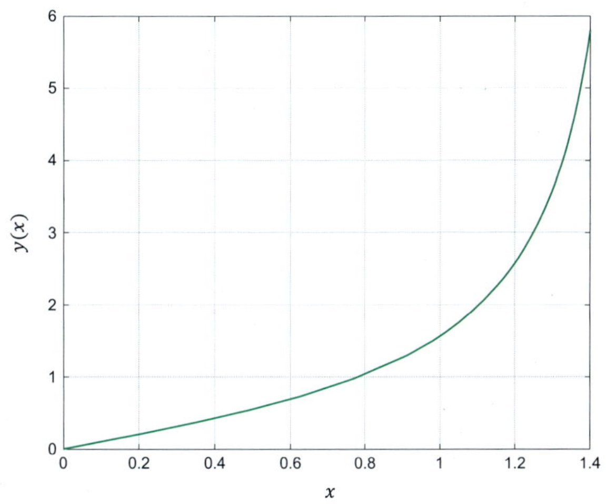

그림 7.12 Runge–Kutta–Fehlberg(RKF) 방법을 이용한 미분방정식의 풀이.

■

7.7 다중스텝 방법

앞에서 살펴본 Runge–Kutta 방법들은 단일스텝(single-step) 방법으로서 전체 적분구간에 걸쳐 점진적으로 단일 스텝 h를 취하여 $(x_i, y_i) \rightarrow (x_{i+1}, y_{i+1})$로 계산을 진행해 나간다. 한편 다중스텝(multiple step) 방법에서는 이전의 몇 개 값들(미지, 혹은 기지의 값들로서 y_i, y_{i-1}, y_{i-2} 등)을 기점들로 이용하여 y_{i+1}을 계산한다. 즉 단일스텝 방법에서는 바로 직전 단계의 값만을 이용하는 반면에 다중스텝 방법에서는 이전의 여러 단계들의 값들을 이용한다.

미분방정식

$$\frac{dy}{dx} = f(x, y) \qquad a \le x \le b, \quad y(a) = y_0$$

를 고려해 보자. 어느 구간 $[x_i, x_{i+1}]$에서의 적분은

$$y_{i+1} - y_i = \int_{x_i}^{x_{i+1}} f(x, y(x))dx$$

로 주어진다. 이 적분을 구하려면 피적분 함수의 $y(x)$를 알아야 하는데, 구하고자 하는 해 $y(x)$를 사전에 알 수는 없다. 따라서 위 식의 우변의 적분을 계산하기 위해서 이전에 얻어진 데이터 점들을 이용하여 $f(x, y)$를 n차 다항식 $p(x)$로 근사한다.

다중스텝 방법들의 일반적인 형태는 다음과 같이 정리할 수 있다.

단일스텝 방법(Trapezoidal 방법): $y_{i+1} = y_i + h(b_0 f_{i+1} + b_1 f_i)$ $(b_0 = b_1 = \frac{1}{2})$

2-스텝 방법: $y_{i+1} = a_1 y_i + a_2 y_{i-1} + h(b_0 f_{i+1} + b_1 f_i + b_2 f_{i-1})$

3-스텝 방법: $y_{i+1} = a_1 y_i + a_2 y_{i-1} + a_3 y_{i-2} + h(b_0 f_{i+1} + b_1 f_i + b_2 f_{i-1} + b_3 f_{i-2})$

k-스텝 방법: $y_{i+1} = \sum_{j=1}^{k} a_j y_{i-j+1} + h\sum_{j=0}^{k} b_j f_{i-j+1}$

Adams 다중스텝 방법: $y_{i+1} = y_i + h\sum_{j=0}^{k} b_j f_{i-j+1}$

위에서 $f_i = f(x_i, y_i)$를 나타낸다.

7.7.1 명시적 Adams–Bashforth 방법

명시적(explicit) Adams–Bashforth 방법에서는 $f(x, y)$를 3점 (x_{i-2}, y_{i-2}), (x_{i-1}, y_{i-1}), (x_i, y_i)들을 지나는 2차 다항식으로 근사하고 바깥짐작에 의해 점 (x_{i+1}, y_{i+1})를 계산한다. 스텝 크기 h를 균일하게 정하고 2차 backward Gregory–Newton 안짐작 다항식을 이용하면

$$f(x, y) \approx p(x) = f_i - \frac{(x - x_i)}{h}\nabla f_i + \frac{(x - x_i)(x - x_{i+1})}{2!h^2}\nabla^2 f_i + R_n(x)$$

위에서 $h = x_{i+1} - x_i$, $\nabla f_i = f_i - f_{i-1}$이다. 이를 이용하면

$$\begin{aligned} y_{i+1} - y_i &= \int_{x_i}^{x_{i+1}} f(x, y)dx \\ &= \int_{x_i}^{x_{i+1}} \left[f_i - \frac{(x - x_i)}{h}\nabla f_i + \frac{(x - x_i)(x - x_{i+1})}{2!h^2}\nabla^2 f_i \right] dx + \int_{x_i}^{x_{i+1}} R_n(x)dx \\ &= y_i + h\left(f_i - \frac{1}{2}\nabla f_i - \frac{1}{12}\nabla^2 f_i \right) + O(h^4) \end{aligned}$$

Backward 차분을 다시 쓰고 정리하면

$$y_{i+1} = y_i + \frac{h}{12}(23f_i - 16f_{i-1} + 5f_{i-2}) + O(h^4)$$

위에서 $f_i = f(x_i, y_i)$이다. y_{i+1}의 계산에는 3점에서의 함수값들이 필요하므로 이 방법은 Adams–Bashforth 3스텝 방법 혹은 단순히 Adams 방법이라고도 불린다. 명시적 Adams–Bashforth 방법에는 앞의 3스텝 방법 이외에도 2스텝, 4스텝, 5스텝 방법들이 있으며 이들을 요약하면 다음과 같다.

명시적 Adams–Bashforth 2-스텝 방법: $y_{i+1} = y_i + \frac{h}{2}(3f_i - f_{i-1})$ $(i = 1, 2, \cdots, n-1)$

명시적 Adams–Bashforth 3-스텝 방법(Adams 방법): $y_{i+1} = y_i + \frac{h}{12}(23f_i - 16f_{i-1} + 5f_{i-2})$ $(i = 2, 3, \cdots, n-1)$

명시적 Adams–Bashforth 4-스텝 방법: $y_{i+1} = y_i + \frac{h}{24}(55f_i - 59f_{i-1} + 37f_{i-2} - 9f_{i-3})$ $(i = 3, 4, \cdots, n-1)$

명시적 Adams–Bashforth 5-스텝 방법: $y_{i+1} = y_i + \frac{h}{720}(1901f_i - 2774f_{i-1} + 2616f_{i-2} - 1274f_{i-3} + 251f_{i-4})$ $(i = 4, 5, \cdots, n-1)$

MATLAB 활용

명시적 Adams–Bashforth 3스텝 방법

초기치 문제의 경우 풀이를 시작할 시점에서는 초기치 하나만 주어진 상태이므로 Runge–Kutta 방법과 같은 단일스텝 방법을 이용하여 나머지 두 개의 점들을 구한다. Adams 방법은 함수 Adams에 의해 수행되는데 이 함수의 사용방법은 다음과 같다.

```
function [x,y] = Adams(odefun, xi, xf, h, yi, varargin)
```

위에서 odefun는 미분방정식, xi와 xf는 적분구간, h는 구간 길이, yi는 종속변수 y의 초기값 벡터(xi에서의 함수값)이다. 함수 Adams는 n차 Runge–Kutta 방법을 수행하는 함수 RungeKutta를 호출한다.

```
function [x,y] = Adams(odefun,xi,xf,h,yi,varargin)
% Adams 방법에 의한 ODE의 풀이
% odefun: 미분방정식, xi, xf: 적분구간, h: 구간 길이
% yi: 종속변수 y의 초기값 벡터(xi에서의 함수값)

% 초기화
if isempty(h) | h == 0, h = (xf - xi)/99; end
yi = (yi(:).'); x = [xi:h:xf]'; % x 값들의 벡터
if x(end) ~= xf, x(end+1) = xf; end
d = diff(x);
% 시작점
[a,b] = RungeKutta(odefun,x(1),x(3),h,yi,3,varargin{:}); y(:,1:3) = b;
for i = 1:3, f(:,i) = feval(odefun,x(i),y(:,i),varargin{:}); end
% Adams 방법에 의한 풀이
for i = 3:length(x)-1
   y(:,i+1) = y(:,i) + d(i)/12 * (23*f(:,i) - 16*f(:,i-1) + 5*f(:,i-2));
   f(:,i+1) = feval(odefun,x(i+1),y(:,i+1),varargin{:});
end
end
```

MATLAB 실습 명시적 Adams–Bashforth 3스텝 방법

명시적 Adams–Bashforth 3스텝 방법을 이용하여 미분방정식

$$\frac{dy}{dt} = 2y\sin(t) + 3e^{-t/2}y - y + 1, \qquad y(0) = 2 \quad (0 \le t \le 5)$$

를 풀어라. 시간구간 크기(h)를 0.01, 0.1, 1로 변화시킴에 따라 해는 어떻게 달라지는가?

풀이

스크립트 odeAdams3에서는 함수 Adams를 호출하여 해를 근사한다. $h = 0.1$보다 작아지는 경우에는 근사해가 큰 변화를 보이지 않음을 알 수 있다.

```
% odeAdams3.m: example of 3-step explicit Adams method
dyt = @(t,y) 2*y*sin(t) + 3*y*exp(-0.5*t) - y + 1; ti = 0; tf = 5; yi = 2;
h1 = 0.01; [t1,y1] = Adams(dyt,ti,tf,h1,yi);
h2 = 0.1; [t2,y2] = Adams(dyt,ti,tf,h2,yi);
h3 = 1; [t3,y3] = Adams(dyt,ti,tf,h3,yi);
plot(t1,y1,t2,y2,':',t3,y3,'.-'), grid, legend('h=0.01','h=0.1','h=1'),
xlabel('t'), ylabel('y')
```

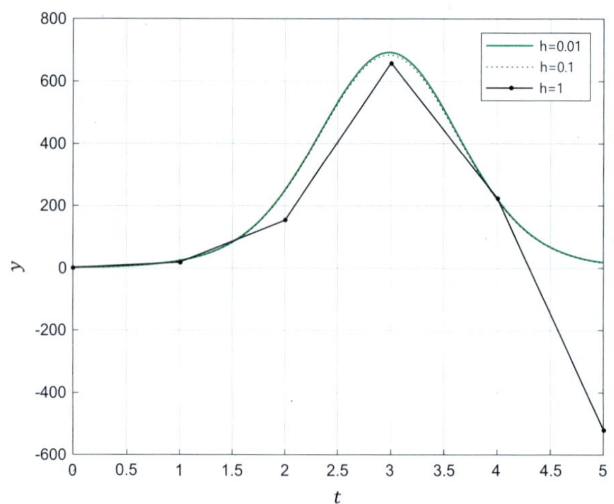

그림 7.13 구간 크기에 따른 Adams–Bashforth 3스텝 방법의 비교.

■

» 다중스텝 Adams–Bashforth 방법

다중스텝 Adams–Bashforth 방법은 함수 AdamsBash에 의해 수행된다. 이 함수의 사용방법은 다음과 같다.

```
function [x,y] = AdamsBash(odefun, xi, xf, y0,h, m)
```

위에서 odefun는 미분방정식, xi와 xf는 적분구간, h는 구간 길이이며, y0는 종속변수 y의 초기값 벡터(xi에서의 함수값), m은 스텝 수이다.

```
function [x y] = AdamsBash(fun,a,b,y0,h,m)
% Adams-Bashforth 방법을 이용한 미분방정식의 풀이
% fun: 미분방정식 (y'=fun(x,y), y(a)=y0)
% [a b]: 적분구간, y0: 초기조건, h: 소구간 너비
% m: AB 방법의 스텝 수(차수) (m = 2,3, 혹은 4)

n = (b-a)/h; x = a:h:b+h; y(1) = y0;
% 4차 Runge-Kutta로 시작
for i = 1:m-1
    k1 = feval(fun,x(i),y(i)); k2 = feval(fun,x(i)+h/2,y(i)+h*k1/2);
    k3 = feval(fun,x(i)+h/2,y(i)+h*k2/2); k4 = feval(fun,x(i)+h,y(i)+h*k3);
    y(i+1) = y(i) + h*(k1 + 2*k2 + 2*k3 + k4)/6;
end
if m == 4  % 4-스텝 AB
    for i = m:n
        f1 = feval(fun,x(i),y(i)); f2 = feval(fun,x(i-1),y(i-1));
        f3 = feval(fun,x(i-2),y(i-2)); f4 = feval(fun,x(i-3),y(i-3));
        y(i+1) = y(i) + h*(55*f1 - 59*f2 + 37*f3 - 9*f4)/24;
    end
elseif m == 3 % 3-스텝 AB
    for i = m:n
        f1 = feval(fun,x(i),y(i)); f2 = feval(fun,x(i-1),y(i-1));
        f3 = feval(fun,x(i-2),y(i-2));
        y(i+1) = y(i) + h*(23*f1 - 16*f2 + 5*f3)/12;
    end
else % m = 2: 2-스텝 AB
    for i = m:n
        f1 = feval(fun,x(i),y(i)); f2 = feval(fun,x(i-1),y(i-1));
        y(i+1) = y(i) + h*(3*f1 - f2)/2;
    end
end
end
```

MATLAB 실습 다중스텝 Adams-Bashforth 방법

구간 [0 1]에서 구간 크기를 $h = 0.1$로 하여 $0 \le t \le 1$에서 $y' = 2t-y$, $y(0) = -1$의 해를 구하라.

풀이

```
>> dyt = @(t,y) 2*t - y; y0 = -1; a = 0; b = 1; h = 0.1;
>> [t, y] = AdamsBash(dyt,a,b,y0,h,4)
t =
        0    0.1000    0.2000    0.3000    0.4000    0.5000    0.6000    0.7000
0.8000    0.9000    1.0000    1.1000
```

```
y =
   -1.0000    -0.8952    -0.7813    -0.6592    -0.5297    -0.3935    -0.2512    -0.1034
0.0493    0.2066    0.3679
```

7.7.2 암묵적 Adams–Bashforth 방법(암묵적 Adams–Moulton 방법)

암묵적(implicit) Adams–Bashforth 방법(또는 암묵적 Adams–Moulton 방법)에서는 적분 $\int_{x_i}^{x_{i+1}} f(x, y)dx$를 근사하기 위해 추가적으로 점 $(x_{i+1}, f(x_{i+1}, y_{i+1})) = (x_{i+1}, f_{i+1})$을 안짐작에 이용한다. 암묵적 Adams–Bashforth 방법에는 명시적 Adams–Bashforth 방법에서와 같이 2스텝, 3스텝, 4스텝 방법들이 있으며 이들을 요약하면 다음과 같다.

암묵적 Adams–Bashforth 2-스텝 방법(Adams–Moulton 2-스텝 암묵적 방법):

$$y_{i+1} = y_i + \frac{h}{12}(5f_{i+1} + 8f_i - f_{i-1}) \quad (i = 1, 2, \cdots, n-1)$$

암묵적 Adams–Bashforth 3-스텝 방법(Adams–Moulton 3-스텝 암묵적 방법):

$$y_{i+1} = y_i + \frac{h}{24}(9f_{i+1} + 19f_i - 5f_{i-1} + f_{i-2}) \quad (i = 2, 3, \cdots, n-1)$$

암묵적 Adams–Bashforth 4-스텝 방법(Adams–Moulton 4-스텝 암묵적 방법):

$$y_{i+1} = y_i + \frac{h}{720}(251f_{i+1} + 646f_i - 264f_{i-1} + 106f_{i-2} - 19f_{i-3})$$

$$(i = 3, 4, \cdots, n-1)$$

MATLAB 활용

암묵적 Adams–Bashforth 방법(암묵적 Adams–Moulton 방법)은 함수 AdamsMoulton에 의해 수행된다. 이 함수의 사용방법은 다음과 같다.

```
function [x,y] = AdamsMoulton(odefun, xi, xf, h, yi, varargin)
```

위에서 odefun는 미분방정식, xi와 xf는 적분구간, h는 구간 길이, yi는 종속변수 y의 초기값 벡터(xi에서의 함수값)이다. 함수 AdamsMoulton은 Runge–Kutta 방법을 수행하는 함수 RungeKutta를 호출한다.

```
function [x,y] = AdamsMoulton(odefun,xi,xf,h,yi,varargin)
% Adams-Moulton 방법에 의한 ODE의 풀이
% odefun: 미분방정식
% xi, xf: 적분구간
% h: 구간 길이
% yi: 종속변수 y의 초기값 벡터(xi에서의 함수값)
% 초기화
if isempty(h) | h == 0, h = (xf - xi)/99; end
yi = (yi(:).')'; x = [xi:h:xf]';      % Vector of x values
if x(end) ~= xf, x(end+1) = xf; end
```

```
d = diff(x);  % x 값들의 벡터
% 시작점
[a,b] = RungeKutta(odefun,x(1),x(4),h,yi,4,varargin{:}); y(:,1:4) = b;
for i = 1:4, f(:,i) = feval(odefun,x(i),y(:,i),varargin{:}); end
% Adams-Moulton 방법에 의한 풀이
for i = 4:length(x)-1
   % Predictor
    y(:,i+1) = y(:,i) + d(i)/24 * (55*f(:,i) - 59*f(:,i-1) + 37*f(:,i-2) -
9*f(:,i-3));
   f(:,i+1) = feval(odefun,x(i+1),y(:,i+1),varargin{:});
   % Corrector
   y(:,i+1) = y(:,i) + d(i)/24 * (9*f(:,i+1) + 19*f(:,i) - 5*f(:,i-1) + f(:,i-2));
   f(:,i+1) = feval(odefun,x(i+1),y(:,i+1),varargin{:});
end
end
```

MATLAB 실습 Adams–Moulton 방법

암묵적 Adams–Bashforth 방법(암묵적 Adams–Moulton 방법)을 이용하여 미분방정식

$$\frac{dy}{dt} = 2y\sin(t) + 3e^{-t/2}y - y + 1, \qquad y(0) = 2 \quad (0 \le t \le 5)$$

를 풀어라. 시간구간 크기(h)를 0.01, 0.1, 1로 변화시킴에 따라 해는 어떻게 달라지는가?

풀이

스크립트 odeAM에서는 함수 AdamsMoulton을 호출하여 해를 근사한다. $h = 0.1$보다 작아지는 경우에는 근사해가 큰 변화를 보이지 않음을 알 수 있다.

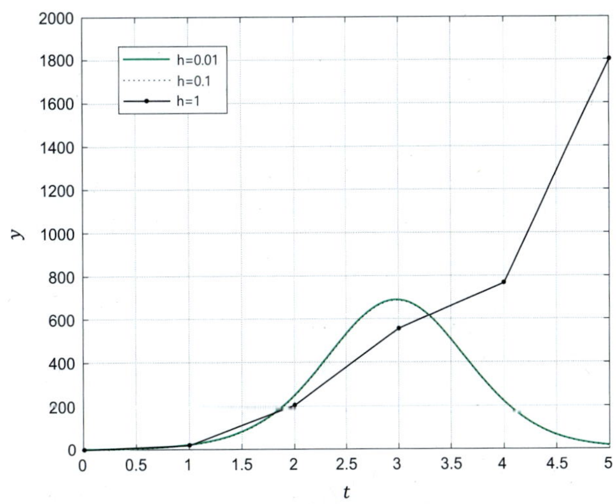

그림 7.14 구간 크기에 따른 Adams–Moulton 방법의 비교.

```
% odeAM.m: Adams-Moulton method
dyt = @(t,y) 2*y*sin(t) + 3*y*exp(-0.5*t) - y + 1; ti = 0; tf = 5; yi = 2;
h1 = 0.01; [t1,y1] = AdamsMoulton(dyt,ti,tf,h1,yi);
h2 = 0.1; [t2,y2] = AdamsMoulton(dyt,ti,tf,h2,yi);
h3 = 1; [t3,y3] = AdamsMoulton(dyt,ti,tf,h3,yi);
plot(t1,y1,t2,y2,':',t3,y3,'.-'), grid, legend('h=0.01','h=0.1','h=1'),
xlabel('t'), ylabel('y')
```

■

7.8 예측자-보정자(Predictor-Corrector) 방법

7.8.1 Adams-Bashforth-Moulton 방법(Predictor-Modifier-Corrector 방법)

Adams-Bashforth-Moulton 방법(ABM 방법)은 앞의 Adams-Moulton 방법에 수정항(modifier)을 추가하여 효율성을 높인 방법이다. y_{i+1}의 예측값 $(y_{i+1})_{pr}$은

$$(y_{i+1})_{pr} = y_i + \frac{h}{24}\{55f(x_i, y_i) - 59f(x_{i-1}, y_{i-1}) + 37f(x_{i-2}, y_{i-2}) - 9f(x_{i-3}, y_{i-3})\} + O(h^5)$$

Adams-Moulton 방법의 보정항을 계산하기 전에 다음과 같은 수정항을 추가한다.

$$(y_{i+1})_m = (y_{i+1})_{pr} + \frac{251}{270}\{(y_i)_{co} - (y_i)_{pr}\}$$

수정항을 이용하여 y_{i+1}의 보정항 $(y_{i+1})_{co}$를 다음과 같이 계산한다.

$$(y_{i+1})_{co} = y_i + \frac{h}{24}[9f(x_{i+1}, (y_{i+1})_m) + 19f(x_i, y_i) - 5f(x_{i-1}, y_{i-1}) + f(x_{i-2}, y_{i-2})] + O(h^5)$$

y_{i+1}은 다음과 같이 주어진다:

$$y_{i+1} = (y_{i+1})_{co} - \frac{19}{270}\{(y_{i+1})_{co} - (y_{i+1})_{pr}\}$$

MATLAB 활용

Adams-Bashforth-Moulton 방법은 함수 abm에 의해 수행된다. 이 함수의 사용방법은 다음과 같다.

```
function [x,y] = abm(odefun, xi, xf, h, yi, varargin)
```

위에서 odefun는 미분방정식, xi와 xf는 적분구간, h는 구간 길이이며, yi는 종속변수 y의 초기값 벡터(xi에서의 함수값)이다. 함수 abm은 시작점 계산에서 Runge-Kutta 방법을 수행하는 함수 RungeKutta를 호출한다.

```
function [x,y] = abm(odefun,xi,xf,h,yi,varargin)
```

```
% Adams-Bashforth-Moulton 방법에 의한 ODE의 풀이
% odefun: 미분방정식, xi, xf: 적분구간, h: 구간 길이
% yi: 종속변수 y의 초기값 벡터(xi에서의 함수값)

% 초기화
if isempty(h) | h == 0, h = (xf - xi)/99; end
yi = (yi(:).')'; x = [xi:h:xf]';      % Vector of x values
if x(end) ~= xf, x(end+1) = xf; end
d = diff(x);  % x 값들의 벡터
[a,b] = RungeKutta(odefun,x(1),x(4),h,yi,4,varargin{:});
y(:,1:4) = b; c1 = y(:,1); p1 = y(:,1); % Predictor,Corrector의 초기화
for i = 1:4, f(:,i) = feval(odefun,x(i),y(:,i),varargin{:}); end
% Adams-Moulton 방법에 의한 풀이
for i = 4:length(x)-1
    c0 = c1; p0 = p1;
   % Predictor
    y(:,i+1) = y(:,i) + d(i)/24 * (55*f(:,i) - 59*f(:,i-1) + 37*f(:,i-2) -
9*f(:,i-3));
   p1 =  y(:,i+1); f(:,i+1) = feval(odefun,x(i+1),y(:,i+1),varargin{:});
   % Modifier
   m = p1 + (c0 - p0)*251/270; fm = feval(odefun,x(i+1),m,varargin{:});
   % Corrector
   y(:,i+1) = y(:,i) + d(i)/24 * (9*fm + 19*f(:,i) - 5*f(:,i-1) + f(:,i-2));
   c1 = y(:,i+1); y(:,i+1) = c1 - (c1 - p1)*19/270;
   f(:,i+1) = feval(odefun,x(i+1),y(:,i+1),varargin{:});
end
end
```

MATLAB 실습 Adams–Bashforth–Moulton 방법

Adams–Bashforth–Moulton 방법을 이용하여 미분방정식

$$\frac{dy}{dt} = 2y\sin(t) + 3e^{-t/2}y - y + 1, \qquad y(0) = 2 \quad (0 \le t \le 5)$$

를 풀어라. 시간구간 크기(h)를 0.01, 0.1, 1로 변화시킴에 따라 해는 어떻게 달라지는가?

풀이

스크립트 odeabm에서는 함수 abm을 호출하여 해를 근사한다. $h = 0.1$보다 작아지는 경우에는 근사해가 큰 변화를 보이지 않음을 알 수 있다.

```
% odeabm.m: Adams-Bashforth-Moulton method
dyt = @(t,y) 2*y*sin(t) + 3*y*exp(-0.5*t) - y + 1; ti = 0; tf = 5; yi = 2;
h1 = 0.01; [t1,y1] = abm(dyt,ti,tf,h1,yi);
```

```
h2 = 0.1; [t2,y2] = abm(dyt,ti,tf,h2,yi);
h3 = 1; [t3,y3] = abm(dyt,ti,tf,h3,yi);
plot(t1,y1,t2,y2,':',t3,y3,'.-'), grid, legend('h=0.01','h=0.1','h=1'),
xlabel('t'), ylabel('y')
```

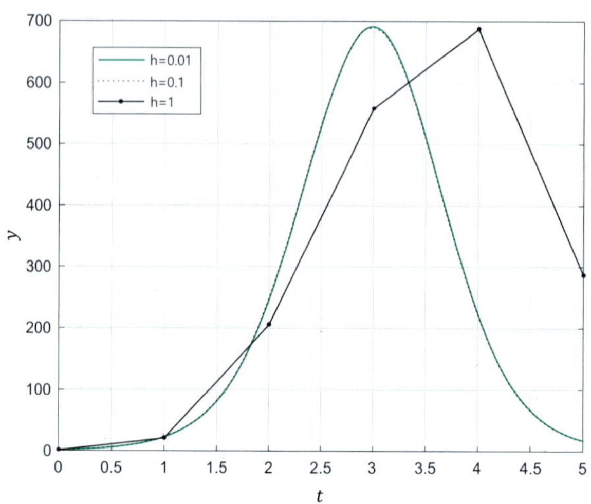

그림 7.15 구간 크기에 따른 Adams–Bashforth–Moulton 방법의 비교.

7.8.2 Hamming의 방법

Hamming의 방법은 다음과 같은 예측자–보정자(predictor–corrector) 쌍을 기반으로 한다.

$$\text{예측자: } y_{i+1} = y_{i-3} + \frac{4}{3}h(2y_i^m - y_{i-1}^m + 2y_{i-2}^m),\quad y_{i+1}^m = f(x_{i+1}, y_{i+1})$$

$$\text{보정자: } y_{i+1} = \frac{1}{8}\{9y_i - y_{i-2} + 3h(y_{i+1}^m + 2y_i^m - y_{i-1}^m)\},\quad y_{i+1}^m = f(x_{i+1}, y_{i+1})$$

위에서 $x_{i+1} = x_i + h$이다. i번째 단계에서 y의 예측값과 보정값을 각각 y_p 및 y_c라 하면 $i+1$번째 단계에서 오차를 이용한 예측값 y_{i+1}에 대한 수정값 $(y^M)_{i+1}$은

$$(y^M)_{i+1} = y_{i+1} - \frac{112}{121}(y_p - y_c)$$

와 같다. 이를 이용하면 보정자 식으로부터 새로운 보정값은

$$y_{i+1}^* = \frac{1}{8}\{9y_i - y_{i-2} + 3h((y^M)_{i+1} + 2y_i^m - y_{i-1}^m)\}$$

로 주어진다. 이로부터

$$y_{i+1} = y_{i+1}^* + 9(y_{i+1} - y_{i+1}^*)$$

MATLAB 활용

Hamming의 방법은 함수 Hamming에 의해 수행된다. 이 함수의 사용방법은 다음과 같다.

```
function [x, y] = Hamming(odefun, xi, xf, h, yi)
```

위에서 odefun는 미분방정식, xi와 xf는 적분구간, h는 구간 길이이며, yi는 종속변수 y의 초기값 벡터(xi에서의 함수값)이다.

```
function [xv,yv] = Hamming(odefun,xi,xf,h,yi)
% Hamming 방법에 의한 ODE의 풀이
% odefun: 미분방정식
% xi, xf: 적분구간
% h: 구간 길이
% yi: 종속변수 y의 초기값 벡터(xi에서의 함수값)
% 초기화
od = 4; b = [1/6 1/3 1/3 1/6]; d = [0 1/2 1/2 1];
c = [0 0 0 0;1/2 0 0 0;0 1/2 0 0;0 0 1 0];
nh = (xf-xi)/h + 1; y = yi; yv = yi; x = xi; xv = xi;
fv(1) = feval(odefun,x,y); ys(1) = yi;
for j = 2:4
    k(1) = h*feval(odefun,x,y);
    for i = 2:od, k(i) = h*feval(odefun,x+h*d(i),y+c(i,1:i-1)*k(1:i-1)'); end
    y1 = y + b*k'; ys(j) = y1; x1 = x + h; fv(j) = feval(odefun,x1,y1);
    xv = [xv, x1]; yv = [yv, y1]; x = x1; y = y1;
end
for i = 5:nh  % Hamming 방법의 적용
    y1 = ys(1) + 4*h*(2*fv(4) - fv(3) + 2*fv(2))/3; x1 = x + h; y1m = y1;
    if i > 5, y1m = y1 + 112*(c - p)/121; end
    fv(5) = feval(odefun,x1,y1m); yc = (9*ys(4) - ys(2) + 3*h*(2*fv(4)+fv
(5)-fv(3)))/8;
    ycm = yc + 9*(y1 - yc)/121; p = y1; c = yc;
    fv(5) =  feval(odefun,x1,ycm); fv(2:4) = fv(3:5);
    ys(1:3) = ys(2:4); ys(4) = ycm; xv = [xv, x1]; yv = [yv, ycm]; x = x1;
end
end
```

MATLAB 실습 Hamming의 방법

Hamming의 방법을 이용하여 미분방정식

$$\frac{dy}{dt} = 2y\sin(t) + 3e^{t/2}y - y + 1, \qquad y(0) = 2 \quad (0 \le t \le 5)$$

를 풀어라. 시간구간 크기(h)를 0.01, 0.1, 1로 변화시킴에 따라 해는 어떻게 달라지는가?

풀이

스크립트 odeham에서는 함수 Hamming을 호출하여 해를 근사한다. $h = 0.1$보다 작아지는 경우에는 근사해가 큰 변화를 보이지 않음을 알 수 있다.

```
% odeham.m: Hamming's method
dyt = @(t,y) 2*y*sin(t) + 3*y*exp(-0.5*t) - y + 1; ti = 0; tf = 5; yi = 2;
h1 = 0.01; [t1,y1] = Hamming(dyt,ti,tf,h1,yi);
h2 = 0.1; [t2,y2] = Hamming(dyt,ti,tf,h2,yi);
h3 = 1; [t3,y3] = Hamming(dyt,ti,tf,h3,yi);
plot(t1,y1,t2,y2,':',t3,y3,'.-'), grid, legend('h=0.01','h=0.1','h=1'),
xlabel('t'), ylabel('y')
```

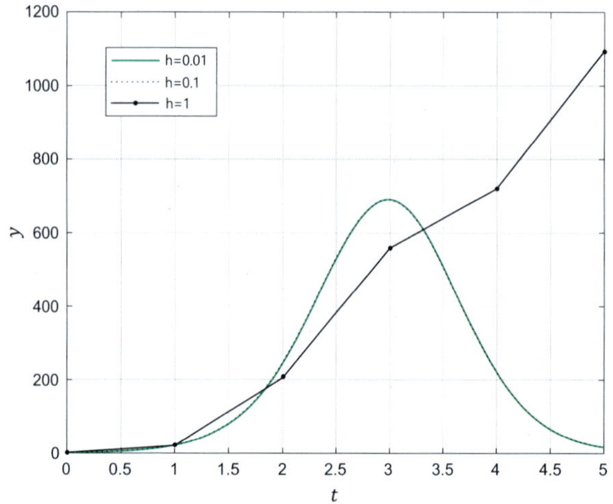

그림 7.16 구간 크기에 따른 Hamming 방법의 비교.

■

7.8.3 Milne–Simpson 방법

구간 $[x_j, x_{i+1}](j \le i-1)$에 대한 안짐작 다항식들의 적분을 이용하면 다른 형태의 다중스텝 방법들이 얻어진다. 구간 $[x_{i-3}, x_{i+1}]$에서의 적분은

$$y_{i+1} = y_{i-3} + \int_{x_{i-3}}^{x_{i+1}} f(x, y(x))dx$$

Milne의 방법은 점 (x_{i-3}, f_{i-3}), (x_{i-2}, f_{i-2}), (x_{i-1}, f_{i-1}), (x_i, f_i)들을 이용하는 $f(x, y(x))$에 대한 Lagrange 다항식 근사를 이용하며 다음과 같이 수행된다:

$$y_{i+1} \approx y_{i-3} + \frac{4h}{3}(2f_i - f_{i-1} + 2f_{i-2}) \quad (i = 3, 4, \cdots, n-1)$$

Milne의 방법을 예측자로 사용하면 Simpson 방법이라고 불리는 암묵적 방법이 얻어진다. Simpson 방법에서는 적분의 근사에 Simpson 규칙을 이용한다.

$$y_{i+1} = y_{i-1} + \frac{h}{3}(f_{i+1} + 4f_i + f_{i-1}) \quad (i = 1, 2, \cdots, n-1)$$

MATLAB 활용

Milne–Simpson 방법은 함수 milsim에 의해 수행된다. 이 함수의 사용방법은 다음과 같다.

```
[x, y] = milsim(f,x,y)
```

위에서 f는 미분방정식, x와 y는 독립변수 및 종속변수이다. x와 y의 처음 4번째까지의 값들은 Runge–Kutta 방법으로부터 얻어진 x와 y의 초기값들로서 입력으로 제공되어야 한다.

```
function [x,y] = milsim(f,x,y)
% Input:
%   f: 미분방정식, x,y: 독립 및 종속변수 초기값 벡터(4개 데이터)
% Output:
%   x,y: 근사해 계산결과
n = length(x); if n < 5, return; end
g = zeros(1,4); g = f(x(1:4),y(1:4)); h = x(2) - x(1); pold = 0; yold = 0;
for k = 4:n-1
    pnew = y(k-3) + (4*h/3)*(g(2:4)*[2 -1 2]'); % 예측자(predictor)
    pmod = pnew + 28*(yold - pold)/29; % 수정자(modifier)
    x(k+1) = x(1) + h*k; g = [g(2) g(3) g(4) f(x(k+1),pmod)];
    y(k+1) = y(k-1) + (h/3)*(g(2:4)*[1 4 1]'); % 보정자(corrector)
    pold = pnew; yold = y(k+1); g(4) = f(x(k+1),y(k+1));
end
x = x'; y = y';
end
```

MATLAB 실습 Milne–Simpson 방법

미분방정식

$$y' = 30 - 5y, \qquad y(0) = 1 \quad (0 \le x \le 3)$$

의 근사해를 구하고자 한다. Milne–Simpson 방법과 Hamming 방법을 이용하여 근사해를 구하고 그래프로 나타내어라. 구간 크기를 $h = 1/8$로 하였을 때 x 및 처음에 얻어지는 4개 근사해들은 다음과 같이 정의할 수 있는데 이들은 Milne–Simpson 방법의 입력인수로 이용된다:

```
>> x = zeros(1,25); y = zeros(1,25); x = 0:1/8:3; y(1:4) = [1 0.94324 0.89749
0.86209];
```

풀이

```
% milhamcomp.m
f = @(x,y) 30 - 5*y; a = 0; b = 3; h = 1/8; y0 = 1;
x = zeros(1,25); y = x; x = 0:h:3; y(1:4) = [1 0.94324 0.89749 0.86209];
[xm,ym] = milsim(f,x,y); [xh,yh] = Hamming(f,a,b,h,y0);
plot(xm,ym,xh,yh,':'), grid, xlabel('x'), ylabel('y(x)')
legend('Milne-Simpson','Hamming')
```

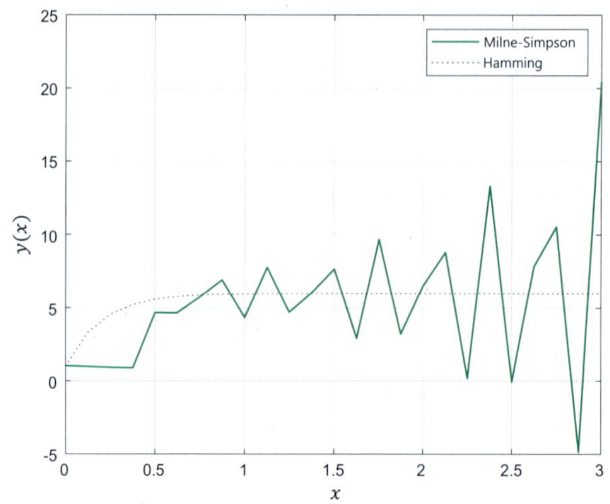

그림 7.17 Milne-Simpson 방법과 Hamming 방법의 비교.

7.9 경성 미분방정식

경성(stiff) 미분방정식은 급격하게 변하는 요소를 갖는 시스템으로서 시간에 따라 급격한 변화를 보이다가 다시 완만한 변화를 보이는 경우가 이에 해당된다. 미분값의 크기는 매우 증가하지만 해 자체는 그렇지 않은 경우가 있다. 이러한 경우에는 근사해의 오차가 매우 커질 수 있으며, 따라서 얻어지는 근사해는 무의미한 해가 될 수 있다. 이러한 현상이 발생하는 초기치 문제는 경성 미분방정식이라고 불리며, 화학반응 모델, 전기회로, 진동모델 등에서 빈번하게 나타난다.

일반적으로 $y' = f(t, y)$ 형태의 상미분방정식 시스템에서 Jacobian 행렬 $[\partial f / \partial y]$의 일부 고유값(eigenvalue)들이 아주 큰 음의 값을 갖는 경우 이 미분방정식 시스템은 경성 미분방정식이다. 아울러 $y'' = f(t)y$ 형태의 2차 상미분방정식에서 $f(t) \gg 0$이면 이 방정식은 경성 미분방정식이다.

경성 미분방정식의 엄밀해는 보통 지수항 $e^{-\alpha t}$를 갖는다. α는 큰 값을 갖는 양의 상수이다. 이 항은 시간 t가 증가함에 따라 급속하게 작아져서 0에 근접하게 된다. 그러나 이 항의 k차 미분 $(-\alpha)^k e^{-\alpha t}$는 시간 t에 따라 급속하게 작아지지 않으며 α가 아주 큰 경우에는 크게 증가한다. 미분은 고정된 t에서만 계산되지 않고 0에서 t 사이의 값에서 계산되므로 k차 미분의 크기는 t의 증가에 따라 매우 급속하게 커질 수 있다.

보기 7.8 **근사해의 안정성**

여러 가지 형태의 Euler 방법을 이용하여 미분방정식 $y' = -cy$ $(c > 0)$에 대한 근사해를 구하고 얻어지는 근사해가 수렴(즉 안정)하기 위한 조건을 살펴보자.

(1) 명시적 Euler 방법 $y_{i+1} \approx y_i + hf(x_i, y_i)$을 이용하여 미분방정식 $y' = -cy$ $(c > 0)$에 대한 근사해를 구하라. 어떤 경우에 근사해가 발산하는가?

(2) 주어진 미분방정식의 풀이에 암묵적 Euler 방법 $y_{i+1} \approx y_i + hf(x_{i+1}, y_{i+1})$을 적용해 보자. 얻어지는 해는 발산하는가?

(3) 명시적 Euler 방법과 암묵적 Euler 방법을 조합한 형태를 이용하여 얻어지는 근사해는 안정한 해인가?

풀이

구간 크기를 h라 하자. $c > 0$이므로 $ch > 0$이다.

(1) 명시적 Euler 방법에 의해

$$y_{i+1} = y_i + hy_i' = y_i - hcy_i = (1 - ch)y_i$$

근사해가 수렴하기 위해서는 $|1 - ch| < 1$이어야 한다. 이로부터 $ch < 2$ 혹은 $ch > 0$을 얻는다. 따라서 $h < 2/c$이면 근사해는 수렴하며 $h > 2/c$이면 $t \to \infty$일 때 $y(t) \to \infty$이고 해는 발산한다.

(2) 암묵적 Euler 방법을 적용하면

$$y_{i+1} = y_i + hy_{i+1}' = y_i - hcy_{i+1} \quad \Rightarrow \quad y_{i+1} = \frac{y_i}{1 + hc}$$

근사해가 수렴하기 위한 조건 $|1/(1 + hc)| < 1$로부터 이 해는 모든 h에 대하여 수렴함을 알 수 있다.

(3) 위에 적용한 두 방법들을 조합한 형태는

$$y_{i+1} \approx y_i + \frac{h}{2}\{f(x_i, y_i) + f(x_{i+1}, y_{i+1})\}$$

와 같다. 이로부터

$$y_{i+1} = y_i + \frac{h}{2}(-cy_i - cy_{i+1}) \quad \Rightarrow \quad y_{i+1} = \left(\frac{2 - hc}{2 + hc}\right)y_i$$

따라서 $\left|\frac{2-hc}{2+hc}\right| < 1$인 조건(즉 근사해가 안정해지는 조건)으로부터 $hc > 0$이면 근사해는 안정함을 알 수 있다. 즉 모든 h에 대하여 근사해는 수렴한다.

이로부터 경성 미분방정식의 풀이에는 암묵적 Euler 방법 혹은 명시적 Euler 방법과 암묵적 Euler 방법을 조합한 풀이 방법이 효과적임을 알 수 있다. ■

보기 7.9 **경성 미분방정식**

방정식

$$\frac{dy}{dt} = -30y, \quad 0 \le t \le 1, \quad y(0) = \frac{1}{3}$$

의 엄밀해는 $y(t) = \frac{1}{3}e^{-30t}$이다. 구간 크기를 $h = 0.1$ 및 $h = 0.2$로 설정하고 Euler 방법에 의한 근사해를 각각 구한 다음 $t = 0.0, 0.2, 0.4, 0.6, 0.8, 1.0$에서 Euler 근사해와 엄밀해를 서로 비교해 보라.

풀이

i	t	Euler 근사해 $h = 0.1$	Euler 근사해 $h = 0.2$	엄밀해
0	0	0.3333	0.3333	0.3333
1	0.2	1.3333	−1.6667	0.000826
2	0.4	5.3333	8.3333	2.048×10^{-6}
3	0.6	21.3333	−41.6667	5.077×10^{-9}
4	0.8	85.3333	208.3333	1.258×10^{-11}
5	1.0	341.3333	−1041.6667	3.119×10^{-14}

표에 보인 바와 같이 근사해는 0으로 접근하지 않고 발산하는 경향을 보인다. ■

7.10 미분방정식 시스템의 풀이

7.10.1 일반 미분방정식 시스템

다음과 같은 브롬 분자와 수소 원자 사이의 반응을 고려해 보자:

$$\mathrm{H} + \mathrm{Br_2} \xrightarrow{k_1} \mathrm{HBr} + \mathrm{Br}$$

$$\mathrm{HBr} + \mathrm{Br} \xrightarrow{k_2} \mathrm{H} + \mathrm{Br_2}$$

위에서 k_1와 k_2는 반응속도 상수들이다. 단위부피당 i 성분의 분자 수 혹은 원자 수를 n_i라고 하면 물질수지로부터 다음과 같은 미분방정식들을 얻을 수 있다:

$$\frac{dn_{\mathrm{Br}}}{dt} = k_1 n_{\mathrm{H}} n_{\mathrm{Br_2}} - k_2 n_{\mathrm{HBr}} n_{\mathrm{Br}}$$

$$\frac{dn_{\mathrm{H}}}{dt} = k_2 n_{\mathrm{HBr}} n_{\mathrm{Br}} - k_1 n_{\mathrm{H}} n_{\mathrm{Br_2}}$$

일반적으로 n개의 1차 미분방정식 시스템은 다음과 같이 나타낼 수 있다:

$$\frac{dy_1}{dx} = f_1(x, y_1, y_2, \cdots, y_n)$$
$$\frac{dy_2}{dx} = f_2(x, y_1, y_2, \cdots, y_n)$$
$$\vdots$$
$$\frac{dy_n}{dx} = f_n(x, y_1, y_2, \cdots, y_n)$$

4차 Runge-Kutta 방법을 이용하는 경우 근사해는 다음과 같이 주어진다($j = 1, 2, \cdots, n$):

$$y_{i+1,j} = y_{ij} + \frac{1}{6}(k_{1j} + 2k_{2j} + 2k_{3j} + k_{4j})$$
$$k_{1j} = hf_j(x_i, y_{i1}, y_{i2}, \cdots, y_{in})$$
$$k_{2j} = hf_j\left(x_i + \frac{h}{2},\ y_{i1} + \frac{k_{11}}{2},\ y_{i2} + \frac{k_{12}}{2},\ \cdots,\ y_{in} + \frac{k_{1n}}{2}\right)$$
$$k_{3j} = hf_j\left(x_i + \frac{h}{2},\ y_{i1} + \frac{k_{21}}{2},\ y_{i2} + \frac{k_{22}}{2},\ \cdots,\ y_{in} + \frac{k_{2n}}{2}\right)$$
$$k_{4j} = hf_j(x_i + h,\ y_{i1} + k_{31},\ y_{i2} + k_{32},\ \cdots,\ y_{in} + k_{3n})$$

MATLAB 활용

n개의 1차 미분방정식 시스템에서 구해야 하는 해들의 수는 n개이므로 이들 미지변수들을 벡터로 나타낸 다음 미분방정식 시스템을 별도의 함수로 정의한 후 적절한 미분방정식 풀이함수를 호출하여 해를 구할 수 있다.

MATLAB 실습 미분방정식 시스템의 풀이

미분방정식

$$\frac{dy}{dt} = \frac{1}{2}\left(y - \frac{y^3}{3} - z\right), \quad \frac{dz}{dt} = 2y, \quad y(0) = 0, \quad z(0) = -1$$

을 풀어라. 구간 $0 \le t \le 10$에서 $h = 0.01$로 하고 Heun의 방법과 AdamsMoulton 방법에 의한 풀이 결과를 비교해 보라.

풀이

$x(t) = \begin{bmatrix} y \\ z \end{bmatrix} = \begin{bmatrix} x_1(t) \\ x_2(t) \end{bmatrix}$로 두면

$$\frac{dx}{dt} = \begin{bmatrix} \dfrac{dx_1}{dt} \\ \dfrac{dx_2}{dt} \end{bmatrix} = \begin{bmatrix} \dfrac{1}{2}\left(x_1 - \dfrac{x_1^3}{3} - x_2\right) \\ 2x_1 \end{bmatrix}$$

와 같다. 함수 `Heun`과 `AdamsMoulton`을 이용한다. 두 방법은 유사한 결과를 보여준다.

```
% odesys.m
dxt = @(t,x) [(x(1)-x(1)^3/3-x(2))/2; 2*x(1)]; ti = 0; tf = 10; h = 0.01;
x0 = [0 -1]';
[t1, x1] = Heun(dxt,ti,tf,h,x0); [t2, x2] = AdamsMoulton(dxt,ti,tf,h,x0);
subplot(1,2,1), plot(t1,x1(1,:)',':',t1,x1(2,:)'), grid, xlabel('t'), ylabel
('y, z'),
legend('y','z'), title('Heun method')
subplot(1,2,2), plot(t2,x2(1,:)',':',t2,x2(2,:)'), grid, xlabel('t'), ylabel
('y, z')
legend('y','z'), title('Adams-Moulton method')
```

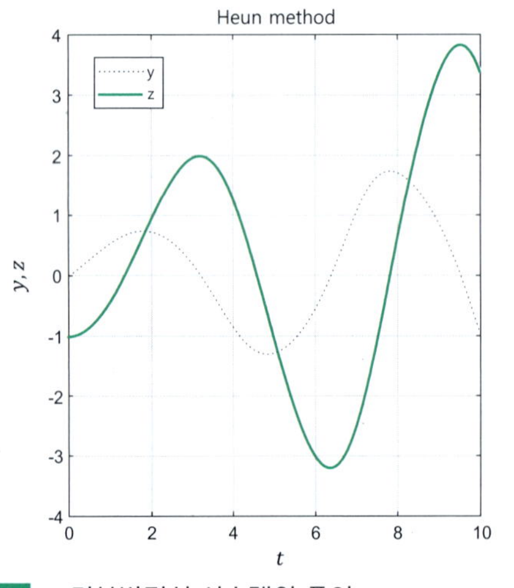

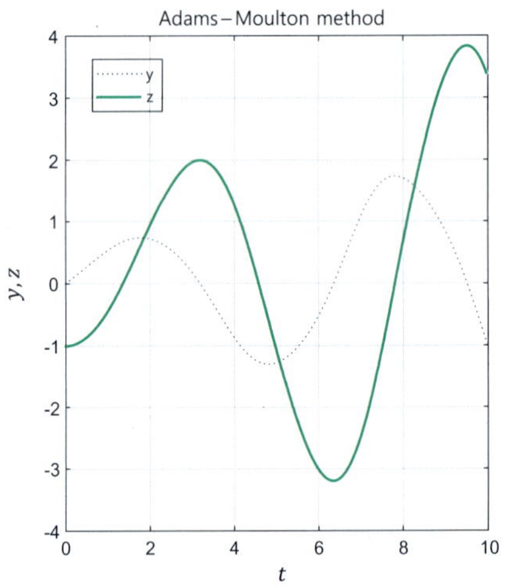

그림 7.18 미분방정식 시스템의 풀이.

■

MATLAB 실습 Lorenz 방정식

대기의 유동에 따른 온도의 3차원적 분포를 나타내기 위하여 미국의 기상학자 Edward Lorenz는 다음과 같은 비선형 모델을 제안하였다.

$$\frac{dx}{dt} = a(y-x), \quad \frac{dy}{dt} = bx - y - xz, \quad \frac{dz}{dt} = -cz + xy$$

$a = 10$, $b = 127$, $c = 8/3$일 때 4차 Runge–Kutta 방법을 이용하여 $0 \le t \le 10$의 범위에서 x에 대한 y, x에 대한 z, y에 대한 z의 변화를 각각 그래프로 나타내어라. 초기조건은 $x = -7.7$, $y = -15.62$, $z = 90.4$로 하며 시간구간 $h = 0.01$로 한다.

풀이

$y_1 = x$, $y_2 = y$, $y_3 = z$로 두면 Lorenz 방정식은 다음과 같이 설정할 수 있다.

```
function dy = lzeqn(t, y, a, b, c)
% y(1) = x, y(2) = y, y(3) = z
dy = [a*(y(2) - y(1));
```

```
        b*y(1) - y(2) - y(1)*y(3);
        -c*y(3) + y(1)*y(2)];
end
```

Lorenz 방정식의 풀이는 스크립트 파일 lzmodel에 의해 수행된다. 스크립트 파일 lzmodel은 함수 rk4ode를 이용한다.

```
% lzmodel.m: Lorenz 모델의 계산
h = 0.03125; tspan = [0 20]; y0 = [5 5 5]; a = 10; b = 28; c = 8/3;
[t y] = rk4ode(@lzeqn, tspan, y0, h, a, b, c);
subplot(2,2,1), plot(y(:,1),y(:,2)), title('x vs. y'), xlabel('x'), ylabel('y'), grid
subplot(2,2,2), plot(y(:,1),y(:,3)), title('x vs. z'), xlabel('x'), ylabel('z'), grid
subplot(2,2,3), plot(y(:,2),y(:,3)), title('y vs. z'), xlabel('y'), ylabel('z'), grid
subplot(2,2,4), plot3(y(:,1),y(:,2), y(:,3)), xlabel('x'), ylabel('y'), zlabel('z'),
grid
```

스크립트 파일 lzmodel의 수행결과는 다음과 같다.

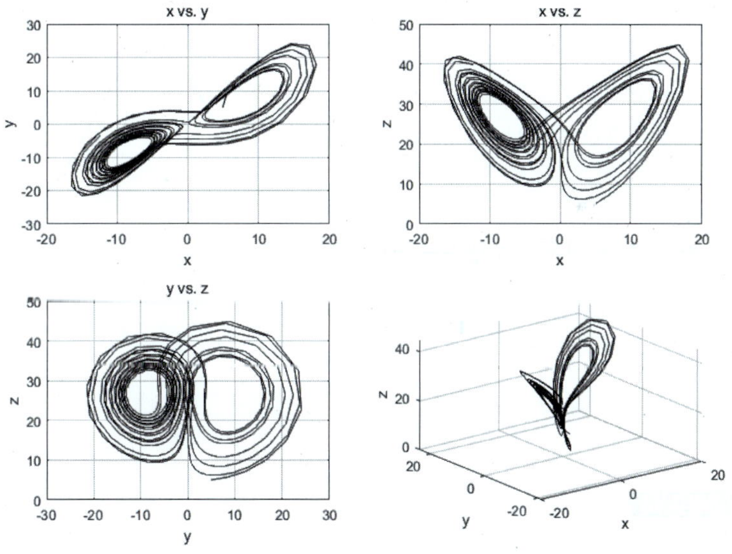

그림 7.19 Lorenz 방정식.

7.11 MATLAB 내장함수의 활용

7.11.1 상미분방정식 풀이함수

MATLAB에서는 다양한 상미분방정식 풀이함수를 제공하고 있다. 대개 ode45 함수가 가장 널리 이용된다.

표 7.3 MATLAB 풀이함수에서 이용하는 풀이 방법

풀이함수	풀이 방법
ode23	Runge−Kutta lower-order(2차 및 3차)
ode45	Runge−Kutta higher-order(4차 및 5차)
ode113	Adams−Bashforth−Moulton

MATLAB 실습 희석 공정

직렬로 연결된 두 개의 탱크로 이루어진 어떤 희석공정에서 첫 번째 탱크로 유입된 염료와 순수 액체는 두 번째 탱크로 유입되어 희석된 후 배출된다. 시간 t에 따른 첫 번째와 두 번째 탱크의 염료 농도를 각각 $C_1(t)$ 및 $C_2(t)$라 하면 다음과 같은 관계식을 얻는다:

$$\frac{dC_1}{dt} = -\frac{L}{V_1}C_1, \qquad \frac{dC_2}{dt} = -\frac{L}{V_2}(C_2 - C_1)$$

위에서 $L = 2$, $V_1 = 10$, $V_2 = 5$(단위는 생략)이며 $C_1(0) = 0.3$, $C_2(0) = 0$이다. 내장함수 ode45를 이용하여 $0 \le t \le 10$의 범위에서 $C_1(t)$ 및 $C_2(t)$를 그래프로 나타내어라.

풀이

주어진 조건을 이용하면 $C_1' = -0.2\,C_1$, $C_2' = -0.4(C_2 - C_1)$와 같다. 이들은 다음과 같은 함수로 정의할 수 있다.

```
function dC = dilode(t,C)
dC = [-0.2*C(1); -0.4*(C(2) - C(1))];
end
```

ode45 함수를 이용한 수행결과는 다음과 같다.

```
>> ts = [0 10]; C0 = [0.3 0]; [t C] = ode45(@dilode,ts,C0);
```

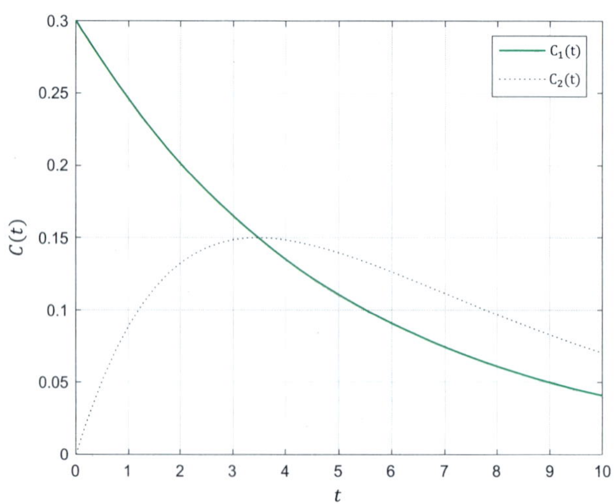

그림 7.20 희석공정의 농도분포.

```
>> plot(t,C(:,1),t,C(:,2),':'), grid, legend('C_1(t)','C_2(t)'), xlabel
('t'), ylabel('C(t)')
```

■

MATLAB 실습 **단진자 운동**

단진자의 운동은 다음과 같은 방정식으로 나타낼 수 있다:

$$\frac{d^2y}{dx^2}+\left(\frac{c}{mL}\right)\frac{dy}{dx}+\left(\frac{g}{L}\right)\sin(y)=0, \qquad y(0)=a, \qquad y'(0)=b$$

위에서 $g/L = 1$, $c/(mL) = 0.3$, $\alpha = \pi/2$, $b = 0$이다. 내장함수 ode45를 이용하여 $0 \le x \le 15$의 범위에서 해를 구하고 그래프로 나타내어라.

풀이

주어진 조건을 이용하면 $y'' + 0.3y' + \sin(y) = 0$과 같다. 먼저 주어진 방정식을 1차방정식 시스템으로 전환시킨다. $y_1 = y$, $y_2 = y_1'$로 두면

$$y_1' = y_2, \quad y_2' = y_1'' = y'' = -0.3y' - \sin(y) = -0.3y_2 - \sin(y_1)$$

따라서 단진자 방정식을 다음과 같이 정의할 수 있다.

```
function dy = penode(t,y)
% y(1) = y1, y(2) = y2
dy = [y(2); -sin(y(1)) - 0.3*y(2)];
end
```

ode45 함수를 이용한 수행결과는 다음과 같다.

```
>> x = [0 15]; y0 = [pi/2 0]; [x y] = ode45(@penode, x, y0);
```

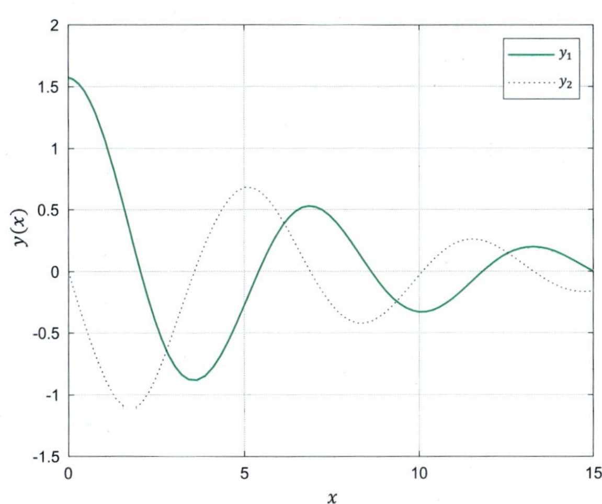

그림 7.21 단진자의 운동.

```
>> plot(x,y(:,1),x,y(:,2),':'), grid, legend('y_1','y_2'), xlabel('x'), ylabel
('y(x)')
```

■

7.11.2 경성 미분방정식의 풀이

MATLAB에서는 경성(stiff) 시스템의 풀이를 위한 다양한 내장함수를 제공하고 있다. 이러한 함수 이름에는 stiff를 의미하는 s가 붙어 있다.

표 7.4 Stiff 시스템 풀이함수

풀이함수	풀이 방법
ode23s	수정된 2차 Rosenbrock 방법
ode23t	Trapezoidal 규칙
ode23tb	암묵적 Runge-Kutta 방법
ode15s	가변차수의 암묵적 다단계 방법

MATLAB 실습 경성 미분방정식(1)

내장함수 ode15s를 이용하여 $0 \le t \le 1.0$의 범위에서 다음과 같은 경성 미분방정식의 해를 구하고 엄밀해와 비교하라.

$$\frac{dy_1}{dt} = 9y_1 + 24y_2 + 5\cos t - \frac{1}{3}\sin t, \qquad \frac{dy_2}{dt} = -24y_1 - 51y_2 - 9\cos t + \frac{1}{3}\sin t$$

$$y_1(0) = \frac{4}{3}, \qquad y_2(0) = \frac{2}{3}$$

풀이

주어진 미분방정식은 다음과 같이 함수로 정의할 수 있다.

```
function dy = stfode(t,y)
% y(1) = x, y(2) = y
dy = [9*y(1) + 24*y(2) = 5*cos(t) - (1/3)*sin(t); -24*y(1) - 51*y(2) - 9*cos(t)
+ (1/3)*sin(t)];
end
```

내장함수 ode15s를 이용하여 다음과 같이 해를 구하고 그래프로 나타낼 수 있다:

```
>> tspan = [0 1]; y0 = [4/3 2/3]; [t y] = ode15s(@stfode, tspan, y0);
>> plot(t,y(:,1),t,y(:,2),'--'), grid, legend('y_1(t)','y_2(t)'), xlabel('t'),
ylabel('y(t)')
```

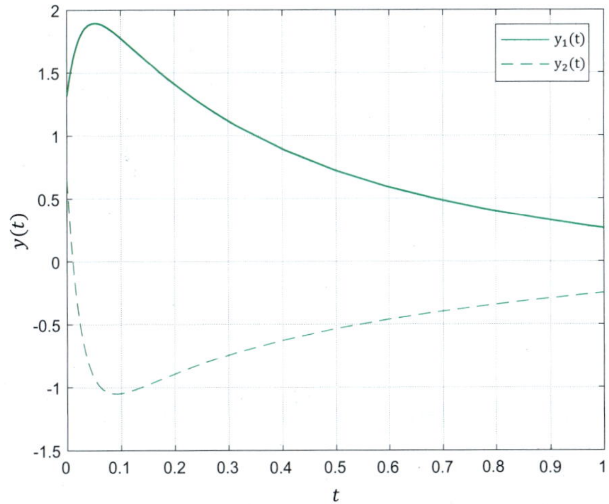

그림 7.22 경성 미분방정식의 해.

MATLAB 실습 경성 미분방정식(2)

$0 \le t \le 0.1$의 범위에서 내장함수 ode23s를 이용하여 다음과 같은 경성 미분방정식의 해를 구하고 엄밀해와 비교하라.

$$\frac{dx}{dt} = 998x - 1998y, \quad \frac{dy}{dt} = 1000x - 2000y \qquad x(0) = 1, \; y(0) = 2$$

이 미분방정식의 엄밀해는

$$x(t) = -\frac{1998}{998}e^{-2t} + \frac{2996}{998}e^{-1000t}, \qquad y(t) = -\frac{1000}{998}e^{-2t} + \frac{2996}{998}e^{-1000t}$$

로 주어진다.

풀이

스크립드 solstode은 내장함수 ode23s를 이용하여 위의 stiff 미분방정시 풀이를 수행하고 그래프를 통하여 엄밀해와 비교한다.

```
% solstode.m: stiff 미분방정식의 풀이
dy = @(t,y) [998*y(1) - 1998*y(2); 1000*y(1) - 2000*y(2)];
tspan = [0 0.1]; y0 = [1 2]; [t y] = ode23s(dy, tspan, y0); tv = 0:0.0001:0.1;
xv = (-1998*exp(-2*tv) + 2996*exp(-1000*tv))/998;
yv = (-1000*exp(-2*tv) + 2996*exp(-1000*tv))/998;
plot(t,y(:,1),t,y(:,2),':',tv,xv,'.-',tv,yv,'--'), grid
legend('x','y','x(엄밀해)','y(엄밀해)'), xlabel('t'), ylabel('x,y')
fprintf('풀이함수: t=%g에서 x=%g, y=%g\n',t(end),y(end,1),y(end,2));
fprintf('엄밀해: t=%g에서 x=%g, y=%g\n',tv(end),xv(end),yv(end));
```

solstode의 수행결과는 다음과 같다. ode23s으로부터의 결과는 엄밀해와 별다른 차이를 보이지 않음을 알 수 있다.

```
>> solstode
풀이함수: t=0.1에서 x=-1.6391, y=-0.820369
엄밀해: t=0.1에서 x=-1.6391, y=-0.820371
```

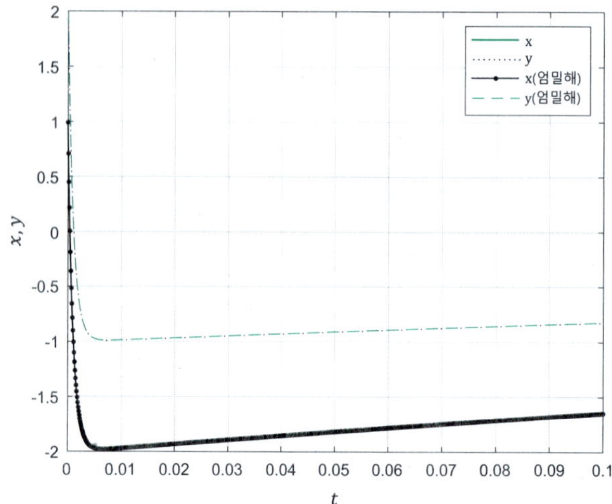

그림 7.23 Stiff 미분방정식의 풀이.

연습 문제

7.1 다음 미분방정식들을 정준형태로 전환시켜라.

(1) $\dfrac{d^3z}{dx^3}+z^2\dfrac{d^2z}{dx^2}-\left(\dfrac{dz}{dx}\right)^3-2z=0$

(2) $\dfrac{d^3z}{dt^3}+t^3\dfrac{d^2z}{dt^2}-t^2\dfrac{dz}{dt}+5z=0$

7.2 명시적 Euler 공식을 이용하여 초기치 문제

$$\frac{dy}{dt}=y'=t+y,\quad y(0)=2\quad(0\le t\le 1)$$

의 해를 근사하라. $h=0.5$로 한다.

7.3 명시적 Euler 공식을 이용하여 초기치 문제

$$\frac{dy}{dt}=y'=y-t^2+1\quad(0\le t\le 2)$$

의 해를 근사하라. $y(0)=0.5$이며 $h=0.5$로 한다.

7.4 명시적 Euler 공식을 이용하여 초기치 문제

$$\frac{dy}{dt}=y'=-1.2y+7e^{-0.3t},\quad y(0)=3\quad(0\le t\le 2.5)$$

의 해를 근사하라. $h=0.5$로 한다.

7.5 Heun의 방법을 이용하여 초기치 문제

$$\frac{dy}{dt}=y'=4e^{0.8t}-\frac{1}{2}y,\quad y(0)=y_0=2\quad(0\le t\le 3)$$

의 해를 구하라. $h=1$로 한다.

7.6 중간점 방법을 이용하여 다음 미분방정식의 해를 근사하라:

$$\frac{dy}{dx}=f(x,y)=x+y\qquad y(0)=y_0=2\quad(0\le x\le 1)$$

구간 크기 h는 일정하며 $h=0.5$로 설정한다.

7.7 중간점 방법을 이용하여 다음 미분방정식의 해를 근사하라:

$$\frac{dy}{dx}=f(x,y)=y-x^2+1\qquad 0\le x\le 1,\quad y(0)=y_0=0.5$$

구간 크기 h는 일정하며 $h=0.2$로 설정한다.

7.8 4차 Runge–Kutta 방법을 이용하여 다음 미분방정식의 해를 근사하라:

$$\frac{dy}{dx}=f(x,y)=2y-x^2+1\qquad 0\le x\le 2,\quad y(0)=y_0=2$$

구간 크기 h는 일정하며 $h = 1$로 설정한다.

7.9 다음과 같은 경성(stiff) 초기치 문제를 고려해 보자:

$$\frac{dy}{dt} = 5e^{5t}(y-t)^2 + 1 \qquad 0 \le t \le 1, \quad y(0) = -1$$

이 방정식의 엄밀해는 $y(t) = t - e^{-5t}$이다. 구간 크기를 $h = 0.1$, $h = 0.2$, $h = 0.5$로 설정하고 Euler 방법에 의한 근사해를 각각 구한 다음 $t = 0.0, 0.2, 0.4, 0.6, 0.8, 1.0$에서 Euler 근사해와 엄밀해를 서로 비교해 보라($h = 0.5$인 경우에는 $t = 1.0$에서의 근사해만 구해 본다).

* MATLAB 활용 문제

M7.1 함수 `Euler`를 이용하여 미분방정식 $\frac{dy}{dt} = t + y$, $y(0) = 2$ $(0 \le t \le 1)$의 해를 구하라. $h = 0.2$로 설정한다.

M7.2 미분방정식

$$\frac{dy}{dt} = \begin{cases} y\left(-2t + \dfrac{1}{t}\right) & : \; t \neq 0 \\ 1 & : \; t = 0 \end{cases}$$

의 엄밀해는 $y = te^{-t^2}$으로 주어진다. 함수 `Euler`를 이용하여 위 미분방정식의 해를 구하고 엄밀해와 함께 그래프로 나타내어라. 적분구간은 $0 \le t \le 2$이며 $y(0) = 0$, $h = 0.2$로 설정한다.

M7.3 구간 $0 \le t \le 1$에서 중간점 방법을 이용하여 미분방정식

$$\frac{dy}{dt} = 1 - 2yt, \qquad y(0) = 0$$

의 엄밀해는 $y = e^{-t^2}\int_0^t e^{x^2}dx$로 주어진다. 함수 `midp`를 이용하여 위 미분방정식의 해를 구하고 엄밀해와 함께 그래프로 나타내어라. $h = 0.1$로 설정한다.

M7.4 구간 $0 \le t \le 5$에서 4차 Runge–Kutta 방법을 수행하는 함수 `rk4ode`를 이용하여 미분방정식

$$\frac{dy}{dt} = -\frac{3}{5}y + 3.8e^{0.7t}, \qquad y(0) = 2$$

를 풀어라. 시간구간 크기(h)를 0.01, 0.1, 1로 변화시킴에 따라 해는 어떻게 달라지는가?

M7.5 미분방정식

$$\frac{dy}{dt} = \begin{cases} y\left(-2t + \dfrac{1}{t}\right) & : \; t \neq 0 \\ 1 & : \; t = 0 \end{cases}$$

의 엄밀해는 $y = te^{-t^2}$으로 주어진다. 4차 Runge–Kutta 방법을 수행하는 함수 `rk4ode`를 이용하여 위 미분방정식의 해를 구하고 엄밀해와 함께 그래프로 나타내어라. 적분구간은 $0 \le t \le 2$이며 $y(0) = 0$, $h = 0.2$로 설정한다.

M7.6 반응기에서 다음과 같은 일련의 1차 가역반응이 진행되고 있다:

$$A \underset{k_2}{\overset{k_1}{\rightleftarrows}} B \underset{k_4}{\overset{k_3}{\rightleftarrows}} C$$

반응속도상수와 각 성분의 초기 농도는 $k_1 = 1 \text{ min}^{-1}$, $k_2 = 0 \text{ min}^{-1}$, $k_3 = 2 \text{ min}^{-1}$, $k_4 = 3 \text{ min}^{-1}$, $C_{A0} = 1 \text{ mol}/\ell$, $C_{B0} = C_{C0} = 0$로 주어져 있다. 내장함수 ode45를 이용하여 시간에 따른 각 성분의 농도 변화를 그래프로 나타내어라.

M7.7 어떤 반응공정에 대한 모델식은 다음과 같다:

$$\frac{dx_1}{dt} = \tau(u_1 - x_1) - kx_1x_2, \quad \frac{dx_2}{dt} = \tau(u_2 - x_2) - kx_1x_2, \quad \frac{dx_3}{dt} = -\tau x_3 + kx_1x_2$$

위에서 $\tau = q/V$이며 $q = 10\ m^3/\text{min}$, $V = 2\ m^3$, $k = 2.6\ m^3/\text{mol/min}$이다. u_1과 u_2는 원료흐름중의 반응물 농도로서 $u_1 = 3.2 \text{ mol}/m^3$, $u_2 = 4.8 \text{ mol}/m^3$로 일정하게 유지된다. 내장함수 ode45를 이용하여 $0 \le t \le 1.4$의 범위에서 $x(t)$의 변화를 그래프로 나타내어라. 초기조건은 $x(0) = [5\ 3\ 0]^T \text{ mol}/m^3$이다.

M7.8 그림 M7.8은 직렬로 연결된 3개의 혼합교반 탱크를 보인 것이다. 물질수지식으로부터

$$\frac{dV_1}{dt} = q_0 + m - q_1, \quad V_1\frac{dx_1}{dt} = q_0(x_0 - x_1) - mx_1,$$

$$V_2\frac{dx_2}{dt} = q_1(x_1 - x_2), \quad V_3\frac{dx_3}{dt} = q_2(x_2 - x_3)$$

를 얻는다. x_i ($i = 1, 2, 3$)는 탱크 내의 용액의 농도(mol/ℓ)이다. $m = 0$으로 유지되다가 어느 순간에 12 ℓ/min로 증가하였다. 펌프에 의해 q_i ($i = 1, 2, 3$)는 모두 일정하게 유지된다고 할 때 시간구간 $0 \le t \le 2$에 따른 각 탱크의 농도의 변화를 그래프로 나타내어라. 그림에서 $x_0 = 0.15 \text{ mol}/\ell$, $q_0 = 15\ \ell/\text{min}$이며 각 탱크의 초기 부피는 모두 20 ℓ이다.

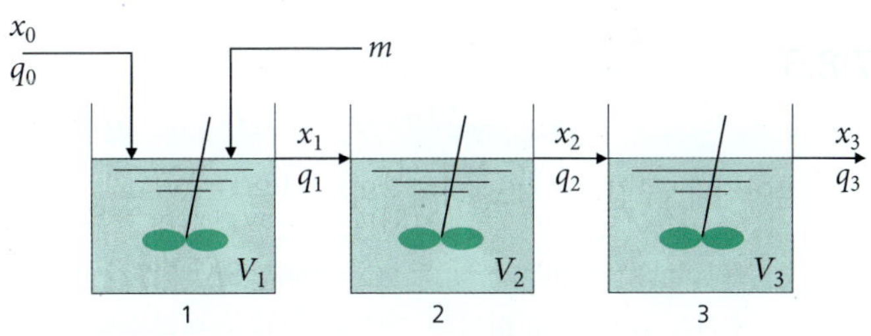

그림 M7.8 연속교반탱크.

M7.9 van der Pol 방정식은 다음과 같은 형태를 갖는다.

$$\frac{d^2y_1}{dt^2} - \mu(1 - y_1^2)\frac{dy_1}{dt} + y_1 = 0$$

이를 MATLAB 내장함수를 이용하여 풀기 위해서는 먼저 다음과 같이 1차방정식 시스템으로 전환시킨다:

$$\frac{dy_1}{dt}=y_2, \qquad \frac{dy_2}{dt}=-y_1+\mu(1-y_1^2)y_2$$

내장함수 ode45를 이용하여 $\mu = 1$일 때 $0 \le t \le 25$의 범위에서 시간에 따른 y_1, y_2의 변화를 그래프로 나타내어라. 초기조건은 $y_1(0) = y_2(0) = 1$로 한다.

M7.10 질량 m인 물체가 자유낙하하는 경우 위치와 속도는 다음과 같이 나타낼 수 있다.

$$\frac{dx}{dt}=v, \qquad \frac{dv}{dt}=g-\frac{c_D}{m}v^2$$

질량 $m = 70$ kg인 물체가 자유낙하할 때 4차 Runge–Kutta 방법을 이용하여 $0 \le t \le 10$의 시간범위(시간구간 $h = 2$로 설정한다)에 따른 위치와 속도를 구하라. 중력가속도 $g = 9.8$ m/s^2, 항력계수 $c_D = 0.22$ kg/m이며 $t = 0$에서 $v = 0$이다.

M7.11 Predator–Prey 모델은 이탈리아의 수학자 Vito Volterra와 미국의 생물학자 Alfred Lotka가 각각 독립적으로 찾아내었으며 따라서 Lotka–Volterra 방정식으로도 불린다. 이 식들은 다음과 같은 형태를 갖는다.

$$\frac{dx}{dt}=\alpha x-\beta xy \qquad \frac{dy}{dt}=-\gamma y+\lambda xy$$

위에서 x와 y는 각각 prey와 predator들의 수이며, α는 prey 번식비율, β는 prey의 소멸에 대한 prey와 predator 간의 상호간섭 효과를 나타내는 비율, γ는 predator 감소(소멸)비율, lambda는 predator의 번식에 대한 prey와 predator 간의 상호간섭 효과를 나타내는 비율이다.

$\alpha = 1.18$, $\beta = 0.57$, $\gamma = 0.81$, $\lambda = 0.29$일 때 $0 \le t \le 25$의 범위에서 4차 Runge–Kutta 방법을 이용하여 x와 y의 변화를 그래프로 나타내어라. 초기조건은 $x = 2$, $y = 1$로 하며 시간구간 $h = 0.05$로 한다.

M7.12 위상잠김 루프(phase-locked loop)는 주기적인 입력신호의 주파수 변화를 감지하고 추적하는 데에 이용될 수 있는 비선형 feedback 시스템이다. 어떤 PLL 회로의 운동방정식이 다음과 같이 주어졌다:

$$\frac{dx_1}{dt}=\frac{1}{\tau}(\alpha u\cos(x_2)-x_1), \quad \frac{dx_2}{dt}=x_1+w_c, \quad y=\frac{x_1+w_c}{2\pi},$$
$$u(t)=a\sin(w_0 t), \quad v(t)=\cos(x_2)$$

위에서 $w_c = 2000\pi$ rad/s, $\alpha = 1600$, $\tau = 1.5$ msec, $w_0 = 2100\pi$ rad/s, $a = 0.5$이며 초기조건은 $x(0) = [0\ 0]$이다. 적절한 ODE 풀이함수를 이용하여 $0 \le t \le 0.025$의 범위에서 u에 대한 $v(t)$의 그래프와 t에 대한 $y(t)$의 그래프를 작성하라.

M7.13 다음 미분방정식 시스템의 해를 구하고 그래프로 나타내어라:

$$\frac{dy}{dx}=\begin{bmatrix} dy_1/dx \\ dy_2/dx \\ dy_3/dx \end{bmatrix}=\begin{bmatrix} y_2 \\ y_3 \\ x+2y_1-3y_2+4y_3 \end{bmatrix}, \quad y(0)=\begin{bmatrix} 4 \\ 3 \\ 2 \end{bmatrix} \quad (0 \le x \le 1)$$

M7.14 $0 \le t \le 50$의 범위에서 다음과 같은 Lorenz 방정식 시스템의 해를 구하라. 초기조건은 $y(0) = [0\ 1\ 0]^T$이다.

$$\frac{d}{dt}y_1(t) = 10(y_2(t) - y_1(t))$$

$$\frac{d}{dt}y_2(t) = 28y_1(t) - y_2(t) - y_1(t)y_3(t)$$

$$\frac{d}{dt}y_3(t) = y_1(t)y_2(t) - \frac{8}{3}y_3(t)$$

M7.15 그림 M7.15는 직렬로 연결된 3개의 연속교반 가열탱크들을 보인 것이다. 각 탱크에서는 열 공급원으로서 수증기가 사용되고 있다. 각 탱크에서의 질량유량 w_i ($i = 0, 1, 2, 3$)은 w kg/min으로 일정하게 유지되고 있다. 각 탱크에서 열전달 면적이 A로서 일정하다면 수증기관으로부터 탱크 내 용액으로 전달되는 열량은

$$Q_i = UA(T_s - T_i) \quad (i = 1, 2, 3)$$

와 같이 주어진다. 주어진 데이터를 이용하여 시간에 따른 각 탱크의 온도를 그래프로 나타내어라($0 \le t \le 200$ (min)). 정상상태에서 세 번째 탱크의 온도는 얼마인가?

데이터: 용액의 열용량 $C_p = 1.75$ kJ/(kg·°C), $UA = 12$ kJ/(min·°C),
$T_0 = 25$°C, $M = 1400$ kg, $T_s = 200$°C, $w = 120$ kg/min

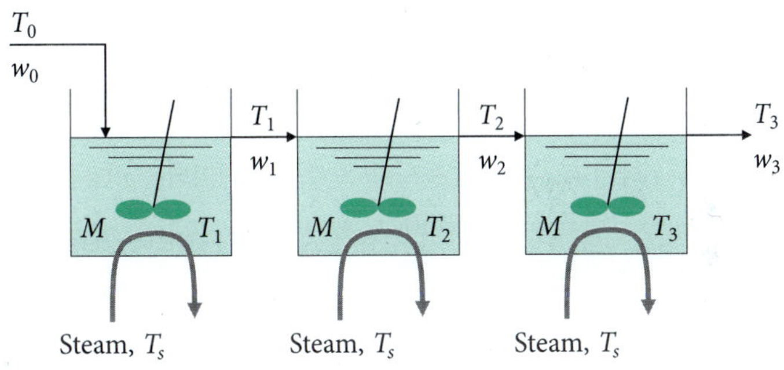

그림 M7.15 연속교반 가열공정.

M7.16 바이오매스 반응에 대한 Monod 모델은 다음과 같이 나타낼 수 있다:

$$\frac{dS}{dt} = -\frac{kSx}{k_s + S}, \qquad \frac{dx}{dt} = \frac{k\gamma Sx}{k_s + S} - aS$$

주어진 데이터를 이용하여 시간 t($0 \le t \le 0.02$)에 따른 S와 x의 변화를 그래프로 나타내어라.

데이터: $S(0) = 980$ kmol/m^3, $x(0) = 112$ kmol/m^3, $k = 4.6$ hr^{-1},
$k_s = 18$ kmol/m^3, $\gamma = 0.05$, $a = 0.01$ hr^{-1}

M7.17 등온 연속교반 반응기에서 2차반응이 진행되고 있다. 반응기는 잘 교반되고 있으며 반응물의 부피 V는 일정하다. 반응식은 $r = kC^2$로 주어지며 k는 일정하다. 반응물 유입농도에 갑자기 다음과 같은 진동형태의 변화가 도입되었다고 하자:

$$C_i = C_0\{1 + A\sin(2\pi ft)\}$$

위에서 f는 진동 주파수이며, C_0는 상수이고, $A(<1)$는 진동의 진폭이다. 다양한 값의 f (즉 $f = 0.1q/V$, $4q/V$, $8q/V$)에 대하여 무차원 시간 $\tau = tq/V$에 따른 무차원 농도 $\theta = C/C_0$의 변화를 나타내는 그래프를 작성하라. $A = 0.5$이며 Damkohler 수 $Da = kVC_0/q = 100$이라고 가정한다.

M7.18 비가역 기상반응($A \rightarrow B$)이 진행되는 촉매 유동층 반응기를 고려해 보자. 물질 및 에너지 수지와 반응속도 상수는 다음과 같다:

$$\frac{dP}{d\tau} = 0.1 + 320P_p - 321P, \qquad \frac{dT}{d\tau} = 1752 - 269T + 267T_p,$$

$$\frac{dP_p}{d\tau} = 1.88 \times 10^3 \{P - P_p(1+K)\}, \qquad \frac{dT_p}{d\tau} = 1.3(T - T_p) + 1.04 \times 10^4 KP_p,$$

$$K = 6 \times 10^{-4} \exp\left(20.7 - \frac{1500}{T_p}\right)$$

위에서 아래첨자 p는 촉매 표면을 의미하며 τ는 무차원 시간이다. $0 \le \tau \le 1500$의 범위에서 위 방정식 시스템의 해를 구하고 그래프로 나타내어라. 초기조건은 $P(0) = 0.1$, $T(0) = 600$, $P_p = 0$, $T_p = 761$이다.

M7.19 어떤 반응기에서 $A \rightarrow B$의 반응이 진행되고 있으며 반응 모델식은 다음과 같이 나타낼 수 있다:

$$u\frac{dC_A}{dz} = -k_g a(C_A - C_{As})$$

$$0 = k_g(C_A - C_{As}) - r_A(C_{As}), \quad r_A(C_A) = \frac{kC_A}{\sqrt{1 + K_r C_A^2}}$$

위에서 C_{As}는 표면 농도이다. 주어진 데이터를 이용하여 z에 따른 C_A와 C_{As}의 변화를 나타내는 그래프를 작성하라($0 \le z \le L$).

데이터: $a = 380\ m_{cat}^2/m^3$, $k = 0.0045\ m^3/(m_{cat}^2 \cdot \text{sec})$, $K_r = 1.1\ m^6/\text{mol}^2$,
$k_g = 0.012\ m/\text{sec}$, $u = 1\ m/\text{sec}$, $C_{A0} = 1\ \text{mol}/m^3$ $L = 1\ m$

M7.20 관형 흐름반응기에서 $A \rightarrow B$의 반응이 진행되고 있다. 반응속도식과 에너지 수지는 각각 다음과 같다:

$$v\frac{dC}{dz} = -k_0 e^{-E/RT} C$$

$$\rho C_p v \frac{dT}{dz} = -\Delta H_r k_0 e^{-E/RT} C + \frac{2U}{r}(T_w - T)$$

위에서 k_0는 상수, E는 활성화에너지, R은 이상기체 상수, T는 반응온도, r은 관 내부반경, v는 겉보기 속도, ρ는 흐름의 밀도, C_p는 흐름의 열용량, T_w는 관 주위의 재킷 온도, ΔH_r는 반응열, U는 총괄 열전달 계수이다. 다음과 같은 무차원 변수들을 정의하기로 한다:

$$\zeta = \frac{z}{r}, \quad \xi = \frac{C}{C_0}, \quad \theta = \frac{T}{T_F}, \quad \theta_w = \frac{T_w}{T_F}$$

위에서 C_0는 반응원료 농도이며 T_F는 원료 온도이다. 이들 무차원 변수들을 이용하여 수지식

들을 다음과 같이 나타낼 수 있다:

$$\frac{d\xi}{d\zeta} = -\alpha e^{-\beta/\theta}\xi, \qquad \xi(0) = 1$$

$$\frac{d\theta}{d\zeta} = -\gamma e^{-\beta/\theta}\xi + \delta(\theta_w - \theta), \qquad \theta(0) = 1$$

위에서

$$\alpha = \frac{k_0 r}{v}, \quad \beta = \frac{E}{RT_F}, \quad \gamma = \frac{\Delta H_r k_0 C_0 r}{\rho C_p v T_F}, \quad \delta = \frac{2U}{\rho C_p v}$$

ζ에 따른 ξ와 θ의 변화를 나타내는 그래프를 작성하라. $\theta_w = 3$, $\alpha = 50{,}000$, $\beta = 10$, $\gamma = 50{,}000$, $\delta = 0.3$이다.

M7.21 다음은 3가지 화학물질들 간의 반응을 나타내는 Robertson 반응모델이다:

$$\frac{dy_1(t)}{dt} = -0.04y_1(t) + 10^4 y_2(t) y_3(t)$$

$$\frac{dy_2(t)}{dt} = 0.04y_1(t) - 10^4 y_2(t) y_3(t) - 3\times 10^7 y_2(t)^2$$

$$\frac{dy_3(t)}{dt} = 3\times 10^7 y_2(t)^2$$

Robertson 반응모델식의 풀이는 경성(stiffness) 문제의 대표적인 보기이다. 경성 문제의 풀이에 이용할 수 있는 내장함수 ode15s를 사용하여 위에 보인 Robertson 상미분방정식 시스템의 해를 구하고 그래프로 나타내어라.

M7.22 유동층 촉매 반응기에서 비가역 기상반응 $A \rightarrow B$가 진행되고 있다. 이 반응에 대한 물질 및 에너지 수지와 반응속도식은 다음과 같다.[1]

$$\frac{dP}{d\tau} = P_e - P + H_g(P_p - P)$$

$$\frac{dT}{d\tau} = T_e - T + H_T(T_p - T) + H_W(T_W - T)$$

$$\frac{dP_p}{d\tau} = \frac{H_g}{A}\{P - P_p(1+K)\}$$

$$\frac{dT_p}{d\tau} = \frac{H_T}{C}\{(T - T_p) + FKP_p\}$$

$$K = 6\times 10^{-4}\exp\left(20.7 - \frac{1500}{T_p}\right)$$

위에서 T는 반응물의 절대온도(°R), P는 반응물의 분압(기압), T_p는 촉매 표면에서의 반응물 온도(°R), P_p는 촉매 표면에서의 반응물의 분압(기압), K는 반응속도 상수(무차원), τ는 시간(무차원), 아래첨자 e는 반응기 유입부 조건을 의미한다. 모델식의 파라미터 및 상수들은 다음과 같다.

1 Aiken, R. C. and Lapidus, L., "An Effective Integration Method for Typical Stiff Systems," *AIChE J.*, 20(2), p.368 (1974).

$$H_g = 320, \quad T_e = 600, \quad H_T = 266.67, \quad H_W = 1.6, \quad T_W = 720,$$
$$F = 8000, \quad A = 0.17142, \quad C = 205.74, \quad P_e = 0.1$$

$0 \leq \tau \leq 1500$의 범위에서 위의 미분방정식 시스템의 해를 구하고 각 종속변수들의 시간에 따른 변화를 그래프로 나타내어라. 초기조건은 $P(0) = 0.1$, $T(0) = 600$, $P_p = 0$, $T_p = 761$이다.

M7.23 관형 반응기에서 아세톤의 기상 분해반응이 일어나고 있다. 이 반응은 흡열반응이며 반응식은 다음과 같다:

$$CH_3COCH_3 \rightarrow CH_2CO + CH_4$$

반응기로 유입되는 순수한 아세톤의 온도는 $T_0 = 1035$ K이며 압력은 $P_0 = 162$ kPa이다. 반응기 외부 열 교환 재킷 내의 기체 온도는 $T_a = 1150$ K로서 일정하다. 아세톤의 전환율을 X, 유입되는 아세톤 증기의 농도를 C_{A0}, 반응기의 부피를 V라고 두면 반응기로 유입되는 아세톤의 몰 유량은 $F_{A0} = C_{A0}v_0$로 주어지므로 몰수지는

$$\frac{dX}{dV} = \frac{-r_A}{F_{A0}}$$

에너지 수지는

$$\frac{dT}{dV} = \frac{aU(T_a - T) + r_A \Delta H_R}{F_{A0}(C_{pA} + X\Delta C_p)}$$

로 주어진다. 위에서 T는 반응기 내의 온도, $\Delta C_p = C_{pB} + C_{pC} - C_{pA}$이며 반응속도는

$$-r_A = kC_{A0}\frac{1-X}{1+X}\frac{T_0}{T}$$

와 같이 쓸 수 있다. Euler 방법, 수정된 Euler 방법, Runge-Kutta 방법, Adams 방법, Adams-Moulton 방법들을 이용하여 반응기의 길이에 따른 기체의 온도분포를 구하라. 반응기 내의 압력은 일정하다고 가정하며 운전조건 및 데이터는 다음과 같다.

부피유량: $v_0 = 0.002$ m^3/s, 반응기 부피: $V_R = 1$ m^3, 총괄 열전달 계수: $U = 110$ W/(m^{2}K), 반응기 부피 1 m^{3}당 열전달 면적: $a = 150$ m^2/m^3,

반응속도 상수: $k = 3.58\exp\left[34222\left(\frac{1}{1035} - \frac{1}{T}\right)\right]$ s^{-1}

반응열: $\Delta H_R = 80770 + 6.8(T - 298) - 5.75\times10^{-3}(T^2 - 298^2)$
$\quad - 1.27\times10^{-6}(T^3 - 298^3)$ J/mol

아세톤의 열용량: $C_{pA} = 26.63 + 0.1830T - 45.86\times10^{-6}T^2$ J/(mol·K)

케톤의 열용량: $C_{pB} = 20.04 + 0.0945T - 30.95\times10^{-6}T^2$ J/(mol·K)

아세톤의 열용량: $C_{pC} = 13.39 + 0.0770T - 18.71\times10^{-6}T^2$ J/(mol·K)

제 8 장

경계치 미분방정식의 풀이

어떤 미분방정식 문제에서 제약조건들을 알고 있다면 그 문제의 해를 구할 수 있다. 하나의 독립변수 값에서 제약조건들이 지정되어 있는 경우에는 이미 다루어 보았던 초기치 문제가 된다. 서로 다른 독립변수 값들에서 제약조건들이 지정되는 경우가 있는데 이는 경계치 문제라고 부르며 이러한 제약조건들은 경계조건이라고 통칭된다. 경계치 문제의 보기로서 촉매를 이용하는 화학반응에서의 확산 및 경계층에서의 물질 및 열전달 문제를 들 수 있다. 이러한 경계치 문제의 풀이에는 슈팅(shooting) 방법, 유한차분 방법, 함수공간 방법이 이용된다.

8.1 경계치 문제

서로 다른 두 위치 $x = a$와 $x = b$에서의 값이 각각 $y(a) = \alpha$ 및 $y(b) = \beta$ (α, β는 모두 상수)와 같이 주어진 2차 미분방정식은

$$\frac{d^2y}{dx^2} = f\left(x,\ y,\ \frac{dy}{dx}\right), \quad y(a) = \alpha, \quad y(b) = \beta \quad (a \le x \le b)$$

로 나타낼 수 있다. 이러한 미분방정식은 함수 f및 y와 dy/dx에 대한 f의 편미분이 연속이고 y에 대한 f의 편미분이 양이며 dy/dx에 대한 f의 편미분이 제한되어 있는 경우 일의적(一意的, unique)인 해를 갖는다.

경계조건이 선형인 2점 경계치 문제의 정준(canonical) 형태는

$$\frac{dy_j}{dx} = f_j(x, y_1, y_2, \cdots, y_n), \quad x_0 \le x \le x_f \quad (j = 1, 2, \cdots, n)$$

와 같다. 점 x_0에서 r개의 조건이 주어지며 점 x_f에서 $n - r$개의 최종 경계조건이 주어졌다면 경계조건들은

$$y_j(x_0) = y_{j,0} \quad (j = 1, 2, \cdots, r)$$
$$y_j(x_f) = y_{j,f} \quad (j = r+1, r+2, \cdots, n)$$

와 같이 나타낼 수 있다. 2차의 2점 경계치 문제의 일반적인 형태는

$$\frac{d^2y}{dx^2} = f\left(x,\ y,\ \frac{dy}{dx}\right), \quad x_0 \le x \le x_f$$

$$a_0 y(x_0) + b_0 y'(x_0) = \gamma_0, \qquad a_f y(x_f) + b_f y'(x_f) = \gamma_f$$

와 같이 쓸 수 있다.

보기 8.1 휘어진 빔

그림 8.1은 L만큼 떨어져 있는 두 지지대 사이에 걸쳐 있는 휘어진 빔을 보인 것이다. 수평으로부터 휘어진 빔까지의 거리 $y(x)$는 다음과 같은 미분방정식으로 주어진다:

$$\frac{d^2y}{dx^2} - \left(\frac{T}{EL}\right)y = \frac{wx(x-L)}{2EI}, \qquad y(0) = y(L) = 0 \qquad (0 \le x \le L)$$

위에서 T는 축방향 장력, E는 탄성 모듈러스, I는 관성 중앙 모멘트이며, w는 부하이다. 이는 2차의 2점 경계치 문제이다.

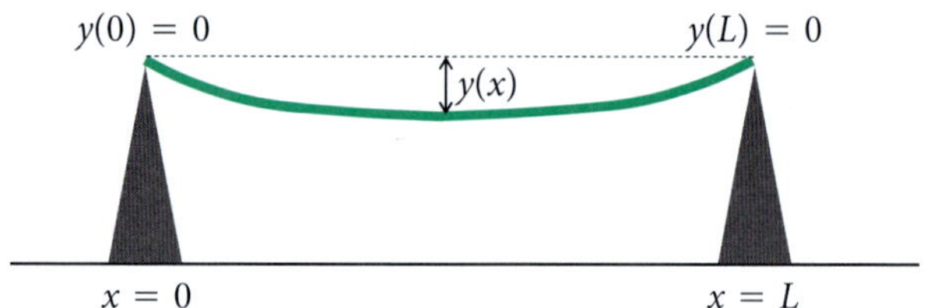

그림 8.1 휘어진 빔.

■

보기 8.2 핀의 온도분포

그림 8.2는 냉각을 위해 부착된 핀을 보인 것이다. 핀(fin)으로부터 대류와 복사에 의해 열이 빠져나감으로써 냉각효과가 얻어진다. 핀 내의 정상상태 온도분포 $T(x)$는

$$\frac{d^2T}{dx^2} - k(T - T_0) - \alpha(T^4 - T_0^4) = 0$$

와 같이 나타낼 수 있다. 위에서 T_0는 주위 온도이며 k와 α는 상수들이다. 두 개의 경계조건들이 주어지면 이 미분방정식의 해를 구할 수 있다. 핀의 양 끝점에서의 온도 T_a와 T_b를 알고 있다면 이들을 경계조건들로 이용할 수 있다.

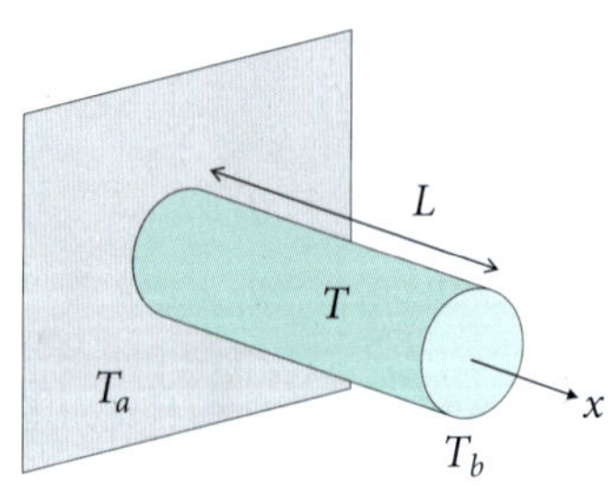

그림 8.2 냉각 핀(fin).

■

8.2 Shooting 방법

Shooting 방법은 경계치 문제를 초기치 문제로 전환시킨 다음 초기치 문제에 이용되는 풀이 방법을 적용하는 방법이다. 미분방정식이 선형인 경우에는 두 초기치 문제들의 해들의 선형 조합을 이용한다. 비선형 미분방정식의 경우에는 반복계산 과정이 필요하다.

8.2.1 선형 경계치 문제

» 단순 경계조건

다음과 같은 미분방정식을 고려해 보자:

$$y'' = p(x)y' + q(x)y + r(x), \quad y(a) = y_a, \quad y(b) = y_b \quad (a \le x \le b)$$

이는 2점 경계치 문제로서 $r(x) \neq 0$이면 비동차(nonhomogeneous) 문제라고 불린다. 이 방정식의 해는 다음과 같은 두 개의 초기치 문제의 해 $u(x)$와 $v(x)$를 구한 다음 이들의 선형 조합으로 나타낼 수 있다:

$$u'' = p(x)u' + q(x)u + r(x), \quad u(a) = y_a, \quad u'(a) = 0$$
$$v'' = p(x)v' + q(x)v, \quad v(a) = 0, \quad v'(a) = 1$$

경계치 문제의 해는 $y(x) = u(x) + cv(x)$로 주어진다. 이 해는 $y(b) = y_b$인 경계조건을 만족해야 하므로 $v(b) \neq 0$이라면

$$y(b) = y_b = u(b) + cv(b) \quad \Rightarrow \quad c = \frac{y_b - u(b)}{v(b)}$$

따라서

$$y(x) = u(x) + \left(\frac{y_b - u(b)}{v(b)}\right)v(x)$$

만일 $v(b) = 0$이면 $u(b) = y_b$이다.

보기 8.3 단순 경계조건

다음과 같은 경계치 문제를 두 개의 초기치 문제들로 다시 나타내어라. 얻어진 초기치 문제들을 다시 정준형태로 나타내어라.

$$y'' = \left(\frac{2x}{1+x^2}\right)y' - \left(\frac{2}{1+x^2}\right)y + x^2 + 1, \quad y(0) = 2, \quad y(1) = 5/3$$

풀이

주어진 경계치 문제는 다음과 같은 두 초기치 문제들로 나눌 수 있다:

$$u'' = \left(\frac{2x}{1+x^2}\right)u' - \left(\frac{2}{1+x^2}\right)u + x^2 + 1, \quad u(0) = 2, \quad u'(0) = 0$$

$$v'' = \left(\frac{2x}{1+x^2}\right)v' - \left(\frac{2}{1+x^2}\right)v, \quad v(0)=0, \quad v'(0)=1$$

이의 풀이를 위해 $z_1 = u$, $z_2 = u'$, $z_3 = v$, $z_4 = v'$로 두면 위의 관계들로부터

$$z_1' = z_2, \qquad z_2' = \left(\frac{2x}{1+x^2}\right)z_2 - \left(\frac{2}{1+x^2}\right)z_1 + x^2 + 1$$
$$z_3' = z_4, \qquad z_4' = \left(\frac{2x}{1+x^2}\right)z_4 - \left(\frac{2}{1+x^2}\right)z_3$$

이로부터

$$\begin{bmatrix} z_1' \\ z_2' \\ z_3' \\ z_4' \end{bmatrix} = \begin{bmatrix} 0 & 1 & 0 & 0 \\ -2/(1+x^2) & 2x/(1+x^2) & 0 & 0 \\ 0 & 0 & 0 & 1 \\ 0 & 0 & -2/(1+x^2) & 2x/(1+x^2) \end{bmatrix} \begin{bmatrix} z_1 \\ z_2 \\ z_3 \\ z_4 \end{bmatrix} + \begin{bmatrix} 0 \\ 1+x^2 \\ 0 \\ 0 \end{bmatrix}$$

초기조건은 $z(0) = [2\ 0\ 0\ 1]^T$이다.

■

MATLAB 활용

MATLAB 실습 휘어진 빔의 계산

이전에 살펴본 바와 같이 수평으로부터 휘어진 빔까지의 거리 $y(x)$는 다음과 같은 미분방정식으로 주어진다:

$$\frac{d^2y}{dx^2} - \left(\frac{T}{EL}\right)y = \frac{wx(x-L)}{2EI}, \quad y(0) = y(L) = 0 \quad (0 \le x \le L)$$

위에서 $T = 500$, $E = 10^7$, $I = 500$, $L = 100$, $w = 100$이다. 적절한 초기치 풀이함수를 이용하여 해 $y(x)$를 구하고 그래프로 나타내어라.

풀이

주어진 데이터를 이용하면

$$y'' = 10^{-7}y + 10^{-8}x(x-100), \quad y(0) = y(100) = 0$$

이를 두 개의 초기치 문제로 나타내면 다음과 같다:

$$u'' = 10^{-7}u + 10^{-8}x(x-100), \quad u(0)=0, \quad u'(0)=0$$
$$v'' = 10^{-7}v, \quad v(0)=0, \quad v'(0)=1$$

$y(b) = y(L) = y(100) = 0$이므로 $y(x) = u(x) - \dfrac{u(b)}{v(b)}v(x)$로 주어진다. 이의 풀이를 위해 $z_1 = u$, $z_2 = u'$, $z_3 = v$, $z_4 = v'$로 두면 위의 관계들로부터

$$z_1{}' = z_2, \quad z_2{}' = 10^{-7}z_1 + 10^{-8}x(x-100), \quad z_3{}' = z_4, \quad z_4{}' = 10^{-7}z_3$$

를 얻는다. 초기조건은 $z(0) = [0\ 0\ 0\ 1]^T$이다. 미분방정식 풀이함수로는 ode45나 ode23을 이용할 수 있다.

```
% bmlinode.m
dz = @(x,z) [z(2); 1e-7 * z(1) + 1e-8 * x*(x-100); z(4); 1e-7 * z(3)];
z0 = [0 0 0 1]; a = 0; b = 100; xs = [a b]; [x,z] = ode45(dz,xs,z0); [n m]
= size(z);
y(1:n,1) = z(1:n,1) - z(n,1)*z(1:n,3)./z(n,3); % u(b)=z(n,1), v(b)=z(n,3)
plot(x,y), grid, xlabel('x'), ylabel('y(x)')
```

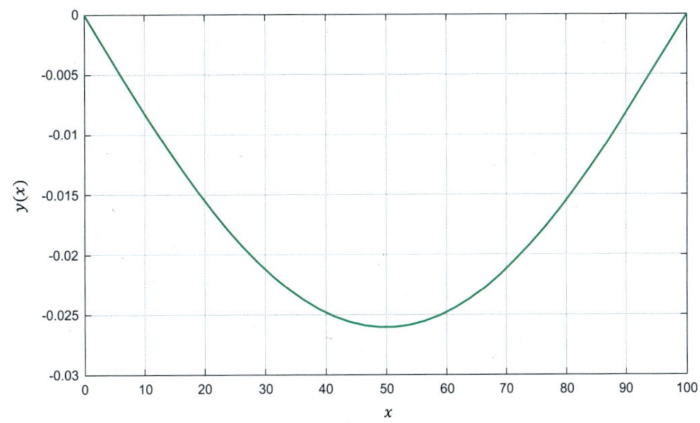

그림 8.3 휘어진 빔.

» 혼합 경계조건

다음과 같은 미분방정식을 고려해 보자:

$$y'' = p(x)y' + q(x)y + r(x), \quad y(a) = y_a, \quad y'(b) + cy(b) = y_b \quad (a \le x \le b)$$

이 방정식의 해는 다음과 같은 두 개의 초기치 문제의 해 $u(x)$와 $v(x)$를 구한 다음 이들의 선형 조합으로 나타낼 수 있다:

$$u'' = p(x)u' + q(x)u + r(x), \quad u(a) = y_a, \quad u'(a) = 0$$
$$v'' = p(x)v' + q(x)v, \quad v(a) = 0, \quad v'(a) = 1$$

경계치 문제의 해는 $y(x) = u(x) + dv(x)$로 주어진다. $y(a) = u(a) + dv(a) = y_a$이므로 이 해는 $x = a$에서의 경계조건을 만족한다. 아울러 $y(x)$가 $y'(b) + cy(b) = y_b$를 만족하도록 d를 결정할 필요가 있다. $x = b$에서 $v'(b) + cv(b) \ne 0$이라면

$$y'(b) + cy(b) = u'(b) + dv'(b) + cu(b) + cdv(b) = y_b \quad \Rightarrow \quad d = \frac{y_b - u'(b) - cu(b)}{v'(b) + cv(b)}$$

따라서

$$y(x) = u(x) + dv(x) = u(x) + \left(\frac{y_b - u'(b) - cu(b)}{v'(b) + cv(b)}\right)v(x)$$

만일 $v'(b) + cv(b) = 0$이면 $y(x) = u(x)$는 두 경계조건들을 모두 만족한다.

» 일반 분리 경계조건

다음과 같은 미분방정식을 고려해 보자:

$$y'' = p(x)y' + q(x)y + r(x), \quad y'(a) + c_1 y(a) = y_a, \quad y'(b) + c_2 y(b) = y_b \quad (a \le x \le b)$$

이 방정식의 해는 다음과 같은 두 개의 초기치 문제의 해 $u(x)$와 $v(x)$를 구한 다음 이들의 선형 조합으로 나타낼 수 있다:

$$u'' = p(x)u' + q(x)u + r(x), \quad u(a) = 0, \quad u'(a) = y_a$$
$$v'' = p(x)v' + q(x)v, \quad v(a) = 1, \quad v'(a) = -c_1$$

경계치 문제의 해는 $y(x) = u(x) + dv(x)$로 주어진다. $x = b$에서 $v'(b) + c_2 v(b) \neq 0$이라면 해는

$$y(x) = u(x) + dv(x) = u(x) + \left(\frac{y_b - u'(b) - c_2 u(b)}{v'(b) + c_2 v(b)}\right)v(x)$$

8.2.2 비선형 경계치 문제

미분방정식이 비선형인 경우에는 지정되지 않은 초기조건들을 가정하고 미분방정식을 푼 다음 이로부터 얻은 최종 경계점의 값들을 주어진 최종 경계조건들과 비교한다. 이들의 차이가 정해진 범위 내의 값이 될 때까지 초기조건에 대한 가정을 수정해 가면서 반복 계산한다.

» Secant 방법

다음과 같은 형태의 경계치 문제를 고려해 보자:

$$y'' = f(x, y, y'), \quad y(a) = y_a, \quad h(y(b), y'(b)) = 0 \quad (a \le x \le b)$$

비선형 방정식의 풀이에 이용되었던 Secant 방법을 적용하여 반복과정을 수행함으로써 위의 경계치 문제에 대한 해를 구할 수 있다. 해가 미리 정해진 오차한계 ϵ 내에서 $x = b$에서의 경계조건을 만족하도록 초기 기울기 s를 규명할 필요가 있다. 이를 위해 먼저 방정식 $u'(a) = s(1) = 0$의 해를 구하는 것으로 시작한다. 이 때의 오차를 $z(1)$이라고 하자. 만일 $|z(1)| > \epsilon$이면 방정식 $u'(a) = s(2) = 1$의 해를 구하는 것으로 풀이과정을 계속한다. 얻어지는 해가 $x = b$에서의 경계조건을 만족하지 못한다면 다음과 같이 Secant 규칙에 따라 초기 기울기를 계속 보정해 나간다:

$$s(i) = s(i-1) - \left\{\frac{s(i-1) - s(i-2)}{z(i-1) - z(i-2)}\right\}z(i-1)$$

MATLAB 활용

MATLAB 실습 Secant 규칙을 이용하는 Shooting 방법

Secant 규칙에 기반하는 Shooting 방법을 이용하여 다음 방정식의 해를 구하라:

$$y'' = -2yy', \quad y(0) = 1, \quad y(1) + y'(1) - \frac{1}{4} = 0 \quad (0 \le x \le 1)$$

엄밀해는 $y = \dfrac{1}{1+x}$이다. 얻어진 근사해를 엄밀해와 함께 그래프로 나타내어 비교해 보라. 오차 한계는 10^{-5}로 설정하고 상미분방정식 풀이함수로 ode45를 이용한다.

풀이

스크립트 shsecant는 주어진 경계치 문제에 대한 근사해를 계산하고 엄밀해와 함께 그래프로 나타낸다.

```
% shsecant.m
ya = 1; a = 0; b = 1; maxiter = 10; crit = 1e-5;
f = @(x,y) [y(2); -2*y(1)*y(2)];
h = 'y1 + y2 - 1/4';
s(1) = 0; s(2) = 1; absz = 1; xs = [a b]; k = 1;
while (absz > crit) & (k <= maxiter)
    if k > 2, s(k) = s(k-1) - (s(k-1) - s(k-2))*z(k-1)/(z(k-1) - z(k-2)); end
    y0 = [ya s(k)]; [x,y] = ode45(f,xs,y0); [n m] = size(y);
    y1 = y(n,1); y2 = y(n,2); z(k) = eval(h); absz = abs(z(k)); k = k + 1;
end
xi = 0:0.01:1; yi = 1./(1+xi); plot(xi,yi,x,y(:,1),':'), grid
xlabel('x'), ylabel('y(x)'), legend('엄밀해','Secant shooting')
```

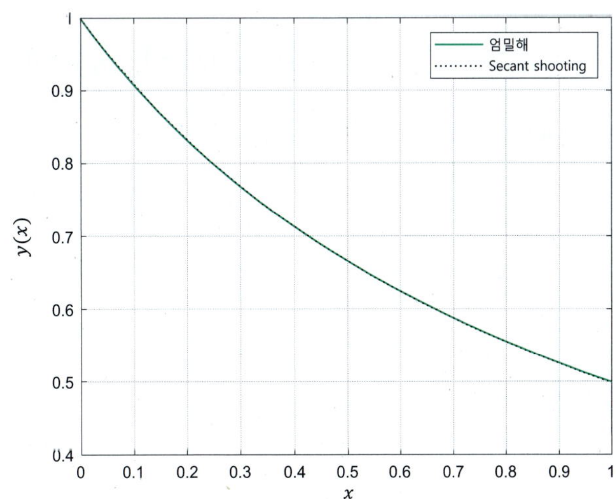

그림 8.4 Secant 기반 Shooting 방법에 의한 풀이.

» Newton 방법

두 미분방정식과 경계조건들이 각각

$$\frac{dy_1}{dx} = f_1(x, y_1, y_2), \qquad y_1(x_0) = y_{1,0}$$

$$\frac{dy_2}{dx} = f_2(x, y_1, y_2), \qquad y_2(x_f) = y_{2,f}$$

와 같이 주어져 있다고 하자. 이 경우 y_2에 대한 x_0에서의 조건(초기조건)을

$$y_2(x_0) = \gamma$$

와 같이 가정하면 초기치 문제가 되며 이를 풀면 다음 그림과 같은 모양의 해가 얻어진다.

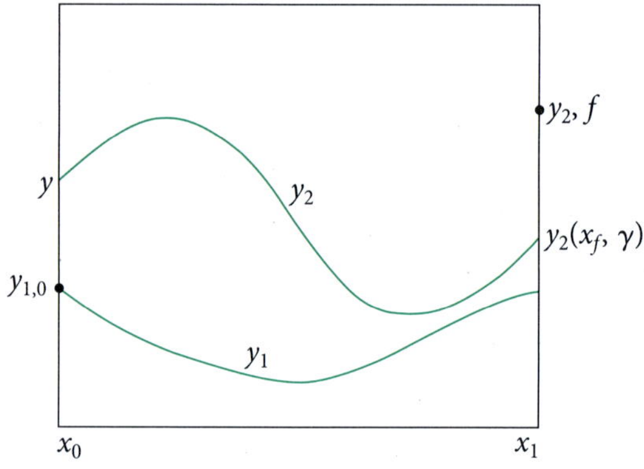

그림 8.5 Shooting 방법.

$y_2(x_0)$의 값은 단순한 가정치였으므로 해 y_2의 최종 경계값 $y_2(x_f) = y_2(x_f, \gamma)$는 주어진 경계치 $y_{2,f}$와 다를 것이다. 따라서 $y_2(x_f, \gamma) = y_{2,f}$가 되도록 가정치 γ를 찾는 것이 여기에서의 목적이다. 위의 관계를 다시 쓰면

$$\phi(\gamma) = y_2(x_f, \gamma) - y_{2,f} = 0$$

γ에 대한 Taylor 전개로부터

$$\phi(\gamma + \Delta\gamma) = \phi(\gamma) + \frac{\partial \phi}{\partial \gamma}\Delta\gamma + O[(\Delta\gamma)^2]$$

$y_2(x_f, \gamma) = y_{2,f}$가 되기 위해서는

$$\lim_{\Delta\gamma \to 0} \phi(\gamma + \Delta\gamma) = 0 = \phi(\gamma) + \frac{\partial \phi}{\partial \gamma}\Delta\gamma + O[(\Delta\gamma)^2]$$

이로부터

$$\Delta\gamma = -\frac{\phi(\gamma)}{\left(\dfrac{\partial \phi}{\partial \gamma}\right)}$$

를 얻는다. $\phi(\gamma) = y_2(x_f, \gamma) - y_{2,f}$ 로부터 $\dfrac{\partial \phi}{\partial \gamma} = \dfrac{\partial y_2(x_f, \gamma)}{\partial \gamma}$이므로 이를 위의 식에 대입하면

$$\Delta\gamma = -\frac{\phi(\gamma)}{\left(\dfrac{\partial\phi}{\partial\gamma}\right)} = -\frac{y_2(x_f,\gamma) - y_{2,f}}{\left[\dfrac{\partial y_2(x_f,\gamma)}{\partial\gamma}\right]} = \frac{\delta y}{\left[\dfrac{\partial y_2(x_f,\gamma)}{\partial\gamma}\right]}$$

위에서 $\delta y = -\{y_2(x_f, \gamma) - y_{2,f}\}$이다. 위에서 얻어지는 $\Delta\gamma$는 가정한 γ 값에 대한 보정항이다. 즉

$$\gamma_{\text{new}} = \gamma_{\text{old}} + \Delta\gamma$$

발산을 피하기 위해 이완인자(relaxation factor) ρ를 이용하면

$$\gamma_{\text{new}} = \gamma_{\text{old}} + \rho\Delta\gamma \quad (0 < \rho \le 1)$$

γ 값에 대한 보정(미분방정식의 계산)은 $|\Delta\gamma| \le \epsilon$일 때까지 반복된다.

n 방정식 시스템의 경우에는

$$\frac{dy_j}{dx} = f_j(x, y_1, y_2, \cdots, y_n) \qquad x_0 \le x \le x_f \qquad (j = 1, 2, \cdots, n)$$

이전에 보인 바와 같이 점 x_0에서 r개의 조건(초기조건)이 주어지며 점 x_f에서 $n - r$개의 최종 경계조건이 주어졌다면 경계조건들은 각각

$$y_j(x_0) = y_{j,0} \qquad (j = 1, 2, \cdots, r)$$
$$y_j(x_f) = y_{j,f} \qquad (j = r+1, r+2, \cdots, n)$$

와 같이 쓸 수 있다. 점 x_0에서 $n - r$개의 초기조건들을 다음과 같이 가정한다:

$$y_j(x_0) = \gamma_j \qquad (j = r+1, r+2, \cdots, n)$$

최종 경계 x_f에서의 Jacobian 행렬 J는

$$J(x_f, \gamma) = \begin{bmatrix} \left.\dfrac{\partial y_{r+1}}{\partial \gamma_{r+1}}\right|_{x_f} & \left.\dfrac{\partial y_{r+1}}{\partial \gamma_{r+2}}\right|_{x_f} & \cdots & \left.\dfrac{\partial y_{r+1}}{\partial \gamma_n}\right|_{x_f} \\ \left.\dfrac{\partial y_{r+2}}{\partial \gamma_{r+1}}\right|_{x_f} & \left.\dfrac{\partial y_{r+2}}{\partial \gamma_{r+2}}\right|_{x_f} & \cdots & \left.\dfrac{\partial y_{r+2}}{\partial \gamma_n}\right|_{x_f} \\ \vdots & \vdots & \cdots & \vdots \\ \left.\dfrac{\partial y_n}{\partial \gamma_{r+1}}\right|_{x_f} & \left.\dfrac{\partial y_n}{\partial \gamma_{r+2}}\right|_{x_f} & \cdots & \left.\dfrac{\partial y_n}{\partial \gamma_n}\right|_{x_f} \end{bmatrix}$$

와 같이 주어진다. 추정된 초기값들에 대한 보정항은

$$\Delta\gamma = [J(x_f, \gamma)]^{-1}\delta y$$

로 나타낼 수 있다. 위에서

$$\delta y = -\begin{bmatrix} y_{r+1}(x_f, \gamma) - y_{r+1,f} \\ y_{r+2}(x_f, \gamma) - y_{r+2,f} \\ \vdots \\ y_n(x_f, \gamma) - y_{n,f} \end{bmatrix}$$

이다. 이로부터 가정된 초기조건들에 대한 새로운 추정치는

$$\gamma_{\text{new}} = \gamma_{\text{old}} + \rho\Delta\gamma \quad (0 < \rho \le 1)$$

에 의해 주어진다.

Newton 방법을 이용한 Shooting 방법의 계산과정은 다음과 같이 요약할 수 있다:

1) 주어지지 않은 초기조건들을 가정한다: $y_j(x_0) = \gamma_j \ (j = r+1, r+2, \cdots, n)$

2) 미분방정식들을 동시에 적분한다: $\dfrac{dy_j}{dx} = f_j(x, y_1, y_2, \cdots, y_n) \ x_0 \le x \le x_f \ (j = 1, 2, \cdots, n)$

3) Jacobian 행렬 $J(x_f, \gamma)$를 계산한다.

4) 새로운 γ를 계산한다: $\Delta\gamma = [J(x_f, \gamma)]^{-1}\delta y$, $\gamma_{\text{new}} = \gamma_{\text{old}} + \rho\Delta\gamma \ (0 < \rho \le 1)$

5) $\min(|\Delta\gamma_j|) \le \epsilon$이 만족될 때까지 보정된 γ를 이용하여 단계 2~4를 반복한다.

MATLAB 활용

가정한 초기조건들을 이용한 미분방정식의 풀이에는 초기치 문제에서 다루었던 적절한 미분방정식 풀이함수를 이용한다.

MATLAB 실습 Shooting 방법을 이용한 선형 ODE의 풀이

Shooting 방법을 이용하여 다음 방정식의 해를 구하라.

$$\frac{dy}{dx} = z, \quad \frac{dz}{dx} = a(b - y), \quad y(0) = 300, \ y(10) = 400 \quad (0 \le x \le 10)$$

$a = -0.06$, $b = 210$으로 하며 내장함수 ode45를 이용한다. z의 초기값에 대하여 shooting 방법을 적용해 보라.

풀이

주어진 방정식은 다음과 같이 설정할 수 있다.

```
function dy = dyzeqn(t,y)
% y(1) = y, y(2) = z
a = -0.06; b = 210;
dy = [y(2); a*(b - y(1))];
end
```

먼저 z의 초기값을 5로 해본다. ode45 함수를 이용한 수행결과는 다음과 같다.

```
>> xspan = [0 10]; yi = 300; [x y] = ode45(@dyzeqn, xspan, [yi -5]); yf =
y(end,1)
yf =
  617.7634
```

yf는 $y(10) = 400$보다 크다. 다시 z의 초기값을 -25로 해본다.

```
>> [x y] = ode45(@dyzeqn, xspan, [yi -25]); yf = y(end,1)
yf =
  148.4370
```

이들 두 결과로부터 z의 초기값은

$$z_0 = (-5) + \frac{(-25)-(-5)}{148.437 - 617.7634}(400 - 617.7634) = -14.28$$

이로부터 z의 초기값을 -14.28로 해본다.

```
>> [x y] = ode45(@dyzeqn, xspan, [yi -14.28]); yf = y(end,1)
yf =
  399.9959
```

이는 $y(10) = 400$과 거의 일치한다. x에 대한 y의 그래프는 다음과 같다.

```
>> plot(x,y(:,1)), grid, xlabel('x'), ylabel('y')
```

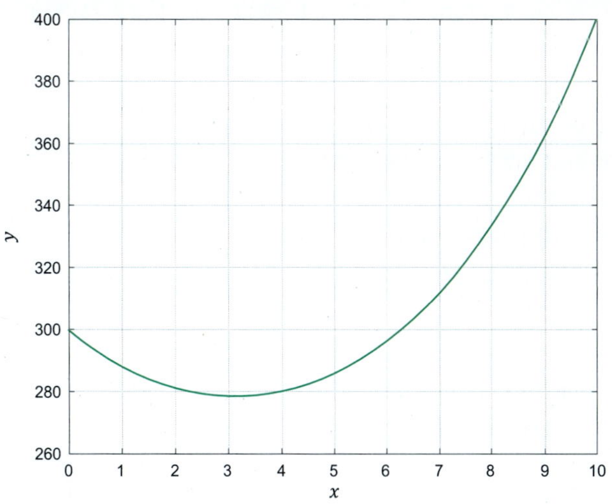

그림 8.6 Shooting 방법의 이용.

■

MATLAB 실습 Shooting 방법을 이용한 비선형 ODE의 풀이

Shooting 방법을 이용하여 다음 방정식의 해를 구하라.

$$x^2 \frac{d^2 y}{dx^2} - 6y = 0$$

x의 범위는 $1 \le x \le 2$이며 경계조건은 $y(1) = 1$, $y(2) = 1$이다.

풀이

주어진 방정식은 $\frac{d^2 y}{dx^2} - \frac{6y}{x^2} = 0$와 같이 쓸 수 있다. 따라서 $z_1 = y$, $z_2 = \frac{dy}{dx}$로 두면

$$\frac{dz_1}{dx} = z_2, \quad \frac{dz_2}{dx} = \frac{6z_1}{x^2}, \quad z_1(1) = y(1) = 1 \quad (1 \le x \le 2)$$

와 같이 다시 나타낼 수 있다. $z_2(1) = s$로 두고 s를 변화시켜 가면서 $y(2) = z_1(2) = 1$을 만족하는 s 값을 찾는다. s가 $[-2\ -1]$ 범위에서 0.25씩 변한다고 하고 위의 조건을 만족하는 s를 구해 보자. 이 과정은 스크립트 파일 shootode에 의해 수행된다. 이 파일에서는 경계치 값의 안짐작 계산을 위해서 Aitken의 방법을 이용하고 있다. Aitken의 방법은 함수 Aitken에 의해 수행된다.

```
% shootode.m: Shooting 방법에 의한 경계치 문제의 풀이
% 안짐작 계산: Aitken 방법을 이용(함수 Aitken)
fun = @(x, z) [z(2); 6*z(1)/x^2]; s = -2:0.25:-1; s0 = []; ns = length(s);
b = zeros(1,ns);
for i = 1:ns
    [x,z] = ode45(fun, [1 2], [1 s(i)]); [m,n] = size(z); b(1,i) = z(m,1);
end
s0 = Aitken(b,s,1)
[x,z] = ode45(fun, [1 2], [1 s0]); plot(x,z(:,1)); xlabel('x'), ylabel('y'),
grid

function [q r] = Aitken(x,y,xv)
% Aitken의 방법을 이용한 안짐작 계산
% x,y: 데이터
% xv: 안짐작이 요구되는 x 값
% q: xv에서의 y의 안짐작 결과
% r: 중간결과들

n = length(x); p = zeros(n); p(1,:) = y;
for j = 1:n-1
    for i = j+1:n, p(j+1,i) = (p(j,i)*(xv-x(j))-p(j,j)*(xv-x(i)))/(x(i)-
x(j)); end
end
q = p(n,n); r = [x.' p.'];
end
```

스크립트 파일 shootode의 수행결과는 다음과 같다.

```
>> shootode
s0 =
   -1.5161
```

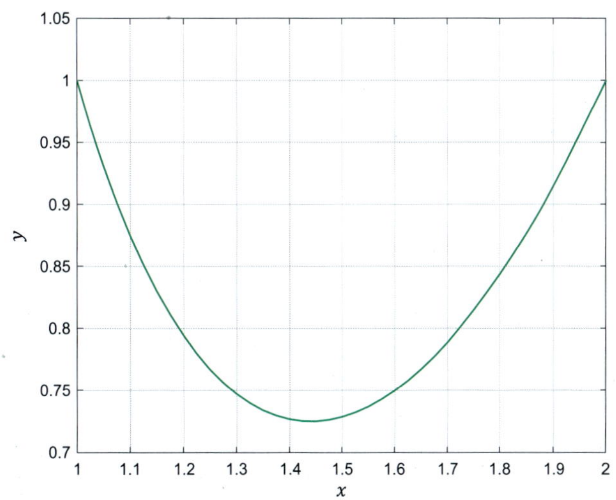

그림 8.7 Shooting 방법을 이용한 비선형 미분방정식의 풀이.

즉 $\left.\frac{dy}{dx}\right|_1 = -1.5161$이며 해의 그래프에서 경계조건 $y(1) = 1$, $y(2) = 1$가 모두 만족됨을 알 수 있다.

■

8.3 유한차분 방법

유한차분(finite difference) 방법은 적분구간의 각 점에서 미분항들을 유한차분 근사로 대체하는 방법이다. 따라서 미분방정식들은 비선형 대수방정식들로 전환된다. 다음과 같은 두 개의 방정식들로 이루어지는 미분방정식 시스템을 고려해 보자:

$$\frac{dy_1}{dx} = f_1(x, y_1, y_2), \qquad \frac{dy_2}{dx} = f_2(x, y_1, y_2)$$

경계조건은

$$y_1(x_0) = y_{1,0}, \qquad y_2(x_f) = y_{2,f}$$

와 같이 주어졌다고 하자. 전향(forward) 유한차분을 이용하는 경우 먼저 y에 대한 미분을 다음과 같은 유한차분으로 나타낸다:

$$\frac{dy_{1,i}}{dx} = f_1(x,\ y_{1,i},\ y_{2,i}) = \frac{1}{h}(y_{1,i+1} - y_{1,i}) + O(h)$$
$$\frac{dy_{2,i}}{dx} = f_2(x,\ y_{1,i},\ y_{2,i}) = \frac{1}{h}(y_{2,i+1} - y_{2,i}) + O(h)$$

적분구간을 n개의 동일한 소구간으로 나눈다면 구간크기 h는 $h = (x_f - x_0)/n$으로 주어진다. 위의 관계들로부터

$$y_{1,i+1} - y_{1,i} = hf_1(x,\ y_{1,i},\ y_{2,i}), \qquad y_{2,i+1} - y_{2,i} = hf_2(x,\ y_{1,i},\ y_{2,i})$$

이로부터 $2n$개의 비선형 대수방정식들이 얻어진다. 초기 및 최종 경계조건은

$$y_1(x_0) = y_{1,0}, \qquad y_2(x_f) = y_{2,f} = y_{2,n}$$

와 같다.

8.3.1 선형 경계치 문제

일반적인 선형 2점 경계치 문제는 다음과 같이 나타낼 수 있다:

$$\frac{d^2y}{dx^2} = p(x)\frac{dy}{dx} + q(x)y + r(x) \qquad y(a) = \alpha,\ y(b) = \beta \quad (a \le x \le b)$$

구간 $[a, b]$를 n개의 소구간들로 나눈다면 소구간의 크기는 $h = (b-a)/n$과 같다. 중앙차분(central difference)을 이용하는 경우 점 $x_1 = a + h$, $x_2 = a + 2h$, $\cdots$, $x_{n-1} = a + (n-1)h$에서 함수 $y(x)$의 1차 및 2차 미분에 대한 근사는 다음과 같이 나타낼 수 있다:

$$\left.\frac{dy}{dx}\right|_{x_i} \approx \frac{y_{i+1} - y_{i-1}}{2h}, \qquad \left.\frac{d^2y}{dx^2}\right|_{x_i} \approx \frac{y_{i+1} - 2y_i + y_{i-1}}{h^2}$$

위에서 $y_i = y(x_i)$을 의미한다. 이를 앞에 주어진 2차 미분방정식에 대입하면

$$\frac{y_{i+1} - 2y_i + y_{i-1}}{h^2} = p_i\frac{y_{i+1} - y_{i-1}}{2h} + q_i y_i + r_i$$

이를 정리하면

$$(2 + hp_i)y_{i-1} - (4 + 2h^2 q_i)y_i + (2 - hp_i)y_{i+1} = 2h^2 r_i, \quad y_0 = y(a) = \alpha, \quad y_n = y(b) = \beta$$

따라서

$$i = 1:\ \ -(4 + 2h^2 q_1)y_1 + (2 - hp_1)y_2 = 2h^2 r_1 - \alpha(2 + hp_1)$$

$$i = 2, \cdots, n-2:\ \ (2 + hp_i)y_{i-1} - (4 + 2h^2 q_i)y_i + (2 - hp_i)y_{i+1} = 2h^2 r_i$$

$$i = n-1:\ \ (2 + hp_{n-1})y_{n-2} - (4 + 2h^2 q_{n-1})y_{n-1} = 2h^2 r_{n-1} - \beta(2 - hp_{n-1})$$

이는 $Ay = b$ 형태의 3각대각 선형방정식 시스템으로서

$$A = \begin{bmatrix} -(4+2h^2q_1) & (2-hp_1) & \cdots & \cdots & \cdots \\ (2+hp_2) & -(4+2h^2q_2) & (2-hp_2) & \cdots & \cdots \\ \ddots & \ddots & \ddots & \cdots & \cdots \\ \cdots & (2+hp_i) & -(4+2h^2q_i) & (2-hp_i) & \cdots \\ \cdots & \ddots & \ddots & \ddots & \cdots \\ \cdots & \cdots & (2+hp_{n-2}) & -(4+2h^2q_{n-2}) & (2-hp_{n-2}) \\ \cdots & \cdots & \cdots & (2+hp_{n-1}) & -(4+2h^2q_{n-1}) \end{bmatrix},$$

$$b = \begin{bmatrix} 2h^2 r_1 - \alpha(2 + hp_1) \\ 2h^2 r_2 \\ \vdots \\ 2h^2 r_{n-2} \\ 2h^2 r_{n-1} - \beta(2 - hp_{n-1}) \end{bmatrix}, \quad y = \begin{bmatrix} y_1 \\ y_2 \\ \vdots \\ y_{n-2} \\ y_{n-1} \end{bmatrix}$$

와 같다.

MATLAB 활용

일반적인 선형 2점 경계치 문제

$$\frac{d^2y}{dx^2} = p(x)\frac{dy}{dx} + q(x)y + r(x) \qquad y(a) = \alpha, \quad y(b) = \beta \quad (a \le x \le b)$$

에 대하여 중앙차분을 적용한 근사로부터 얻어지는 식은 $Ay = b$의 형태이며, 이는 Gauss–Thomas 알고리듬을 이용하여 풀 수 있다. Thomas 알고리듬에 의한 풀이는 함수 fdthomas에 의해 수행된다.

```
[xv yv] = fdthomas(p,q,r,xa,xb,n,ya,yb)
```

위에서 p, q, r은 소구간 점 x에서의 p(x), q(x), r(x) 값을 나타내는 벡터들이며, xa와 xb는 독립변수 구간의 하한 및 상한값을 나타내고, n은 소구간 수이다. ya와 yb는 xa 및 xb에서의 종속변수 값, 즉 경계치이며 xv는 독립변수 구간점이고, yv는 독립변수 구간점에서 얻어진 해이다.

```
function [xv yv] = fdthomas(p,q,r,xa,xb,n,ya,yb)
% fdthomas.m: Thomas 방법에 의한 유한차분 삼각대각 선형방정식 시스템의 풀이
% 경계치 문제: y"= p(x)y' + q(x)y + r(x),  y(xa)=ya, y(xb)=yb
% input:
%   p,q,r: 소구간 점 x에서의 p(x), q(x), r(x) 값을 나타내는 벡터
%   xa, xb: 독립변수 구간의 하한 및 상한값
%   n: 소구간 수
%   ya, yb: xa 및 xb에서의 종속변수 값(경계치)
% outout:
%   xv: 독립변수 구간점
%   yv: 독립변수 구간점에서의 해

h = (xb - xa)/n; hs = h*h;
x = linspace(xa+h, xb, n);  % 독립변수 구간점 x(1), ..., x(n-1)
% 대각성분들의 정의
a = zeros(1,n-1); a(1:n-2) = 2 - p(1,1:n-2)*h; d = -(4 + 2*hs*q);
b = zeros(1,n-1); b(2:n-1) = 2 + p(1,2:n-1)*h;
% 우변벡터
c(1) = 2*hs*r(1) - (2 + p(1)*h)*ya; c(2:n-2) = 2*hs*r(2:n-2);
c(n-1) = 2*hs*r(n-1) - (2 - p(n-1)*h)*yb;
% Thomas 알고리듬
```

```
m = length(d); a(1) = a(1)/d(1); c(1) = c(1)/d(1);
for i = 2:m-1
    den = d(i) - b(i)*a(i-1);
    if (den == 0), error('분모가 0.'); end
    a(i) = a(i)/den; c(i) = (c(i) - b(i)*c(i-1))/den;
end
c(m) = (c(m) - b(m)*c(m-1))/(d(m) - b(m)*a(m-1)); y(m) = c(m);
for i = m-1:-1:1, y(i) = c(i) - a(i)*y(i+1); end
xv = [xa x]; yv = [ya y yb];
end
```

MATLAB 실습 유한차분 근사를 이용한 경계치 문제의 풀이

중앙차분법을 이용하여 경계치 문제

$$\frac{d^2y}{dx^2} = 2\frac{dy}{dx} - 2y, \quad y(0) = 0.1, \quad y(3) = 0.1e^3\cos(3)$$

의 해를 구하고 그래프로 나타내어라. 함수 fdthomas를 이용한다.

풀이

함수 fdthomas를 이용한 수행결과는 다음과 같다.

```
>> a = 0; b = 3; n = 300; ya = 0.1; yb = 0.1*exp(3)*cos(3);
>> p = 2*ones(1,n-1); q = -2*ones(1,n-1); r = zeros(1,n-1);
>> [xv yv] = fdthomas(p,q,r,a,b,n,ya,yb); plot(xv,yv), grid, xlabel('x'),
ylabel('y')
```

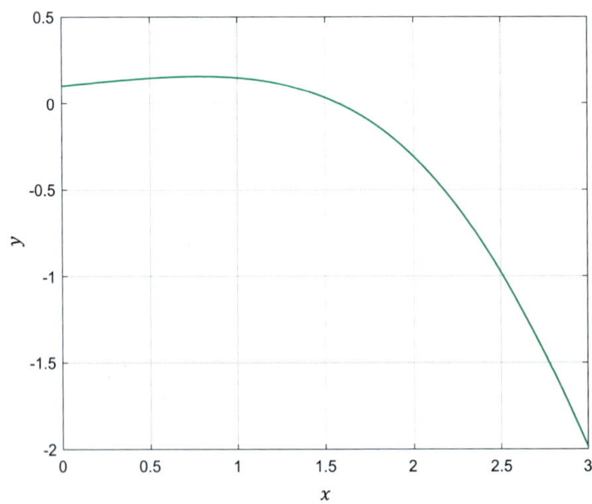

그림 8.8 유한차분에 의한 경계치 문제의 풀이.

8.3.2 비선형 경계치 문제

다음과 같은 비선형 경계치 문제를 고려해 보자:

$$y'' = f(x, y, y'), \quad y(a) = y_a, \quad y(b) = y_b \quad (a \le x \le b)$$

위에서 $f(x, y, y')$는 어떤 상수 Q_l, Q^u, P^u들에 대하여 다음을 만족하는 연속 미분들을 갖는다고 가정한다:

$$0 < Q_l \le f_y(x, y, y') \le Q^u, \quad |f_{y'}(x, y, y')| \le P^u$$

간격이 $h \le \dfrac{2}{P^u}$인 유한차분 격자를 이용하기로 한다. y'와 y''에 대하여 중앙(central) 유한차분 공식을 적용하면 비선형 방정식 시스템을 얻는다. $y_i' \approx \dfrac{y_{i+1} - y_{i-1}}{2h}$를 이용하면 주어진 미분방정식은 다음과 같이 쓸 수 있다:

$$\frac{y_{i+1} - 2y_i + y_{i-1}}{h^2} - f_i = 0$$

위에서 $f_i = f(x_i, y_i, y_i')$를 나타낸다. 이에 따라 반복과정은

$$y_i = \frac{1}{2(1+w)}\left(y_{i-1} + 2wy_i + y_{i+1} - h^2 f_i\right)$$

와 같이 표현된다. 경계조건은 $y_0 = y_a$, $y_n = y_b$이다. $k = h^2$, $z = \dfrac{1}{2(1+w)}$로 두면 방정식 시스템은 다음과 같이 나타낼 수 있다:

$$\begin{aligned}
&y(1) = z(y_a + 2wy(1) + y(2) - kf(1)) \\
&y(i) = z(y(i-1) + 2wy(i) + y(i+1) - kf(i)) \quad (i = 2, \cdots, n-2) \\
&y(n-1) = z(y(n-2) + 2wy(n-1) + y_b - kf(n-1))
\end{aligned}$$

$w \ge \dfrac{h^2 Q^u}{2}$이면 위의 반복과정은 수렴한다.

MATLAB 활용

MATLAB 실습 유한차분 근사를 이용한 비선형 경계치 문제의 풀이

다음과 같은 경계치 문제를 고려해 보자:

$$y'' = -\frac{(y')^2}{y}, \quad y(0) = 1, \quad y(1) = 2$$

중앙(central) 유한차분 공식을 적용하여 위의 비선형 방정식에 대한 근사해를 구해 보자. 이완인자를 $w = 0.1$, 격자 간격을 $h = 1/4$로 설정한다. 이 경우 $x_0 = 0$, $x_1 = 1/4$, $x_2 = 1/2$, $x_3 = 3/4$, $x_4 = 1$이 된다. 위 문제에 대한 엄밀해는 $y = \sqrt{3x+1}$와 같다. 얻어진 유한차분 근사해를 엄밀해와 함께 그래프로 나타내어라.

풀이

$$f_i = -\frac{1}{y_i}\left(\frac{y_{i+1}-y_{i-1}}{2h}\right)^2 = -\frac{1}{4h^2 y_i}\left(y_{i+1}^2 - 2y_{i+1}y_{i-1} + y_{i-1}^2\right)$$

로 주어진다. 이를 유한차분 공식에 대입하면

$$\begin{aligned} y_i &= \frac{1}{2(1+w)}\left(y_{i-1} + 2wy_i + y_{i+1} - h^2 f_i\right) \\ &= \frac{1}{2(1+w)}\left(y_{i-1} + 2wy_i + y_{i+1} + \frac{y_{i+1}^2 - 2y_{i+1}y_{i-1} + y_{i-1}^2}{4y_i}\right) \end{aligned}$$

와 같다.

```
% nonbvpfd.m: 유한차분을 이용한 비선형 경계치 문제의 풀이
a = 0; b = 1; ya = 1; yb = 2; maxiter = 10; n = 4; w = 0.1;
v = 1/(2*(1+w)); h = (b-a)/4; y(1:n-1) = 1;
for k = 1:maxiter
    y(1) = v*(ya + 2*w*y(1) + y(2) + (ya^2-2*ya*y(2)+y(2)^2)/(4*y(1)));
    y(2) = v*(y(1) + 2*w*y(2) + y(3) + (y(1)^2-2*y(1)*y(3)+y(3)^2)/(4*y(2)));
    y(3) = v*(y(2) + 2*w*y(3) + yb + (y(2)^2-2*y(2)*yb+yb^2)/(4*y(3)));
end
x = [a a+h a+2*h a+3*h b]; z = [ya y yb];
f = @(z) sqrt(3*z + 1); xi = 0:0.01:1; yi = f(xi); % 엄밀해
plot(xi,yi,x,z,':'), grid, xlabel('x'), ylabel('y(x)')
legend('엄밀해','비선형 shooting','location','best')
```

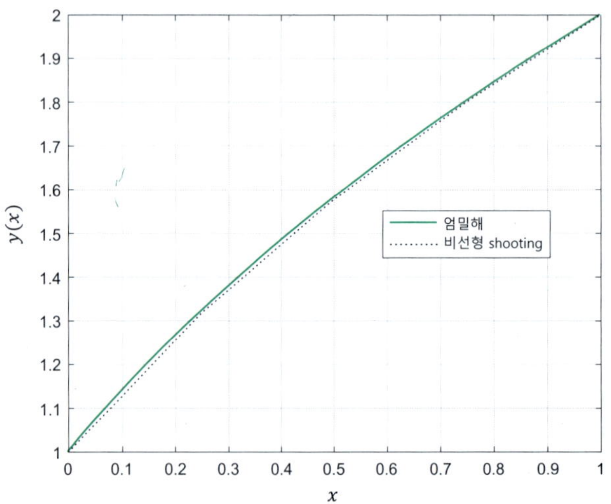

그림 8.9 유한차분을 이용한 비선형 경계치 문제의 풀이.

8.4 함수공간 방법

8.4.1 직교병치 방법

병치(竝置, collocation) 방법은 간격이 균일하지 않은 점들의 안집작 개념에 바탕을 두고 있다. 적분구간 $a \le x \le b$에서 미분방정식의 해를 근사하는 다항식 함수를 선택하고 기준점 집합들로부터 그 함수의 계수들을 정한다. 다음과 같은 미분방정식 시스템을 고려해 보자:

$$\frac{dy_1}{dx} = f_1(x, y_1, y_2), \qquad \frac{dy_2}{dx} = f_2(x, y_1, y_2)$$

경계조건은 $y_1(a) = y_{1a}$, $y_2(b) = y_{2b}$와 같이 주어진다고 하자. 위 방정식의 해 y_1과 y_2는 각각 시도(trial) 함수로 불리는 다음의 두 함수들로 근사할 수 있다고 가정한다:

$$y_1(x) \cong P_{1,n}(x) = c_{1,0} + c_{1,1}x + c_{1,2}x^2 + \cdots + c_{1,n}x^n$$
$$y_2(x) \cong P_{2,n}(x) = c_{2,0} + c_{2,1}x + c_{2,2}x^2 + \cdots + c_{2,n}x^n$$

이를 주어진 원래의 미분방정식들에 대입하면

$$\frac{dy_1}{dx} \cong \frac{dP_{1,n}(x)}{dx} = f_1(x,\ P_{1,n}(x),\ P_{2,n}(x))$$
$$\frac{dy_2}{dx} \cong \frac{dP_{2,n}(x)}{dx} = f_2(x,\ P_{1,n}(x),\ P_{2,n}(x))$$

와 같다. 잔류편차는

$$R_i(x) = \frac{dP_{i,n}(x)}{dx} - f_i(x,\ P_{1,n}(x),\ P_{2,n}(x)) \qquad (i = 1, 2)$$

로 주어진다. 다항식 $P_{i,n}(x)$의 계수 $\{c_{i,j} | i = 1, 2; j = 1, 2, \cdots, n\}$들은 적분구간에 걸쳐 잔류편차가 가능한 한 작도록 정해준다. 이를 위하여 다음 적분이 0이 되도록 한다:

$$\int_a^b W_k R_i(x) dx = 0$$

위에서 W_k는 가중함수이다. 이 기법은 가중 잔류치 방법으로 불린다. 병치 방법에서는 가중함수로서 보통 Dirac delta 함수를 취한다. 즉

$$W_k = \delta(x - x_k) \qquad a \le x_k \le b$$

Dirac delta 함수의 성질로부터

$$\int_a^b g(x)\delta(x - x_k) dx = g(x_k)$$

임을 이용하면

$$\int_a^b W_k R_i(x) dx = \int_a^b \delta(x - x_k) R_i(x) dx = R_i(x_k) = 0$$

따라서

$$R_i(x_k) = \left.\frac{dP_{i,n}(x)}{dx}\right|_{x_k} - f_i(x_k,\ P_{1,n}(x_k),\ P_{2,n}(x_k)) = 0 \qquad (i = 1, 2)$$

이에 따라 다항식의 계수는 주어진 수의 병치점들($\{x_k|\ k = 0, 1, \cdots, n\}$)에서 위의 식이 만족되도록 정해진다. 즉 이들 병치점들에서 다항식들은 미분방정식의 정확한 해가 된다.
$x = a = x_0$에서

$$y_1(x_0) = y_{1,0} = c_{1,0} + c_{1,1}x_0 + \ \cdots\ + c_{1,n}x_0^n = \sum_{i=0}^{n} c_{1,i}x_0^i$$

$x = b = x_f$에서

$$y_2(x_f) = y_{2,f} = c_{2,0} + c_{2,1}x_f + \ \cdots\ + c_{2,n}x_f^n = \sum_{i=0}^{n} c_{2,i}x_f^i$$

이며 각 병치점들에서는($x_n = x_f = b$)

$$\left.\frac{dP_{1,n}(x)}{dx}\right|_{x_1} - f_1(x_1,\ P_{1,n}(x_1),\ P_{2,n}(x_1)) = 0$$
$$\left.\frac{dP_{1,n}(x)}{dx}\right|_{x_2} - f_1(x_2,\ P_{1,n}(x_2),\ P_{2,n}(x_2)) = 0$$
$$\vdots$$
$$\left.\frac{dP_{1,n}(x)}{dx}\right|_{x_n} - f_1(x_n,\ P_{1,n}(x_n),\ P_{2,n}(x_n)) = 0$$
$$\left.\frac{dP_{2,n}(x)}{dx}\right|_{x_0} - f_2(x_0,\ P_{1,n}(x_0),\ P_{2,n}(x_0)) = 0$$

$$\left.\frac{dP_{2,n}(x)}{dx}\right|_{x_1} - f_2(x_1,\ P_{1,n}(x_1),\ P_{2,n}(x_1)) = 0$$
$$\vdots$$
$$\left.\frac{dP_{2,n}(x)}{dx}\right|_{x_{n-1}} - f_2(x_{n-1},\ P_{1,n}(x_{n-1}),\ P_{2,n}(x_{n-1})) = 0$$

직교병치(orthogonal collocation) 방법에서는 직교 다항식을 이용하여 병치점들을 자동적으로 선택한다. 이 방법에서는 시도함수 $y_1(x)$와 $y_2(x)$를 직교(orthogonal) 다항식 $P_i(x)$들의 선형 조합으로 나타낸다. 즉

$$y_m(x) = \sum_{i=0}^{n+1} a_{m,i}P_i(x) \qquad (m = 1,2)$$

위에서 직교 다항식 $P_i(x)$는

$$P_0(x) = c_{0,0}$$
$$P_1(x) = c_{1,0} + c_{1,1}x$$
$$P_2(x) = c_{2,0} + c_{2,1}x + c_{2,2}x^2$$
$$\vdots$$
$$P_i(x) = c_{i,0} + c_{i,1}x + c_{i,2}x^2 + \cdots + c_{i,i}x^i$$

혹은

$$P_i(x) = \sum_{k=0}^{i} c_{ik}x^k \qquad (i = 0, 1, 2, \cdots, n+1)$$

로 주어진다. 다항식의 계수 c_{ik}는 다항식들이 직교조건

$$\int_a^b w(x)P_i(x)P_j(x)dx = 0 \qquad (i \neq j)$$

을 만족하도록 정한다. $P_i(x)$로서 Legendre 다항식들을 선택한다면 $w(x) = 1$이다. 이 경우 Legendre 다항식에 대한 적분의 표준 구간은 $[-1, 1]$이므로

$$x = \left(\frac{b-a}{2}\right)z + \left(\frac{b+a}{2}\right)$$

로 정하면 구간 $[-1, 1]$ 내의 점 z에 따라 구간 $[a, b]$ 내의 점 x가 정해진다(즉 $z = -1$이면 $x = a$, $z = 1$이면 $x = b$). 따라서 독립변수로서 z를 취하면

$$\frac{dy_i}{dx} = \frac{2}{b-a}\frac{dy_i}{dz}$$

이 되며 병치점들은

$$\{z_j | \ j = 0, 1, 2, \cdots, n+1\} \quad (z_0 = -1, \ z_{n+1} = 1)$$

이 된다. 내부의 n 병치점들(z_1에서 z_n)은 다항식의 근

$$P_n(z) = 0$$

으로부터 정해진다. 계수 $a_{m,i}$들은 경계조건들로부터 구한다. 식

$$y_m(x) = \sum_{i=0}^{n+1} a_{m,i}P_i(x) \qquad (m = 1, 2)$$

을 z_0에서 z_{n+1}까지의 $(n+2)$개의 점들에 대하여 써보면($j = 0, 1, \cdots, n+1$)

$$y_1(z_j) = \sum_{i=0}^{n+1} d_{1,i}z_j^i, \qquad y_2(z_j) = \sum_{i=0}^{n+1} d_{2,i}z_j^i$$

와 같다. 이를 다시 쓰면

$$y_1 = Qd_1, \qquad y_2 = Qd_2$$

위에서 d_1과 d_2는 계수들의 행렬이며

$$Q_{j+1,i+1} = z_j^i \quad (i = 0, 1, 2, \cdots, n+1;\ j = 0, 1, 2, \cdots, n+1)$$

이다. 이로부터

$$d_1 = Q^{-1}y_1, \quad d_2 = Q^{-1}y_2$$

y_i의 미분을 취하면

$$\frac{dy_1(z_j)}{dz_j} = \sum_{i=0}^{n+1} d_{1,i} i z_j^{i-1}, \quad \frac{dy_2(z_j)}{dz_j} = \sum_{i=0}^{n+1} d_{2,i} i z_j^{i-1}$$

이를 벡터-행렬로 나타내면

$$\frac{dy_1}{dz} = Cd_1 = CQ^{-1}y_1 = Ay_1, \quad \frac{dy_2}{dz} = Cd_2 = CQ^{-1}y_2 = Ay_2$$

와 같다. 위에서

$$C_{j+1,i+1} = iz_j^{i-1} \quad (i = 0, 1, 2, \cdots, n+1;\ j = 0, 1, 2, \cdots, n+1)$$

따라서 2점 경계치 문제

$$\frac{dy_1}{dx} = f_1(x, y_1, y_2), \quad \frac{dy_2}{dx} = f_2(x, y_1, y_2)$$

는 다음과 같이 직교 병치 방법으로 나타낼 수 있다.

$$Ay_1 = f_1(z, y_1, y_2), \quad Ay_2 = f_2(z, y_1, y_2)$$

혹은

$$\sum_{j=0}^{n+1} A_{ij} y_{1,j} = f_1(z_j, y_{1,j}, y_{2,j}) \quad y_1(z_0) = y_{1,0}$$

$$\sum_{j=0}^{n+1} A_{ij} y_{2,j} = f_2(z_j, y_{1,j}, y_{2,j}) \quad y_2(z_f) = y_{2,f} = y_{2,n+1}$$

위의 관계를 다시 쓰면

$$A_2 Y = F$$

와 같다. 위에서

$$A_2 = \begin{bmatrix} A & 0 \\ 0 & A \end{bmatrix}, \quad Y = \begin{bmatrix} y_1 \\ y_2 \end{bmatrix} = \begin{bmatrix} y_{1,0} \\ \vdots \\ y_{1,n+1} \\ y_{2,0} \\ \vdots \\ y_{2,n+1} \end{bmatrix}, \quad F = \begin{bmatrix} f_1 \\ f_2 \end{bmatrix} = \begin{bmatrix} f_1(z_0, y_{1,0}, y_{2,0}) \\ \vdots \\ f_1(z_{n+1}, y_{1,n+1}, y_{2,n+1}) \\ f_2(z_0, y_{1,0}, y_{2,0}) \\ \vdots \\ f_2(z_{n+1}, y_{1,n+1}, y_{2,n+1}) \end{bmatrix}$$

방정식 $A_2Y = F$의 처음과 마지막은 경계조건에 의해 결정되므로 나머지 식들만 병치 방법으로 푼다. 위의 2 방정식 시스템에 대한 풀이과정은 m개의 방정식 시스템에 대한 풀이과정으로 확장시킬 수 있다. 이 경우

$$A_m = \begin{bmatrix} A & 0 & \cdots & 0 \\ 0 & A & \cdots & 0 \\ \vdots & \vdots & \ddots & \vdots \\ 0 & 0 & \cdots & A \end{bmatrix}, \quad Y = \begin{bmatrix} y_1 \\ y_2 \\ \vdots \\ y_m \end{bmatrix}, \quad F = \begin{bmatrix} f_1 \\ f_2 \\ \vdots \\ f_m \end{bmatrix}$$

로 정의하면 종속변수 $\{y_{ij}|\ i = 1, 2, \cdots, m;\ j = 0, 1, 2, \cdots, n + 1\}$은 경계조건이 있는 비선형 방정식

$$A_m Y - F = 0$$

으로부터 얻어진다.

2차 경계조건 문제의 경우

$$\frac{d^2y}{dx^2} = y'' = f(x, y, y') \qquad y(a) = y_a, \quad y(b) = y_b$$

독립변수를

$$y(z_j) = \sum_{i=0}^{n+1} d_i z_j^i$$

에 의해 x로부터 z로 변환시킬 수 있다. 즉

$$\frac{dy(z_j)}{dz} = \sum_{i=0}^{n+1} d_i i z_j^{i-1}, \qquad \frac{d^2y(z_j)}{dz^2} = \sum_{i=0}^{n+1} d_i i(i-1) z_j^{i-2}$$

이 관계들을 벡터-행렬 형태로 나타내면

$$\frac{dy}{dz} = CQ^{-1}y = Ay, \qquad \frac{d^2y}{dz^2} = DQ^{-1}y = By$$

위에서

$$D_{j+1,i+1} = i(i-1)z_j^{i-2} \quad (i = 0, 1, 2, \cdots, n+1;\ j = 0, 1, 2, \cdots, n+1)$$

이다. 이들을 이용하면 2점 경계치 문제 $\dfrac{d^2y}{dx^2} = y'' = f(x, y, y')$는 다음과 같이 직교병치 방법으로 나타낼 수 있다:

$$By = f(z, y, Ay)$$

MATLAB 활용

직교병치 방법은 함수 `Collocation`에 의해 수행된다. 이 함수는 다음과 같이 사용한다.

```
function [x,y] = Collocation(odefun,x0,xf,y0,yf,guess,n,rho,tol,varargin)
```

위에서 odefun은 미분방정식 시스템, x0 및 xf는 적분구간, n은 직교병치 방법의 차수, rho는 완화인자(relaxation factor), tol은 수렴테스트 기준치, 그리고 y0, yf 및 gamma는 각각 초기조건, 경계조건 및 초기가정값들의 벡터를 나타낸다. 출력으로서 x는 독립변수 벡터, y는 종속변수 행렬을 나타낸다.

```
function [x,y] = Collocation(odefun,x0,xf,y0,yf,guess,n,rho,tol,varargin)
% Orthogonal collocation 방법을 이용한 경계치 문제의 풀이
% Inputs:
%   x0, xf: 적분구간
%   n: orthogonal collocation 방법의 차수
%   odefun: 미분방정식 시스템
%   rho: relaxation factor
%   tol: 수렴테스트 기준치
%   y0, yf, gamma: 초기조건, 경계조건, 초기가정값들의 벡터
% Outputs:
%   x: 독립변수 벡터
%   y: 종속변수 행렬

% 초기화
if nargin < 7 | isempty(n), n = 1; end
if nargin < 8 | isempty(rho), rho = 1; end
if nargin < 9 | isempty(tol), tol = 1e-6; end
y0 = (y0(:).')'; % 열벡터임을 확인
yf = (yf(:).')'; % 열벡터임을 확인
guess = (guess(:).'); % 열벡터임을 확인
% 가정하는 값들의 수를 체크
if length(yf) ~= length(guess), error('가정하는 조건들의 수가 최종 조건들의 수와 다름.');
end
r = length(y0); % 초기조건들의 수
m = r + length(yf); % 경계조건들의 수
% 식의 수를 조사
ftest = feval(odefun,x0,[y0 ; guess],varargin{:});
if length(ftest) ~= m, error('식의 수와 경계조건들의 수가 다름.'); end
% Legendre 다항식의 계수
for k = 0 : n/2
   cl(2*k+1) = (-1)^k*gamma(2*n-2*k+1)/(2^n*gamma(k+1)*gamma(n-k+1)*gamma
   (n-2*k+1));
   if k < n/2, cl(2*k+2) = 0; end
end
zl = roots(cl);             % Legendre 다항식의 근
z = [-1; sort(zl); 1];      % Collocation 점(z)
x = (xf-x0)*z/2+(xf+x0)/2;  % Collocation 점(x)
```

```
% 종속변수들의 초기값 벡터를 구축
[p,q] = RungeKutta(odefun,x0,xf,(xf-x0)/20,[y0 ; guess],2,varargin{:});
for k = 1:m, y(k,:) = spline(p,q(k,:),x'); end
y(r+1:m,end) = yf(1:m-r);

% 행렬 A를 구축
Q(:,1) = ones(n+2,1); C(:,1) = zeros(n+2,1);
for i = 1:n+1, Q(:,i+1) = x.^i; C(:,i+1) = i*x.^(i-1); end
A = C*inv(Q);
for k = 1:m
   k1 = (k-1)*(n+2)+1; k2 = k1 + n+1;
   Am(k1:k2,k1:k2) = A;      % 행렬 Am을 구축
   Y(k1:k2) = y(k,:);        % 벡터 Y를 구축
end
Y = Y';  % 열벡터로 전환
Y1 = Y * 1.1; iter = 0; maxiter = 100;
F = zeros(m*(n+2),1); Fa = zeros(m*(n+2),1); dY = zeros(m*(n+2),1);
position = [];  % 경계조건들을 제외한 Collocation 점
for k = 1:m
   if k <= r, position = [position, (k-1)*(n+2)+[2:n+2] ];
   else, position = [position, (k-1)*(n+2)+[1:n+1] ];
   end
end
% Newton 방법
while max(abs(Y1 - Y)) > tol & iter < maxiter
   iter = iter + 1; Y1 = Y;
   % 벡터 F를 구축
   for k = 1:n+2
      F(k:n+2:(m-1)*(n+2)+k) = feval(odefun,x(k),Y(k : n+2 : (m-1)*(n+2)
      +k),varargin{:});
   end
   fnk = Am * Y - F;
   % 미분을 위한 dY를 설정
   for k = 1:m*(n+1)
      if Y(position(k)) ~= 0, dY(position(k)) = Y(position(k)) / 100;
      else, dY(position(k)) = 0.01;
      end
   end
   % Jacobian 행렬의 계산
   for k = 1:m
      for kk = 1:n+1
         a = Y; nc = (k-1)*(n+1)+kk; a(position(nc)) = Y(position(nc)) +
dY(position(nc));
         for kkk = 1:n+2
```

```
                Fa(kkk:n+2:(m-1)*(n+2)+kkk) = ...
                    feval(odefun,x(kkk),a(kkk:n+2:(m-1)*(n+2)+kkk),varargin{:});
            end
            fnka = Am*a - Fa; jacob(:,nc) = (fnka(position) - fnk(position))/
dY(position(nc));
        end
    end
    % 근들을 근사
    if det(jacob) == 0, Y(position) = Y(position) + max([abs(dY(position)),
    1.1*tol]);
    else, Y(position) = Y(position) - rho * inv(jacob) * fnk(position);
    end
end
% y 값들을 재배열
for k = 1:m, k1 = (k-1)*(n+2)+1; k2 = k1 + n+1; y(k,:) = Y(k1:k2)'; end
x = x';
if iter >= maxiter, disp('Warning : Maximum iterations reached.'); end
end
```

MATLAB 실습 회분식 페니실린 발효공정의 최적온도분포

어떤 회분식 페니실린 발효공정에서 셀(cell)의 생성률은

$$\frac{dy_1}{dt} = b_1 y_1 - \frac{b_1}{b_2} y_1^2 \qquad y_1(0) = 0.03$$

페니실린 합성률은

$$\frac{dy_2}{dt} = b_3 y_1 \qquad y_2(0) = 0.0$$

으로 나타낼 수 있다. 위에서 y_1은 셀 질량농도(무차원), y_2는 페니실린 농도(무차원), t는 무차원 시간($0 \le t \le 1$)이다. 파라미터 b_i들은 온도 θ(°C)의 함수로서

$$b_1 = w_1 \left[\frac{1 - w_2(\theta - w_3)^2}{1 - w_2(25 - w_3)^2} \right], \quad b_2 = w_4 \left[\frac{1 - w_2(\theta - w_3)^2}{1 - w_2(25 - w_3)^2} \right], \quad b_3 = w_5 \left[\frac{1 - w_2(\theta - w_6)^2}{1 - w_2(25 - w_6)^2} \right]$$

이며 $b_i \ge 0$이다. 위에서

$$w_1 = 13.1, \quad w_2 = 0.005, \quad w_3 = 30℃, \quad w_4 = 0.94, \quad w_5 = 1.71, \quad w_6 = 20℃$$

이다. 최적 온도분포는 다음과 같은 관계를 따르는 것으로 알려져 있다:

$$\frac{dy_3}{dt} = -b_1 y_3 + \frac{2b_1}{b_2} y_1 y_3 - b_3 y_4 \qquad y_3(1) = 0$$

$$\frac{dy_4}{dt} = 0 \qquad y_4(1) = 1$$

Hamiltonian H는 다음과 같이 주어진다:

$$H = y_3\left(b_1 y_1 - \frac{b_1}{b_2} y_1^2\right) + y_4 (b_3 y_1)$$

필요조건은 $\frac{\partial H}{\partial \theta} = 0$으로 주어진다. 직교병치 방법을 이용하여 이 문제에 대한 해를 구하고 얻어지는 최적 종속변수들을 그래프로 나타내어라.

풀이

먼저 미분방정식

$$\frac{dy_4}{dt} = 0, \qquad y_4(1) = 1$$

를 풀면

$$y_4 = 1 \qquad (0 \le t \le 1)$$

를 얻는다. 다음에 필요조건 $\frac{\partial H}{\partial \theta} = 0$을 써보면

$$\frac{\partial H}{\partial \theta} = y_3\left[y_1\left(\frac{\partial b_1}{\partial \theta}\right) - y_1^2 \frac{\partial (b_1/b_2)}{\partial \theta}\right] + y_1 y_4 \left(\frac{\partial b_3}{\partial \theta}\right) = 0$$

MATLAB 함수 celltheta은 필요조건 값을 온도(θ)의 함수로 계산한다.

```
function ftheta = celltheta(theta,y,w)
% 필요조건 값을 온도(theta)의 함수로 계산
b1 = w(1)*(1-w(2)*(theta-w(3))^2) / (1-w(2)*(25-w(3))^2);
db1 = w(1)*(-w(2))*2*(theta-w(3)) / (1-w(2)*(25-w(3))^2);
b2 = w(4)*(1-w(2)*(theta-w(3))^2) / (1-w(2)*(25-w(3))^2);
db2 = w(4)*(-w(2))*2*(theta-w(3)) / (1-w(2)*(25-w(3))^2);
b3 = w(5)*(1-w(2)*(theta-w(6))^2) / (1-w(2)*(25-w(6))^2);
db3 = w(5)*(-w(2))*2*(theta-w(6)) / (1-w(2)*(25-w(6))^2);
ftheta = y(3)*(y(1)*db1-y(1)^2*(db1*b2-db2*b1)/b2^2)+y(1)*db3;
end
```

미분방정식들은 함수 cellode에서 정의된다.

```
function f = cellode(t,y,w,fth)
% 온도
theta = fzero(fth,30,[],y,w);
b1 = w(1) * (1-w(2)*(theta-w(3))^2) / (1-w(2)*(25-w(3))^2);
if b1<0, b1=0; end
b2 = w(4) * (1-w(2)*(theta-w(3))^2) / (1-w(2)*(25-w(3))^2);
if b2<0, b2=1e-6; end
b3 = w(5) * (1-w(2)*(theta-w(6))^2) / (1-w(2)*(25-w(6))^2);
if b3<0, b3=0; end
% 함수값을 계산
f(1) = b1*y(1) - b1/b2*y(1)^2; f(2) = b3*y(1); f(3) = -b1*y(3) + 2*b1/b2*y(1)
*y(3) - b3;
f = f'; % 열벡터로 전환
end
```

스크립트 Cellferm은 필요한 입력 데이터를 받아들이고 앞에서 소개한 함수 Collocation을 호출하여 직교병치 방법을 수행하고 얻은 결과들을 그래프로 나타낸다.

```
% Cellferm.m: Cell 질량, 페니실린 농도, 온도분포들을 계산
% 함수 Collocation을 이용하여 미분방정식을 풀이
clear all; w = [13.1 0.005 30 0.94 1.71 20]; % 입력 데이터
y0 = [0.03 0]; yf = 0; guess = 3; % 초기조건 및 최종조건
n = 10; rho = 0.9; % 내부 병치점들의 수 및 이완인자
fname = 'cellode'; fth = 'celltheta'; % 미분방정식 및 필요조건 함수 파일
[t,y] = Collocation(fname,0,1,y0,yf,guess,n,rho,[],w,fth); % 미분방정식의 풀이
for k = 1:n+2, theta(k) = fzero(fth,30,[],y(:,k),w); end % 온도변화
subplot(2,2,1), plot(t,y(1,:)), grid, xlabel('Time'), ylabel('Cell'), title
('(a)')
subplot(2,2,2), plot(t,y(2,:)), grid, xlabel('Time'), ylabel('Penicillin'),
title('(b)')
subplot(2,2,3), plot(t,y(3,:)), grid, xlabel('Time'), ylabel('First Adjoint'),
title('(c)')
subplot(2,2,4), plot(t,theta), grid, xlabel('Time'), ylabel('온도(deg C)'),
title('(d)')
```

Cellferm의 실행결과는 다음과 같다.

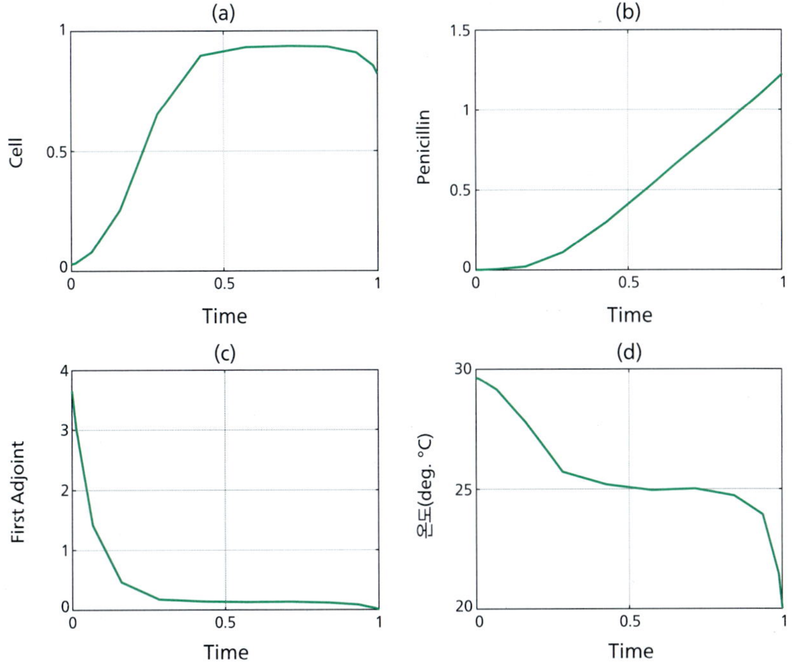

그림 8.10 발효공정 계산결과.

8.4.2 Rayleigh–Ritz 방법

다음과 같은 경계치 문제를 고려해 보자:

$$y'' + q(x)y = f(x), \qquad y(0) = y(1) = 0 \qquad (0 \le x \le 1)$$

위의 미분방정식은 다음과 같은 함수 J를 최소화시키는 Euler 방정식으로 알려져 있다:

$$J = \int_0^1 \{y'^2 - q(x)y^2 - 2yf(x)\}dx$$

J를 최소화시키는 y를 기저함수 ϕ_i들의 선형 조합 $y = \sum_{i=1}^{n} c_i\phi_i$로 나타내고 구간 [0, 1]을 $0 = x_0 < x_1 < x_2 < \cdots < x_n < x_{n+1} = 1$과 같이 점 x_i들로 구분한다. 가능한 기저함수로서

$$\phi_j = \begin{cases} 0 : x = 0, \cdots, x_{j-1} \\ 1 : x = x_j \\ 0 : x = x_{j+1}, \cdots, x_n \end{cases}$$

와 같이 취하면 ϕ_j는 구간 $[x_{j-1}, x_{j+1}]$ 외에서는 0이다. J에 y 대신 $y = \sum_{i=1}^{n} c_i\phi_i$를 대입하면

$$J = \int_0^1 \left\{ \left(\sum_{i=1}^{n} c_i\phi_i' \right)^2 - q(x) \left(\sum_{i=1}^{n} c_i\phi_i \right)^2 - 2f(x) \sum_{i=1}^{n} c_i\phi_i \right\} dx$$

와 같다. J가 최소가 되기 위해서는 $\partial J/\partial c_j = 0$ $(j = 1, 2, \cdots, n)$이어야 한다. 즉

$$\frac{\partial J}{\partial c_j} = \int_0^1 \left\{ 2\sum_{i=1}^{n} \phi_j' c_i \phi_i' - 2q(x)\sum_{i=1}^{n} c_i\phi_i\phi_j - 2f(x)\phi_j \right\} dx = 0$$

이를 다시 정리하면

$$\sum_{i=1}^{0} \left\{ \int_0^1 \phi_j'\phi_i' - q(x)\phi_i\phi_j \right\} c_i dx = \int_0^1 f(x)\phi_j dx$$

와 같다. 이는 $Ac = b$ 형태의 선형 시스템으로서 행렬 A의 원소 a_{ij}와 벡터 b의 원소 b_j는

$$a_{ij} = \int_0^1 \left\{ \phi_j'\phi_i' - q(x)\phi_i\phi_j \right\} dx, \quad b_j = \int_0^1 f(x)\phi_j dx$$

와 같이 주어진다. 계산되는 적분들에는

$$\int_0^1 q(x)dx, \quad \int_0^1 xq(x)dx, \quad \int_0^1 x^2 q(x)dx, \quad \int_0^1 f(x)dx, \quad \int_0^1 xf(x)dx$$

들이 포함되는데, 이 적분들은 $q(x)$와 $f(x)$의 형태에 따라 해석적으로 구할 수도 있다.

8.5 MATLAB 내장함수의 활용: bvp4c

내장함수 bvp4c를 이용하여 경계치 문제를 풀 수 있다. 이 함수를 이용하는 절차는 4단계로 구분할 수 있다. 종속변수를 y, 독립변수 x의 구간을 $[a\ b]$라고 하자.

1) 미분방정식 시스템을 1차 미분방정식 시스템으로 변환시킨 다음 함수(예: bcprob)로 저장한다.
2) 경계조건을 $f(y(a), y(b)) = 0$의 형태로 정리하고 함수(예: `bcval`)로 저장한다.
3) 종속변수 y의 초기 가정값을 설정한다. 이 경우 독립변수 구간 $[a\ b]$ 내의 다수의 점들에서 y의 값을 가정한다(예: `initsol`).
4) 위에서 정의한 함수들과 해의 가정값을 이용하여 함수 bvp4c를 호출한다.

함수 bvp4c를 호출하면 `result = bvp4c(@bcprob, @bcval, initsol)`와 같이 결과가 구조체 변수로 얻어지는데, 이 구조체는 다음과 같은 필드를 갖는다.

표 8.1 bvp4c 결과 구조체 필드

필드	의미
result.x	bvp4c에서 선택한 독립변수 값
result.y	x에서의 y 값
result.yp	x에서의 y의 1차미분 값
result.stats	계산부하 통계치
result.solver	bvp4c를 의미
result.parameters	미지 파라미터들에 대한 반환값

MATLAB 실습 내장함수 bvp4c의 이용

내장함수 bvp4c를 이용하여 다음 방정식의 해를 구해 보자.

$$x^2 \frac{d^2y}{dx^2} - 6y = 0$$

x의 범위는 $1 \le x \le 2$이며 경계조건은 $y(1) = 1$, $y(2) = 1$이다.

풀이

주어진 방정식은 $\frac{d^2y}{dx^2} - \frac{6y}{x^2} = 0$와 같이 쓸 수 있다. 따라서 $z_1 = y$, $z_2 = \frac{dy}{dx}$로 두면

$$\frac{dz_1}{dx} = z_2\,, \qquad \frac{dz_2}{dx} = \frac{6z_1}{x^2}$$

$z_1(1) = y(1) = 1$, $z_1(2) = y(2) = 1$임을 알 수 있다.

1) $z_1{}' = z_2$, $z_2{}' = \frac{6z_1}{x^2}$를 정의하는 함수를 작성(함수 이름을 bcprob라고 하자)

```
function deset = bcprob(x,z)
deset = [z(2); 6*z(1)./x.^2];
end
```

2) 경계조건을 다시 정리한다. $y(1) = 1$, $y(2) = 1$로부터 $y(1) - 1 = 0$, $y(2) - 1 = 0$. 즉 $z_1(1) - 1 = 0$, $z_1(2) - 1 = 0$. $a = 1$에서의 경계조건 값을 $z_1(1) = z_1(a) = za$, $b = 2$에서의 경계조건 값을 $z_1(2) = z_1(b) = zb$라고 두면 경계조건 함수는 다음과 같이 작성할 수 있다.

```
function bcset = bcval(za,zb)
bcset = [za(1)-1; zb(1)-1];
end
```

3) 먼저 구간 $[a\ b] = [1\ 2]$를 10등분하였다고 하고, 모든 구간점에서 종속변수 y는 1로서 일정하다고 가정한다. 즉 구간 $[1\ 2]$에서 $z_1(x) = 1$, $z_2(x) = z_1{}' = 0$이므로 가정한 초기 해는 $[z_1(x)\ z_2(x)] = [1\ 0]$로 쓸 수 있다. 이를 다음과 같이 나타낸다.

```
>> initsol = bvpinit(linspace(1,2,10), [1 0]);
```

4) 함수 bvp4c를 다음과 같이 호출한다.

```
>> res = bvp4c(@bcprob, @bcval, initsol);
```

내장함수 bvp4c의 수행결과는 다음과 같다.

```
>> initsol = bvpinit(linspace(1,2,10), [1 0]); res = bvp4c(@bcprob, @bcval,
initsol);
>> x = linspace(1,2); y = deval(res,x); plot(x,y(1,:)), grid, xlabel('x'),
ylabel('y')
```

위의 단계들은 다음과 같이 하나의 스크립트 파일 bvp4cex로 요약할 수 있다. 이 스크립트는 부함수로서 bvpode와 bvpbc를 지닌다.

```
% bvp4cex.m
initsol = bvpinit(linspace(1,2,10),[1 0]); res = bvp4c(@bcprob,@bcval,initsol);
x = linspace(1,2); y = deval(res,x); plot(x,y(1,:)), grid, xlabel('x'),
ylabel('y')
function deset = bcprob(x,z)
deset = [z(2); 6*z(1)./x.^2];
end
function bcset = bcval(za,zb)
bcset = [za(1)-1; zb(1)-1];
end
```

위에서 deval(res,x)는 얻어진 해 res의 x에서의 값을 계산해 준다. 해를 나타내는 구조체 res는 다음과 같다.

```
>> res
res =
  다음 필드를 포함한 struct:
    solver: 'bvp4c'
         x: [1 1.1111 1.2222 1.3333 1.4444 1.5556 1.6667 1.7778 1.8889 2]
         y: [2×10 double]
        yp: [2×10 double]
     stats: [1×1 struct]
```

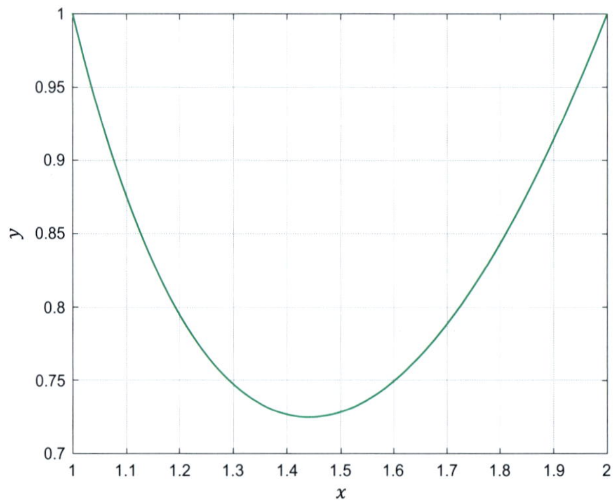

그림 8.11 bvp4c 함수를 이용한 경계치 문제의 풀이.

■

연습 문제

8.1 냉각 핀(fin) 내의 정상상태 온도분포는

$$\frac{d^2 T}{dx^2} - k(T - T_0) - \alpha(T^4 - T_0^4) = 0 \qquad (0 \le x \le L)$$

와 같이 나타낼 수 있다. 위에서 T_0는 주위 온도이며, k와 α는 상수들이다. 경계조건들은

$$T(0) = T_a, \qquad T(L) = T_b$$

와 같다. 중앙(central)차분에 근거하는 유한차분 방법을 이용하여 해를 구하고자 한다. 핀의 길이 L을 길이가 h로서 동일한 5개의 소구간으로 나눈다고 할 때 각 내부점에서의 온도를 구하는 편차 방정식을 써보라. 5개의 소구간으로 등분한 경우 경계조건들로부터 $T_1 = T(0) = T_a$이며, $T_6 = T(L) = T_b$이고, 내부점의 온도 $T_2, T_3, \cdots, T_5$들이 미지수가 된다.

* MATLAB 활용 문제

M8.1 다음과 같은 경계치 문제를 두 개의 초기치 문제들로 다시 나타내고, 적절한 초기치 문제 풀이함수를 이용하여 해를 구한 다음 그래프로 나타내어라:

$$y'' = \left(\frac{2x}{1+x^2}\right)y' - \left(\frac{2}{1+x^2}\right)y + x^2 + 1, \quad y(0) = 2, \quad y(1) = 5/3$$

M8.2 다음과 같은 경계치 문제를 고려해 보자:

$$y'' = -\frac{(y')^2}{y}, \quad y(0) = 1, \quad y(1) = 2$$

위 문제에 대한 엄밀해는 $y = \sqrt{3x+1}$과 같다. 위의 경계치 문제는 다음과 같은 두 개의 초기치 문제들로 나타낼 수 있다:

$$u'' = -\frac{(u')^2}{u}, \quad u(0) = 1, \quad u'(0) = t_k$$

$$v'' = vf_u + v'f_{u'} = v \cdot \frac{(u')^2}{u^2} + v' \cdot \left(-\frac{2u'}{u}\right) = \frac{v(u')^2}{u^2} - \frac{2v'u'}{u}, \quad v(0) = 0, \quad v'(0) = 1$$

적절한 초기치 문제 풀이함수를 이용하여 해를 구한 다음 엄밀해와 함께 그래프로 나타내어라.

M8.3 Shooting 방법을 이용하여 파이프 내를 흐르는 비뉴턴(non-Newtonian) 유체의 속도분포와 부피유량을 구하고자 한다.

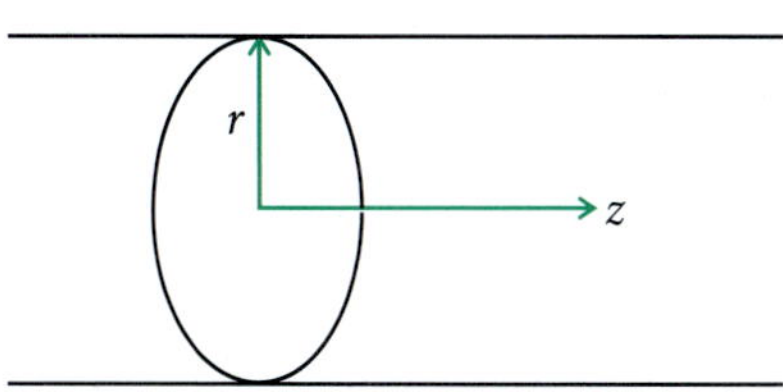

그림 M8.3 Non-Newtonian 유체흐름.

이 유체의 점도는

$$\frac{\mu}{\mu_0} = \left[1 + (t_1\dot{\gamma})^2\right]^{(n-1)/2}$$

로 주어진다. 여기에서 μ는 점도, μ_0는 0 전단속도(zero shear rate) 점도, $\dot{\gamma}$는 전단속도(shear rate), t_1은 시간, n은 무차원 상수이다. 파이프가 매우 길며 따라서 양 끝부분의 영향을 무시한다면 모멘텀 수지는

$$\frac{d}{dr}(r\tau_{rz}) = -\frac{\Delta P}{L}r$$

로 표시된다. 위에서 $\Delta P/L$은 파이프 길이에 따른 압력강하이다. 한편 전단력(shear stress)은

$$\tau_{rz} = -\mu\dot{\gamma} = -\mu\frac{dv_z(r)}{dr}$$

로 주어진다. 경계조건은 파이프 벽면에서는 $r = R$에서 $v_z = 0$, 대칭조건은 $r = 0$ 에서 $\frac{dv_z}{dr} = 0$이다. 무차원 거리를 $\eta = \frac{r}{R}$, 무차원 속도를 $\phi = \frac{v_z}{v^*}$로 정의하기로 한다. 여기에서 $v^* = \frac{(-\Delta P)R^2}{L\mu_0}$이다. 이를 방정식 $\frac{d}{dr}(r\tau_{rz}) = -\frac{\Delta P}{L}r$에 적용하면

$$\frac{d^2\phi}{d\eta^2} = -\frac{\frac{1}{\eta}\frac{d\phi}{d\eta} + \left[1 + \lambda^2\left(\frac{d\phi}{d\eta}\right)^2\right]^{(1-n)/2}}{1 - \frac{(1-n)\lambda^2\left(\frac{d\phi}{d\eta}\right)}{\left[1 + \lambda^2\left(\frac{d\phi}{d\eta}\right)^2\right]}}$$

를 얻는다. 위에서 $\lambda = \frac{t_1 v^*}{R}$이다. 이제 $y_1 = \frac{d\phi}{d\eta}$, $y_2 = \phi$로 두면 위의 식은

$$\frac{dy_1}{d\eta} = -\frac{\frac{1}{\eta}y_1 + \left[1 + \lambda^2 y_1^2\right]^{(1-n)/2}}{1 - \frac{(1-n)\lambda^2 y_1}{(1 + \lambda^2 y_1^2)}}, \qquad \frac{dy_2}{d\eta} = y_1$$

와 같은 정준(canonical) 형태로 쓸 수 있다. 이 형태에 대한 경계조건은

$$y_1(0) = y_{1,0} = 0, \qquad y_2(1) = y_{2,f} = 0$$

와 같다. 각 파리미터들의 값으로는

$$\mu_0 = 102.0 \text{ Pa}\cdot\text{s}, \quad t_1 = 4.36 \text{ s}, \quad n = 0.375, \quad R = 0.1 \text{ m}, \quad -\Delta P/L = 20\ k\text{Pa/m}$$

를 이용한다. 초기조건 $y_2(0)$는 주어져 있지 않으므로 이를 다음과 같이 가정한다:

$$y_2(0) = \gamma = \frac{(-\Delta P)R^2}{4L\mu_0 v^*} = \frac{1}{4}$$

부피유량을 구하는 과정은 다음과 같이 요약할 수 있다.

1) 미분방정식 시스템: $\dfrac{dy_1}{d\eta} = -\dfrac{\dfrac{1}{\eta}y_1 + \left[1+\lambda^2 y_1^2\right]^{(1-n)/2}}{1 - \dfrac{(1-n)\lambda^2 y_1}{(1+\lambda^2 y_1^2)}}$, $\quad \dfrac{dy_2}{d\eta} = y_1$

2) 초기 및 최종 경계조건: $y_1(0) = y_{1,0} = 0$, $y_2(1) = y_{2,f} = 0$

3) 초기 경계조건의 가정: $y_2(0) = \gamma = \dfrac{(-\Delta P)R^2}{4L\mu_0 v^*} = \dfrac{1}{4}$

4) Jacobian 행렬 $J(x_f, \gamma)$를 계산

5) δy를 계산

6) γ를 보정: $\Delta\gamma = [J(x_f, \gamma)]^{-1}\delta y$, $\gamma_{\text{new}} = \gamma_{\text{old}} + \rho\Delta\gamma$ $(0 < \rho \le 1)$

속도분포가 주어지면 부피유량은

$$Q = \int_0^R 2\pi r v_z dr$$

로부터 얻어진다. 위의 과정에 따라 부피유량을 구하라. 적분은 Runge-Kutta 방법을 이용하여 수행할 수 있다.

M8.4 중앙차분 근사법을 이용하여 경계치 문제

$$\frac{d^2y}{dx^2} = -\frac{2}{x}\frac{dy}{dx} + \frac{2}{x^2}y + \frac{\sin(\ln x)}{x^2}, \quad y(1) = 1, \quad y(2) = 2 \quad (1 \le x \le 2)$$

의 해를 구하고 그래프로 나타내어라. 적분구간은 100개의 소구간으로 나눈다(즉 $h = (2-1)/100 = 0.01$).

M8.5 내장함수 bvp4c를 이용하여 다음 경계치 미분 방정식의 해를 구하라:

$$\frac{d^2y}{dx^2} - 90xy = 0, \quad y(0) = 0.1, \quad y(1) = 0.04 \quad (0 \le x \le 1)$$

M8.6 내장함수 bvp4c를 이용하여 다음 방정식의 해를 구하라:

$$x^2\frac{d^2y}{dx^2} - 6y = 0$$

x의 범위는 $1 \le x \le 2$이며 경계조건은 $y(1) = 1$, $y(2) = 1$이다.

M8.7 평평한 표면 위에 있는 물방울의 단면 모양은 다음과 같은 경계치 모델로 나타낼 수 있다:

$$\frac{d^2h}{dx^2} + (1-h)\left\{1 + \left(\frac{dh}{dx}\right)^2\right\}^{1.5} = 0, \quad h(-1) = 0, \quad h(1) = 0 \quad (-1 \le x \le 1)$$

여기에서 $h(x)$는 점 x에서의 물방울의 높이를 나타낸다. $y_1 = h$, $y_2 = dh/dx$로 두고 위의 식을 두 개의 1차 미분 방정식 시스템으로 다시 쓰면 다음과 같다:

$$\frac{dy_1}{dx} = y_2, \quad \frac{dy_2}{dx} = (y_1 - 1)(1 + y_2^2)^{1.5}$$

내장함수 bvp4c를 이용하여 위의 경계치 미분 방정식의 해를 구하고 내장함수 `fill`을 이용하여 x에 대한 $h(x)$의 채워진 그래프를 작성하라.

화공 수치해석 MATLAB의 활용과 실습

편미분 방정식

편미분 방정식은 2개 이상의 독립변수들을 포함하는 미분방정식을 의미한다. 화학공학에서는 유체역학, 열전달, 물질전달 등을 포함하는 다양한 분야에서 편미분 방정식이 이용된다. 편미분 방정식의 풀이에는 유한차분 및 유한요소 방법이 주로 이용된다.

9.1 편미분 방정식의 형태와 분류

밀도가 ρ인 유체가 어떤 정지된 부피요소 $\Delta x\Delta y\Delta z$를 통해 흐르는 경우 질량수지로부터 연속방정식

$$-\frac{\partial \rho}{\partial t}=\frac{\partial}{\partial x}\rho v_x+\frac{\partial}{\partial y}\rho v_y+\frac{\partial}{\partial z}\rho v_z$$

을 얻는다. 위에서 v_x, v_y, v_z는 각 직교 방향으로의 속도성분이다. 한편 모멘텀 수지로부터 3방향으로의 운동방정식

$$-\frac{\partial}{\partial t}\rho v_j=\left(\frac{\partial}{\partial x}\rho v_x v_j+\frac{\partial}{\partial y}\rho v_y v_j+\frac{\partial}{\partial z}\rho v_z v_j\right)+\left(\frac{\partial}{\partial x}\tau_{xj}+\frac{\partial}{\partial y}\tau_{yj}+\frac{\partial}{\partial z}\tau_{zj}\right)+\frac{\partial p}{\partial j}-\rho g_j \quad (j=x,\ y,\ z)$$

을 얻는다. τ_{ij}는 전단응력 텐서이며, p는 압력, g_j는 중력 가속도 성분이다.

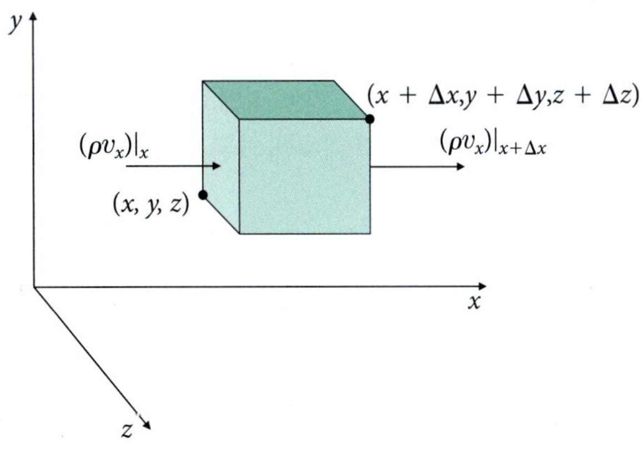

그림 9.1 부피요소를 통한 흐름.

부피요소 $\Delta x\Delta y\Delta z$에 대하여 에너지 수지를 세워 보면

$$\rho C_v\left(\frac{\partial T}{\partial t}+v_x\frac{\partial T}{\partial x}+v_y\frac{\partial T}{\partial y}+v_z\frac{\partial T}{\partial z}\right)=-\left(\frac{\partial q_x}{\partial x}+\frac{\partial q_y}{\partial y}+\frac{\partial q_z}{\partial z}\right)-T\left(\frac{\partial p}{\partial T}\right)_\rho\left(\frac{\partial v_x}{\partial x}+\frac{\partial v_y}{\partial y}+\frac{\partial v_z}{\partial z}\right)$$
$$-\left(\tau_{xx}\frac{\partial v_x}{\partial x}+\tau_{yy}\frac{\partial v_y}{\partial y}+\tau_{zz}\frac{\partial v_z}{\partial z}\right)-\left[\tau_{xy}\left(\frac{\partial v_x}{\partial y}+\frac{\partial v_y}{\partial x}\right)+\tau_{xz}\left(\frac{\partial v_x}{\partial z}+\frac{\partial v_z}{\partial x}\right)+\tau_{yz}\left(\frac{\partial v_y}{\partial z}+\frac{\partial v_z}{\partial y}\right)\right]$$

위에서 T는 온도, C_v는 정적 열용량, q_i는 Fourier의 열전도 법칙에 따른 에너지 플럭스 성분들로서

$$q_i=-k\frac{\partial T}{\partial i}\qquad (i=x,\ y,\ z)$$

로 주어진다(k: 열 전도도).

고체에서 열전도가 이루어지는 경우 속도성분들이 모두 0이므로 위의 관계로부터

$$\rho C_p\frac{\partial T}{\partial t}=k\left(\frac{\partial^2 T}{\partial x^2}+\frac{\partial^2 T}{\partial y^2}+\frac{\partial^2 T}{\partial z^2}\right)$$

를 얻는다. C_p는 정압 열용량이며 열 전도도 k는 고체 내에서 일정하다고 간주한다.

두 성분 A와 B로 이루어진 2성분 혼합물에서 유체의 밀도를 ρ, 확산계수를 D_{AB}라 하면 성분 A에 대한 연속방정식은

$$\frac{\partial C_A}{\partial t}+\left(v_x\frac{\partial C_A}{\partial x}+v_y\frac{\partial C_A}{\partial y}+v_z\frac{\partial C_A}{\partial z}\right)=D_{AB}\left(\frac{\partial^2 C_A}{\partial x^2}+\frac{\partial^2 C_A}{\partial y^2}+\frac{\partial^2 C_A}{\partial z^2}\right)+R_A$$

로 나타낼 수 있다. R_A는 A 성분의 몰 생성률이다. $R_A=0$, $v_x=v_y=v_z=0$이라면 위의 관계로부터 Fick의 제2확산법칙

$$\frac{\partial C_A}{\partial t}=D_{AB}\left(\frac{\partial^2 C_A}{\partial x^2}+\frac{\partial^2 C_A}{\partial y^2}+\frac{\partial^2 C_A}{\partial z^2}\right)$$

를 얻는다.

9.1.1 편미분 방정식의 분류

편미분 방정식들은 차수, 선형성, 그리고 경계조건들에 따라 분류할 수 있다.

차수에 따른 분류는 편미분의 차수에 따른 분류이다. 예를 들면

1차: $\frac{\partial u}{\partial x}-\alpha\frac{\partial u}{\partial y}=0$

2차: $\frac{\partial^2 u}{\partial x^2}+u\frac{\partial u}{\partial y}=0$

3차: $\left(\frac{\partial^3 u}{\partial x^3}\right)^2+\frac{\partial^2 u}{\partial x\partial y}+\frac{\partial u}{\partial y}=0$

선형성에 따른 분류에서는 미분방정식

$$a(\cdot)\frac{\partial^2 u}{\partial y^2}+2b(\cdot)\frac{\partial^2 u}{\partial x\partial y}+c(\cdot)\frac{\partial^2 u}{\partial x^2}+d(\cdot)=0$$

에서 계수들이 상수이거나 독립변수만의 함수인 경우 선형(linear), 계수들이 종속변수의 함수인 경우 유사선형(quasilinear), 계수들이 식의 차수와 같은 미분항들의 함수인 경우 비선형으로 분류한다.

경계조건들에 따른 분류로서

$$a\frac{\partial^2 u}{\partial y^2}+2b\frac{\partial^2 u}{\partial x\partial y}+c\frac{\partial^2 u}{\partial x^2}+d\frac{\partial u}{\partial x}+e\frac{\partial u}{\partial y}+fu+g=0$$

와 같은 형태의 선형2차 편미분 방정식을 고려해 보자. 위의 방정식은 b^2-ac의 부호에 따라 다음과 같이 분류된다:

- $b^2-ac<0$: 타원 방정식(elliptic)
- $b^2-ac=0$: 포물선 방정식(parabolic)
- $b^2-ac>0$: 쌍곡선 방정식(hyperbolic)

» 타원 방정식의 보기

타원 방정식(elliptic)의 보기로서 정상상태 정전기 포텐셜을 나타내는 포텐셜 함수, 혹은 사각형 평판에서의 정상상태 온도분포를 나타내는 함수 $u(x, y)$를 들 수 있다. 이들은 Laplace 방정식

$$\frac{\partial^2 u}{\partial x^2}+\frac{\partial^2 u}{\partial y^2}=0 \qquad (0<x<1,\quad 0<y<1)$$

으로 나타낼 수 있으며 경계조건은 다음과 같이 설정할 수 있다:

$$\begin{aligned} u(x,0)&=f_1(x) && (y=0,\ 0\le x\le 1)\\ u(x,1)&=f_2(x) && (y=1,\ 0\le x\le 1)\\ u(0,y)&=f_3(y) && (x=0,\ 0\le y\le 1)\\ u(1,y)&=f_4(y) && (x=1,\ 0\le y\le 1)\end{aligned}$$

» 포물선 방정식의 보기

포물선 방정식(parabolic)의 보기로서 길이가 L인 단열막대에서의 열 흐름에 대한 1차원 모델을 들 수 있다. 시간 t와 위치 x에서 막대의 온도 $u(x, t)$에 대한 열 방정식은

$$\frac{\partial u}{\partial t}=\alpha\frac{\partial^2 u}{\partial x^2} \qquad (0<x<L,\quad 0<t<\infty)$$

과 같이 나타낼 수 있다. 위에서 $\alpha=\kappa/(\sigma\rho)$이며, κ는 열 전도도 계수, σ는 비열, ρ는 막대의 밀도이다. 초기조건과 경계조건은 다음과 같이 설정할 수 있다:

$$u(x,0) = f(x) \quad (0 \le x \le L, \quad t = 0)$$
$$u(0,t) = c_1 \quad (x = 0, \quad 0 \le t < \infty)$$
$$u(L,t) = c_2 \quad (x = L, \quad 0 \le t < \infty)$$

» 쌍곡선 방정식의 보기

쌍곡선 방정식(hyperbolic)의 보기로서 진동하는 끈을 나타내는 1차원 모델을 들 수 있다. 시간 t와 위치 x에서 끈의 변위 $u(x, t)$는 파동 방정식

$$\frac{\partial^2 u}{\partial t^2} = a^2 \frac{\partial^2 u}{\partial x^2} \quad (0 < t < \infty, \quad 0 < x < L)$$

로 나타낼 수 있다. 위에서 $a^2 = T/\rho$이며, ρ는 끈의 단위길이당 질량이고, T는 끈의 장력이다. 초기조건과 경계조건은 다음과 같이 설정할 수 있다:

$$u(x,0) = f(x) \quad (0 \le x \le L, \quad t = 0)$$
$$\left.\frac{\partial u}{\partial t}\right|_{(x,0)} = g(x) \quad (0 < x < L, \quad t = 0)$$
$$u(0,t) = 0 \quad (x = 0, \quad 0 \le t < \infty)$$
$$u(L,t) = 0 \quad (x = L, \quad 0 \le t < \infty)$$

9.1.2 초기조건과 경계조건

1차원 비정상상태 열전도를 나타내는 편미분 방정식

$$\alpha \frac{\partial^2 T}{\partial x^2} = \frac{\partial T}{\partial t}$$

를 고려해 보자. 이 방정식의 초기조건과 경계조건들은 3가지로 분류할 수 있다.

Dirichlet 조건(1st kind): 고정된 독립변수에서 종속변수 값이 주어지는 경우로서 초기조건은 예를 들면

$$T = f(x) \quad (t = 0, \ 0 \le x \le 1)$$

혹은

$$T = T_0 \quad (t = 0, \ 0 \le x \le 1)$$

와 같은 형태이며 경계조건은

$$T = f(t) \quad (x = 0, \ t > 0), \qquad T = T_1 \quad (x = 1, \ t > 0)$$

와 같이 주어지는 경우이다.

Neumann 조건(2nd kind): 종속변수의 미분이 상수 혹은 독립변수의 함수로 주어지는 경우

로서 예를 들면

$$\frac{\partial T}{\partial x} = 0 \quad (x = 1,\ t \geq 0)$$

Cauchy 조건: Dirichlet 조건과 Neumann 조건의 조합 형태이다.

Robbins 조건(3rd kind): 종속변수의 미분이 종속변수 자체의 함수로 주어지는 경우로서 예를 들면

$$k\frac{\partial T}{\partial x} = h(T - T_f) \quad (x = 0,\ t \geq 0)$$

9.2 유한차분을 이용한 편미분의 표현

3차원 공간에서 *y*와 *z*는 일정하다고 가정할 때 *x*에 대한 *u*의 편미분은 다음과 같다:

$$\left.\frac{\partial u}{\partial x}\right|_{i,j,k} = \left.\frac{du}{dx}\right|_{i,j,k}$$

2차원 격자와 3차원 격자는 다음 그림에 보인 바와 같다.

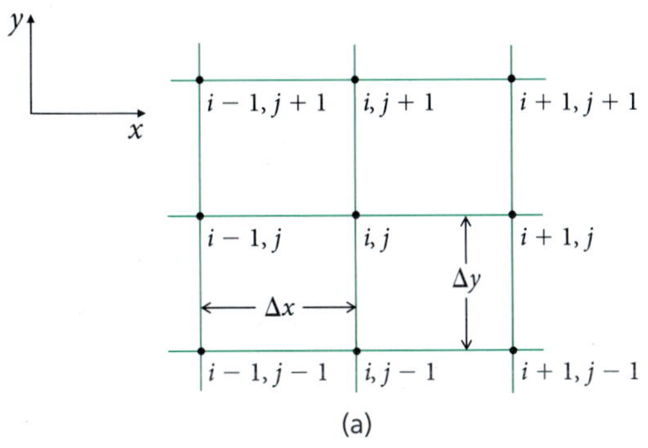

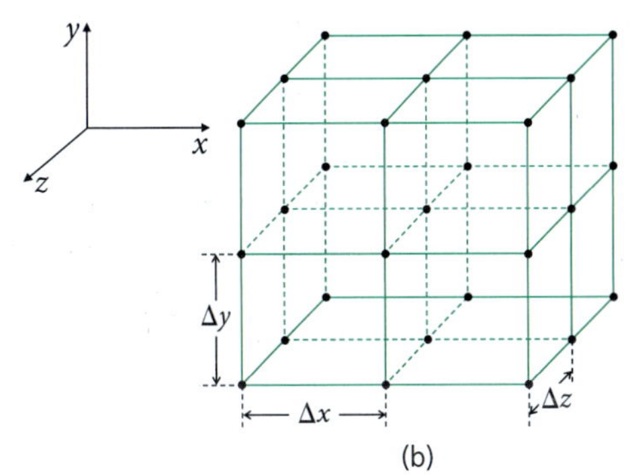

그림 9.2 (a) 2차원 격자와 (b) 3차원 격자.

x, *y*, *z* 각 방향에 대하여 1차미분에 대한 중앙차분 근사를 3차원으로 전환시키면

$$\left.\frac{\partial u}{\partial x}\right|_{i,j,k} = \frac{1}{2\Delta x}(u_{i+1,j,k} - u_{i-1,j,k}) + O(\Delta x^2)$$

$$\left.\frac{\partial u}{\partial y}\right|_{i,j,k} = \frac{1}{2\Delta y}(u_{i,j+1,k} - u_{i,j-1,k}) + O(\Delta y^2)$$

$$\left.\frac{\partial u}{\partial z}\right|_{i,j,k} = \frac{1}{2\Delta z}(u_{i,j,k+1} - u_{i,j,k-1}) + O(\Delta z^2)$$

마찬가지로 2차 편미분의 중앙차분 근사는 다음과 같이 나타낼 수 있다.

$$\left.\frac{\partial^2 u}{\partial x^2}\right|_{i,j,k} = \frac{1}{\Delta x^2}(u_{i+1,j,k} - 2u_{i,j,k} + u_{i-1,j,k}) + O(\Delta x^2)$$

$$\left.\frac{\partial^2 u}{\partial y^2}\right|_{i,j,k} = \frac{1}{\Delta y^2}(u_{i,j+1,k} - 2u_{i,j,k} + u_{i,j-1,k}) + O(\Delta y^2)$$

$$\left.\frac{\partial^2 u}{\partial z^2}\right|_{i,j,k} = \frac{1}{\Delta z^2}(u_{i,j,k+1} - 2u_{i,j,k} + u_{i,j,k-1}) + O(\Delta z^2)$$

한편

$$\left.\frac{\partial^2 u}{\partial y \partial x}\right|_{i,j,k} = \frac{\partial}{\partial y}\left(\left.\frac{\partial u}{\partial x}\right|_{i,j,k}\right)$$

는 점 $(i, j+1, k)$와 점 $(i, j-1, k)$에서 $\frac{\partial u}{\partial x}$를 수행하는 것과 대등하므로

$$\begin{aligned}\left.\frac{\partial^2 u}{\partial y \partial x}\right|_{i,j,k} &= \frac{\partial}{\partial y}\left(\left.\frac{\partial u}{\partial x}\right|_{i,j,k}\right) \\ &= \frac{1}{2\Delta y}\left\{\frac{1}{2\Delta x}(u_{i+1,j+1,k} - u_{i-1,j+1,k}) - \frac{1}{2\Delta x}(u_{i+1,j-1,k} - u_{i-1,j-1,k})\right\} + O(\Delta x^2 + \Delta y^2) \\ &= \frac{1}{4\Delta x \Delta y}(u_{i+1,j+1,k} - u_{i-1,j+1,k} - u_{i+1,j-1,k} + u_{i-1,j-1,k}) + O(\Delta x^2 + \Delta y^2)\end{aligned}$$

편미분의 중앙차분 근사, forward 차분 근사, backward 차분 근사를 요약하면 다음 표와 같다.

표 9.1 중앙차분 근사

편미분	중앙차분
$\left.\frac{\partial u}{\partial x}\right\|_{i,j,k}$	$\frac{1}{2\Delta x}(u_{i+1,j,k} - u_{i-1,j,k})$
$\left.\frac{\partial u}{\partial y}\right\|_{i,j,k}$	$\frac{1}{2\Delta y}(u_{i,j+1,k} - u_{i,j-1,k})$
$\left.\frac{\partial u}{\partial z}\right\|_{i,j,k}$	$\frac{1}{2\Delta z}(u_{i,j,k+1} - u_{i,j,k-1})$
$\left.\frac{\partial^2 u}{\partial x^2}\right\|_{i,j,k}$	$\frac{1}{\Delta x^2}(u_{i+1,j,k} - 2u_{i,j,k} + u_{i-1,j,k})$
$\left.\frac{\partial^2 u}{\partial y^2}\right\|_{i,j,k}$	$\frac{1}{\Delta y^2}(u_{i,j+1,k} - 2u_{i,j,k} + u_{i,j-1,k})$
$\left.\frac{\partial^2 u}{\partial z^2}\right\|_{i,j,k}$	$\frac{1}{\Delta z^2}(u_{i,j,k+1} - 2u_{i,j,k} + u_{i,j,k-1})$
$\left.\frac{\partial^2 u}{\partial y \partial x}\right\|_{i,j,k}$	$\frac{1}{4\Delta x \Delta y}(u_{i+1,j+1,k} - u_{i-1,j+1,k} - u_{i+1,j-1,k} + u_{i-1,j-1,k})$

표 9.2 Forward 차분 근사

편미분	Forward 차분
$\left.\frac{\partial u}{\partial x}\right\|_{i,j,k}$	$\frac{1}{\Delta x}(u_{i+1,j,k} - u_{i,j,k})$
$\left.\frac{\partial u}{\partial y}\right\|_{i,j,k}$	$\frac{1}{\Delta y}(u_{i,j+1,k} - u_{i,j,k})$
$\left.\frac{\partial u}{\partial z}\right\|_{i,j,k}$	$\frac{1}{\Delta z}(u_{i,j,k+1} - u_{i,j,k})$
$\left.\frac{\partial^2 u}{\partial x^2}\right\|_{i,j,k}$	$\frac{1}{\Delta x^2}(u_{i+2,j,k} - 2u_{i+1,j,k} + u_{i,j,k})$
$\left.\frac{\partial^2 u}{\partial y^2}\right\|_{i,j,k}$	$\frac{1}{\Delta y^2}(u_{i,j+2,k} - 2u_{i,j+1,k} + u_{i,j,k})$
$\left.\frac{\partial^2 u}{\partial z^2}\right\|_{i,j,k}$	$\frac{1}{\Delta z^2}(u_{i,j,k+2} - 2u_{i,j,k+1} + u_{i,j,k})$
$\left.\frac{\partial^2 u}{\partial y \partial x}\right\|_{i,j,k}$	$\frac{1}{\Delta x \Delta y}(u_{i+1,j+1,k} - u_{i,j+1,k} - u_{i+1,j,k} + u_{i,j,k})$

표 9.3 Backward 차분 근사

편미분	Backward 차분
$\left.\frac{\partial u}{\partial x}\right\|_{i,j,k}$	$\frac{1}{\Delta x}(u_{i,j,k} - u_{i-1,j,k})$
$\left.\frac{\partial u}{\partial y}\right\|_{i,j,k}$	$\frac{1}{\Delta y}(u_{i,j,k} - u_{i,j-1,k})$
$\left.\frac{\partial u}{\partial z}\right\|_{i,j,k}$	$\frac{1}{\Delta z}(u_{i,j,k} - u_{i,j,k-1})$
$\left.\frac{\partial^2 u}{\partial x^2}\right\|_{i,j,k}$	$\frac{1}{\Delta x^2}(u_{i,j,k} - 2u_{i-1,j,k} + u_{i-2,j,k})$
$\left.\frac{\partial^2 u}{\partial y^2}\right\|_{i,j,k}$	$\frac{1}{\Delta y^2}(u_{i,j,k} - 2u_{i,j-1,k} + u_{i,j-2,k})$
$\left.\frac{\partial^2 u}{\partial z^2}\right\|_{i,j,k}$	$\frac{1}{\Delta z^2}(u_{i,j,k} - 2u_{i,j,k-1} + u_{i,j,k-2})$
$\left.\frac{\partial^2 u}{\partial y \partial x}\right\|_{i,j,k}$	$\frac{1}{\Delta x \Delta y}(u_{i,j,k} - u_{i,j-1,k} - u_{i-1,j,k} + u_{i-1,j-1,k})$

9.3 타원 편미분 방정식

타원(elliptic) 편미분 방정식은 정상상태 열전도 문제와 확산문제에서 나타난다. 3차원 고체 내에서의 정상상태 열전도는

$$\frac{\partial^2 T}{\partial x^2}+\frac{\partial^2 T}{\partial y^2}+\frac{\partial^2 T}{\partial z^2}=0$$

확산을 나타내는 Fick의 법칙으로부터

$$\frac{\partial^2 C_A}{\partial x^2}+\frac{\partial^2 C_A}{\partial y^2}+\frac{\partial^2 C_A}{\partial z^2}=0$$

2차원 타원 편미분 방정식의 일반적인 형태(Laplace 방정식)는

$$\frac{\partial^2 u}{\partial x^2}+\frac{\partial^2 u}{\partial y^2}=0$$

와 같다. $\nabla^2 u=\frac{\partial^2 u}{\partial x^2}+\frac{\partial^2 u}{\partial y^2}$로 두면 2차원에서

Laplace 방정식: $\nabla^2 u=0$

Poisson 방정식: $\nabla^2 u=f(x,y)$

Helmholtz 방정식: $\nabla^2 u+g(x,y)u=f(x,y)$

와 같이 나타낼 수 있다.

다음과 같은 형태의 2차원 Poisson 방정식을 고려해 보자:

$$\frac{\partial^2 u}{\partial x^2}+\frac{\partial^2 u}{\partial y^2}=f(x,y) \qquad 0\le x\le 1,\quad 0\le y\le 1$$

$$0<x<1: \quad u(x,0)=f_0(x),\ u(x,1)=f_1(x)$$

$$0<y<1: \quad u(0,y)=g_0(y),\ u(1,y)=g_1(y)$$

중앙차분 근사를 적용하면 2차원의 경우

$$\frac{1}{\Delta x^2}(u_{i+1,j}-2u_{i,j}+u_{i-1,j})+\frac{1}{\Delta y^2}(u_{i,j+1}-2u_{i,j}+u_{i,j-1})=f_{i,j}$$

$\Delta x=h=\frac{1}{n}$, $\Delta y=k=\frac{1}{m}$으로 두고 정리하면

$$-2\left(\frac{1}{h^2}+\frac{1}{k^2}\right)u_{i,j}+\left(\frac{1}{h^2}\right)u_{i+1,j}+\left(\frac{1}{h^2}\right)u_{i-1,j}+\left(\frac{1}{k^2}\right)u_{i,j+1}+\left(\frac{1}{k^2}\right)u_{i,j-1}=f_{i,j}$$

이는 서로 인접한 5개의 격자점들을 포함하는 선형 대수방정식이다.

직사각형 모양을 x 방향으로 n등분, y 방향으로 m등분하였다면 총 격자점 수는 $(n+1)\times(m+1)$개이며, 내부 격자점들의 수는 $(n-1)\times(m-1)$개이다. 각 내부 격자점들에 대하여 위의 대수방정식을 적용하면 $(n-1)\times(m-1)$ 대수방정식 시스템이 이루어지며, 미지수의 수는 (n

+ 1) × (m + 1) − 4개(4개의 꼭지점들은 방정식에 나타나지 않음)이다. 이 식은 Gauss−Seidel 반복치환 방법으로 풀 수 있는데 이 방법을 이용하면 수렴이 느려질 수 있다. 이 경우 과다이완(overrelaxation) 기법을 이용하면 수렴속도를 향상시킬 수 있다.

MATLAB 활용

Poisson PDE는 함수 poisson을 이용하여 풀 수 있다.

```
u = poisson(f,f0,f1,g0,g1,n,m,iter)
```

위에서 f는 PDE의 우변항, f0와 f1는 $y = 0$과 $y = 1$에서의 경계조건(즉 $u(x, 0)$ = f0(x), $u(x, 1)$ = f1(x)), g0와 g1는 $x = 0$과 $x = 1$에서의 경계조건(즉 $u(0, y)$ = g0(y), $u(1, y)$ = g1(y)), n과 m은 x 및 y에 대한 소구간 수, iter는 최대 반복계산 횟수, u는 계산결과이다.

```
function u = poisson(f,f0,f1,g0,g1,n,m,iter)
% poisson: Poisson PDE의 풀이
% input:
%    f: PDE의 우변항
%    f0,f1: 경계조건 (u(x,0)=f0(x), u(x,1)=f1(x))
%    g0,g1: 경계조건 (u(0,y)=g0(y), u(1,y)=g1(y))
%    n,m: x 및 y에 대한 소구간 수, iter: 최대 반복계산 횟수
% output:
%    z: 계산결과

h = 1/n; k = 1/m;  % x 및 y 방향구간 길이
r = (h/k)^2; c = 1/(2*r + 2); d = r*c; b = c*h^2;
x = 1:1:(n-1); x = h*x; y = 1:1:(m-1); y = k*y; % 격자점들의 생성
% 경계조건 계산
w0(1:m-1) = feval(g0,y(1:m-1));  w1(1:m-1) = feval(g1,y(1:m-1));
v0(1:n-1) = feval(f0,x(1:n-1));  v1(1:n-1) = feval(f1,x(1:n-1));
% 우변항 계산
for i = 1:n-1, F(i,1:m-1) = b*feval(f,x(i),y(1:m-1)); end
w = zeros(n-1,m-1); % 초기화
for it = 1:iter
    % 4변과 4꼭지점에서의 해
    w(1,1) = d*(w(1,2) + v0(1)) + c*(w(2,1) + w0(1)) - F(1,1);
    w(1,m-1) = d*(v1(1) + w(1,m-2)) + c*(w(2,m-1) + w0(m-1)) - F(1,m-1);
    w(n-1,1) = d*(w(n-1,2) + v0(n-1)) + c*(w1(1) + w(n-2,1)) - F(n-1,1);
    w(n-1,m-1) = d*(v1(n-1) + w(n-1,m-2)) + c*(w1(m-1) + w(n-2,m-1))...
        - F(n-1,m-1);
    w(2:n-2,1) = d*(w(2:n-2,2) + v0(2:n-2)') + c*(w(3:n-1,1) + w(1:n-3,1))
        - F(2:n-2,1);
    w(2:n-2,m-1) = d*(v1(2:n-2)'+w(2:n-2,m-2))+c*(w(3:n-1,m-1)+w(1:n-3,m-
        1))-F(2:n-2,m-1);
```

```
    w(1,2:m-2) = d*(w(1,3:m-1) + w(1,1:m-3)) + c*(w(2,2:m-2) + w0(2:m-2))
            - F(1,2:m-2);
    w(n-1,2:m-2) = d*(w(n-1,3:m-1)+w(n-1,1:m-3))+c*(w1(m-2)+w(n-2,2:m-2))
            - F(n-1,2:m-2);
    % 내부 노드에서의 해
    for j = 2:m-2
        w(2:n-2,j) = d*(w(2:n-2,j+1) + w(2:n-2,j-1)) + c*(w(3:n-1,j) + w(1:n-
            3,j)) - F(2:n-2,j);
    end
end
% 풀이결과
v0w0 = (feval(f0,0) + feval(g0,0))/2; v0w1 = (feval(f0,1) + feval(g1,0))/2;
v1w0 = (feval(g0,1) + feval(f1,0))/2; v1w1 = (feval(f1,1) + feval(g1,1))/2;
z = w'; z = [w0' z w1']; wv = [v0w0 v0 v0w1]; wd = [v1w0 v1 v1w1];
u = [wv; z; wd]; xv = 0:n; yv = 0:m;
mesh(xv,yv,u), xlabel('x'), ylabel('y'), zlabel('u')
end
```

MATLAB 실습 포텐셜 방정식(Laplace 방정식)

함수 poisson을 이용하여 다음 Laplace 방정식의 해를 구하라:

$$\frac{\partial^2 u}{\partial x^2}+\frac{\partial^2 u}{\partial y^2}=0 \qquad 0 \le x \le 1, \quad 0 \le y \le 1$$

$$0 < x < 1: \quad u(x,0)=x^2, \ u(x,1)=1$$

$$0 < y < 1: \quad u(0,y)=y^2, \ u(1,y)=1$$

최대 반복계산 횟수를 40으로 하고 x와 y 구간을 각각 20등분해 본다.

풀이

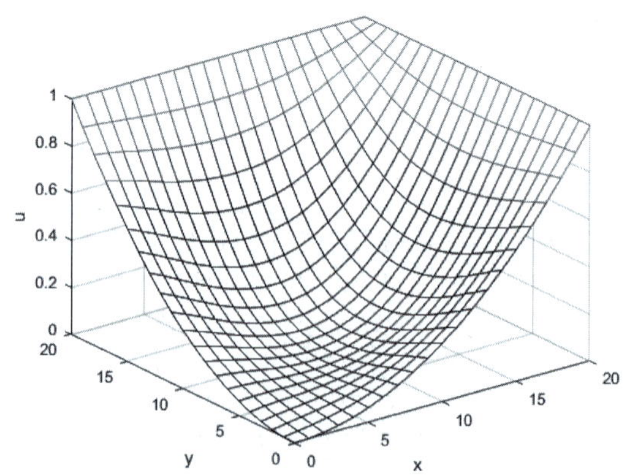

그림 9.3 Laplace 방정식의 풀이(반복계산 횟수 = 40).

```
>> f0 = @(x) x.^2; f1 = @(x) 1; g0 = @(y) y.^2; g1 = @(y) 1; f = @(x,y) 0;
>> n = 20; m = 20; iter = 40; u = poisson(f,f0,f1,g0,g1,n,m,iter);
```

■

MATLAB 실습 Poisson 방정식

함수 poisson을 이용하여 다음 Poisson 방정식의 해를 구하라.

$$\frac{\partial^2 u}{\partial x^2}+\frac{\partial^2 u}{\partial y^2}=x+y \qquad 0\le x\le 1,\quad 0\le y\le 1$$

$$0<x<1: \quad u(x,0)=x^2,\ u(x,1)=1$$

$$0<y<1: \quad u(0,y)=y^2,\ u(1,y)=1$$

최대 반복계산 횟수를 30으로 하고 x와 y 구간을 각각 20등분해 본다.

풀이

```
>> f0 = @(x) x.^2; f1 = @(x) 1; g0 = @(y) y.^2; g1 = @(y) 1; f = @(x,y) x+y;
>> n = 20; m = 20; iter = 40; u = poisson(f,f0,f1,g0,g1,n,m,iter);
```

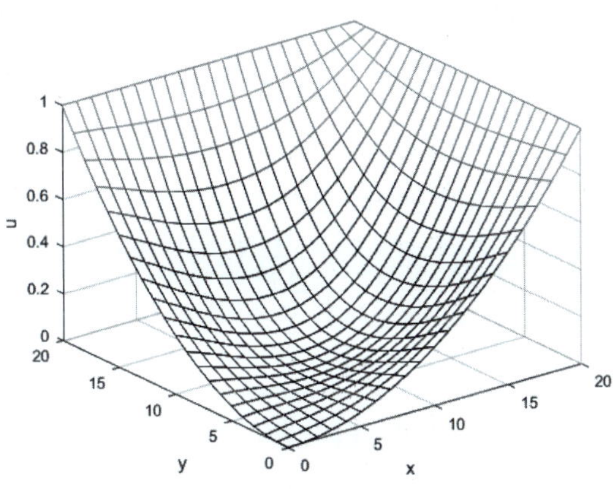

그림 9.4 Poisson 방정식의 풀이(반복계산 횟수 = 40).

■

9.4 포물선 편미분 방정식

포물선(parabolic) 편미분 방정식은 열의 전도나 물질의 확산 현상을 나타내는 모델식에 많이 나타난다. 비정상상태에서의 열전도 방정식은

$$\frac{\partial T}{\partial t}=\alpha\left(\frac{\partial^2 T}{\partial x^2}+\frac{\partial^2 T}{\partial y^2}+\frac{\partial^2 T}{\partial z^2}\right)$$

Fick의 확산법칙은

$$\frac{\partial C_A}{\partial t} = D_{AB}\left(\frac{\partial^2 C_A}{\partial x^2} + \frac{\partial^2 C_A}{\partial y^2} + \frac{\partial^2 C_A}{\partial z^2}\right)$$

경계조건은 Dirichlet, Neumann 혹은 Cauchy 경계조건으로 나타낼 수 있다.

9.4.1 1차원 포물선 편미분 방정식의 풀이

다음과 같은 1차원 열 방정식을 고려해 보자:

$$\frac{\partial u}{\partial t} = \alpha \frac{\partial^2 u}{\partial x^2}, \quad 0 < x < 1, \quad 0 < t \le t_f$$

$$0 < x < 1: \ u(x,0) = f(x)$$

$$0 < t \le t_f: \ u(0,t) = g_0(t), \ u(1,t) = g_1(t)$$

» 명시적 방법

x 방향의 점을 i, t 방향의 점을 j으로 표시하면 점 (i, j)를 중심으로 하는 forward 차분을 이용하는 경우

$$\left.\frac{\partial u}{\partial t}\right|_{i,j} = \frac{1}{\Delta t}(u_{i,j+1} - u_{i,j}) + O(\Delta t)$$

$$\left.\frac{\partial^2 u}{\partial x^2}\right|_{i,j} = \frac{1}{\Delta x^2}(u_{i+1,j} - 2u_{i,j} + u_{i-1,j}) + O(\Delta x^2)$$

따라서

$$\frac{1}{\Delta t}(u_{i,j+1} - u_{i,j}) = \frac{\alpha}{\Delta x^2}(u_{i+1,j} - 2u_{i,j} + u_{i-1,j}) + O(\Delta x^2 + \Delta t)$$

이로부터

$$u_{i,j+1} = u_{i,j} + r(u_{i+1,j} - 2u_{i,j} + u_{i-1,j}) = ru_{i-1,j} + (1-2r)u_{i,j} + ru_{i+1,j}$$

위에서 $r = \dfrac{\alpha\Delta t}{\Delta x^2}$이다. 이 시스템이 안정하기 위해서는

$$1 - 2r \ge 0 \quad \Rightarrow \quad r = \frac{\alpha \Delta t}{\Delta x^2} \le \frac{1}{2}$$

의 조건이 만족되어야 한다. 각 격자점들에서 차분식은 다음과 같다:

$$i = 1: \quad u_{1,j+1} = ru_{0,j} + (1-2r)u_{1,j} + ru_{2,j}$$

$$2 \le i \le n-2: \quad u_{i,j+1} = ru_{i-1,j} + (1-2r)u_{i,j} + ru_{i+1,j}$$

$$i = n-1: \quad u_{n-1,j+1} = ru_{n-2,j} + (1-2r)u_{n-1,j} + ru_{n,j}$$

$$i = n: \quad u_{n,j+1} = ru_{n-1,j} + (1-2r)u_{n,j}$$

$0 < t \le t_f$에서 $u(0, t) = g_0(t)$, $u(1, t) = g_1(t)$로 주어졌다면

$$u_{0,j} = g_{0,j}, \quad u_{n,j} = g_{1,j}$$

위의 관계들을 벡터-행렬 형태로 나타내면

$$\begin{bmatrix} u_{1,j+1} \\ u_{2,j+1} \\ \vdots \\ u_{n-1,j+1} \\ u_{n,j+1} \end{bmatrix} = \begin{bmatrix} 1-2r & r & \cdots & \cdots & \cdots & \cdots & \cdots \\ r & 1-2r & r & \cdots & \cdots & \cdots & \cdots \\ \vdots & \ddots & \ddots & \vdots & \vdots & \vdots & \vdots \\ \cdots & \cdots & \cdots & \cdots & r & 1-2r & r \\ \cdots & \cdots & \cdots & \cdots & \cdots & r & 1-2r \end{bmatrix} \begin{bmatrix} u_{1,j} \\ u_{2,j} \\ \vdots \\ u_{n-2,j} \\ u_{n-1,j} \end{bmatrix} + \begin{bmatrix} rg_{0,j} \\ 0 \\ \vdots \\ rg_{1,j} \\ (1-2r)g_{1,j} \end{bmatrix}$$

Δx와 Δt는 $0 \le r = \dfrac{\alpha \Delta t}{\Delta x^2} \le \dfrac{1}{2}$의 조건이 만족되도록 선택한다.

MATLAB 활용

명시적 방법에 의한 막대의 1차원 온도분포 방정식의 유한차분 풀이는 함수 rodtemp에 의해 수행된다.

```
function z = rodtemp(f,g0,g1,xf,tf,n,m,a)
% 단위길이 막대의 1차원 온도분포
% inputs:
%    f: 초기조건을 나타내는 함수, g0, g1: 경계조건, xf: x방향 길이
%    tf: 최종시간, n,m: 각각 x 방향과 시간축의 소구간 수, a: 열 확산도
% output:
%    z: 온도값
h = xf/n; k = tf/m; % delta x 및 delta t
r = a*k/h^2; s = 1 - 2*r; x = 0:h:xf; t = 0:k:tf;
u(1:n+1,1) = f(x)';  % 초기조건
u(1,1:m+1) = g0(t);  u(n+1,1:m+1) = g1(t);  % 경계조건
for j = 1:m, u(2:n,j+1) = r*u(1:n-1,j) + s*u(2:n,j) + r*u(3:n+1,j); end
z = u'; mesh(x,t,z), xlabel('x'), ylabel('t'), zlabel('u')
end
```

MATLAB 실습 막대의 온도분포에 대한 Parabolic PDE의 명시적 풀이 방법

단위길이 막대의 온도분포가

$$\frac{\partial u}{\partial t} = \frac{\partial^2 u}{\partial x^2} \quad (0 < x < 1,\ 0 < t)$$

로 주어진다. 막대의 초기온도(초기조건)는

$$u(x,0) = x^4 \quad (0 < x < 1)$$

이며 $x = 0$과 $x = 1$에서의 온도(경계조건)는 각각

$$u(0,t) = 0, \quad u(1,t) = 1 \quad (0 < t)$$

로 주어진다. $\Delta x = 0.2$로 하고 명시적 방법을 이용하여 막대의 온도분포를 구하라.

풀이

$\Delta x = 0.2$이면 $r = \dfrac{\alpha \Delta t}{\Delta x^2} = \dfrac{\Delta t}{0.04} \le \dfrac{1}{2}$인 조건으로부터 $\Delta t \le 0.02$를 얻는다. 따라서 $\Delta t = 0.02$로 설정한다. 함수 rodtemp의 수행결과는 다음과 같다.

```
>> f = @(x) x.^4; g0 = @(t) 0*t; g1 = @(t) t.^0;
>> xf = 1; tf = 0.1; n = 5; m = 5; a = 1; z = rodtemp(f,g0,g1,xf,tf,n,m,a)
z =
         0    0.0016    0.0256    0.1296    0.4096    1.0000
         0    0.0128    0.0656    0.2176    0.5648    1.0000
         0    0.0328    0.1152    0.3152    0.6088    1.0000
         0    0.0576    0.1740    0.3620    0.6576    1.0000
         0    0.0870    0.2098    0.4158    0.6810    1.0000
         0    0.1049    0.2514    0.4454    0.7079    1.0000
```

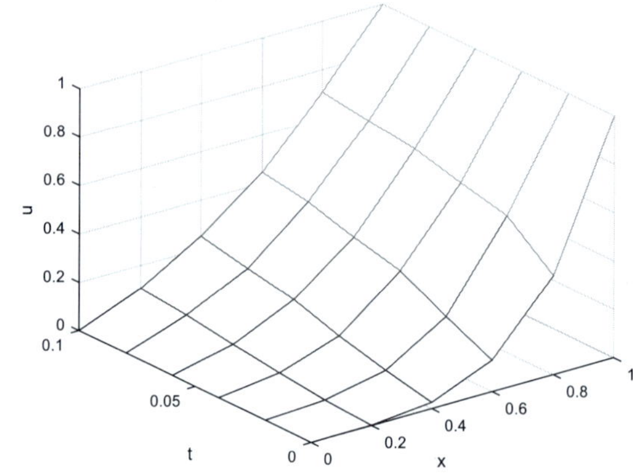

그림 9.5 막대의 1차원 온도분포(명시적 방법).

» 암묵적 방법

시간에 따른 편미분항 $\partial u/\partial t$를 명시적 방법에서와 같이 점 (i, j)를 중심으로 하는 forward 차분으로 근사하지 않고 점 $(i, j+1/2)$를 중심으로 하는 central 차분으로 근사한다. 즉

$$\left.\frac{\partial u}{\partial t}\right|_{i,j+1/2} = \frac{1}{\Delta t}(u_{i,j+1} - u_{i,j})$$

2차 편미분 항은 점 $(i, j+1)$과 점 (i, j)에서의 central 차분의 가중평균으로 나타낸다.

$$\begin{aligned}\left.\frac{\partial^2 u}{\partial x^2}\right|_{i,j+1/2} &= \theta \left.\frac{\partial^2 u}{\partial x^2}\right|_{i,j+1} + (1-\theta)\left.\frac{\partial^2 u}{\partial x^2}\right|_{i,j} \\ &= \theta\left[\frac{1}{\Delta x^2}(u_{i+1,j+1} - 2u_{i,j+1} + u_{i-1,j+1})\right] + (1-\theta)\left[\frac{1}{\Delta x^2}(u_{i+1,j} - 2u_{i,j} + u_{i-1,j})\right]\end{aligned}$$

위에서 $0 \le \theta \le 1$이다. 이를 $\frac{\partial u}{\partial t} = \alpha \frac{\partial^2 u}{\partial x^2}$에 적용하면 포물선(parabolic) 방정식에 대한 가중변수 암묵적(implicit) 근사가 얻어진다:

$$\frac{1}{\Delta t}(u_{i,j+1} - u_{i,j})$$
$$= \alpha\theta\left[\frac{1}{\Delta x^2}(u_{i+1,j+1} - 2u_{i,j+1} + u_{i-1,j+1})\right] + \alpha(1-\theta)\left[\frac{1}{\Delta x^2}(u_{i+1,j} - 2u_{i,j} + u_{i-1,j})\right]$$

이를 다시 쓰면

$$\alpha\theta\left[\frac{1}{\Delta x^2}(u_{i+1,j+1} - 2u_{i,j+1} + u_{i-1,j+1})\right] - \frac{1}{\Delta t}u_{i,j+1}$$
$$= -\alpha(1-\theta)\left[\frac{1}{\Delta x^2}(u_{i+1,j} - 2u_{i,j} + u_{i-1,j})\right] - \frac{1}{\Delta t}u_{i,j}$$

이는 시간단계 $n+1$에서 하나 이상의 미지변수를 포함하므로 암묵적이다. $\theta = 0$이면 위의 관계는 명시적 방법이 된다. $\theta = 1$이면

$$\alpha\left[\frac{1}{\Delta x^2}(u_{i+1,j+1} - 2u_{i,j+1} + u_{i-1,j+1})\right] - \frac{1}{\Delta t}u_{i,j+1} = -\frac{1}{\Delta t}u_{i,j}$$

이를 정리하면

$$u_{i,j} = -ru_{i-1,j+1} + (1+2r)u_{i,j+1} - ru_{i+1,j+1}$$

위에서 $r = \frac{\alpha\Delta t}{Dx^2}$이다. 이는 backward 암묵적 근사로서 1차 편미분 항을 점 $(i, j+1)$에서의 backward 차분으로, 2차 편미분 항을 점 $(i, j+1)$에서의 central 차분으로 근사하여 얻을 수도 있다.

$$i = 1: \quad u_{1,j} = -ru_{0,j+1} + (1+2r)u_{1,j+1} - ru_{2,j+1}$$
$$2 \le i \le n-2: \quad u_{i,j} = -ru_{i-1,j+1} + (1+2r)u_{i,j+1} - ru_{i+1,j+1}$$
$$i = n-1: \quad u_{n-1,j} = -ru_{n-2,j+1} + (1+2r)u_{n-1,j+1} - ru_{n,j+1}$$
$$i = n: \quad u_{n,j} = -ru_{n-1,j+1} + (1+2r)u_{n,j+1}$$

$0 < t \le t_f$에서 $u(0, t) = g_0(t)$, $u(1, t) = g_1(t)$로 주어졌다면

$$u_{0,j+1} = g_{0,j+1}, \quad u_{n,j+1} = g_{1,j+1}$$

이 된다.

MATLAB 활용

암묵적 방법에 의한 막대의 1차원 온도분포 방정식의 유한차분 풀이는 함수 rodtempim에 의해 수행된다.

```
function z = rodtempim(f,g0,g1,xf, tf,n,m,a)
```

```
% 단위길이 막대의 1차원 온도분포(implicit 방법)
% inputs:
%    f: 초기조건을 나타내는 함수, g0, g1: 경계조건, xf: x 방향 길이
%    tf: 최종시간, n,m: 각각 x 방향과 시간축의 소구간 수, a: 열 확산도
% output:
%    z: 온도값
h = xf/n; k = tf/m; % delta x 및 delta t
r = a*k/h^2; x = 0:h:xf; t = 0:k:tf;
u(1:n+1,1) = f(x)';  % 초기조건
u(1,1:m+1) = g0(t);  u(n+1,1:m+1) = g1(t);  % 경계조건
d = (1 + 2*r)*ones(1,n-1); av = -r*ones(1,n-2); av(n-1) = 0;
b = -r*ones(1,n-1); b(1) = 0;
bv(1) = 0; dv(1) = d(1);
for i = 2:n-1, bv(i) = b(i)/dv(i-1); dv(i) = d(i) - bv(i)*av(i-1); end
for j = 1:m
    cv(1) = u(2,j) + r*u(1,j+1); cv(2:n-2) = u(3:n-1,j);
    cv(n-1) = u(n,j) + r*u(n+1,j+1); zv(1) = cv(1);
    for i = 2:n-1, zv(i) = cv(i) - bv(i)*zv(i-1); end
    xv(n-1) = zv(n-1)/dv(n-1);
    for i = n-2:-1:1, xv(i) = (zv(i) - av(i)*xv(i+1))/dv(i); end
    u(2:n,j+1) = xv(1:n-1)';
end
z = u'; mesh(x,t,z), xlabel('x'), ylabel('t'), zlabel('u')
end
```

MATLAB 실습 **막대의 온도분포에 대한 Parabolic PDE의 암묵적 풀이 방법**

단위길이 막대의 온도분포가

$$\frac{\partial u}{\partial t} = \frac{\partial^2 u}{\partial x^2} \quad (0 < x < 1, \quad 0 < t < t_f)$$

로 주어진다. 막대의 초기온도(초기조건)는

$$u(x, 0) = x^4 \quad (0 < x < 1)$$

이며 $x = 0$과 $x = 1$에서의 온도(경계조건)는 각각

$$u(0, t) = 0, \quad u(1, t) = 1 \quad (0 < t < t_f)$$

로 주어진다. $t_f = 0.2$, $\Delta x = 0.2$로 하고 암묵적 방법을 이용하여 막대의 온도분포를 구하라.

풀이

$t_f = 0.2$, $\Delta t = 0.04$로 설정한다. 함수 `rodtempim`의 수행결과는 다음과 같다.

```
>> f = @(x) x.^4; g0 = @(t) 0*t; g1 = @(t) t.^0;
>> xf = 1; tf = 0.2; n = 5; m = 5; a = 1; z = rodtempim(f,g0,g1,xf,tf,n,m,a)
z =
        0    0.0016    0.0256    0.1296    0.4096    1.0000
        0    0.0370    0.1095    0.2659    0.5585    1.0000
        0    0.0729    0.1817    0.3626    0.6404    1.0000
        0    0.1039    0.2387    0.4305    0.6903    1.0000
        0    0.1286    0.2819    0.4785    0.7229    1.0000
        0    0.1475    0.3140    0.5125    0.7452    1.0000
```

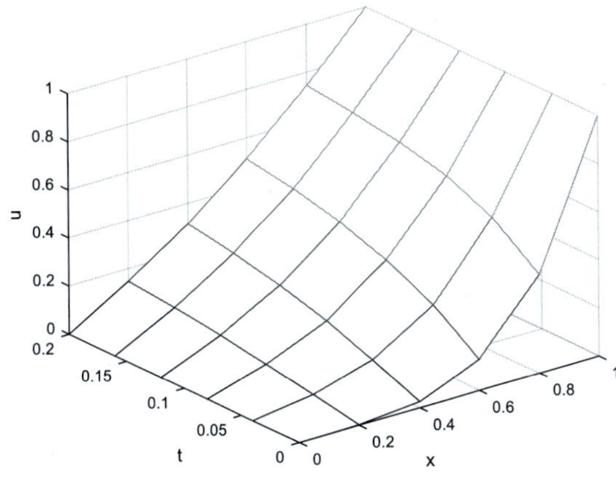

그림 9.6 막대의 1차원 온도분포(암묵적 방법).

» Crank–Nicolson 방법

앞에서 $\theta = 1/2$로 설정하면 다음과 같은 Crank–Nicolson 암묵적(implicit) 공식이 얻어진다.

$$
\begin{aligned}
-\left(\frac{\alpha\Delta t}{\Delta x^2}\right)u_{i-1,j+1} + 2\left(1+\frac{\alpha\Delta t}{\Delta x^2}\right)u_{i,j+1} - \left(\frac{\alpha\Delta t}{\Delta x^2}\right)u_{i+1,j+1} \\
= \left(\frac{\alpha\Delta t}{\Delta x^2}\right)u_{i-1,j} + 2\left(1-\frac{\alpha\Delta t}{\Delta x^2}\right)u_{i,j} + \left(\frac{\alpha\Delta t}{\Delta x^2}\right)u_{i+1,j}
\end{aligned}
$$

이를 다시 쓰면

$$
-\frac{r}{2}u_{i-1,j+1} + (1+r)u_{i,j+1} - \frac{r}{2}u_{i+1,j+1} = \frac{r}{2}u_{i-1,j} + (1-r)u_{i,j} + \frac{r}{2}u_{i+1,j}
$$

와 같다. 각 격자점에서는

$$
\begin{aligned}
i=1: \quad & -\frac{r}{2}u_{0,j+1} + (1+r)u_{1,j+1} - \frac{r}{2}u_{2,j+1} \\
& = \frac{r}{2}u_{0,j} + (1-r)u_{1,j} + \frac{r}{2}u_{2,j} \\
2 \le i \le n-2: \quad & -\frac{r}{2}u_{i-1,j+1} + (1+r)u_{i,j+1} - \frac{r}{2}u_{i+1,j+1}
\end{aligned}
$$

$$= \frac{r}{2}u_{i-1,j} + (1-r)u_{i,j} + \frac{r}{2}u_{i+1,j}$$

$$i = n-1: \quad -\frac{r}{2}u_{n-2,j+1} + (1+r)u_{n-1,j+1} - \frac{r}{2}u_{n,j+1}$$

$$= \frac{r}{2}u_{n-2,j} + (1-r)u_{n-1,j} + \frac{r}{2}u_{n,j}$$

$$i = n: \quad -\frac{r}{2}u_{n-1,j+1} + (1+r)u_{n,j+1} = \frac{r}{2}u_{n-1,j} + (1-r)u_{n,j}$$

$0 < t \le t_f$에서 $u(0,\ t) = g_0(t)$, $u(1,\ t) = g_1(t)$로 주어졌다면

$$u_{0,j} = g_{0,j}, \quad u_{0,j+1} = g_{0,j+1}, \quad u_{n,j} = g_{1,j}, \quad u_{n,j+1} = g_{1,j+1}$$

과 같다.

MATLAB 활용

Crank–Nicolson 암묵적 방법에 의한 막대의 1차원 온도분포 방정식의 유한차분 풀이는 함수 rodtempcn에 의해 수행된다.

```
function z = rodtempcn(f,g0,g1,xf,tf,n,m,a)
% 단위길이 막대의 1차원 온도분포(Crank-Nicolson 방법)
% inputs:
%     f: 초기조건을 나타내는 함수, g0, g1: 경계조건, xf: x방향 길이
%     tf: 최종시간, n,m: 각각 x 방향과 시간축의 소구간 수, a: 열 확산도
% output:
%     z: 온도값
h = xf/n; k = tf/m; % delta x 및 delta t
r = a*k/h^2; x = 0:h:xf; t = 0:k:tf;
u(1:n+1,1) = f(x)';  % 초기조건
u(1,1:m+1) = g0(t);  u(n+1,1:m+1) = g1(t);  % 경계조건
d = (1 + r)*ones(1,n-1); av = -(r/2)*ones(1,n-2); av(n-1) = 0;
b = -(r/2)*ones(1,n-1); b(1) = 0; bv(1) = 0; dv(1) = d(1);
for i = 2:n-1, bv(i) = b(i)/dv(i-1); dv(i) = d(i) - bv(i)*av(i-1); end
for j = 1:m
    cv(1) = (r/2)*u(1,j+1) + (r/2)*u(1,j) + (1-r)*u(2,j) + (r/2)*u(3,j);
    for i = 2:n-2, cv(i) = (r/2)*u(i,j) + (1-r)*u(i+1,j) + (r/2)*u(i+2,j); end
    cv(n-1) = (r/2)*u(n-1,j)+(1-r)*u(n,j)+(r/2)*u(n+1,j)+(r/2)*u(n+1,j+1);
    zv(1) = cv(1);
    for i = 2:n-1, zv(i) = cv(i) - bv(i)*zv(i-1); end
    xv(n-1) = zv(n-1)/dv(n-1);
    for i = n-2:-1:1, xv(i) = (zv(i) - av(i)*xv(i+1))/dv(i); end
    u(2:n,j+1) = xv(1:n-1)';
end
z = u'; mesh(x,t,z), xlabel('x'), ylabel('t'), zlabel('u')
end
```

MATLAB 실습 막대의 온도분포에 대한 Parabolic PDE의 Crank-Nicolson 풀이 방법

단위길이 막대의 온도분포가

$$\frac{\partial u}{\partial t} = \frac{\partial^2 u}{\partial x^2} \quad (0 < x < 1,\ 0 < t < t_f)$$

로 주어진다. 막대의 초기온도(초기조건)는

$$u(x, 0) = x^4 \quad (0 < x < 1)$$

이며 $x = 0$과 $x = 1$에서의 온도(경계조건)는 각각

$$u(0, t) = 0, \quad u(1, t) = 1 \quad (0 < t < t_f)$$

로 주어진다. $t_f = 0.2$, $\Delta x = 0.2$로 하고 Crank–Nicolson 방법을 이용하여 막대의 온도분포를 구하라.

풀이

$t_f = 0.2$, $\Delta t = 0.04$로 설정한다. 함수 rodtempcn의 수행결과는 다음과 같다.

```
>> f = @(x) x.^4; g0 = @(t) 0*t; g1 = @(t) t.^0;
>> xf = 1; tf = 0.2; n = 5; m = 5; a = 1; z = rodtempcn(f,g0,g1,xf, tf,n,m,a)
z =
         0    0.0016    0.0256    0.1296    0.4096    1.0000
         0    0.0348    0.1136    0.2883    0.6045    1.0000
         0    0.0783    0.1997    0.3973    0.6714    1.0000
         0    0.1158    0.2634    0.4624    0.7149    1.0000
         0    0.1426    0.3069    0.5069    0.7423    1.0000
         0    0.1609    0.3368    0.5367    0.7609    1.0000
```

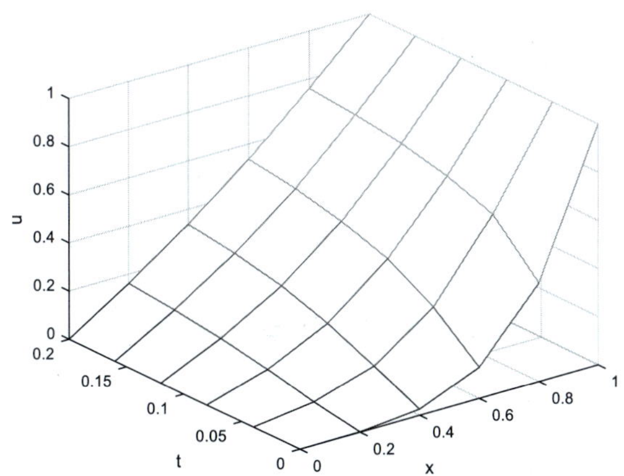

그림 9.7 막대의 1차원 온도분포(Crank–Nicolson 방법).

» 선 방법

선 방법(method of lines)에서는 시간에 따른 미분항을 제외한 나머지(즉 공간에서의) 편미분 항들만을 유한차분으로 근사한다. Parabolic 방정식 $\frac{\partial u}{\partial t} = \alpha \frac{\partial^2 u}{\partial x^2}$로부터

$$\frac{du_i}{dt} = \frac{\alpha}{\Delta x^2}(u_{i+1} - 2u_i + u_{i-1})$$

를 얻는다. 격자점으로부터 $0 \le i \le N$이므로

$$\frac{du_1}{dt} = \frac{\alpha}{\Delta x^2}(u_2 - 2u_2 + u_0)$$

$$\vdots$$

$$\frac{du_i}{dt} = \frac{\alpha}{\Delta x^2}(u_{i+1} - 2u_i + u_{i-1})$$

$$\vdots$$

$$\frac{du_{N-1}}{dt} = \frac{\alpha}{\Delta x^2}(u_N - 2u_{N-1} + u_{N-2})$$

경계에서의 방정식

$$\frac{du_0}{dt} = \frac{\alpha}{\Delta x^2}(u_1 - 2u_0 + u_{-1}), \qquad \frac{du_N}{dt} = \frac{\alpha}{\Delta x^2}(u_{N+1} - 2u_N + u_{N-1})$$

들은 설정되는 경계조건들에 따라 정해진다. 예를 들어 Dirichlet 조건의 경우 $u_0 = \beta$(일정)이므로

$$\frac{du_0}{dt} = 0, \qquad u_0(0) = \beta$$

이다. Neumann 조건이 주어진 경우, 즉 $x = 0$에서 $\left.\frac{\partial u}{\partial x}\right|_{0,t} = 0$이라면 편미분을 central 차분근사 $\left.\frac{\partial u}{\partial x}\right|_{0,t} = \frac{u_1 - u_{-1}}{2\Delta x} = 0$로 대체하면

$$\frac{du_0}{dt} = \frac{\alpha}{\Delta x^2}(2u_1 - 2u_0)$$

를 얻는다.

9.4.2 2차원 포물선 편미분 방정식의 풀이

$x - y$ 평면상의 영역 $D = \{(x, y) | 0 < x < a,\ 0 < y < b\}$에서 다음과 같은 2차원 열 방정식을 고려해 보자:

$$\frac{\partial u}{\partial t} = \alpha\left(\frac{\partial^2 u}{\partial x^2} + \frac{\partial^2 u}{\partial y^2}\right), \qquad 0 < x < a, \quad 0 < y < b, \quad 0 \le t \le t_f$$

초기조건과 경계조건은 다음과 같이 나타낼 수 있다:

초기조건: $u(0, x, y) = f(x, y) \quad (x, y) \in D$
Dirichlet 경계조건: 영역 D의 경계를 δD라고 하면 $u(t, x, y) = g(t, x, y) \ (x, y) \in \delta D$

안전성 조건으로부터 $\Delta t \le (\Delta x^2 + \Delta y^2)/(8\alpha)$를 얻는다.

t에 대하여 $m + 1$개, x에 대하여 $n + 2$개, y에 대하여 $p + 2$개의 값들로 이루어지는 균일한 격자 상에서 $u(t, x, y)$의 근사값을 구하는 경우를 고려해 보자. 이 경우 변수 t, x, y의 구간 크기 $\Delta t, \Delta x, \Delta y$는 각각 다음과 같이 정해진다:

$$\Delta t = \frac{t_f}{m}, \quad \Delta x = \frac{a}{n+1}, \quad \Delta y = \frac{b}{p+1}$$

격자점에서의 t, x, y의 값들을 t_k, x_i, y_j로 나타내기로 한다. 즉

$$t_k = k\Delta t \ \ (0 \le k \le m), \quad x_i = i\Delta x \ \ (0 \le i \le n+1), \quad y_j = j\Delta y \ \ (0 \le j \le p+1)$$

아울러 $u_{ij}^k = u(t_k, x_i, y_j)$라고 하면 내부 격자점들에서는 $(0 \le k \le m, 1 \le i \le n, 1 \le j \le p)$

$$\frac{u_{ij}^{k+1} - u_{ij}^k}{\Delta t} = \alpha\left(\frac{u_{i+1,j}^k - 2u_{ij}^k + u_{i-1,j}^k}{\Delta x^2} + \frac{u_{i,j+1}^{k+1} - 2u_{ij}^{k+1} + u_{i,j-1}^{k+1}}{\Delta y^2}\right)$$
$$\frac{u_{ij}^{k+2} - u_{ij}^{k+1}}{\Delta t} = \alpha\left(\frac{u_{i+1,j}^{k+2} - 2u_{ij}^{k+2} + u_{i-1,j}^{k+2}}{\Delta x^2} + \frac{u_{i,j+1}^{k+1} - 2u_{ij}^{k+1} + u_{i,j-1}^{k+1}}{\Delta y^2}\right)$$

와 같이 나타낼 수 있다. 파라미터 γ_x와 γ_y를

$$\gamma_x = \frac{\alpha \Delta t}{\Delta x^2}, \quad \gamma_y = \frac{\alpha \Delta t}{\Delta y^2}$$

와 같이 정의하면 위의 두 식들은 다음과 같이 다시 쓸 수 있다:

$$-\gamma_y(u_{i,j-1}^{k+1} + u_{i,j+1}^{k+1}) + (1 + 2\gamma_y)u_{ij}^{k+1} = \gamma_x(u_{i-1,j}^k + u_{i+1,j}^k) + (1 - 2\gamma_x)u_{ij}^k$$
$$-\gamma_x(u_{i-1,j}^{k+2} + u_{i+1,j}^{k+2}) + (1 + 2\gamma_x)u_{ij}^{k+2} = \gamma_y(u_{i,j-1}^{k+1} + u_{i,j+1}^{k+1}) + (1 - 2\gamma_y)u_{ij}^{k+1}$$

MATLAB 활용

2차원 포물선 방정식(열 방정식)의 풀이는 함수 parheat2D에 의해 수행된다:

```
[x,y,U] = parheat2D(tf,a,b,m,n,p,alpha,f,g)
```

위에서 tf는 최종시간, a는 x의 상한, b는 y의 상한, m은 시간간격 수, n은 x 간격 수, p는 y 간격 수, alpha는 열 방정식 계수, f는 초기조건 함수, g는 경계조건 함수이다. 출력으로서 격자점 벡터 x와 y 및 해의 근사값 행렬 U가 반환된다.

```
function [x,y,U] = parheat2D(tf,a,b,m,n,p,alpha,f,g)
% parheat2D: 2차원 열 방정식(2차원 포물선 PDE)의 풀이
%    (d/dt)u(t,x,y) = alpha*[(d/dx)(d/dx)u(t,x,y) + (d/dy)(d/dy)u(t,x,y)]
%    0 < t <= tf, 0 < x < a,  0 < y < b
```

```
%     초기조건: u(0,x,y) = f(x,y), 경계조건: u(t,x,y) = g(t,x,y)
% Inputs:
%   tf: 최종시간, a: x의 상한, b: y의 상한, m: 시간간격 수, n: x간격 수, p: y간격 수
%   alpha: 열 방정식 계수, f: 초기조건 함수, g: 경계조건 함수
% Outputs:
%   x: 격자점 벡터(nx1), y: 격자점 벡터(px1), U: nxp 행렬(U(i,j) = u(T,x(i),y(j)))

A1 = zeros (3,p); A2 = zeros (3,n); Q1 = zeros (3,p); Q2 = zeros (3,n);
W = zeros (n,p); c1 = zeros (p,1); c2 = zeros (n,1); v2 = zeros (p,1);
x = zeros (n,1); y = zeros (p,1); U = zeros (n,p);
dt = tf/m; dx = a/(n+1); dy = b/(p+1); gx = alpha*(dt/2)/(dx*dx); gy =
alpha*(dt/2)/(dy*dy);
for i = 1:n, x(i) = i*dx; end; for j = 1:p, y(j) = j*dy; end; g0 = 1 +
2*gy;
for i = 1:p, A1(1,i) = -gy; A1(2,i) =  g0; A1(3,i) = -gy; end
[Q1,delt] = facm(A1);
if abs(delt) < eps/100, disp('삼각대각 계수행렬은 singular.'); return; end
g0 = 1 + 2*gx;
for i = 1:n, A2(1,i) = -gx; A2(2,i) =  g0; A2(3,i) = -gx; end
[Q2,delt] = facm(A2);
if abs(delt) < eps/100, disp('삼각대각 계수행렬은  singular.'); return; end
for i = 1:n
    for j = 1:p, U(i,j) = f(x(i),y(j)); end
end
for k = 0:m-1
    t0 = k*dt; t1 = (k+1)*dt; tm = (t0 + t1)/2; g0 = 1 - 2*gx;
    for j = 1:p, c1(j) = g0*U(1,j) + gx*U(2,j); c1(j) = c1(j) + gx*g(t0,0,y(j));
end
    c1(1) = c1(1) + gy*g(tm,x(1),0); c1(p) = c1(p) + gy*g(tm,x(1),b);
    [v2,delt] = linsol(Q1,c1); W(1,1:p) = v2';
    for i = 2:n-1 % First pass: 1 < i < n
        for j = 1:p, c1(j) = gx*U(i-1,j) + g0*U(i,j) + gx*U(i+1,j); end
        c1(1) = c1(1) + gy*g(tm,x(i),0); c1(p) = c1(p) + gy*g(tm,x(i),b);
        [v2,delt] = linsol(Q1,c1); W(i,1:p) = v2';
    end
    for j = 1:p % i = n
        c1(j) = gx*U(n-1,j) + g0*U(n,j); c1(j) = c1(j) + gx*g(t0,a,y(j));
    end
    c1(1) = c1(1) + gy*g(tm,x(n),0); c1(p) = c1(p) + gy*g(tm,x(n),b);
    [v2,delt] = linsol(Q1,c1); W(n,1:p) = v2';
    g0 = 1 - 2*gy; % j = 1
    for i = 1:n, c2(i) = g0*W(i,1) + gx*W(i,2); c2(i) = c2(i) + gy*g(t0,x(i),
0); end
    c2(1) = c2(1) + gx*g(t1,0,y(1)); c2(n) = c2(n) + gx*g(t1,a,y(1));
    [U(1:n,1),delt] = linsol(Q2,c2);
```

```
    for j = 2:p-1 % 1 < j < p
        for i = 1:n, c2(i) = gy*W(i,j-1) + g0*W(i,j) + gy*W(i,j+1); end
        c2(1) = c2(1) + gx*g(t1,0,y(j)); c2(n) = c2(n) + gx*g(t1,a,y(j));
        [U(1:n,j),delt] = linsol(Q2,c2);
    end
    for i = 1:n, c2(i) = gy*W(i,p-1) + g0*W(i,p); c2(i) = c2(i) + gx*g
(tm,x(i),b); end % j = p
    c2(1) = c2(1) + gx*g(t1,0,y(p)); c2(n) = c2(n) + gx*g(t1,a,y(p));
    [U(1:n,p),delt] = linsol(Q2,c2);
end
end

function [Q,delt] = facm(T)
% nxn 행렬 T를 삼각요소들로 분해, delt: T의 행렬값
crit = eps/100; delt = 1; [m,n] = size (T); Q = zeros(3,n);
Q(3,1:n-1) = T(3,1:n-1); Q(2,1) = T(2,1);
for k = 1:n-1
    delt = delt*Q(2,k);
    if abs(Q(2,k)) < crit, delt = 0; return;
    else, Q(1,k) = T(1,k)/Q(2,k); Q(2,k+1) = T(2,k+1) - T(3,k)*Q(1,k); end
end
delt = delt*Q(2,n);
end

function [x,delt] = linsol(Q,b)
% 삼각대각 선형시스템 Ax = b의 풀이
crit = eps/100; delt = 1; [m,n] = size(Q);
for k = 1:n
    delt = delt*Q(2,k); if abs(delt) < crit, delt = 0; return; end
end
y = zeros(n,1); y(1) = b(1)/Q(2,1); for k = 2:n, y(k) = (b(k) - Q(3,k-1)*y
(k-1))/Q(2,k); end
x = zeros(n,1); x(n) = y(n); for k = n-1: -1:1, x(k) = y(k) - Q(1,k)*
x(k+1); end
end
```

MATLAB 실습 2차원 포물선 열 방정식의 풀이

다음과 같은 2차원 열 방정식을 고려해 보자:

$$\frac{\partial u}{\partial t} = \alpha\left(\frac{\partial^2 u}{\partial x^2} + \frac{\partial^2 u}{\partial y^2}\right), \qquad 0 < x < a, \quad 0 < y < b, \quad 0 \le t \le t_f$$

위에서 $a = b = 4$, $t_f = 5000$이며 $\alpha = 10^{-4}$이다. $m = 50$, $n = p = 39$로 하면 $\gamma_x = \gamma_y = 0.625$와 같다. 초기조건과 경계조건은 각각

$$u(0, x, y) = 0, \qquad u(t, x, y) = e^y \cos(x) - e^x \cos(y)$$

와 같다. 함수 parheat2D를 이용하여 해를 구하고 그래프로 나타내어라.

풀이

스크립트 parpde2dm은 함수 parheat2D를 이용하여 해를 구한 다음 mesh를 이용하여 해를 그래프로 나타낸다.

```
% parpde2dm
a = 4; b = 4; m = 20; n = 19; p = 19; tf = 1.e4;     alpha = 1.0e-4;
f = @(t,x,y) 0; g = @(t,x,y) exp(y)*cos(x) - exp(x)*cos(y);
dt = tf/m; dx = a/(n+1); dy = b/(p+1); gx = alpha*dt/(dx*dx); gy = alpha*dt/
(dy*dy);
[x,y,U] = parheat2D(tf,a,b,m,n,p,alpha,f,g);
mesh(x,y,U), xlabel('x'), ylabel('y'), zlabel('U')
```

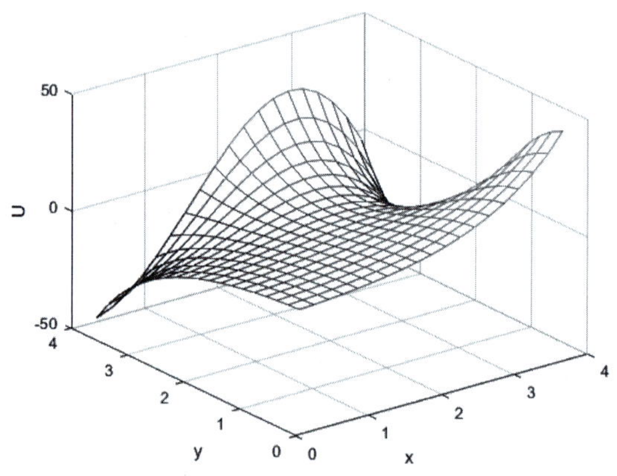

그림 9.8 2차원 열 방정식의 풀이.

■

9.5 쌍곡선 편미분 방정식

진동현상은 2차 편미분 방정식으로 나타낼 수 있다. 1차원 파동 방정식

$$\rho \frac{\partial^2 u}{\partial t^2} = T_0 \frac{\partial^2 u}{\partial x^2} + f(x, t)$$

은 장력 T_0와 외력 $f(x, t)$를 가했을 때의 진동하는 줄의 움직임을 나타낸다. 밀도 ρ가 일정하다면

$$\frac{\partial^2 u}{\partial t^2} = a^2 \frac{\partial^2 u}{\partial x^2} + F(x, t)$$

가 된다. 위에서 $a^2 = \dfrac{T_0}{\rho}$, $F(x, t) = \dfrac{1}{\rho} f(x, t)$이다. 줄에 가해지는 외력이 없다면

$$\frac{\partial^2 u}{\partial t^2} = a^2 \frac{\partial^2 u}{\partial x^2}$$

이다. 2차원의 경우에는

$$\frac{\partial^2 u}{\partial t^2} = a^2\left(\frac{\partial^2 u}{\partial x^2} + \frac{\partial^2 u}{\partial y^2}\right) + F(x, y, t)$$

이는 장력 T_0와 외력 $f(x, y, t)$를 가했을 때의 진동하는 막의 움직임을 나타낸다.

9.5.1 명시적 방법

다음과 같은 1차원 쌍곡선(hyperbolic) 편미분 방정식을 고려해 보자:

$$\frac{\partial^2 u}{\partial t^2} = a^2 \frac{\partial^2 u}{\partial x^2}, \qquad 0 \le x \le 1, \quad 0 \le t$$

초기조건: $0 \le x \le 1$에서 $u(x, 0) = f_1(x), \left.\frac{\partial u}{\partial x}\right|_{(x, 0)} = f_2(x)$

경계조건: $x = 0, x = 1$ $(0 < t)$에서 $u(0, t) = g_0(t), u(1, t) = g_1(t)$

이 방정식의 풀이를 위하여 2차미분 항을 다음과 같이 central 유한차분으로 근사한다:

$$\frac{u_{i,j+1} - 2u_{i,j} + u_{i,j-1}}{\Delta t^2} = a^2\left(\frac{u_{i+1,j} - 2u_{i,j} + u_{i-1,j}}{\Delta x^2}\right)$$

이를 $u_{i,j+1}$에 대해서 정리하면

$$u_{i,j+1} = \alpha^2 u_{i-1,j} + 2(1-\alpha^2)u_{i,j} + \alpha^2 u_{i+1,j} - u_{i,j-1}$$

이다. 위에서 $\alpha = \frac{a\Delta t}{\Delta x}$이다. 이는 쌍곡선 방정식 $\frac{\partial^2 u}{\partial t^2} = a^2\frac{\partial^2 u}{\partial x^2}$에 대한 명시적 풀이공식이다. 이로부터 얻어지는 해가 안정하려면

$$1 - \alpha^2 \ge 0 \quad \Rightarrow \quad \frac{a^2 \Delta t^2}{\Delta x^2} \le 1$$

의 조건이 만족되어야 한다. 초기조건의 시간에 따른 미분을 중앙차분으로 대체하면

$$u_{i,1} - u_{i,-1} = 2\Delta t f_2(x_i) \quad \Rightarrow \quad u_{i,-1} = u_{i,1} - 2\Delta t f_2(x_i)$$

이를 이용하면 $j = 0$인 경우

$$u_{i,1} = \alpha^2 u_{i-1,0} + 2(1-\alpha^2)u_{i,0} + \alpha^2 u_{i+1,0} - u_{i,-1}$$

$$\Rightarrow \quad u_{i,1} = \frac{\alpha^2}{2}u_{i-1,0} + (1-\alpha^2)u_{i,0} + \frac{\alpha^2}{2}u_{i+1,0} + \Delta t f_2(x_i)$$

를 얻는다.

MATLAB 활용

함수 hyppdeex는 명시적 방법에 의한 포물선 편미분 방정식의 근사해를 구하고 결과를 그래프로 작성한다.

```
function zu = hyppdeex(f1,f2,c,xf,tf,n,m)
% hyppdeex: Explicit 방법에 의한 hyperbolic PDE의 풀이
h = xf/n; k = tf/m;  % x 방향구간 및 시간구간 길이
x = h:h:(xf-h); t = k:k:tf;  % x 방향 및 시간 격자점들의 생성
wx0 = f1(x)'; dwx0 = f2(x)';  % 초기조건 벡터
w00 = 0; w10 = 0;  % x=0, x=1에서의 초기 변위
w0t = zeros(m,1); w1t = w0t; % x=0, x=1에서의 경계조건
a = (c*k/h)^2; a2 = a/2; am2 = 2*(1-a);  % a: alpha
% 첫 번째 시간구간
w(1,1) = a2*w00 + (1-a)*wx0(1) + a2*wx0(2) + k*dwx0(1);
w(2:n-2,1) = a2*wx0(1:n-3)+(1-a)*wx0(2:n-2)+a2*wx0(3:n-1)+k*dwx0(2:n-2);
w(n-1,1) = a2*wx0(n-2) + (1-a)*wx0(n-1) + a2*w10 + k*dwx0(n-1);
% 두 번째 시간구간
w(1,2) = a*w0t(1,1) + am2*w(1,1) + a*w(2,1) - wx0(1);
w(2:n-2,2) = a*w(1:n-3,1) + am2*w(2:n-2,1) + a*w(3:n-1,1) - wx0(2:n-2);
w(n-1,2) = a*w(n-2,1) + am2*w(n-1,1) + a*w1t(1,1) - wx0(n-1);
% 나머지 시간구간
for j = 3:m
    w(1,j) = a*w0t(j-1,1) + am2*w(1,j-1) + a*w(2,j-1) - w(1,j-2);
    w(2:n-2,j)  =  a*w(1:n-3,j-1)+am2*w(2:n-2,j-1)+a*w(3:n-1,j-1)-w(2:n-
    2,j-2);
    w(n-1,j) = a*w(n-2,j-1) + am2*w(n-1,j-1) + a*w1t(j-1,1) - w(n-1,j-2);
end
% 풀이결과
zv = [w0t w' w1t]; wv = [w00 wx0' w10]; zu = [wv; zv];
x = 0:h:1; t = 0:k:tf; mesh(x,t,zu), xlabel('x'), ylabel('t'), zlabel('u')
end
```

MATLAB 실습 양 끝이 고정된 진동하는 줄(명시적 방법)

양 끝이 고정된 단위길이의 줄이 진동하고 있으며 변위의 변화는 쌍곡선 편미분 방정식으로 주어진다:

$$\frac{\partial^2 u}{\partial t^2} = c^2 \frac{\partial^2 u}{\partial x^2} \quad (0 \le x \le 1,\ 0 \le t \le t_f)$$

초기조건은

$$u(x,0) = x(1-x), \quad \left.\frac{\partial u}{\partial t}\right|_{(x,0)} = 0 \quad (0 < x < 1)$$

이며 $x = 0$과 $x = 1$에서의 경계조건은 각각

$$u(0,t) = 0, \quad u(1,t) = 0 \quad (0 < t) \quad (0 < t < t_f)$$

와 같다. $c = 1$, $\Delta t = 0.2$, $\Delta x = 0.2$로 하고 명시적 방법을 이용하여 해를 구하라.

풀이

```
>> f1 = @(x) x.*(1-x); f2 = @(x) 0*x; xf = 1; tf = 1; c = 1; n = 10; m = 20;
>> zu = hyppdeex(f1,f2,c,xf,tf,n,m);
```

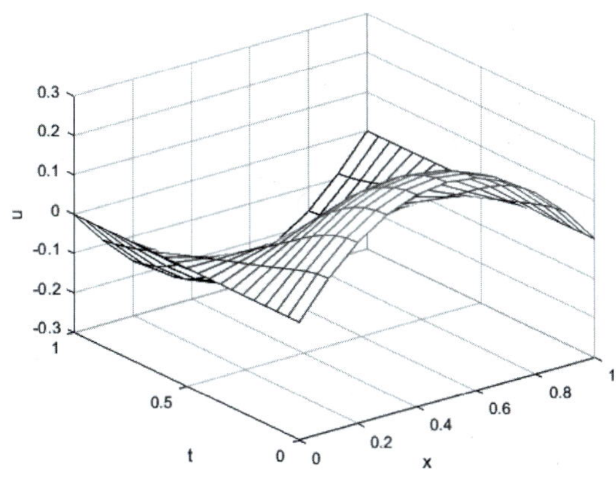

그림 9.9 줄의 진동(명시적 방법).

9.5.2 암묵적 방법

다음과 같은 1차원 쌍곡선 편미분 방정식을 고려해 보자:

$$\frac{\partial^2 u}{\partial t^2} = a^2 \frac{\partial^2 u}{\partial x^2}, \qquad 0 \le x \le 1, \quad 0 \le t$$

초기조건: $0 \le x \le 1$에서 $u(x, 0) = f_1(x)$, $\left.\frac{\partial u}{\partial t}\right|_{(x,\,0)} = f_2(x)$

경계조건: $x = 0$, $x = 1$ $(0 < t)$에서 $u(0, t) = g_0(t)$, $u(1, t) = g_1(t)$

주어진 방정식에서 길이 x에 따른 2차 편미분 항을 점 $(i, j+1)$과 점 $(i, j-1)$에서의 central 차분의 평균으로 나타내면 다음과 같다:

$$a^2 \frac{\partial^2 u}{\partial x^2} \quad \Rightarrow \quad \frac{a^2}{2\Delta x^2}\left(u_{i-1,j+1} - 2u_{i,j+1} + u_{i+1,j+1} + u_{i-1,j-1} - 2u_{i,j-1} + u_{i+1,j-1}\right)$$

이를 이용하면

$$u_{i,j-1} - 2u_{i,j} + u_{i,j+1} = \frac{a^2 \Delta t^2}{2\Delta x^2}\left(u_{i-1,j+1} - 2u_{i,j+1} + u_{i+1,j+1} + u_{i-1,j-1} - 2u_{i,j-1} + u_{i+1,j-1}\right)$$

여기에서 $\alpha = \dfrac{a\Delta t}{\Delta x}$, $r = \alpha^2$, $q = 2(1 + \alpha^2)$로 두면

$$-ru_{i-1,j+1} + qu_{i,j+1} - ru_{i+1,j+1} = 4u_{i,j} + ru_{i-1,j-1} - qu_{i,j-1} + ru_{i+1,j-1}$$

를 얻는다. 초기조건의 시간에 따른 미분을 중앙차분으로 대체하면

$$u_{i,1} - u_{i,-1} = 2\Delta t f_2(x_i) \quad \Rightarrow \quad u_{i,-1} = u_{i,1} - 2\Delta t f_2(x_i)$$

와 같다.

j = 0인 경우의 차분방정식:

$i=1$: $qu_{1,1} - ru_{2,1} = 2u_{1,0} - rkf_2(x_0) + qkf_2(x_1) - rkf_2(x_2) + ru_{0,1}$

$i=2, ..., n-1$: $-ru_{i-1,1} + qu_{i,1} - ru_{i+1,1} = 2u_{i,0} - rkf_2(x_{i-1}) + qkf_2(x_i) - rkf_2(x_{i+1})$

$i=n$: $-ru_{n-1,1} + qu_{n,1} = 2u_{n,0} - rkf_2(x_{n-1}) + qkf_2(x_n) - rkf_2(x_{n+1}) + ru_{n+1,1}$

j = 1, 2, ⋯ 인 경우의 차분방정식:

$i=1$: $qu_{1,j+1} - ru_{2,j+1} = 4u_{1,j} - qu_{1,j-1} + ru_{2,j-1} + ru_{0,j+1} + ru_{0,j-1}$

$i=2, ..., n-1$: $-ru_{i-1,j+1} + qu_{i,j+1} - ru_{i+1,j+1} = 4u_{i,j} + ru_{i-1,j-1} - qu_{i,j-1} + ru_{i+1,j-1}$

$i=n$: $-ru_{n-1,j+1} + qu_{n,j+1} = 4u_{n,j} + ru_{n-1,j-1} - qu_{n,j-1} + ru_{n+1,j-1} + ru_{n+1,j+1}$

MATLAB 활용

암묵적 방법에 의한 쌍곡선 편미분 방정식의 풀이는 함수 hypimp에 의해 수행된다. 함수 hypimp는 삼각대각 시스템을 처리하는데 이는 LU 분해를 이용한 방법으로 다룰 수 있다. 함수 hypimp의 부함수 LUtrid는 LU 분해를 수행하며 부함수 solLUtrid는 선형 시스템 Ax=LUx=r의 풀이를 수행한다.

```
uv = hypimp(f1,f2,g1,g2,tf,n,m,a)
```

위에서 f1 및 f2는 초기조건, g1 및 g2는 경계조건, tf는 시간구간, n 및 m은 x 및 t에 대한 소구간 수, a는 방정식 파라미터, zv는 계산결과이다.

```
function uv = hypimp(f1,f2,g1,g2,tf,n,m,a)
% hypimp: Implicit 방법에 의한 hyperbolic PDE의 풀이
% input:
%    f1,f2: 초기조건, g1,g2: 경계조건, tf: 시간구간
%    n,m: x 및 t에 대한 소구간 수, a: 방정식 파라미터
% output:
%    uv: 계산결과
h = 1/n; k = tf/m;  % x 방향구간 및 시간구간 길이
r = (a*k/h)^2; q = 2*(1 + r);
x = h:h:h*(n-1); t = k:k:k*m;  % x 방향 및 시간 격자점들의 생성
d = 2*(1+r)*ones(1,n-1); a = -r*ones(1,n-2);  a(n-1) = 0;
b = -r*ones(1,n-1);  b(1) = 0; [dv, bv] = LUtrid(a,d,b);
w00 = feval(f1,0);  wx0 = feval(f1,x);  wa0 = feval(f1,1);
dw00 = feval(f2,0); dwx0 = feval(f2,x); dwa0 = feval(f2,1);
w0t = feval(g1,t);  wat = feval(g2,t);
% 첫 번째 시간구간에서의 풀이
```

```
cv(1,1) = 2*wx0(1) - r*k*(dw00 + dwx0(2)) + q*k*dwx0(1) + r*w0t(1);
cv(1,2:n-2) = 2*wx0(2:n-2) - r*k*(dwx0(1:n-3) + dwx0(3:n-1)) + q*k*dwx0(2:n-2);
cv(1,n-1) = 2*wx0(n-1) - r*k*(dwx0(n-2) + dwa0) + q*k*dwx0(n-1) + r*wat(1);
x = solLUtrid(a,dv,bv,cv); w(1:n-1,1) = x(1:n-1)';
% 두 번째 시간구간에서의 풀이
cv(1,1) = 4*w(1,1) + r*(w00 + wx0(2)) - q*wx0(1) + r*w0t(2);
cv(1,2:n-2) = 4*w(2:n-2,1)' + r*(wx0(1:n-3) + wx0(3:n-1)) - q*wx0(2:n-2);
cv(1,n-1) = 4*w(n-1,1) + r*(wx0(n-2) + wa0) - q*wx0(n-1) + r*wat(2);
x = solLUtrid(a,dv,bv,cv); w(1:n-1,2) = x(1:n-1)';
% 시간구간: j=3,4,...
for j = 3:m
    cv(1,1) = 4*w(1,j-1) + r*(w0t(j-2) + w(2,j-2)) - q*w(1,j-2) + r*w0t(j);
    cv(1,2:n-2) = 4*w(2:n-2,j-1)' + r*(w(1:n-3,j-2)' + w(3:n-1,j-2)') - q*w
    (2:n-2,j-2)';
    cv(1,n-1) = 4*w(n-1,j-1) + r*(w(n-2,j-2) + wat(j-2)) - q*w(n-1,j-2) + r*
    wat(j);
    x = solLUtrid(a,dv,bv,cv); w(1:n-1,j) = x(1:n-1)';
end
% 풀이결과
zv = w'; zv = [w0t' zv wat']; wv = [w00 wx0 wa0];
uv = [wv; zv]; tv = 0:k:tf; xv = 0:h:1;
mesh(xv,tv,uv), xlabel('x'), ylabel('t'), zlabel('u')
end
%-----------------------------------------------------------------
function [D,B] = LUtrid(a,d,b) % LU 분해
n = length(d); B(1) = 0; D(1) = d(1);
for i = 2:n, B(i) = b(i)/D(i-1); D(i) = d(i) - B(i)*a(i-1); end
end
%-----------------------------------------------------------------
function x = solLUtrid(a,d,b,r) % 선형시스템 Ax=LUx=r의 풀이
n = length(d); z(1) = r(1);
for i = 2:n, z(i) = r(i) - b(i)*z(i-1); end
x(n) = z(n)/d(n);
for i = n-1:-1:1, x(i) = (z(i) - a(i)*x(i+1))/d(i); end
end
```

MATLAB 실습 양 끝이 고정된 진동하는 줄(암묵적 방법)

양 끝이 고정된 단위길이의 줄이 진동하고 있으며 변위의 변화는 쌍곡선 편미분 방정식으로 주어진다:

$$\frac{\partial u}{\partial t} = \frac{\partial^2 u}{\partial x^2} \quad (0 \le x \le 1, \quad 0 \le t)$$

초기조건은

$$u(x,0)=x(1-x), \quad \left.\frac{\partial u}{\partial t}\right|_{(x,0)}=0 \quad (0<x<1)$$

이며 $x = 0$과 $x = 1$에서의 경계조건은 각각

$$u(0,t)=0, \quad u(1,t)=0 \qquad (0<t<t_f)$$

와 같다. $\Delta t = 0.2$, $\Delta x = 0.2$로 하고 암묵적 방법을 이용하여 해를 구하라.

풀이

```
>> f1 = @(x) x.*(1-x); f2 = @(x) 0*x; g1 = @(t) 0*t; g2 = @(t) 0*t;
>> a = 1; tf = 1; n = 10; m = 20; uv = hypimp(f1,f2,g1,g2,tf,n,m,a)
```

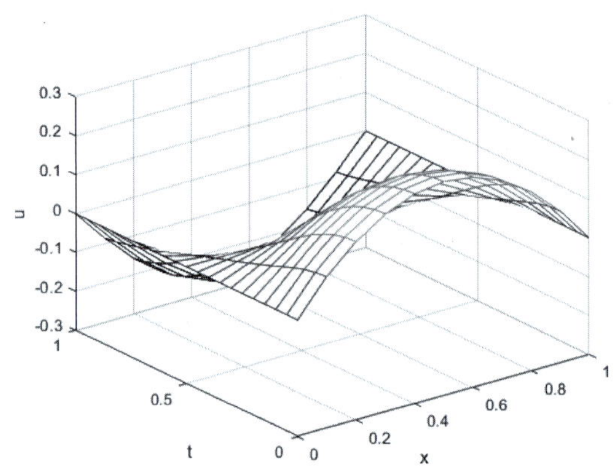

그림 9.10 줄의 진동(암묵적 방법).

■

9.6 유한요소를 이용한 편미분 방정식의 풀이

유한차분 방법을 이용한 편미분 방정식의 풀이에서는 경계 영역을 격자 모양의 작은 사각형 영역들로 나눈 다음 각 격자점에서 근사해를 구하였다. 유한요소 방법(finite-element method, FEM)에서는 경계 영역을 작은 소영역들로 나누는데, 이 소영역들은 각각 임의의 크기와 형태를 취할 수 있다. 유한요소 방법에서는 격자점에서의 근사해를 구하지 않고 영역 전체에 대한 적절한 형태의 해를 근사한다. 불규칙한 임의의 경계 영역은 삼각형들을 이용하여 잘 나타낼 수 있으므로 소영역의 형태로서는 보통 삼각형 모양이 많이 이용된다. 이하에서는 소영역들의 형태가 삼각형이라고 가정한다.

유한요소 방법에서는 미분방정식에 대한 해를 구하는 문제를 어떤 영역에서의 적분으로 이루어지는 함수의 최소화 문제로 전환시킨다. 어떤 영역 R에서 유한요소 방법을 이용하여 elliptic(쌍곡선) 편미분 방정식

$$\frac{\partial^2 u}{\partial x^2}+\frac{\partial^2 u}{\partial y^2}+r(x,y)u=u_{xx}+u_{yy}+r(x,y)u=f(x,y)$$

의 근사해를 구해 보자. 위의 방정식은 영역 R의 경계 상에서 $u(x, y) = g(x, y)$를 만족한다. 최소화되어야 하는 함수는

$$J = \iint_R \{u_x^2 + u_y^2 - r(x,y)u^2 + 2f(x,y)u\}\,dxdy$$

와 같다. 유한요소 근사해는

$$u = \sum_{j=1}^{m} c_j \phi_j$$

와 같이 나타낼 수 있다. 위에서 ϕ_j는 소영역의 각 노드 V_j에서의 기저함수(basis function)들이다. 유한요소 방법에 의한 풀이과정은 다음과 같다:

1) 영역 R을 소영역들로 나누고 각 영역 내부 노드 $V_1, V_2, \cdots, V_n$들의 위치와 경계점 $V_{n+1}, \cdots, V_m$들의 위치 및 각 소영역들을 정의하는 노드들을 지정한다.
2) 각 기저함수 ϕ_j $(j = 1, 2, \cdots, m)$를 정의한다. 각 노드에 대하여 상응하는 기저함수를 정의하는데 각 기저함수는 일부 소영역들에서만 0이 아닌 값을 갖는다.
3) $u = \sum_{j=1}^{m} c_j \phi_j$에서의 계수 c_j를 결정한다. 근사해 u가 각 노드에서 경계조건들을 만족하도록 해당 경계노드에 따른 기저함수에 대한 계수를 결정한다. u가 적분 J를 최소화하도록 내부 노드들에 따른 기저함수들에 대한 계수들을 계산한다.

9.6.1 소영역의 결정

소영역의 형태는 각 노드에 따라 정의되는 기저함수에 의해 좌우된다. 함수 J의 최소화는 기저함수들의 편미분들의 곱의 적분을 수반한다. 소영역의 형태로서 삼각형을 이용하면 기저함수와 계수의 계산이 매우 간단해진다. 전체 경계영역을 소영역들로 나누기 위해서는 노드(즉 삼각형 소영역들의 꼭지점)들의 위치를 알아야 하고, 각 삼각형 소영역을 삼각형을 정의하는 꼭지점들로 나타내야 한다. 아울러 영역의 경계상의 노드들과 영역 내부의 노드들을 구분할 필요가 있다. 여기에서는 영역 R의 내부에 n개의 노드 V_j $(j = 1, \cdots, n)$들이 위치하며 영역의 경계상에는 $m - n$개의 노드 V_j $(j = n + 1, \cdots, m)$들이 위치한다고 가정한다. 또한 영역 R을 p개의 소영역 $S_1, S_2, \cdots, S_p$들로 나눈다고 가정한다.

보기 9.1 영역의 구분

주어진 영역 $R(0 \le x, y \le 3)$을 그림 9.11에 보인 바와 같이 4개의 소영역 $S_1, \cdots, S_4$로 나눈다고 하자. 영역들의 꼭지점 노드들은 $V_1, \cdots, V_5$들이며 내부점 노드는 V_1으로서 하나 뿐이다. 노드들의 좌표는 행렬 V로 나타낼 수 있으며 삼각형 영역들은 세 꼭지점들을 나타내는 노드들의 지수로 정의할 수 있다:

$$V = \begin{bmatrix} 1 & 1 \\ 0 & 3 \\ 3 & 3 \\ 3 & 0 \\ 0 & 0 \end{bmatrix}, \quad S = \begin{bmatrix} 1 & 2 & 3 \\ 1 & 3 & 4 \\ 1 & 4 & 5 \\ 1 & 5 & 2 \end{bmatrix}$$

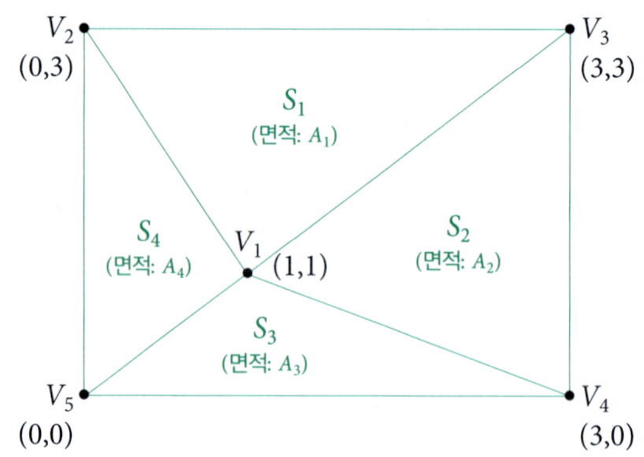

그림 9.11 영역의 구분.

9.6.2 기저함수의 정의

각 노드 V_j에 해당하는 기저함수 ϕ_j를 다음과 같이 간단하게 정의할 수 있다:

$$\phi_j = \begin{cases} 1 : V_j \\ 0 : V_k \ \ (k \neq j) \end{cases}$$

위와 같이 정의한 ϕ_j는 각 삼각형 소영역에서 선형이다. 노드 V_j를 꼭지점으로 갖는 삼각형에 대하여 V_j에서 $z = 1$이며 다른 두 꼭지점들에서는 $z = 0$이 되도록 평면 $z = a + bx + cy$를 구성할 수 있다. 즉 V_j를 꼭지점으로 갖지 않는 소영역들에서는 $z = 0$이다.

보기 9.2 기저함수의 설정

그림 9.11에 보인 소영역들에 대한 5개의 기저함수들을 규명해 보기로 한다. j번째 기저함수 ϕ_j는 노드 j에서 1이며 다른 노드들에서는 0의 값을 갖도록 한다. 즉 점 (x_1, y_1)에서는 1이며, 점 (x_2, y_2) 및 (x_3, y_3)에서는 0인 평면의 방정식은 $z = a + bx + cy$의 형태로 나타낼 수 있다. 여기에서 상수 a, b, c들은 다음 선형방정식들로부터 얻어진다:

$$\begin{aligned} 1 &= a + bx_1 + cy_1 \\ 0 &= a + bx_2 + cy_2 \\ 0 &= a + bx_3 + cy_3 \end{aligned}$$

기저함수 ϕ_1의 결정: 노드 V_1에서 $\phi_1 = 1$이며 노드 V_2, V_3, V_4, V_5에서는 $\phi_1 = 0$이다. 소영역 S_1에서 ϕ_1은 노드 V_1, V_2, V_3에 의해서, 즉 점 (1, 1), (0, 3), (3, 3)에 의해 결정된다. 따라서 선형방정식 시스템

$$1 = a + b + c, \quad 0 = a + 3c, \quad 0 = a + 3b + 3c$$

로부터 $a = \dfrac{3}{2}$, $b = 0$, $c = -\dfrac{1}{2}$을 얻는다. 즉

$$\phi_1 = \frac{3}{2} - \frac{1}{2}y = \frac{1}{2}(3 - y)$$

다른 소영역 S_2, S_3, S_4들에 대해서도 유사한 과정을 수행하여 ϕ_1을 구할 수 있다. 이는 다음 표와 같이 요약할 수 있다.

표 9.4 기저함수 $\phi_1 = a + bx + cy$의 결정

소영역	노드 및 좌표	선형방정식	ϕ_1
S_1	V_1 (1,1)	$1 = a + b + c$	$\frac{1}{2}(3-y)$
	V_2 (0,3)	$0 = a + 3c$	
	V_3 (3,3)	$0 = a + 3b + 3c$	
S_2	V_1 (1,1)	$1 = a + b + c$	$\frac{1}{2}(3-x)$
	V_3 (3,3)	$0 = a + 3b + 3c$	
	V_4 (3,0)	$0 = a + 3b$	
S_3	V_1 (1,1)	$1 = a + b + c$	y
	V_4 (3,0)	$0 = a + 3b$	
	V_5 (0,0)	$0 = a$	
S_4	V_1 (1,1)	$1 = a + b + c$	x
	V_2 (0,3)	$0 = a + 3c$	
	V_5 (0,0)	$0 = a$	

기저함수 ϕ_2의 결정: 노드 V_2에서 ϕ_2이며 노드 V_1, V_3, V_4, V_5에서는 $\phi_2 = 0$이다. 소영역 S_2와 S_3에서 $\phi_2 = 0$임을 알 수 있다. 소영역 S_1에서 ϕ_2는 노드 V_1, V_2, V_3에 의해서, 즉 점 (1, 1), (0, 3), (3, 3)에 의해 결정된다. 따라서 $\phi_2 = a + bx + cy$의 계수들은 선형방정식 시스템

$$0 = a + b + c,\ \ 1 = a + 3c,\ \ 0 = a + 3b + 3c$$

의 풀이로부터 결정되며 위에서 $a = 0$, $b = -\frac{1}{3}$, $c = \frac{1}{3}$을 얻는다. 즉

$$\phi_2 = \frac{1}{3}(-x + y)$$

다른 소영역들에 대해서도 위와 같은 과정을 수행하여 ϕ_2을 구한다. 이는 다음과 같이 요약할 수 있다.

표 9.5 기저함수 ϕ_2의 결정

소영역	ϕ_2
S_1	$\frac{1}{3}(-x+y)$
S_2, S_3	0
S_4	$\frac{1}{3}(-x+y)$

기저함수 ϕ_3의 결정: 노드 V_3에서 $\phi_3 = 1$이며 노드 V_1, V_2, V_4, V_5에서는 $\phi_3 = 0$이다. 소영역 S_3와 S_4에서 $\phi_3 = 0$임을 알 수 있다. 앞에서와 같은 과정을 수행하면 다음 표와 같은 결과를 얻는다.

표 9.6 기저함수 ϕ_3의 결정

소영역	ϕ_3
S_1	$\frac{1}{6}(-3+2x+y)$
S_2	$\frac{1}{6}(-3+x+2y)$
S_3, S_4	0

기저함수 ϕ_4 및 ϕ_5의 결정: 앞에서와 유사한 과정을 수행하면 다음 표와 같은 결과를 얻는다.

표 9.7 기저함수 ϕ_4 및 ϕ_5의 결정

소영역	ϕ_4	ϕ_5
S_1	0	0
S_2	$\frac{1}{3}(x-y)$	0
S_3	$\frac{1}{3}(x-y)$	$\frac{1}{3}(3-x-2y)$
S_4	0	$\frac{1}{3}(3-2x-y)$

■

9.6.3 계수 c_j의 계산

근사해 $u=\sum_{j=1}^{m} c_j\phi_j$가 각 노드들에서 경계조건들을 만족하도록 경계노드 V_j ($j = n+1, \cdots, m$)들에 대한 기저함수들의 계수 c_j를 구할 필요가 있다. 내부 노드들에 대한 계수들을 구하기 위해서는

$$J=\iint_R \{u_x^2+u_y^2-r(x,y)u^2+2f(x,y)u\}dxdy$$

를 최소화시켜야 한다. 최소점에서는

$$\frac{\partial u}{\partial c_i}=0 \quad (1\le i\le n)$$

이다. 이로부터 선형 시스템

$$Ac=d$$

가 얻어진다. 위에서 $A=(a_{ij})\in R^{n\times n}$이며

$$a_{ij}=\iint_R \{(\phi_i)_x(\phi_j)_x+(\phi_i)_y(\phi_j)_y-r(x,y)\phi_i\phi_j\}dxdy \quad (1\le i,j\le n)$$

$$d_i=-\iint_R f(x,y)\phi_i dxdy-\sum_{j=n+1}^{m} c_j b_{ij}$$

$$b_{ij}=\iint_R \{(\phi_i)_x(\phi_j)_x+(\phi_i)_y(\phi_j)_y-r(x,y)\phi_i\phi_j\}dxdy \quad (1\le i\le n,\ n+1\le j\le m)$$

으로 주어진다.

보기 9.3 유한요소 풀이

유한요소 방법을 이용하여 다음과 같은 편미분 방정식에 대한 근사해를 구하라:

$$\frac{\partial^2 u}{\partial x^2}+\frac{\partial^2 u}{\partial y^2}=0 \quad (0 \le x,y \le 3)$$

$$u=\begin{cases}\frac{1}{3}x: & 0 \le x \le 3,\ y=0 \\ \frac{1}{3}y: & x=0,\ 0 \le y \le 3 \\ 1 \quad : & 0 \le x \le 3,\ y=1 \\ 1 \quad : & x=1,\ 0 \le y \le 3\end{cases}$$

전체 경계영역을 4개의 삼각형 소영역들로 구분하고 유한요소 방법을 적용한다(즉 앞에서 얻은 기저함수 ϕ_i들을 그대로 이용할 수 있다).

풀이

주어진 영역에서 $u(V_2)=1$, $u(V_3)=1$, $u(V_4)=1$, $u(V_5)=0$이다. $u=\sum_{i=1}^{5}c_i\phi_i$는 경계조건들을 만족해야 하며, 노드 V_j 이외에서는 $\phi_j=0$이므로 $c_2=c_3=c_4=1$이며 $c_5=0$이어야 한다. 내부 노드는 한 개 뿐이므로 결정해야 할 계수는 c_1 뿐이다. 이는 $Ac_1=d$로부터 얻어지며 여기에서

$$A=\iint_R \{(\phi_1)_x(\phi_1)_x+(\phi_1)_y(\phi_1)_y\}dxdy$$

$$d=-\sum_{j=2}^{5}c_jb_j, \quad b_j=\iint_R \{(\phi_1)_x(\phi_j)_x+(\phi_1)_y(\phi_j)_y\}dxdy \quad (2 \le j \le 5)$$

이다. $c_5=0$이므로 b_5는 계산할 필요가 없다.

각 소영역에서 ϕ_1, $(\phi_1)_x$, $(\phi_1)_y$는 다음과 같다:

	S_1	S_2	S_3	S_4
ϕ_1	$\frac{1}{2}(3-y)$	$\frac{1}{2}(3-x)$	y	x
$(\phi_1)_x$	0	$-\frac{1}{2}$	0	1
$(\phi_1)_y$	$-\frac{1}{2}$	0	1	0

삼각형 소영역 S_i의 면적을 A_i라고 하면

$$A_1=3,\ A_2=3,\ A_3=\frac{3}{2},\ A_4=\frac{3}{2}$$

이다. 이들을 이용하면

$$A=\iint_R \{(\phi_1)_x(\phi_1)_x+(\phi_1)_y(\phi_1)_y\}dxdy$$

$$= \iint_{S_1} \left(0 + \frac{1}{4}\right) dxdy + \iint_{S_2} \left(\frac{1}{4} + 0\right) dxdy + \iint_{S_3} (0+1) dxdy + \iint_{S_4} (1+0) dxdy$$

$$= \frac{1}{4}A_1 + \frac{1}{4}A_2 + 1 \cdot A_3 + 1 \cdot A_4 = \frac{1}{4} \cdot 3 + \frac{1}{4} \cdot 3 + 1 \cdot \frac{3}{2} + 1 \cdot \frac{3}{2} = \frac{9}{2}$$

b_2의 계산: 각 소영역에서 ϕ_2, $(\phi_2)_x$, $(\phi_2)_y$는 다음과 같다:

	S_1	S_2	S_3	S_4
ϕ_2	$\frac{1}{3}(-x+y)$	0	0	$\frac{1}{3}(-x+y)$
$(\phi_2)_x$	$-\frac{1}{3}$	0	0	$-\frac{1}{3}$
$(\phi_2)_y$	$\frac{1}{3}$	0	0	$\frac{1}{3}$

따라서

$$b_2 = \iint_R \{(\phi_1)_x(\phi_2)_x + (\phi_1)_y(\phi_2)_y\} dxdy$$

$$= \iint_{S_1} \left\{0 \cdot \left(-\frac{1}{3}\right) + \left(-\frac{1}{2}\right)\left(\frac{1}{3}\right)\right\} dxdy + \iint_{S_2} \left\{\left(-\frac{1}{2}\right) \cdot 0 + 0 \cdot 0\right\} dxdy$$

$$+ \iint_{S_3} (0 \cdot 0 + 1 \cdot 0) dxdy + \iint_{S_4} \left\{1 \cdot \left(-\frac{1}{3}\right) + 0 \cdot \left(\frac{1}{3}\right)\right\} dxdy$$

$$= \left(-\frac{1}{6}\right)A_1 + \left(-\frac{1}{3}\right)A_4 = \left(-\frac{1}{6}\right) \cdot 3 + \left(-\frac{1}{3}\right) \cdot \frac{3}{2} = -1$$

b_3의 계산: 각 소영역에서 ϕ_3, $(\phi_3)_x$, $(\phi_3)_y$는 다음과 같다:

	S_1	S_2	S_3	S_4
ϕ_3	$\frac{1}{6}(-3+2x+y)$	$\frac{1}{6}(-3+x+2y)$	0	0
$(\phi_3)_x$	$\frac{1}{3}$	$\frac{1}{6}$	0	0
$(\phi_3)_y$	$\frac{1}{6}$	$\frac{1}{3}$	0	0

따라서

$$b_3 = \iint_R \{(\phi_1)_x(\phi_3)_x + (\phi_1)_y(\phi_3)_y\} dxdy$$

$$= \iint_{S_1} \left\{0 \cdot \left(\frac{1}{3}\right) + \left(-\frac{1}{2}\right)\left(\frac{1}{6}\right)\right\} dxdy + \iint_{S_2} \left\{\left(-\frac{1}{2}\right) \cdot \left(\frac{1}{3}\right) + 0 \cdot \left(\frac{1}{3}\right)\right\} dxdy$$

$$+ \iint_{S_3} (0 \cdot 0 + 1 \cdot 0) dxdy + \iint_{S_4} \{1 \cdot 0 + 0 \cdot 0\} dxdy$$

$$= \left(-\frac{1}{12}\right)A_1 + \left(-\frac{1}{6}\right)A_2 = \left(-\frac{1}{12}\right)\cdot 3 + \left(-\frac{1}{6}\right)\cdot 3 = -\frac{3}{4}$$

b_4의 계산: 각 소영역에서 ϕ_4, $(\phi_4)_x$, $(\phi_4)_y$는 다음과 같다:

	S_1	S_2	S_3	S_4
ϕ_4	0	$\frac{1}{3}(x-y)$	$\frac{1}{3}(x-y)$	0
$(\phi_4)_x$	0	$\frac{1}{3}$	$\frac{1}{3}$	0
$(\phi_4)_y$	0	$-\frac{1}{3}$	$-\frac{1}{3}$	0

따라서

$$b_4 = \iint_R \{(\phi_1)_x(\phi_4)_x + (\phi_1)_y(\phi_4)_y\}dxdy$$
$$= \iint_{S_1}\left\{0\cdot 0 + \left(-\frac{1}{2}\right)\cdot 0\right\}dxdy + \iint_{S_2}\left\{\left(-\frac{1}{2}\right)\cdot\left(\frac{1}{3}\right) + 0\cdot\left(-\frac{1}{3}\right)\right\}dxdy$$
$$+ \iint_{S_3}\left\{0\cdot\left(\frac{1}{3}\right) + 1\cdot\left(-\frac{1}{3}\right)\right\}dxdy + \iint_{S_4}\{1\cdot 0 + 0\cdot 0\}dxdy$$
$$= \left(-\frac{1}{6}\right)A_2 + \left(-\frac{1}{3}\right)A_3 = \left(-\frac{1}{6}\right)\cdot 3 + \left(-\frac{1}{3}\right)\cdot\frac{3}{2} = -1$$

d의 계산: $d = -(c_2b_2 + c_3b_3 + c_4b_4) = -(b_2 + b_3 + b_4) = -\left(-1 - \frac{3}{4} - 1\right) = \frac{11}{4}$

c_1의 계산: $Ac_1 = d \Rightarrow c_1 = \frac{d}{A} = \frac{(11/4)}{(9/2)} = \frac{11}{18}$

따라서 $u = \frac{11}{8}\phi_1 + \phi_2 + \phi_3 + \phi_4$와 같다. 각 소영역에서의 u를 구해 보자.

소영역 S_1에서는

$$u = \frac{11}{8}\cdot\frac{1}{2}(3-y) + \frac{1}{3}(-x+y) + \frac{1}{6}(-3+2x+y) + 0$$
$$= \frac{33}{16} - \frac{11}{16}y - \frac{1}{3}x + \frac{1}{3}y - \frac{1}{2} + \frac{1}{3}x + \frac{1}{6}y = \frac{1}{16}(25-3y)$$

소영역 S_2에서는

$$u = \frac{11}{8}\cdot\frac{1}{2}(3-x) + 0 + \frac{1}{6}(-3+x+2y) + \frac{1}{3}(x-y)$$
$$= \frac{33}{16} - \frac{11}{16}x - \frac{3}{6} + \frac{1}{6}x + \frac{2}{6}y + \frac{1}{3}x - \frac{1}{3}y - \frac{1}{16}(25-3x)$$

소영역 S_3에서는

$$u = \frac{11}{8} \cdot y + 0 + 0 + \frac{1}{3}(x - y) = \frac{1}{3}x + \frac{25}{24}y$$

소영역 S_4에서는

$$u = \frac{11}{8} \cdot x + \frac{1}{3}(-x + y) + 0 + 0 = \frac{25}{24}x + \frac{1}{3}y$$

■

MATLAB 활용

Laplace 방정식

$$\frac{\partial^2 u}{\partial x^2} + \frac{\partial^2 u}{\partial y^2} = 0 \qquad (0 \le x, y \le 2)$$

를 고려해 보자. 유한요소 방법을 이용하여 이 방정식에 대한 근사해를 구하기 위해 경계영역을 그림 9.12에 보인 바와 같이 14개의 삼각형 소영역들로 구분한다고 가정한다.

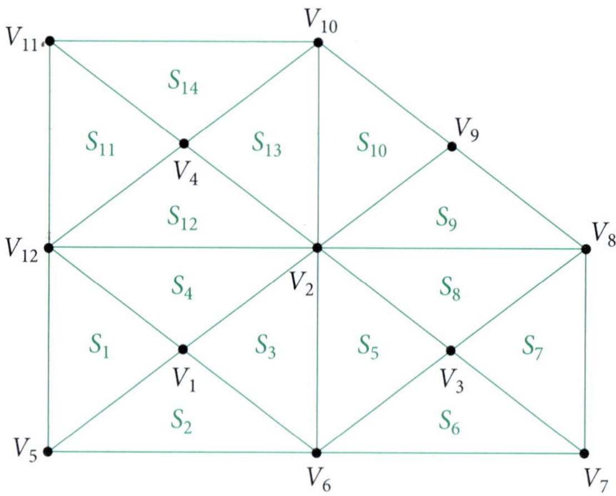

그림 9.12 14개의 삼각형 소영역들로 구분된 경계영역.

각 노드들의 좌표행렬 V와 영역 S_j의 꼭지점들의 집합 S는 다음과 같이 나타낼 수 있다:

$$V = \begin{bmatrix} 1/2 & 1/2 \\ 1 & 1 \\ 3/2 & 1/2 \\ 1/2 & 3/2 \\ 0 & 0 \\ 1 & 0 \\ 2 & 0 \\ 2 & 1 \\ 3/2 & 3/2 \\ 1 & 2 \\ 0 & 2 \\ 0 & 1 \end{bmatrix}, \quad S = \begin{bmatrix} 1 & 5 & 12 \\ 1 & 5 & 6 \\ 1 & 2 & 6 \\ 1 & 2 & 12 \\ 3 & 2 & 6 \\ 3 & 6 & 7 \\ 3 & 7 & 8 \\ 3 & 8 & 2 \\ 2 & 8 & 9 \\ 2 & 9 & 10 \\ 4 & 11 & 12 \\ 4 & 12 & 2 \\ 4 & 2 & 10 \\ 4 & 10 & 11 \end{bmatrix}$$

각 소영역 삼각형에 대하여 기저함수는 $a + bx + cy$ 형태로 표시되는데, 이 식의 계수들은 각각 행렬 $A(m, p)$, $B(m, p)$, $C(m, p)$로 나타낼 수 있다. 여기에서 노드 v_j들의 수는 $m = 12$, 내부 노드들의 수는 $n = 4$(즉 V_1, V_2, V_3, V_4), 삼각형 소영역들의 수는 $p = 14$이다.

MATLAB 실습 유한요소 방법을 이용한 Laplace 방정식의 풀이

다음과 같은 Laplace 방정식을 고려해 보자:

$$\frac{\partial^2 u}{\partial x^2} + \frac{\partial^2 u}{\partial y^2} = 0 \qquad (0 \le x, y \le 2)$$

$$u = \begin{cases} 0: & 0 \le x \le 2,\ y = 0;\ x = 0,\ 0 \le y \le 2 \\ x: & 0 \le x \le 1,\ y = 2 \\ y: & x = 2,\ 0 \le y \le 1 \end{cases}$$

그리고 대각선 방향의 경계선상(노드 V_8, V_9, V_{10})에서는 $u = 1$이다. 경계영역을 그림 9.12에 보인 바와 같이 14개의 삼각형 소영역들로 구분한다고 하면, 각 노드들의 좌표행렬 V와 영역 S_j의 꼭지점들의 집합 S는 위에 보인 바와 같다. 이를 이용하여 기저함수 $a + bx + cy$의 계수행렬 $A(m, p)$, $B(m, p)$, $C(m, p)$를 구할 수 있으며 이로부터 각 소영역에서의 기저함수를 얻을 수 있다.

스크립트 femlaplace는 주어진 편미분 방정식에 대한 근사해를 구한 다음 계수 c_j와 각 소영역에서의 해 u를 출력하고 풀이 결과를 3차원 그래프로 보여준다.

```
% femlaplace.m
m = 12; n = 4; p = 14; % m: 총 노드, n: 내부 노드, p: 삼각형 소영역들의 수
V= [1/2 1/2;1 1;3/2 1/2;1/2 3/2;0 0;1 0;2 0;2 1;3/2 3/2;1 2;0 2;0 1];
S = [1 5 12;1 5 6;1 2 6;1 2 12;3 2 6;3 6 7;3 7 8;3 8 2;2 8 9;2 9 10;...
    4 11 12;4 12 2;4 2 10;4 10 11];
for j = 1:m
   for k = 1:p
       for i = 1:3
           A2(i,1) = 1; A2(i,2) = V(S(k,i),1); A2(i,3) = V(S(k,i),2);
           if S(k,i) == j, b2(i,1) = 1; else, b2(i,1) = 0; end
       end
       x = A\b2; A(j,k) = x(1); B(j,k) = x(2); C(j,k) = x(3);
   end
end
H = 0.25*ones(1,p); cf = [0 0 0 0 0 0 0 1 1 1 0 0]; % H:삼각형 면적, cf:계수벡터
for i = 1:n
    for j = 1:n, q(1:p) = B(i,1:p).*B(j,1:p) + C(i,1:p).*C(j,1:p); A3(i,j)
= q*H'; end
end
for i = 1:n
    for j = n+1:m
        k = j-n; q(1:p) = B(i,1:p).*B(j,1:p) + C(i,1:p).*C(j,1:p); G(i,k)
= q*H';
    end
```

```
end
d(1:n) = -G*cf(n+1:m)'; cf(1:n) = A3\d'
Ua = A'*cf'; Ub = B'*cf'; Uc = C'*cf'; U = [Ua Ub Uc]
xg = V(:,1); yg = V(:,2); trimesh(S,xg,yg,cf)
```

스크립트에서 A(1,:), B(1,:), C(1,:)을 살펴보면 다음과 같다:

```
>> A(1,:)
ans =
    0    0    2    2    0    0    0    0    0    0    0    0    0    0
>> B(1,:)
ans =
    2    0   -2    0    0    0    0    0    0    0    0    0    0    0
>> C(1,:)
ans =
    0    2    0   -2    0    0    0    0    0    0    0    0    0    0
```

A(1,:), B(1,:), C(1,:)의 첫 번째 인수 1은 첫 번째 노드에 대한 기저함수 ϕ_1을 의미한다. 즉 소영역 S_1, S_2, S_3, S_4에서 ϕ_1은 다음과 같이 주어진다:

$$\phi_1 = \begin{cases} 0+2x+0y: & S_1 \\ 0+0x+2y: & S_2 \\ 2-2x+0y: & S_3 \\ 2+0x-2y: & S_4 \end{cases}$$

일반적으로 꼭지점이 (x_1, y_1), (x_2, y_2), (x_3, y_3)인 삼각형 소영역 S_j의 면적 W_j는

$$W_j = \frac{1}{2}\begin{vmatrix} x_1 & y_1 & 1 \\ x_2 & y_2 & 1 \\ x_3 & y_3 & 1 \end{vmatrix}$$

로 주어진다. 그림 9.12에 보인 삼각형들의 면적은 모두 $\frac{1}{4}$이다. 아울러 노드 V_8, V_9, V_{10}에서의 경계조건은 $u = 1$이고 그 외의 노드들에서는 0이므로 스크립트에서 계수벡터 c는

```
cf = [0 0 0 0 0 0 0 1 1 1 0 0]
```

와 같이 정의하고 있다. 스크립트 femlaplace의 수행결과는 다음과 같다.

```
>> femlaplace
cf =
    0.1154 0.4615 0.3654 0.3654 0 0 0 1.0000 1.0000 1.0000 0 0
U =
         0    0.2308         0
         0         0    0.2308
   -0.2308    0.2308    0.4615
   -0.2308    0.4615    0.2308
```

```
-0.2692    0.2692    0.4615
      0         0    0.7308
-0.5385    0.2692    1.0000
-0.8077    0.5385    0.7308
-0.6154    0.5385    0.5385
-0.6154    0.5385    0.5385
      0    0.7308         0
-0.2692    0.4615    0.2692
-0.8077    0.7308    0.5385
-0.5385    1.0000    0.2692
```

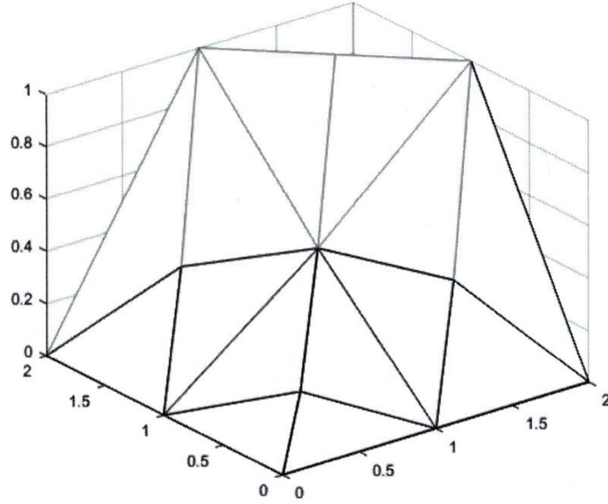

그림 9.13 유한요소 방법을 이용한 Laplace 방정식의 풀이.

즉 각 소영역들에서 얻어진 해 $u = \sum_{j=1}^{12} c_j \phi_j$는 다음과 같이 다시 정리해 볼 수 있다.

표 9.8 유한요소 방법을 이용한 Laplace 방정식의 근사해

소영역 S_j	근사해 $u = a + bx + cy$
S_1	$0 + 0.2308x + 0y$
S_2	$0 + 0x + 0.2308y$
S_3	$-0.2308 + 0.2308x + 0.4615y$
S_4	$-0.2308 + 0.4615x + 0.2308y$
S_5	$-0.2692 + 0.2692x + 0.4615y$
S_6	$0 + 0x + 0.7308y$
S_7	$-0.5385 + 0.2692x + 1.0000y$
S_8	$-0.8077 + 0.5385x + 0.7308y$
S_9	$-0.6154 + 0.5385x + 0.5385y$
S_{10}	$-0.6154 + 0.5385x + 0.5385y$
S_{11}	$0 + 0.7308x + 0y$
S_{12}	$-0.2692 + 0.4615x + 0.2692y$
S_{13}	$-0.8077 + 0.7308x + 0.5385y$
S_{14}	$-0.5385 + 1.0000x + 0.2692y$

9.7 MATLAB 내장함수 pdepe의 활용

MATLAB의 pdepe 함수는 포물선/타원 편미분 방정식 시스템을 계산한다. 이 시스템에는 스칼라 공간변수 x와 스칼라 시간변수 t에 의존하며 벡터값을 갖는 미지함수 u가 포함된다. 함수 pdepe가 적용되는 편미분 방정식은 다음과 같은 형태를 갖는다:

$$c\left(x, t, u, \frac{\partial u}{\partial x}\right)\frac{\partial u}{\partial t} = x^{-m}\frac{\partial}{\partial x}\left(x^m f\left(x, t, u, \frac{\partial u}{\partial x}\right)\right) + s\left(x, t, u, \frac{\partial u}{\partial x}\right)$$

위에서 $a \le x \le b$, $t_0 \le t \le t_f$이다. 정수 m은 슬랩, 실린더형, 구형에 따라 각각 0, 1 혹은 2가 될 수 있다. 함수 c는 대각행렬이며 율속과 근원함수 f와 s는 벡터값을 갖는다. 초기조건과 경계조건의 경우 $a \le x \le b$와 $t = t_0$에서 해는 지정된 함수 u_0에 대하여 $u(x, t_0) = u_0(x)$의 관계를 만족해야 한다. 아울러 $x = a$와 $t_0 \le t \le t_f$에서 해는 지정된 함수 p_a와 q_a에 대하여 다음 관계를 만족해야 한다:

$$p_a(x, t, u) + q_a(x, t) f\left(x, t, u, \frac{\partial u}{\partial x}\right) = 0$$

마찬가지로 $x = b$와 $t_0 \le t \le t_f$에서 해는 지정된 함수 p_b와 q_b에 대하여 다음 관계를 만족해야 한다:

$$p_b(x, t, u) + q_b(x, t) f\left(x, t, u, \frac{\partial u}{\partial x}\right) = 0$$

함수 pdepe의 일반적인 호출 형태는 다음과 같다:

```
sol = pdepe(m,@pdefun,@pdeic,@pdebc,xmesh,tspan,options);
```

이는 bvp4c의 경우와 유사하다. 입력인수 m은 위에서 언급한 바와 같이 0, 1 혹은 2의 값을 갖는다. 함수 pdefun은 다음과 같은 형태를 갖는다:

```
function [c,f,s] = pdefun(x,t,u,DuDx)
```

이 함수는 해 u와 편미분 $\frac{\partial u}{\partial x}$를 근사하는 벡터 u 및 DuDx와 함께 공간 및 시간변수를 받아들이며 행렬 c의 대각부분과 율속 및 근원함수 f와 s를 포함하는 벡터들을 반환한다. 초기조건은 함수 pdeic로 구성되는데 이는 다음과 같은 형태를 갖는다:

```
function u0 = pdeic(x)
```

함수 pdebc는 다음과 같은 형태를 갖는다:

```
function [pa,qa,pb,qb] = pdebc(xa,ua,xb,ub,t)
```

이 함수는 xa=a와 xb=b에서의 경계조건에 대하여 p_a, q_a, p_b, q_b들을 계산한다. pdepe의 인수

목록에 있는 벡터 xmesh는 [a, b] 내의 점들의 집합으로서 xmesh(1)=a 및 xmesh(end)=b이며, xmesh(i) < xmesh(i+1)이 되도록 정렬된다. 이는 수치해가 계산되는 x 값들을 정의한다. 알고리듬으로서는 xmesh 값들에 근거한 2차 공간 이산화 방법이 사용된다. 따라서 xmesh의 선택은 수치해의 정확도와 비용에 큰 영향을 미친다. 해가 x에 대하여 매우 빠르게 변화할 것으로 예상되는 영역에서는 밀접하게 배열된 xmesh 점들이 사용되어야 한다. 벡터 tspan은 해가 반환되는 시점들을 지정하며 tspan(1) = t_0, tspan(end) = t_f, tspan(i) < tspan(i+1)이다. pdepe에서의 시간 적분은 ode15s에 의하여 수행되며 실제의 시간단계 값들은 동적으로 선택된다. ode15s의 기본 성질들은 선택적인 입력인수 options를 통해 변경시킬 수 있는데 options는 odeset 함수로 생성한다.

pdepe로부터의 출력 sol은 3차원 배열로서 sol(i, j, k)는 점 t=span(j), x=xmesh(k)에서의 u의 i번째 성분에 대한 근사이다. 후처리 함수 pdeval을 이용하여 xmesh에 존재하지 않는 점들에서 u와 $\dfrac{\partial u}{\partial x}$의 계산이 가능하다.

MATLAB 실습 Black–Scholes 방정식의 풀이

pdepe의 사용을 예시하기 위하여 다음과 같은 Black–Scholes 방정식을 다루어 보기로 한다:

$$\frac{\partial u}{\partial t}=\frac{\partial^2 u}{\partial x^2}+(k-1)\frac{\partial u}{\partial x}-ku,\qquad a\le x\le b,\quad t_0\le t\le t_f$$

위에서 $k = r/(\sigma^2/2)$, $r = 0.065$, $s = 0.8$, $a = \log(2/5)$, $b = \log(7/5)$, $t_0 = 0$, $t_f = 5$이며 초기조건과 경계조건은 각각

$$u(x,0)=\max(e^x-1,\ 0),\quad u(a,t)=0,\quad u(b,t)=\frac{7-5e^{-kt}}{5}$$

이다. pdepe에서 허용되는 일반적인 형태는 m=0이며

$$c(x,t,u)=1,\quad f\left(x,t,u,\frac{\partial u}{\partial x}\right)=\frac{\partial u}{\partial x},\quad s\left(x,t,u,\frac{\partial u}{\partial x}\right)=(k-1)\frac{\partial u}{\partial x}-ku$$

와 같다. 경계조건은 x=a에서 $p(x, t, u) = u$, $q(x, t, u) = 0$이며 x=b에서는

$$p(x,t,u)=u-\frac{7-5e^{-kt}}{5},\qquad q(x,t,u)=0$$

이다. 이 문제는 아래에 보인 함수 코드 파일 solvbspde에 의하여 계산된다. 여기에서는 linspace를 사용하여 공간격자로서 a와 b 사이에 균일하게 분포된 40개의 x 값들을 생성하였으며, 출력시간으로서 t_0와 t_f 사이에 균일하게 분포된 20개의 t 값들을 생성하였다. 중첩함수 bspde는 c, f, s를 이용하여 PDE를 정의하며 bsic은 초기조건을 지정한다. 마찬가지로 중첩함수 bsbc로부터는 $x = a$와 $x = b$에서의 경계조건들이 pa, qa, pb, qb로 반환된다. 3D 그래프 함수 mesh를 이용하여 해를 나타내는데 이로부터 생성되는 그래프는 그림 9.8에 보인 바와 같다.

```
% solvbspde.m: Black-Scholes PDE의 풀이
function solvbspde
```

```
m = 0; r = 0.065; sigma = 0.8;
k = r/(0.5*sigma^2); a = log(2/5); b = log(7/5);
t0 = 0; tf = 5;
xmesh = linspace(a,b,40); tspan = linspace(t0,tf,20);
sol = pdepe(m,@bspde,@bsic,@bsbc,xmesh,tspan);
u = sol(:,:,1); mesh(xmesh,tspan,u)
xlabel('x','FontSize',12), ylabel('t','FontSize',12), zlabel('u','FontSize',
12,'Rotation',0)

    function [c,f,s] = bspde(x,t,u,DuDx)   % 중첩함수
    % BSPDE  Black-Scholes PDE.
    c = 1; f = DuDx; s = (k-1)*DuDx-k*u;
    end

    function u0 = bsic(x)   % 중첩함수
    % BSIC   t = t0 에서의 초기조건.
    u0 = max(exp(x)-1,0);
    end

    function [pa,qa,pb,qb] = bsbc(xa,ua,xb,ub,t)  % 중첩함수
    % BSBC   x = a 와 x = b 에서의 경계조건.
    pa = ua; qa = 0; pb = ub - (7 - 5*exp(-k*t))/5; qb = 0;
    end

end
```

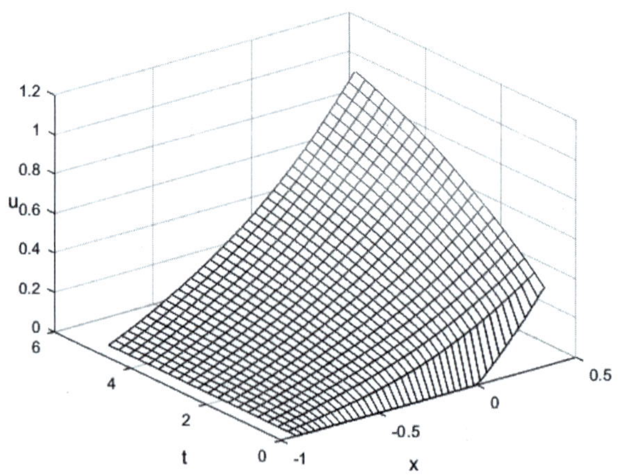

그림 9.14 pdepe를 이용한 Black-Scholes PDE의 풀이.

연습 문제

9.1 Fisher가 제안한 유전자 분포모델은

$$\frac{\partial p}{\partial t}=\beta\left(\frac{\partial^2 p}{\partial x^2}\right)+\alpha p(1-p)$$

와 같이 나타낼 수 있다. 여기에서 p는 출현빈도이며 α와 β는 양의 상수이다. $p_j^k = p(t_k, x_j)$라 하고 $\Delta t = t_{k+1} - t_k$, $\Delta x = x_{k+1} - x_k$라 하자. 시간 t에 대하여 2점 전향차분(forward difference), x에 대하여 3점 중앙차분(central difference)을 이용하여 위의 식을 명시적 차분방정식으로 나타내어라.

* MATLAB 활용 문제

M9.1 함수 `poisson`을 이용하여 다음 Laplace 방정식의 해를 구하라:

$$\frac{\partial^2 u}{\partial x^2}+\frac{\partial^2 u}{\partial y^2}=0 \qquad 0\le x\le 1,\quad 0\le y\le 1$$

$$0<x<1:\ u(x,0)=20,\ u(x,1)=180$$

$$0<y<1:\ u(0,y)=80,\ u(1,y)=0$$

최대 반복계산 횟수를 20으로 하고 x와 y 구간을 각각 10 및 5등분한다.

M9.2 가로 세로가 각각 1 m인 얇은 금속판의 네 변들이 각각 서로 다른 열원과 접촉하고 있으며 각 변의 온도는 $T(0, y) = 250°C$, $T(1, y) = 100°C$, $T(x, 0) = 500°C$, $T(x, 1) = 25°C$이다. 판의 평평한 면들은 잘 단열되어 있어서 이 면들을 통한 열전달은 무시할 수 있다. 이 금속판의 정상상태 온도분포는 다음과 같은 Laplace 식으로 나타낼 수 있다:

$$\nabla^2 T=\frac{\partial^2 T}{\partial x^2}+\frac{\partial^2 T}{\partial y^2}=0 \qquad (0\le x\le 1,\ 0\le y\le 1)$$

이 금속판 내의 온도분포를 그래프로 나타내어라. 일반적인 형태의 Helmholtz 방정식

$$\frac{\partial^2 u}{\partial x^2}+\frac{\partial^2 u}{\partial y^2}+g(x,y)u(x,y)=f(x,y)$$

은 아래에 보인 함수 `helpde`를 이용하여 해를 구할 수 있다.

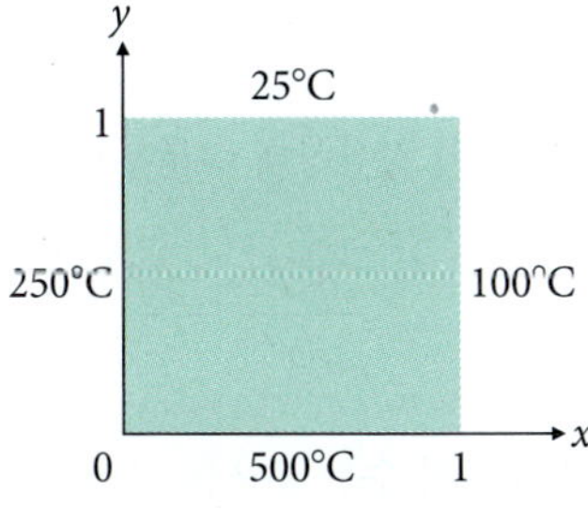

그림 M9.2 서로 다른 열원들과 접촉되어 있는 금속판.

```
function [u,x,y] = helpde(f,g,qx0,qxf,qy0,qyf,R,m,n,crit,kmax)
%  Helmholtz 방정식의 풀이: u_xx + u_yy + g(x,y)u(x,y) = f(x,y)
% 풀이영역 R = [x0 xf y0 yf]
% 경계조건: u(x0,y) = qx0(y), u(xf,y) = qxf(y), u(x,y0) = qy0(x), u(x,yf) = qyf(x)
% m: x 축에 따른 소구간들의 수, n: y 축에 따른 소구간들의 수
% crit: 수렴한계, kmax: 최대 반복계산 횟수
x0 = R(1); xf = R(2); y0 = R(3); yf = R(4);
dx = (xf - x0)/m; x = x0 + [0:m]*dx;
dy = (yf - y0)/n; y = y0 + [0:n]*dy;
dx2 = dx*dx; dy2 = dy*dy; dxy2 = 2*(dx2 + dy2);
bx = dx2/dxy2; by = dy2/dxy2; bxy = bx*dy2;
m1 = m + 1; n1 = n + 1;
% 경계조건
for k = 1:n1, u(k,[1 m1]) = [qx0(y(k)) qxf(y(k))]; end % at x=x0 and x=xf
for k = 1:m1, u([1 n1], k) = [qy0(x(k)) qyf(x(k))]; end % at y=y0 and y=yf
% 초기화
u(2:m,2:n) = 0;
for i = 1:m
    for j = 1:n, fv(i,j) = f(x(i),y(j)); gv(i,j) = g(x(i),y(j)); end
end
% 연속치환 방법에 의한 차분방정식의 풀이
for k = 1:kmax % 반복계산을 수행
    for i = 2:m
        for j = 2:n
            u(i,j) = by*(u(i+1,j)+u(i-1,j)) + bx*(u(i,j+1)+u(i,j-1)) +
bxy*(gv(i,j)*u(i,j)-fv(i,j));
        end
    end
    if k>1 & max(max(abs(u-u0)))<crit, break; end
    u0 = u; % 역치환
end
end
```

M9.3 가로 세로가 각각 1 m인 고체판이 대기와 접촉하고 있으며 수분이 함유된 기체가 고체판으로 스며들고 있다. 경계조건은

$$C(0,y)=0,\quad C(1,y)=0,\quad C(x,0)=0,\quad C(x,1)=32\ \ \mathrm{g/m^3}$$

와 같다. 이 판의 정상상태 수분분포는 다음과 같은 Laplace 식으로 나타낼 수 있다:

$$\frac{\partial^2 C}{\partial x^2}+\frac{\partial^2 C}{\partial y^2}=0\quad(0\le x\le 1,\ 0\le y\le 1)$$

이 고체판 내부의 수분 분포를 그래프로 나타내어라.

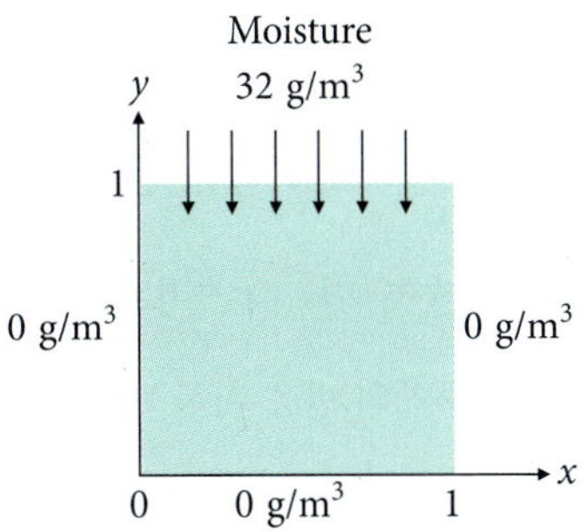

그림 M9.3 대기와 접촉하는 고체판.

M9.4 함수 hyppdeex를 이용하여 다음과 같은 파동방정식에 대한 근사해를 구하고 그래프로 나타내어라:

$$\frac{\partial^2 u}{\partial t^2} = 4\frac{\partial^2 u}{\partial x^2}, \qquad 0 \le x \le 1, \quad 0 \le t \le \frac{1}{2}$$

초기조건: $0 \le x \le 1$에서

$$u(x,0) = f(x) = \begin{cases} x & : \ 0 \le x \le 0.6 \\ 1.5(1-x) & : \ 0.6 \le x \le 1 \end{cases}, \quad \left.\frac{\partial u}{\partial t}\right|_{(x,0)} = 0$$

경계조건: $x = 0, x = 1$ $(0 \le t \le 0.5)$에서 $u(0, t) = 0$, $u(1, t) = 0$

x와 t 구간의 격자점들의 수는 각각 20으로 한다.

M9.5 시간에 따른 벽의 온도분포 $u(x, t)$는

$$\frac{\partial u}{\partial t} = \alpha \frac{\partial^2 u}{\partial x^2}$$

와 같이 나타낼 수 있다. 벽돌로 이루어진 벽의 두께는 1 m이고 벽의 온도는 90°C로 균일하게 유지되고 있다. 어느 순간에 벽 양쪽 면의 온도가 15°C로 떨어졌다. 벽돌의 경우 $\alpha = 4.8 \times 10^{-7}$ m/s^{2}이다. 앞으로 6시간(21,600초) 동안의 온도분포를 구하고 그래프로 나타내고자 한다. 이는 다음과 같은 단계를 따라 수행될 수 있으며 내장함수 pdepe를 이용할 수 있다. 각 단계에 따른 MATLAB 함수나 스크립트를 작성하고 이를 수행하여 그래프를 생성해 보라.

단계 1: 주어진 식으로부터 $\frac{1}{\alpha}\frac{\partial u}{\partial t} = \frac{\partial^2 u}{\partial x^2}$. 따라서 $m = 0$, $g = \frac{1}{\alpha}$, $f = \frac{\partial u}{\partial x}$, $r = 0$임을 알 수 있다. 먼저 g, f, r을 함수로 정의한다.

단계 2: 초기조건을 설정한다. $t = 0$일 때 벽의 온도는 90°C이므로 $u(x, t_0) = u(x, 0) = u_0(x) = 90$. 이를 함수로 정의한다.

단계 3: 경계조건 $p(x, t, u) + q(x, t)\, f\left(x, t, u, \frac{\partial u}{\partial x}\right) = 0$을 설정한다. 벽의 양쪽 경계면에서의 온도는 15°C로 일정하므로 $x = 0$에서 p=pl=ul−15, q=ql=0이며 x=1에서는 p=pr=ur−15, q=qr=0이다. 이를 함수로 정의한다.

단계 4: x와 t의 구간을 설정하고 함수 pdepe를 호출한다. x는 20개의 소구간으로 나누고 시간 t는 108개의 구간으로 나누어 본다.

M9.6 함수 pdepe를 이용하여 다음 편미분 방정식의 해를 구하라(모든 변수들의 단위는 무차원):

$$\frac{\partial T}{\partial t} = \frac{\partial^2 T}{\partial t^2} + \alpha, \quad T(x,0) = 1 - \frac{1}{2}x, \quad \left.\frac{\partial T}{\partial x}\right|_{x=0} = kT(0,t), \quad T(1,t) = c$$

$$a = 1, \quad k = 0.1, \quad c = 0.6$$

M9.7 다음과 같은 두 개의 반응-확산 방정식 시스템을 고려해 보자:

$$\frac{\partial u}{\partial t} = \frac{1}{2}\frac{\partial^2 u}{\partial x^2} + \frac{1}{1+v^2}, \qquad \frac{\partial v}{\partial t} = \frac{1}{2}\frac{\partial^2 v}{\partial x^2} + \frac{1}{1+u^2}$$

위에서 $0 \le x \le 1$ 및 $0 \le t \le 0.2$이다. 초기조건은

$$u(x,0) = 1 + 0.5\cos(2\pi x), \qquad v(x,0) = 1 - 0.5\cos(2\pi x)$$

와 같고 경계조건은

$$\frac{\partial u}{\partial x}(0,t) = \frac{\partial u}{\partial x}(1,t) = \frac{\partial v}{\partial t}(0,t) = \frac{\partial v}{\partial x}(1,t) = 0$$

와 같다. 이를 pdepe에서 가능한 구조로 바꾸기 위하여 (u,v)를 (u_1, u_2)로 쓰고 편미분 방정식을 다음과 같이 나타낸다:

$$\begin{bmatrix} 1 & 0 \\ 0 & 1 \end{bmatrix} \times \frac{\partial}{\partial t}\begin{bmatrix} u_1 \\ u_2 \end{bmatrix} = \frac{\partial}{\partial x}\begin{bmatrix} \frac{1}{2}\frac{\partial u_1}{\partial x} \\ \frac{1}{2}\frac{\partial u_2}{\partial x} \end{bmatrix} + \begin{bmatrix} \frac{1}{1+u_2^2} \\ \frac{1}{1+u_1^2} \end{bmatrix}$$

에너지 식은

$$E(t) = \frac{1}{2}\int_0^1 \left\{ \left(\frac{\partial u}{\partial x}\right)^2 + \left(\frac{\partial v}{\partial x}\right)^2 \right\} dx$$

로 주어지며 $t \to \infty$이면 지수적으로 0으로 감쇄된다. 함수 pdepe를 이용하여 위의 편미분 방정식의 해를 구하고 에너지와 함께 그래프로 나타내어라.

제10장

회귀분석

공정의 운전이나 실험에서 얻은 데이터는 흔히 그 데이터를 잘 나타내어 줄 수 있는 수학적 모델을 규명하고 평가하는 데에 이용된다. 회귀분석(혹은 곡선접합)은 주어진 데이터 점들을 가장 잘 나타내어 주는 수학적 공식을 찾아내는 과정을 의미한다. 측정 데이터의 특성에 따라 통계적 기법이 요구되기도 하며 수학적 공식으로서 선형이나 비선형 모델이 얻어지기도 한다. 때로는 특정 함수들의 조합으로 모델을 구성할 수도 한다.

10.1 통계입문

10.1.1 확률밀도, 기댓값 및 분산

» 확률밀도

N을 총 개체 수, n을 개체들로부터 취한 샘플에 포함된 항목들의 수($0 \leq n \leq N$), x_j의 값이 나타나는 횟수를 m_j($j = 1, 2, \cdots, M$)라고 할 때, x_j의 발생확률(probability of occurrence)은 x_j의 발생 횟수를 총 관찰 횟수로 나눈 값으로서

$$\Pr(X = x_j) = \lim_{n \to N} \frac{m_j}{m} = p(x_j)$$

로 정의된다. 이산 랜덤변수의 경우 $p(x_j)$는 확률함수라고 불린다:

$$0 \leq p(x_j) \leq 1, \quad \sum_{j=1}^{M} p(x_j) = 1$$

연속 랜덤변수의 경우 발생확률은 확률밀도함수라고 불리는 연속함수 $p(x)$로 나타내어진다:

$$\Pr(x < X \leq x + dx) = p(x)dx$$

연속함수 $p(x)$는 다음 성질을 갖는다:

$$0 \leq p(x) \leq 1, \quad \int_{-\infty}^{\infty} p(x)dx - 1$$

그림 10.1에 보인 x에 대한 $p(x)$의 그래프는 연속 확률밀도 분포라고 불린다.

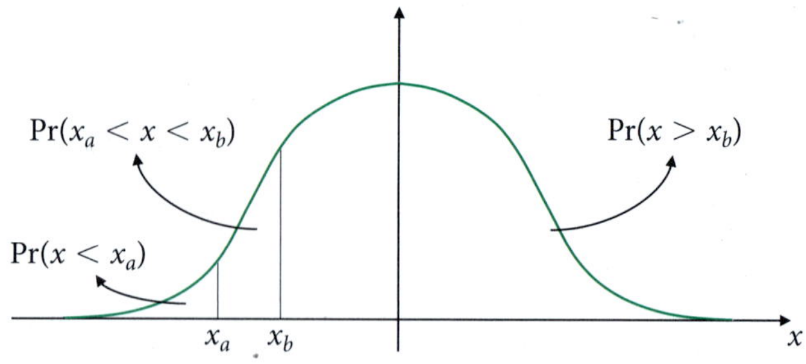

그림 10.1 연속 확률밀도 분포.

누적분포 함수는 랜덤변수 X가 주어진 값 x를 초과하지 않는 확률로 정의된다. 즉

$$\Pr(X \le x) = P(x) = \int_{-\infty}^{x} p(x)dx$$

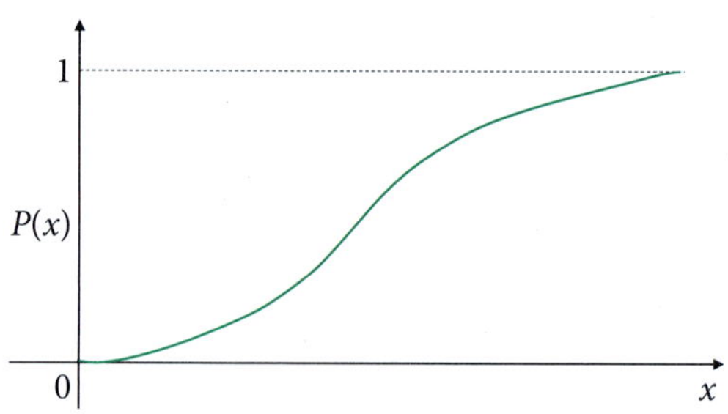

그림 10.2 누적분포 함수.

누적분포 함수는 확률밀도 분포함수 아래 부분의 면적과 같다. 확률밀도 함수의 그래프로부터

$$\Pr(X \le x_a) = \int_{-\infty}^{x_a} p(x)dx, \quad \Pr(x_a < X \le x_b) = \int_{x_a}^{x_b} p(x)dx, \quad \Pr(X > x_a) = \int_{x_a}^{\infty} p(x)dx$$

이산 랜덤변수의 경우 누적분포 함수는

$$\Pr(X \le x_i) = P(x_i) = \sum_{j=1}^{i} p(x_j)$$

와 같다.

» 기댓값

이산 랜덤변수의 기댓값(expected value)은

$$\mu = E[X] = \sum_{j=1}^{M} x_j p(x_j)$$

로 정의되며 연속 랜덤변수의 기댓값은

$$\mu = E[X] = \int_{-\infty}^{\infty} xp(x)dx$$

로 정의된다. 기댓값은 x 축에 따른 확률밀도 분포의 무게중심에 해당된다. 전체 개체 수에 대해서는 이산변수의 경우 기댓값은

$$\mu = E[X] = \frac{1}{N}\sum_{i=1}^{N} x_i$$

이다. 샘플의 모우드(mode)는 가장 빈번히 나타나는 값이며 샘플의 평균, 혹은 산술평균은 관찰된 값들의 합을 총 관찰 수로 나눈 값이다. 샘플의 평균은

$$\bar{x} = \frac{1}{n}\sum_{i=1}^{n} x_i$$

로 주어지며 샘플 평균의 기댓값은

$$E[\bar{x}] = E\left[\frac{1}{n}\sum_{i=1}^{n} x_i\right] = \frac{1}{n}\sum_{i=1}^{n} E[x_i] = \frac{1}{n}\sum_{i=1}^{n} \mu = \mu$$

와 같다.

» 분산

분산(variance)은 랜덤변수 X와 그 기댓값 μ 사이의 편차의 제곱의 기댓값으로 정의된다. 즉 분산 σ^2은

$$\sigma^2 = E[(X - E[X])^2] = E[(X - \mu)^2]$$

로 표시된다. 이산 랜덤변수의 경우 분산은

$$\sigma^2 = \sum_{j=1}^{M} (x_j - \mu)^2 p(x_j) = \frac{1}{N}\sum_{i=1}^{N} (x_i - \mu)^2$$

연속 랜덤변수의 경우에는

$$\sigma^2 = \int_{-\infty}^{\infty} (x - \mu)^2 p(x)dx$$

로 주어진다. 분산의 정의 $\sigma^2 = E[(X - E[X])^2] = E[(X - \mu)^2]$로부터

$$\begin{aligned}\sigma^2 &= E[(X - E[X])^2] = E[X^2 + (E[X])^2 - 2XE[X]] \\ &= E[X^2] + E[(E[X])^2] - 2E[XE[X]] = E[X^2] + (E[X])^2 - 2(E[X])^2 \\ &= E[X^2] - (E[X])^2 = E[X^2] - \mu^2\end{aligned}$$

임을 알 수 있다. 분산 σ^2의 제곱근 $\sigma = \sqrt{\sigma^2}$는 표준편차라고 부른다.

샘플의 분산 s^2은 평균을 μ라고 할 때 μ로부터의 x_i의 편차의 제곱의 산술평균으로서

$$s^2 = \frac{1}{n}\sum_{i=1}^{n}(x_i - \mu)^2$$

로 정의된다. 그러나 대개 μ는 미지이므로 μ의 추정치로서 $\bar{x}$를 이용한다. 따라서

$$s^2 = \frac{1}{n-1}\sum_{i=1}^{n}(x_i - \bar{x})^2$$

그런데

$$\begin{aligned}
\sum_{i=1}^{n}(x_i - \bar{x})^2 &= \sum_{i=1}^{n}x_i^2 - 2\bar{x}\sum_{i=1}^{n}x_i + \sum_{i=1}^{n}\bar{x}^2 \\
&= \sum_{i=1}^{n}x_i^2 - 2\bar{x} \cdot n \cdot \frac{1}{n}\sum_{i=1}^{n}x_i + n\bar{x}^2 \\
&= \sum_{i=1}^{n}x_i^2 - 2n\bar{x}^2 + n\bar{x}^2 = \sum_{i=1}^{n}x_i^2 - n\bar{x}^2 \\
&= \sum_{i=1}^{n}x_i^2 - n\left(\frac{1}{n}\sum_{i=1}^{n}x_i\right)^2 = \sum_{i=1}^{n}x_i^2 - \frac{1}{n}\left(\sum_{i=1}^{n}x_i\right)^2
\end{aligned}$$

이므로

$$s^2 = \frac{1}{n-1}\sum_{i=1}^{n}(x_i - \bar{x})^2 = \frac{1}{n-1}\left\{\sum_{i=1}^{n}x_i^2 - \frac{1}{n}\left(\sum_{i=1}^{n}x_i\right)^2\right\}$$

임을 알 수 있다. 아울러

$$E[s^2] = \sigma^2$$

이며 샘플의 표준편차는

$$s = \sqrt{s^2} = \sqrt{\frac{1}{n-1}\sum_{i=1}^{n}(x_i - \bar{x})^2}$$

로 주어진다. 한편 데이터의 분포 정도를 나타내는 분산계수 c_v는 표준편차를 평균값으로 나누어 얻는다. 즉

$$c_v(\%) = \frac{100s}{\bar{x}}$$

두 랜덤변수 X와 Y의 공분산(covariance) $Cov[X, Y]$은 X 및 Y와 각각의 기댓값들로부터의 편차의 곱에 대한 기댓값으로 정의된다. 즉

$$\begin{aligned}
Cov[X, Y] &= E[(X - E[X])(Y - E[Y])] = E[XY - YE[X] - XE[Y] + E[X]E[Y]] \\
&= E[XY] - E[X]E[Y]
\end{aligned}$$

공분산은 두 변수들 사이의 상관관계를 나타내는 척도이다. X의 양의 편차가 Y의 양의 편차와 연관되면 공분산은 양이며 X의 양의 편차가 Y의 음의 편차와 관련되면 공분산은 음이다. X와 X의

공분산은

$$Cov[X,X] = E[(X-E[X])(X-E[X])] = E[(X-E[X])^2] = V[X]$$

상관계수 ρ_{XY}는 두 무차원 변수 $\frac{X-E[X]}{\sqrt{V[Y]}}$ 및 $\frac{Y-E[Y]}{\sqrt{V[Y]}}$를 이용하여

$$\rho_{XY} = Cov\left[\frac{X-E[X]}{\sqrt{V[X]}}, \frac{Y-E[Y]}{\sqrt{V[Y]}}\right] = \frac{Cov[X,Y]}{\sqrt{V[X]V[Y]}}$$

와 같이 나타낼 수 있다. $\rho_{XY} = 0$이면 두 변수 X와 Y는 서로 관련이 없음을 의미하며 $Cov[X, Y] = 0$이 된다. 즉 X와 Y가 서로 독립적인 변수들이면

$$p\{x,y\} = p_x(x)p_y(y) \;\Rightarrow\; E[XY] = E[X]E[Y] \;\Rightarrow\; Cov[X,Y] = 0 \;\Rightarrow\; \rho_{XY} = 0$$

MATLAB 활용

MATLAB에서 평균은 내장함수 mean, 메디안은 median, 모우드는 mode, 분산은 var, 표준편차는 std로 계산된다.

MATLAB 실습 로또숫자

다음의 표는 수차례의 로또복권 구입에 따른 숫자들의 출현 횟수를 보인 것이다. 이 표로부터 $p(x_j)$, $\Pr(X \le x_6)$, μ, $\bar{x}$, σ, 그리고 샘플의 분산 s^2를 구하라.

표 10.1 로또숫자 출현 횟수

숫자	1	2	3	4	5	6	7	8	9
출현 횟수	17	32	21	28	9	11	24	15	18

풀이

```
% lottop.m
xj = 1:9; mj = [17 32 21 28 9 11 24 15 18];
m = sum(mj); % 데이터 값들의 합
pxj = mj/m; % 발생확률
Pr6 = sum(trapz(xj(1:6), pxj(1:6))); % Pr(X<=x6)
mux = sum(xj)/length(xj); % 기댓값
xbar = sum(xj)/length(xj); % 모우드
sig2 = sum((xj-mux).^2)/length(xj); % 분산
sig = sqrt(sig2); % 표준편차
avgx = sum(xj)/length(xj); % 평균
s2 = sum((xj - avgx).^2)/(length(xj)-1); % 샘플의 분산
display('발생확률: '), pxj
fprintf('기댓값: %g, 모우드: %g, 분산: %g\n',mux,xbar,sig2);
```

```
fprintf('표준편차: %g, 평균: %g, 샘플의 분산: %g\n',sig,avgx,s2);

>> lottop
발생확률:
pxj =
    0.0971  0.1829  0.1200  0.1600  0.0514  0.0629  0.1371  0.0857  0.1029
기댓값: 5, 모우드: 5, 분산: 6.66667
표준편차: 2.58199, 평균: 5, 샘플의 분산: 7.5
```

MATLAB 실습 기초 통계

다음 표는 어떤 금속의 열팽창 계수를 측정한 결과이다. 이 측정결과로부터 평균, 메디안, 모우드, 분산, 표준편차를 각각 구하라.

표 10.2 열팽창 계수 측정결과

측정순서	열팽창계수	측정순서	열팽창계수	측정순서	열팽창계수
1	5.394	9	5.514	17	5.384
2	5.564	10	5.335	18	5.614
3	5.654	11	5.614	19	5.554
4	5.465	12	5.455	20	5.675
5	5.495	13	5.534	21	5.455
6	5.404	14	5.524	22	5.554
7	5.524	15	5.475	23	5.504
8	5.414	16	5.295	24	5.584

풀이

MATLAB에서 평균은 내장함수 mean, 메디안은 median, 모우드는 mode, 분산은 var, 표준편차는 std로 계산된다. 이들 값은 스크립트 statis에 의해 계산된다.

```
% statis.m
tc = [5.394 5.564 5.654 5.465 5.495 5.404 5.524 5.414...
      5.514 5.335 5.614 5.455 5.534 5.524 5.475 5.295...
      5.384 5.614 5.554 5.675 5.455 5.554 5.504 5.584];
tcmean = mean(tc); tcmedian = median(tc); tcmode = mode(tc); tcvar = var(tc);
tcstd = std(tc);
fprintf('평균 = %9.6f', tcmean); fprintf('\n메디안 = %9.6f', tcmedian);
fprintf('\n모우드 = %9.6f', tcmode); fprintf('\n분산 = %9.6f', tcvar);
fprintf('\n표준편차 = %9.6f\n', tcstd); hist(tc)  % 히스토그램
```

스크립트 statis의 수행결과는 다음과 같다.

```
>> statis
평균 =   5.499333
메디안 =   5.509000
모우드 =   5.455000
분산 =   0.009405
표준편차 =   0.096977
```

10.1.2 정규분포와 확률분포

» 정규분포

회귀분석에서는 정규, X^2, t, F 분포가 이용된다. 정규분포 혹은 Gauss 밀도함수 $p(x)$는

$$p(x)=\frac{1}{\sqrt{2\pi}\sigma}\exp\left[-\frac{1}{2}\left(\frac{x-\mu}{\sigma}\right)^2\right]$$

의 형태를 갖는다($-\infty < x < \infty$). 정규밀도 함수의 누적 분포함수 $P(x)$는

$$P(x)=\frac{1}{\sqrt{2\pi}\sigma}\int_{-\infty}^{\infty}\exp\left[-\frac{1}{2}\left(\frac{x-\mu}{\sigma}\right)^2\right]dx$$

로 주어진다. 정규분포를 갖는 변수의 기댓값과 분산은 각각

$$E[X]=\mu, \qquad V[X]=\sigma^2$$

와 같다. 따라서 정규밀도 함수는 줄여서 $N(\mu, \sigma^2)$로 나타낼 수 있으며, $X \sim N(\mu, \sigma^2)$는 변수 X가 기댓값 μ와 분산 σ^2인 정규분포를 가짐을 의미한다. 정규밀도 함수는 변수

$$u=\frac{x-\mu}{\sigma}$$

를 이용하여 표준 정규밀도 함수로 변환시킬 수 있다. 이를 이용하면

$$\phi(u)=\frac{1}{\sqrt{2\pi}}\exp\left(-\frac{u^2}{2}\right)$$

로 주어지며 아울러 $E[u] = 0$, $V[u] = 1$이다. 따라서

$$u \sim N(0,1)$$

와 같이 나타낼 수 있다. 표준 정규밀도 함수 $\phi(u)$의 누적분포함수는

$$\Phi(u)=\frac{1}{\sqrt{2\pi}}\int_{-\infty}^{\infty}\exp\left(-\frac{u^2}{2}\right)du$$

로 주어진다.

정규분포 변수들의 집합 X_j(즉 $X_j \sim N(\mu_j, \sigma_j^2)$)가 선형적으로 결합되어 $Y = \sum_k a_k X_k$와 같이 다

른 변수 Y를 구성하는 경우에는 Y 역시 정규분포를 보인다. 즉

$$Y \sim N\left(\sum_k a_k \mu_k,\ \sum_k a_k^2 \sigma_k^2\right)$$

정규분포 개체군의 샘플 평균은 정규분포 변수들의 선형 조합이다. 따라서 샘플 평균 자체는 정규분포되어 있다.

$$\bar{x} \sim N\left(\mu,\ \frac{\sigma^2}{n}\right)$$

따라서

$$\frac{\bar{x} - \mu}{\sqrt{\sigma^2/n}} \sim N(0,1)$$

이다. 위에서 변수 $\dfrac{\bar{x} - \mu}{\sqrt{\sigma^2/n}}$은 $N(0,\ 1)$과 마찬가지로 정규분포이며 표의 값들과 쉽게 비교할 수 있으므로 평균이 μ이고 분산이 σ^2인 정규분포로부터 평균이 $\bar{x}$인 샘플을 얻을 수 있다는 가설을 테스트하는 과정은 쉽다.

» 확률분포

정규분포에서 σ^2를 알지 못하며 따라서 샘플의 분산 s^2로부터 추정해야 한다면 Student의 t-분포가 필요하다. 수열 X_j가 동일하게 분포되어 있으며 상호 독립적인 랜덤변수들이라고 하자. 모든 k에 대하여

$$E[X_k] = \mu, \quad E[(X_k - \mu)^2] = V[X_k] = \sigma^2$$

로 두면 $Z_n = X_1 + X_2 + \cdots + X_n$과 같이 정의되는 랜덤변수 Z에 대하여

$$E[Z_n] = n\mu, \qquad E[(Z_n - n\mu)^2] = V[X_k] = n\sigma^2$$

이다. 아울러

$$\hat{Z}_n = \frac{Z_n - n\mu}{\sigma\sqrt{n}}$$

라 하면 $\hat{Z}_n$의 분포는 표준 정규분포에 근접한다. 즉

$$\lim_{n\to\infty} P_n(z) = \frac{1}{\sqrt{2\pi}} \int_{-\infty}^{z} \exp\left(-\frac{z^2}{2}\right) dz$$

이는 중앙극한(central limit) 정리라고 불리며 실험데이터를 대상으로 하는 회귀분석에서 매우 중요하게 이용된다. 실험오차는 그 확률분포가 꼭 정규분포일 필요가 없는 많은 독립적인 오차들의 복합체이다. 그러나 중앙극한 정리는 오차에 기여하는 성분들의 수가 증가함에 따라 오차는 정규분포를 보인다는 가정의 타당성을 보장해 준다.

상호 독립적인 관측치 $x_1, x_2, \cdots, x_\nu$들이 $N(\mu, \sigma^2)$의 정규분포를 보인다고 하면

$$u_i = \frac{x_i - \mu}{\sigma}$$

도 역시 독립적이며 $N(0, 1)$의 분포를 보일 것이다. u_i의 제곱의 합을 $\chi^2(\nu)$라고 하면

$$\chi^2(\nu) = \sum_{i=1}^{\nu} u_i^2 = \sum_{i=1}^{\nu} \frac{(x_i - \mu)^2}{\sigma^2}$$

이다. $\chi^2(\nu)$는 χ^2-분포함수로 불리는 다음과 같은 함수 $p(\chi^2)$를 갖는다:

$$p(\chi^2) = \frac{1}{2^{\nu/2}\Gamma(\nu/2)} e^{-\chi^2/2}(\chi^2)^{(\nu/2)-1}$$

위에서 $\chi^2 \geq 0$이며

$$\Gamma(\nu/2) = \int_0^\infty e^{-x} x^{(\nu/2)-1} dx$$

이다. 변수 χ^2의 기댓값은

$$\mu = E[\chi^2] = \int_0^\infty \chi^2 p(\chi^2) d\chi^2 = \nu$$

이며 분산은

$$\sigma^2 = V[\chi^2] = \int_0^\infty (\chi^2)^2 p(\chi^2) d\chi^2 = 2\nu$$

이다. ν가 커짐에 따라 χ^2 분포는 정규분포 $N(\nu, 2\nu)$에 근접한다. χ^2 분포는 통계분석에서 변수들의 독립성 테스트와 실험 데이터에 대한 확률분포 접합에 널리 이용된다.

$\bar{x}$가 μ와 같다면 샘플 분산은 이전에 보인 바와 같이

$$s^2 = \frac{1}{n-1} \sum_{i=1}^{n} (x_i - \bar{x})^2 = \frac{1}{n-1} \sum_{i=1}^{n} (x_i - \mu)^2$$

이다. $\nu = n - 1$로 두면 $\sum_{i=1}^{n}(x_i - \mu)^2 = s^2\nu$이므로 $\chi^2(\nu) = \sum_{i=1}^{\nu} u_i^2 = \sum_{i=1}^{\nu} \frac{(x_i - \mu)^2}{\sigma^2}$로부터 $\sum_{i=1}^{\nu}(x_i - \mu)^2 \approx \sum_{i=1}^{n}(x_i - \mu)^2$라고 가정하면

$$\chi^2(\nu) = \frac{1}{\sigma^2} \sum_{i=1}^{\nu} (x_i - \mu)^2 = \frac{s^2\nu}{\sigma^2} = (n-1)\frac{s^2}{\sigma^2}$$

를 얻는다. 새로운 랜덤변수 t를

$$t = \frac{u}{\sqrt{\chi^2/\nu}}$$

와 같이 정의하기로 한다. 위에서 $u \sim N(0,1)$이며 χ^2은 자유도 ν인 χ^2 분포이다. u와 χ^2는 서로 독

립이라고 가정한다. 변수 t는 Student의 t로 불리며 다음과 같은 확률밀도 함수를 갖는다:

$$p(t) = \frac{1}{\sqrt{\nu\pi}} \frac{\Gamma[(\nu+1)/2]}{\Gamma(\nu/2)} \left(1 + \frac{t^2}{\nu}\right)^{-(\nu+1)/2}$$

t 변수의 기댓값과 분산은 각각

$$\mu_t = E[t] = \int_{-\infty}^{\infty} tp(t)dt = 0 \qquad (\nu > 1)$$

$$\sigma_t^2 = V[t] = \int_{-\infty}^{\infty} t^2 p(t)dt = \frac{\nu}{\nu - 2} \qquad (\nu > 2)$$

로 주어진다. ν가 커짐에 따라 t 분포는 정규분포에 근접한다.

χ_1^2과 χ_2^2를 각각 자유도가 ν_1과 ν_2인 χ_2-분포를 갖는 독립적인 두 랜덤변수들이라 하면 이들의 비

$$F(\nu_1, \nu_2) = \frac{\chi_1^2/\nu_1}{\chi_2^2/\nu_2}$$

는 자유도가 ν_1과 ν_2인 F-분포밀도 함수 $p(F)$를 갖는다:

$$p(F) = \frac{\left(\frac{\nu_1}{\nu_2}\right)^{\nu_1/2} F^{(\nu_1/2)-1} \left(1 + \frac{\nu_1}{\nu_2}F\right)^{-(\nu_1+\nu_2)/2}}{\int_0^1 x^{(\nu_1/2)-1}(1-x)^{(\nu_2/2)-1} dx}$$

F-분포는 개체들의 분산의 분석에 매우 유용하다. 정규분포된 두 독립 랜덤 샘플을 평균 μ_1, 분산 σ_1^2인 개체군으로부터 취한 샘플 분산 s_1^2인 샘플 $x_{1,1}, x_{1,2}, \cdots, x_{1,n_1}$ 및 평균 μ_2, 분산 σ_2^2인 개체군으로부터 취한 샘플 분산 s_2^2인 샘플 $x_{2,1}, x_{2,2}, \cdots, x_{2,n_2}$라고 하면 $\chi^2 = (n-1)\dfrac{s^2}{\sigma^2}$로부터

$$\chi_1^2 = (n_1 - 1)\frac{s_1^2}{\sigma_1^2}, \qquad \chi_2^2 = (n_2 - 1)\frac{s_2^2}{\sigma_2^2}$$

를 얻는다. 따라서

$$F(\nu_1, \nu_2) = F(n_1 - 1,\ n_2 - 1) = \frac{\chi_1^2/(n_1 - 1)}{\chi_2^2/(n_2 - 1)} = \frac{s_1^2/\sigma_1^2}{s_2^2/\sigma_2^2}$$

이다. 만일 두 개체군이 동일한 분산을 갖는다면 $\sigma_1^2 = \sigma_2^2$이므로

$$F(n_1 - 1,\ n_2 - 1) = \frac{s_1^2}{s_2^2}$$

와 같다.

MATLAB 활용

랜덤 수의 생성

MATLAB은 랜덤 수(random number) 생성을 위한 두 가지의 함수를 제공한다. 함수 rand는 균일하게 분포된 랜덤 수를 생성해 주며, 함수 randn은 정규분포를 갖는 랜덤 수를 생성해 준다. 즉

```
x = rand(m,n)
x = randn(m,n)
```

으로부터 $m \times n$ 랜덤수의 행렬 x가 얻어진다. 구간 $[x_a\ x_b]$ 내의 랜덤 수 x(즉 $x_a < x < x_b$)를 생성하려면

$$x = x_a + (x_b - x_a)^* \mathrm{rand}(\mathrm{m}, \mathrm{n})$$

을 이용한다.

평균이 $\bar{x}$이고 표준편차가 s인 $m \times n$ 정규분포 행렬 x는

$$x = \bar{x} + s^* \mathrm{randn}(\mathrm{m}, \mathrm{n})$$

에 의해 생성될 수 있다.

MATLAB 실습 랜덤 수의 생성

(1) 0과 1 사이에서 균일하게 분포된 랜덤 수의 2 × 3 행렬 x를 생성하라.

(2) 정규분포를 갖는 랜덤 수의 2 × 3 행렬 y를 생성하라.

(3) 3과 5 사이에서 균일하게 분포된 3 × 3 행렬 z를 생성하라.

풀이

(1)

```
>> x = rand(2,3)
x =
    0.9572    0.8003    0.4218
    0.4854    0.1419    0.9157
```

(2)

```
>> y = randn(2,3)
y =
    1.4090    0.6715    0.7172
    1.4172   -1.2075    1.6302
```

(3)

```
>> z = 3+(5-3)*rand(3,3)
z =
    3.0637    3.1943    3.6342
    3.5538    4.6469    4.9004
    3.0923    4.3897    3.0689
```

■

» χ^2-분포함수와 확률밀도함수의 그래프

MATLAB 실습 χ^2-분포함수 $p(\chi^2)$의 그래프

χ^2-분포함수 $p(\chi^2)$의 그래프는 스크립트 chiplot을 이용한다. $p(\chi^2)$는 스크립트 chiplot 내에서 익명함수로 정의된다.

```
% chiplot.m
chi2 = linspace(0, 20, 200); lm = {'-','--',':','.','.-'};
f = @(nu) exp(-chi2/2).*chi2.^(nu/2-1)./(2.^(nu/2).*gamma(nu/2));
for i = 1:5
    nu = 2*i; y = f(nu); plot(chi2,y,lm{i}); hold on
end
hold off, axis([0 20 0 0.25]), xlabel('X^2'), ylabel('p(X^2)')
legend('\n=2','\n=4','\n=6','\n=8','\n=10','location','best')
```

스크립트 chiplot의 수행결과는 다음과 같다.

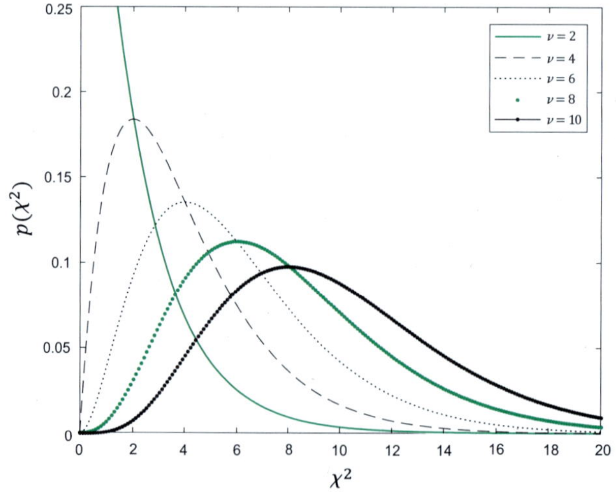

그림 10.3 χ^2-분포함수.

■

MATLAB 실습 **확률밀도함수 $p(t)$의 그래프**

ν가 1, 5, 9일 때의 확률밀도함수 $p(t)$의 그래프는 스크립트 tdistplot을 이용하여 작성할 수 있다. $p(t)$는 스크립트 tdistplot 내에서 익명함수로 정의된다.

```
% tdistplot.m
t = linspace(-3,3,600); lm = {'-','--',':'};
f = @(x) (1./sqrt(x*pi)).*(gamma((x+1)/2)./gamma(x/2)).*(1+t.^2 /x).^(-
(x+1)/2);
for i = 1:3
    nu = 4*(i-1)+1; y = f(nu); plot(t,y,lm{i}); hold on
end
hold off, axis([-3 3 0 0.4]), xlabel('t'), ylabel('p(t)'),line([0 0],[0
0.4])
legend('\n=1','\n=5','\n=9','location','best')
```

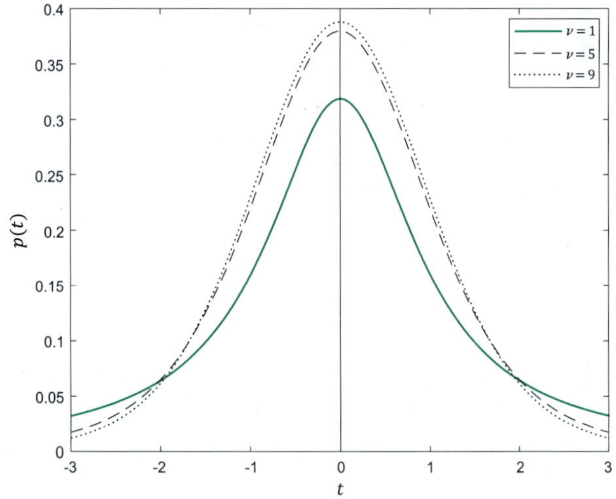

그림 10.4 확률밀도 함수.

10.1.3 신뢰구간과 가설 테스트

표준 정규변수 u의 밀도함수와 누적분포함수는 각각 $\phi(u)$ 및 $\Phi(u)$이며 $N(0, 1)$로 분포된다. 표준 정규분포의 경우

$$\Pr(u \le u_{\alpha/2}) = \int_{-\infty}^{u_{\alpha/2}} \phi(u)du = \Phi(u_{\alpha/2}) = \frac{\alpha}{2}$$

$$\Pr(u \le u_{1-\alpha/2}) = \int_{-\infty}^{u_{1-\alpha/2}} \phi(u)du = \Phi(u_{1-\alpha/2}) = 1 - \frac{\alpha}{2}$$

$$\Pr(u_{\alpha/2} < u \le u_{1-\alpha/2}) = \int_{u_{\alpha/2}}^{u_{1-\alpha/2}} \phi(u)du = \Phi(u_{1-\alpha/2}) - \Phi(u_{\alpha/2}) = 1 - \alpha$$

로 주어진다. 위에서 부등식 $u_{\alpha/2} < u \le u_{1-\alpha/2}$는 변수 u에 대한 $100(1-\alpha)\%$ 구간을 정의한다.

$\alpha = 0.05$라면 표준 정규변수의 95% 신뢰구간은 $-1.96 < u \le 1.96$이다.

정규분포 개체의 평균에 대한 신뢰구간을 구해 보자. 정규분포 개체의 샘플평균 $\bar{x}$ 역시 정규분포되어 있으며 $\bar{x} \sim N\left(\mu, \frac{\sigma^2}{n}\right)$이다. 이를 표준 정규분포로 전환시키면 $\frac{\bar{x} - \mu}{\sqrt{\sigma^2/n}} \sim N(0, 1)$와 같다. 그런데 $\frac{\bar{x} - \mu}{\sqrt{\sigma^2/n}} = u$이므로 $\Pr(u_{\alpha/2} < u \le u_{1-\alpha/2}) = 1 - \alpha$로부터

$$\Pr\left(u_{\alpha/2} < \frac{\bar{x} - \mu}{\sqrt{\sigma^2/n}} \le u_{1-\alpha/2}\right) = 1 - \alpha$$

임을 알 수 있다. 즉

$$\Pr\left(\bar{x} - u_{1-\alpha/2}\sqrt{\frac{\sigma^2}{n}} \le \mu < \bar{x} - u_{\alpha/2}\sqrt{\frac{\sigma^2}{n}}\right) = 1 - \alpha$$

이다. 위에서 부등식

$$\bar{x} - u_{1-\alpha/2}\sqrt{\frac{\sigma^2}{n}} \le \mu < \bar{x} + u_{1-\alpha/2}\sqrt{\frac{\sigma^2}{n}}$$

는 개체 평균에 대한 $100(1 - \alpha)$% 신뢰구간을 나타낸다. $\alpha = 0.05$라면 정규분포된 개체의 평균의 95% 신뢰구간은

$$\bar{x} - 1.96\sqrt{\frac{\sigma^2}{n}} \le \mu < \bar{x} + 1.96\sqrt{\frac{\sigma^2}{n}}$$

이다. 개체의 분산 σ^2을 모른다면 샘플 분산 s^2로부터 추정할 수 있다. $\frac{\bar{x} - \mu}{\sqrt{\sigma^2/n}}$에서 σ^2을 s^2로 대체하고 $t = \frac{\bar{x} - \mu}{\sqrt{s^2/n}}$으로 두면 t는 Student의 t 분포를 가지며 자유도는 $\nu = n - 1$이다. 이 경우 신뢰구간은

$$\Pr\left(t_{\alpha/2} < \frac{\bar{x} - \mu}{\sqrt{s^2/n}} \le t_{1-\alpha/2}\right) = 1 - \alpha$$

이를 다시 쓰면

$$\Pr\left(\bar{x} - t_{1-\alpha/2}\sqrt{\frac{s^2}{n}} \le \mu < \bar{x} - t_{\alpha/2}\sqrt{\frac{s^2}{n}}\right) = 1 - \alpha$$

$100(1 - \alpha)$% 신뢰구간은

$$\bar{x} - t_{1-\alpha/2}\sqrt{\frac{s^2}{n}} \le \mu < \bar{x} + t_{1-\alpha/2}\sqrt{\frac{s^2}{n}}$$

이다. 샘플 분산 s^2과 개체 분산 σ^2은 χ^2-분포를 통하여 $\chi^2 = (n - 1)\frac{s^2}{\sigma^2}$로 관련지어지므로 분산

에 대한 신뢰구간은

$$\Pr\left(\chi^2_{\alpha/2} < (n-1)\frac{s^2}{\sigma^2} \le \chi^2_{1-\alpha/2}\right) = 1-\alpha$$

이다. 이는 σ^2에 대하여 다음과 같이 $100(1-\alpha)\%$ 신뢰구간을 제시하여 준다:

$$\frac{(n-1)s^2}{\chi^2_{1-\alpha/2}} \le \sigma^2 < \frac{(n-1)s^2}{\chi^2_{\alpha/2}}$$

가설 테스트(hypothesis testing)는 랜덤 변수의 분포함수에 대한(보통은 분포함수의 통계적 파라미터(평균과 분산)들의 수치값들에 대한) 가정을 세우고, 이러한 파라미터 값들이 그 랜덤변수에 대한 관찰 샘플과 일치하는지의 여부를 결정하는 과정이다. 예를 들어 $n_1 = 10$회 관찰들의 샘플에 대한 샘플 평균이 $\bar{x}_1 = 2$이고 샘플 분산이 $s_1^2 = 4$라고 하자. 이 샘플이 $\mu = 0$이며 σ_1^2은 미지인 정규분포를 갖는 개체군(즉 $X \sim N(0, \sigma_1^2)$)으로부터 취한 것이라고 가정하자. 이러한 가정을 테스트하기 위하여 이를 0 가설(null hypothesis) H_0 및 대안 가설(alternative hypothesis) H_A로 나타낸다:

$$H_0 : \ \mu = \mu_0 = 0, \quad H_A : \ \mu = \mu_A \neq 0$$

앞에서 $\dfrac{\bar{x}_1 - \mu}{\sqrt{s_1^2/n_1}}$은 t-분포를 가지며

$$\Pr\left(t_{\alpha/2} < \frac{\bar{x}-\mu}{\sqrt{s^2/n}} \le t_{1-\alpha/2}\right) = \Pr\left(t_{\alpha/2} < t \le t_{1-\alpha/2}\right) = 1-\alpha$$

임을 상기하면 95% 확률과 자유도 $\nu = n_1 - 1 = 9$에서 위의 관계로부터

$$\Pr(-2.045 < t \le 2.045) = 0.95$$

임을 알 수 있다.

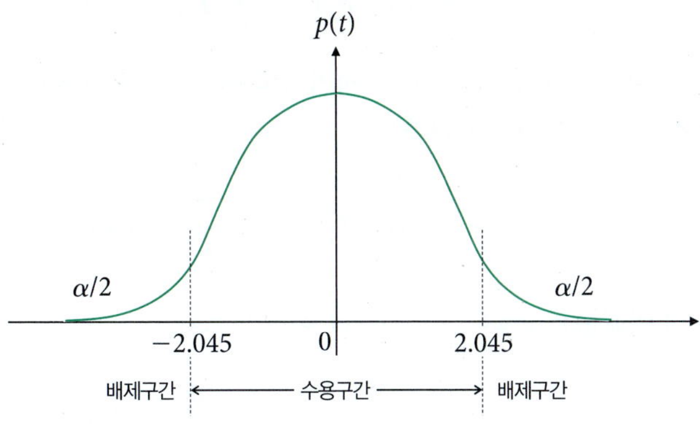

그림 10.5 수용구간과 배제구간.

0 가설(null hypothesis)이 참이라는 가정하에서 실험 샘플로부터 계산된 통계값들이 수용구

간 바깥에 위치하면 0 가설 H_0을 배제하고 H_A 가설을 받아들인다. 그렇지 않으면 H_0을 수용하고 H_A 가설을 배제한다. 이 보기에서는

$$t_0 = \frac{\bar{x}_1 - \mu_0}{\sqrt{s_1^2/n_1}} = \frac{2-0}{\sqrt{\frac{4}{10}}} = 3.16$$

이다. 위의 t_0 값은 수용구간 외부에 위치하므로 0 가설 H_0을 배제한다. 이러한 테스트를 일반화시키면 만일

$$\left| \frac{\bar{x} - \mu_0}{\sqrt{s^2/n}} \right| > t_{(1-\alpha/2)}$$

인 경우 $\mu = \mu_0$라는 0 가설은 배제되어야 한다. 이는 잘 알려진 2-side t-테스트로서 회귀분석에서 파라미터들의 값들을 테스트하는 데에 널리 이용된다.

보기 10.1 샘플의 분산

관찰횟수가 $n_2 = 21$인 두 번째 샘플에서 샘플 평균이 $\bar{x}_2 = 2$이고 샘플 분산이 $s_2^2 = 3$이라고 하자. 이러한 두 번째 샘플은 첫 번째 샘플과 동일한 개체군에서 취한 것인가, 아니면 그 개체군과 상이한 분산을 갖는 다른 개체군으로부터 취한 것인가? 이 경우 0 가설과 대안 가설은 각각

$$H_0 : \frac{\sigma_1^2}{\sigma_2^2} = 1, \qquad H_A : \frac{\sigma_1^2}{\sigma_2^2} \neq 1$$

로 나타낼 수 있다. $\left(\frac{s_1^2}{\sigma_1^2}\right)\left(\frac{s_2^2}{\sigma_2^2}\right)$은 자유도가 (ν_1, ν_2)인 F 분포를 가짐을 상기하자.

풀이

확률분포 함수로부터

$$\Pr\{F_{\alpha/2}(\nu_1, \nu_2) < F \leq F_{(1-\alpha/2)}(\nu_1, \nu_2)\} = 1 - \alpha$$

95% 신뢰수준에서 0 가설을 테스트하기 위하여 F 분포표로부터 $F_{0.025}(9, 20)$ 및 $F_{0.975}(9, 20)$의 값들을 취한다. 이로부터 수용구간은

$$\Pr\left(0.272 < \frac{s_1^2/\sigma_1^2}{s_2^2/\sigma_2^2} \leq 2.84\right) = 0.95$$

이다. 0 가설에 따르면 $\sigma_1^2 - \sigma_2^2$이므로 위의 부등식은

$$0.272 < \frac{s_1^2}{s_2^2} \leq 2.84$$

가 된다. 이 보기에서는 $\frac{s_1^2}{s_2^2} = \frac{4}{3} = 1.33$이므로 0 가설은 수용된다. 이 과정은 2-side F test로서

회귀결과의 분산에 대한 분석에서 실험 데이터를 접합하는 모델의 적합성 테스트에 이용된다. ■

10.2 선형 회귀분석

선형 회귀분석(linear regression analysis)은 데이터들을 잘 나타내어 주는 곡선을 규명하는 문제를 일컫는다. 실제 종속변수 값을 y, 실제 독립변수 값을 x라 하면 이들 사이에 선형관계가 존재하는 경우

$$y = a_0 + a_1 x$$

로 나타낼 수 있다. X를 관찰된 독립변수들의 벡터, Y^*를 관찰된 종속변수들의 벡터라 하고 u를 교란값들의 벡터라 하면

$$Y^* = \alpha + \beta X + u$$

로 쓸 수 있다. 독립변수가 하나 이상인 경우에는 위의 관계로부터

$$Y^* = \beta_1 X_1 + \beta_2 X_2 + \cdots + \beta_k X_k + u$$

와 같이 나타낼 수 있다. 위에서 $X_1, X_2, \cdots, X_k$들은 관찰된 k 독립변수들의 벡터들이다. 벡터 X_1의 원소들을 모두 1로 설정하면 β_1은 y-절편이 된다. 위의 관계를 벡터-행렬 형태로 다시 쓰면

$$Y^* = X\beta + u$$

와 같다. 위에서 $Y^* \in R^{n\times 1}$, $X \in R^{n\times k}$, $\beta \in R^{k\times 1}$, $u \in R^{n\times 1}$이며, n은 관찰횟수(측정횟수)이다. 선형 회귀분석에서는 n회의 측정(관찰)이 이루어진 경우 주어진 측정 결과들로부터 파라미터 벡터 β를 구하는 것이 목적이다. 파라미터 추정에 이용되는 기본 가정들은 다음과 같다.

1) 교란변수 u는 기댓값이 0인 랜덤변수로서 $E[u] = \bar{u} = 0$이다. u의 분포는 u에 기여하는 요소들의 수가 많을수록 정규분포에 근접한다.

$$V[u_1] = E[(u_1 - \bar{u}_1)^2] = \sigma^2$$
$$V[u_2] = E[(u_2 - \bar{u}_2)^2] = \sigma^2$$
$$\vdots$$
$$V[u_n] = E[(u_n - \bar{u}_n)^2] = \sigma^2$$

2) u의 분포의 분산은 일정하며 X와는 무관하다. 아울러 u들은 서로 독립적이다. 즉

$$E[u_i u_j] = E[u_i]E[u_j] \quad (i \neq j)$$

이다. 따라서 u의 공분산은 0이다:

$$Cov[u_i, u_j] = 0 \quad (i \neq j)$$

분산에서 공분산을 뺀 행렬은

$$Var-Cov[u]=\begin{bmatrix} V[u_1] & Cov[u_1,u_2] & \cdots & Cov[u_1,u_n] \\ Cov[u_2,u_1] & V[u_2] & \cdots & Cov[u_2,u_n] \\ \vdots & \vdots & \cdots & \vdots \\ Cov[u_n,u_1] & Cov[u_n,u_2] & \cdots & V[u_n] \end{bmatrix} = E[(u-E[u])(u-E[u])^T]$$

$$=E[uu^T]=\begin{bmatrix} \sigma^2 & 0 & \cdots & 0 \\ 0 & \sigma^2 & \cdots & 0 \\ \vdots & \vdots & \cdots & \vdots \\ 0 & 0 & \cdots & \sigma^2 \end{bmatrix}=\sigma^2 I$$

3) 행렬 X에는 오차가 포함되지 않는다.
4) X의 계수(rank)는 k이며 $k < n$이다.
5) 벡터 u는 다변수 정규분포를 갖는다: $u = N(0, \sigma^2 I)$

10.2.1 선형 최소자승 방법

실험으로부터 n개의 측정값 (t_i, y_i)를 얻었다고 하자. t는 시간이며 y는 측정값(종속변수)이다. 측정값들을 직선으로 나타낼 수 있다고 하면

$$y_i = at_i + b \quad (i = 1, 2, \cdots, n)$$

로 나타낼 수 있다. 일반적으로 종속변수 y와 독립변수 t 사이에 선형관계가 존재하는 경우 모델 오차(잔류편차)를 e라고 하면

$$y = a_0 + a_1 t + e$$

로 나타낼 수 있다. 이로부터 오차는

$$e = y - a_0 - a_1 t$$

로 주어진다. n개의 데이터 샘플들에 대하여 오차의 총 합을 고려하는 경우 e는 음이나 양의 값을 가질 수 있으므로 오차의 합이 실제 나타나는 오차를 모두 감안해 주지 못한다. 따라서 단순한 오차의 합 대신 오차의 제곱의 합을 고려하는 것이 일반적이다. 오차의 제곱의 합을 J라고 하면 J는

$$J = \sum_{i=1}^{n} e_i^2 = \sum_{i=1}^{n} (y_i - a_0 - a_1 t_i)^2$$

와 같이 주어진다. J를 최소로 해주는 계수 a_0와 a_1을 구하면 직선 $y = a_0 + a_1 t$는 실제 데이터를 가장 잘 나타내어 주는 직선의 식이 된다. a_0와 a_1는 각각

$$\frac{\partial J}{\partial a_0} = -2\sum_{i=1}^{n}(y_i - a_0 - a_1 t_i) = 0, \qquad \frac{\partial J}{\partial a_1} = -2\sum_{i=1}^{n} t_i (y_i - a_0 - a_1 t_i) = 0$$

로부터 구할 수 있다. 이로부터 각각

$$\sum_{i=1}^{n} y_i - \sum_{i=1}^{n} a_0 - \sum_{i=1}^{n} a_1 t_i = 0, \qquad \sum_{i=1}^{n} t_i y_i - \sum_{i=1}^{n} a_0 t_i - \sum_{i=1}^{n} a_1 t_i^2 = 0$$

를 얻는다. 이들을 다시 정리하면

$$na_0 + a_1\sum_{i=1}^{n} t_i = \sum_{i=1}^{n} y_i, \qquad a_0\sum_{i=1}^{n} t_i + a_1\sum_{i=1}^{n} t_i^2 = \sum_{i=1}^{n} t_i y_i$$

a_0와 a_1에 관한 위의 연립방정식으로부터

$$a_1 = \frac{n\sum_{i=1}^{n} t_i y_i - \sum_{i=1}^{n} t_i \sum_{i=1}^{n} y_i}{n\sum_{i=1}^{n} t_i^2 - \left(\sum_{i=1}^{n} t_i\right)^2}, \qquad a_0 = \frac{1}{n}\sum_{i=1}^{n} y_i - \frac{a_1}{n}\sum_{i=1}^{n} t_i$$

를 얻는다.

위의 결과를 벡터와 행렬을 이용하여 보다 간편하게 나타내어 보기로 한다. n개의 측정값 (t_i, y_i)들을 직선 $y_i = at_i + b$ $(i = 1, 2, \cdots, n)$에 순차적으로 대입한 결과는 다음과 같다:

$$\begin{bmatrix} y_1 \\ y_2 \\ \vdots \\ y_n \end{bmatrix} = \begin{bmatrix} t_1 & 1 \\ t_2 & 1 \\ \vdots & \vdots \\ t_n & 1 \end{bmatrix} \begin{bmatrix} a \\ b \end{bmatrix} \Rightarrow y = Ax$$

위에서

$$y = \begin{bmatrix} y_1 \\ y_2 \\ \vdots \\ y_n \end{bmatrix}, \quad A = \begin{bmatrix} t_1 & 1 \\ t_2 & 1 \\ \vdots & \vdots \\ t_n & 1 \end{bmatrix}, \quad x = \begin{bmatrix} a \\ b \end{bmatrix}$$

이다. 오차를 $r = y - Ax$로 두면 최적의 직선을 규명하는 문제는 오차의 크기 $\|r\| = \|y - Ax\|$가 최소가 되도록 x를 구하는 최적화 문제가 된다. 앞에서 오차의 제곱의 합으로 정의되었던 목적함수 J는

$$J = r^T r = (y - Ax)^T (y - Ax) = y^T y - y^T Ax - x^T A^T y + x^T A^T Ax$$

와 같이 나타낼 수 있다. J가 최소일 때에는 x에 대한 J의 미분값이 0이므로

$$\frac{\partial r^T r}{\partial x} = \nabla_x r^T r = 0 = -2A^T y + 2A^T Ax \quad \Rightarrow \quad A^T Ax = A^T y$$

임을 알 수 있다. 위의 식은 정규(normal) 방정식이라고 불린다. 이로부터

$$x = \hat{x} = (A^T A)^{-1} A^T y$$

를 얻는다. 이를 이용하면 y에 대한 추정치는

$$\hat{y} = A\hat{x} = A(A^T A)^{-1} A^T y$$

로부터 계산된다.

보기 10.2 촉매반응기 온도

다음은 시간에 따른 어떤 촉매 반응기의 온도측정 결과를 보인 것이다. 이 측정 결과를 가장 잘 나타내어 주는 직선의 식 $T = a_0 + a_1 t$를 구하라.

표 10.3 촉매 반응기의 온도측정 결과

t(hr)	1	2	3	4	5	6
T(°C)	49.8	55.4	54.1	56.8	60.5	58.6

풀이

엑셀을 이용하여 a_0와 a_1의 계산에 필요한 값들을 쉽게 얻을 수 있다.

표 10.4 파라미터 계산을 위한 데이터 처리

	t	T	t*T	t^2
	1	49.8	49.8	1
	2	55.4	110.8	4
	3	54.1	162.3	9
	4	56.8	227.2	16
	5	60.5	302.5	25
	6	58.6	351.6	36
합계	**21**	**335.2**	**1204.2**	**91**

즉

$$n = 6,\ \sum x_i y_i = 1204.2,\ \sum x_i \sum y_i = (21)(335.2) = 7039.2,$$
$$\sum x_i^2 = 91,\ \left(\sum x_i\right)^2 = 21^2 = 441$$

따라서

$$a_1 = \frac{n\sum_{i=1}^{n} x_i y_i - \sum_{i=1}^{n} x_i \sum_{i=1}^{n} y_i}{n\sum_{i=1}^{n} x_i^2 - \left(\sum_{i=1}^{n} x_i\right)^2} = \frac{(6)(1204.2) - 7039.2}{(6)(91) - 441} = 1.77143$$

$$a_0 = \frac{1}{n}\sum_{i=1}^{n} y_i - \frac{a_1}{n}\sum_{i=1}^{n} x_i = \frac{1}{6}(335.2) - \frac{1.77143}{6}(21) = 49.6667$$

즉

$$T = 49.6667 + 1.77143t$$

■

» 비선형 관계의 선형관계로의 전환

비선형 모델은 적절한 변형을 가하여 선형모델 형식으로 전환시킬 수 있다. 이 경우 선형 회귀분석 방법의 적용이 가능해진다.

표 10.5 비선형 모델의 선형모델로의 전환

비선형 모델	선형화시킨 모델	선형화 모델의 변수와 계수($Y = a_1X + a_0$)
$y = ae^{bx}$	$\ln y = \ln a + bx$	$Y = \ln y,\ X = x,\ a_0 = \ln a,\ a_1 = b$
$y = ax^b$	$\log y = \log a + b\log x$	$Y = \log y,\ X = \log x,\ a_0 = \log a,\ a_1 = b$
$y = \dfrac{ax}{b+x}$	$\dfrac{1}{y} = \dfrac{1}{a} + \left(\dfrac{1}{b}\right)\dfrac{1}{x}$	$Y = \dfrac{1}{y},\ X = \dfrac{1}{x},\ a_0 = \dfrac{1}{a},\ a_1 = \dfrac{1}{b}$
$y = axe^{-bx}$	$\ln\left(\dfrac{y}{x}\right) = -bx + \ln a$	$Y = \ln\left(\dfrac{y}{x}\right),\ X = x,\ a_0 = \ln a,\ a_1 = -b$
$y = \dfrac{1}{(ax+b)^2}$	$\dfrac{1}{\sqrt{y}} = ax + b$	$Y = \dfrac{1}{\sqrt{y}},\ X = x,\ a_0 = b,\ a_1 = a$
$y = \dfrac{c}{1+be^{ax}}$	$\ln\left(\dfrac{c}{y} - 1\right) = ax + \ln b$	$Y = \ln\left(\dfrac{c}{y} - 1\right),\ X = x,\ a_0 = \ln b,\ a_1 = a$

보기 10.3 비선형 관계식의 규명

다음은 시간에 따른 어떤 풍선의 상승고도 측정 결과를 보인 것이다. 이 측정 결과를 $h = at^b$와 같은 비선형 모델로 접합하고자 한다. 최소자승법을 이용하여 계수 a와 b를 구하라.

표 10.6 풍선고도 측정 결과

t(min)	1	2	3	4	5
h(m)	0.4	1.6	3.5	5.8	8.5

풀이

모델식 $h = at^b$의 양변에 로그를 취하면

$$\log h = \log a + b \log t$$

$Y = \log h$, $X = \log t$, $a_0 = \log a$, $a_1 = b$로 두고 최소자승법을 적용한다.

표 10.7 파라미터 계산을 위한 데이터 처리

	t	h	X	Y	X*Y	X^2
	1	0.4	0	−0.3979	0	0
	2	1.6	0.3010	0.2041	0.0614	0.0906
	3	3.5	0.4771	0.5441	0.2596	0.2276
	4	5.8	0.6021	0.7634	0.4596	0.3625
	5	8.5	0.6990	0.9294	0.6496	0.4886
합계			**2.0792**	**2.0431**	**1.4303**	**1.1693**

즉

$$n=5,\ \sum x_i y_i = 1.4303,\ \sum x_i \sum y_i = 4.2480,\ \sum x_i^2 = 1.1693,\ \left(\sum x_i\right)^2 = 4.3230$$

따라서

$$a_1 = \frac{n\sum_{i=1}^{n} x_i y_i - \sum_{i=1}^{n} x_i \sum_{i=1}^{n} y_i}{n\sum_{i=1}^{n} x_i^2 - \left(\sum_{i=1}^{n} x_i\right)^2} = \frac{(5)(1.4303)-4.2480}{(5)(1.1693)-4.3230} = 1.9058$$

$$a_0 = \frac{1}{n}\sum_{i=1}^{n} y_i - \frac{a_1}{n}\sum_{i=1}^{n} x_i = \frac{1}{5}(2.0431) - \frac{1.9058}{5}(2.0792) = -0.3839$$

따라서 $a = 10^{a_0} = 0.4132$, $b = a_1 = 1.9058$이며 비선형 모델식은

$$h = at^b = 0.4132t^{1.9058}$$

과 같다. 측정 데이터와 모델식으로부터의 계산결과는 그림 10.6에 보인 바와 같다.

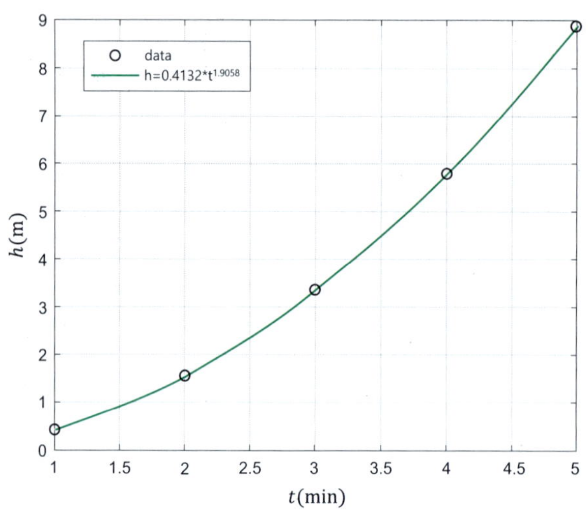

그림 10.6 측정 데이터와 비선형 모델식의 비교.

■

보기 10.4 막을 통한 물질전달

막(membrane)으로 분리된 두 밀폐공간을 고려해 보자.

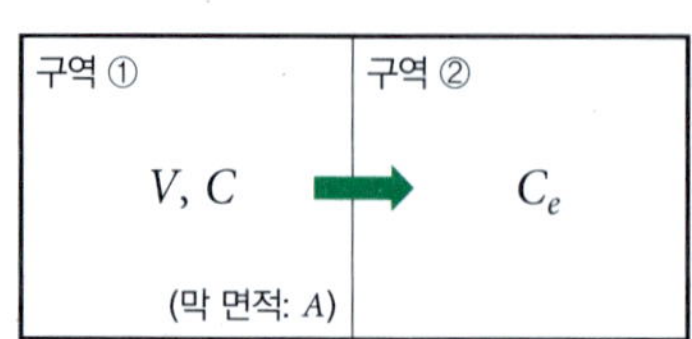

그림 10.7 막을 통한 물질전달.

구역 ①의 초기농도를 C_0라 하고 구역 ②의 농도는 C_e로 일정하게 유지된다고 가정한다. 구역 ①의 부피를 V라 하면 물질수지로부터

$$V\frac{dC}{dt} = -Ah(C - C_e), \qquad C(0) = C_0$$

를 얻는다. 위에서 h는 물질전달 계수로서 미지의 파라미터이다. 시간에 따른 $C(t)$의 측정값들로부터 최소자승 방법을 이용하여 파라미터 h를 규명하는 관계식들을 유도하라.

풀이

주어진 미분방정식을 풀면

$$C = C_e + (C_0 - C_e)e^{-htA/V}$$

를 얻는다. 위의 식을 다시 쓰면

$$C - C_e = (C_0 - C_e)e^{-hAt/V} \quad \Rightarrow \quad \ln(C - C_e) = \ln(C_0 - C_e) - \frac{hA}{V}t$$

따라서 $\dfrac{Ah}{V}$에 따른 $\ln(C - C_e)$의 값들을 그래프로 나타낸다면 절편이 $\ln(C_0 - C_e)$이고 기울기가 $-h$인 직선을 얻게 된다. 이제

$$y = \ln(C - C_e), \quad a = \frac{Ah}{V}, \quad b = \ln(C_0 - C_e)$$

라고 두면 최적의 직선을 구하는 문제는 일련의 측정값 (t_i, y_i)들을 모델 $y = at + b$로 접합하는 문제가 된다. 측정값들의 수를 N이라고 하면 데이터와 직선 사이의 거리의 제곱들의 합은

$$J = \sum_{i=1}^{N} \{y_i - (at_i + b)\}^2$$

로 표시된다. 이로부터

$$\frac{\partial J}{\partial a} = -2\sum_{i=1}^{N}[y_i - (at_i + b)]t_i = -2\sum_{i=1}^{N} y_i t_i + 2a\sum_{i=1}^{N} t_i^2 + 2b\sum_{i=1}^{N} t_i = 0$$

$$\frac{\partial J}{\partial b} = -2\sum_{i=1}^{N}[y_i - (at_i + b)] = -2\sum_{i=1}^{N} y_i + 2a\sum_{i=1}^{N} t_i + 2Nb = 0$$

이로부터 $\overline{w} = \dfrac{1}{N}\displaystyle\sum_{i=1}^{N} w_i$(즉 평균)로 두면

$$a = \frac{\overline{yt} - \overline{y}\,\overline{t}}{\overline{t^2} - \overline{t}^2}, \qquad b = \overline{y} - a\overline{t}, \qquad h = \frac{aV}{A}$$

를 얻는다. ■

MATLAB 활용

선형 최소자승 방법

데이터를 가장 잘 나타내는 직선의 식 $y = a_0 + a_1x$을 구하기 위하여 다음 관계식에 의해 a_0와 a_1을 직접 계산하는 프로그램을 작성할 수 있다:

$$a_1 = \frac{n\sum_{i=1}^{n} x_i y_i - \sum_{i=1}^{n} x_i \sum_{i=1}^{n} y_i}{n\sum_{i=1}^{n} x_i^2 - \left(\sum_{i=1}^{n} x_i\right)^2}, \qquad a_0 = \frac{1}{n}\sum_{i=1}^{n} y_i - \frac{a_1}{n}\sum_{i=1}^{n} x_i$$

또는 보다 간단히 $x = (A^TA)^{-1}\,A^Ty$를 계산하는 프로그램을 작성할 수 있다. 여기에서 $x = \begin{bmatrix} a_1 \\ a_0 \end{bmatrix}$이다.

MATLAB 실습 **촉매반응기 온도**

앞의 보기에서 살펴본 촉매 반응기의 온도측정 결과를 가장 잘 나타내어 주는 직선의 식 $T = a_0 + a_1t$를 구해 보자.

풀이

최소자승 계산은 스크립트 파일 `lintemp`에 의해 수행된다.

```
% lintemp: 선형회귀에 의한 온도분포 직선식의 계산
clear all;
t = [1 2 3 4 5 6]; T = [49.8 55.4 54.1 56.8 60.5 58.6]; n = length(t);
a1 = (n*sum(t.*T) - sum(t)*sum(T))/(n*sum(t.^2)-(sum(t)^2)), a0 = mean(T) -
a1*mean(t)
yT = a0 + a1*t;  % 직선식에 의한 온도
plot(t,yT,t,T,'o'), title('반응온도'), xlabel('시간(hr)'), ylabel('온도(C)')
```

스크립트 `lintemp`의 수행결과는 다음과 같다.

```
>> lintemp
a1 =
    1.7714
a0 =
   49.6667
```

위에서 $x = \begin{bmatrix} a_0 \\ a_1 \end{bmatrix}$의 계산은 $x = (A^TA)^{-1}A^Tb$의 관계를 이용하여 다음과 같이 간단히 수행할 수도 있다.

```
>> t = [1 2 3 4 5 6]; T = [49.8 55.4 54.1 56.8 60.5 58.6]; A = [t'
ones(1,length(t))'];
>> x = (A'*A)^-1*A'*T'
```

```
x =
   1.7714
  49.6667
```

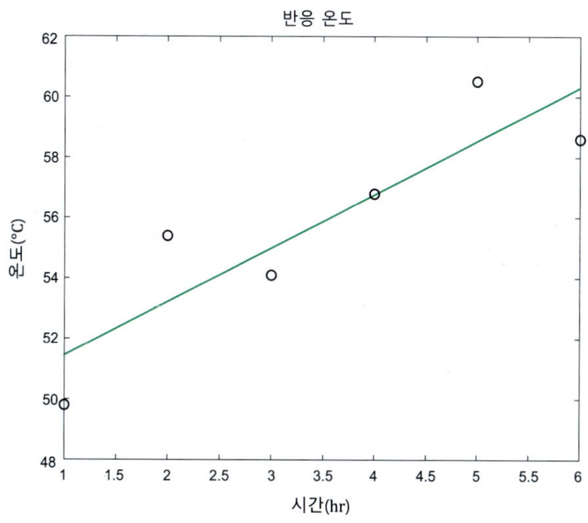

그림 10.8 시간에 따른 반응온도.

» 비선형 관계의 선형관계로의 전환

MATLAB 실습 효소반응특성

효소는 생체세포 내에서 촉매 역할을 수행한다. 효소반응을 나타내는 식으로 Michaelis–Menten 식이 잘 알려져 있다:

$$r = \frac{a[S]}{b+[S]}$$

위에서 r은 반응속도, $[S]$는 기질(substrate) 농도이며, a는 최대 초기반응 속도를 나타내는 상수이고, b는 상수이다. 경우에 따라서는 2차 Michaelis–Menten 식

$$r = \frac{a[S]^2}{b^2+[S]^2}$$

이 측정 데이터를 더 잘 나타내어 주기도 한다.

실험결과 기질 농도에 따른 다음과 같은 속도 측정값을 얻었다. 이 데이터를 가장 잘 나타내어 주는 Michaelis–Menten 반응식(2차 포함)을 구하고 1차 및 2차 Michaelis–Menten 식에 의한 계산 결과와 주어진 데이터를 하나의 그래프에 나타내어라.

표 10.8 기질 농도에 따른 속도 측정값

[S]	1.2	1.6	3.2	4.3	5.8	7.6	8.8
r	0.06	0.12	0.24	0.27	0.33	0.34	0.34

풀이

Michaelis−Menten 식 $r = \dfrac{a[S]}{b + [S]}$의 역을 취하면

$$\frac{1}{r} = \frac{1}{a} + \frac{b}{a}\frac{1}{S} \Rightarrow y = a_0 + a_1 x \quad \left(y = \frac{1}{r},\ a_0 = \frac{1}{a},\ a_1 = \frac{b}{a},\ x = \frac{1}{S}\right)$$

이며 2차 Michaelis−Menten 식 $r = \dfrac{a[S]^2}{b^2 + [S]^2}$의 역을 취하면

$$\frac{1}{r} = \frac{1}{a} + \frac{b^2}{a}\frac{1}{S^2} \Rightarrow y = a_0 + a_1 x \quad \left(y = \frac{1}{r},\ a_0 = \frac{1}{a},\ a_1 = \frac{b^2}{a},\ x = \frac{1}{S^2}\right)$$

임을 알 수 있다. 각 모델 파라미터들의 계산은 $c = \begin{bmatrix} a_1 \\ a_0 \end{bmatrix} = (A^T A)^{-1} A^T y$를 이용하여 다음 스크립트 mmlinreg과 같이 수행할 수 있다.

```
% mmlinreg.m
S = [1.2 1.6 3.2 4.3 5.8 7.6 8.8]; r = [0.06 0.12 0.24 0.27 0.33 0.34 0.34];
A1 = [(1./S)' ones(1,length(S))']; x1 = (A1'*A1)^-1*A1'*(1./r)'; a1 = 1/x1(2), b1 =
a1*x1(1)
A2 = [(1./(S.^2))' ones(1,length(S))']; x2 = (A2'*A2)^-1*A2'*(1./r)';
a2 = 1/x2(2), b2 = sqrt(a2*x2(1))
Sv = min(S):0.01:max(S); r1 = a1*Sv./(b1+Sv); r2 = a2*Sv.^2./(b2^2 + Sv.^2);
plot(Sv,r1,':',Sv,r2,S,r,'o'), xlabel('[S]'), ylabel('r')
legend('1st-order','2nd-order','data','location','best')

>> mmlinreg
a1 =
  -10.6918
b1 =
 -187.4149
a2 =
    0.4172
b2 =
    2.8362
```

즉 위의 효소반응 모델식은 $r = \dfrac{-10.6918[S]}{[S] - 187.4149}$ (1차 Michaelis−Menten 식),

혹은 $r = \dfrac{0.4172[S]^2}{2.8362^2 + [S]^2}$ (2차 Michaelis−Menten 식)으로 나타낼 수 있다.

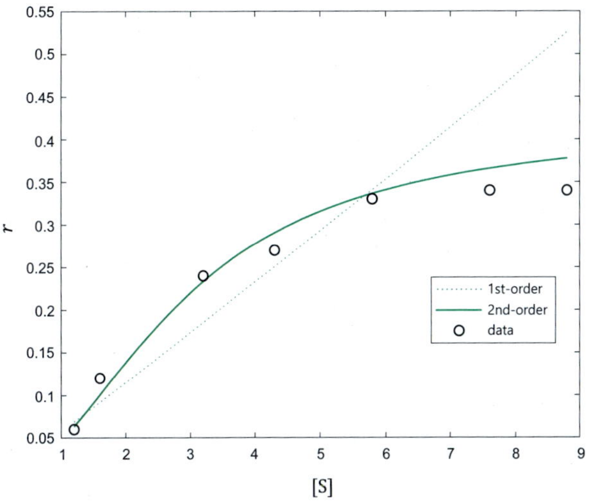

그림 10.9 Michaelis–Menten 반응속도.

10.2.2 다항식 회귀방법

실험으로부터 N개의 측정값 (t_i, y_i)를 얻었다고 하자. t는 시간이며 y는 측정값(종속변수)이다. 측정값들을 2차 곡선 $y_i = a_2 t_i^2 + a_1 t_i + a_0$ $(i = 1, 2, \cdots, N)$으로 나타낼 수 있다고 하면

$$A = \begin{bmatrix} t_1^2 & t_1 & 1 \\ t_2^2 & t_2 & 1 \\ \vdots & \vdots & \vdots \\ t_N^2 & t_N & 1 \end{bmatrix}, \quad x = \begin{bmatrix} a_2 \\ a_1 \\ a_0 \end{bmatrix}$$

로 두고 정규(normal) 방정식으로부터 다음을 얻는다:

$$x = \hat{x} = (A^T A)^{-1} A^T y$$

차수가 2차 이상인 다항식 회귀를 고려해 보자. 다항식의 차수가 $k - 1$이라고 하면 측정 데이터를 나타내는 다항식 모델은

$$y = b_1 + b_2 t + b_3 t^2 + \cdots + b_k t^{k-1}$$

와 같다. 이 경우 미지 계수들로 구성되는 벡터 x와 행렬 A는

$$x = \begin{bmatrix} b_1 \\ b_2 \\ \vdots \\ b_k \end{bmatrix}, \quad A = \begin{bmatrix} 1 & t_1 & t_1^2 & \cdots & t_1^{k-1} \\ 1 & t_2 & t_2^2 & \cdots & t_2^{k-1} \\ \vdots & \vdots & \vdots & \cdots & \vdots \\ 1 & t_N & t_N^2 & \cdots & t_N^{k-1} \end{bmatrix}$$

와 같이 정의되며 W를 가중행렬이라고 하면 가중 최소자승으로부터

$$x = \hat{x} = (A^T W A)^{-1} A^T W y$$

를 얻는다. 이는 목적함수

$$J = (Ax - y)^T W(Ax - y)$$

를 최소화시킨다.

다항식으로 나타내기가 어려운 본질적으로 비선형인 데이터를 최소자승 방법을 이용하여 다항식으로 접합시키는 경우 결과로 얻어지는 다항식을 그래프로 나타내면 큰 진동현상이 나타난다. 이러한 현상은 다항식 흔들림(polynomial wiggle)이라고 불리며 다항식의 차수가 커질수록 심해진다. 이 때문에 6차 이상의 다항식은 좀처럼 데이터 접합에 이용되지 않는다.

MATLAB 활용

다항식 회귀에서는 미지계수 벡터 x와 행렬 A를 차수에 맞도록 적절히 정해주면 선형 최소자승 방법의 프로그램을 그대로 이용할 수 있다. 함수 `lspolyfit`은 주어진 데이터를 m차 다항식

$$p(x) = c_{m+1}x^m + c_m x^{m-1} + \cdots + c_3 x^2 + c_2 x + c_1$$

로 접합시킨다. 함수 `lspolyfit`으로부터 얻어지는 계수벡터 c는 $c = [c_{m+1}\ c_m \cdots c_2\ c_1]^T$의 형태이다.

```
function c = lspolyfit(X,Y,m)
% m차 다항식에 의한 데이터 접합
% X,Y: 1xn 데이터 벡터, m: 다항식의 차수
% c: 다항식의 계수 벡터
n = length(X); b = zeros(1:m+1); f = zeros(n,m+1);
for k = 1:m+1, f(:,k) = X'.^(k-1); end
a = f'*f; b = f'*Y'; c = a\n; c = flipud(c); % c를 위아래로 뒤집는다.
end
```

MATLAB 실습 포화수의 온도-압력

다음 표는 포화된 물의 온도에 따른 압력 데이터이다. 함수 `lspolyfit`을 이용하여 압력(P)을 온도(T/100)의 3차 다항식으로 나타내어라.

표 10.9 포화수의 온도-압력 데이터

T(°C)	50	60	70	80	90	100	110	120	130	140
P(bar)	0.124	0.199	0.312	0.474	0.701	1.014	1.433	1.958	2.701	3.613

풀이

```
>> T = [5:14]/10; P = [0.124 0.199 0.312 0.474 0.701 1.014 1.433 1.958 2.701 3.613];
m = 3;
>> c = lspolyfit(T,P,m)', Ti = T(1):0.01:T(end); Pi = polyval(c,Ti);
plot(Ti,Pi,T,P,'o'), grid
>> xlabel('T(deg.C)/100'), ylabel('P(bar)')
```

```
c =
    3.9656   -6.2372    4.1895   -0.9159
```

즉 얻어지는 3차 다항식은

$$P(T) = 3.9656\left(\frac{T}{100}\right)^3 - 6.2372\left(\frac{T}{100}\right)^2 + 4.1895\left(\frac{T}{100}\right) - 0.9159$$

와 같다.

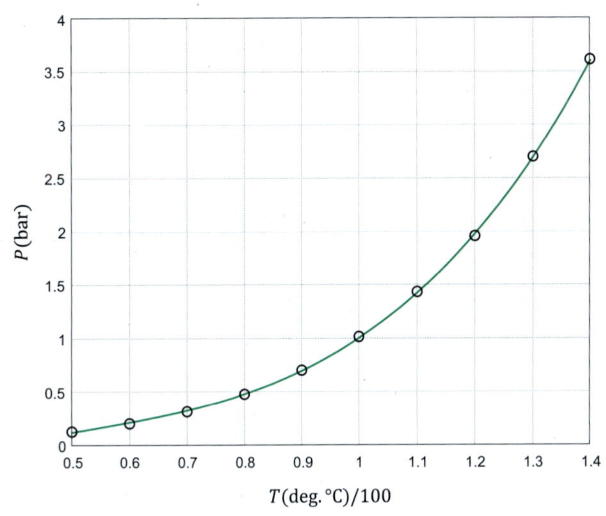

그림 10.10 포화수의 온도에 따른 압력.

10.2.3 재귀 최소자승 방법

어떤 데이터 집합에 최소자승 방법을 적용하여 모델을 얻었다고 하자. 새로운 유전 혹은 실험 데이터가 추가로 확보되었다면 이를 이용하여 기존 모델을 개선시킬 필요가 있을 것이다. 이 경우 데이터가 추가될 때마다 최소자승 방법을 반복하는 것은 계산시간이 지나치게 많이 소요되어 실효성이 떨어진다. 재귀 최소자승(recursive least-squares, RLS) 방법은 새로운 데이터가 추가될 때마다 매번 역행렬 계산이 수반되는 최소자승 계산을 수행하지 않고도 편리하게 모델을 보정해 나가는 과정이다. 예를 들어 온도 t(°C)와 저항 $R(\Omega)$ 사이의 관계를 나타내는 모델을 $c_1 t + c_2 = R$과 같이 나타낼 수 있다고 하자. 시점 $i = 1, \cdots, k$에서 확보한 데이터 $\{(t_1, R_1), (t_2, R_2), \cdots, (t_k, R_k)\}$로부터 모델의 계수 c_1과 c_2를 추정할 수 있다. 이제

$$A_k = \begin{bmatrix} t_1 & 1 \\ t_2 & 1 \\ \vdots & \vdots \\ t_k & 1 \end{bmatrix}, \quad x_k = \begin{bmatrix} c_{1,k} \\ c_{2,k} \end{bmatrix}, \quad b_k = \begin{bmatrix} R_1 \\ R_2 \\ \vdots \\ R_k \end{bmatrix}$$

로 두면 최소자승 방법에 의해 계수는

$$x_k = [A_k^T A_k]^{-1} A_k^T b_k$$

와 같이 얻어진다. 이제 새로운 데이터 (t_{k+1}, R_{k+1})이 얻어졌다고 하자. 이 경우 최소자승 방법에 의해 이전의 계수벡터 x_k를 버리고 새로운 계수 x_{k+1}을 계산한다면

$$x_{k+1} = [A_{k+1}^T A_{k+1}]^{-1} A_{k+1}^T b_{k+1}$$

를 얻는다. 위에서

$$A_{k+1} = \begin{bmatrix} t_1 & 1 \\ t_2 & 1 \\ \vdots & \vdots \\ t_k & 1 \\ t_{k+1} & 1 \end{bmatrix}, \quad x_{k+1} = \begin{bmatrix} c_{1,k+1} \\ c_{2,k+1} \end{bmatrix}, \quad b_k = \begin{bmatrix} R_1 \\ R_2 \\ \vdots \\ R_k \\ R_{k+1} \end{bmatrix}$$

이다. 그러나 매번 새로운 실험데이터가 확보될 때마다 위와 같은 계산을 수행한다면 행렬 A의 크기가 점점 커지게 되어 궁극적으로는 계산불능을 초래하게 된다. 이제 재귀 최소자승 방법을 이용하여 새로운 데이터가 추가될 때마다 이전의 추정치에 단순히 보정항만을 더해 줌으로써 새로운 추정치를 계산해 보기로 한다.

새로운 데이터 (t_{k+1}, R_{k+1})이 얻어졌다고 하고

$$A_k = \begin{bmatrix} t_1 & 1 \\ t_2 & 1 \\ \vdots & \vdots \\ t_k & 1 \end{bmatrix}, \quad a_{k+1} = \begin{bmatrix} t_{k+1} \\ 1 \end{bmatrix}, \quad A_{k+1} = \begin{bmatrix} A_k \\ a_{k+1}^T \end{bmatrix},$$

$$b_k = \begin{bmatrix} R_1 \\ R_2 \\ \vdots \\ R_k \end{bmatrix}, \quad b_{k+1} = \begin{bmatrix} b_k \\ R_{k+1} \end{bmatrix}, \quad P_k = [A_k^T A_k]^{-1}$$

로 두면 새로운 계수는

$$x_{k+1} = P_{k+1} A_{k+1}^T b_{k+1}$$

와 같이 주어진다. 새로운 측정 데이터 (t_{k+1}, R_{k+1})를 이용하여 다음과 같이 행렬 P를 보정할 수 있다:

$$\begin{aligned} P_{k+1} &= [A_{k+1}^T A_{k+1}]^{-1} = \left[[A_k^T \; a_{k+1}] \begin{bmatrix} A_k \\ a_{k+1}^T \end{bmatrix} \right]^{-1} \\ &= [A_k^T A_k + a_{k+1} a_{k+1}^T]^{-1} = [P_k^{-1} + a_{k+1} a_{k+1}^T]^{-1} \end{aligned}$$

위의 식에

$$[A + BCD]^{-1} = A^{-1} - A^{-1} B [C^{-1} + DA^{-1} B]^{-1} DA^{-1}$$

의 관계를 적용하여 보기로 한다. $A = P_k^{-1}$, $B = a_{k+1}$, $C = 1$, $D = a_{k+1}^T$로 두면

$$P_{k+1} = P_k - P_k a_{k+1} [1 + a_{k+1}^T P_k a_{k+1}]^{-1} a_{k+1}^T P_k$$

를 얻는다. 위에서 $[1 + a^T_{k+1}P_k a_{k+1}]^{-1}$은 스칼라이므로 역행렬 계산이 불필요하게 된다. 따라서 계수벡터의 새로운 추정치는

$$x_{k+1} = [A^T_{k+1} A_{k+1}]^{-1} A^T_{k+1} b_{k+1} = P_{k+1} A^T_{k+1} b_{k+1} = P_{k+1}[A^T_k \ a_{k+1}]\begin{bmatrix} b_k \\ R_{k+1} \end{bmatrix}$$
$$= P_{k+1}[A^T_k b_k + a_{k+1} R_{k+1}] = P_{k+1}[A^T_k A_k x_k + a_{k+1} R_{k+1}]$$

와 같다. 그런데

$$A^T_{k+1} A_{k+1} = [A^T_k \ a_{k+1}]\begin{bmatrix} A_k \\ a^T_{k+1} \end{bmatrix} = A^T_k A_k + a_{k+1} a^T_{k+1}$$

인 관계로부터

$$A^T_k A_k = A^T_{k+1} A_{k+1} - a_{k+1} a^T_{k+1}$$

임을 알 수 있으며, 또한 $P_{k+1} = [A^T_{k+1} A_{k+1}]^{-1}$로부터 $A^T_{k+1} A_{k+1} = \mathrm{P}^{-1}_{k+1}$를 얻는다. 따라서

$$x_{k+1} = P_{k+1}[(A^T_{k+1} A_{k+1} - a_{k+1} a^T_{k+1}) x_k + a_{k+1} R_{k+1}]$$
$$= P_{k+1}[P^{-1}_{k+1} x_k - a_{k+1} a^T_{k+1} x_k + a_{k+1} R_{k+1}] = x_k + P_{k+1} a_{k+1}(R_{k+1} - a^T_{k+1} x_k)$$

위에서 $P_{k+1}a_{k+1}(R_{k+1} - a^T_{k+1}x_k)$ 항은 현 추정치 벡터 x_k에 대한 보정항이 된다. 위에서 이득(gain) 행렬 K를 $K_{k+1} = P_{k+1}a_{k+1}$와 같이 정의하면

$$x_{k+1} = x_k + K_{k+1}(R_{k+1} - a^T_{k+1} x_k)$$

와 같다. 앞의 보정 $P_{k+1} = P_k - P_k a_{k+1} [1 + a^T_{k+1} P_k a_{k+1}]^{-1} a^T_{k+1} P_k$를 이용하면

$$K_{k+1} = P_{k+1} a_{k+1} = [P_k - P_k a_{k+1}[1 + a^T_{k+1} P_k a_{k+1}]^{-1} a^T_{k+1} P_k] a_{k+1}$$
$$= P_k a_{k+1} - P_k a_{k+1}[1 + a^T_{k+1} P_k a_{k+1}]^{-1} a^T_{k+1} P_k a_{k+1}$$
$$= P_k a_{k+1}[I - [1 + a^T_{k+1} P_k a_{k+1}]^{-1} a^T_{k+1} P_k a_{k+1}]$$
$$= P_k a_{k+1}[a^T_{k+1} P_k a_{k+1} + 1]^{-1}([a^T_{k+1} P_k a_{k+1} + 1] - a^T_{k+1} P_k a_{k+1})$$
$$= P_k a_{k+1}[a^T_{k+1} P_k a_{k+1} + 1]^{-1}$$

를 얻는다. 이 관계를 이용하면

$$P_{k+1} = P_k - P_k a_{k+1}[1 + a^T_{k+1} P_k a_{k+1}]^{-1} a^T_{k+1} P_k = P_k - K_{k+1} a^T_{k+1} P_k$$

재귀 최소자승 알고리듬은 다음과 같이 요약할 수 있다.

1) 미지 계수벡터 x의 초기값을 설정한다(대개 0 벡터나 임의의 상수벡터가 보통이다).
2) 행렬 P의 초기값을 설정한다. P는 대각행렬로서 보통 항등행렬에 10이나 100 등의 적절한 스칼라를 곱한 형태를 초기값으로 설정한다.
3) 데이터가 추가될 때마다 k를 증가시켜 가면서 다음을 순차적으로 계산한다:

$$K_{k+1} = P_k a_{k+1} [a_{k+1}^T P_k a_{k+1} + 1]^{-1}$$
$$x_{k+1} = x_k + K_{k+1}(R_{k+1} - a_{k+1}^T x_k)$$
$$P_{k+1} = P_k - K_{k+1} a_{k+1}^T P_k$$

MATLAB 활용

재귀 최소자승 알고리듬은 함수 rlsup에 의해 수행된다:

```
[x,K,P] = rlsup(Ak,bk,x,P)
```

Ak와 bk는 데이터로부터 정의되는 행렬 및 벡터이며, x는 계수벡터, P는 보정행렬이다.

```
function [x,K,P] = rlsup(Ak,bk,x,P)
K = P*Ak'/(Ak*P*Ak' + 1);
x = x + K*(bk - Ak*x);
P = P - K*Ak*P;
end
```

MATLAB 실습 재귀 최소자승 방법

실제 시스템은 $y = 2x + 1 = [x\ 1]\begin{bmatrix}2\\1\end{bmatrix}$와 같으며 측정치는 $\hat{y} = 2x + 1 + \epsilon_k = [x\ 1]\begin{bmatrix}2\\1\end{bmatrix} + \epsilon_k$로 주어진다고 가정하자. 여기에서 ϵ_k는 시간 k에서의 측정 잡음(noise)이다. 함수 rlsup를 이용하여 측정치를 잘 나타내어 주는 모델 $\hat{y} = c_1\hat{x} + c_2 = [\hat{x}\ 1]\begin{bmatrix}c_1\\c_2\end{bmatrix}$를 규명하라.

풀이

스크립트 rlsmd는 함수 rlsup를 이용하여 모델의 계수벡터를 계산한다.

```
% rlsmd.m
x0 = [2 1]'; % 미지 계수벡터의 실제값
nx = length(x0); x = zeros(nx,1); P = 100*eye(nx,nx);  % 계수벡터 x 및 P 행렬의
초기값
for k = 1:100
    Ak = [k*0.01 1];  bk = Ak*x0 + 0.3*rand;  % 시점 k에서의 종속변수 측정값
    [x,K,P] = rlsup(Ak,bk,x,P);
end
display('최종 파라미터 추정치: '), x  % 최종 파라미터 추정치
display('실제 파라미터값: '), x0
```

수행결과는 다음과 같다:

```
>> rlsmd
```

```
최종 파라미터 추정치:
x =
    1.9485
    1.1843
실제 파라미터값:
x0 =
     2
```

10.3 비선형 회귀분석(Nonlinear Regression Analysis)

다음 반응식을 고려해 보자:

$$A \xrightarrow{k_1} B \xrightarrow{k_2} C + D, \qquad C + A \xrightarrow{k_3} E + F$$

각 성분에 대한 수지식은

$$\frac{dC_A}{dt} = -k_1 C_A - k_3 C_A^n C_C^m, \quad \frac{dC_B}{dt} = k_1 C_A - k_2 C_B,$$

$$\frac{dC_C}{dt} = k_2 C_B - k_3 C_A^n C_C^m, \quad \frac{dC_D}{dt} = k_2 C_B, \quad \frac{dC_E}{dt} = k_3 C_A^n C_C^m$$

와 같다. 위와 같이 미분방정식들로 이루어지는 시스템은

$$\frac{dY}{dx} = g(x, Y, b)$$

의 형태로 나타낼 수 있다. Y를 $Y = f(x, b)$로 나타낼 수 있다고 하면

$$\Phi = \epsilon^T \epsilon = (Y^* - Y)^T (Y^* - Y)$$

를 얻는다.

10.3.1 최대 하향경사(Steepest Descent) 방법

독립변수를 b라고 하면 반복과정에 따른 b의 보정은

$$b^{(m+1)} = b^{(m)} + \Delta b$$

에 의해 이루어진다. 여기에서 Δb는

$$\Delta b = -K\left(\frac{\partial \Phi}{\partial b}\right) = 2KJ^T(Y^* - Y)$$

에 의해 계산된다. J는 Jacobian으로서 b에 대한 Y의 편미분 행렬이며 다음과 같이 정의된다:

$$J = \begin{bmatrix} \frac{\partial Y_1}{\partial b_1} & \cdots & \frac{\partial Y_1}{\partial b_k} \\ \vdots & \cdots & \vdots \\ \frac{\partial Y_n}{\partial b_1} & \cdots & \frac{\partial Y_n}{\partial b_k} \end{bmatrix}$$

10.3.2 Gauss–Newton 방법

Taylor 전개를 이용하여 Y를 선형화하면

$$Y(x,b) = Y(x, b^{(m)} + \Delta b) = Y(x, b^{(m)}) + \left.\frac{\partial Y}{\partial b}\right|_{b^{(m)}} \Delta b = Y + J\Delta b$$

와 같다. 이를 이용하면 목적함수 Φ는

$$\Phi = (Y^* - Y - J\Delta b)^T (Y^* - Y - J\Delta b)$$

와 같이 나타낼 수 있다. $\frac{\partial \Phi}{\partial \Delta b} = 0$으로부터 Δb는

$$\Delta b = (J^T J)^{-1} J^T (Y^* - Y)$$

와 같이 얻어진다. J는 앞에서 정의된 Jacobian 행렬이다. 계산과정은 다음과 같이 요약할 수 있다:

- 파라미터 벡터 b의 초기치를 가정한다.
- Jacobian 행렬 J를 계산한다.
- 보정벡터 $\Delta b = (J^T J)^{-1} J^T (Y^* - Y)$를 계산한다.
- $b^{(m+1)} = b^{(m)} + \Delta b$에 의해 새로운 파라미터 벡터 추정치를 계산한다.

Φ가 크게 변하지 않거나 Δb가 아주 작아질 때까지 위의 계산과정을 반복 수행한다.

10.3.3 Newton 방법

목적함수 $\Phi = \epsilon^T \epsilon = (Y^* - Y)^T (Y^* - Y)$에 대한 Taylor 전개를 3번째 항까지 수행하면

$$\Phi(x,b) = \Phi(x, b^{(m)}) + \left(\frac{\partial \Phi}{\partial b}\right)^{(m)} \Delta b + \frac{1}{2} \Delta b^T \left(\frac{\partial^2 \Phi}{\partial b^2}\right)^{(m)} \Delta b$$

를 얻는다. 이로부터

$$\frac{\partial \Phi}{\partial b} = 0 = \left(\frac{\partial \Phi}{\partial b}\right)^{(m)} + \left(\frac{\partial^2 \Phi}{\partial b^2}\right)^{(m)} \Delta b$$

위에서 우변의 첫 번째 항은 Φ를 b로 한 번 미분하여 다음과 같이 얻어진다:

$$\left(\frac{\partial \Phi}{\partial b}\right)^{(m)} = -2J^T (Y^* - Y)$$

b에 의한 Φ의 2차 편미분을 수행하면 다음과 같은 Hessian 행렬이 얻어진다:

$$H = \begin{bmatrix} \dfrac{\partial^2 \Phi}{\partial b_1^2} & \dfrac{\partial^2 \Phi}{\partial b_1 \partial b_2} & \cdots & \dfrac{\partial^2 \Phi}{\partial b_1 \partial b_k} \\ \dfrac{\partial^2 \Phi}{\partial b_2 \partial b_1} & \dfrac{\partial^2 \Phi}{\partial b_2^2} & \cdots & \dfrac{\partial^2 \Phi}{\partial b_2 \partial b_k} \\ \vdots & \vdots & \cdots & \vdots \\ \dfrac{\partial^2 \Phi}{\partial b_k \partial b_1} & \dfrac{\partial^2 \Phi}{\partial b_k \partial b_2} & \cdots & \dfrac{\partial^2 \Phi}{\partial b_k^2} \end{bmatrix}$$

따라서 b에 의한 Φ의 미분은 다음과 같이 나타낼 수 있다:

$$\frac{\partial \Phi}{\partial b} = \left(\frac{\partial \Phi}{\partial b} \right)^{(m)} + \left(\frac{\partial^2 \Phi}{\partial b^2} \right)^{(m)} \Delta b = -2J^T(Y^* - Y) + H\Delta b = 0$$

이로부터 b의 보정항

$$\Delta b = -2H^{-1}J^T(Y^* - Y)$$

가 얻어진다.

10.3.4 Marquardt 방법

Marquardt 방법은 Gauss-Netwon 방법과 최대 하향경사 방법 사이의 안짐작 기법으로 간주될 수 있으며 이 방법에서 b의 보정항은 다음과 같이 얻어진다:

$$\Delta b = (J^T J + \lambda I)^{-1} J^T (Y^* - Y)$$

이 방법은 파라미터 λ가 작으면 Gauss-Netwon 방법에, λ가 크면 최대 하향경사 방법에 근접한다. Marquardt 방법을 Newton 방법에 적용하면 b의 보정항은 다음과 같다:

$$\Delta b = 2(H + \lambda I)^{-1} J^T (Y^* - Y)$$

Marquardt 방법의 계산과정은 다음과 같이 정리할 수 있다:

- 파라미터 벡터 b의 초기치를 가정한다.
- λ를 가정한다(대개 1000과 같이 큰 값으로 가정).
- Jacobian 행렬 J와 Hessian 행렬 H를 계산한다.
- $\Delta b = (J^T J + \lambda I)^{-1} J^T (Y^* - Y)$ 혹은 $\Delta b = 2(H + \lambda I)^{-1} J^T (Y^* - Y)$에 의해 보정벡터 Δb를 계산한다.
- $b^{(m+1)} = b^{(m)} + \Delta b$에 의해 새로운 벡터 추정치를 계산한다.
- $\Phi^{(m+1)} < \Phi^{(m)}$이면 λ를 감소시킨다. 반면에 $\Phi^{(m+1)} > \Phi^{(m)}$이면 $b^{(m+1)} = b^{(m)}$으로 유지하고 λ를 증가시킨다.
- Φ가 크게 변하지 않거나 Δb가 아주 작아질 때까지 위의 계산과정을 반복 수행한다.

10.3.5 다중 비선형 회귀

목적함수 Φ는

$$\Phi = \sum_{j=1}^{\nu} w_j \epsilon_j^T \epsilon_j = \sum_{j=1}^{\nu} w_j \phi_j = \sum_{j=1}^{\nu} w_j (Y_j^* - Y_j - J_j \Delta b)^T (Y_j^* - Y_j - J_j \Delta b)$$

와 같이 나타낼 수 있다. Gauss−Netwon 방법을 이용하여 Φ를 최소화시키는 경우 먼저 Φ를 선형화시킨다. 위와 같이 주어지는 Φ를 Δb로 미분하고 0으로 두면

$$\Delta b = \left[\sum_{j=1}^{\nu} w_j (J_j^T J_j) \right]^{-1} \left[\sum_{j=1}^{\nu} w_j J_j^T (Y_j^* - Y_j) \right]$$

를 얻는다. Marquardt 방법을 이용하는 경우에는

$$\Delta b = \left[\lambda I + \sum_{j=1}^{\nu} w_j (J_j^T J_j) \right]^{-1} \left[\sum_{j=1}^{\nu} w_j J_j^T (Y_j^* - Y_j) \right]$$

와 같으며 가중치는

$$w_j = \frac{1/\sigma_j^2}{\dfrac{1}{\sum_{i=1}^{\nu} n_i} \left(\sum_{i=1}^{\nu} \sum_{l=1}^{n_i} \dfrac{1}{\sigma_i^2} \right)}$$

로부터 얻어진다.

10.4 곡선접합에 이용되는 직교함수

10.4.1 선형적 독립함수

함수들의 집합을 $\{\phi_0, \phi_1, \cdots, \phi_n\}$라 하자. 구간 $[a, b]$ 내의 모든 x에 대하여

$$c_0 \phi_0(x) + c_1 \phi_1(x) + \cdots + c_n \phi_n(x) = 0$$

이 만족되는 경우는 $c_0 = c_1 = \cdots = c_n = 0$일 때 뿐이라면 이 함수들은 선형적으로 독립(linearly independent)이라고 말한다. 그렇지 않으면 이 함수들은 선형적으로 종속(linearly dependent)이다. $\phi_j(x)$가 차수 $j(j = 0, 1, 2, \cdots, n)$인 다항식이라면 함수 $\{\phi_0, \phi_1, \cdots, \phi_n\}$들은 임의의 구간 $[a, b]$에서 선형적으로 독립이다.

보기 10.5 **다항식의 선형 독립성**

$$\phi_0(x) = 2, \ \phi_1(x) = x - 3, \ \phi_2(x) = x^2 + 2x + 7$$

이며 $Q(x) = a_0 + a_1 x + a_2 x^2$라고 하자.

(1) 집합 $\{\phi_0, \phi_1, \phi_2\}$는 선형적으로 독립인가?

(2) $Q(x) = c_0\phi_0(x) + c_1\phi_1(x) + c_2\phi_2(x)$를 만족하는 0이 아닌 상수 c_0, c_1, c_2들을 구하라.

풀이

(1) 모든 x에 대하여

$$0 = c_0\phi_0(x) + c_1\phi_1(x) + c_2\phi_2(x) = c_0(2) + c_1(x-3) + c_2(x^2+2x+7)$$

라고 가정하면 양변을 두 번 미분할 경우 $0 = 2c_2$이므로 $c_2 = 0$이다. 따라서 $0 = c_0(2) + c_1(x - 3)$. 양변을 한 번 미분한 결과로부터 $0 = c_1$을 얻는다. 따라서 $0 = c_0(2)$이며 이로부터 $c_0 = 0$임을 알 수 있다. 즉 $0 = c_0\phi_0(x) + c_1\phi_1(x) + c_2\phi_2(x)$을 만족하는 계수들은 $c_0 = c_1 = c_2 = 0$ 뿐이므로 집합 $\{\phi_0, \phi_1, \phi_2\}$는 선형적으로 독립이다.

(2) $Q(x) = a_0 + a_1x + a_2x^2 = c_0\phi_0(x) + c_1\phi_1(x) + c_2\phi_2(x)$

$$= c_0(2) + c_1(x-3) + c_2(x^2+2x+7) = (2c_0 - 3c_1 + 7c_2) + (c_1 + 2c_2)x + c_2x^2$$

동일 차수항끼리 계수비교하면

$$c_2 = a_2, \quad c_1 + 2c_2 = a_1 \;\Rightarrow\; c_1 = a_1 - 2a_2$$

$$2c_0 - 3c_1 + 7c_2 = a_0 \;\Rightarrow\; c_0 = \frac{1}{2}(a_0 + 3a_1 - 13a_2)$$

■

선형적으로 독립인 m개 비선형 함수들의 선형조합 $f(x)$는

$$f(x) = c_1\phi_1(x) + c_2\phi_2(x) + \cdots + c_m\phi_m(x) = \sum_{i=1}^{m} c_i\phi_i(x)$$

와 같이 나타낼 수 있다. 위에서 c_1, c_2, ⋯, c_m들은 미지의 계수들로서 최소자승법을 이용하여 구할 수 있다. 즉 n개의 데이터 (x_1, y_1), (x_2, y_2), ⋯, (x_n, y_n)들이 주어져 있다고 하면 이 계수들은 목적함수

$$J = \sum_{j=1}^{n}\left\{y_j - \sum_{i=1}^{m} c_i f_i(x_j)\right\}^2$$

를 최소로 해준다. $\dfrac{\partial J}{\partial c_i} = 0$을 이용하면 최소자승 해는 다음으로부터 얻어진다:

$$\sum_{j=1}^{n}\sum_{i=1}^{m} c_i f_i(x_j) f_k(x_j) = \sum_{j=1}^{n} y_j f_k(x_j) \qquad (k = 1, 2, \cdots, m)$$

비선형 함수 $\phi_1(x)$, $\phi_2(x)$, ⋯, $\phi_m(x)$들은 서로 독립적인 함수들인데 곡선 $f(x)$의 접합을 위해서는 일반적으로 서로 직교인 직교함수(orthogonal function)들이 이용된다.

10.4.2 직교함수

구간 $[a, b]$에서 함수 $\phi_1(x), \phi_2(x), \cdots, \phi_n(x)$들이

$$\int_a^b \phi_i(x)\phi_j(x)dx = \begin{cases} 0 & : i \neq j \\ a \neq 0 : & i = j \end{cases}$$

이면 이 함수들은 서로 직교(orthogonal)라고 말한다. 만일

$$\int_a^b \phi_i(x)\phi_j(x)dx = \begin{cases} 0 : & i \neq j \\ 1 : & i = j \end{cases}$$

인 관계를 만족하면 이 함수들은 서로 단위직교(orthonormal)라고 말한다. 미분가능한 어떤 함수 $w(x)$에 대하여

$$\int_a^b w(x)\phi_i(x)\phi_j(x)dx = \begin{cases} 0 & : i \neq j \\ a \neq 0 : & i = j \end{cases}$$

이면 이 함수들은 $w(x)$에 대하여 서로 직교라고 말한다. 여기에서 함수 $w(x)$가 어떤 구간 I 내의 모든 x에 대하여 음이 아니라면(즉 $w(x) \geq 0$) $w(x)$는 가중함수(weight function)라고 칭한다. 예로서 함수 $w(x) = \frac{1}{\sqrt{1-x^2}}$은 구간 $(-1,1)$의 중심 부근에서는 1에 근접하므로 적은 가중치를 부여하며 $|x|$가 1에 근접할수록 매우 큰 값을 가지므로 더 많은 가중치를 부여한다.

» 직교함수 최소자승 근사

함수 $\{\phi_0, \phi_1, \cdots, \phi_n\}$들이 구간 $[a, b]$에서 서로 선형적으로 독립이라고 하자. 함수 $f(x)$에 대한 연속 최소자승 근사는 편차

$$E(a_0, \cdots, a_n) = \int_a^b w(x)\left(f(x) - \sum_{i=1}^n a_k\phi_i(x)\right)^2 dx$$

가 최소가 되도록 하는 함수들의 선형조합

$$P(x) = \sum_{i=0}^n a_i\phi_i(x)$$

를 찾는 문제이다. 정규(normal) 방정식은

$$0 = \frac{\partial E}{\partial a_j}(a_0, \cdots, a_n) = 2\int_a^b w(x)\left(f(x) - \sum_{i=1}^n a_k\phi_i(x)\right)\phi_j(x)dx \quad (j = 0, 1, \cdots, n)$$

이로부터

$$\int_a^b w(x)f(x)\phi_j(x)dx = \sum_{i=1}^n a_i \int_a^b w(x)\phi_i(x)\phi_j(x)dx$$

우변 항에서

$$\int_a^b w(x)\phi_i(x)\phi_j(x)dx = \begin{cases} 0 & : \ j \neq i \\ \alpha_i > 0 : & j = i \end{cases}$$

가 만족되도록 함수 ϕ_0, ϕ_1, ⋯, ϕ_n들을 선택하면 정규 방정식들로부터

$$\int_a^b w(x)f(x)\phi_j(x)dx = a_j \int_a^b w(x)[\phi_j(x)]^2 dx = a_j \alpha_j \quad (j = 0, 1, \cdots, n)$$

이로부터

$$a_j = \frac{1}{\alpha_j}\int_a^b w(x)f(x)\phi_j(x)dx$$

이와 같이 선택된 함수 ϕ_0, ϕ_1, ⋯, ϕ_n들은 구간 $[a, b]$에서 서로 직교이다. 직교조건을 만족하는 다항식들에는 Legendre, Chebyshev, Hermite, Laguerre 다항식들이 있다.

만일

$$\int_a^b w(x)\phi_i(x)\phi_j(x)dx = \begin{cases} 0 : & j \neq i \\ 1 : & j = i \end{cases}$$

이면(즉 $\alpha_i = 1$ $(i = 0, 1, \cdots, n)$) 함수 ϕ_0, ϕ_1, ⋯, ϕ_n들은 $w(x)$에 대하여 구간 $[a, b]$에서 단위직교(orthonormal)이다.

» 직교 다항식의 생성

가중함수 w에 대한 구간 $[a, b]$에서 직교인 함수 ϕ_0, ϕ_1, ⋯, ϕ_n들의 생성에는 Gram–Schmidt 방법을 이용할 수 있다. 즉

$$\phi_0(x) = 1, \quad \phi_1(x) = x - B_1, \quad B_1 = \frac{\int_a^b xw(x)[\phi_0(x)]^2 dx}{\int_a^b w(x)[\phi_0(x)]^2 dx} \quad (k=1)$$

위에서 계수들은

$$B_k = \frac{\int_a^b xw(x)[\phi_{k-1}(x)]^2 dx}{\int_a^b w(x)[\phi_{k-1}(x)]^2 dx}, \quad C_k = \frac{\int_a^b xw(x)\phi_{k-1}(x)\phi_{k-2}(x)dx}{\int_a^b w(x)[\phi_{k-2}(x)]^2 dx}$$

로 주어진다.

이산 데이터를 이용하는 경우 함수 f와 g의 이산 내적(discrete inner product)을

$$\langle f, g \rangle = \sum_{k=0}^{n} w_k f(x_k) g(x_k)$$

와 같이 정의하면

$$\phi_0(x) = 1, \quad \phi_1(x) = x - b_1, \quad \phi_k(x) = (x - b_k)\phi_{k-1}(x) - c_k\phi_{k-2}(x) \ \ (k \geq 2)$$

와 같다. 위에서 계수들은

$$b_1 = \frac{\langle x\phi_0, \phi_0 \rangle}{\langle \phi_0, \phi_0 \rangle}, \quad b_k = \frac{\langle x\phi_{k-1}, \phi_{k-1} \rangle}{\langle \phi_{k-1}, \phi_{k-1} \rangle}, \quad c_k = \frac{\langle x\phi_{k-1}, \phi_{k-2} \rangle}{\langle \phi_{k-2}, \phi_{k-2} \rangle} \quad (k \geq 2)$$

로부터 얻어진다.

보기 10.6 직교 다항식의 생성

3 점이 (0, −3), (1, 0), (2, 5)와 같이 주어졌다고 하자. 이를 이용하여 세 번째 직교 다항식 $\phi_2(x)$를 구하라.

풀이

$$\phi_0(x) = 1 \quad \Rightarrow \quad \langle \phi_0, \phi_0 \rangle = \sum_{k=1}^{3} 1 \cdot 1 = 3,$$

$$\langle x\phi_0, \phi_0 \rangle = \sum_{k=1}^{3} x_k \cdot 1 = 0 + 1 + 2 = 3$$

따라서

$$b_1 = \frac{\langle x\phi_0, \phi_0 \rangle}{\langle \phi_0, \phi_0 \rangle} = \frac{3}{3} = 1 \quad \Rightarrow \quad \phi_1(x) = x - b_1 = x - 1$$

$$\langle \phi_1, \phi_1 \rangle = \sum_{k=1}^{3} (x_k - 1)^2 = (-1)^2 + 0^2 + 1^2 = 2$$

$$\langle x\phi_1, \phi_1 \rangle = \sum_{k=1}^{3} x_k (x_k - 1)^2 = 0 \cdot (-1)^2 + 1 \cdot 0^2 + 2 \cdot 1^2 = 2$$

$$\langle x\phi_0, \phi_1 \rangle = \sum_{k=1}^{3} x_k (x_k - 1) = 0 \cdot (-1) + 1 \cdot 0 + 2 \cdot 1 = 2$$

이로부터

$$b_2 = \frac{\langle x\phi_1, \phi_1 \rangle}{\langle \phi_1, \phi_1 \rangle} = \frac{2}{2} = 1, \qquad c_2 = \frac{\langle x\phi_1, \phi_0 \rangle}{\langle \phi_0, \phi_0 \rangle} = \frac{2}{3}$$

을 얻는다. 따라서

$$\phi_2(x) = (x - b_2)\phi_1(x) - c_2\phi_0(x) = (x - 1) \cdot (x - 1) - \frac{2}{3} \cdot 1 = x^2 - 2x + \frac{1}{3}$$

■

» Legendre 다항식

구간 $[-1, 1]$에서 가중함수 $w(x) = 1$에 대하여 직교이며 직교조건은

$$\int_{-1}^{1} P_n(x) P_m(x) dx = \begin{cases} 0 & : n \neq m \\ \dfrac{2}{n+1} & : n = m \end{cases}$$

라고 하면 Legendre 다항식은

$$(n+1)P_{n+1}(x) - (2n+1)xP_n(x) + nP_{n-1}(x) = 0, \quad P_0(x) = 1, \quad P_1(x) = x$$

를 만족한다.

표 10.10 Legendre 다항식

n	$P_n(x)$
0	$P_0(x) = 1$
1	$P_1(x) = x$
2	$P_2(x) = \dfrac{3x^2 - 1}{2}$
3	$P_3(x) = \dfrac{5x^3 - 3x}{2}$
⋮	⋮
n	$P_n(x) = \displaystyle\sum_{m=0}^{int(n/2)} (-1)^m \frac{(2n-2m)!}{2^n m!(n-m)!(n-2m)!} x^{n-2m}$

* int(n/2)는 n/2의 정수부분을 의미함

보기 10.7 Legendre 다항식

$w(x) = 1$인 경우 Legendre 다항식 $\{P_n(x)\}$는 구간 $[-1, 1]$에서 직교이다. $n = 0$이면 $P_0(x) = 1$로 한다. $P_1(x)$와 $P_2(x)$를 구하라.

풀이

$$B_1 = \frac{\displaystyle\int_{-1}^{1} x dx}{\displaystyle\int_{-1}^{1} dx} = 0, \quad P_1(x) = (x - B_1)P_0(x) = x$$

따라서 $2P_2(x) - 3xP_1(x) + P_0(x) = 0$으로부터

$$P_2(x) = \frac{3}{2}xP_1(x) - \frac{1}{2}P_0(x) = \frac{3}{2}x^2 - \frac{1}{2}$$

■

MATLAB 활용

MATLAB 실습 Legendre 다항식

$w(x) = 1$인 경우 Legendre 다항식 $\{P_n(x)\}$는 구간 $[-1, 1]$에서 직교이다. n=0이면 $P_0(x) = 1$로 한다. $P_1(x) = x$, $P_2(x) = x^2 - \frac{1}{3}$이라고 할 때 $P_3(x)$를 구하라.

풀이

```
>> B3  =  quad(inline('x.*(x.^2-1/3).^2','x'),-1,1)/quad(inline('(x
.^2-1/3).^2','x'),-1,1)
B3 =
   0
>> C3 = quad(inline('x.*(x.^2-1/3).*x','x'),-1,1)/quad(inline('x.^2','x'),-1,1)
C3 =
    0.2667
```

즉 $B_3 = 0$, $C_3 = \frac{4}{15}$임을 알 수 있다. 따라서

$$P_3(x) = xP_2(x) - \frac{4}{15}P_1(x) = x^3 - \frac{1}{3}x - \frac{4}{15}x = x^3 - \frac{3}{5}x$$

■

» Chebyshev 다항식

이 다항식은 구간 $[-1, 1]$에서 가중함수 $w(x) = \frac{1}{\sqrt{1-x^2}}$에 대하여 직교인 함수이다. 직교조건은

$$\int_{-1}^{1} \frac{1}{\sqrt{1-x^2}} T_n(x) T_m(x) dx = \begin{cases} 0 & : \ n \neq m \\ \pi & : \ n = m \\ \frac{\pi}{2} & : \ n = m > 0 \end{cases}$$

와 같다. Chebyshev 다항식은

$$T_{n+1}(x) - 2x T_n(x) + T_{n-1}(x) = 0, \quad T_0(x) = 1, \quad T_1(x) = x$$

를 만족한다. Chebyshev 다항식 $T_n(x)$에서 최고차항인 x^n의 계수는 $2^{n-1}(n \geq 1)$이다. $n = 2m$이면 $T_{2m}(x)$는 짝수 함수로서 $T_{2m}(-x) = T_{2m}(x)$를 만족하며 $n = 2m+1$이면 $T_{2m+1}(x)$는 홀수 함수로서 $T_{2m+1}(-x) = -T_{2m+1}(x)$를 만족한다. 또한 Chebyshev 다항식은 $x_k = \cos\left(\frac{\pi(2k+1)}{2n+2}\right)$ $(k = 0, 1, \cdots, n)$에서 다음과 같은 직교성을 갖는다:

$$\sum_{k=0}^{n} T_i(x_k)T_j(x_k) = \begin{cases} 0 & : \ i \neq j \\ \dfrac{n+1}{2} & : \ i = j \neq 0 \\ n+1 & : \ i = j = 0 \end{cases}$$

표 10.11 Chebyshev 다항식

n	$T_n(x)$
0	$T_0(x) = 1$
1	$T_1(x) = x$
2	$T_2(x) = 2x^2 - 1$
3	$T_3(x) = 4x^3 - 3x$
4	$T_4(x) = 8x^4 - 8x^2 + 1$
5	$T_5(x) = 16x^5 - 20x^3 + 5x$
⋮	⋮
n	$T_n(x) = \sum_{m=0}^{int(n/2)} \frac{n! x^{n-2m} (x^2-1)^m}{(2m)!(n-2m)!}$

* int(n/2)는 n/2의 정수부분을 의미함

함수 $f(x)$를 근사하는 Chebyshev 근사 다항식 $p(x)$는 다음과 같이 Chebyshev 다항식 $T_k(x)$들의 선형 조합으로 나타낼 수 있다:

$$p(x) = \sum_{k=0}^{n} c_k T_k(x) = c_0 T_0(x) + c_1 T_1(x) + \ \cdots \ + c_n T_n(x)$$

위에서 계수 c_i는 Chebyshev 다항식의 직교성으로부터 다음과 같이 얻어진다:

$$c_0 = \frac{1}{n+1}\sum_{k=0}^{n} f(x_k)T_0(x_k) = \frac{1}{n+1}\sum_{k=0}^{n} f(x_k)$$

$$c_j = \frac{2}{n+1}\sum_{k=0}^{n} f(x_k)T_j(x_k) = \frac{2}{n+1}\sum_{k=0}^{n} f(x_k)\cos\left(\frac{j\pi(2k+1)}{2n+2}\right) \quad (j = 1, 2, \cdots, n)$$

보기 10.8 Chebyshev 다항식 근사

구간 $[-1, 1]$에서 함수 $f(x) = e^x$를 근사하는 3차 Chebyshev 근사 다항식 $p(x)$를 구하라.

풀이

$$p(x) = \sum_{k=0}^{3} c_k T_k(x) = c_0 T_0(x) + c_1 T_1(x) + c_2 T_2(x) + c_3 T_3(x)$$

$$c_0 = \frac{1}{3+1}\sum_{k=0}^{3} e^{x_k} T_0(x_k) = \frac{1}{4}\sum_{k=0}^{3} e^{x_k} = 1.2661$$

$$c_1 = \frac{2}{3+1}\sum_{k=0}^{3} e^{x_k} T_1(x_k) = \frac{1}{2}\sum_{k=0}^{3} e^{x_k} x_k = 1.1303$$

$$c_2 = \frac{2}{3+1}\sum_{k=0}^{3} e^{x_k} T_2(x_k) = \frac{1}{2}\sum_{k=0}^{3} e^{x_k} \cos\left(2\pi \cdot \frac{2k+1}{8}\right) = 0.2715$$

$$c_3 = \frac{2}{3+1}\sum_{k=0}^{3} e^{x_k} T_3(x_k) = \frac{1}{2}\sum_{k=0}^{3} e^{x_k} \cos\left(3\pi \cdot \frac{2k+1}{8}\right) = 0.0438$$

따라서 $f(x) = e^x$를 근사하는 3차 Chebyshev 근사 다항식 $p(x)$는

$$p(x) = 1.2661\,T_0(x) + 1.1303\,T_1(x) + 0.2715\,T_2(x) + 0.0438\,T_3(x)$$

로 주어진다. 각 Chebyshev 다항식 $T_i(x)$를 대입하고 정리하면

$$p(x) = 0.1752x^3 + 0.5429x^2 + 0.9989x + 0.9946$$

■

MATLAB 활용

Chebyshev 근사 다항식의 계수는 함수 chebyax에 의해 계산된다.

```
[c,x,y] = chebyax(f,n,a,b)
```

위에서 f는 근사되는 함수, n은 다항식의 차수, a와 b는 구간의 하한과 상한이며, 출력으로 얻어지는 c는 다항식의 계수이고, x와 y는 좌표를 나타낸다.

```
function [c,x,y] = chebyax(f,n,a,b)
% input:
%    f: 근사되는 함수(문자열로 입력), n: 다항식의 차수, a,b: 구간의 하한과 상한
% Output:
%    c: 다항식의 계수, x,y: 좌표
if nargin == 2, a = -1; b = 1; end % default 구간은 [-1,1]
d = pi/(2*n+2); c = zeros(1,n+1);
for k = 1:n+1, x(k) = cos((2*k-1)*d); end
x = (b-a)*x/2 + (a+b)/2; y = f(x);
for k = 1:n+1
    z = (2*k-1)*d;
    for j = 1:n+1, c(j) = c(j) + y(k)*cos((j-1)*z); end
end
c = 2*c/(n+1); c(1) = c(1)/2;
end
```

MATLAB 실습 Chebyshev 다항식

함수 chebyax를 이용하여 구간 $[-1, 1]$에서 함수 $f(x) = e^x$를 근사하는 3차 Chebyshev 근사 다항식 $p(x)$의 계수들을 구하라.

풀이

```
>> f = @(x) exp(x); [c,x,y] = chebyax(f,3,-1,1)
c =
    1.2661    1.1303    0.2715    0.0438
x =
    0.9239    0.3827   -0.3827   -0.9239
y =
    2.5190    1.4662    0.6820    0.3970
```

» Laguerre 다항식

Laguerre 다항식은 구간 $[0, \infty)$에서 가중함수 $w(x) = e^{-x}$가 이용되는 경우 얻어지는 다항식이다. 이 다항식의 처음 두 항은

$$L_0(x) = 1, \qquad L_1(x) = 1 - x$$

로 주어지며 나머지 항들은

$$(n+1)L_{n+1}(x) = (2n+1-x)L_n(x) - nL_{n-1}(x) \quad (n \geq 1)$$

로부터 얻어진다.

표 10.12 Laguerre 다항식

n	$L_n(x)$
0	$L_0(x) = 1$
1	$L_1(x) = 1 - x$
2	$L_2(x) = \frac{1}{2}x^2 - 2x + 1$
3	$L_3(x) = -\frac{1}{6}x^3 + \frac{3}{2}x^2 - 3x + 1$
4	$L_4(x) = \frac{1}{24}x^4 - \frac{2}{3}x^3 + \frac{25}{8}x^2 - \frac{19}{4}x + 1$
⋮	⋮

» Hermite 다항식

Hermite 다항식은 구간 $-\infty < x < \infty$에서 가중함수 $w(x) = e^{-x^2}$가 이용되는 경우 얻어지는 직교 다항식이다. 이 다항식의 처음 두 항은

$$H_0(x) = 1, \qquad H_1(x) = 2x$$

로 주어지며 나머지 항들은

$$H_{n+1}(x) = 2xH_n(x) - 2nH_{n-1}(x) \quad (n \geq 1)$$

로부터 얻어진다.

표 10.13 Hermite 다항식

n	$H_n(x)$
0	$H_0(x) = 1$
1	$H_1(x) = 2x$
2	$H_2(x) = 4x^2 - 2$
3	$H_3(x) = 8x^3 - 12x$
4	$H_4(x) = 16x^4 - 48x^2 + 12$
⋮	⋮

» Wavelet 함수

Wavelet 함수는 뒤에서 다루게 될 Fourier 다항식 대신 적용할 수 있으며 많은 경우 Fourier 분석을 이용하여 얻은 결과보다 더 적합하다고 알려져 있다. 먼저 다음과 같이 모(母) wavelet 함수 $\psi(x)$를 정의한다:

$$\psi(x) = \psi_{0,0}(x) = \begin{cases} 1 & : \ 0 \le x \le \frac{1}{2} \\ -1 & : \ \frac{1}{2} < x \le 1 \\ 0 & : \ \text{otherwise} \end{cases}$$

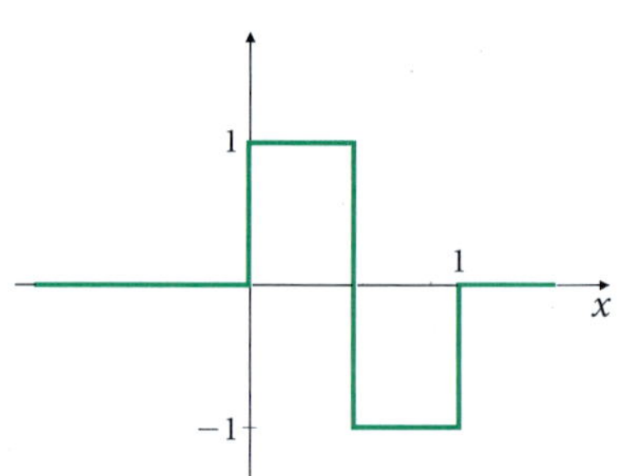

그림 10.11 모 wavelet 함수.

다음에 임의의 정수 m과 n에 대하여 Harr wavelet(기본 wavelet) $\psi_{m,n}(x)$를 정의한다:

$$\psi_{m,n}(x) = 2^{-m/2}\psi(2^{-m}x - n)$$

즉

$$\psi_{m,n}(x) = \begin{cases} 2^{-m/2} & : \ 2^m n \le x \le 2^m (n + \frac{1}{2}) \\ -2^{-m/2} & : \ 2^m (n + \frac{1}{2}) < x \le 2^m (n+1) \\ 0 & : \ \text{otherwise} \end{cases}$$

와 같다. 구간 $I_{m,n} = [2^m n, 2^m(n+1)]$은 그 구간에서 $\psi_{m,n}$이 0이 아닌 유일한 집합으로서 해당 wavelet의 지지(support)가 된다(일반적으로 함수 f의 지지(support)는 $f(x) \neq 0$인 점 x의 집합이다). 예를 들면 $\psi_{-2,-3}$의 지지는 $\left[-\frac{3}{4}, -\frac{1}{2}\right]$, $\psi_{2,2}$의 지지는 [8, 12]이다. 함수 f와 g의 내적(inner product)을 $\langle f, g\rangle = \int_{-x}^{x} f(x)g(x)dx$와 같이 나타내는 경우 조건 $\|f\| = \sqrt{\int_{-x}^{x} f(x)^2 dx} < \infty$를 만족하는 함수의 집합을 L_2라고 하면 L_2는 내적 공간(inner product space)이 된다.

모든 정수 m과 n에 대하여 다음 관계가 성립함을 알 수 있다:

$$\|\psi_{m,n}\| = 1$$

$$\begin{aligned}\|\psi_{m,n}\|^2 &= \int_{-\infty}^{\infty} \psi_{m,n}(x)^2 dx = \int_{-\infty}^{2^m n} \psi_{m,n}(x)^2 dx + \int_{2^m n}^{2^m(n+1/2)} \psi_{m,n}(x)^2 dx \\ &\quad + \int_{2^m(n+1/2)}^{2^m(n+1)} \psi_{m,n}(x)^2 dx + \int_{2^m(n+1)}^{\infty} \psi_{m,n}(x)^2 dx \\ &= 0 + \int_{2^m n}^{2^m(n+1/2)} 2^{-m} dx + \int_{2^m(n+1/2)}^{2^m(n+1)} 2^{-m} dx + 0 \\ &= 2^{-m} x \Big|_{2^m n}^{2^m(n+1/2)} + 2^{-m} x \Big|_{2^m(n+1/2)}^{2^m(n+1)} = \frac{1}{2} + \frac{1}{2} = 1\end{aligned}$$

한편 $(m_1, n_1) \neq (m_2, n_2)$에 대하여

$$\langle \psi_{m_1,n_1}, \psi_{m_2,n_2} \rangle = \int_{-\infty}^{\infty} \psi_{m_1,n_1}(x) \psi_{m_2,n_2}(x) dx = 0$$

이므로 임의의 두 기본 wavelet은 서로 직교이다. 모든 기본 wavelet $\psi_{m,n}$은 단위직교(orthonormal) 집합을 형성한다.

임의의 함수는 기본 wavelet의 1차 결합에 의해 근사될 수 있다. Harr wavelet 공간 V에 대한 함수 f의 사영(mapping)은

$$f_{pr}(x) = f(x) = \sum_{m=-\infty}^{\infty} \sum_{n=-\infty}^{\infty} c_{m,n} \psi_{m,n}(x)$$

와 같이 나타낼 수 있으며 위에서

$$c_{m,n} = A_{m,n} - B_{m,n}, \quad A_{m,n} = 2^{-m/2} \int_{2^m n}^{2^m(n+1/2)} f(x)dx, \quad B_{m,n} = 2^{-m/2} \int_{2^m(n+1/2)}^{2^m(n+1)} f(x)dx$$

로 주어진다.

보기 10.9 Wavelet 근사

함수 $f(x)$가

$$f(x) = \begin{cases} 1: & 0 \leq x \leq 1 \\ 0: & \text{otherwise} \end{cases}$$

와 같이 정의되고 Harr wavelet 공간 V_k를

$$V_k = \text{Span}\{\psi_{1,0},\ \psi_{2,0},\ \cdots,\ \psi_{k,0}\}$$

라 하자. V_k에 대한 함수 f의 사영(mapping) f_{pr}을 구하여 f를 근사하라.

풀이

$$f_{pr}(x) = c_{1,0}\psi_{1,0}(x) + c_{2,0}\psi_{2,0}(x) + \cdots + c_{k,0}\psi_{k,0}(x)$$

라 하자($c_{i,0}$: 스칼라). $m = 1, 2, \cdots, k$에 대하여 $c_{m,0} = 2^{-m/2}$이므로

$$f_{pr}(x) = 2^{-1/2}\psi_{1,0}(x) + 2^{-2/2}\psi_{2,0}(x) + \cdots + 2^{-k/2}\psi_{k,0}(x)$$

k가 커질수록 f_{pr}은 빠르게 f로 접근한다.

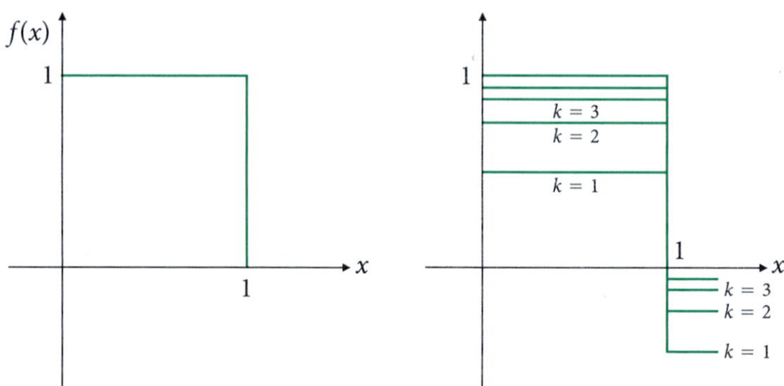

그림 10.12 Wavelet 근사.

■

10.5 유리함수 근사

차수 N인 유리함수 $r(x)$는

$$r(x) = \frac{p(x)}{q(x)}$$

와 같이 나타낼 수 있다. 위에서 $p(x)$와 $q(x)$는 그 차수들의 합이 N인 다항식들이다. 모든 다항식들은 유리함수이다.

10.5.1 Pade 근사

0을 포함하는 어떤 닫힌구간 I에서 주어진 함수 $f(x)$를 유리함수 $r(x)$로 근사해 보자. $p(x)$와 $q(x)$의 차수가 각각 n과 m인 경우 $N = n + m$이고

$$r(x) = \frac{p(x)}{q(x)} = \frac{p_0 + p_1x + \cdots + p_nx^n}{q_0 + q_1x + \cdots + q_mx^m}$$

으로 나타낼 수 있다. Pade 근사에서는 $f^{(k)}(0) = r^{(k)}(0)$ $(k = 0, 1, \cdots, N)$이 되도록 $N + 1$개의 파

라미터들을 결정한다. $n = N$이고 $m = 0$이면 Pade 근사는 Taylor 전개가 된다.

$$f(x)-r(x)=f(x)-\frac{p(x)}{q(x)}=\frac{f(x)q(x)-p(x)}{q(x)}=\frac{f(x)\sum_{i=0}^{m}q_i x^i-\sum_{i=0}^{n}p_i x^i}{q(x)}$$

만일 $f(x)$가 Maclaurin 급수전개와 같다면 $f(x) = \sum_{i=0}^{\infty} a_i x^i$이므로

$$f(x)-r(x)=\frac{\sum_{i=0}^{\infty}a_i x^i\sum_{i=0}^{m}q_i x^i-\sum_{i=0}^{n}p_i x^i}{q(x)}$$

가 된다. 이제

$$f^{(k)}(0)-r^{(k)}(0)=0 \quad (k=0,1,\cdots,N)$$

이 되도록 $p_0, p_1, p_2, \cdots, p_n$과 $q_1, q_2, \cdots, q_m$을 구한다. 이는 위 관계식의 우변항의 분자

$$\sum_{i=0}^{\infty}a_i x^i\sum_{i=0}^{m}q_i x^i-\sum_{i=0}^{n}p_i x^i=(a_0+a_1x+\cdots)(1+q_1x+\cdots+q_mx^m)-(p_0+p_1x+\cdots+p_nx^n)$$

이 N 이하의 차수를 갖는 항이 없도록 계수들을 구하는 문제가 된다.

$$p_{n+1}=p_{n+2}=\cdots=p_N=0, \qquad q_{m+1}=q_{m+2}=\cdots=q_N=0$$

으로 두면 x^k 항의 계수는 $\left(\sum_{i=0}^{k}a_i q_{k-i}\right)-p_k$와 같이 나타낼 수 있다. 즉 Pade 근사의 유리함수는 $n + m + 1 = N + 1$개의 선형방정식 시스템을 푸는 문제가 된다:

$$\sum_{i=0}^{k}a_i q_{k-i}=p_k \quad (k=0,1,\cdots,N)$$

즉

$$\begin{aligned}
&a_0-p_0-0\\
&q_1a_0+a_1-p_1=0\\
&q_2a_0+q_1a_1+a_2-p_2=0\\
&q_3a_0+q_2a_1+q_1a_2+a_3-p_3=0\\
&\quad\vdots\\
&q_ma_{n-m}+q_{m-1}a_{n-m+1}+\cdots+a_n-p_n=0\\
&q_ma_{n-m+1}+q_{m-1}a_{n-m+2}+\cdots+q_1a_n+a_{n+1}=0\\
&q_ma_{n-m+2}+q_{m-1}a_{n-m+3}+\cdots+q_1a_{n+1}+a_{n+2}=0\\
&\quad\vdots\\
&q_ma_n+q_{m-1}a_{n+1}+\cdots+q_1a_{n+m-1}+a_{n+m}=0
\end{aligned}$$

보기 10.10 **Pade 근사**

Runge 함수 $f(x) = \dfrac{1}{1+25x^2}$의 $x = 0$에서의 함수값과 1, 2, 3차 미분값은 각각

$$f(0) = 1, \quad f'(0) = 0, \quad f''(0) = -50, \quad f'''(0) = 0$$

으로 주어진다. 이 함수를

$$r(x) = \frac{a_1 x + a_0}{b_2 x^2 + b_1 x + 1}$$

형태의 함수로 근사하라.

풀이

근사함수의 계수들은 다음 선형방정식들의 해로부터 얻어진다:

$$\begin{aligned} a_0 &= c_0 = 1 \\ a_1 - c_0 b_1 &= c_1 = 0 \\ a_2 - c_0 b_2 - c_1 b_1 &= c_2 = -25 \\ a_3 - c_0 b_3 - c_1 b_2 - c_2 b_1 &= c_3 = 1 \end{aligned}$$

이로부터 $a_0 = 1$, $a_1 = b_1 = 0$, $b_2 = 25$를 얻는다. 따라서

$$r(x) = \frac{1}{1+25x^2}$$

즉 주어진 Runge 함수와 정확히 일치하는 Pade 근사함수가 얻어졌다.

■

10.5.2 Taylor 근사

점 $x = a$에서 함수 $f(x)$에 대한 근사 Taylor 다항식 $p(x)$는 제1장에서 살펴본 바와 같이 다음과 같다:

$$\begin{aligned} p(x) &= f(a) + f'(a)(x-a) + \frac{f''(a)}{2!}(x-a)^2 + \frac{f'''(a)}{3!}(x-a)^3 + \cdots + \frac{f^{(n)}(a)}{n!}(x-a)^n \\ &= \sum_{k=0}^{n} \frac{f^{(k)}(a)}{k!}(x-a)^k \end{aligned}$$

다항식 $p(x)$를 이용하여 함수 $f(x)$의 실제값을 근사하는 경우 발생되는 오차는 $x < \eta < a$에 대하여

$$\frac{f^{(n+1)}(\eta)}{(n+1)!}(x-a)^{n+1}$$

로 주어진다.

10.5.3 Bezier 곡선

Bezier 곡선은 1970년대에 CAD/CAM 연산을 위하여 프랑스의 Pierre Bezier와 Paul de Casteljau가 서로 독립적으로 개발한 것으로서 근사 스플라인(spline)들에 속한다. Bezier 곡선은 컴퓨터 그래픽에서 곡선과 표면을 나타내는 일차적인 방법으로 이용된다.

» Bernstein 다항식의 정의

구간 $[a, b]$에서 Bernstein 기저함수(basis function)를 고려해 보자. 차수 n인 Bernstein 다항식은

$$B_i^n(t) = \binom{n}{i}\frac{(b-t)^{n-i}(t-a)^i}{(b-a)^n}$$

와 같이 정의된다. 위에서 $\binom{n}{i} = \dfrac{n!}{i!(n-i)!}$은 이항계수이다. $a = 0$, $b = 1$(즉 구간 [0, 1])이면

$$B_i^n(t) = \binom{n}{i}(1-t)^{n-i}t^i$$

이다. 예를 들면 구간 [0, 1]에서 $n = 1$이면

$$B_0^1(t) = 1-t,\ \ B_1^1(t) = t$$

$n = 2$이면 $\binom{n}{i} = \binom{2}{i} = \dfrac{2}{i!(2-i)!}$이므로

$$B_0^2(t) = (1-t)^2, \quad B_1^2(t) = 2t(1-t), \quad B_2^2(t) = t^2$$

$n = 3$이면 $\binom{n}{i} = \binom{3}{i} = \dfrac{6}{i!(3-i)!}$이므로 다음을 얻는다:

$$B_0^3(t) = (1-t)^3, \quad B_1^3(t) = 3(1-t)^2t, \quad B_2^3(t) = 3(1-t)t^2, \quad B_3^3(t) = t^3$$

» Bernstein 다항식의 성질

$B_0^0(t) = 1$, $B_i^n(t) = 0$ $(i < 0,\ i > n)$으로 두면 Bernstein 다항식은 다음과 같은 반복과정에 의해 생성될 수 있다:

$$B_i^n(t) = (1-t)B_i^{n-1}(t) + tB_{i-1}^{n-1}(t) \quad (i = 1, 2, 3, \cdots, n-1)$$

구간 [0, 1]에서 Bernstein 다항식은 그림 10.13에 보인 바와 같이 음의 값을 갖지 않는다.

한편 $B_i^n(t) = \binom{n}{i}(1-t)^{n-i}t^i$에서 $x = t$, $y = 1 - t$로 두면

$$(x+y)^n = \sum_{i=0}^{n}\binom{n}{i}x^iy^{n-i}$$

이므로

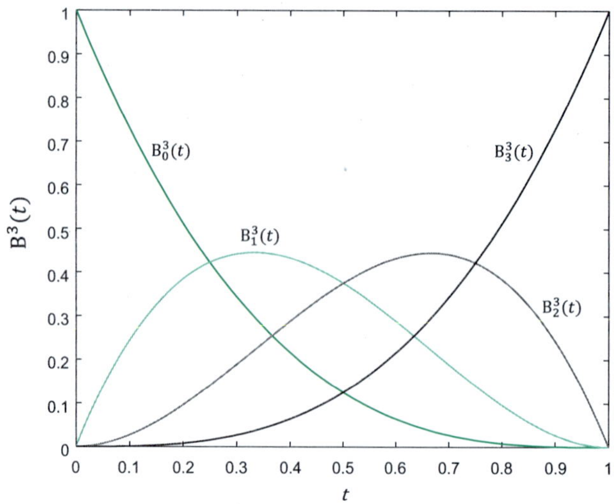

그림 10.13 3차 Bernstein 다항식.

$\sum_{i=0}^{n} B_i^n(t) = \sum_{i=0}^{n}\binom{n}{i}(1-t)^{n-i}t^i = \sum_{i=0}^{n}\binom{n}{i}x^i y^{n-i} = (x+y)^n = \{t+(1-t)\}^n = 1^n = 1$임을 알 수 있다. 즉 주어진 차수의 다항식 값의 합은 1이다.

t에 대한 $B_i^n(t)$의 미분을 구해 보면

$$
\begin{aligned}
\frac{d}{dt}B_i^n(t) &= \frac{d}{dt}\binom{n}{i}(1-t)^{n-i}t^i = \frac{in!}{i!(n-i)!}t^{i-1}(1-t)^{n-i} - \frac{(n-i)n!}{i!(n-i)!}t^i(1-t)^{n-i-1} \\
&= \frac{n(n-1)!}{(i-1)!(n-i)!}t^{i-1}(1-t)^{n-i} - \frac{n(n-1)!}{i!(n-i-1)!}t^i(1-t)^{n-i-1} \\
&= n\left\{\frac{(n-1)!}{(i-1)!(n-i)!}t^{i-1}(1-t)^{n-i} - \frac{(n-1)!}{i!(n-i-1)!}t^i(1-t)^{n-i-1}\right\} \\
&= n\{B_{i-1}^{n-1}(t) - B_i^{n-1}(t)\}
\end{aligned}
$$

임을 알 수 있다.

n차까지의 Bernstein 다항식들은 n차 이하의 다항식 공간의 기저(basis)를 구성한다. 즉 n차 이하의 임의의 다항식은 n차까지의 Bernstein 다항식들의 선형 조합으로 나타낼 수 있다. 직교좌표 (x_i, y_i)가 나타내는 데이터 점을 $P_i = (x_i, y_i)$라 하고 n개의 데이터 점 $\{P_i\}_{i=0}^n$들의 집합이 주어졌을 경우 n차 Bezier 곡선 $p(t)$는

$$p(t) = \sum_{k=0}^{n} P_k B_k^n(t) \qquad (0 \le t \le 1)$$

와 같이 정의된다. 데이터 점들을 벡터로 간주하고 Bernstein 다항식들을 스칼라로 간주하면

$$p(t) = (x(t), y(t)), \qquad x(t) = \sum_{k=0}^{n} x_k B_k^n(t), \qquad y(t) = \sum_{k=0}^{n} y_k B_k^n(t)$$

와 같이 나타낼 수 있다.

보기 10.11 Bezier 곡선

4개의 점들이 (2, 3), (1, 1.2), (3, 0), (4, 1.5)과 같이 주어졌을 때 Bezier 곡선 $p(t)$를 구하라.

풀이

$x(t) = \sum_{k=0}^{n} x_k B_k^n(t)$, $y(t) = \sum_{k=0}^{n} y_k B_k^n(t)$를 이용하면

$$x(t) = 2 \cdot B_0^3(t) + 1 \cdot B_1^3(t) + 3 \cdot B_2^3(t) + 4 \cdot B_3^3(t)$$
$$y(t) = 3 \cdot B_0^3(t) + 1.2 \cdot B_1^3(t) + 0 \cdot B_2^3(t) + 1.5 \cdot B_3^3(t)$$

를 얻는다. 3차 Bernstein 다항식 $B_0^3(t) = (1-t)^3$, $B_1^3(t) = 3(1-t)^2 t$, $B_2^3(t) = 3(1-t)t^2$, $B_3^3(t) = t^3$들을 각각 대입하면

$$x(t) = 2(1-t)^3 + 3t(1-t)^2 + 9t^2(1-t) + 4t^3 = 2 - 3t + 9t^2 - 4t^3$$
$$y(t) = 3(1-t)^3 + 3.6t(1-t)^2 + 1.5t^3 = 3 - 5.4t + 1.8t^2 + 2.1t^3$$

를 얻는다. 즉

$$p(t) = (2 - 3t + 9t^2 - 4t^3,\ 3 - 5.4t + 1.8t^2 + 2.1t^3)$$

이며 $p(t)$는 xy-평면에서 연속이고 미분가능한 함수이다. $p(t)$의 그래프는 그림 10.14에 보인 바와 같다.

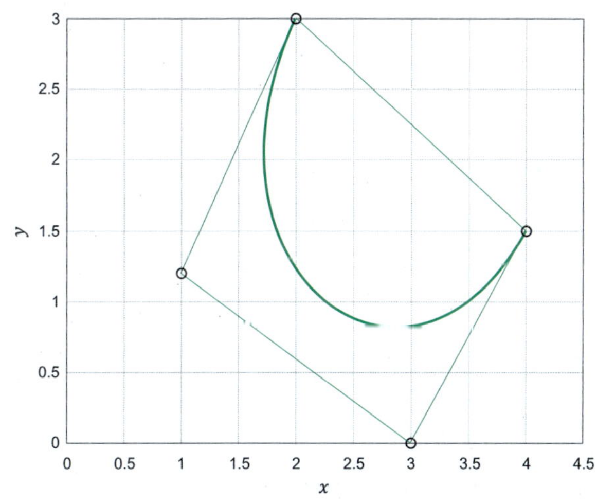

그림 10.14 Bezier 곡선.

■

» Bezier 곡선의 성질

n차 Bernstein 다항식

$$B_i^n(t) = \binom{n}{i}(1-t)^{n-i}t^i$$

에서 $t = 0$이면

$$B_i^n(0) = \begin{cases} 1: & i = 0 \\ 0: & i \neq 0 \end{cases}$$

임을 알 수 있다. 마찬가지로 $t = 1$이면

$$B_i^n(1) = \begin{cases} 1: & i = n \\ 0: & i = 0, 1, 2, \cdots, n-1 \end{cases}$$

이들을 이용하면 n차 Bezier 곡선 $p(t)$에서

$$p(0) = \sum_{k=0}^{n} P_k B_k^n(0) = P_0, \qquad p(1) = \sum_{k=0}^{n} P_k B_k^n(1) = P_n$$

을 얻는다. 따라서 Bezier 곡선의 끝점들은 데이터 점들의 집합 $\{P_i\}_{i=0}^n$의 처음과 마지막 점이다. t에 대한 Bezier 곡선 $p(t)$의 미분을 구해 보면

$$p'(t) = \frac{d}{dt}\sum_{k=0}^{n} P_k B_k^n(t) = \sum_{k=0}^{n} P_k \frac{d}{dt} B_k^n(t) = \sum_{k=0}^{n} P_k n\{B_{k-1}^{n-1}(t) - B_k^{n-1}(t)\}$$

$t = 0$이면

$$p'(0) = \sum_{k=0}^{n} P_k n\{B_{k-1}^{n-1}(0) - B_k^{n-1}(0)\} = n(P_1 - P_0)$$

마찬가지로 하여

$$p'(1) = n(P_n - P_{n-1})$$

을 얻는다.

MATLAB 활용

Bernstein 다항식 $B_k^n(t)$는 함수 bzcknt에 의해 정의된다. k와 n이 주어지면 함수 bzcknt은 $B_k^n(t) = \binom{n}{k}(1 - t)^{n-k}t^k$를 기호변수 t의 함수로 제시해 준다.

```
function y = bzcknt(k,n)
% bzcknt.m: Bezier 곡선 (B_kn(t), t는 symbol 변수)
syms t;
c = factorial(n)/(factorial(k)*factorial(n-k));
y = c*t^k*(1-t)^(n-k);
end
```

MATLAB 실습 복합 Bezier 곡선

4개의 점들로 구성된 4개의 데이터 집합이

$$[(-9, 0), (-8, 1), (-8, 2.5), (-4, 2.5)], [(-4, 2.5), (-3, 3.5), (-1, 4), (0, 4)],$$
$$[(0, 4), (2, 4), (3, 4), (5, 2)], [(5, 2), (6, 2), (20, 3), (18, 0)]$$

와 같이 주어졌을 때 각 데이터 집합에 대한 Bezier 곡선을 구하고 이 곡선들을 그래프로 나타내어라:

풀이

스크립트 bzcxy는 주어진 데이터 집합을 이용하여 함수 bzcknt를 호출하여 $p_k(t) = [p_{xk}(t), p_{yk}(t)]$ ($k = 1, 2, 3, 4$)를 t의 함수로 나타내고 $0 \le t \le 1$의 범위에서 계산된 Bezier 곡선 $p_k(t)$들을 그래프로 작성해 준다.

```
% bzcxy.m: Bezier 곡선
x = [-9 -8 -8 -4; -4 -3 -1 0; 0 2 3 5; 5 6 20 18];
y = [0 1 2.5 2.5; 2.5 3.5 4 4; 4 4 4 2; 2 2 3 0];
t = 0:0.01:1;
xp1 = 0; for k = 1:4, xp1 = xp1 + x(1,k)*bzcknt(k-1,3); end
xp2 = 0; for k = 1:4, xp2 = xp2 + x(2,k)*bzcknt(k-1,3); end
xp3 = 0; for k = 1:4, xp3 = xp3 + x(3,k)*bzcknt(k-1,3); end
xp4 = 0; for k = 1:4, xp4 = xp4 + x(4,k)*bzcknt(k-1,3); end
yp1 = 0; for k = 1:4, yp1 = yp1 + y(1,k)*bzcknt(k-1,3); end
yp2 = 0; for k = 1:4, yp2 = yp2 + y(2,k)*bzcknt(k-1,3); end
yp3 = 0; for k = 1:4, yp3 = yp3 + y(3,k)*bzcknt(k-1,3); end
yp4 = 0; for k = 1:4, yp4 = yp4 + y(4,k)*bzcknt(k-1,3); end
P1 = [expand(xp1), expand(yp1)], P2 = [expand(xp2), expand(yp2)]
P3 = [expand(xp3), expand(yp3)], P4 = [expand(xp4), expand(yp4)]
p1x = subs(xp1,t); p1y = subs(yp1,t); p2x = subs(xp2,t); p2y = subs(yp2,t);
p3x = subs(xp3,t); p3y = subs(yp3,t); p4x = subs(xp4,t); p4y = subs(yp4,t);
plot(p1x,p1y,p2x,p2y,p3x,p3y,p4x,p4y,x,y,'o'), grid, xlabel('x'), ylabel('y')
```

스크립트 bzcxy의 수행결과는 다음과 같다:

```
>> bzcxy
P1 = [ 5*t^3 - 3*t^2 + 3*t - 9, - 2*t^3 + (3*t^2)/2 + 3*t]
P2 = [ - 2*t^3 + 3*t^2 + 3*t - 4, 3*t - (3*t^2)/2 + 5/2]
P3 = [ 2*t^3 - 3*t^2 + 6*t, 4 - 2*t^3]
P4 = [ - 29*t^3 + 39*t^2 + 3*t + 5, - 5*t^3 + 3*t^2 + 2]
```

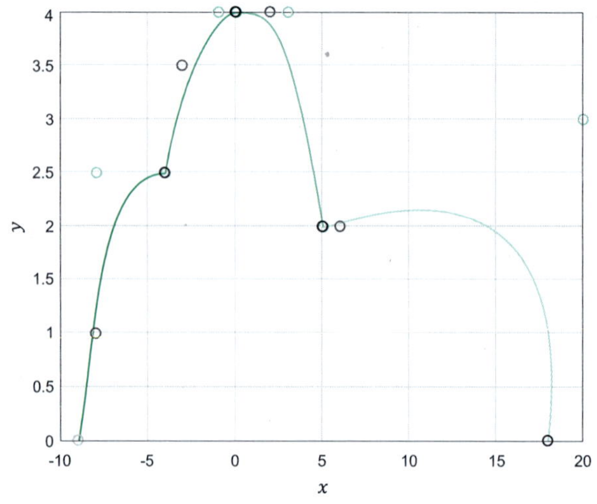

그림 10.15 복합 Bezier 곡선.

10.6 MATLAB 내장함수의 활용

10.6.1 가중 최소자승: lscov 함수

내장함수 `lscov`는 가중 최소자승 계산을 수행한다.

```
x = lscov(A,b,v)
```

는 식 $Ax = b$에 대한 가중 최소자승 해(weighted least-squares solution)를 반환한다. `v`는 양의 실수 가중치로 구성된 벡터이다. 즉 `x`는 $(b - Ax)^T W(b - Ax)$를 최소화하는 벡터이며 W는 `diag(v)`로 정의되는 가중 행렬이다.

MATLAB 실습 가중 최소자승 계산

다음에 주어진 데이터를 1차식

$$b = a_0 + a_1 x_1 + a_2 x_2$$

로 나타낼 수 있다고 할 때 함수 `lscov`를 이용하여 계수 a_0, a_1, a_2를 구하라. 가중치는 $w = [1\ 1\ 1.1\ 1.1\ 0.8\ 0.8]^T$로 설정해 보라.

x_1	0.18	0.46	0.61	0.83	1.05	1.12
x_2	0.11	0.32	0.39	0.88	1.11	1.40
b	0.18	0.25	0.29	0.24	0.28	0.35

풀이

선형 시스템

$$\begin{bmatrix} 1 & x_1^1 & x_2^1 \\ 1 & x_1^2 & x_2^2 \\ \vdots & \vdots & \vdots \\ 1 & x_1^6 & x_2^6 \end{bmatrix} \begin{bmatrix} a_0 \\ a_1 \\ a_2 \end{bmatrix} = \begin{bmatrix} b_1 \\ b_2 \\ \vdots \\ b_6 \end{bmatrix}$$

의 가중해를 구하는 경우에 해당된다.

```
>> x1 = [.18 .46 .61 .83 1.05 1.12]'; x2 = [.11 .32 .39 .88 1.11 1.4]';
>> A = [ones(size(x1)) x1 x2]; b = [.18 .25 .29 .24 .28 .35]'; w = [1 1 1.1 1.1 0.8
0.8]';
>> [x,se,me] = lscov(A,b,w)
[x,se,me] = lscov(A,b,w)
x =
    0.1539
    0.2401
   -0.0852
se =
    0.0562
    0.2124
    0.1524
me =
    0.0016
```

가중치 없이 백슬래시를 이용하여 해를 구해 보면 다음과 같다:

```
>> z = A\b
z =
    0.1597
    0.2043
   -0.0562
```

■

10.6.2 다항식 접합: polyfit 함수

주어진 데이터를 다항식으로 접합시켜 주는 내장함수 polyfit은 다음과 같은 형태로 이용한다:

```
p = polyfit(x, y, n)
```

은 독립변수 벡터 x와 종속변수 벡터 y 사이의 관계를 n차의 다항식으로 접합시켜 주며, p에는 다항식의 계수가 내림차순으로 저장된다. 함수 polyfit을 이용하는 경우 데이터의 수가 구하고자 하는 다항식 계수들의 수보다 커야 한다. 데이터에 없는 다른 독립변수에서의 함수값은 내장함수 polyval을 이용하여 구할 수 있다. polyfit을 이용하여 얻은 다항식을 이용하여 데이터에 없는

독립변수 z에서의 종속변수 값을 구하려면

```
f = polyval(p, z)
```

와 같이 입력한다. p는 내림차순으로 정돈된 다항식의 계수벡터이다.

MATLAB 실습 polyfit 함수를 이용한 다항식의 규명

다음은 온도에 따른 포화 수증기의 엔탈피를 나타낸 표이다. 엔탈피를 가장 잘 나타내어 주는 2차 다항식을 구하라. 이 결과를 이용하여 T = 350.15 K에서의 포화증기의 엔탈피를 계산하고 수증기표와 대조해 보라.

표 10.14 포화 수증기의 엔탈피

온도(K)	283.15	303.15	323.15	363.15	393.15	413.15
엔탈피(kJ/kg)	2519.9	2556.4	2592.2	2660.1	2706.0	2733.1

풀이

```
>> format long
>> T = [283.15 303.15 323.15 363.15 393.15 413.15];
>> H = [2519.9 2556.4 2592.2 2660.1 2706.0 2733.1];
>> p = polyfit(T, H, 2)
p =
   1.0e+03 *
  -0.000002096326670   0.003108694505382   1.807163153926139
```

이로부터 엔탈피를 나타내는 2차식은

$$H(T) = -0.002096327T^2 + 3.108695T + 1807.163154$$

로 주어짐을 알 수 있다. T = 350.15 K에서의 포화증기의 엔탈피는 다음과 같이 얻어진다.

```
>> f = polyval(p, 350.15)
f =
     2.638652356432598e+03
```

즉 엔탈피는 2638.65 kJ/kg이다. 수증기표로부터 T = 350.15 K에서 2638.7 kJ/kg임을 알 수 있는데, 이는 위의 2차식으로부터 얻은 값과 거의 일치한다.

```
>> Tv = min(T):0.1:max(T); Hv = polyval(p,Tv);
>> plot(Tv,Hv,T,H,'o'), xlabel('T(K)'), ylabel('H(kJ/kg')
```

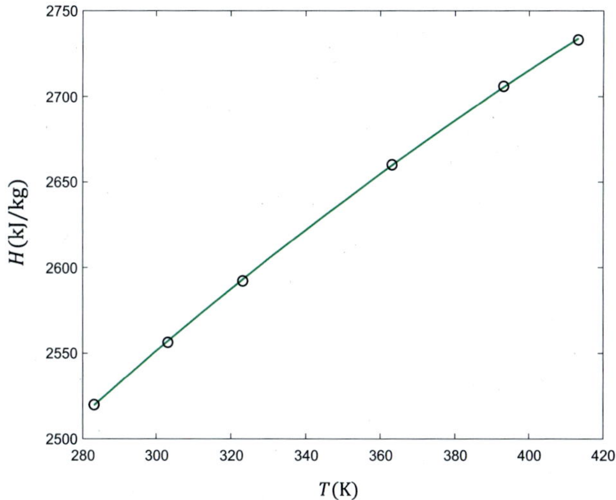

그림 10.16 2차 다항식에 의한 수증기 엔탈피의 안짐작.

■

MATLAB 실습 3차 근사 다항식의 규명

함수 polyfit을 이용하여 주어진 측정 데이터를 가장 잘 나타내어 주는 3차식을 구하라.

표 10.15 측정 데이터

x	0	0.25	0.50	0.75	1.00
y	1	1.31	1.65	2.12	2.80

풀이

```
>> x = [0 0.25 0.5 0.75 1]; y = [1 1.31 1.65 2.12 2.8]; p = polyfit(x,y,3)
p =
     0.9600    -0.4457     1.2857     1.0003
```

즉 구하고자 하는 3차의 근사식은 $p(x) = 0.96x^3 - 0.4457x^2 + 1.2857x + 1.0003$과 같다.

■

MATLAB 실습 물체의 운동궤적

어떤 금속 구를 공기 중에 던져 올린 후 시간에 따른 높이를 측정한 결과는 다음과 같다. 내장함수 polyfit을 이용하여 구의 초기높이 h_0, 초기속도 v_0, 중력가속도 g를 추정하라.

표 10.16 시간에 따른 높이 측정 결과

t(sec)	0	1	2	3	4
h(m)	0.3	14.8	20.7	15.9	2.0

풀이

```
>> t = 0:4; h = [0.3 14.8 20.7 15.9 2.0]; p = polyfit(t,h,2);  % 다항식 접합
>> g = -2*p(1), v0 = p(2), h0 = p(3), ti = 0:0.1:4; hi = polyval(p,ti);
plot(ti,hi,t,h,'o')
>> grid, xlabel('t(sec)'), ylabel('h(m)')
g =
    9.6429
v0 =
   19.7357
h0 =
    0.1971
```

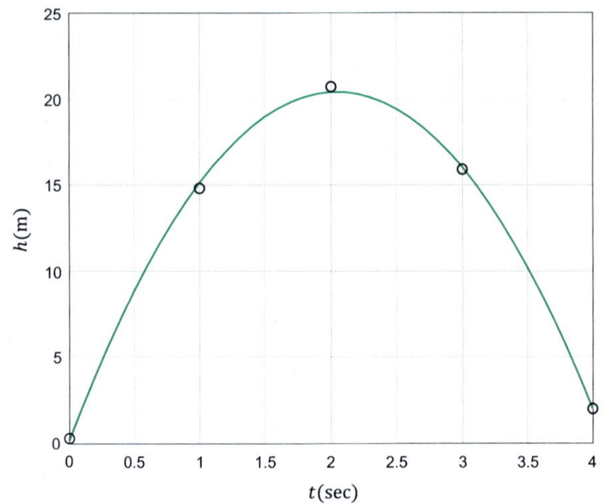

그림 10.17 물체의 운동궤적.

10.6.3 Pade 근사

시간지연 함수 $f(x) = e^{-Tx}$의 Pade 근사문제는 제어학습에서 유용하게 이용된다. 시간지연 함수 $f(x) = e^{-Tx}$의 N차 Pade 근사는 내장함수 pade에 의해 수행된다.

```
[num, den] = pade(T,N)
```

위에서 T는 시간지연, N은 Pade 근사의 차수, num과 den은 각각 근사함수 r(x)의 분자 및 분모 다항식들의 계수벡터이다.

MATLAB 실습 Pade 근사

$f(x) = e^{-4x}$에 대한 1차, 2차, 그리고 5차의 Pade 근사를 구하라.

풀이

```
>> [n1, d1] = pade(4,1)
n1 =
   -1.0000    0.5000
d1 =
    1.0000    0.5000
>> [n2, d2] = pade(4,2)
n2 =
    1.0000   -1.5000    0.7500
d2 =
    1.0000    1.5000    0.7500
>> [n5, d5] = pade(4,5)
n5 =
   -1.0000    7.5000  -26.2500   52.5000  -59.0625   29.5313
d5 =
    1.0000    7.5000   26.2500   52.5000   59.0625   29.5313
```

즉 $f(x) = e^{-4x}$에 대한 1차, 2차, 그리고 5차의 Pade 근사는 각각 다음과 같다:

$$r_1(x) = \frac{\frac{1}{2} - x}{\frac{1}{2} + x} = \frac{1-2x}{1+2x}, \qquad r_2(x) = \frac{x^2 - 1.5x + 0.75}{x^2 + 1.5x + 0.75} = \frac{1 - 2x + \frac{4}{3}x^2}{1 + 2x + \frac{4}{3}x^2},$$

$$r_5(x) = \frac{-x^5 + 7.5x^4 - 26.25x^3 + 52.5x^2 - 59.0625x + 29.5313}{x^5 + 7.5x^4 + 26.25x^3 + 52.5x^2 + 59.0625x + 29.5313}$$

■

연습 문제

10.1 확률밀도함수가 다음과 같은 볼츠만(Boltzmann)형 분포를 갖는다고 할 때 누적분포함수 $P(x)$를 구하라:

$$p(x) = \begin{cases} ae^{-ax} : & x \geq 0 \\ 0 \quad\; : & x < 0 \end{cases}$$

10.2 다음에 주어진 데이터를 가장 잘 나타내어 주는 직선의 식 $f(x) = ax + b$를 구하라.

x_i	1	2	5	7
y_i	2.1	2.9	6.1	8.3

10.3 시간 t에 따른 데이터 y가 다음과 같이 얻어졌다:

t	1	2	3	4	5
y	0.6	1.9	4.3	7.6	12.6

이 데이터에 대한 모델로서 $y = be^{at}$ 형태의 비선형 모델이 제안되었다. 최소자승 방법을 이용하여 계수 a와 b를 구하라.

10.4 다음은 시간 t에 따른 개체수 p에 대한 데이터이다:

t	0	1	2	3	4
y	200	400	650	850	950

이 데이터를 $p(t) = \dfrac{1000}{1+be^{at}}$의 형태로 나타내고자 한다. 모델의 계수 a와 b를 구하라.

10.5 최소자승 방법을 이용하여 점 (1, 1, 7), (1, 2, 9), (2, 1, 10), (2, 2, 11), (2, 3, 12)를 지나는 평면의 식 $z = ax + by + c$를 구하라.

10.6 4개의 점들이 (2, 2), (1, 1.5), (3.5, 0), (4, 1)과 같이 주어졌을 때 Bezier 곡선 $p(t)$를 구하라.

10.7 세 개의 점들이 (0, −3), (1, −1), (2, 5)와 같이 주어졌다고 하자. 이를 이용하여 직교 다항식 $\phi_0(x)$, $\phi_1(x)$, $\phi_2(x)$를 각각 구하라.

* MATLAB 활용 문제

M10.1 표 M10.1은 어떤 금속의 열팽창 계수를 측정한 결과이다. 이 측정 결과로부터 평균, 메디안, 모우드, 분산, 표준편차를 각각 구하라.

M10.2 표 M10.2는 학생 60명의 몸무게 데이터이다. 이 측정 결과로부터 평균, 메디안, 모우드, 범위, 분산, 표준편차를 각각 구하라.

표 M10.1 열팽창 계수 데이터

측정순서	열팽창계수	측정순서	열팽창계수	측정순서	열팽창계수
1	5.394	9	5.514	17	5.384
2	5.564	10	5.335	18	5.614
3	5.654	11	5.614	19	5.554
4	5.465	12	5.455	20	5.675
5	5.495	13	5.534	21	5.455
6	5.404	14	5.524	22	5.554
7	5.524	15	5.475	23	5.504
8	5.414	16	5.295	24	5.584

표 M10.2 학생들의 몸무게

학번	몸무게(lb)	학번	몸무게(lb)	학번	몸무게(lb)
1A	140	1U	170	2O	160
1B	145	1V	157	2P	155
1C	162	1W	130	2Q	124
1D	190	1X	185	2R	135
1E	155	1Y	190	2S	142
1F	165	1Z	154	2T	140
1G	150	2A	170	2U	164
1H	189	2B	155	2V	150
1I	194	2C	212	2W	145
1J	138	2D	150	2X	190
1K	159	2E	145	2Y	180
1L	155	2F	155	2Z	140
1M	153	2G	150	3A	150
1N	145	2H	155	3B	155
1O	170	2I	150	3C	146
1P	175	2J	155	3D	148
1Q	175	2K	150	3E	150
1R	170	2L	180	3F	155
1S	180	2M	162	3G	130
1T	135	2N	135	3H	160

M10.3 어떤 금속 구를 공기 중에 던져 올린 후 시간에 따른 높이를 측정한 결과는 다음과 같다. 구의 초기높이 h_0, 초기속도 v_0, 중력가속도 g를 추정하라.

t(sec)	0	1	2	3	4
h(m)	0.3	14.8	20.7	15.9	2.0

M10.4 질량 m인 물체가 공기 중에서 자유낙하 하는 경우 시간에 따른 속도변화 dv/dt는 중력 가속도를 g, 항력계수를 c_D라고 할 때

$$\frac{dv}{dt} = g - \frac{c_D}{m}v^2$$

으로 나타낼 수 있다. 시간 $t = 0$에서 이 물체가 정지해 있다면(즉 $v = 0$) 위의 미분방정식으로부터 속도 v는

$$v(t) = \sqrt{\frac{gm}{c_D}}\frac{e^z - e^{-z}}{e^z + e^{-z}} = \sqrt{\frac{gm}{c_D}}\tanh(z) \qquad \left(z = \sqrt{\frac{gc_D}{m}}t\right)$$

로 주어진다. 질량 $m = 70$ kg, 중력 가속도 $g = 9.8$ m/s^{2}이며 항력계수 c_D는 기상조건에 따라 불규칙한 값을 갖는다고 하자. 측정 결과 c_D의 평균값은 0.25이며, 0.226과 0.274 사이에서 균일한 분포를 갖는 것으로 나타났다.

(1) MATLAB 함수 rand를 이용하여 균일하게 분포된 500개의 항력계수 값을 생성하고 이에 따른 $t = 5$초에서의 속도분포를 구하라.

(2) 항력계수가 평균 0.25, 표준편차 0.0142인 정규분포를 보이는 경우 $t = 5$초에서의 속도분포를 구하라. MATLAB 함수 randn으로부터 정규분포된 500개의 항력계수 값을 생성하여 이용한다.

M10.5 압력 p에 따른 반응속도 r에 대한 다음 데이터를 잘 나타내어 주는 2차 곡선 $r(p) = a_2p^2 + a_1p + a_0$을 구하라. 아울러 얻어진 2차 곡선을 데이터와 함께 그래프로 나타내어라.

p	5.435	4.635	3.835	3.035	2.325	1.435	0.635
r	1.000	1.280	1.700	2.200	2.970	4.350	7.500

M10.6 시간 t에 따른 측정 데이터 y가 다음과 같이 얻어졌다:

t	0.25	1	1.5	2	2.4	5
y	23.1	1.68	1	0.84	0.826	1.2576

이 데이터를 잘 나타내어 주는 다항식을 규명하고자 한다. 함수 `lspolyfit`을 이용하여 3차 및 4차 다항식을 각각 구하라. 아울러 $0.25 \le t \le 5$의 범위에서 $\Delta t = 0.01$의 간격으로 다항식들에 의한 값을 구한 다음 데이터와 함께 그래프로 나타내어라.

M10.7 표 M10.7은 벤젠-톨루엔 액상 혼합물에서 어떤 온도와 압력에서의 벤젠의 몰분율을 보인 것이다. x와 y는 각각 액상과 기상에서의 벤젠의 몰분율이다. 이 데이터를 잘 나타내는 다항식을 구하라.

표 M10.7 벤젠의 몰분율

x	0.0	0.1	0.2	0.3	0.4	0.5	0.6	0.7	0.8	0.9	1.0
y	0.000	0.211	0.378	0.512	0.623	0.714	0.791	0.856	0.911	0.959	1.000

M10.8 표 M10.8은 기체 프로판의 온도 T(K)에 대한 열용량 C_p (kJ/(kg·mol·K))의 데이터를 보인 것이다. C_p를 잘 나타내어 주는 T의 다항식을 구하라.

표 M10.8 기체 프로판의 열용량

T	C_p	T	C_p
50	34.06	600	128.70
100	41.30	700	142.67
150	48.79	800	154.77
200	56.07	900	163.35
273.15	68.74	1000	174.60
298.15	73.60	1100	182.67
300	73.93	1200	189.74
400	94.01	1300	195.85
500	112.59	1400	201.21

M10.9 다음은 시간에 따른 어떤 반응기의 온도측정 결과를 보인 것이다. 이 측정 결과를 가장 잘 나타내어 주는 1차, 2차 및 4차 곡선의 식을 구하라.

표 M10.9 반응온도 측정 결과

t(hr)	1	2	3	4	5	6	7	8
T(°C)	50.8	56.4	55.1	60.6	61.5	59.5	54.1	53.8

M10.10 표 M10.10은 어떤 1차 반응에서 온도에 따른 반응상수(k)에 대한 실험 데이터를 보인 것이다. 반응속도 상수는 Arrhenius 식 $k = Ae^{-E/RT}$로 나타낼 수 있다. A와 E 값들을 추정하고 이 식에 의한 k를 나타내는 곡선과 표에 주어진 데이터를 하나의 그래프에 나타내어라.

표 M10.10 1차 반응에 대한 반응속도 상수

T(K)	302.9	311.2	313.8	319.1	325.2
k(sec^{-1})	0.00529	0.01128	0.01901	0.03649	0.07268

M10.11 압력 p에 따른 반응속도 r에 대한 다음 데이터를 $r = e^{a_1 p + a_0}$ 형태의 모델식으로 나타내고자 한다. 파라미터 a_1과 a_0를 구하라. 아울러 얻어진 모델식을 데이터와 함께 그래프로 나타내어라.

표 M10.11 반응속도 데이터

p	5.435	4.635	3.835	3.035	2.325	1.435	0.635
r	1.000	1.280	1.700	2.200	2.970	4.350	7.500

M10.12 효소는 생체세포 내에서 촉매 역할을 수행한다. 효소반응을 나타내는 식으로 Michaelis–Menten 식이 잘 알려져 있다:

$$r = \frac{a[S]}{b + [S]}$$

위에서 r은 반응속도, $[S]$는 기질(substrate) 농도이며 a는 최대 초기반응 속도를 나타내는 상수이고 b는 상수이다. 실험결과 기질 농도에 따른 다음과 같은 속도 측정값을 얻었다. 이 데이터를 가장 잘 나타내어 주는 Michaelis–Menten 반응식을 구하라.

표 M10.12 효소반응속도

$[S]$	1.2	1.6	3.2	4.3	5.8	7.6	8.8
r	0.06	0.12	0.24	0.27	0.33	0.34	0.34

M10.13 표 M10.13은 20°C에서 글리세롤–물 혼합물의 상대 증기압(P_{rv})에 대한 실험 데이터를 보인 것이다. 증기압을 가장 잘 나타내는 다항식을 글리세롤의 분율(x)의 함수로 구하라.

표 M10.13 20°C에서 글리세롤-물 혼합물의 상대 증기압(P_{rv})

x	0.00	0.20	0.35	0.48	0.60	0.65	0.75	0.83	0.92	1.0
P_{rv}	1.0	0.94	0.89	0.83	0.74	0.70	0.59	0.45	0.28	0.0

M10.14 증기압과 온도 사이의 관계를 나타내는 Antoine 식은

$$\log P_v = A + \frac{B}{T+C}$$

로 주어진다. P_v와 T는 각각 증기압(mmHg)과 온도(°C)이며, A, B, C는 파라미터들이다. 위의 식을 선형관계로 변환시키고 다음에 주어진 증기압 데이터를 이용하여 A, B, C를 구하라.

표 M10.14 증기압 데이터

T(°C)	17	18	19	21	25	27	28
P_v(mmHg)	13.6	22.21	35.54	85.98	413.23	832.62	1160.23

M10.15 표 M10.15는 벤젠의 온도 T(K)에 따른 증기압 P(Pa) 데이터를 보인 것이다. 이 데이터를 이용하여 다음과 같은 Clapeyron 식의 파라미터를 결정하라:

$$\log P = A + \frac{B}{T}$$

표 M10.15 벤젠의 증기압

T(K)	P(Pa)
302.39	15388.0
318.69	30464.0
330.54	47571.0
338.94	63815.0
346.24	81275.0
353.47	102040.0
358.87	120140.0

M10.16 삼중점과 임계점 사이의 증기압 추정에 다음과 같은 Wagner 식을 이용할 수 있다:

$$\ln P_r = \frac{1}{T_r}\left(a_1\tau + a_2\tau^{1.5} + a_3\tau^3 + a_4\tau^6\right)$$

위에서 $T_r = T/T_c$, $P_r = P/P_c$, $\tau = 1 - T_r$이다. 표 M10.16은 온도에 따른 에탄의 증기압을 보인 것이다. 주어진 에탄의 증기압 데이터를 잘 나타내어 주는 Wagner 식의 계수들을 구하라. 에탄의 경우 $T_c = 305.32$ K, $P_c = 4.872 \times 10^6$ Pa이다.

표 M10.16 온도에 따른 에탄의 증기압

T(K)	10^{-4} P(Pa)	T(K)	10^{-4} P(Pa)
92	0.00017	230	70.0000
100	0.0011	240	96.7000
110	0.0075	250	130.1000
120	0.0350	260	171.2000
130	0.1300	270	221.0000
140	0.3800	276	255.5000
150	0.9700	280	280.6000
158	1.8000	284	307.5000
170	4.3000	288	336.3000
180	7.9000	290	351.4000
192	14.9000	294	383.4000
200	21.7000	298	417.6000
210	33.4000	300	435.6000
220	49.2000	302	454.3000

M10.17 이성분계의 활동도 계수를 나타내는 Margules 식은 다음과 같이 쓸 수 있다:

$$\ln\gamma_1 = x_2^2(2B-A) + 2x_2^3(A-B), \qquad \ln\gamma_2 = x_1^2(2A-B) + 2x_1^3(B-A)$$

표 M10.17은 벤젠(1)과 n-헵탄(2) 혼합물에 대한 활동도 계수를 보인 것이다. 표의 데이터를 이용하여 Margules 식의 파라미터 A와 B를 추정하라.

표 M10.17 벤젠(1)과 *n*-헵탄(2) 혼합물의 대한 활동도 계수

x_1	γ_1	γ_2
0.0464	1.2968	0.9985
0.0861	1.2798	0.9998
0.2004	1.2358	1.0068
0.2792	1.1988	1.0159
0.3842	1.1598	1.0359
0.4857	1.1196	1.0676
0.5824	1.0838	1.1096
0.6904	1.0538	1.1664
0.7842	1.0311	1.2401
0.8972	1.0078	1.4038

M10.18 이성분계 활동도 계수를 나타내는 van Laar 식은 다음과 같다:

$$\ln \gamma_1 = \frac{A}{\left(1 + \frac{x_1}{x_2}\frac{A}{B}\right)^2}, \qquad \ln \gamma_2 = \frac{B}{\left(1 + \frac{x_2}{x_1}\frac{B}{A}\right)^2}$$

표 M10.17에 보인 벤젠(1)과 *n*-헵탄(2) 혼합물에 대한 활동도 계수 데이터를 이용하여 van Laar 식의 파라미터 *A*와 *B*를 추정하라.

M10.19 다음은 온도 *T*(K)에 따른 액체 프로판의 상압에서의 점도(Pa·s) 데이터이다.[1] 액체 프로판의 점도 ν는 온도 *T*(K)의 비선형 함수로서

$$\log(\nu) = A + \frac{B}{T} + C\log T + DT^2$$

와 같은 추정식으로 나타낼 수 있는 것으로 알려져 있다. 파라미터 *A*, *B*, *C*, *D*의 값을 추정해 보라.

표 M10.19 프로판의 점도

T	$10^4\nu$(Pa·s)	T	$10^4\nu$(Pa·s)
100	38.2	190	3.36
110	22.9	200	2.87
120	15.3	220	2.24
130	10.8	240	1.80
140	8.32	260	1.44
150	6.59	270	1.30
160	5.46	280	1.17
170	4.53	290	1.05
180	3.82	300	0.959

M10.20 표 M10.20은 기체 프로판의 온도 *T*(K)에 따른 열 전도도 *k*(*W*/(*m*·K)) 데이터를 보인 것이다. 비선형 방정식 $k = cT^n$을 이용하여 *k*와 *T*의 관계를 나타내고자 한다. 데이터를 잘 나타내어 주는 파라미터 *c*와 *n*을 추정하라.

M10.21 표 M10.21은 온도 *T*(K)에 따른 프로판의 기화열 ΔH_v(J/kmol) 데이터이다. ΔH_v는 *T*의 비선형 함수로서 $\Delta H_v = A(T_c - T)^n$과 같이 나타낼 수 있음이 밝혀졌다. 파라미터 *A*와 *n*을 추정하라. 프로판의 경우 $T_c = 369.83$ K이다.

1 Cutlip, M. B. and M. Shacham, Problem Solving in Chemical and Biochemical Engineering with POLYMATH, Excel, and MATLAB, 2nd ed., p.686, Prentice-Hall, 2008.

표 M10.20 기체 프로판의 온도 T(K)에 따른 열 전도도 $k(W/(m\cdot K)$.

T(K)	k	T(K)	k
231.07	0.0114	400	0.0306
240	0.0121	420	0.0334
260	0.0139	440	0.0363
280	0.0159	460	0.0393
300	0.0180	480	0.0424
320	0.0202	500	0.0455
340	0.0226	520	0.0487
360	0.0252	540	0.0520
380	0.0278	560	0.0553

표 M10.21 온도 T(K)에 따른 프로판의 기화열 ΔH_v(J/kmol)

T(K)	$10^{-7}\Delta H_v$	T(K)	$10^{-7}\Delta H_v$
90	2.46	220	1.93
100	2.42	231.07	1.88
110	2.37	240	1.83
120	2.33	250	1.78
130	2.29	260	1.73
140	2.25	270	1.67
150	2.21	280	1.61
160	2.17	290	1.54
170	2.13	300	1.46
180	2.09	310	1.38
190	2.05	320	1.28
200	2.01	330	1.18
210	1.97	340	1.05

M10.22 다음은 어떤 촉매반응 $A \rightarrow B$에 대한 반응속도 자료이다. 이 반응의 반응속도를 나타내는 모델식으로

$$r = \frac{k_1 P_A}{(1 + K_A P_A + K_B P_B)^2}$$

와 같은 형태가 제안되었다.[2] 주어진 데이터를 이용하여 파라미터 k_1, K_A, K_B를 추정하고 모델식에 의한 반응속도와 주어진 반응속도 데이터를 그래프 상에 나타내어라.

2 Cutlip, M. B. and M. Shacham, Problem Solving in Chemical and Biochemical Engineering with POLYMATH, Excel, and MATLAB, 2nd ed., p.93, Prentice-Hall, 2008.

표 M10.22 반응 분압

n	$r \times 10^3$	분압(atm)	
		P_A	P_B
1	5.11	1.00	0.00
2	5.42	0.91	0.09
3	5.55	0.82	0.18
4	5.85	0.69	0.31
5	6.02	0.61	0.39
6	6.15	0.52	0.48
7	6.31	0.41	0.59
8	6.45	0.29	0.71

M10.23 다음 표는 Penicillium chrysogenum을 회분식 발효기에서 배양하였을 때 시간에 따른 셀의 농도 y_1과 생성되는 페니실린의 농도 y_2의 측정 결과이다.

표 M10.23 시간에 따른 셀 및 페니실린 농도 측정 결과

시간(hr)	셀 농도 y_1	페니실린 농도 y_2
0	0.18	0
10	0.12	0
22	0.48	0.0089
34	1.46	0.0062
46	1.56	0.2266
58	1.73	0.4373
70	1.99	0.6943
82	2.62	1.2459
94	2.88	1.4315
106	3.43	2.0402
118	3.37	1.9278
130	3.92	2.1848
142	3.96	2.4204
154	3.58	2.4615
166	3.58	2.2830
178	3.34	2.7078
190	3.47	2.6542

내장함수 `polyfit`을 이용하여 y_1과 y_2를 시간에 대한 3차 다항식으로 나타내고 데이터와 함께 그래프로 나타내어라. 아울러 각 농도에 대하여 데이터와 3차 다항식에 의한 계산 결과의 차이를 보여주는 RMSE(Root-mean square error)를 구하라.

M10.24 4개의 점들이 (2, 3), (1, 1.2), (3, 0), (4, 1.5)과 같이 주어졌을 때 Bezier 곡선 $p(t)$를 구하라.

M10.25 4개의 점들로 구성된 2개의 데이터 집합이 [(0, 3), (1, 5), (2, 1), (3, 3)], [(3, 3), (4, 5), (5, 1), (6, 3)]과 같이 주어졌을 때 각 데이터 집합에 대한 Bezier 곡선 $p_1(t)$ 및 $p_2(t)$를 구하고 이 곡선들을 그래프로 나타내어라.

제11장 Fourier 분석

우리는 빛이나 음파와 같이 주기적 특성을 보이는 물리적 현상을 접할 때가 많다. 그림 11.1에 보인 바와 같이 모든 t에 대하여 $f(t + T) = f(t)$이면 함수 $f(t)$는 주기함수, T는 주기라고 부른다. 어떤 데이터가 주기적으로 변하는 경향을 보이는 경우 근사나 안짐작을 위해서 삼각함수를 이용하는 것이 더 적합하다. 데이터의 근사나 안짐작에 이용되는 삼각함수들로 이루어지는 삼각 다항식은 Fourier 수열로 알려져 있다. 삼각 다항식의 계수들은 sine과 cosine 함수들의 직교성을 이용하여 구할 수 있다.

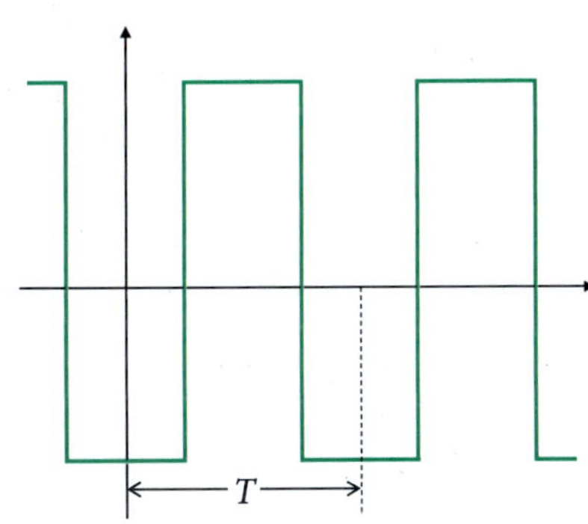

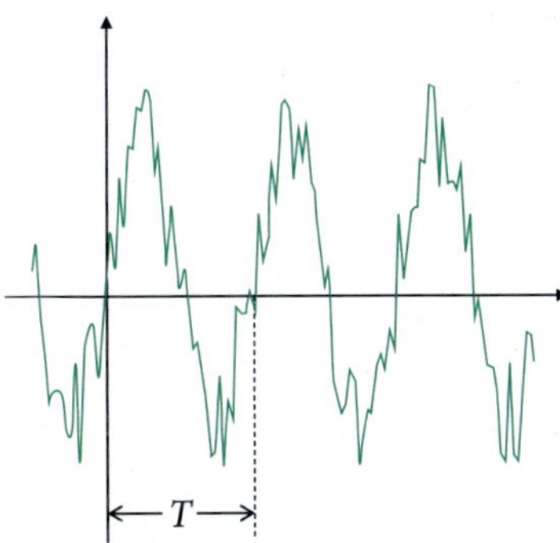

그림 11.1 주기 T인 주기함수의 보기.

보기 11.1 주기가 2π인 주기함수

함수 $g(t)$는 주기가 T인 주기함수로서 $g(t + T) = g(t)$이며 $f(t) = g\left(\frac{tT}{2\pi}\right)$라고 하면 함수 $f(t)$는 주기가 2π인 주기함수임을 보여라.

풀이

$$f(t+2\pi) = g\left(\frac{T(t+2\pi)}{2\pi}\right) = g\left(\frac{tT}{2\pi} + T\right) = g\left(\frac{tT}{2\pi}\right) = f(t)$$

따라서 $f(t)$는 주기가 2π인 주기함수이다. ■

11.1 Fourier 수열

11.1.1 직교 삼각 다항식

차수가 어떤 양수 n 이하인 삼각 다항식(다항식의 각 항이 삼각함수)들의 집합 S_n은 ϕ_0, ϕ_1, ⋯, ϕ_{2n-1}들의 모든 가능한 선형조합들의 집합이다. 여기에서

$$\phi_0(t)=\frac{1}{2},\quad \phi_k(t)=\cos(kt)\ \ (k=1,2,\cdots,n),\quad \phi_{n+k}(t)=\sin(kt)\ \ (k=1,2,\cdots,n-1)$$

이다. 집합 $\{\phi_0, \phi_1, \cdots, \phi_{2n-1}\}$의 각 원소들은 선형적으로 서로 독립이며 가중함수 $w(t)=1$에 대하여 구간 $[-\pi, \pi]$ 내에서 서로 직교이다. 즉 $i \neq j$인 경우

$$\int_{-\pi}^{\pi}\phi_{n+i}(t)\phi_j(t)dt=\int_{-\pi}^{\pi}\sin(it)\cos(jt)dt=\frac{1}{2}\int_{-\pi}^{\pi}\{\sin(i+j)t+\sin(i-j)t\}dt$$

$$=\frac{1}{2}\left[\frac{-\cos(i+j)t}{i+j}-\frac{\cos(i-j)t}{i-j}\right]_{-\pi}^{\pi}=0$$

$i=j>0$인 경우에는

$$\int_{-\pi}^{\pi}\sin(it)\cos(ix)dt=\left[\frac{1}{2i}(\sin it)^2\right]_{-\pi}^{\pi}=0$$

ϕ_0, ϕ_1, ⋯, ϕ_{2n-1}들은 서로 선형적으로 독립이면서 직교이므로 다른 함수의 근사에 기저(basis)로 이용될 수 있다. 일반적으로 (샘플 데이터를 포함하는) 임의의 함수는 ϕ_i들의 선형 조합으로 나타낼 수 있다. 예를 들면 구간 $[-\pi, \pi]$ 내에서 함수 $f(t)$는 다음과 같이 ϕ_i들의 선형 조합으로 근사할 수 있다:

$$P_n(t)=\frac{a_0}{2}+a_n\cos(nt)+\sum_{i=1}^{n-1}\{a_i\cos(it)+b_i\sin(it)\}$$

위에서 계수 a_i와 b_i는 다음과 같이 주어진다:

$$a_i=\frac{\int_{-\pi}^{\pi}f(t)\cos(it)dt}{\int_{-\pi}^{\pi}\cos^2(it)dt}=\frac{1}{\pi}\int_{-\pi}^{\pi}f(t)\cos(it)dt\quad(i=0,1,2,\cdots,n)$$

$$b_i=\frac{\int_{-\pi}^{\pi}f(t)\sin(it)dt}{\int_{-\pi}^{\pi}\sin^2(it)dt}=\frac{1}{\pi}\int_{-\pi}^{\pi}f(t)\sin(it)dt\quad(i=1,2,\cdots,n-1)$$

보기 11.2 간단한 함수의 삼각 다항식 근사

다음 함수를 삼각 다항식 $P_n(t)$로 근사하라:

$$f(t)=|t|\quad(-\pi<t<\pi)$$

풀이

$$a_0 = \frac{1}{\pi}\int_{-\pi}^{\pi}|t|dt = \frac{1}{\pi}\left(-\int_{-\pi}^{0}tdt + \int_{0}^{\pi}tdt\right) = \pi$$

$$a_i = \frac{1}{\pi}\int_{-\pi}^{\pi}|t|\cos(it)dt = \frac{2}{\pi}\int_{0}^{\pi}t\cos(it)dt = \frac{2}{\pi i^2}\{(-1)^i - 1\} \quad (i = 1, 2, \cdots, n)$$

$$b_i = \frac{1}{\pi}\int_{-\pi}^{\pi}|t|\sin(it)dt = 0 \quad (i = 1, 2, \cdots, n-1)$$

따라서 근사 삼각 다항식은 다음과 같다:

$$P_n(t) = \frac{\pi}{2} + \frac{2}{\pi}\sum_{i=1}^{n}\frac{(-1)^i - 1}{i^2}\cos(it)$$

■

11.1.2 삼각함수 다항식의 최소자승 접합

주기함수의 예로서 cosine 함수를 이용하는 경우 일반적으로

$$f(t) = A_0 + C_1\cos(w_0 t + \theta)$$

로 나타낼 수 있다. C_1은 진폭이며, w_0는 각 주파수(라디안/시간), θ는 위상각이다. 일반 주파수 f(사이클 수/시간)와 각 주파수 사이의 관계는

$$w_0 = 2\pi f$$

로 주어지며 일반 주파수와 주기 T 사이의 관계는

$$f = \frac{1}{T}$$

로 주어진다.

선형모델 $y(t) = a_0\phi_0(t) + a_1\phi_1(t) + a_2\phi_2(t) + \cdots + a_m\phi_m(t) + e(t)$에서

$$\phi_0(t) = 1, \quad \phi_1(t) = \cos(w_o t), \quad \phi_2(t) = \sin(w_0 t), \quad \phi_i(t) = 0 \ (i - 3, 4, \cdots, m)$$

인 경우를 고려해 보자. 이 경우 근사모델 $y(t)$는

$$y(t) = A_0 + A_1\cos(w_0 t) + B_1\sin(w_0 t) + e(t)$$

로 주어진다. 따라서 어떤 데이터 집합(샘플 수: N)을 위와 같은 형태의 모델로 접합시키는 경우라면

$$J = \sum_{i=1}^{N}(y_i - y)^2 = \sum_{i=1}^{N}[y_i - \{A_0 + A_1\cos(w_0 t) + B_1\sin(w_0 t)\}]^2$$

를 최소로 해주는 계수 A_0, A_1, B_1을 구하면 된다. 이 계수들은

$$\frac{\partial J}{\partial A_0} = 0 = -2\sum_{i=1}^{N}[y_i - \{A_0 + A_1\cos(w_0 t) + B_1\sin(w_0 t)\}]$$

$$\frac{\partial J}{\partial A_1} = 0 = -2\sum_{i=1}^{N}\cos(w_0 t)\left[y_i - \{A_0 + A_1\cos(w_0 t) + B_1\sin(w_0 t)\}\right]$$

$$\frac{\partial J}{\partial B_1} = 0 = -2\sum_{i=1}^{N}\sin(w_0 t)\left[y_i - \{A_0 + A_1\cos(w_0 t) + B_1\sin(w_0 t)\}\right]$$

로부터 구할 수 있다. 이들 관계를 정리하면

$$NA_0 + A_1\sum_{i=1}^{N}\cos(w_0 t) + B_1\sum_{i=1}^{N}\sin(w_0 t) = \sum_{i=1}^{N}y_i$$

$$A_0\sum_{i=1}^{N}\cos(w_0 t) + A_1\sum_{i=1}^{N}\cos^2(w_0 t) + B_1\sum_{i=1}^{N}\cos(w_0 t)\sin(w_0 t) = \sum_{i=1}^{N}y_i\cos(w_0 t)$$

$$A_0\sum_{i=1}^{N}\sin(w_0 t) + A_1\sum_{i=1}^{N}\sin(w_0 t)\cos(w_0 t) + B_1\sum_{i=1}^{N}\sin^2(w_0 t) = \sum_{i=1}^{N}y_i\sin(w_0 t)$$

이를 다시 쓰면

$$\begin{bmatrix} N & \sum_{i=1}^{N}\cos(w_0 t) & \sum_{i=1}^{N}\sin(w_0 t) \\ \sum_{i=1}^{N}\cos(w_0 t) & \sum_{i=1}^{N}\cos^2(w_0 t) & \sum_{i=1}^{N}\cos(w_0 t)\sin(w_0 t) \\ \sum_{i=1}^{N}\sin(w_0 t) & \sum_{i=1}^{N}\sin(w_0 t)\cos(w_0 t) & \sum_{i=1}^{N}\sin^2(w_0 t) \end{bmatrix}\begin{bmatrix} A_0 \\ A_1 \\ B_1 \end{bmatrix} = \begin{bmatrix} \sum_{i=1}^{N}y_i \\ \sum_{i=1}^{N}y_i\cos(w_0 t) \\ \sum_{i=1}^{N}y_i\sin(w_0 t) \end{bmatrix}$$

시간에 따른 N 데이터들은 시수열로 간주될 수 있다.

전체 시수열 데이터를 주기 T인 삼각 다항식으로 모델링하는 경우라면 $T = N\Delta t$(즉 $\Delta t = T/N$)로 둘 수 있다(Δt: 샘플링 시간간격). 주기가 T인 경우

$$\int_0^T \cos(w_0 t)dt = 0, \quad \int_0^T \sin(w_0 t)dt = 0, \quad \int_0^T \sin(2w_0 t)dt = 0$$

이며 Δt가 작다면 $\Delta t = \dfrac{T}{N}$이므로

$$\int_0^T \cos(w_0 t)dt \approx \sum_{i=1}^{N}\cos(w_0 t)\Delta t = \frac{T}{N}\sum_{i=1}^{N}\cos(w_0 t)$$

이다. 따라서

$$\sum_{i=1}^{N}\cos(w_0 t) \approx \frac{N}{T}\int_0^T \cos(w_0 t)dt = \frac{N}{T}\cdot 0 = 0$$

마찬가지로

$$\sum_{i=1}^{N}\sin(w_0 t) \approx \frac{N}{T}\int_0^T \sin(w_0 t)dt = \frac{N}{T}\cdot 0 = 0$$

$$\sum_{i=1}^{N}\sin(w_0t)\cos(w_0t) \approx \frac{N}{2T}\int_0^T \sin(2w_0t)dt = \frac{N}{2T}\cdot 0 = 0$$

한편

$$\sum_{i=1}^{N}\sin^2(w_0t) \approx \frac{N}{T}\int_0^T \sin^2(w_0t)dt = \frac{N}{T}\int_0^T \frac{1-\cos(2w_0t)}{2}dt = \frac{N}{T}\cdot\frac{T}{2} = \frac{N}{2}$$

$$\sum_{i=1}^{N}\cos^2(w_0t) \approx \frac{N}{T}\int_0^T \cos^2(w_0t)dt = \frac{N}{T}\int_0^T \frac{1+\cos(2w_0t)}{2}dt = \frac{N}{T}\cdot\frac{T}{2} = \frac{N}{2}$$

을 얻는다. 이들 관계를 앞의 행렬식에 대입하면

$$\begin{bmatrix} N & 0 & 0 \\ 0 & \frac{N}{2} & 0 \\ 0 & 0 & \frac{N}{2} \end{bmatrix}\begin{bmatrix} A_0 \\ A_1 \\ B_1 \end{bmatrix} = \begin{bmatrix} \sum_{i=1}^{N} y_i \\ \sum_{i=1}^{N} y_i\cos(w_0t) \\ \sum_{i=1}^{N} y_i\sin(w_0t) \end{bmatrix}$$

이로부터

$$\begin{bmatrix} A_0 \\ A_1 \\ B_1 \end{bmatrix} = \begin{bmatrix} N & 0 & 0 \\ 0 & \frac{N}{2} & 0 \\ 0 & 0 & \frac{N}{2} \end{bmatrix}^{-1}\begin{bmatrix} \sum_{i=1}^{N} y_i \\ \sum_{i=1}^{N} y_i\cos(w_0t) \\ \sum_{i=1}^{N} y_i\sin(w_0t) \end{bmatrix} = \begin{bmatrix} \frac{1}{N} & 0 & 0 \\ 0 & \frac{2}{N} & 0 \\ 0 & 0 & \frac{2}{N} \end{bmatrix}\begin{bmatrix} \sum_{i=1}^{N} y_i \\ \sum_{i=1}^{N} y_i\cos(w_0t) \\ \sum_{i=1}^{N} y_i\sin(w_0t) \end{bmatrix}$$

즉

$$A_0 = \frac{1}{N}\sum_{i=1}^{N} y_i, \quad A_1 = \frac{2}{N}\sum_{i=1}^{N} y_i\cos(w_0t), \quad B_1 = \frac{2}{N}\sum_{i=1}^{N} y_i\sin(w_0l)$$

일반적으로

$$f(t) = A_0 + A_1\cos(w_0t) + B_1\sin(w_0t) + A_2\cos(2w_0t) + B_2\sin(2w_0t) + \cdots \\ + A_m\cos(mw_0t) + B_m\sin(m_0t)$$

데이터 점들의 간격이 균일하다면 계수들은

$$A_0 = \frac{1}{N}\sum_{i=1}^{N} y_i, \quad A_j = \frac{2}{N}\sum_{i=1}^{N} y_i\cos(jw_0t), \quad B_j = \frac{2}{N}\sum_{i=1}^{N} y_i\sin(jw_0t) \quad (j = 1, 2, \cdots, m)$$

로 주어진다.

MATLAB 활용

MATLAB 실습 데이터의 삼각함수 근사

다음 데이터를

$$y(t) = A_0 + A_1\cos(t) + B_1\sin(t)$$

로 나타내어라.

k	1	2	3	4	5
t	0	$2\pi/5$	$4\pi/5$	$6\pi/5$	$8\pi/5$
$y(t)$	0	3	2	0	-1

풀이

삼각함수 접합계산은 스크립트 trigmreg에 의해 수행된다.

```
% trigmreg.m: 삼각함수를 이용한 데이터 접합
clear all;
ti = [0 2 4 6 8]*pi/5; yi = [0 3 2 0 -1]; N = length(yi); % 데이터의 수
A0 = sum(yi)/N, A1 = 2*sum(yi.*cos(ti))/N, B1 = 2*sum(yi.*sin(ti))/N
tm = 0:0.01:7; ym = A0 + A1*cos(tm) + B1*sin(tm);  % 모델
plot(tm,ym,ti,yi,'o'), grid, legend('삼각함수 접합','데이터')
```

수행결과는 다음과 같다.

```
>> trigmreg
A0 =
    0.8000
A1 =
   -0.4000
B1 =
    1.9919
```

즉 주어진 데이터는 근사적으로

$$y(t) = 0.8 - 0.4\cos(t) + 1.9919\sin(t)$$

로 나타낼 수 있음을 알 수 있다.

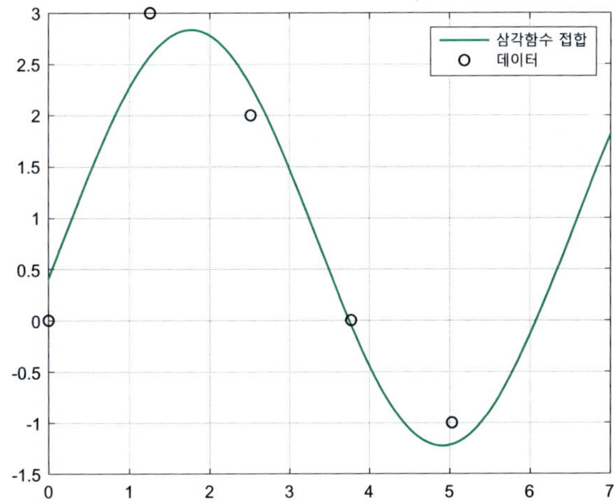

그림 11.2 삼각함수 데이터 접합.

» 삼각 다항식의 계산

삼각 다항식 계수들의 계산은 함수 trigintp에 의해 수행된다.

[Am Bm] = trigintp(t,y,w0,m)

위에서 t와 y는 데이터, w0는 주파수, m은 더해지는 각 삼각함수 항들의 수이며, Am과 Bm은 계산된 삼각함수 항들의 계수를 나타내는 행벡터이다.

```
function [Am Bm] = trigintp(t,y,w0,m)
% trigintp: 삼각함수를 이용한 데이터 안짐작
% input:
%   t,y: 데이터, w0: 주파수, m: 삼각함수 항들의 수
% output:
%   Am, Bm: 삼각함수 항들의 계수
N = length(y); % 데이터의 수
Am = []; Bm = []; A0 = sum(y)/N; Am = [Am A0];
for j = 1:m
    A(j) = 2*sum(y.*cos(j*w0*t))/N; Am = [Am A(j)];
    B(j) = 2*sum(y.*sin(j*w0*t))/N; Bm = [Bm B(j)];
end
tm = 0:0.01:7; csum = 0; ssum = 0;
for j = 1:m
    csum = csum + A(j)*cos(j*w0*tm); ssum = ssum + B(j)*sin(j*w0*tm);
end
ym = A0 + csum + ssum;  % 모델
plot(tm,ym,t,y,'o'), grid, legend('삼각함수 안짐작','데이터')
end
```

MATLAB 실습 삼각 다항식

다음 데이터를

$$y(t) = A_0 + A_1\cos(t) + B_1\sin(t) + A_2\cos(2t) + B_2\sin(2t)$$

로 나타내어라.

k	1	2	3	4	5
t	0	$2\pi/5$	$4\pi/5$	$6\pi/5$	$8\pi/5$
$u(t)$	0	3	2	0	-1

풀이

```
>> t = [0 2 4 6 8]*pi/5; y = [0 3 2 0 -1]; m = 2; w0 = 1; [Am Bm] =
trigintp(t,y,w0,m)
Am =
    0.8000   -0.4000   -0.4000
Bm =
    1.9919    0.1796
```

즉 주어진 데이터는 근사적으로

$$y(t) = 0.8 - 0.4\cos(t) + 1.9919\sin(t) - 0.4\cos(2t) + 0.1796\sin(2t)$$

로 나타낼 수 있음을 알 수 있다.

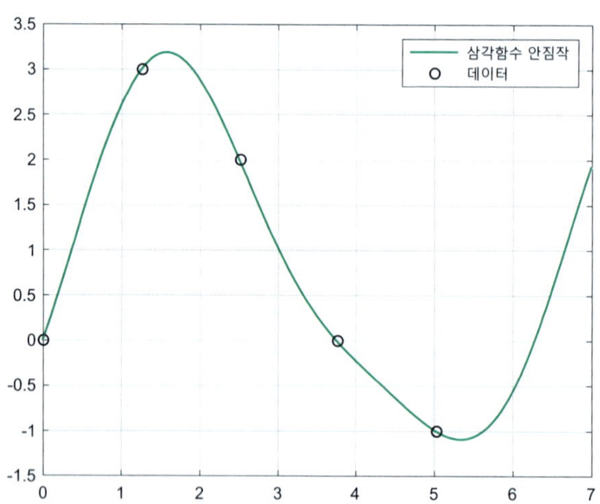

그림 11.3 삼각함수 데이터 안짐작.

MATLAB 실습 **계단함수의 근사**

$0 \le t \le 2\pi$ 범위에서 계단함수 데이터 y = [1 1 1 1 0 0 0 0]를 삼각함수로 근사하라. m=4로 설정한다. t는 $t = \dfrac{2\pi k}{n}$ $(k = 0, 1, 2, ..., n-1)$로 나타낼 수 있다.

풀이

다음은 함수 `trigintp`의 수행결과이다.

```
>> y = [1 1 1 1 0 0 0 0]; w = 2*pi/length(y); t = 0:w:(2*pi-w); m = 4; w0 = 1;
>> [Am Bm] = trigintp(t,y,w0,m)
Am =
    0.5000    0.2500   -0.0000    0.2500         0
Bm =
    0.6036    0.0000    0.1036    0.0000
```

즉 주어진 계단함수 데이터는 근사적으로

$$y(t) = 0.5 + 0.25\cos(t) + 0.25\cos(3t) + 0.6036\sin(t) + 0.1036\sin(3t)$$

로 나타낼 수 있음을 알 수 있다.

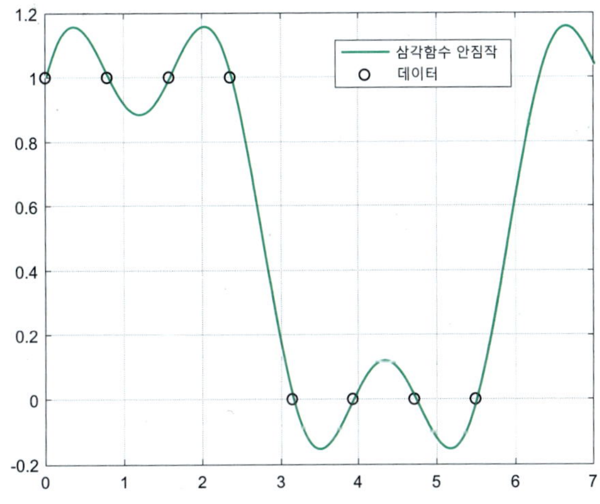

그림 11.4 계단함수의 Fourier 근사.

11.1.3 연속 Fourier 수열

Fourier는 임의의 주기함수를 삼각함수들의 무한수열로 나타낼 수 있음을 보였다. 삼각 다항식 근사

$$P_n(x) = \frac{a_0}{2} + a_n\cos(nx) + \sum_{i=1}^{n-1}\{a_i\cos(ix) + b_i\sin(ix)\}$$

에서 극한 $\lim_{n\to\infty} P_n(x)$는 함수 $f(x)$의 Fourier 수열이라고 부른다. 주기가 T인 함수에 대한 연속 Fourier 수열을 $f(t)$라고 하면 $f(t)$는 일반적으로 다음과 같이 나타낼 수 있다:

$$f(t) = a_0 + a_1\cos(w_0 t) + b_1\sin(w_0 t) + a_2\cos(2w_0 t) + b_2\sin(2w_0 t) + \cdots$$

혹은

$$f(t) = a_0 + \sum_{k=1}^{\infty}\{a_k\cos(kw_0 t) + b_k\sin(kw_0 t)\}$$

위에서 우변 합의 첫 번째 항($k = 1$일 때)의 각 주파수 $w_0 = \dfrac{2\pi}{T}$는 기본 주파수라고 하며, 이 주파수의 정수배인 $2w_0$, $3w_0$, $\cdots$ 들은 조화 주파수라고 부른다. $f(t)$의 계수들은 다음과 같이 주어진다($k = 1, 2, \cdots$):

$$a_0 = \frac{1}{T}\int_0^T f(t)dt, \quad a_k = \frac{2}{T}\int_0^T f(t)\cos(kw_0 t)dt, \quad b_k = \frac{2}{T}\int_0^T f(t)\sin(kw_0 t)dt$$

Euler 관계식 $e^{\pm ix} = \cos x \pm i\sin x$를 이용하면 Fourier 수열은

$$f(t) = \sum_{k=-\infty}^{\infty}\tilde{c}_k e^{ikw_0 t}, \qquad \tilde{c}_k = \frac{1}{T}\int_{-T/2}^{T/2} f(t)e^{-ikw_0 t}dt$$

로 나타낼 수 있다.

MATLAB 활용

MATLAB 실습 연속 Fourier 수열 근사

크기가 2이고 주기가 $T = \dfrac{2\pi}{w_0}$인 다음과 같은 주기함수에 대해서 앞에서 구한 연속 Fourier 수열을 이용하여 $w_0 = \pi$일 때 세 번째 항까지의 각 항의 그래프와 이들의 합에 의한 $f(t)$의 근사를 그래프로 나타내어라.

$$f(t) = \begin{cases} -1: & -T/2 < t < -T/4 \\ 1: & -T/4 < t < T/4 \\ -1: & T/4 < t < T/2 \end{cases}$$

풀이

```
% frplot.m: Fourier 수열의 그래프(1-3항)
t = -2:0.01:2; y1 = 4*cos(pi*t)/pi; y2 = -4*cos(3*pi*t)/pi/3; y3 =
4*cos(5*pi*t)/pi/5;
plot(t,y1,':',t,y2,t,y3,'--',t,y1+y2+y3,'.-'), xlabel('t'), ylabel('f(t)'), grid
legend('y1=4cos(wt)/pi','y2=-4cos(3wt)/3pi','y3=4cos(5wt)/5pi','f(t)=y1+y2+y3')
```

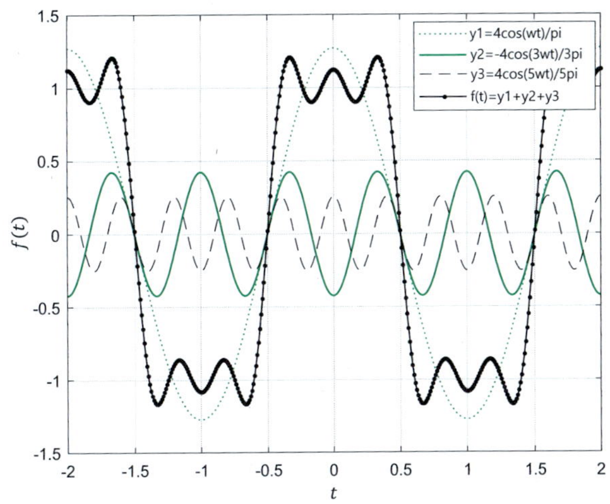

그림 11.5 블록함수의 근사.

11.2 Fourier 변환

주기함수를 비주기 함수로 확장하는 것을 고려해 보자. $T \to \infty$이면 주기 T인 함수는 주기가 없는 비주기 함수가 된다. 이 경우 Fourier 수열은

$$f(t) = \frac{1}{2\pi}\int_{-\infty}^{\infty} F(w)e^{iwt}dw$$

로 되며 계수 함수는 주파수 변수 w의 연속함수로서

$$F(w) = \int_{-\infty}^{\infty} f(t)e^{-iwt}dt$$

로 주어진다. 여기에서 $F(w)$는 $f(t)$의 Fourier 적분, 혹은 Fourier 변환이라고 한다. 앞에서 살펴보았던 Fourier 수열은 연속의 주기적인 시간영역 함수를 이산 주파수들에서의 주파수 영역 크기들로 전환시켜 주며 이산 주파수 스펙트럼을 생성한다. 이에 반하여 Fourier 변환은 연속 시간영역 함수를 연속의 주파수 영역 함수로 변환시켜 주며 연속 주파수 스펙트럼을 생성한다.

어떤 데이터나 함수에 내재하는 주파수를 알면 그 데이터나 함수를 생성한 매커니즘에 대한 정보를 얻을 수 있다. 연속 주기함수의 경우 주파수 성분은 Fourier 수열 항들의 계수들로부터 결정된다. 비주기 함수의 경우에는 Fourier 적분변환으로부터 주파수 성분을 구할 수 있다.

11.2.1 이산 Fourier 변환

» Nyquist 주파수

이산 데이터의 주파수 성분은 이산 Fourier 변환(discrete Fourier transform, DFT)으로부터 구할 수 있다. 시구간 $[0, T]$를 n개의 균일한 소구간들로 나누면 각 소구간의 너비는 $\Delta t = \dfrac{T}{n}$이 된다. j번째 구간의 시점 t_j에서 취한 데이터 샘플을 f_j라고 하자($t_0 = 0$).

이산 Fourier 변환(discrete Fourier transform, DFT)에서는 데이터가 주기 T(전체 시구간 길

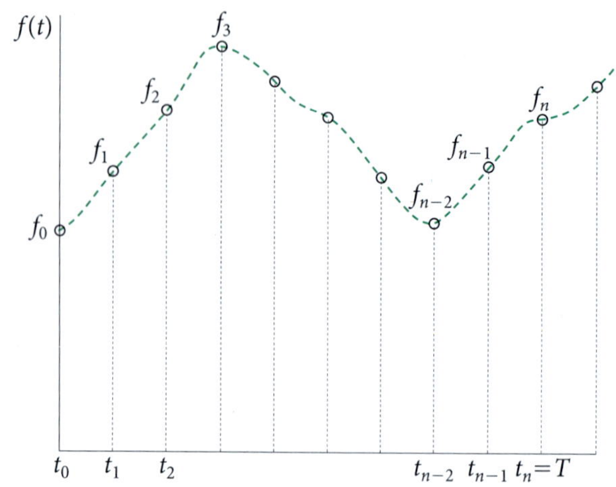

그림 11.6 데이터의 샘플링.

이)인 주기함수로부터 얻어졌다고 가정한다. n개의 데이터 샘플 (t_j, f_j) $(j = 0, 1, 2, \cdots, n-1)$들이 주어졌다고 하자. 독립변수 데이터 t_j들 사이의 간격은 균일하다고 간주한다. 이 경우 f_j와 t_j 사이의 관계는 다음과 같이 sine과 cosine 함수들의 한정된 집합들로 나타낼 수 있다.

$$f_j = \frac{1}{n}\left[A_0 + \sum_{k=1}^{m-1}\left\{A_k\cos\left(\frac{2\pi k t_j}{T}\right) + B_k\sin\left(\frac{2\pi k t_j}{T}\right)\right\} + A_m\cos\left(\frac{2\pi m t_j}{T}\right)\right]$$

위에서 $j = 0, 1, 2, \cdots, n-1$, $m = \frac{n}{2}$이며 T는 전체 데이터에 따른 시구간 길이이다. 여기에서 n개의 계수 A_0, A_m, A_k, B_k $(k = 1, 2, \cdots, m-1)$들을 구할 필요가 있다. 즉 미지수의 수가 n개이며 데이터의 수도 n개이므로 위의 식을 이용하여 계수들을 구할 수 있다.

위 식의 각 항에서 주파수는 $\frac{1}{T}, \frac{2}{T}, \cdots, \frac{m}{T}$이므로 주파수의 증분은 $\Delta f = \frac{1}{T}$이며, 따라서 최대 주파수는

$$f_{max} = \frac{m}{T} = m\Delta f = \frac{n}{2}\Delta f = \frac{n}{2T}$$

와 같다. f_{max}는 또한 Nyquist 주파수라고도 불린다. 독립변수 데이터 t_j들 사이의 간격이 균일하므로

$$t_j = j \cdot \frac{T}{n} \quad (j = 0, 1, 2, \cdots, n-1)$$

와 같이 나타낼 수 있다. t_j들 사이의 간격은 샘플링 시간 Δt로서 $\Delta t = \frac{T}{n}$이 된다.

최대 주파수 f_{max}에 해당하는 주기를 T_0라 하면

$$f_{max} = \frac{n}{2T} = \frac{1}{T_0} = \frac{1}{2\Delta t} = \frac{f_s}{2}$$

위에서 $f_s = \frac{1}{\Delta t}$는 샘플링 주파수이다. 따라서 $T = \frac{nT_0}{2}$이며, $\Delta t = \frac{T}{n} = \frac{T_0}{2}$이다. 이는 곧 이산 Fourier 변환에서 최대 주파수 f_{max}(Nyquist 주파수) 성분은 사이클당 두 개의 데이터 샘플을 포함함을 의미한다. 즉 Nyquist 주파수는 신호에서 측정될 수 있는 가장 높은 주파수로서 샘플링

주파수의 1/2이다. Nyquist 주파수에서는 이산 Fourier 변환에는 cosine 항만 존재하고 상응하는 sine 항은 존재하지 않기 때문에 이러한 데이터는 적절하게 샘플링될 수 없다. 이는 적절한 샘플링을 위해서는 샘플링을 수행하고자 하는 함수나 신호에 내재하는 가장 높은 주파수에서 사이클당 2개보다 많은 데이터 샘플을 취해야 함을 의미한다.

보기 11.3 데이터 샘플의 Nyquist 주파수

매 초당 1000 샘플을 취하는 비율로 100개의 데이터 샘플을 취한다고 하자. 이 경우 샘플 수는 $n = 100$이고 샘플링 주파수는 $f_s = 1000$ Hz이다. Nyquist 주파수 및 측정 가능한 가장 낮은 주파수를 구하라.

풀이

샘플링 시간 Δt는 $\Delta t = \dfrac{1}{f_s} = \dfrac{1}{1000} = 0.001$ s/샘플이다. 100개 데이터의 샘플링에 걸린 시간, 즉 총 샘플 길이는

$$T = n\Delta t = n \cdot \frac{1}{f_s} = \frac{100}{1000} = 0.1 \text{ s}$$

이며 따라서 주파수의 증분 Δf는

$$\Delta f = \frac{f_s}{n} = \frac{1000}{100} = 10 \text{ Hz}$$

이다. 그러므로 Nyquist 주파수는

$$f_{\max} = 0.5 f_s = (0.5)(1000 \text{ Hz}) = 500 \text{ Hz}$$

로 주어진다. 아울러 측정 가능한 최저 주파수는

$$f_{\min} = \frac{1}{T} = \frac{1}{0.1} = 10 \text{ Hz}$$

그러므로 이 보기에서 이산 Fourier 변환은 주기가 $\dfrac{1}{f_{\max}} = \dfrac{1}{500} = 0.002$ s인 신호로부터 주기가 $\dfrac{1}{f_{\min}} = \dfrac{1}{10} = 0.1$ s인 신호를 탐지할 수 있다. ■

» 계수들의 계산

n개의 계수 A_0, A_m, A_k, B_k ($k = 1, 2, \cdots, m-1$)들을 구해 보자. $t_j = \dfrac{jT}{n}$을 이용하면

$$\begin{aligned} f_j &= \frac{1}{n}\left[A_0 + \sum_{k=1}^{m-1}\left\{A_k\cos\left(\frac{2\pi k t_j}{T}\right) + B_k\sin\left(\frac{2\pi k t_j}{T}\right)\right\} + A_m\cos\left(\frac{2\pi m t_j}{T}\right)\right] \\ &= \frac{1}{n}\left[A_0 + \sum_{k=1}^{m-1}\left\{A_k\cos\left(\frac{2\pi k j}{n}\right) + B_k\sin\left(\frac{2\pi k j}{n}\right)\right\} + A_m\cos\left(\frac{2\pi m j}{n}\right)\right] \end{aligned}$$

Euler 관계 $e^{\pm i\theta} = \cos\theta \pm i\sin\theta$를 이용하면($i = \sqrt{-1}$)

$$\cos\theta = \frac{e^{i\theta} + e^{-i\theta}}{2}, \qquad \sin\theta = \frac{e^{i\theta} - e^{-i\theta}}{2i}$$

여기에 $\theta = \dfrac{2\pi kj}{n}$을 대입하면

$$\cos\left(\frac{2\pi kj}{n}\right) = \frac{1}{2}\{e^{i(2\pi kj/n)} + e^{-i(2\pi kj/n)}\}, \quad \sin\left(\frac{2\pi kj}{n}\right) = \frac{1}{2i}\{e^{i(2\pi kj/n)} - e^{-i(2\pi kj/n)}\}$$

와 같다. 아울러

$$e^{i2\pi(n-k)j/n} = e^{i2\pi j}e^{-i2\pi kj/n} = \{\cos(2\pi j) + i\sin(2\pi j)\}e^{-i2\pi kj/n}$$
$$= e^{-i2\pi kj/n} \quad (k = 1, 2, \cdots, m-1)$$

이므로

$$f_j = \frac{1}{n}\sum_{k=0}^{n-1} F_k e^{ikw_0 j} \qquad (j = 0, 1, 2, \cdots, n-1)$$

로 쓸 수 있다. 위에서 $w_0 = \dfrac{2\pi}{n}$이며

$$F_0 = A_0, \quad F_m = A_m, \quad F_k = \frac{A_k - iB_k}{2}, \quad F_{n-k} = \frac{A_k + iB_k}{2} \quad (k = 1, 2, \cdots, n/2-1)$$

이다. 이들로부터 이산 Fourier 변환은

$$F_k = \sum_{j=0}^{n-1} f_j e^{-ikw_0 j}$$

로 주어짐을 알 수 있다.

잡음(noise)이 섞여 있는 어떤 신호 $f(x)$를 다음과 같이 삼각 다항식으로 근사한다고 하자:

$$f(x) = \sum_{k=-n}^{n} d_k e^{ikx}$$

앞에서 살펴본 바와 같이 이산 Fourier 계수 d_k는

$$d_k = \frac{1}{n}\sum_{j=0}^{n-1} f(x_j)e^{-ikx_j}$$

로 주어진다. 신호가 시수열 $x_0, x_1, \cdots, x_n \left(x_j = \dfrac{2j\pi}{n}\right)$에서 추출된다고 간주하고, 이때 얻어지는 신호를 $f_0 = f(x_0), f_1 = f(x_1), \cdots, f_{n-1} = f(x_{n-1})$로 나타내면

$$d_k = \frac{1}{n}\sum_{j=0}^{n-1} f(x_j)e^{-ikx_j} = \frac{1}{n}\sum_{j=0}^{n-1} f_j e^{(-2\pi i/n)jk}$$

와 같이 쓸 수 있다. 만일 $w_n = e^{-2\pi i/n} = \cos(2\pi/n) - i\sin(2\pi/n)$이라면

$$d_k = \frac{1}{n}\sum_{j=0}^{n-1} f_j e^{(-2\pi i/n)jk} = \frac{1}{n}\sum_{j=0}^{n-1} f_j w_n^{jk}$$

와 같다. 수열 $\{d_0, d_1, \cdots, d_{N-1}\}$은 신호 $\{f_0, f_1, \cdots, f_{n-1}\}$의 이산 Fourier 변환이다.

위에서 $n = 4$이면

$$d_0 = \frac{1}{4}(f_0 + f_1 + f_2 + f_3)$$

$$d_1 = \frac{1}{4}(f_0 + w_4 f_1 + w_4^2 f_2 + w_4^3 f_3)$$

$$d_2 = \frac{1}{4}(f_0 + w_4^2 f_1 + w_4^4 f_2 + w_4^6 f_3)$$

$$d_3 = \frac{1}{4}(f_0 + w_4^3 f_1 + w_4^6 f_2 + w_4^9 f_3)$$

이제 $z = \frac{1}{4}\begin{bmatrix} f_0 \\ f_1 \\ f_2 \\ f_3 \end{bmatrix} = \frac{1}{4}f$, $d = d_4 = \begin{bmatrix} d_0 \\ d_1 \\ d_2 \\ d_3 \end{bmatrix}$라고 두면

$$d = d_4 = \frac{1}{4}\begin{bmatrix} 1 & 1 & 1 & 1 \\ 1 & w_4 & w_4^2 & w_4^3 \\ 1 & w_4^2 & w_4^4 & w_4^6 \\ 1 & w_4^3 & w_4^6 & w_4^9 \end{bmatrix}\begin{bmatrix} f_0 \\ f_1 \\ f_2 \\ f_3 \end{bmatrix} = \begin{bmatrix} 1 & 1 & 1 & 1 \\ 1 & -i & -1 & i \\ 1 & -1 & 1 & -1 \\ 1 & i & -1 & -i \end{bmatrix} z = F_4 z$$

와 같이 나타낼 수 있다. 위에서

$$F_4 = \begin{bmatrix} 1 & 1 & 1 & 1 \\ 1 & w_4 & w_4^2 & w_4^3 \\ 1 & w_4^2 & w_4^4 & w_4^6 \\ 1 & w_4^3 & w_4^6 & w_4^9 \end{bmatrix} = \begin{bmatrix} 1 & 1 & 1 & 1 \\ 1 & -i & -1 & i \\ 1 & 1 & 1 & -1 \\ 1 & i & -1 & -i \end{bmatrix}$$

는 Fourier 행렬이라고 칭한다. 일반적으로 DFT 알고리듬은

$$z = \frac{1}{n}, \qquad d = F_n z$$

과 같이 나타낸다. 여기에서 $F_n \in C^{n\times n}$이며, F_n의 (j, k) 성분 $f_{j,k}$는 $f_{j,k} = w_n^{(j-1)(k-1)}$이다.

» 고속 Fourier 변환

고속 Fourier 변환(fast Fourier transform, FFT)은 이산 Fourier 변환(DFT)을 효율적으로 계산해 주는 알고리듬으로서 1965년 J. W. Cooley와 J. W. Tukey가 제안하였다. 위에서 $n = 4$인 경우 F_4의 2열과 3열을 교환하면

$$F_4E_{23} = \begin{bmatrix} 1 & 1 & 1 & 1 \\ 1 & -i & -1 & i \\ 1 & -1 & 1 & -1 \\ 1 & i & -1 & -i \end{bmatrix} E_{23} = \begin{bmatrix} 1 & 1 & 1 & 1 \\ 1 & -i & -1 & i \\ 1 & -1 & 1 & -1 \\ 1 & i & -1 & -i \end{bmatrix} P_4 = \begin{bmatrix} 1 & 1 & 1 & 1 \\ 1 & -1 & -i & i \\ 1 & 1 & -1 & -1 \\ 1 & -1 & i & -i \end{bmatrix}$$

와 같다. 위에서 $P_4 = IE_{23} = \begin{bmatrix} 1 & 0 & 0 & 0 \\ 0 & 0 & 1 & 0 \\ 0 & 1 & 0 & 0 \\ 0 & 0 & 0 & 1 \end{bmatrix}$이다. 이 경우 $P_4^T = P_4 = P_4^{-1}$이므로 $P_4P_4^T = I$가 된다.

따라서 $w = P_4^Tz$로 두면

$$F_4z = F_4P_4P_4^Tz = F_4P_4w$$

일반적으로 행렬 $F_{2m}P_{2m}$은 $m \times m$ 블록들로

$$F_{2m}P_{2m} = \begin{bmatrix} F_m & D_mF_m \\ F_m & -D_mF_m \end{bmatrix}$$

와 같이 구분할 수 있다. 여기에서 D_m의 (j, j) 성분은 $d_{j,j} = w_{2m}^{j-1}$이다. 이산 Fourier 변환은 길이 m인 2개의 이산 Fourier 변환을 수행하여 얻어진다. m이 짝수라면 길이 m인 2개의 이산 Fourier 변환 각각은 길이 $m/2$인 2개의 이산 Fourier 변환을 수행하여 얻는다. n이 2의 제곱수 형태라면 위의 과정은 k번의 반복과정에 의해 수행되며, 총 연산횟수는 $Nk = N\log_2N$에 비례한다. 만일 $N = 2^{20} = 1{,}048{,}576$이라면 이산 Fourier 변환 알고리듬 수행에서의 연산 횟수는 $8 \cdot 2^{40}$회이며, FFT 알고리듬 수행에서의 연산 횟수는 $100 \cdot 2^{20}$회로서 빠르기의 비율은 $r = \dfrac{8N^2}{5N\log_2N} = 83{,}886$이고, FFT 알고리듬은 DFT 알고리듬보다 약 84,000배 빠름을 알 수 있다.

MATLAB 활용

고속 Fourier 변환은 명령어 `fft`를 이용하여 수행할 수 있다. 이 명령어는

```
F = fft(f,n)
```

와 같이 사용한다. 여기에서 `F`는 이산 Fourier 변환을 포함하는 벡터, `f`는 신호를 포함하는 벡터이며, `n`은 n-point 고속 Fourier 변환을 수행함을 나타낸다.

MATLAB 실습 고속 Fourier 변환

내장함수 `fft`를 이용하여 정현파 신호

$$f(t) = 5 + \cos\{2\pi(12.5)t\} + \sin\{2\pi(18.75)t\}$$

에 대한 이산 Fourier 변환을 구하라. $\Delta t = 0.02$ s의 샘플링 시간주기로 8개의 샘플을 생성하라.

풀이

$\Delta t = 0.02$ s이며 8개의 샘플을 취하므로 $T = (8)(0.02) = 0.16$ s이다. 스크립트 `fftsin`은 고속 Fourier 변환을 수행하고 결과를 그래프로 제시한다.

```
% fftsin.m: Sinusoid 함수의 이산 Fourier 변환(fft를 이용)
clear all;
n = 8; dt = 0.02; fs = 1/dt; T = n*dt; fn = fs/2;  % Nyquist 주파수
fm = 1/T;   % 측정 가능한 최저 주파수 fmin
tintv = (0:n-1)/fs;  % 샘플링 시점들의 벡터
y = 5 + cos(2*pi*12.5*tintv) + sin(2*pi*18.75*tintv); % 샘플된 함수값
subplot(3,1,1), plot(tintv,y,'-ok','linewidth',2,'MarkerFaceColor','black'),
title('(a) f(t) vs. t(s)')
Y = fft(y)/n;  % FFT: 첫 번째 계수가 샘플들의 평균이 되도록 n으로 나누어 준다.
f = linspace(fm, fn, n/2); Y(1) = []; Yp = Y(1:n/2);
subplot(3,1,2), stem(f, real(Yp),'linewidth',2,'MarkerFaceColor','blue'), grid
title('(b) 실수부 vs. 주파수')
subplot(3,1,3), stem(f, imag(Yp),'linewidth',2,'MarkerFaceColor','blue'), grid;
title('(b) 허수부 vs. 주파수'), xlabel('주파수(Hz)')
```

스크립트 fftsin의 수행결과는 다음과 같다.

```
>> fftsin
```

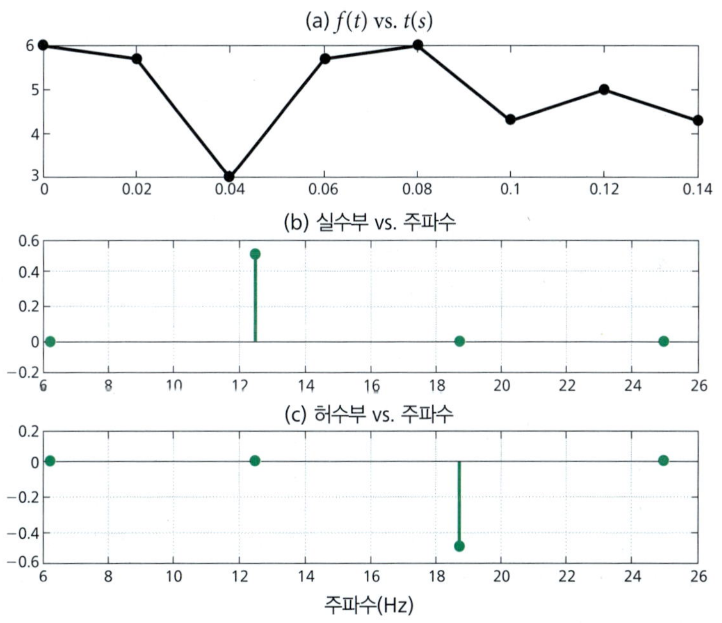

그림 11.7 고속 Fourier 변환.

MATLAB 실습 데이터의 이산 Fourier 변환

$0 \le t \le 11$의 범위에서 $\Delta t = 1$의 간격으로 샘플링을 수행(즉 데이터 수는 $n = 12$)하여

$$f = [2.7\ -0.7\ -2.1\ -3.0\ -4.8\ -3.3\ 4.8\ -2.6\ 3.1\ -3.7\ -1.1\ 1.3]$$

를 얻었다. 내장함수 fft를 이용하여 이산 Fourier 변환을 수행하고 F_k를 구하라.

풀이

```
>> tj = 0:11; fj = [2.7 -0.7 -2.1 -3.0 -4.8 -3.3 4.8 -2.6 3.1 -3.7 -1.1 1.3]; F
= fft(fj);
>> [tj' F.']
ans =
    0.0000 + 0.0000i  -9.4000 + 0.0000i
    1.0000 + 0.0000i   2.7792 + 8.3576i
    2.0000 + 0.0000i  14.0000 - 4.8497i
    3.0000 + 0.0000i  -0.6000 + 3.4000i
    4.0000 + 0.0000i   5.9000 + 7.1014i
    5.0000 + 0.0000i  -8.4792 - 7.0576i
    6.0000 + 0.0000i  14.6000 + 0.0000i
    7.0000 + 0.0000i  -8.4792 + 7.0576i
    8.0000 + 0.0000i   5.9000 - 7.1014i
    9.0000 + 0.0000i  -0.6000 - 3.4000i
   10.0000 + 0.0000i  14.0000 + 4.8497i
   11.0000 + 0.0000i   2.7792 - 8.3576i
```

위에서 F_0와 F_6은 실수이며 F_1, F_2, F_3, F_4, F_5는 각각 F_{11}, F_{10}, F_9, F_8, F_7과 켤레 복소수임을 알 수 있다.

■

MATLAB 실습 데이터의 이산 Fourier 변환 스펙트럼

Δt = 0.0625초의 시간 간격으로 샘플링을 수행하여 얻은 128개의 데이터들에 대한 이산 Fourier 변환을 구하라. 신호의 진폭은 1로 일정하게 유지되다가 10회의 샘플링 후에는 0으로 줄어든다.

풀이

```
% specdft.m
nt = 128; nb = 10; y = [ones(1,nb) zeros(1,nt-nb)]; dt = 0.0625; T = dt*nt;
df = 1/T; fmax = (nt/2)*df; f = 0:df:(nt/2-1)*df; yf = fft(y); yp = (2/nt)*yf
(1:nt/2);
bar(f,abs(yp),'w'), axis([0 fmax 0 0.2]), xlabel('Frequency(Hz)'), ylabel
('abs(DFT)')

>> specdft
```

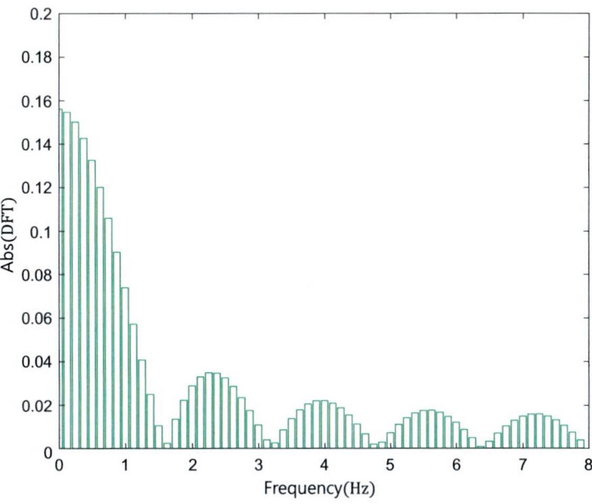

그림 11.8 데이터의 스펙트럼.

» 파워 스펙트럼

어떤 주기신호의 파워 W는 시간 영역에서

$$W = \frac{1}{T}\int_{-T/2}^{T/2} f^2(t)dt$$

와 같이 정의할 수 있다. 위에서 각 주파수 성분과 연관된 파워를 계산함으로써 주파수 영역의 파워를 얻을 수 있으며, 파워 스펙트럼은 각 주파수 성분과 연관되는 파워를 주파수에 대하여 나타낸 그래프를 일컫는다. 함수 $f(t)$에 대한 Fourier 수열이

$$f(t) = \sum_{k=-\infty}^{\infty} \tilde{c}_k e^{ikw_0 t}$$

와 같다고 하면

$$W = \frac{1}{T}\int_{-T/2}^{T/2} f^2(t)dt = \sum_{k=-\infty}^{\infty} |\tilde{c}_k|^2 = \sum_{k=-\infty}^{\infty} P_k$$

와 같다. 즉 파워는 Fourier 계수들의 제곱 $P_k = |\tilde{c}_k|^2$을 모두 더하여 계산한다. P_k는 각각의 주파수 kw_0와 연관되는 파워이다.

MATLAB 활용

MATLAB 실습 파워 스펙트럼

정현파 신호

$$f(t) = 5 + \cos\{2\pi(12.5)t\} + \sin\{2\pi(18.75)t\}$$

에 대한 파워 스펙트럼을 구하라. $\Delta t = 0.02$ s의 샘플링 시간주기로 8개의 샘플들이 생성되는 경우를 고려한다.

풀이

$\Delta t = 0.02$ s이며 8개의 샘플을 취하므로 $T = (8)(0.02) = 0.16$ s이다. 스크립트 pssin은 파워 스펙트럼을 수행하고 결과를 그래프로 제시해 준다.

```
% pssin.m: Sinusoid 함수에 대한 파워 스펙트럼을 계산
clear all;
n = 8; dt = 0.02; fs = 1/dt; tintv = (0:n-1)/fs;  % 샘플링 시점들의 벡터
y = 5 + cos(2*pi*12.5*tintv) + sin(2*pi*18.75*tintv); % 샘플된 함수값
Y = fft(y)/n;  % FFT: 첫 번째 계수가 샘플들의 평균이 되도록 n으로 나누어 준다.
f = (0:n-1)*fs/n; Y(1) = []; f(1) = []; fnyquist = fs/2; f = (1:n/2)/(n/2)
*fnyquist;
Py = abs(Y(1:n/2)).^2;
stem(f, Py,'linewidth',2,'MarkerFaceColor','blue'), title('파워 스펙트럼')
xlabel('주파수(Hz)'); ylim([0 0.3]);

>> pssin
```

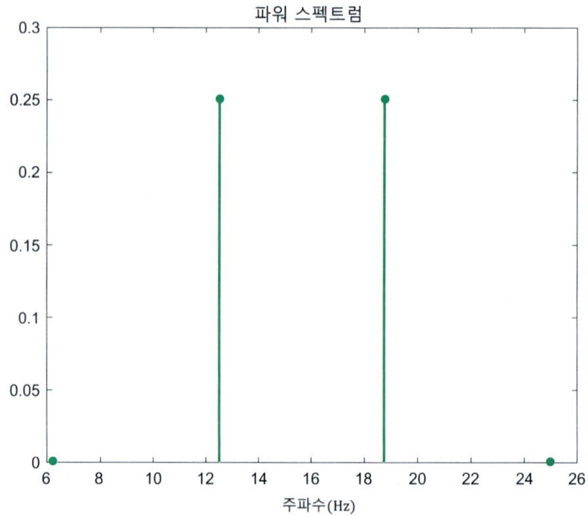

그림 11.9 파워 스펙트럼.

■

11.2.2 이산 Fourier 변환을 이용한 안짐작

어떤 신호를 균일한 간격으로 샘플링하여 얻은 데이터를 $x(n)$이라고 하자. 이산 Fourier 변환을 이용하여 $x(n)$에 대한 안짐작을 수행할 수 있다. 먼저 $x(n)$에 대한 N-점 Fourier 변환 $X(k)$를 취한 뒤에 다음 관계를 이용한다:

$$\hat{x}(t) = \frac{1}{N}\sum_{|k|<N/2}\widetilde{X}(k)e^{j2\pi kt/NT}$$
$$= \frac{1}{N}\left[X(0)+2\sum_{k=1}^{N/2-1}\text{real}\{X(k)e^{j2\pi kt/NT}\}+X(N/2)\cos(\pi t/T)\right]$$

MATLAB 활용

이산 Fourier 변환을 이용한 안짐작

이산 Fourier 변환을 이용한 안짐작은 함수 intpDFT에 의해 수행된다. 이 함수는 다음과 같이 사용한다.

```
[xh, Xh] = intpDFT(T,x,Ws,ti)
```

위에서 T는 샘플링 시간, x는 이산 데이터(discrete-time sequence), Ws는 정규화된 정지 주파수, ti는 안짐작 시간범위, Xh는 x의 Fourier 변환이며, xh는 안짐작 결과이다.

```
function [xh,Xh] = intpDFT(T,x,Ws,ti)
% 이산 Fourier 변환을 이용한 안짐작
% input:
%   T: 샘플링 시간, x: 이산 데이터(discrete-time sequence)
%   Ws: 정규화된 정지 주파수, ti: 안짐작 시간범위
% output
%   Xh: x의 Fourier 변환(Xh=fft(x)), xh: 안짐작 결과

if nargin < 4, ti = 5; end
if nargin < 3 || Ws > 1, Ws = 1; end
N = length(x);
if length(ti) == 1, ti = 0:T/ti:(N-1)*T; end
ks = ceil(Ws*N/2); Xh = fft(x);
Xh(ks+2:N-ks) = zeros(1,N-2*ks-1); % 필터링된 스펙트럼
xh = zeros(1,length(ti));
for k = 2:N/2, xh = xh + Xh(k)*exp(j*2*pi*(k-1)*ti/N/T); end
xh = real(2*xh + Xh(1) + Xh(N/2+1)*cos(pi*ti/T))/N;
end
```

MATLAB 실습 DFT를 이용한 안짐작

함수 $x(t) = \sin(\pi t) + \frac{1}{2}\sin\left(\frac{\pi}{2}t\right) + v(t)$($v(t)$는 랜덤 노이즈로서 예를 들면 rand(1,N)-1/2로 정의할 수 있음)를 $\Delta t = 0.1$초의 시간간격으로 샘플링을 수행하여 얻은 32개의 이산 데이터를 얻었다고 하자. 정지 주파수 $W_s = 1$ 및 $W_s = \frac{1}{2}$인 경우에 대하여 시간간격 $\Delta t_i = \frac{\Delta t}{5} = 0.02$초(즉 안짐작 시간구간은 $0 \le t_i \le t$, $\Delta t_i = 0.02$)에서의 안짐작 값을 구하고 그래프로 나타내어라.

풀이

$T = 0.1$, $N = 32$인 경우이다. 안짐작의 수행 및 스펙트럼 계산은 함수 intpDFT를 호출하는 스크립트 useintpDFT에 의해 수행된다.

```
% useintpDFT.m
clear all;
w1 = pi; w2 = pi/2; N = 32; n = [0:N-1]; T = 0.1; t = n*T;
x = sin(w1*t) + 0.5*sin(w2*t) + (rand(1,N)-0.5); ti = [0:T/5:(N-1)*T]; k = [0:N-1];
[xi0,Xi0] = intpDFT(T,x,1,ti); [xi1,Xi1] = intpDFT(T,x,1/2,ti);
subplot(411), plot(t,x,'k.',ti,xi0,'r'), title('원래 신호와 안짐작된 신호')
subplot(412), stem(k,abs(Xi0),'k.'), title('원래 스펙트럼')
subplot(413), stem(k,abs(Xi1),'k.'), title('필터링된 스펙트럼')
subplot(414), plot(t,x,'k.',ti,xi1,'r'), title('원래 신호와 필터링된 신호')
```

스크립트 useintpDFT의 수행결과는 다음과 같다. 이산신호는 검은색 점으로, 안짐작 결과는 붉은 곡선으로 나타나 있다.

```
>> useintpDFT
```

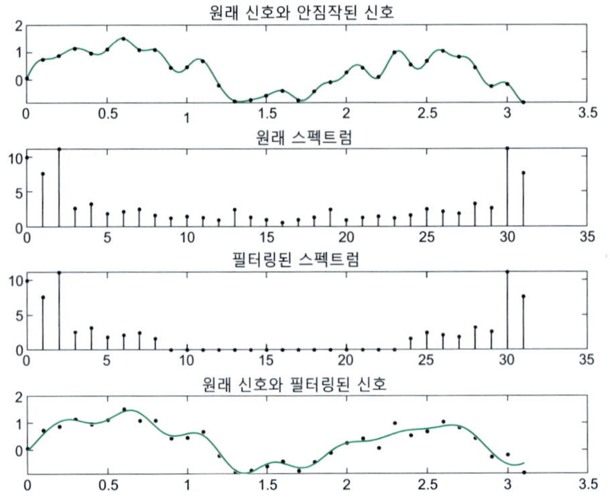

그림 11.10 DFT를 이용한 안짐작.

» 패턴인식

주어진 데이터를 이용한 패턴인식은 함수 patrecn에 의해 수행된다.

```
function [ps] = patrecn(y)
% patrecn.m: 패턴인식 fft의 보기
n = length(y); n2 = n/2; z = fft(y); z2 = z/n2; a0 = real(z2(1))/2;
a(1:n2) = real(z2(2:n2+1)); b(1:n2) = imag(z2(2:n2+1)); a(n2) = a(n2)/2;
r = a0*ones(1,100); t = linspace(0, 2*pi);
```

```
for k = 1:n2,     r = r + a(k)*cos(k*t) - b(k)*sin(k*t); end
xc = r.*cos(t); ys = r.*sin(t);
plot(xc,ys), grid on, hold on
s = 2*pi/n; t2 = 0:s:2*pi-s; d1 = y.*cos(t2); d2 = y.*sin(t2);
plot(d1,d2,'*'), axis([-1.2 1.2 -1.2 1.2]), hold off, ps = z.*conj(z);  % 파워
스펙트럼
end
```

MATLAB 실습 패턴인식

Fourier 변환은 데이터의 각 의존성을 제거하는 데에 이용될 수 있다. 어떤 각도에서 원점으로부터의 거리를 측정한 데이터를 도시하여 보면 어떤 형상이 나타난다. $\pi/8$의 간격으로 원점으로부터의 거리를 측정한 데이터가 다음과 같을 때 각각의 데이터가 나타내는 형상을 인식하고 그래프로 나타내어라. 함수 patrecn을 이용한다.

```
y = [1.0 1.08 1.4 1.08 1.0 1.08 1.4 1.08 1.0 1.08 1.4 1.08 1.00 1.08 1.4 1.08]
```

풀이

주어진 데이디를 이용한 함수 patrecn의 수행결과는 다음과 같다.

```
>> y = [1.0 1.08 1.4 1.08 1.0 1.08 1.4 1.08 1.0 1.08 1.4 1.08 1.00 1.08 1.4 1.08];
>> p = patrecn(y)
p =
  332.6976 0  0  0  2.5600  0   0   0  0.9216  0   0   0  2.5600   0   0   0
```

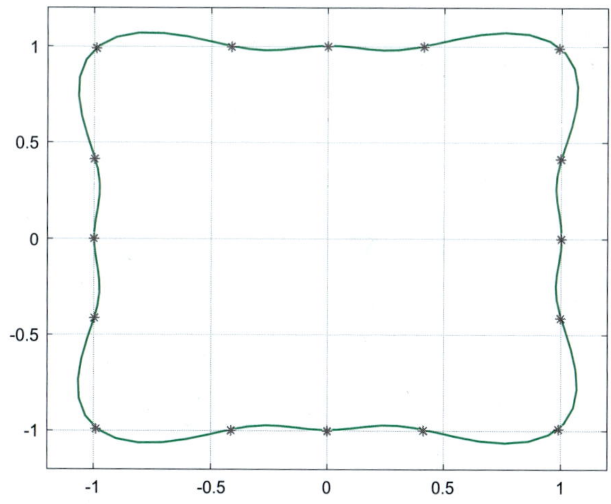

그림 11.11 측정 데이터로부터 구성된 사각형 패턴.

■

11.2.3 2차원 Fourier 변환

이미지의 표현에서는 자연적으로 2차원 신호가 생성된다. 이미지가 그림에 보인 것과 같이 MN개

의 그림 요소(즉 픽셀(pixel))들의 격자로 구분되어 있다고 하자. 각 픽셀은 너비가 Δx이고 높이가 Δy이다. 이미지는 2차원 신호로서 $z(k, i)$와 같이 표시될 수 있는데, 여기에서 k와 i는 각각 $x = k\Delta x$, $y = i\Delta y$를 의미한다.

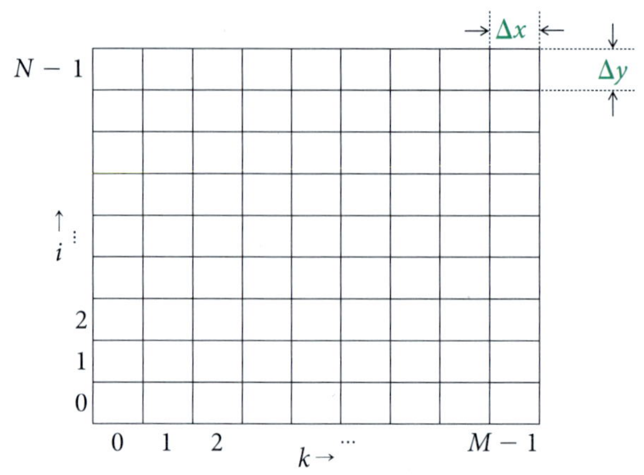

그림 11.12 MN 픽셀들로 이루어진 디지털 이미지.

2차원 이산 Fourier 변환(DFT)을 이용하여 $W_P = e^{-2\pi j/P}$라 하고 $Z(m, n)$을

$$Z(m,n) = \sum_{k=0}^{M-1}\sum_{i=0}^{N-1} z(k,i)\, W_N^{ni}\, W_M^{mk} \quad (0 \le m \le M,\ 0 \le n \le N)$$

과 같이 정의하자. $Z(m, n)$은 이산공간 주파수 m과 n에서의 $z(k, i)$의 2차원 DFT라고 부른다. $Z(m, n)$으로부터 다음 관계를 이용하여 원래 신호 $z(k, i)$를 추출할 수 있다:

$$z(k,i) = \frac{1}{MN}\sum_{k=0}^{M-1}\sum_{i=0}^{N-1} Z(m,n)\, W_N^{-ni}\, W_M^{-mk} \quad (0 \le k \le M,\ 0 \le i \le N)$$

$z(k, i)$에 FFT를 적용하여 얻어지는 중간변수를 $Y(n, k)$라 하면 $Z(m, n)$은 다시 다음과 같이 $Y(n, k)$를 이용하여 나타낼 수 있다:

$$Y(n,k) = \sum_{i=0}^{N-1} z(k,i)\, W_N^{ni}, \qquad Z(m,n) = \sum_{k=0}^{M-1} Y(n,k)\, W_M^{mk}$$

즉 $Z(m, n)$은 $Y(n, k)$에 FFT를 적용하여 얻어진다. 2차원 FFT 수행과정은 다음과 같이 요약할 수 있다.

1) $k = 0, 1, \cdots, M-1$에 대하여 $Y(n, k) = \sum_{i=0}^{N-1} z(k, i)\ W_N^{ni}$ $(0 \le n \le N)$을 구한다.

2) $n = 0, 1, \cdots, N-1$에 대하여 $Z(m, n) = \sum_{k=0}^{M-1} Y(n, k)\ W_M^{mk}$ $(0 \le m \le M)$을 구한다.

$Z(m, n)$은 복소수 값을 갖는 함수이므로 다음과 같은 이 함수의 진폭 $A(m, n)$과 위상 $\phi(m, n)$을 이용하여 극좌표에 나타낼 수 있다:

$$A(m,n) = |Z(m,n)|, \qquad \phi(m,n) = \tan^{-1}\left[\frac{Im\{Z(m,n)\}}{Re\{Z(m,n)\}}\right]$$

MATLAB 활용

2차원 고속 Fourier 변환은 내장함수 fft2에 의해 수행된다.

MATLAB 실습 2차원 FFT

2차원 아날로그 신호 $z_a(x, y) = e^{-y}\sin(\pi x)$를 고려해 보자. 이 신호가 x 방향에서 $\Delta x = 1/10$ 간격으로 $M = 64$회 샘플링되고, y 방향으로는 $\Delta y = 1/8$ 간격으로 $N = 64$회 샘플링된다고 하자. 스크립트 twodfft는 내장함수 fft2를 이용하여 2차원 신호에 대한 스펙트럼을 구하고 그래프로 나타낸다. 2차원 신호의 그래프 및 2차원 크기 스펙트럼 $A(m, n)$은 다음 그림에 보인 바와 같다.

```
% twodfft.m
m = 64; n = m; dx = 1/8; dy = 1/10; x = zeros(m,1); y = zeros(n,1);
f = @(x,y) exp(-y)*sin(pi*x);
for k = 1:m
    x(k) = (k-1)*dx;
    for i = 1:n, y(i) = (i-1)*dy; Z(k,i) = f(x(k),y(i)); end
end
subplot(1,2,1), mesh(real(x),real(y),real(Z'))
title('2차원 신호'), xlabel('x'), ylabel('y'), zlabel('z')
A = abs(fft2(Z)); % 2차원 FFT
for k = 1:m
    x(k) = (k-1)/(m*dx);
    for i = 1:n, y(i) = (i-1)/(n*dy); end
end
subplot(1,2,2), mesh(real(x(1:m/2)),real(y(1:n/2)),real(A(1:m/2,1:n/2)'))
title('신호의 FFT'), xlabel('f_x'), ylabel('f_y'), zlabel('A')
```

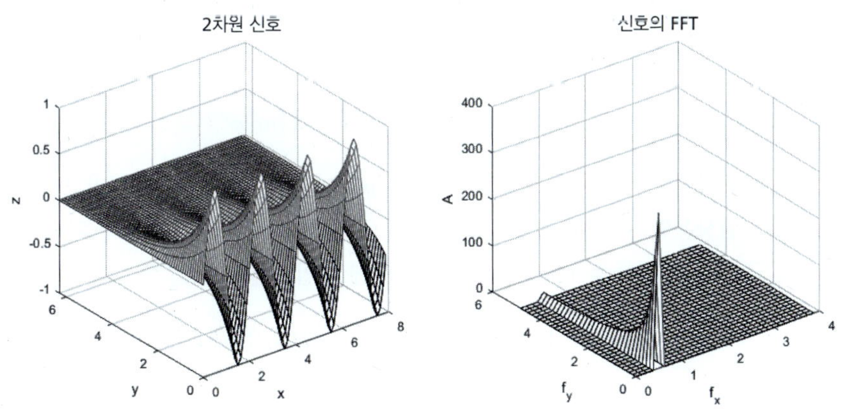

그림 11.13 2차원 신호와 크기 스펙트럼.

11.3 디지털 필터

11.3.1 주파수 응답

선형 이산(discrete) 시스템은

$$y(k)+\sum_{i=1}^{n}a_i y(k-i)=\sum_{j=0}^{m}b_j u(k-j) \qquad (k\geq 0)$$

과 같이 나타낼 수 있다. 파라미터 a_i와 b_j를 적절히 선택한다면 입력신호의 주파수 혹은 스펙트럼을 원하는 대로 재구성하거나 보정할 수 있다. 이러한 의미에서 위의 선형 시스템을 디지털 필터라고 부른다.

선형 시스템의 펄스 응답을 $h(k)$라고 하면 임의의 입력에 대한 응답은 $u(k)$와 $h(k)$의 컨볼류션(convolution, 回旋)

$$y(k)=\sum_{i=0}^{k}h(k-i)u(i) \qquad (k\geq 0)$$

으로 주어진다. 즉 입력 $u(k)$에 의해 생성되는 출력 $y(k)$는 펄스응답 $h(k)$와 입력 $u(k)$의 컨볼류션으로 나타낼 수 있다. 이제 $H(m)$과 $U(m)$을 각각 $h(k)$와 $u(k)$의 FFT(고속 Fourier 변환) 혹은 DFT(이산 Fourier 변환)라 하자. 즉 $H(m) = FFT\{h(k)\}$, $U(m) = FFT\{u(k)\}$라고 하면 $y(k)$의 고속 Fourier 변환 $Y(m) = FFT\{y(k)\}$는

$$Y(m)=H(m)U(m)$$

으로 나타낼 수 있다. 입력신호와 출력신호의 DFT를 극 형태(polar form)로 나타내면

$$U(m)=A_u(m)e^{j\phi_u(m)}, \qquad Y(m)=A_y(m)e^{j\phi_y(m)}$$

과 같다. 위에서 $A_u(m)$과 $\phi_u(m)$은 각각 $u(k)$의 크기 스펙트럼과 위상 스펙트럼을 나타내며 $A_y(m)$과 $\phi_y(m)$은 각각 $y(k)$의 크기 및 위상 스펙트럼을 나타낸다. 펄스 응답의 DFT는 필터의 주파수 응답이라고 부르며

$$H(m)=A(m)e^{j\phi(m)}$$

으로 표시된다. 위에서 크기 스펙트럼 $A(m)$은 필터의 크기응답, 그리고 위상 스펙트럼 $\phi(m)$은 필터의 위상응답이라고 칭한다. 즉 필터의 주파수 응답은 크기응답과 위상응답으로 이루어진다. 위의 극 형태 관계들을 $Y(m) = H(m)U(m)$에 대입하면

$$\begin{aligned}Y(m)&=A_y(m)e^{j\phi_y(m)}=H(m)U(m)=A(m)e^{j\phi(m)}A_u(m)e^{j\phi_u(m)}\\&=A(m)A_u(m)e^{j\{\phi(m)+\phi_u(m)\}}\end{aligned}$$

따라서

$$A_y(m)=A(m)A_u(m), \qquad \phi_y(m)=\phi(m)+\phi_u(m)$$

임을 알 수 있다.

$u(k)$의 스펙트럼을 재구성하려면 적절한 크기 및 위상응답을 갖는 필터를 구성할 필요가 있다. 펄스응답 $h(k)$의 고속 Fourier 변환 $H(m)$은 $f_m = mf_s/N$ $(0 \le m < N/2)$에서의 주파수 응답이며 $f_s = 1/T$는 샘플링 주파수이다. 따라서 필터가 처리할 수 있는 가장 큰 주파수는 Nyquist 주파수 $f_{\max} = f_s/2$이다. 크기응답의 가장 일반적인 형태는 그림 11.14에 보인 바와 같다.

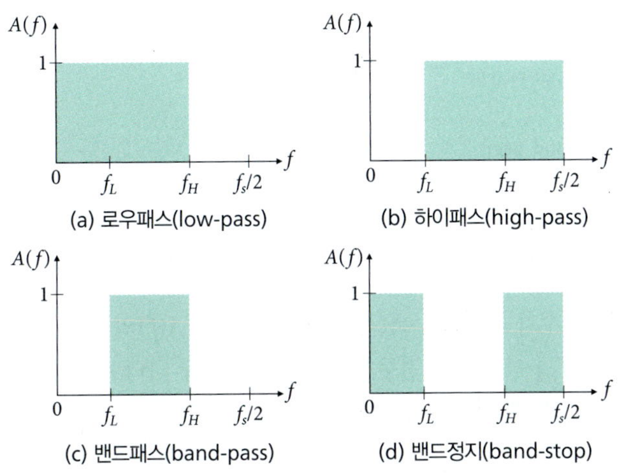

그림 11.14 일반적인 (이상적) 필터의 형태.

로우패스(low-pass) 필터는 0에서 f_H 범위의 주파수들만을 통과시키며 f_H에서 $f_s/2$ 범위의 고주파 신호는 줄이거나 없애준다. 이와 반대로 하이패스(high-pass) 필터는 f_L 이상의 주파수는 모두 통과시키는 반면에 f_L 이하의 주파수 신호들은 제거시킨다. 밴드패스(band-pass) 필터는 f_L과 f_H 사이의 주파수 신호는 통과시키는 반면에 그 외부 범위의 주파수 신호들은 차단시킨다.

11.3.2 임펄스 응답 필터의 디자인

유한 임펄스 응답(finite impulse response, FIR)

$$y(k) = \sum_{i=0}^{2p} b_i u(k-i)$$

를 이용하여 Fourier 급수방법에 의해 원하는 크기의 응답을 생성하는 디지털 필터를 구성할 수 있다. 디지털 필터의 크기응답은 $f_s = 1/T$의 주기를 갖는다. 필터 파라미터 b_i를 정하기 위해 먼저 절단된 Fourier 급수를 이용하여 다음과 같이 원하는 크기응답 $A(f)$를 근사한다:

$$A(f) \approx \sum_{i=-p}^{p} c_i e^{2\pi ijf/f_s}$$

실수 계수를 갖는 디지털 필터의 경우 $A(f)$는 f의 짝수(even) 함수가 될 것이므로 Fourier 계수 c_i는 cosine 항들을 이용하여 다음과 같이 나타낼 수 있다:

$$c_i = \frac{2}{f_s}\int_0^{f_s/2} A(f)\cos\left(\frac{2\pi if}{f_s}\right)df \quad (-p \le i \le p)$$

위에서 $i = 0$이면 Fourier 계수 c_0는 단순히 $-f_s/2 \le f \le f_s/2$에서의 $A(f)$의 평균이다. 앞에서 보인 일반적인 4가지 필터들에 대한 Fourier 계수들은 다음 표와 같다.

표 11.1 일반적인 필터들의 Fourier 계수

필터	c_0	c_i
로우패스(low-pass)	$\dfrac{2f_H}{f_s}$	$\dfrac{1}{\pi i}\sin\left(\dfrac{2\pi i f_H}{f_s}\right)$
하이패스(high-pass)	$\dfrac{f_s - 2f_L}{f_s}$	$-\dfrac{1}{\pi i}\sin\left(\dfrac{2\pi i f_L}{f_s}\right)$
밴드패스(band-pass)	$\dfrac{2(f_H - f_L)}{f_s}$	$\dfrac{1}{\pi i}\left\{\sin\left(\dfrac{2\pi i f_H}{f_s}\right) - \sin\left(\dfrac{2\pi i f_L}{f_s}\right)\right\}$
밴드정지(band-stop)	$\dfrac{f_s - 2(f_H - f_L)}{f_s}$	$\dfrac{1}{\pi i}\left\{\sin\left(\dfrac{2\pi i f_L}{f_s}\right) - \sin\left(\dfrac{2\pi i f_H}{f_s}\right)\right\}$

항들의 수가 증가할수록(즉 p가 커질수록) $A(f)$의 정확도는 향상되지만 절단(cutoff) 주파수(즉 f_L이나 f_H) 부근에서 진동현상이 두드러지게 나타난다. Fourier 계수들을 약간 보정시켜 이러한 진동의 진폭을 줄여줄 수 있다.

FIR 필터 파라미터 b_i를 구하는 과정은 다음과 같이 요약할 수 있다:

1) $p(>0)$를 선택하고 $i = 0$으로 둔다.
2) $c_i = \dfrac{2}{f_s}\displaystyle\int_0^{f_s/2} A(f)\cos\left(\dfrac{2\pi i f}{f_s}\right)df$, $b_{p+i} = w(i)c_i$, $b_{p-i} = b_{p+i}$, $i = i + 1$
3) $i \le p$이면 2)의 과정을 반복 수행하고 $i > p$이면 계산을 종료한다.
4) $y(k) = \displaystyle\sum_{i=0}^{2p} b_i u(k-i)$

MATLAB 활용

함수 frsp는 입력과 출력으로부터 이산시간 시스템의 주파수 응답을 계산해준다:

```
[a,phi,f] = frsp(u,y,fs)
```

위에서 u는 $n \times 1$ 입력신호 벡터, y는 $n \times 1$ 출력신호 벡터, fs는 샘플링 주파수(Hz), 출력으로서 a는 $n \times 1$ 크기응답 벡터, ϕ는 $n \times 1$ 위상응답 벡터, f는 f(k) = (k−1)*fs/n을 나타내는 $n \times 1$ 벡터이다.

```
function [a,phi,f] = frsp(u,y,fs)
% 입력과 출력으로부터 이산시간 시스템의 주파수 응답을 계산
% Inputs:
%    u: 입력신호 벡터(nx1), y: 출력신호 벡터(nx1), fs: 샘플링 주파수(Hz)
% Outputs:
%    a: 크기응답 벡터(nx1), phi: 위상응답 벡터(nx1), f: f(k) = (k-1)*fs/n (nx1 벡터)
n = length(u); c = zeros(n,1); d = zeros(n,1);
[c,d,f] = specm(u,fs); [a,phi,f] = specm(y,fs);
```

```
for i = 1:n
    a(i) = a(i)/max([c(i),eps]); phi(i) = phi(i) - d(i);
    while phi(i) < -180, phi(i) = phi(i) + 360; end
    while phi[i] > 180, phi(i) = phi(i) - 360; end
end
end
```

한편 함수 specm은 이산신호의 크기 및 위상 스펙트럼을 계산해준다:

```
[a,phi,f] = specm(x,fs)
```

위에서 x는 $n \times 1$ 이산신호 벡터, fs는 샘플링 주파수(Hz), a는 x의 크기 스펙트럼을 포함하는 $n \times 1$ 벡터이며 phi는 x의 위상 스펙트럼을 포함하는 $n \times 1$ 벡터이고 f는 f(k) = (k−1)*fs/n을 나타내는 $n \times 1$ 벡터이다.

```
function [a,phi,f] = specm(x,fs)
% 이산신호의 크기 및 위상 스펙트럼을 계산
% Inputs:
%   x: 이산신호 벡터(nx1), fs: 샘플링 주파수(Hz)
% Outputs:
%   a: x의 크기 스펙트럼 벡터(nx1), phi: x의 위상 스펙트럼 벡터(nx1)
%   f: f(k) = (k-1)*fs/n (nx1 벡터)
n = length(x); phi = zeros(n,1); y = fft(x); a = abs (y); f = (fs/n)*
[0:n-1]';
for i = 1:n
    if a(i) > eps, phi(i) = (180/pi)*atan2(imag(y(i)),real(y(i))); % 4사분면
역탄젠트를 계산
    else, phi(i) = 0; end
end
end
```

MATLAB 실습 백색잡음

모든 주파수 범위에 걸쳐 에너지가 균일하게 분포된 랜덤신호는 백색잡음(white noise)이라고 부른다. $u(k)$는 표준편차가 1이고 평균이 0인 랜덤 Gauss 신호이며 샘플링 주파수는 f_s = 2000 Hz이고 N = 1024라고 하자. b_i를 계산하여 필터를 구성해 보기로 한다. 특히 [200 600] Hz 구간의 주파수만을 통과시키는 필터를 고려해 보자.

f_s = 2000 Hz이므로 이러한 필터는 $f_L = 0.1f_s$, $f_H = 0.3f_s$인 밴드패스 필터에 해당된다. 따라서

$$c_0 = 0.4\,, \qquad c_i = \frac{1}{\pi i}\{\sin(0.6\pi i) - \sin(0.2\pi i)\} \quad (-p \le i \le p)$$

이며

$$b_{p+i} = b_{p-i} = \frac{c_i}{2}\left\{0.54 + 0.46\cos\left(\frac{\pi i}{p}\right)\right\} \quad (0 \le i \le p)$$

이다.

스크립트 whnoise는 함수 frsp와 specm을 이용하여 백색잡음 입력크기 스펙트럼과 필터 및 출력크기 응답을 구한 후 그래프로 작성한다.

```
% whnoise.m
q = 1024; p = 20; fs = 2000; fl = 200; fh = 600; fn = fs/2;
b = firt(@fun,p); x1 = rand(q,1); x2 = rand(q,1);
u = sqrt(-2*log(x1)).*cos(2*pi*x2); y = convln(u,b);
[A,phi,f] = frsp(u,y,fs);
subplot(2,2,1), plot(real(f(1:q/2)),real(A(1:q/2)))
title('필터크기 응답'), xlabel('f(Hz)'), ylabel('A')
[A,phi,f] = specm(u,fs);
subplot(2,2,2), plot(real(f(1:q/2)),real(A(1:q/2)))
title('백색잡음 입력크기 스펙트럼'), xlabel('f(Hz)'), ylabel('A')
[A,phi,f] = specm(y,fs);
subplot(2,2,3), plot(real(f(1:q/2)),real(A(1:q/2)))
title('출력크기 응답'), xlabel('f(Hz)'), ylabel('A')

function a = fun(f) % 밴드패스 크기응답
if (f >= 0.2) & (f <= 0.6), a =  1; else, a = 0; end
end

function b = firt(g,p)
% 지정된 크기응답을 갖는 FIR 필터를 디자인
% Inputs:
%    g: 필터의 원하는 크기응답을 지정하는 함수, p: 필터 차수
% Outputs:
%    b: 필터계수 벡터((2p+1)x1)
%    FIR 필터출력은 y(k) = b(1)u(k)+b(2)u(k-1)+...+b(2p+1)u(k-2p)
b = zeros(2*p+1,1); c = zeros(p,1); n = 50; h = 1/n; b(p+1) = simpint(0,1,n,g);
for k = 1:p
    c(k) = g(0) + cos(pi*k)*g(1);
    for i = 1:n-1
        if mod(i,2), c(k) = c(k) + 4*cos(pi*k*(i*h))*g(i*h);
        else, c(k) = c(k) + 2*cos(pi*k*(i*h))*g(i*h); end
    end
    c(k) = h*c(k)/3;
end
for k = 1:p % Add Hamming window
    b(p+1+k) = (0.54 + 0.46*cos(k*pi/p))*c(k); b(p+1-k) = b(p+1+k);
end
```

```
end

function y = simpint(a,b,n,f)
% Simpson 방법에 의한 적분
% Inputs:
%    a,b: 적분의 하한 및 상한, n: 패널 수(>=2, 짝수), f: 피적분 함수
h = (b - a)/n; y = f(a) + f(b);
for i = 1:n-1
    if mod(i,2), y = y + 4*f(a+i*h); else, y = y + 2*f(a+i*h); end
end
y = h*y/3;
end

function z = convln(x,y)
% 두 이산신호의 convolution을 계산
% Inputs:
%    x: 첫 번째 신호의 샘플벡터(nx1), y: 두 번째 신호의 샘플벡터(mx1, m<=n)
% Outputs:
%    z: x와 y의 convolution을 포함하는 벡터(nx1)
n = length(x); m = length(y); Y = zeros(n,1); Y(1:m) = y;
X = fft(x); Y = fft(Y); X = X.*Y; z = real(ifft(X)); % Inverse DFT of X(m)Y(m)
end
```

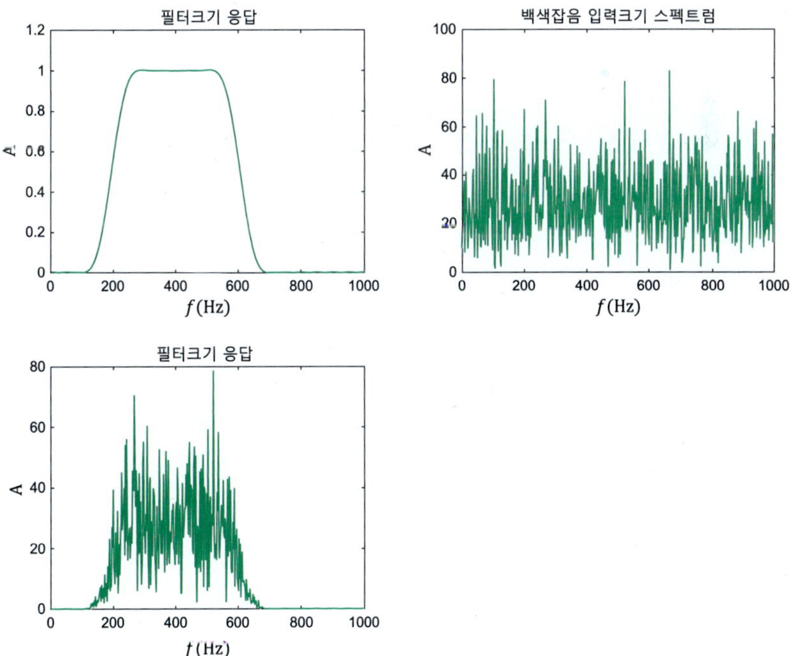

그림 11.15 필터출력 크기 스펙트럼.

연습 문제

11.1 함수 $f(t)$가 $f(t) = \frac{t}{2}$ $(-\pi < t < \pi)$ 와 같이 정의된다고 할 때 $f(t + 2\pi) = f(t)$로 두면 $f(t)$는 주기 $T = 2\pi$인 주기함수이다. $f(t)$를 sine 항들만을 이용한 Fourier 수열로 나타내어라.

11.2 연속 Fourier 수열을 이용하여 크기가 2이고 주기가 $T = \frac{2\pi}{w_0}$인 다음과 같은 주기함수를 근사하라.

$$f(t) = \begin{cases} -1: & -T/2 < t < -T/4 \\ 1: & -T/4 < t < T/4 \\ -1: & T/4 < t < T/2 \end{cases}$$

11.3 $f(t) = |t|$ $(-\pi < t < \pi)$라 하고 $f(t + 2\pi) = f(t)$로 두면 $f(t)$는 주기 $T = 2\pi$인 주기함수이다. $f(t)$를 cosine 항들만을 이용한 Fourier 수열로 나타내어라.

11.4 Fourier 수열은

$$f(t) = \frac{1}{2}a_0 + \sum_{k=1}^{\infty}\left\{a_k \cos\left(\frac{\pi k t}{T}\right) + b_k \sin\left(\frac{\pi k t}{T}\right)\right\}$$

와 같이 나타낼 수 있다. 이를 Euler 관계 $e^{i\theta} = \cos\theta + i\sin\theta$를 이용하여

$$f(t) = \sum_{k=-\infty}^{\infty} c_k e^{ik\pi t/T}$$

와 같은 지수함수 형태의 Fourier 수열로 나타내어라.

11.5 정현파 신호

$$f(t) = 5 + \cos\{2\pi(12.5)t\} + \sin\{2\pi(18.75)t\}$$

로부터 $\Delta t = 0.02$ s의 샘플링 시간주기로 8개의 샘플을 취하고자 한다. Nyquist 주파수 및 측정 가능한 가장 낮은 주파수를 구하라.

11.6 신호 $x(t) = \cos(2\pi f_0 t)$의 Fourier 변환은

$$X(t) = \frac{1}{2}\{\delta(f + f_0) + \delta(f - f_0)\}$$

의 형태를 갖는다. 위에서 $\delta(x)$는 단위 임펄스로서 $x \neq 0$이면 0의 값을 갖는다. 위신호(aliasing)를 피하기 위해서는 샘플링 주파수 f는 적어도 밴드폭(bandwidth) f_0의 2배 이상이어야 한다. 위신호를 피하기 위한 샘플링 주기 T의 범위를 구하라.

* MATLAB 활용 문제

M11.1 다음 데이터를

$$y(t) = A_0 + A_1\cos(w_0 t) + B_1\sin(w_0 t)$$

로 나타내어라. $0 \le t \le T$이며 $T = 1.35$, $\Delta t = 0.15$로 둔다.

t	0	0.15	0.30	0.45	0.60	0.75	0.90	1.05	1.20	1.35
$y(t)$	2.19	1.59	1.03	0.72	0.79	1.21	1.82	2.38	2.68	2.61

M11.2 정현파 신호

$$f(t) = 0.5 + 2\sin\{2\pi(3.125)t\} + \cos\{2\pi(6.25)t\}$$
$$(\text{즉 } f_1 = 3.125 \text{ Hz},\ f_2 = 6.25 \text{ Hz})$$

를 $\Delta t = 0.05$ s의 주기로 샘플링하여 64개의 데이터를 얻었다. 내장함수 `fft`를 이용하여 이산 Fourier 변환을 수행하고 그 결과를 그래프로 나타내어라.

M11.3 정현파 신호

$$f(t) = 0.2\cos(2\pi f_1 t) + 0.35\sin(2\pi f_2 t) + 0.3\sin(2\pi f_3 t) + w(t)$$

에 대한 스펙트럼을 구하라. $f_1 = 20$ Hz, $f_2 = 50$ Hz, $f_3 = 70$ Hz이며, $w(t)$는 표준편차가 0.5이고 평균이 0인 랜덤 잡음이다. $T = 2$ s에 걸쳐 512개의 샘플들이 생성되는 경우를 고려한다.

M11.4 $\pi/8$의 간격으로 원점으로부터의 거리를 측정한 데이터가 다음과 같을 때 각각의 데이터가 나타내는 형상을 인식하고 그래프로 나타내어라. 함수 `patrecn.m`을 이용한다.

(1) `yt = [0.5 0.43 0.5 0.6 1.0 0.6 0.5 0.43 0.5 0.67 1.4 1.1 1.0 1.1 1.4 0.67]`

(2) `yc = [1.0 1.08 0.56 1.08 1.0 1.08 0.56 1.0 1.0 1.08 0.56 1.0 1.0 1.08 0.56 1.0]`

화공 수치해석 MATLAB의 활용과 실습

최적화 방법

12.1 서론

최적화에서는 일련의 제약조건들을 충족시키면서 목적함수를 최소화하거나 최대화시키는 문제를 다룬다. 예를 들어 통조림 캔을 디자인하는 경우 한정된 부피에 대하여 사용되는 금속의 양을 최소화하는 문제를 고려해 보자. 이 경우 목적함수는 부피에 대한 표면의 비가 된다. 구형으로 만든다면 가장 좋겠지만 구 모양의 캔은 만들기와 다루기가 어렵다. 따라서 실린더 모양을 선택하게 되며 표면적은 $A = 2\pi r^2 + 2\pi rh$, 부피는 $V = \pi r^2 h$로 주어진다. 이 경우 최소화 문제는 이를테면 $V = 500\ \text{cm}^3$를 만족하는 최소의 표면적을 구하는 문제가 된다. $h = \dfrac{V}{\pi r^2} = \dfrac{500}{\pi r^2}$이므로 $A = 2\pi r^2 + \dfrac{2V}{r} = 2\pi r^2 + \dfrac{1000}{r}$이다. 따라서 $\dfrac{dA}{dr} = 0 = 4\pi r - \dfrac{32}{r^2}$로부터 $r = 1.3656$ cm를 얻는다. 실제로는 상표 부착이나 포장 및 운반 등과 관련되는 추가적인 제약조건들이 존재하기 때문에 이러한 규격으로 실린더형 캔을 만들기는 어렵다.

일반적으로 최적화 문제는 n차원 공간영역에서 목적함수 $F(x) = F(x_1, x_2, \cdots, x_n)$을 최소화하는 문제로 나타내어진다. 앞의 통조림 캔 문제는 $x_1 = r$, $x_2 = h$로 두면

$$\text{Minimize} \quad F(x_1, x_2) = 2\pi x_1^2 + 2\pi x_1 x_2$$

$$\text{Subject to} \quad x \in S = \{(x_1, x_2) | \pi x_1^2 x_2 = V\}$$

와 같이 나타낼 수 있다. $\nabla F|_{x=x^*} = 0$을 만족하는 점 x^*는 임계점으로서 최소, 최대 혹은 등마루점(saddle point)이 된다. 만일 $F(x^*) < F(x^* + \delta)$, $x^* \in S$이면 점 x^*는 국부적 최소점(local minimum)으로 간주하며 모든 x에서 $F(x^*) < F(x)$, $x \in S$이면 점 x^*는 광역 최소점(global minimum)으로 정의한다.

여기에서 최소점을 규명하기 위하여 고려되고 있는 주요 최적화 기법들은 다음과 같다:

- 단일변수 비선형 함수들의 최적화
- 내부점 방법을 이용한 선형계획(linear programming) 문제들의 풀이
- 켤레(conjugate) 기울기 방법을 이용한 비선형 최적화 문제들과 선형 방정식 시스템의 풀이
- 순차 비구속 최소화 기법을 이용한 구속 비선형 최적화 문제들의 풀이
- 유전자 알고리즘과 유사 벼림(simulated annealing) 방법을 이용한 비선형 최적화 문제들의 풀이

여기에서는 이러한 방법들에 대한 이론적 배경을 완전하게 소개하는 것이 아니라 이 방법들의 근간이 되는 일부 개념들을 제시하고자 한다.

12.2 2차식과 3차식 근사법

12.2.1 2차식 근사법(포물선 안짐작 방법)

최적점 부근의 변화는 근사적으로 포물선으로 나타낼 수 있다. 독립변수 구간에서의 3점 $x_1 < x_2 < x_3$가 주어져 있으며 실제 최적점 x^*가 구간 $[x_1\ x_3]$ 내에 존재한다고 하자(즉 $x_1 < x^* < x_3$). x^*는 근사적으로 3점 (x_1, f_1), (x_2, f_2), (x_3, f_3)를 지나는 포물선(즉 2차곡선)의 극값으로 나타낼 수 있다. 3점 (x_1, f_1), (x_2, f_2), (x_3, f_3)를 지나는 포물선(즉 2차곡선)의 식은 $f(x) = ax^2 + bx + c$로 나타낼 수 있으며 계수들은

$$a = \frac{(f_1 - f_2)(x_2 - x_3) - (f_2 - f_3)(x_1 - x_2)}{(x_1^2 - x_2^2)(x_2 - x_3) - (x_2^2 - x_3^2)(x_1 - x_2)},\quad b = \frac{f_1 - f_2}{x_1 - x_2} - a(x_1 + x_2),\quad c = f_1 - bx_1 - ax_1^2$$

와 같이 주어진다. 극점에서 1차 미분은 0이므로 이 곡선은

$$\frac{df}{dx} = 0 = 2ax + b \quad \Rightarrow \quad x^p = -\frac{b}{2a}$$

에서 극값을 갖는다. a와 b를 대입하면

$$x^p = \frac{1}{2}\frac{(f_1 - f_2)(x_2^2 - x_3^2) - (f_2 - f_3)(x_1^2 - x_2^2)}{(f_1 - f_2)(x_2 - x_3) - (f_2 - f_3)(x_1 - x_2)}$$

점들 사이의 간격이 일정하다면(즉 $x_3 - x_2 = x_2 - x_1 = h$)

$$\begin{aligned}
x^p &= \frac{1}{2}\frac{(f_1 - f_2)(x_2^2 - x_3^2) - (f_2 - f_3)(x_1^2 - x_2^2)}{(f_1 - f_2)(x_2 - x_3) - (f_2 - f_3)(x_1 - x_2)} \\
&= \frac{1}{2}\frac{-(f_1 - f_2)(x_2 + x_3)h + (f_2 - f_3)(x_1 + x_2)h}{-(f_1 - f_2)h + (f_2 - f_3)h} \\
&= \frac{1}{2}\frac{(f_2 - f_3)(2x_1 + h) - (f_1 - f_2)(2x_1 + 3h)}{2f_2 - f_1 - f_3} \\
&= \frac{1}{2}\frac{2x_1(2f_2 - f_1 - f_3) + h(-3f_1 + 4f_2 - f_3)}{2f_2 - f_1 - f_3} \\
&= x_1 + \frac{h}{2}\left(\frac{-3f_1 + 4f_2 - f_3}{-f_1 + 2f_2 - f_3}\right)
\end{aligned}$$

반복계산 과정에서는 $|x_3 - x_1| < \epsilon$ 혹은 $|f_3 - f_1| < \epsilon$(ϵ은 매우 작은 수)를 만족할 때까지 구간을 줄여가면서 계산을 수행한다. $x_1 < x^p < x_2$이면 $f(x^p)$와 $f(x_2)$의 크기를 비교하여 탐색구간을 $[x_1, x^p, x_2]$ 혹은 $[x^p, x_2, x_3]$로 설정한다. $x_2 < x^p < x_3$이면 $f(x^p)$와 $f(x_2)$의 크기를 비교하여 탐색구간을 $[x_2, x^p, x_3]$ 혹은 $[x_1, x_2, x^p]$로 설정한다.

MATLAB 활용

2차식 근사방법은 함수 quadopt에 의해 수행된다. 이 함수는 다음과 같이 사용한다.

```
[xp,fp] = quadopt(f,x0,epsx)
```

위에서 f는 최소값을 찾는 대상함수 $f(x)$, x0는 초기 탐색구간, epsx는 수렴한계, xp는 최적점, fp는 xp에서의 함수의 최소값이다. 이 함수는 다음과 같이 자체 내에서 재귀함수 quadmin을 호출한다.

```
function [xp,fp] = quadopt(f,x0,epsx)
% 포물선 안짐작을 이용한 최적화 계산
% input
%   f: 최소값을 찾는 대상함수 f(x), x0: 초기 탐색구간, epsx: 수렴한계
% output
%   xp: 최적점, fp: xp에서의 함수의 최소값

epsx = 1e-6; iter = 200; % 가능한 최대 반복계산 횟수
if length(x0) > 2, xs = x0(1:3);  % 초기 탐색구간은 3점들로 주어짐
else
    if length(x0) == 2, a = x0(1); b = x0(2); % 초기 탐색구간은 2점들로 주어짐
    else, a = x0 - 10; b = x0 + 10; end % 초기 탐색구간이 하나의 점으로 주어짐
    xs = [a (a+b)/2 b];
end
fs = f(xs); [xp,fp] = quadmin(f,xs,fs,epsx,iter);
end

function [xp,fp] = quadmin(f,xs,fs,epsx,iter)
% 포물선 안짐작을 이용한 최적화 계산의 수행
% input
%   f: 최소값을 찾는 대상함수 f(x), xs: 탐색구간(3점)
%   fs: 탐색구간 점들에서의 함수값, epsx: 수렴한계
% output
%   xp: 최적점, fp: xp에서의 함수의 최소값

x1 = xs(1); x2 = xs(2); x3 = xs(3); f1 = fs(1); f2 = fs(2); f3 = fs(3);
fc = [f1-f3 f2-f1 f3-f2]*[x2*x2 x3*x3 x1*x1; x2 x3 x1]'; xq = fc(1)/fc(2)/2;
fq = feval(f,xq);
if (iter <= 0 || abs(xq-x2) < epsx || abs(fq-f2) < epsx), xp = xq; fp = fq;
else
    if xq < x2
        if fq < f2, xs = [x1 xq x2]; fs = [f1 fq f2];
        else, xs = [xq x2 x3]; fs = [fq f2 f3]; end
    else
        if fq <= f2, xs = [x2 xq x3]; fs = [f2 fq f3];
```

```
        else, xs = [x1 x2 xq]; fs = [f1 f2 fq]; end
    end
    [xp,fp] = quadmin(f,xs,fs,epsx,iter-1);
end
end
```

MATLAB 실습 2차식 근사법

함수 quadopt를 이용하여 구간 [0 3]에서 함수 $f(x) = \frac{1}{8}(x^2 - 4)^2 - 1$의 최소값을 구하라. 수렴 기준은 10^{-6}으로 한다.

풀이

```
>> f = @(x) (1/8)*(x.^2-4).^2 - 1; x0 = [0 3]; epsx = 1e-6; [xp,fp] = quadopt
(f,x0,epsx)
xp =
    1.9996
fp =
   -1.0000
```

■

12.2.2 3차식 근사법

2개의 데이터 점들에서 목적함수 $f(x)$를 근사하는 3차 다항식의 미분으로부터 최소점을 구할 수 있다. $f(x)$가 구간 $[a, b]$에서 연속이고 미분가능하며 $x = x^*(a \le x^* \le b)$에서 최소값을 갖는다고 하자. $x_0 = a$, $x_1 = x_0 + h$라 하고 중간치 정리를 이용하여 x_1이 x^*에 근접하도록 초기 구간크기 h를 정할 수 있다:

$$h = \frac{2\{f(b) - f(a)\}}{f'(a)}$$

x_2를 이용하여 3차 다항식 $p(x)$를 나타내면

$$p(x) = \frac{\alpha}{h^3}(x - x_2)^3 + \frac{\beta}{h^2}(x - x_2)^2 + f(x_2)$$

따라서

$$p'(x) = \frac{3\alpha}{h^3}(x - x_2)^2 + \frac{2\beta}{h^2}(x - x_2)$$

를 얻는다. $p(x_0) = f(x_0)$, $p(x_1) = f(x_1)$, 아울러 $p'(x_0) = f'(x_0)$, $p'(x_1) = f'(x_1)$의 조건들이 만족되어야 한다. 이를 만족하는 x_2를 구하기 위하여 $x_2 = x_0 + h\gamma$로 두면

$$f(x_1)-f(x_0)=\alpha(3\gamma^2-3\gamma+1)+\beta(1-2\gamma),\quad f'(x_1)-f'(x_0)=3\alpha(1-2\gamma)+2\beta,$$
$$hf'(x_0)=3\alpha\gamma^2-2\beta\gamma$$

를 얻는다. $w = f(x_1) - f(x_0)$, $z = f'(x_1) - f'(x_0)$로 두면

$$\alpha = z-2\{w-f'(x_0)h\}$$

한편 위의 관계식들로부터 β를 소거하면

$$3\alpha\gamma^2+(z-3\alpha)\gamma+hf'(x_0)=0$$

을 얻으며 이로부터 γ에 대한 두 개의 근을 구할 수 있는데 이들 가운데 작은 근을 취하면

$$\gamma=\frac{-2hf'(x_0)}{z-3\alpha+\sqrt{(z-3\alpha)^2-12\alpha hf'(x_0)}}$$

이를 $x_2 = x_0 + h\gamma$에 대입하여 x_2를 구한다. $h = x_2 - x_1$으로 두고 x_0를 x_1으로, x_1을 새로 얻은 x_2로 대체한 다음 반복과정을 수행한다.

12.3 유한탐색 방법

12.3.1 황금분할 방법

간혹 단일변수 비선형 함수의 최대값이나 최소값을 구할 필요가 있다. 여기에서는 함수의 최소값을 찾는다고 간주한다. 최대값이 필요한 경우에는 단순히 원래 함수의 부호를 바꾸기만 하면 된다. 함수의 최소값을 구하는 경우 보통 이 함수를 미분하고 미분값을 0으로 해주는 독립변수의 값을 구하는 계산을 수행한다. 그러나 미분을 직접 구하는 것이 비실제적인 경우들이 있다.

함수 $y = f(x)$를 고려하고 범위 $[x_a\ x_b]$ 내에 하나의 최소점이 존재한다고 가정하자. 두 개의 점 x_1과 x_2를 임의로 선택하여 이 범위가 세 개의 구간들로 나누어지도록 한다. $x_a < x_1 < x_2 < x_b$라고 할 때 $f(x_1) < f(x_2)$이면 최소값은 범위 $[x_a\ x_2]$ 내에 존재해야 하며 $f(x_1) > f(x_2)$이면 최소값은 범위 $[x_1\ x_b]$ 내에 존재해야 한다. 이 범위들은 최소점이 존재하는 $[x_a\ x_b]$보다 더 작은 구간을 제공해준다. 이러한 구간축소 과정을 연속적으로 반복하여 최소점에 대하여 수용할 수 있는 작은 구간이 얻어질 때까지 범위를 좁혀 나간다. 가장 효율적인 방법은 범위 $[x_a\ x_b]$가 3개의 동일한 구간들로 나누어지도록 x_1과 x_2($x_a < x_1 < x_2 < x_b$)를 정하는 방법이라고 할 수 있다.

보다 효율적인 방법으로서 전체 길이 $L = x_b - x_a$를 L_1과 L_2의 두 부분으로 나누고(즉 $L = L_1 + L_2$)

$$\frac{L_1+L_2}{L_1}=\frac{L_1}{L_2}$$

가 되도록 한다. 이 식을 다시 쓰면

$$\frac{L_1+L_2}{L_1}=\frac{L_1/L_2+1}{L_1/L_2}=\frac{L_1}{L_2}$$

$r = \dfrac{L_1 - L_2}{L_2}$ (즉 $\dfrac{L_1}{L_2} = r + 1$)로 두면 위의 관계는 $\dfrac{r+2}{r+1} = r + 1$과 같다. 이를 정리하면

$$r^2 + r - 1 = 0$$

이로부터 하나의 근은

$$r = \frac{-1 + \sqrt{5}}{2} \approx 0.618$$

이다. r는 황금률(golden ratio)이라고 불린다(때로는 $r + 1 = 1.618$을 황금률이라고도 부름). r을 이용하여 다음과 같이 x_1과 x_2를 정할 수 있다:

$$x_1 = rx_a + (1-r)x_b, \qquad x_2 = (1-r)x_a + rx_b$$

$f(x_1) \le f(x_2)$이면 구간 $[x_a, x_2]$에 최소점이 존재하므로 $x_b = x_2$로 두고 같은 과정을 반복 수행한다. 반면에 $f(x_2) < f(x_1)$이면 구간 $[x_1, x_b]$에 최소점이 존재하므로 $x_a = x_1$으로 두고 같은 과정을 반복 수행한다.

보기 12.1 황금분할 방법

황금분할법을 이용하여 $-1 \le x \le 2$의 범위에서 $f(x) = x^2 - \cos(x)$의 최소값이 존재하는 범위를 2단계까지 탐색해 보라.

풀이

$x_a = -1$, $x_b = 2$이므로 $f(x_a) = 0.4597 < f(x_b) = 4.4161$이다.

$$x_1^{(1)} = r \cdot (-1) + (1-r) \cdot 2 = 2 - 3r = 0.146,$$
$$x_2^{(1)} = (1-r) \cdot (-1) + r \cdot 2 = -1 + 3r = 0.854$$

$f(x_1^{(1)}) = -0.9680$, $f(x_2^{(1)}) = 0.0723$. 따라서 구간 $[x_a, x_2^{(1)}] = [-1, 0.0723]$에 최소점이 존재하므로 $x_b = x_2^{(1)} = 0.0723$로 두고 같은 과정을 반복 수행한다. 이로부터

$$x_1^{(2)} = -0.5904, \quad x_2^{(2)} = -0.3373$$

를 얻는다.

■

MATLAB 활용

황금분할 알고리듬은 함수 goldsec으로 수행될 수 있다. 이 함수는 다음과 같이 사용한다.

```
[f, a, iter] = goldsec(func, p, tol)
```

func는 비선형 함수 이름, p는 탐색범위를 나타내는 2원소 행벡터, tol는 오차허용 한계, a는 함수의 최적점, f는 함수의 최소값, iter은 반복횟수이다.

```
function [f,a,iter] = goldsec(func,p,tol)
% 1변수 비선형 함수의 최소점을 찾는 Golden search
% input:
%   func: 사용자 정의 비선형 함수
%   p: 탐색범위를 나타내는 2원소 벡터, tol: tolerance
% output:
%   a: 함수의 최적점, f: 함수의 최소값, iter: 반복횟수

if p(1) < p(2), a = p(1); b = p(2); else, a = p(2); b = p(1); end
g = (-1+sqrt(5))/2; r = b-a; iter = 0;
while r > tol
    x = [a+(1-g)*r a+g*r]; y = feval(func,x);
    if y(1) < y(2), b = x(2); else, a = x(1); end
    r = b-a; iter = iter+1;
end
f = feval(func,a);
end
```

MATLAB 실습 황금분할 방법

구간 x=[0 1]에서 $f(x) = (x - 0.8)^2$의 최소값을 구해 보자. 수렴한계는 10^{-6}으로 한다.

풀이

```
>> f = @(x) (x-0.8).^2; p = [0 1]; tol = 1e-6; [fmin,a,iter] = goldsec(f,p,tol)
fmin =
   1.9332e-13
a =
    0.8000
iter =
    29
```

■

12.3.2 피보나치 탐색

황금률은 또한 피보나치(Fibonacci) 수열과도 연관된다. 피보나치 수열은 1, 1, 2, 3, 5, 8, 13, ... 으로서 $F_0 = 0$, $F_1 = 1$, $F_k = F_{k-1} + F_{k-2}$ $(k = 2, 3, \cdots)$로부터 생성된다. F_k는 이 수열의 k번째 항으로서

$$F_k = \frac{1}{\sqrt{5}}\left\{\left(\frac{1+\sqrt{5}}{2}\right)^k - \left(\frac{1-\sqrt{5}}{2}\right)^k\right\}$$

로 주어진다. k가 무한히 증가하면 F_{k-1}/F_k의 비율은 $r = 0.618$에 접근한다.

함수 $f(x)$와 초기구간 $[a_0, b_0]$가 주어졌다면 k번째 탐색구간 $[a_k, b_k]$ 내의 내부점 c_k와 d_k는 각각

$$c_k = a_k + \left(1 - \frac{F_{n-k-1}}{F_{n-k}}\right)(b_k - a_k), \qquad d_k = a_k + \left(\frac{F_{n-k-1}}{F_{n-k}}\right)(b_k - a_k)$$

로 주어진다. 이로부터

$f(c_k) \le f(d_k)$이면, 새로운 탐색구간은 $[a_{k+1}, b_{k+1}] = [a_k, d_k]$.
$f(c_k) > f(d_k)$이면, 새로운 탐색구간은 $[a_{k+1}, b_{k+1}] = [c_k, b_k]$.

오차허용 한계를 ϵ이라고 하면 최소 반복계산 횟수 k는 $b_0 - a_0 < \epsilon F_k$를 만족하는 최소의 정수이다. 즉

$$F_k > \frac{b_0 - a_0}{\epsilon}$$

이다.

보기 12.2 피보나치 탐색방법

피보나치 탐색방법을 이용하여 $0 \le x \le 1$의 범위에서 $f(x) = x^2 - \sin(x)$의 최소값이 존재하는 범위를 2단계까지 탐색해 보라. $\epsilon = 10^{-4}$로 한다.

풀이

$a_0 = 0$, $b_0 = 1$이며 $f(a_0) = 0 < f(b_0) = 1$이다. 한편

$$F_k > \frac{b_0 - a_0}{\epsilon} = \frac{1-0}{10^{-4}} = 10{,}000$$

이 만족되어야 하며 $F_{21} = 10{,}946$이므로 $k = 21$임을 알 수 있다. 따라서

$$c_0 = 0 + \left(1 - \frac{F_{20}}{F_{21}}\right)(1-0) = 0.3819, \qquad d_0 = 0 + \left(\frac{F_{20}}{F_{21}}\right)(1-0) = 0.618$$

임을 알 수 있다. $f(c_0) = -0.2269$, $f(d_0) = -0.1975$이므로 구간 $[a_0, d_0] = [0, 0.618]$에 최소점이 존재하며 $b_0 = d_0 = 0.618$로 두고 같은 과정을 반복 수행한다. 이로부터 $c_1 = 0.236$, $d_1 = 0.382$를 얻는다.

■

MATLAB 활용

피보나치 탐색방법은 함수 Fbin을 이용한다. 이 함수는 다음과 같이 사용한다.

```
[fm, xm, iter] = Fbin(func, a, b, tol)
```

func는 비선형 함수 이름, [a b]는 탐색범위, tol는 오차허용 한계, xm은 함수의 최적점, fm은 함수의 최소값, iter은 반복횟수이다.

```
function [fm,xm,iter] = Fbin(fun,a,b,tol)
% Fibonacci 탐색방법
% input:
%   fun: 사용자 정의 비선형 함수
%   [a b]: 초기 탐색범위, tol: tolerance
% output:
%   xm: 함수의 최적점, fm: 함수의 최소값

Fb(1) = 1; Fb(2) = 1; n = 2;
while(Fb(n) <= (b-a)/tol)
    n = n+1; Fb(n) = Fb(n-1) + Fb(n-2);
end
c = b - (b-a)*Fb(n-1)/Fb(n); d = a + (b-a)*Fb(n-1)/Fb(n);
fc = feval(fun, c); fd = feval(fun, d);
for k = n:-1:3
    if(fc <= fd)
        b = d; d = c; fd = fc; c = a + (b-a)*Fb(k-2)/Fb(k); fc = feval(fun, c);
    else
        a = c; c = d; fc = fd; d = a + (b-a)*Fb(k-1)/Fb(k); fd = feval(fun, d);
    end
end
xm = (a + b)/2; fm = feval(fun, xm); iter = n;
end
```

MATLAB 실습 황금분할과 Fibonacci 탐색

함수 Fbin을 이용하여 $0 \le x \le 5$의 범위에서 함수 $f(x) = -2.5\sin x + \dfrac{x^2}{11.8}$의 최소값을 구하라. 수렴한계는 $\epsilon = 10^{-6}$으로 한다.

풀이

```
>> func = @(x) -2.5*sin(x)+x.^2/11.8; [fm,xm,iter] = Fbin(func,a,b,1e-6)
fm =
   -2.3042
xm =
    1.4709
iter =
    34
```

12.4 Nelder-Mead 방법과 Powell 방법

12.4.1 Nelder-Mead 방법

Nelder-Mead 방법은 다변수 목적함수의 최소화 계산에 적용 가능한 방법으로서 황금분할 방법이나 포물선 안짐작 방법을 적용할 수 없는 경우에도 이용이 가능하다. 이 방법의 수행단계는 다음과 같다.

1) 초기의 3점 a, b, c를 설정($f(a) < f(b) < f(c)$)
2) $|c - a| < \epsilon$ 혹은 $|f(c) - f(a)| < \epsilon$(ϵ은 매우 작은 수)이면 최적점 $x^* = a$로 두고 계산을 종료
3) 최소점이 a와 b를 잇는 직선상에서 c의 반대편에 위치한다고 가정하고 $m = \dfrac{a+b}{2}$, $e = m + 2(m - c)$를 구한다.

- 만일 $f(e) < f(b)$이면 e를 새로운 c로 설정. 그렇지 않으면 $r = \dfrac{m+e}{2} = 2m - c$로 둔다.
- 만일 $f(r) < f(c)$이면 r을 새로운 c로 설정. 만일 $f(r) \geq f(b)$이면 $s = \dfrac{c+m}{2}$로 둔다.
- 만일 $f(s) < f(c)$이면 s를 새로운 c로 설정. 그렇지 않으면 두 점 b, c를 포기하고 새로운 b로 m을, 새로운 c로 $c = \dfrac{a+c}{2}$을 설정한 다음 단계 2로 되돌아간다.

MATLAB 활용

Nelder-Mead 방법은 함수 nmopt에 의해 수행된다. 이 함수는 다음과 같이 사용한다.

```
[xp,fp] = nmopt(f,x0,epsx)
```

위에서 f는 최소값을 찾는 대상함수 $f(x)$, x0는 초기 탐색구간, epsx는 수렴한계, xp는 최적점, fp는 xp에서의 함수의 최소값이다. 이 함수는 다음과 같이 자체 내에서 재귀함수 nmmin을 호출한다.

```
[xp,fp] = nmmin(f,xi,fi,epsx,iter)
```

위에서 xi는 탐색구간, fi는 탐색구간에서의 함수값, epsx는 수렴한계, xp는 최적점, fp는 xp에서의 함수의 최소값이다.

```
function [xp,fp] = nmopt(f,x0,epsx)
% Nelder-Mead 방법을 이용한 최적화
% 부함수 nmmin을 호출
% input
%    f: 최소값을 찾는 대상함수 f(x), x0: 초기 탐색구간, epsx: 수렴한계
% output
%    xp: 최적점, fp: xp에서의 함수의 최소값

iter = 200; n = length(x0);
if n == 1, [xp,fp] = quadopt(f,x0,epsx); return; end % 1차원: 포물선 안짐작 방법을 이용
```

```
s = eye(n);
for i = 1:n
    i1 = i + 1;
    if i1 > n, i1 = 1; end
     xi = [x0; x0+s(i,:); x0+s(i1,:)]; fi = [feval(f,xi(1,:)); feval(f,xi
(2,:)); feval(f,xi(3,:))];
    [x0,fp] = nmmin(f,xi,fi,epsx,iter);
    if n < 3, break; end  % 2차원인 경우 반복계산은 불필요
end
xp = x0;
end

function [xp,fp] = nmmin(f,xi,fi,epsx,iter)
% Nelder-Mead 방법을 이용한 최적화 계산의 수행
% input
%   f: 최소값을 찾는 대상함수 f(x), xi: 탐색구간
%   fi: 탐색구간 점들에서의 함수값, epsx: 수렴한계
% output
%   xp: 최적점, fp: xp에서의 함수의 최소값

[fi,I] = sort(fi); a = xi(I(1),:); b = xi(I(2),:); c = xi(I(3),:); fa = fi(1);
fb = fi(2); fc = fi(3);
fba = fb-fa; fcb = fc-fb;
if (iter <= 0 | abs(fba)+abs(fcb) < epsx | abs(b-a)+abs(c-b) < epsx), xp = a;
fp = fa;
else
    m = (a+b)/2; e = 3*m-2*c; fe = feval(f,e);
    if fe < fb, c = e; fc = fe;
    else
        r = (m+e)/2; fr = feval(f,r);
        if fr < fc, c = r; fc = fr; end
        if fr >= fb
            s = (c+m)/2; fs = feval(f,s);
            if fs < fc, c = s; fc = fs;
            else, b = m; c = (a+c)/2; fb = feval(f,b); fc = feval(f,c); end
        end
    end
    [xp,fp] = nmmin(f,[a;b;c],[fa fb fc],epsx,iter-1);
end
end
```

MATLAB 실습 **Nelder–Mead 방법**

함수 nmopt를 이용하여 $f(x_1, x_2) = x_1(x_1 - x_2 - 4) + x_2(x_2 - 1) = x_1^2 - x_1x_2 + x_2^2 - 4x_1 - x_2$의 최소값을 구하라. 초기값은 [0 0], 수렴한계는 $\epsilon = 10^{-6}$으로 한다.

풀이

```
>> f = @(x) x(1)*(x(1)-x(2)-4)+x(2)*(x(2)-1); x0 = [0 0]; epsx = 1e-6;
>> [xp,fp] = nmopt(f,x0,epsx)
xp =
    3.0003    2.0004
fp =
   -7.0000
```

■

12.4.2 Powell 방법

함수 $J = f(x) = f(x_1, x_2, \cdots, x_n)$의 최소화를 고려해 보자. 초기 시작점을 $x^{(0)}$라고 할 때 함수 $f(x)$의 최소점에 접근하는 한 가지 방법은 n개의 표준 기저벡터 각각에 따라 순차적으로 $f(x)$의 최소점에 접근함으로써 다음 근사점 $x^{(1)}$을 생성하는 것이다. 이 과정에 따라 일련의 점 $x^{(0)} = p_0, p_1, \cdots, p_n = x^{(1)}$들이 생성된다. 하나의 표준 기저벡터에 대하여 함수 f는 단일변수 함수가 되므로 황금분할 방법이나 피보나치 탐색방법을 적용할 수 있다. 이 과정을 반복 수행하면 점들의 수열 $\{x^{(k)}\}_{k=0}^{\infty}$가 얻어진다. 벡터 $p_n - p_0$는 각 반복과정에서 이동한 평균거리 방향을 나타낸다.

초기 시작점을 $x^{(0)}$라 하고 표준 기저벡터 집합 U_k를 k번째 원소값이 1이고 나머지 원소들은 모두 0인 벡터 $U_k = [0\ 0 \cdots 0\ 1\ 0 \cdots 0]$ $(k = 1, 2, \cdots, n)$와 같이 정의하면 Powell 방법의 수행단계는 다음과 같이 정리할 수 있다. 먼저 $i = 0$으로 설정한다.

1) $p_0 = x^{(i)}$로 둔다.
2) $k = 1, 2, \cdots, n$에 대하여 $f(p_{k-1} + \gamma_k U_k)$를 최소로 해주는 γ_k를 구하고 $p_k = p_{k-1} + \gamma_k U_k$로 둔다.
3) $i = i + 1$로 둔다.
4) $j = 1, 2, \cdots, n - 1$에 대하여 $U_j = U_{j+1}$로 하고 $U_n = p_n - p_0$로 둔다.
5) $f(p_0 + \gamma U_n)$을 최소로 해주는 γ를 구한 다음 $x^{(i)} = p_0 + \gamma U_n$으로 둔다.
6) 단계 1~5까지를 반복 수행한다.

12.5 목적함수의 기울기를 이용한 최적화

12.5.1 최대 하향경사 방법

다음과 같은 최적화 문제를 고려해 보자:

$$\text{Minimize } f(x) \text{ for all } x \in R^n$$

위에서 $f(x)$는 x의 비선형 함수이며 x는 n성분 열벡터이다. 이는 비선형 비구속 최적화 문제로 불린다. 이 문제의 풀이를 위한 일반적인 접근방법은 초기 근사값 x^0을 가정한 뒤에 다음과 같은 형태의 반복적인 공식을 이용하여 근사를 개선시켜 나가는 것이다:

$$x^{k+1} = x^k + \alpha d^k \qquad k = 0, 1, 2, \cdots$$

이 공식을 이용하려면 스칼라 α와 벡터 d^k를 결정해야 한다. 벡터 d^k는 탐색 방향을 나타내며 스칼라 α는 이 방향으로 얼마나 멀리 전진할 것인가를 정해준다. 탐색 방향에 대한 간단한 선택은 d^k를 점 x^k에서의 음의 기울기 벡터로 취하는 것이다. 구간 크기가 충분히 작은 경우 이는 함수값을 확실하게 감소시킴을 보일 수 있다. 이로부터 다음과 같은 형태의 알고리듬을 얻는다.

$$x^{k+1} = x^k - \alpha \nabla f(x^k) \qquad k = 0, 1, 2, \cdots$$

위에서

$$\nabla f(x) = g(x) = \left[\frac{\partial f(x)}{\partial x_1} \ \ \frac{\partial f(x)}{\partial x_2} \ \ \cdots \ \ \frac{\partial f(x)}{\partial x_n} \right]^T$$

이며 α는 작은 상수값이다. 이 알고리듬은 최대 하향경사(steepest descent) 알고리듬이라고 불린다. 통상적인 미적분 방법에서와 같이 기울기가 0이 되면 최소점에 다다른다. 고려되는 범위 내에서 우리가 찾고자 하는 국부적 최소점은 하나만 존재한다고 가정한다.

이 방법에 따른 문제점은 비록 함수값이 줄어들기는 하지만 구간이 매우 작아질 수 있어서 알고리듬이 매우 느려질 수 있다는 점이다. 한 가지 대안은 현재 방향에서 함수값을 최대로 줄여주는 구간을 선택하는 것이다. 이는 각 k에 대하여 $f(x^k - \alpha\nabla f(x^k))$를 최소로 해주는 α 값을 규명하는 문제가 되며 선 탐색(line search) 문제로 알려져 있다. 이는 또한 최소화 문제임을 알 수 있는데 이미 x^k를 알고 있으므로 이는 구간 크기 α에 대한 1변수 최소화 문제이다. $f(x^k - \alpha\nabla f(x^k))$를 최소로 해주는 α 값은 α에 대한 $f(x^k - \alpha\nabla f(x^k))$의 미분을 0으로 해주는 값이다. 이제 $f(x^k - \alpha\nabla f(x^k))$를 α에 대하여 미분하면

$$\frac{df(x^k - \alpha \nabla f(x^k))}{d\alpha} = -(\nabla f(x^{k+1}))^T \nabla f(x^k) - 0$$

로 주어진다. k번째 탐색 과정에서 탐색구간 크기 α_k는 탐색 방향에 따른 함수값이 최소화(포물선 안짐작 방법에서와 같은 선 탐색 방법으로 최소화 계산을 수행)되도록 조정된다. 이 방법의 수행 단계는 다음과 같다.

1) $k = 0$에서 초기점 x_0를 설정하고 함수값 $f_0 = f(x_0)$를 구한다.
2) 선 탐색 방법을 이용하여 음의 기울기 $-g_{k-1}$의 방향에 따른 탐색구간 크기 α_{k-1}을 구한다. 즉 $\alpha_{k-1} = \text{Min}_\alpha f\left(x_{k-1} - \dfrac{\alpha g_{k-1}}{\|g_{k-1}\|}\right)$
3) 음의 기울기 $-g_{k-1}$의 방향으로 α_{k-1}만큼 이동하여 다음 탐색점 $x_k = x_{k-1} - \dfrac{\alpha_{k-1} g_{k-1}}{\|g_{k-1}\|}$을 구한다.
4) $|x_k - x_{k-1}| < \epsilon$ 및 $|f(x_k) - f(x_{k-1})| < \epsilon$이면 $x^* = x_k$로 두고 계산을 종료. 그렇지 않으면 $k = k + 1$로 두고 단계 2로 되돌아간다.

보기 12.3 최대 하향경사 방법

함수 $f(x_1, x_2, x_3) = x_1^2 + 10x_2^2 + 100x_3^2$의 최소값을 구하는 과정을 설명하라. α는 어떤 식으로 표현되는가?

풀이

이 함수는 $x = \begin{bmatrix} 0 \\ 0 \\ 0 \end{bmatrix}$에서 광역 최소값을 갖는다. 이제 $\nabla f = \begin{bmatrix} 2x_1 \\ 20x_2 \\ 200x_3 \end{bmatrix}$이므로 매 반복단계에서 $\text{Min}_a f$ $(x - \alpha\nabla f) = \text{Min}_a\ [(x_1 - 2\alpha x_1)^2 + 10(x_2 - 20\alpha x_2)^2 + 100\ (x_3 - 200\alpha x_3)^2]$를 풀게 된다. 여기에서 $\alpha = \dfrac{x_1^2 + 10^2 x_2^2 + 10^4 x_3^2}{2(x_1^2 + 10^3 x_2^2 + 10^6 x_3^2)}$.

■

MATLAB 활용

최대 하향경사(steepest descent) 알고리듬은 함수 stdes에 의해 수행된다:

```
[xm,k,fm] = stdes(f,df,x0,tol,kmax)
```

f는 최적화 목적함수, df는 f의 미분, x0는 초기 가정치(열벡터), tol은 수렴기준이며, kmax는 허용 가능한 최대 반복계산 횟수이다.

```
function [xm,k,fm] = stdes(f,df,x0,tol,kmax)
% Steepest descent 방법을 이용하여 함수 f의 최소값을 계산
% df: f의 1차미분(기울기), x0: 초기값(열벡터)
iter = 1; x = x0; k = 1;
while (k < kmax)
    f1 = feval(f,x); g = feval(df,x); z = norm(g);
    if z == 0, disp('기울기는 0.'), x, f1, break; end
    g = g/z; a1 = 0; a3 = 1; f3 = feval(f,x-a3*g);
    while (f3 >= f1)
        a3 = a3/2; f3 = feval(f,x-a3*g);
         if a3 < tol/2, disp('더 이상 향상되지 않음.'); xm = x; fm = f1; return;
end
    end
    a2 = a3/2; f2 = feval(f,x-a2*g); h1 = (f2-f1)/a2; h2 = (f3-f2)/(a3-a2);
    h3 = (h2-h1)/a3; a0 = (a2-h1/h3)/2; f0 = feval(f,x-a0*g);
    if f0 < f3, a = a0; else, a = a3; end
    x = x - a*g; k = k+1;
end
xm = x; fm = f1;
end
```

MATLAB 실습 최대 하향경사 방법

함수 stdes를 이용하여 Styblinski와 Tang(1990)이 제안한 다음 함수의 최소값을 구하라:

$$f(x_1, x_2) = \frac{1}{2}(x_1^4 - 16x_1^2 + 5x_1) + \frac{1}{2}(x_2^4 - 16x_2^2 + 5x_2)$$

해의 초기 가정값은 $x = [1, -1]$, 수렴한계는 10^{-6}, 최대 반복계산 횟수는 10,000으로 설정한다.

풀이

먼저 주어진 함수(f)와 이 함수의 미분(df)을 익명함수로 정의하고 함수 stdes를 호출한다:

```
>> f = @(x) 0.5*(x(1)^4-16*x(1)^2+5*x(1)) + 0.5*(x(2)^4-16*x(2)^2+5*x(2));
>> df = @(x) [0.5*(4*x(1)^3-32*x(1)+5); 0.5*(4*x(2)^3-32*x(2)+5)];
>> x0 = [1 -1]'; tol = 1e-6; kmax = 1e4; [xm,k,fm] = stdes(f,df,x0,tol,kmax)
더 이상 향상되지 않음.
xm =
   -2.9035
    2.7468
k =
     7
fm =
  -64.1956
```

■

12.5.2 Newton 방법

Newton 방법(혹은 Quasi-Newton 방법)은 최대 하향경사(steepest descent) 방법에서와 마찬가지로 기울기를 이용하여 탐색을 진행해 나간다. 최적점에서는 기울기 $g(x) = f'(x)$는 0이 되므로 방정식 $g(x) = 0$을 반복적으로 풀어 $f(x)$의 최소값을 구한다.

$f(x)$의 Taylor 전개로부터

$$\begin{aligned} f(x) &\approx f(x_k) + \nabla f(x)^T\big|_{x_k}(x - x_k) + \frac{1}{2}(x - x_k)^T \nabla^2 f(x)\big|_{x_k}(x - x_k) \\ &= f(x_k) + g_k^T(x - x_k) + \frac{1}{2}(x - x_k)^T H_k (x - x_k) \end{aligned}$$

위에서 $g_k = \nabla f(x)|_{x_k}$이며 Hessian 행렬 $H_k = \nabla^2 f(x)|_{x_k}$이다. 일반적으로 Hessian 행렬 H는

$$H = \left[\frac{\partial^2 f(x)}{\partial x_i \partial x_j}\right]_{n \times n}$$

과 같이 정의된다.

이전에 보인 바와 같이 점 x_{k+1}에서의 목적함수 값은 최대 하향경사 방법에 의해 보정될 수 있다. 즉

$$x_{k+1} = x_k - \frac{\alpha_k g_k}{\| g_k \|} \qquad (g_k = \nabla f(x)|_{x_k} = \nabla f(x_k))$$

Taylor 전개의 2차항을 무시하면

$$f(x_{k+1}) \approx f(x_k) + g_k^T(x_{k+1} - x_k) = f(x_k) - \frac{\alpha_k g_k^T g_k}{\| g_k \|}$$

따라서

$$f(x_{k+1}) - f(x_k) = -\frac{\alpha_k g_k^T g_k}{\| g_k \|} \le 0 \quad \Rightarrow \quad f(x_{k+1}) \le f(x_k)$$

Newton 방법에서는 이와 달리 Taylor 전개

$$f(x) \approx f(x_k) + g_k^T(x - x_k) + \frac{1}{2}(x - x_k)^T H_k (x - x_k)$$

의 기울기를 0으로 두고 $x = x_{k+1}$를 구한다. 위의 함수를 x로 미분하고 0으로 두면

$$f'(x) = g_k + H_k(x - x_k) = 0$$

이로부터

$$x = x_{k+1} = x_k - H_k^{-1} g_k$$

이 과정은 비선형 방정식 시스템의 풀이 방법을 이용하여 수행할 수 있다. 1차원 시스템의 경우에는 $g_k = f'(x_k)$, $H_k = f''(x_k)$로 쓸 수 있으므로

$$x_{k+1} = x_k - \frac{f'(x_k)}{f''(x_k)}$$

와 같다.

보기 12.4 Hessian 행렬

점 $(-3, -2)$에서 함수 $f(x, y) = \dfrac{x - y}{x^2 + y^2 + 2}$에 대한 Hessian 행렬 H를 구하라.

풀이

x, y에 대한 $f(x, y)$의 2차 편미분들을 구해 보면 다음과 같다:

$$f_{xx}(x, y) = \frac{2(x^3 - 3x^2 y - 3x(y^2 + 2) + y(y^2 + 2))}{(x^2 + y^2 + 2)^3}$$

$$f_{xy}(x, y) = f_{yx}(x, y) = \frac{2(x^3 + 3x^2 y + x(2 - 3y^2) - y(y^2 + 2))}{(x^2 + y^2 + 2)^3}$$

$$f_{yy}(x, y) = -\frac{2(2x + x^3 - 6y - 3x^2 y - 3xy^2 + y^3)}{(x^2 + y^2 + 2)^3}$$

Hessian 행렬 H는

$$H = \begin{bmatrix} f_{xx}(x, y) & f_{xy}(x, y) \\ f_{yx}(x, y) & f_{yy}(x, y) \end{bmatrix}$$

와 같다. 따라서 점 $(x, y) = (-3, -2)$에서는

$$H = \frac{1}{3375}\begin{bmatrix} 138 & -78 \\ -78 & -122 \end{bmatrix}$$

를 얻는다.

■

보기 12.5 Taylor 전개식

점 $x_k = \begin{bmatrix} -3 \\ -2 \end{bmatrix}$에서 함수 $f(x, y) = \dfrac{x-y}{x^2+y^2+2}$에 대한 2차 Taylor 다항식 $p(x)$를 구하라.

풀이

$f(x_k) = \dfrac{1}{15}$이며 $\nabla f(x) = \begin{bmatrix} f_x(x, y) \\ f_y(x, y) \end{bmatrix}$이다. x, y에 대한 $f(x, y)$의 1차 편미분들을 구해 보면 $f_x(x, y) = \dfrac{-x^2+2xy+y^2+2}{(x^2+y^2+2)^2}$ 및 $f_y(x, y) = \dfrac{-x^2-2xy+y^2-2}{(x^2+y^2+2)^2}$를 얻는다. 따라서 $\nabla f(x)|_{x=x_k} = \begin{bmatrix} 9/225 \\ -19/225 \end{bmatrix}$. 앞의 보기에서 얻은 $H = \dfrac{1}{3375}\begin{bmatrix} 138 & -78 \\ -78 & -122 \end{bmatrix}$를 이용하면

$$\begin{aligned} p(x) &= f(x_k) + g_k^T(x-x_k) + \frac{1}{2}(x-x_k)^T H_k (x-x_k) \quad (g_k = \nabla f(x)|_{x_k}) \\ &= -\frac{1}{15} + [9/22 \quad -19/225]\begin{bmatrix} x+3 \\ y+2 \end{bmatrix} + \frac{1}{2}[x+3 \quad y+2]\frac{1}{3375}\begin{bmatrix} 138 & -78 \\ -78 & -122 \end{bmatrix}\begin{bmatrix} x+3 \\ y+2 \end{bmatrix} \\ &= \frac{1}{3375}(69x^2 - 61y^2 + 393x - 763y - 78xy - 481) \end{aligned}$$

■

보기 12.6 Newton 방법

Newton 방법을 이용하여 $f(x) = x^2 - \sin(x)$의 최소값을 구하라. 초기 탐색점은 $x_0 = 2$로 설정한다.

풀이

$f'(x) = 2x - \cos(x)$, $f''(x) = 2 + \sin(x)$이므로

$$x_{k+1} = x_k - \frac{f'(x_k)}{f''(x_k)} = x_k - \frac{2x_k - \cos(x_k)}{2 + \sin(x_k)}$$

$k = 0, 1, 2, 3$일 때의 계산결과는 다음과 같다.

$$k = 0: \quad x_0 = 2, f(x_0) = 3.0907$$

$$k = 1: \quad x_1 = 0.4821, f(x_1) = -0.2312$$
$$k = 2: \quad x_2 = 0.4504, f(x_2) = -0.2325$$
$$k = 3: \quad x_3 = 0.4502, f(x_3) = -0.2325$$

■

널리 이용되는 Quasi-Newton 방법으로서 Davidon-Fletcher-Powell(DFP) 방법(혹은 Fletcher-Powell 방법)과 Broyden-Fletcher-Goldfarb-Shanno(BFGS) 방법이 있다.

» Davidon-Fletcher-Powell(DFP) 방법

Davidon-Fletcher-Powell(DFP) 방법은 다음과 같은 과정에 따라 수행할 수 있다:

1) 수렴한계 $\epsilon > 0$, 최대 반복계산 횟수 m, 초기 시작점 $x_0 \in R^n$를 설정한다.
2) $p_0 = I, j = 0, k = 0$으로 두고 $g_0 = \nabla f(x_0)$를 계산한다.
3) $z(\alpha) = f(x_k - \alpha p_k g_k)$를 최소로 해주는 $\alpha = \alpha_k > 0$를 구한다.
4) $x_{k+1} = x_k - \alpha_k p_k g_k, \Delta x_k = x_{k+1} - x_k$를 구한다.
5) $g_{k+1} = \nabla f(x)|_{x_{k+1}} = \nabla f(x_{k+1}), \gamma = \|g_{k+1}\|, \Delta g_k = g_{k+1} - g_k$를 계산한다.
6) $r_k = p_k \Delta g_k$를 구하고 $p_{k+1} = p_k - \dfrac{r_k r_k^T}{r_k^T \Delta g_k} + \dfrac{\Delta x_k (\Delta x_k)^T}{(\Delta x_k)^T \Delta g_k}$를 계산한다.
7) $k = k + 1, j = j + 1$로 둔다.
8) $k = n$이면 $k = 0, x_0 = x_n, g_0 = g_n$으로 둔다.
9) $j \le m, \gamma \ge \epsilon, \|x_k - x_{k+1}\| \ge \epsilon \|x_k\|$이면 단계 3으로 되돌아간다. 그렇지 않으면 계산을 종료한다.

MATLAB 활용

Davidon-Fletcher-Powell(DFP) 방법

Davidon-Fletcher-Powell(DFP) 방법은 함수 dfpopt에 의해 수행된다:

[xm,k,fm] = dfpopt(f,df,x0,tol,kmax)

f는 최적화 목적함수, df는 f의 미분, x0는 초기 가정치(열벡터), tol은 수렴기준이며, kmax는 허용 가능한 최대 반복계산 횟수이다.

```
function [xm,k,fm] = dfpopt(f,df,x0,tol,kmax)
% Davidon-Fletcher-Powell(DFP) 방법을 이용하여 함수 f의 최소값을 계산
% df: f의 1차미분(기울기), x0: 초기값(열벡터)
x = x0'; n = length(x); H = eye(n); fv = feval(f,x); g = feval(df,x);
for k = 1:kmax
    s = -H*g; f1 = fv; z = norm(s);
    if z == 0, disp('기울기는 0.'), xm = x; fm = f1; return; end
    s = s/z; a1 = 0; a3 = 1; f3 = feval(f,x+a3*s);
    while (f3 >= f1)
```

```
        a3 = a3/2; f3 = feval(f,x+a3*s);
        if a3 < tol/2, disp('더 이상 향상되지 않음.'); xm = x; fm = f1; return;
end
    end
    a2 = a3/2; f2 = feval(f,x+a2*s); h1 = (f2-f1)/a2; h2 = (f3-f2)/(a3-a2);
    h3 = (h2-h1)/a3; a0 = (a2-h1/h3)/2; f0 = feval(f,x+a0*s);
    if f0 < f3, a = a0; else, a = a3; end
    d = a*s; xn = x + d; fn = feval(f,xn); gn = feval(df,xn); y = (gn - g);
    A = (d*d')/(d'*y); B = (H*y)*(H*y)'/(y'*H*y);
    Hn = H + A - B;
    if abs(d) < tol, disp('수렴에 도달함.'), break; end
    H = Hn; fv = fn; g = gn; x = xn;
end
xm = x; fm = fv;
end
```

MATLAB 실습 Davidon–Fletcher–Powell(DFP) 방법

Davidon–Fletcher–Powell(DFP) 방법을 이용하여 Styblinski와 Tang(1990)이 제안한 다음 함수의 최소값을 구하라:

$$f(x_1, x_2) = \frac{1}{2}(x_1^4 - 16x_1^2 + 5x_1) + \frac{1}{2}(x_2^4 - 16x_2^2 + 5x_2)$$

해의 초기 가정값은 $x = [1, -1]$, 수렴한계는 10^{-6}, 최대 반복계산 횟수는 10,000으로 설정한다. 계산결과를 이전에 다른 방법에 의해 얻어진 결과와 비교해 보자. 이 함수는 4개의 국부적 최소점을 갖는다.

풀이

함수 dfpopt의 수행결과는 다음과 같다:

```
>> f = @(x) 0.5*(x(1)^4-16*x(1)^2+5*x(1)) + 0.5*(x(2)^4-16*x(2)^2+5*x(2));
>> df = @(x) [0.5*(4*x(1)^3-32*x(1)+5); 0.5*(4*x(2)^3-32*x(2)+5)];
>> x0 = [1 -1]; tol = 1e-6; kmax = 1e4; [xm,k,fm] = dfpopt(f,df,x0,tol,kmax)
더 이상 향상되지 않음.
xm =
   -1.7309
    2.4635
k =
     3
fm =
  -47.7843
```

■

12.5.3 켤레 기울기 방법

켤레 기울기 방법(Conjugate Gradient 방법, 혹은 Fletcher-Reeves 방법)에서는 최대 하향경사(steepest dsescent) 방법의 탐색 과정에서 이전 방향과 새로운 방향의 조합을 취하여 보다 직접적으로 최적점에 도달하도록 한다. $g^{k+1} = \nabla f(x^{k+1})$로 두면 켤레 기울기 방향에 대한 기본 공식은 다음과 같다:

$$d^{k+1} = -g^{k+1} + \beta d^k$$

따라서 현재의 탐색 방향은 이전 탐색 방향에 스칼라 β를 곱한 양을 현재의 음의 기울기에 더한 양으로 주어진다. 중요한 문제는 β를 어떻게 정해야 하는가이다. 이용되는 기준은 연이은 탐색 방향은 켤레이어야 한다는 것이다. 이는 어떤 지정된 행렬 A에 대하여 $(d^{k+1})^T A d^k = 0$이어야 함을 의미한다. Polak-Ribiere 방법에 따르면 켤레성에 대한 요구조건으로부터 β는 다음과 같이 주어짐을 보일 수 있다:

$$\beta = \frac{(g^{k+1})^T g^{k+1}}{(g^k)^T g^k}$$

켤레 기울기 방법(Fletcher-Reeves 방법)에 따르면 β는 다음과 같이 주어진다:

$$\beta = \frac{(g^{k+1} - g^k)^T g^{k+1}}{(g^k)^T g^k}$$

켤레 기울기 알고리듬은 다음과 같이 요약해 볼 수 있다:

1) x^0와 정확도 ϵ에 대한 값을 입력한다. $k = 0$으로 두고 $d^k = -\nabla f(x^k)$를 계산한다.
2) $f(x^k + sd^k)$를 최소로 해주는 s의 값 s_k를 정한다. $x^{k+1} = x^k + s_k d^k$를 계산하고 $g^{k+1} = \nabla f(x^{k+1})$를 구한다. $\|g^{k+1}\| < \epsilon$이면 x^{k+1}을 해로 취하고 종료한다. 그렇지 않으면 단계 2로 진행한다.
3) 새로운 켤레 방향 d^{k+1}과 β를 계산한다: $d^{k+1} = -g^{k+1} + \beta d^k$, $\beta = \dfrac{(g^{k+1})^T g^{k+1}}{(g^k)^T g^k}$ 또는 $\beta = \dfrac{(g^{k+1} - g^k)^T g^{k+1}}{(g^k)^T g^k}$
4) $k = k + 1$로 두고 단계 1로 이동한다.

이 알고리듬의 다른 형태들에서는 단계 1, 2, 3이 n번 반복된 다음에 최대하향 단계를 이용하여 단계 0으로부터 다시 시작한다.

MATLAB 활용

켤레 기울기 방법은 함수 `conjgropt`에 의해 계산된다. 이 함수는 다음과 같이 사용한다.

```
[xs,fs,k] = conjgropt(f,gf,hf,x0,crit)
```

위에서 `x0`는 초기점, `f`는 목적함수, `gf`는 목적함수의 `gradient`, `hf`는 목적함수의 Hessian, `crit`

는 수렴한계이며, 출력으로서 xs는 최적점, fs는 최적점에서의 목적함수 값, k는 총 반복계산 횟수를 나타낸다.

```
function [xs,fs,k] = conjgropt(f,gf,hf,x0,crit)
% Input:
%   x0: 초기점, f: 목적함수, gf: 목적함수의 gradient, hf: 목적함수의 Hessian
%   crit: 수렴한계
% Output:
%   xs: 최적점, fs: 최적점에서의 목적함수 값, k: 반복계산 횟수
k = 1; xk = x0; gk = gf(xk); Hk = hf(xk);
dk = -gk; g2 = gk'*gk; ak = g2/(dk'*Hk*dk); adk = ak*dk; erm = norm(adk);
while  erm >= crit
    xk = xk + adk; gk = gf(xk); Hk = hf(xk);
    g2new = gk'*gk; bk = g2new/g2; dk = -gk + bk*dk; g2 = g2new;
    ak = g2/(dk'*Hk*dk); adk = ak*dk; erm = norm(adk); k = k + 1;
end
xs = xk + adk; fs = f(xs);
end
```

MATLAB 실습 켤레 기울기 방법

함수 conjgropt를 이용하여 다음과 같은 목적함수의 최소값을 구하라.

$$f(x_1, x_2) = \frac{1}{2}(x_1^4 - 16x_1^2 + 5x_1) + \frac{1}{2}(x_2^4 - 16x_2^2 + 5x_2)$$

해의 초기 가정값은 $x = [0, 0]$, 수렴한계는 10^{-5}으로 설정한다.

풀이

목적함수 f의 gradient ∇f와 Hessian H_f는 각각 다음과 같다.

$$\nabla f = \begin{bmatrix} 2x_1^3 - 16x_1 + \dfrac{5}{2} \\ 2x_2^3 - 16x_2 + \dfrac{5}{2} \end{bmatrix}, \quad H_f = \begin{bmatrix} 6x_1^2 - 16 & 0 \\ 0 & 6x_2^2 - 16 \end{bmatrix}$$

스크립트 conjex에서는 먼저 목적함수 f와 gradient ∇f 및 Hessian H_f를 각각 정의한 다음 함수 conjgropt를 호출한다.

```
% conjex.m
f = @(x) 0.5*(x(1).^4-16*x(1).^2+5*x(1)) + 0.5*(x(2).^4-16*x(2).^2+5*x(2));
gf = @(x) [2*x(1).^3-16*x(1)+2.5; 2*x(2).^3-16*x(2)+2.5];
Hf = @(x) [6*x(1).^2 - 16 0;0 6*x(2).^2 - 16];
x0 = [0 0]'; crit = 1e-5;
[xs,fs,k] = conjgropt(f,gf,Hf,x0,crit);
disp('최적점:'), xs
```

```
disp('최적점에서의 목적함수 값:'), fs
disp('반복계산 횟수:'), k
```

계산 수행결과는 다음과 같다:

```
>> conjex
최적점:
xs =
     0.1567
     0.1567
최적점에서의 목적함수 값:
fs =
     0.3912
반복계산 횟수:
k =
      3
```

다음 그림은 이 함수의 3차원 및 등고선 그래프를 나타낸 것이다(스크립트 파일 stytaf를 이용). 등고선 그래프는 반복과정들을 포함하며 특정 출발점으로부터 최적해에 이르는 경로를 보여주고 있다. 그림에 보인 바와 같이 이 함수는 4개의 국부적 최소점을 가짐을 알 수 있다.

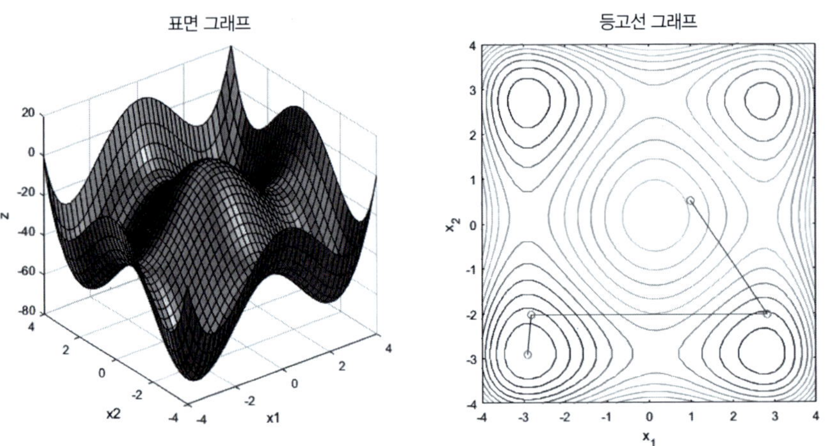

그림 12.1 $f(x_1, x_2) = \frac{1}{2}(x_1^4 - 16x_1^2 + 5x_1) + \frac{1}{2}(x_2^4 - 16x_2^2 + 5x_2)$의 표면 및 등고선 그래프.

```
% stytaf.m: Styblinski와 Tang(1990)이 제안한 함수의 그래프
clf, [x,y] = meshgrid(-4.0:0.2:4.0, -4.0:0.2:4.0);
z = 0.5*(x.^4-16*x.^2+5*x) + 0.5*(y.^4-16*y.^2+5*y);
subplot(1,2,1), surfl(x,y,z), axis([-4 4 -4 4 -80 20])
xlabel('x1'), ylabel('x2'), zlabel('z'), title('표면 그래프')
x1 = [1 2.8121 -2.8167 -2.9047 -2.9035]; y1 = [0.5 -2.0304 -2.0295 -2.9080
```

```
-2.9035];
subplot(1,2,2), contour(-4.0:0.2:4.0, -4.0:0.2:4.0, z, 15);
xlabel('x_1'), ylabel('x_2'), hold on, plot(x1,y1,x1,y1,'o')
xlabel('x_1'), ylabel('x_2'), hold off, title('등고선 그래프')
```

■

12.5.4 Moller의 조정된 켤레 기울기 방법

1993년 Moller는 Levenberg-Marquardt 알고리듬과 켤레 기울기 알고리듬의 조합에 근거하는 방법을 제안하였다. n변수 비선형 함수 $f(x)$를 고려하자. Moller는 스칼라 파라미터 λ_k를 도입하였는데 이는 다음과 같이 주어지는 δ_k의 부호를 고려한 뒤에 매 반복단계 k에서 조정된다:

$$\delta_k = p_k^T H_k p_k$$

위에서 $p_k(k = 1, 2, \cdots, n)$는 켤레 방향들의 집합이며, H_k는 함수 $f(x)$의 Hessian 행렬이다. 만일 $\delta_k \geq 0$이면 H_k는 양수확정(positive definite)이다. 그러나 켤레 기울기 방법의 매 단계에서 1차 미분에 대한 정보만 알고 있기 때문에 Moller는 p_k가 곱해진 Hessian을 다음과 같이 근사하는 것을 제안하였다:

$$s_k = \frac{f'(x_k + \sigma_k p_k) - f'(x_k)}{\sigma_k}, \qquad 0 < \sigma_k < 1$$

실제에 있어서 우수한 근사를 위해서는 σ_k의 값은 가능한 한 작게 유지되어야 한다. 위 식의 극한은 p_k가 곱해진 실제 Hessian 행렬에 접근한다. 이제 스칼라 파라미터 λ_k를 도입하여 구체적으로 다음 식에 따라 Hessian에 대한 근사를 조정함으로써 이것이 양수확정임을 보장해준다:

$$s_k = \frac{f'(x_k + \sigma_k p_k) - f'(x_k)}{\sigma_k} + \lambda_k p_k, \qquad 0 < \sigma_k < 1$$

따라서 λ_k는 조정되며 Hessian에 대한 근사를 이용하여 이전에 정의된 σ_k의 값을 조사한다. 이 값이 음이면 Hessian은 더 이상 양수확정이 아니며 λ_k를 증가시키고 다시 s_k를 조사한다. Hessian에 대한 현재의 추정치가 양수확정이 될 때까지 이러한 과정을 반복한다. 주된 문제는 λ_k를 어떻게 조정해 주어야 Hessian 추정치가 확실히 양수확정이 되는가이다. λ_k가 $\bar{\lambda}_k$로 증가되었다고 하자. 그러면 $\bar{s}_k = s_k + (\bar{\lambda}_k - \lambda_k)p_k$와 같다. 이제 임의의 반복단계 k에서 다음과 같이 $\bar{\delta}_k$로 표시되는 새로운 δ_k를 계산할 수 있다.

$$\bar{\delta}_k = p_k^T \bar{s}_k = p_k^T \{s_k + (\bar{\lambda}_k - \lambda_k)p_k\} = p_k^T s_k + (\bar{\lambda}_k - \lambda_k)p_k^T p_k$$

그러나 $p_k^T s_k$는 λ_k가 증가되기 전의 원래 δ_k 값이므로 $\bar{\delta}_k = \delta_k + (\bar{\lambda}_k - \lambda_k)\, p_k^T p_k$가 된다. 이 경우 얻어지는 새로운 $\bar{\delta}_k$ 값이 양수일 것을 필요로 하므로 다음 조건이 요구된다:

$$\delta_k + (\bar{\lambda}_k - \lambda_k)p_k^T p_k > 0$$

이는 다음 조건이 만족될 경우 참이 될 것이다.

$$\overline{\lambda}_k > \lambda_k - \frac{\delta_k}{p_k^T p_k}$$

$\overline{\lambda}_k$의 적절한 선택으로서 Moller는 다음을 제안하고 있다:

$$\overline{\lambda}_k = 2\left(\lambda_k - \frac{\delta_k}{p_k^T p_k}\right)$$

$\overline{\delta}_k$에 대한 식에 위의 $\overline{\lambda}_k$를 치환함으로써 $\overline{\delta}_k = -\delta_k + \lambda_k p_k^T p_k$임을 쉽게 알 수 있다. δ_k가 음이기 때문에 λ_k는 양이며 $p_k^T p_k$는 제곱들의 합으로서 분명히 양이다. 구간크기의 추정치는 현재 단계에서 최적화되는 함수의 2차 근사에 근거하며 다음으로부터 계산된다.

$$\alpha_k = \frac{\mu_k}{\delta_k} = \frac{\mu_k}{p_k^T s_k + \lambda_k p_k^T p_k}$$

위에서 μ_k는 현재의 음의 기울기에 현재의 탐색 방향 p_k를 곱한 양이다. 이는 알고리듬의 근간이 된다. 그러나 정해져야 하는 중요한 사안은 λ_k 값이 어떻게 안전하고 체계적으로 변경될 수 있는가이다. Moller는 고려되고 있는 점에서 f_q로 정의되는 현재의 2차 근사가 원래 함수를 얼마나 잘 근사하는가를 나타내는 척도에 바탕을 둔 방법을 제시하고 있다. 그의 방법은 다음과 같은 정의를 이용한다.

$$\Delta_k = \frac{f(x_k) - f(x_k + \alpha_k p_k)}{f(x_k) - f_q(\alpha_k p_k)}$$

$f_q(\alpha_k p_k)$가 현재의 반복과정에서의 2차 근사라는 사실로부터 위의 관계는 다음과 대등함을 보일 수 있다.

$$\Delta_k = \frac{\delta_k^2 \{f(x_k) - f(x_k + \alpha_k p_k)\}}{\mu_k^2}$$

이제 Δ_k가 1에 가깝다면 2차 근사 $f_q(\alpha_k p_k)$는 $f(x_k + \alpha_k p_k)$에 근접해야 하며, 따라서 함수에 대한 우수한 국부적 근사가 된다. 이로부터 λ_k의 조정에 대한 다음 단계들이 얻어진다. 이전에 언급한 Δ_k의 정의를 2차 근사 척도로 이용한다.

$$\text{만일 } \Delta_k > 0.75\text{이면, } \lambda_k = \frac{\lambda_k}{4}$$

$$\text{만일 } \Delta_k < 0.25\text{이면, } \lambda_k = \lambda_k + \frac{\delta_k(1 - \Delta_k)}{p_k^T p_k}$$

이 단계들은 켤레 기울기 탐색 방향을 생성하는 임의의 방법들과 함께 간단한 선탐색 과정을 갖는 알고리듬을 제공해준다. Moller 알고리듬의 주요 단계들은 개략적으로 다음과 같다:

1) 초기 근사 x_0와 $\sigma_i < 10^{-4}$, $\lambda_i < 10^{-4}$에 대한 초기값들을 선택하고 $\overline{\lambda}_i = 0$으로 둔다. 이 값들은 Moller에 의해 제안되었다. 초기 음의 기울기를 계산하고 이를 r_1에 할당한다. r_1을 다시 초기 탐색 방향 p_1에 할당한다. $k = 1$로 둔다.

2) 2차 정보를 계산한다. 구체적으로 σ_k, $\bar{s}_k$, δ_k 값들을 계산한다.
3) $\bar{\delta}_k = \delta_k + (\bar{\lambda}_k - \lambda_k)p_k^T p_k$를 이용하여 δ_k를 조정한다.
4) $\delta_k < 0$이면 $\bar{\delta}_k = -\delta_k + \lambda_k p_k^T p_k$를 이용하여 Hessian 근사를 양수확정으로 만든다. 아울러 $\bar{\lambda}_k = 2\left(\lambda_k - \dfrac{\delta_k}{p_k^T p_k}\right)$, $\bar{\lambda}_k = \lambda_k$로 둔다.
5) $\alpha_k = \dfrac{\mu_k}{\delta_k}$로부터 구간크기를 계산한다.
6) $\Delta_k = \dfrac{\delta_k^2\{f(x_k) - f(x_k + a_k p_k)\}}{\mu_k^2}$로부터 2차 접합 Δ_k의 우수성을 테스트하기 위한 인자를 계산한다.
7) $\Delta_k \geq 0$이면 함수는 최소점을 향하여 감소될 수 있으므로 $x_{k+1} = x_k + \alpha_k p_k$를 이용한다. 새로운 기울기 $r_{k+1} = -\nabla f(x_{k+1})$을 계산하고 $\bar{\lambda}_k = 0$으로 둔다. 만일 k mod N=0이면 $\mathrm{p}_{k+1} = r_{k+1}$로 두고 알고리듬을 다시 시작한다. 그렇지 않으면 새로운 켤레 기울기 방향을 계산한다. 적절한 방법을 이용하여 켤레 방향들의 집합을 계산한다; 예를 들면 Fletcher와 Reeves(1964)를 참조한다. 많은 다른 방법들도 이용 가능하다. 만일 $\Delta_k \geq 0.75$이면 $\lambda_k = 0.25\ \lambda_k$로 두고 그렇지 않으면 $\bar{\lambda}_k = \lambda_k$로 둔다.
8) 만일 $\Delta_k < 0.25$이면 스칼라 파라미터를 증가시킨다: $\lambda_k = \lambda_k + \dfrac{\delta_k(1 - \Delta_k)}{p_k^T p_k}$.
9) 기울기 r_k가 여전히 0에 충분히 접근하지 못한다면 $k = k + 1$로 두고 단계 2로 되돌아간다; 그렇지 않으면 종료하고 최적해를 반환한다.

MATLAB 활용

Moller의 방법은 함수 mollercg에 의해 수행된다. 이 함수는 다음과 같이 사용한다.

```
[xopt, iter] = mollercg(f, derf, x, tol)
```

위에서 f는 사용자 정의 다변수 함수, derf는 f에 대한 n개의 1차 편미분들, x는 n 출발값들의 벡터, tol은 요구되는 정확도이며, xopt는 해, iter는 소요되는 반복과정 수이다.

```
function [xopt, fm,iter] = mollercg(f,derf,x,tol)
% Moller의 켤레 기울기 방법(Conjugate gradient method)을 이용하여
% n 변수 비선형 함수의 국부적 최소값을 계산
% input:
%    f: 사용자 정의 함수, derf: f에 대한 n개의 1차 편미분들
%    x: n 출발값들의 열벡터, tol: 요구되는 정확도
% output:
%    xopt: 해, iter: 소요되는 반복과정 수

lambda = 1e-8; lambdabar = 0; sigmac = 1e-5; sucess = 1;
deltastep = 0; [n m] = size(x);  iter = 0;
```

```
pv = -feval(derf,x); rv = pv; % 초기 기울기의 계산
while norm(rv) > tol
    iter = iter+1;
    if deltastep == 0, df = feval(derf,x); else, df = -rv; end
    deltastep = 0;
    if sucess == 1
        sigma = sigmac/norm(pv); dfplus = feval(derf, x+sigma*pv);
        stilda = (dfplus-df)/sigma; delta = pv'*stilda;
    end
    delta = delta + (lambda-lambdabar)*norm(pv)^2; % Scale
    if delta <= 0
        lambdabar = 2*(lambda-delta/norm(pv)^2);
        delta = -delta + lambda*norm(pv)^2; lambda = lambdabar;
    end
    % Step size
    mu = pv'*rv; alpha = mu/delta; fv = feval(f,x);
    fvplus = feval(f,x+alpha*pv);  delta1 = 2*delta*(fv-fvplus)/mu^2;
    rvold = rv; pvold = pv;
    if delta1 >= 0
        deltastep = 1; x1 = x + alpha*pv;
        rv = -feval(derf,x1); lambdabar = 0; sucess = 1;
        if rem(iter,n) == 0, pv = rv;
        else
            rdiff = rv - rvold; beta = (rdiff'*rv)/(rvold'*rvold);
            pv = rv + beta*pvold;
        end
        if delta1 >= 0.75, lambda = 0.25*lambda; end
    else
        lambdabar = lambda; sucess = 0; x1 = x + alpha*pv;
    end
    if delta1 < 0.25, lambda = lambda + delta*(1-delta1)/norm(pvold)^2; end
    x = x1;
end
xopt = x1; fm = feval(f,xopt);
end
```

MATLAB 실습 Moller의 수정된 켤레 기울기 방법

Styblinski와 Tang(1990)이 제안한 다음 함수의 최소값을 구하라.

$$f(x_1, x_2) = \frac{1}{2}(x_1^4 - 16x_1^2 + 5x_1) + \frac{1}{2}(x_2^4 - 16x_2^2 + 5x_2)$$

풀이

```
>> f = @(x) 0.5*(x(1)^4-16*x(1)^2+5*x(1)) + 0.5*(x(2)^4-16*x(2)^2+5*x(2));
>> df = @(x) [0.5*(4*x(1)^3-32*x(1)+5); 0.5*(4*x(2)^3-32*x(2)+5)];
>> [xopt,fm,iter] = mollercg(f,df,[1 -1]',1e-6)
xopt =
    2.7468
   -2.9035
fm =
  -64.1956
iter =
     8
```

위에서 얻은 해는 앞에서 함수 conjgropt를 이용하여 얻은 해와 다르다. 이는 함수의 국부적 최소값으로서 광역 최소값이 아니다. 초기값을 다르게 정하면 광역 최소점에 이르게 될 것이다.

■

12.5.5 선형 시스템의 풀이를 위한 켤레 기울기 방법

켤레 기울기 방법을 이용하여 다음과 같은 표준 형태를 갖는 양수확정 2차함수를 최소화시켜 보기로 하자:

$$f(x) = \frac{1}{2}(x^T A x) + p^T x + q$$

위에서 x와 p는 n 성분 열벡터들이며, A는 $n \times n$ 양수확정 대칭행렬이고, q는 스칼라이다. $f(x)$가 최소값을 가질 경우 $f(x)$의 기울기는 0이다. 기울기는 직접적인 미분으로부터 다음과 같이 쉽게 얻어진다.

$$\nabla f(x) = Ax + p = 0$$

따라서 최소점을 찾는 것은 위의 선형 시스템을 푸는 것과 대등하다. 위에서 $b = -p$로 두면

$$Ax = b$$

켤레 기울기 방법을 이용하여 최소값을 구할 수 있으므로 이를 이용하여 대등한 선형 시스템을 풀 수 있다. 켤레 기울기 방법은 양수확정 대칭행렬을 갖는 선형 방정식 시스템의 풀이에 이용될 수 있는데, 이 방법은 비선형 최적화 문제들의 풀이에서 언급한 알고리듬과 매우 유사하다. 그러나 이 경우 선탐색과정은 상당히 단순화되며 기울기 값은 알고리듬 내에서 계산될 수 있다. 알고리듬은 다음과 같다:

1) $k = 0$: $x^k = 0$, $g^k = b$, $\mu^k = b^T b$, $d^k = -g^k$
2) 시스템이 만족될 때까지 $q^k = Ad^k$, $r^k = (d^k)^T q^k$, $s^k = \frac{\mu^k}{r^k}$, $x^{k+1} = x^k + s^k d^k$, $g^{k+1} = g^k + s^k d^k$, $t^k = (g^{k+1})^T q^k$, $\beta^k = \frac{t^k}{r^k}$, $d^{k+1} = -g^{k+1} + \beta^k d^k$, $\mu^{k+1} = \beta^k \mu^k$, k=k+1, 종료.

MATLAB 활용

함수 lincg는 위의 알고리듬을 수행하며 Karmarkar와 Ramakrishnan(1991)이 제안한 종료과정을 이용한다. 이 함수는 다음과 같이 사용한다.

```
xh = lincg(a, b, n, tol)
```

위에서 a는 $n \times n$ 양수확정 행렬, b는 n 계수들의 벡터, tol은 시스템이 만족해야 하는 정확도이다.

```
function xh = lincg(a,b,n,tol)
% 켤레 기울기 방법을 이용하여 선형 시스템 ax=b를 풀이
% 호출예: xdash = lincg(a,b,n,tol)
% a: n x n 양수확정 행렬, b: n 계수들의 벡터
% tol: 시스템이 만족해야 하는 정확도
% 주의: 대규모의 불량조건(ill-conditioned) 시스템의 경우 정확도가 떨어진다.
xh = [ ]; gh = [ ]; dh = [ ]; qh = [ ]; q = [ ];
mxitr = n*n; xh = zeros(n,1); gh = -b; dh = -gh;
mnit = b'*b; crit = 1; k = 0; mu = mnit;
% main stage
while crit == 1
    qh = a*dh; q = qh; r = dh'*q;
    if r == 0, error('r=0, divide by 0!!!'); end
    s = mu/r; xh = xh + s*dh; gh = gh + s*q;
    t = gh'*qh; beta = t/r; dh = -gh + beta*dh; mu = beta*mu;
    k = k+1; val = a*xh;
    if ((1-val'*b/(norm(val)*norm(b))) <= tol) & (mu/mnit <= tol), crit = 0; end
    if k > mxitr, crit = 0; end
end
end
```

MATLAB 실습 선형 시스템의 최적화

무작위로 선택된 원소들을 갖는 10개의 방정식들로 이루어지는 선형 시스템을 생성하고 켤레 기울기 방법을 이용하여 최적화시켜 보라.

풀이

```
>> n = 10; tol = 1e-8; A = 10*rand(n); b = 10*rand(n,1); ada = A*A';
>> sol = lincg(ada,b,n,tol)
sol =
  -0.4748
   0.0858
  -0.1501
   0.0412
   0.1593
```

```
 0.4165
-0.2131
-0.1387
 0.2513
 0.0614
```

■

12.6 모사 벼림 방법

많은 최적화 문제들의 풀이에서는 초기 시작점에 따라 얻어지는 해가 달라지며 광역 최소값에 도달하지 못하고 국부적 최소값에 도달하는 경우가 빈번하다. 이러한 문제를 극복하기 위하여 기존 최적화 방법에 대한 대안으로서 벼림(혹은 열풀림, annealing)과 최소화 사이의 유사성에 기반하는 방법을 이용할 수 있다. 벼림은 고체 금속을 그의 융점 이상으로 가열시킨 다음 서서히 냉각시킴으로써 고도로 활성화된 금속 원자들이 최소 에너지 상태로 안정화되도록 하는 물리적 과정을 의미한다. 이 경우 최소 에너지 상태는 최적화에서 광역 최소점으로 간주할 수 있다.

모사 벼림(simulated annealing, SA) 방법은 가열된 고체의 열 단련에 대한 모사에 근거한다. 벼림(annealing)은 느린 냉각과정을 지칭하는데 금속 고체를 고온으로 가열하여 용융점 이상에 이르도록 하면 용융 금속의 원자들은 서로에 대하여 자유롭게 이동한다. 온도를 서서히 감소시키면 원자들의 움직임은 제한적이 되며 원자들은 궁극적으로 가능한 최소 내부 에너지를 갖는 결정을 형성한다. 이러한 결정의 생성과정은 냉각속도에 의존하는데 가열된 금속의 온도가 빠르게 감소하면 결정상태에 도달하는 대신 결정상태에 비해 높은 에너지 수준을 갖는 다결정(polycrystalline) 상태에 도달할 수 있으며 급속냉각은 재질 내부에 결함을 도입시킬 수 있다. 따라서 가열된 금속 고체의 온도는 느리게 감소시킬 필요가 있으며 가장 낮은 에너지 상태에 해당되는 결정상태를 갖는 적절한 고화가 달성되도록 냉각속도를 조절할 필요가 있다.

모사 벼림 방법에서는 용융된 금속의 느린 냉각과정을 모사함으로써 최소화 문제에서 최소 함수값에 도달한다. 가열 금속의 냉각현상은 온도와 유사한 파라미터를 도입하고 볼츠만의 확률분포 개념을 이용하여 이 파라미터를 조절하는 것으로 모사가 가능하다. 볼츠만의 확률분포에 따르면 온도 T에서 열평형 상태에 있는 시스템의 에너지 E는 확률적으로 다음 관계에 따라 분포된다:

$$p(E) = e^{-E/kT}$$

$p(E)$는 에너지 수준 E에 도달할 확률이며 k는 볼츠만 상수이다. 고온에서는 임의의 에너지 상태로 존재할 확률이 거의 균일하며 저온에서는 높은 에너지 상태에 존재할 확률이 작다. 탐색과정이 볼츠만의 확률분포를 따른다면 모사 벼림 알고리듬의 수렴성은 온도 T를 조절함으로써 조정이 가능하다.

최소화 문제에서 현재의 점(상태)을 x_i라 하고 이에 해당되는 목적함수값을 $f_i = f(x_i)$라 하자. 열역학 시스템의 에너지 상태와 유사하게 상태 x_i에서 에너지 E_i는

$$E_i = f_i = f(x_i)$$

로 주어지며 다음 단계의 점(상태) x_{i+1}의 확률은 두 디자인 점들에서의 함수값 혹은 에너지 상태의 차이

$$\Delta E = E_{i+1} - E_i = \Delta f = f_{i+1} - f_i = f(x_{i+1}) - f(x_i)$$

에 의존한다. 볼츠만 확률분포를 이용하여 새로운 상태 혹은 새로운 디자인 점 x_{i+1}을 추정한다:

$$p(E_{i+1}) = \min\{1,\ e^{-\Delta E/kT}\}$$

볼츠만 상수 k는 조정인자로 이용할 수 있는데 간단히 하기 위해 보통 1로 설정한다. $\Delta E \leq 0$이면 $p(E_{i+1}) = 1$이며 이는 점 x_{i+1}이 언제나(즉 1의 확률로) 접수됨을 의미한다. 함수의 최소화 관점에서 볼 때 이는 점 x_{i+1}에서 함수값 f_{i+1}이 개선되므로(감소되므로) 당연히 점 x_{i+1}을 채택하게 된다. $\Delta E > 0$이면 점 x_{i+1}에서 함수값 f_{i+1}은 악화되므로(더 커지므로) 반복과정에서 점 x_{i+1}은 접수 불가능하다. 그러나 목적함수 값으로 볼 때 점 x_i에서의 함수값 f_i보다 점 x_{i+1}에서의 함수값 f_{i+1}이 악화($f_i < f_{i+1}$)되었음에도 불구하고 점 x_{i+1}를 취할 확률 $p(E_{i+1})$은 (비록 작을지라도) 유한한 값을 갖는다. 확률 $p(E_{i+1})$은 모든 상황에서 동일하지 않으며 ΔE와 T의 값에 의존한다:

$$p(E_{i+1}) = \{e^{-\Delta E/kT}\}$$

T가 크면 확률 $p(E_{i+1})$ 역시 커진다. 따라서 고온에서는(높은 T에서는) 점 x_{i+1}이 열악한 디자인 점이라도 높은 확률로 인하여 채택될 가능성이 크다. 반면에 T가 작으면 열악한 디자인 점 x_{i+1}을 취할 확률이 작아진다. 그러므로 온도가 작아질수록(즉 공정이 최적점에 근접할수록) 점 x_i에서의 함수값 f_i보다 큰 함수값을 나타내는 점 x_{i+1}이 채택될 확률은 떨어진다. 볼츠만 확률분포를 이용하는 모사 벼림 과정은 다음과 같이 정리할 수 있다.

1) 초기점 x_0를 가정하고 냉각인자 $q > 0$을 정한다(q가 작으면 느린 냉각). 아울러 x의 하한 및 상한값과 최대 반복계산 횟수 $k_{\max}$를 설정한다.
2) $x = x_0$, $x^0 = x$, $f^0 = f(x)$, $k = 1$로 둔다.
3) $U[-1, 1]$의 균일분포를 갖는 $n \times 1$ 랜덤벡터를 생성하고, 이를 $z_\mu^{-1} = \dfrac{(1+\mu)^{|x|}-1}{\mu}\operatorname{sign}(x)$, $|x| \leq 1$, $\mu = 10^{100(k/k_{\max})^q}$에 따라 변형시켜 Δx를 생성하고 $x_1 = x + \Delta x$로 둔다.
4) 만일 $\Delta f = f(x_1) - f(x) < 0$이면 $x = x_1$으로 두며 $f(x) < f^0$이면 $x^0 = x$, $f^0 = f(x^0)$으로 정한다. 그렇지 않은 경우에는(즉 $\Delta f > 0$) $U[0, 1]$의 균일분포를 갖는 랜덤벡터를 생성하고, $z < p|_{\Delta x} = e^{-(k/k_{\max})^q \Delta f/|f(x)|/\epsilon_f}$인 경우 $x = x_1$으로 둔다($\epsilon_f = |\Delta f/f(x)|$).
5) $k < k_{\max}$이면 $k = k + 1$로 두고 단계 3으로 되돌아간다.
6) x^0를 원하는 최소점에 근접하다고 간주하고 이 점을 초기 시작점으로 하고 적절한 최적화 알고리듬을 적용하여 $f(x)$의 최소점을 탐색한다.

MATLAB 활용

모사 벼림(simulated annealing) 방법은 함수 `simanopt`에 의해 수행된다.

```
[xs,fs] = simanopt(f,x0,lb,ub,kmax,q,tolf)
```

위에서 f는 목적함수, x0는 초기 가정치, lb와 ub는 각각 x의 하한 및 상한값, kmax는 최대 반복계산 횟수, q는 냉각인자, tolf는 수렴한계이다.

```
function [xs,fs] = simanopt(f,x0,lb,ub,kmax,q,tolf)
% Simulated annealing 방법을 이용한 f(x)의 최소화 (l <= x <= u)
N = length(x0); x = x0; fx = f(x); xs = x; fs = fx;
for k = 0:kmax
    Ti = (k/kmax)^q; mu = 10^(Ti*100);
    w = 2*rand(size(x)) - 1;
    dx = (((1 + mu).^abs(w) - 1)/mu).*sign(w).*(ub - lb);
    x1 = x + dx; x1 = (x1<lb).*lb + (lb<=x1).*(x1<=ub).*x1 + (ub<x1).*ub;
    fx1 = f(x1); df = fx1 - fx;
    if df < 0 | rand < exp(-Ti*df/(abs(fx) + eps)/tolf)
        x = x1; fx = fx1;
    end
    if fx < fs, xs = x; fs = fx1; end
end
```

MATLAB 실습 모사 벼림 방법

모사 벼림 방법을 이용하여 함수

$$f(x) = x_1^4 - 16x_1^2 - 5x_1 + x_2^4 - 16x_2^2 - 5x_2$$

의 최소를 구하라. $-5 \le x_1, x_2 \le 5$이며 $x_0 = [0\ 0]$, $q = 1$, $k_{\max} = 500$, 수렴한계는 10^{-6}으로 설정한다. 비교를 위해 내장함수 fminsearch를 이용하여 최소값을 구하라.

풀이

스크립트 saex는 함수 simanopt를 이용하여 최소화 계산을 수행하며 내장함수 fminsearch로부터 얻은 결과를 함께 제시해준다.

```
% saex.m
f = @(x) x(1).^4 - 16*x(1).^2 - 5*x(1) + x(2).^4 - 16*x(2).^2 - 5*x(2);
lb = [-5 -5]; ub = [5 5]; x0 = [0 0]; kmax = 500; q = 1; tolf = 1e-6;
disp('Simulated annealing 방법:'), [xs,fs] = simanopt(f,x0,lb,ub,kmax,q,tolf)
disp('MATLAB 내장함수(fminsearch)에 의한 결과:'), [xm,fm] = fminsearch(f,x0)
```

수행결과는 다음과 같다. 모사 벼림 방법과 내장함수 fminsearch로부터 얻은 결과는 큰 차이가 없음을 알 수 있다. 함수 simanopt에서는 균일분포를 갖는 $n \times 1$ 랜덤벡터를 생성하여 이용하기 때문에 스크립트 saex를 수행할 때마다 상이한 결과들이 얻어짐을 주목하자.

```
>> saex
Simulated annealing 방법:
xs =
```

```
    2.8958    2.9047
fs =
 -156.6626
MATLAB 내장함수(fminsearch)에 의한 결과:
xm =
    2.9035    2.9036
fm =
 -156.6647
```

12.7 유전자 알고리듬

유전자 알고리듬(genetic algorithm, GA)은 근래들어 어려운 문제들의 풀이를 위한 강건한 탐색 과정을 제공하여 주기 위해 대두된 이래로 상당한 관심을 받는 주제가 되었다. 이 알고리듬은 유전과학과 자연선택 과정의 개념에 바탕을 두고 있다는 특징이 있다. Rechenberg(1965)는 생물학적 진화의 개념에 바탕을 둔 분석 및 디자인을 제안하였으며, 유전자 알고리듬은 Holland가 처음 제안(1975)하였다. 유전자 알고리듬은 유전과 선택에 근거하는데 유전탐색 과정에서 이용되는 자연유전의 기본요소인 재생(reproduction), 교차(crossover), 돌연변이(mutation)에 근거한다.

유전자 알고리듬은 탐색과정의 시작에서 하나의 디자인 점 대신 점들의 개체군(시험 디자인 벡터)을 이용하는데 디자인 변수들의 수가 n이라면 개체군의 크기는 보통 $2n$에서 $4n$ 정도이다. 다수의 점들이 해의 후보들로 사용되므로 유전자 알고리듬에서는 국부적 최적점에 갇힐 확률이 작아진다. 유전자 알고리듬은 목적함수의 값만을 이용하므로 탐색과정에서 목적함수의 미분은 불필요하다. 유전자 알고리듬에서 디자인 변수들은 이진변수들의 문자열로 표현하는데 이들은 자연유전에서 크로모좀들에 해당된다. 따라서 탐색방법은 이산 및 정수 프로그래밍 문제의 해결에 적용 가능하다. 연속 디자인 변수들인 경우 문자열의 길이를 변화시켜 원하는 해상도를 달성할 수 있다. 디자인 벡터에 해당하는 목적함수 값은 자연유전에서 적합도 역할을 확인하는 데에 이용된다. 무작위화된 부모선택과 이전 세대로부터의 교차를 이용하여 모든 새로운 세대에서 새로운 문자열 집합이 생성되는데 유전자 알고리듬은 단순한 무작위 탐색기법은 아니다. 유전자 알고리듬은 이용 가능한 정보를 가지고 새로운 조합들을 효율적으로 탐색하여 적합도가 보다 우수한, 혹은 보다 우수한 목적함수 값을 갖는 새로운 세대를 규명하는 방법이다.

유전자 알고리듬에서 디자인 변수들은 이진수 0과 1의 열로 표현된다. 예를 들어 디자인 변수 x_i가 0101과 같이 길이 4인 문자열(혹은 4비트 문자열)로 나타내어진다면 이 변수의 정수값은

$$(1)2^0+(0)2^1+(1)2^2+(0)2^3=1+0+4+0=5$$

와 같이 표현할 수 있다. 각 디자인 변수 $x_i(i = 1, 2, ..., n)$가 길이 q인 문자열로 표현된다면 디자인 벡터는 총 길이가 nq인 문자열로 표현된다. 예를 들어 길이가 5인 문자열을 이용하여 각 변수를 나타낸다면 길이가 20인 문자열은 $n = 4$인 디자인 벡터를 나타낸다. 제1장에서 이미 살펴본 바와 같이 일반적으로 어떤 이진수가

$$b_q b_{q-1} \ \cdots \ b_2 b_1 b_0 \ \ (b_k=0 \text{ 또는 } 1, \quad k=1,2,\cdots,q)$$

로 주어진다면, 이에 상응하는 십진수 y(정수)는

$$y = \sum_{k=0}^{q} 2^k b_k$$

로 주어지는데, 이는 이진표현을 이용하는 경우 연속변수 x는 이산값들의 집합만으로 표현될 수 있음을 의미한다. 하한과 상한이 각각 a와 b인 변수 x(즉 $a \le x \le b$)가 q개의 이진수 열로 표현된다면, 이 변수에 상응하는 십진수 값은

$$x = a + \frac{(b-a)}{2^q - 1} \sum_{k=0}^{q} 2^k b_k$$

와 같다. 따라서 어떤 연속변수를 높은 해상도로 표현하고자 한다면 q를 크게 정한다. 어떤 연속변수를 Δx의 간격으로 나타내는 데에 소요되는 이진수들의 수 q는

$$2^q \ge \frac{(b-a)}{\Delta x} + 1$$

로부터 구한다.

보기 12.7 **이진 문자열의 크기**

구입 가능한 강철판들의 두께(inch)는 다음과 같다:

$$\frac{1}{32}, \frac{1}{16}, \frac{3}{32}, \frac{1}{8}, \frac{5}{32}, \frac{3}{16}, \frac{7}{32}, \frac{1}{4}, \frac{9}{32}, \frac{5}{16}, \frac{11}{32}, \frac{3}{8}, \frac{13}{32}, \frac{7}{16}, \frac{15}{32}, \frac{1}{2}$$

가압용기 제작에서 사용할 강철판의 두께를 이산 디자인 변수로 간주하는 경우 이용 가능한 두께 값들로부터 두께를 선택하는 데에 이용될 이진 문자열의 크기를 구하라.

풀이

디자인 변수 x인 강철판 두께의 하한과 상한값은 각각 1/32과 1/2인치이다. 아울러 서로 인접한 두께값들 사이의 차이는 1/32인치이다. 따라서

$$2^q \ge \frac{(1/2 - 1/32)}{1/32} + 1 = 16 \quad \Rightarrow \quad q = 4$$

■

유전자 알고리듬은 자연의 적자생존 원칙에 근거하므로 적합도(fitness) 함수라고 불리는 함수의 최대화를 시도한다. 적합도 함수 $F(x)$는 목적함수 $f(x)$와 동일하게 취할 수 있는데 적합도 함수는 대개 음이 아닌 함수로 선정한다. 최소화 문제는 유전자 알고리듬을 적용하기 전에 최대화 문제로 전환시킨다. 제약조건이 없는 최소화 문제를 적합도 함수(최대화 문제)로 전환하기 위해 다음과 같이 변환시킨다:

$$F(x) = \frac{1}{1 + f(x)}$$

일반적인 최소화 문제는 다음과 같이 나타낼 수 있다:

$$\begin{aligned} &\text{Minimize} \quad f(x) \\ &\text{Subject to} \quad g_i(x) \le 0 \quad (i = 1, 2, \cdots, m) \\ &\qquad\qquad\quad h_j(x) = 0 \quad (j = 1, 2, \cdots, p) \end{aligned}$$

이 문제는 페널티(penalty) 함수의 개념을 이용하여 제약조건이 없는 상응하는 최소화 문제로 전환시킬 수 있다:

$$\text{Minimize} \quad \phi(x) = f(x) + \sum_{i=1}^{m} r_i \langle g_i(x) \rangle^2 + \sum_{j=1}^{p} R_j \langle h_j(x) \rangle^2$$

위에서 r_i와 R_j는 각각 제약조건 $g_i(x)$ 및 $h_j(x)$와 연관되는 페널티 파라미터들이다. 대부분의 경우

$$r_i = r \ \ (i = 1, 2, \cdots, m) \qquad R_j = R \ \ (j = 1, 2, \cdots, p)$$

와 같이 일정하게 설정한다. 함수 $\langle g_i(x) \rangle$는 다음과 같이 정의된다:

$$\langle g_i(x) \rangle = \begin{cases} g_i(x): & g_i(x) > 0 \\ \quad 0: & g_i(x) \le 0 \end{cases}$$

유전자 알고리듬을 이용하는 최적화 문제의 풀이는 몇 가지의 디자인 벡터들을 나타내는 랜덤(무작위) 문자열들의 개체군으로 시작하는데, 개체군의 크기는 보통 일정하게 고정시키며 각 문자열(디자인 벡터)을 평가하여 적합도 값을 계산한다. 다음에 새로운 개체군을 평가하여 적합도 값을 계산하고 수렴성을 테스트한다. 재생-교차-돌연변이-적합도 평가로 이루어지는 하나의 사이클은 세대(generation)라고 통칭된다. 수렴 기준에 미치지 못하면 개체군에 대하여 재생(reproduction), 교차(crossover), 돌연변이(mutation) 과정을 적용하고 이로부터 얻어지는 새로운 개체군에 대하여 적합도 값을 계산하며 수렴 기준이 충족될 때까지 다수의 세대들을 반복한다.

유전자 알고리듬은 이를테면 특정 변수의 수치값들에 해당되는 초기 개체군(population)으로부터 시작한다. 예를 들면 작은 규모의 초기, 혹은 제1세대 개체군은 다음과 같은 형태를 취할 수 있다:

1000010
1110000
1010101
1111001
1000001

실제로 개체군은 이보다 훨씬 더 클 수 있으며 열들도 더욱 길어질 수 있다. 열들 자체는 다루는 변수나 변수들의 암호화된 값들일 수 있다. 이러한 초기 개체군은 무작위로 생성되며 이를 특징짓기 위해 유전학 용어를 이용한다. 즉 개체의 각 문자열은 크로모좀(chromosome)에 해당되며 문자열의 각 이진원소는 유전자(gene)에 해당된다. 이러한 초기 개체로부터 새로운 개체가 생성되어야 하는데, 이를 위해 우리는 다음과 같은 기본적인 유전적 과정들과 유사한 연산과정을 수행한다: 1) 적합도에 근거한 선택, 2) 교차(crossover), 3) 돌연변이(mutation). 자연선택에 근거하는 재생 단계에서 크로모좀들의 집합이 선택되며 설정된 어떤 기준들에 따라 정의된 적합도에 근

거하여 개체군의 멤버들이 재생을 위해 선택된다. 당연히 적합도 값에 비례하여 가장 적합한 것에 보다 큰 재생 확률이 부여된다. 실제 교배(mating)과정은 교차(crossover)의 간단한 개념을 이용하여 수행되는데 이는 개체군의 두 멤버들이 유전자들을 교환함을 의미한다. 이를테면 단일 교차점이나 다수의 교차점들을 갖는 많은 방법들에 의하여 이러한 교차가 수행될 수 있다. 적합도에 따라 선택된 두 크로모좀들에 대한 간단한 교차를 예시하기 위해 여기에서는 다음과 같이 임의로 4번째 자리 뒤에 교차점을 선택했다고 하자:

$$1110|000$$
$$1010|101$$

교차 후에는 새로운 크로모좀들이 얻어진다:

$$1110|101$$
$$1010|000$$

이 과정을 원래 개체군에 적용하여 새로운 세대(generation)를 생성한다. 최종 과정은 돌연변이(mutation) 과정으로서 여기에서 무작위로 어떤 특정 크로모좀의 특정 유전자를 변경한다. 따라서 하나의 0이 하나의 1로 혹은 그 반대로 변경될 수 있다. 유전자 알고리듬에서 돌연변이 과정은 매우 드물게 일어나며 따라서 하나의 열에서 이러한 변화확률은 매우 낮게 유지된다.

일반적인 유전자 알고리듬은 다음과 같이 요약할 수 있다:

1) 초기 가정치 $x_0 = [x_{01}, x_{02}, \cdots, x_{0N}]$, 상한 $u = [u_1 \cdots u_N]$과 하한 $1 = [l_1 \cdots l_N]$, 개체군 크기 N_p, 각 변수 x_i의 표현에 할당되는 비트 수들로 이루어지는 벡터 $N_b = [N_{b1}, N_{b2}, \cdots, N_{bN}]$, 교차(crossover) 확률 p_c, 돌연변이(mutation) 확률 p_m, 학습률 $\eta(0< \eta \le 1)$, 최대 반복계산 횟수 $k_{\max}$를 설정한다.
2) $x^0 = x_0, f^0 = f(x^0)$로 두고 다음과 같이 초기상태 x_0를 포함하는 N_p 상태들로 구성되는 초기 랜덤 개체배열 X_1을 생성한다: $X_1(1) = x_0, X_1(k) = 1 + (rand)(u - l)(k = 2, \cdots, N_p)$
3) 생성된 개체배열의 각 숫자들을 이진수열로 변환시킨다. 즉 $n = 1, \cdots, N_p$ 및 $m = 1, \cdots, N$에 대하여 $p_1\left(n, 1 + \sum_{i=1}^{m-1} N_{bi} : \sum_{i=1}^{m} N_{bi}\right) = (2^{N_{bm}} - 1)\dfrac{X_1(n,m) - l(m)}{u(m) - l(m)}$로 두어서 전체 개체배열의 각 행이 $\sum_{i=1}^{N} N_{bi}$ 비트들의 이진수열로 표현되는 크로모좀을 나타내도록 한다. $k = 1$로 둔다.
4) $X_k(n,m) = p_k(n, \ \cdot\ )\left(\dfrac{u(m) - l(m)}{2^{N_{bm}} - 1}\right) + l(m)\ (n-1, \cdots, N_p, m = 1, \cdots, N)$에 의해 개체배열의 각 숫자를 십진숫자로 변환시킨다. 각 크로모좀에 해당하는 행 $X_k(n, :) = x(n)$에 대하여 $f(n)$을 계산하고 $X_k(n_b, :) = x(n_b)$에 상응하는 최소값 $f_{\min} = f(n_b)$를 구한다.
5) $f_{\min} = f(n_b) < f^0$이면 $f^0 = f(n_b), x^0 = x(n_b)$로 둔다.
6) 함수값을 적합도 값으로 전환시킨다: $f_1(n) = \mathrm{Max}_{n=1}^{N_p}\{f(n)\} - f(n)$.
7) $\mathrm{Max}_{n=1}^{N_p}\{f_1(n)\} \approx 0$이면 이 과정을 종료하고 x^0을 최적값으로 선택한다. 그렇지 않으면 재생 규칙 $x(n) = x(n) + \eta \dfrac{f_1(n_b) - f_1(n)}{f_1(n_b)}\{x(n_b) - x(n)\}$을 이용하여 새로운 개체 $X_{k+1}(n, :) = x(n)$을 얻은 다음 이를 이용하여 새로운 개체배열을 구성한다.

8) 개체배열 지수를 재배열하여 크로모좀의 랜덤 짝짓기를 수행한다.
9) 교차확률 p_c를 이용하여 임의의 두 크로모좀 쌍의 꼬리부분을 서로 교환하여 새로운 개체배열 P_{k+1}'을 얻는다.
10) 돌연변이(mutation) 확률 p_m을 이용하여 크로모좀들로 나타내어지는 각 숫자의 임의의 비트를 뒤집어서 새로운 개체배열 P_{k+1}을 구성한다.
11) $k < k_{max}$이면 $k = k + 1$로 두고 단계 4로 되돌아간다.

MATLAB 활용

유전자 알고리듬을 이용한 최적화 계산은 함수 optga에 의해 수행된다:

```
[xval,maxf] = optga(objf,range,nbit,nchrom,gens,mu,mrat)
```

위에서 objf는 목적함수(사용자 정의 1변수 양수함수), range는 목적함수의 독립변수 x에 대한 하한 및 상한을 나타내는 2원소 행벡터, nbit는 변수에 대한 비트 수(개체군 행렬의 열), nchrom은 개체군 크기(크로모좀들의 수로서 개체군 행렬의 행), gens는 세대 수, mu는 돌연변이 비율, mrat는 0에서 1 범위의 교배되는 부분이며, xval는 최적점이고, maxf는 최적점에서의 목적함수 값이다.

```
function [xval,maxf] = optga(objf,range,nbit,nchrom,gens,mu,mrat)
% 유전자 알고리듬을 이용하여 함수의 최대값을 규명
% inputs:
%    objf: 목적함수(사용자 정의 1변수 양수함수)의 이름
%    range: 목적함수의 독립변수 x에 대한 하한 및 상한을 나타내는 2원소 행벡터
%    nbit: 변수에 대한 비트 수(개체군 행렬의 열)
%    nchrom: 개체군 크기(크로모좀들의 수로서 개체군 행렬의 행)
%    gens: 세대 수, mu: 돌연변이 비율, mrat: 0에서 1 범위의 교배되는 부분
% outputs:
%    xval: 최적점의 실수값, maxf: 최대 목적함수 값
newpop = [ ]; a = range(1); b = range(2);
newpop = genbin(nbit,nchrom);  % 새로운 개체군을 생성
for i = 1:gens
    selpop = selectga(objf,newpop,a,b); % 적합도에 따른 크로모좀 선택
    newgen = matecrm(selpop,mrat);  % 교배
    chrom = mutate(newgen,mu);  % 돌연변이
    newpop = chrom; nc = chreal(newpop,a,b); gind = i*ones(1,nchrom);
    plot(gind, nc, 'o'), hold on
end
hold off, axis([0 gens,a,b])
xlabel('Generations'), ylabel('Real values at each geenration')
[fit,sumfit] = fitness(objf,newpop,a,b);  % 적합도 계산
[maxf,indf] = max(fit); % indf: 적합도가 가장 큰 크로모좀 인덱스
xval = chreal(newpop(indf,:),a,b);
end
```

```
function chromosome = genbin(nbit, nchrom)
% nbit: 각 열의 원소 수(크로모좀 1개의 길이), nchrom: 생성되는 크로모좀들의 수
% chromosome: 생성되는 (nchrom x nbit) 행렬 (원소들은 0이나 1)
maxchros = 2^nbit;
if nchrom >= maxchros, nchrom = maxchros; end
chromosome = round(rand(nchrom, nbit));
end

function rval = chreal(chrom,a,b)
% 개체군의 각 행(binary string)을 a에서 b 범위의 실수값으로 전환
% chrom: 개체군, a, b: 실수값 범위
% rval: 개체군의 각 행에 해당하는 실수값으로 이루어지는 벡터
[nr nbit] = size(chrom);
for i = 1:nr, rval(i) = rch(chrom(i,:),a,b); end
end

function v = rch(chrow,a,b)
% chrow(개체군의 행)를 실수로 전환
n = length(chrow); maxchrom = 2^n - 1; rnum = chrow.*((2*ones(1,n)).^fliplr
([0:n-1]));
v = a + (b-a)*sum(rnum)/maxchrom;  % 십진수 값을 계산
end

function [fit,sumfit] = fitness(objf,chrom,a,b)
% objf: 목적함수, chrom: 개체군, a,b: 실수값 범위
% fit: 각 크로모좀을 나타내는 실수값에서의 목적함수값 벡터, sumfit: fit 원소들의 합
rval = chreal(chrom,a,b); fit = feval(objf,rval); sumfit = sum(fit);
end

function newchrom = selectga(objf,chrom,a,b)
% chrom으로부터 다음 세대를 위한 최선의 크로모좀들을 선택
% objf: 목적함수, chrom: 개체군, a,b: 실수값 범위, newchrom: 선택된 새로운 크로모좀
[nr nbit] = size(chrom); fit = [ ]; [fit, sumfit] = fitness(objf,
chrom,a,b); % 적합도를 계산
for k = 1:nr, cumfit(k) = sum(fit(1:k)); end % 누적 적합도
pname = [ ];
for i = 1:nr % 적합도에 따른 선택
    rval = floor(sumfit*rand);  % 랜덤 적합도 값으로 시작
    if rval < cumfit(1), pname = [pname 1];
    else
        for j = 1:nr-1
            sl = cumfit(j); su = cumfit(j+1);
            if (rval >= sl) & (rval <= su), pname = [pname j+1]; end
```

```
        end
    end
end
newchrom(1:nr,:) = chrom(pname,:);
end

function chr1 = matecrm(chrom,mrat)
% chrom 크로모좀들의 matenum 부분을 교배
% chrom: 크로모좀 개체군, mrat: 교배되는 비율(0에서 1 사이)
%   chr1: 교배되어 생성된 새로운 크로모좀 개체군
mind = [ ]; chr1 = chrom; [nr nbit] = size(chrom); ind = 1:nr;
u = floor(nr*mrat); % 교배되는 크로모좀들의 수
if floor(u/2) ~= u/2, u = u-1; end % 교배되는 크로모좀들의 수는 짝수
while length(mind) ~= u % 무작위 교배 비율을 선택
    i = round(rand*nr);  % 임의의 크로모좀을 선택
    if i == 0, i = 1; end
    if ind(i) ~= -1, mind = [mind i]; ind(i) = -1; end % 동일한 크로모좀의 선택을 방지
end
for i = 1:2:u-1 % 단일점 교차를 수행
    mpos = floor(rand*nbit); % 교배되는 부분의 시작비트 위치
    if mpos == 0, mpos = 1; end
    i1 = mind(i); i2 = mind(i+1);  % 교배되는 두 크로모좀들의 인덱스
    mgene = chrom(i1,mpos+1:nbit); chr1(i1,mpos+1:nbit) = chrom(i2,mpos+1:
    nbit);
    chr1(i2,mpos+1:nbit) = mgene;
end
end
function chrom = mutate(chrom,mu)
% mu로 주어지는 비율에서 chrom을 돌연변이시킨다.
[nr nbit] = size(chrom);
for i = 1:nr
    for j = 1:nbit
        if rand <= mu
            if chrom(i,j) == 1, chrom(i,j) = 0;
            else, chrom(i,j) = 1; end
        end
    end
end
end
```

MATLAB 실습 유전자 알고리듬을 이용한 최적화

함수 optga를 이용하여 $x=0$에서 $x=1$까지의 영역에서 함수

$$f(x) = e^x + \sin(3\pi x)$$

의 최대값을 구하라. 8비트 크로모좀을 이용하며 초기 개체수(크로모좀들의 수)는 40으로 한다. 50세대들에 대하여 0.005의 돌연변이 확률과 0.6의 교배비율을 이용한다.

풀이

```
>> f = @(x) exp(x)+sin(3*pi*x); [xs fs] = optga(f,[0 1],8,40,50,0.005,0.6)
xs =
    0.8588
fs =
    3.3317
```

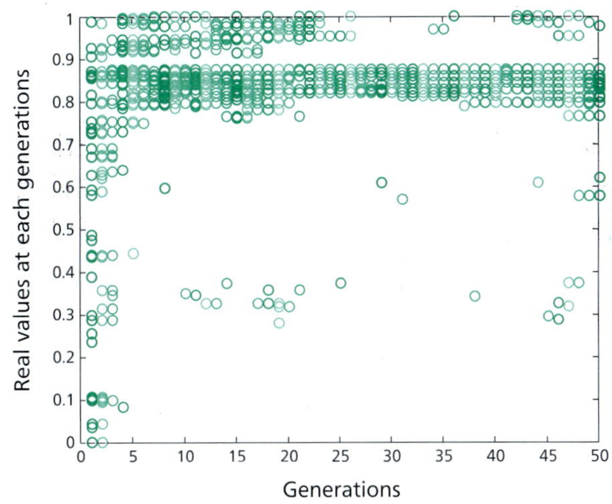

그림 12.2 유전자 알고리듬을 이용한 최적화 계산.

■

12.8 선형계획 문제

선형계획(linear programming, LP)은 통상 전략연구(OR) 방법으로 간주되지만 응용범위가 매우 넓다. 선형계획 문제는 다음과 같은 표준 형태로 나타낼 수 있다:

$$\text{Minimize} \quad f = c^T x$$
$$\text{Subject to} \quad Ax = b, \quad x \geq 0$$

위에서 x는 결정하고자 하는 n 성분들의 열벡터이다. x의 각 원소는 0보다 크도록 제한되어 있음을 주목하자. 대부분의 실제 최적화 문제들이 x가 음이 아닌 값을 갖도록 요구하기 때문에 이러한 조건은 위와 같은 형태의 문제에서 일반적인 요구조건이다. 예를 들어 x의 각 원소가 어떤 조직에 의해 고용된 특별한 기술을 가진 근로자들의 수라고 하면 임의의 그룹에서의 근로자들의 수는 음수가 될 수 없다. 시스템에 주어진 상수들은 m 성분 열벡터 b, $m \times n$ 행렬 A, 그리고 n 성분 열벡터 c에 의해 제공된다. 우리가 최소화하고자 하는 함수와 모든 식들은 분명히 그 형태가 선형이다. 이 문제는 최적화 문제로서 일반적으로 선형 등식들의 시스템을 만족시키면서 목적함수라고 불리는 선형함수 c^Tx를 최소화시키는 조건을 나타낸다.

제약조건들은 처음에는 부등식들로 주어지는데 추가적인 변수들을 문제에 더하거나 빼어줌으로써 이들을 등식들로 전환시킬 수 있다. 최적화의 목적이 함수를 최소화시키는 것이 아니라 최대화시키는 것일 수 있다. 이 경우에도 c 벡터의 부호를 바꾸어 줌으로써 쉽게 최소화 문제로 변환시킬 수 있다.

선형 계획법이 적용된 몇 가지 실제적인 예를 들어보면 다음과 같다:

- 다이어트 제약조건들을 만족시키면서 식비가 최소가 되도록 하는 병원의 다이어트 문제
- 절단패턴 손실을 최소화시키는 문제
- 지정된 물질의 이용 가능성을 제약조건으로 하는 이익의 최적화 문제
- 전화 호출의 추적을 최적화시키는 문제

이러한 문제를 풀기 위한 하나의 중요한 수치 알고리듬은 심플렉스(simplex) 방법이다. 이 방법은 전시의 병력과 군수물자의 분배문제에 적용되었다. 이론적으로 더욱 향상된 새로운 알고리듬들은 Karmarkar(1984)의 연구 결과에 근거를 두고 있는데 그는 원리상 Dantzig의 방법과는 상당히 다른 알고리듬을 만들어 내었다. Dantzig 방법의 이론적인 복잡성은 문제의 변수들의 수에 따라 지수적으로 증가하지만 Karmarkar 알고리듬의 몇 가지 버전들은 변수들의 수의 세제곱 정도의 복잡성을 갖는다.

먼저 간단한 선형계획 문제를 고려해 보자. 전자 부품들을 생산하는 어떤 공장에서 생산되는 저항기들의 수를 x_1이라 하고 축전기들의 수를 x_2라고 하자. 생산되는 각 저항기로부터 7단위의 이익을, 각 축전기로부터 13단위의 이익을 얻을 수 있다. 이들 각각은 두 단계의 공정으로부터 생산된다. 조업시간은 단계 1은 일주일에 18시간단위로, 단계 2는 일주일에 54시간단위로 제한되어 있다. 저항기의 경우 단계 1에서 1시간단위, 단계 2에서 5시간단위가 소요되며 축전기의 경우 단계 1에서 3시간단위, 단계 2에서 6시간단위가 소요된다. 시간 제약을 충족시키면서 이익을 최대로 하는 것이 목표이다; 이 문제는 다음과 같은 선형 계획법 문제가 된다.

$$\begin{aligned} \text{Minimize} \quad & z = 7x_1 + 13x_2 \quad (z\text{는 이익}) \\ \text{Subject to} \quad & x_1 + 3x_2 \le 18 \quad (\text{단계 1 공정}) \\ & 5x_1 + 6x_2 \le 54 \quad (\text{단계 2 공정}) \\ & x_1, x_2 \ge 0 \end{aligned}$$

그림 12.3에서 빗금 아래의 x_1과 x_2 축들로 둘러싸인 영역은 가능한 영역을 나타낸다. 이 영역은 문제에 대한 모든 가능한 해들이 존재하는 영역이다. 최적해에 대한 실제 후보점들은 가능한 영역의 꼭지점들에 위치하는 점들이다. 목적함수는 기울기가 일정하며 절편은 목적함수의 값에 비례하는 분절선으로 표시되어 있다. 이 선을 가능한 영역을 막 벗어날 때까지 그 자신과 평행하게 이동시키면 목적함수의 값을 최대로 해주는 꼭지점에 걸치게 된다. 이 점을 지나면 x_1과 x_2의 값들은 분명히 더 이상 제약조건들을 만족하지 않는다. 이 문제의 경우 최적해는 $x_1 = 6$, $x_2 = 4$로 주어지며, 따라서 이익은 $z = 94$이다.

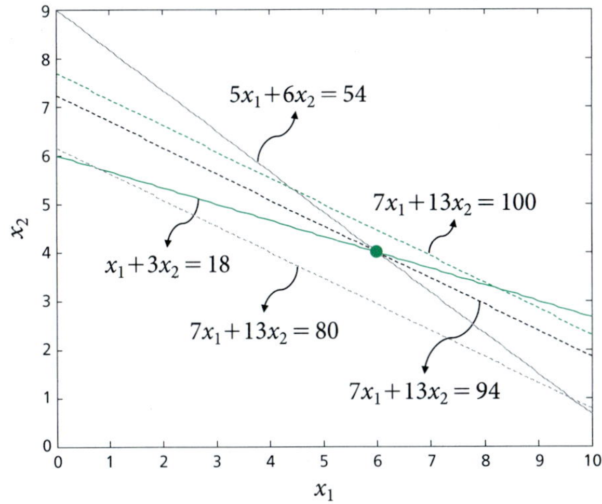

그림 12.3 최적화 문제의 그래프 표현(점선: 목적함수, 실선: 제약조건).

Karmarkar가 제안한 알고리듬은 다른 방식으로 선형계획 문제를 처리한다. 이 알고리듬은 태평양 연안의 전화 호출의 추적과 관련되는 대규모 선형계획 문제를 해결하기 위하여 AT&T에서 개발되었다. 이 알고리듬은 문제를 좀 더 편리한 형태로 변환시킨 다음에 그 표면을 지향하는 우수방향 탐색을 이용하여 가능한 영역의 내부를 탐색한다. 이러한 형태의 알고리듬은 내부 점들을 이용하기 때문에 종종 *내부점* 방법이라고 부르기도 한다.

Barnes(1986)는 Karmarkar 알고리듬의 기본적인 원리들은 그대로 유지하면서 이를 효율적으로 개선시킨 알고리듬을 제안하였다. Barnes 알고리듬에서는 $x^0 > 0$인 내부점에서 시작되는 것을 보장하기 위해서 한 가지 중요한 초기의 수정이 필요하다. 이 수정은 A 행렬에 마지막 열로서 추가의 열을 포함시키는 것으로 이루어지는데, 그 열의 원소들은 b 벡터로부터 A 행렬의 열들의 합을 뺀 것으로 주어진다. 이러한 추가의 열에 추가의 변수를 연관시켜 주며 해에 여분의 변수를 갖는 것을 피하기 위해 벡터 c에 추가의 원소를 도입한다. 이 원소의 값을 매우 크게 해줌으로써 최적점에 도달하게 되면 새로운 변수가 0이 되도록 해준다. 이제 우리는 $x^0 = [1\ 1\ 1\ \cdots\ 1]^T$가 이러한 제약조건들의 집합을 만족하며 분명히 $x^0 \geq 0$임을 알 수 있다. 이제 Barnes 알고리듬을 살펴보기로 하자:

1) 원래 문제에서 n 변수들이 존재한다고 가정한다.

$$a(i, n+1) = b(i) - \sum_j a(i, j), \quad c(n+1) = 10000$$

$$x^0 = [1\ \ 1\ \ 1\ \ \cdots\ \ 1]^T, \quad k = 0$$

2) $D^k = \mathrm{diag}(x^k)$로 두고 다음 식을 이용하여 향상된 점을 계산한다:

$$x^{k+1} = x^k - \frac{s(D^k)^2(c - A^T\lambda^k)}{\mathrm{norm}(D^k(c - A^T\lambda^k))}$$

위에서 벡터 λ^k는 다음과 같이 주어진다: $\lambda^k = (A(D^k)^2A^T)^{-1}A(D^k)^2c$

s는 다음과 같이 선택된다: $s = \min\left\{ \frac{\text{norm}((D^k)(c - A^T\lambda^k))}{x_j^k(c_j - A_j^T\lambda^k)} \right\} - \alpha$

위에서 A_j는 행렬 A의 j번째 열이며 α는 미리 설정된 작은 상수값이다. 최소값은 $(c_j - A_j^T\lambda^k) > 0$에 대해서만 취해진다.

λ^k는 이원적(dual) 문제의 해에 대한 근사를 제공함을 주목하자.

3) 목적함수의 1차적 및 이원적 값들이 근사적으로 동일하면 종료한다. 그렇지 않으면 $k = k + 1$로 두고 단계 2로 되돌아간다.

이 알고리듬은 초기점 x^0로부터 출발하여 $x^k > 0$임을 보장하면서 $(D^k)^2(c - A^T\lambda^k)$로 주어지는 정규화된 방향으로 최대 단계를 취함으로써 반복적인 개선을 제공해준다. 이 알고리듬의 핵심적인 요소가 되는 것은 바로 이 방향이다. 이 방향은 제약평면으로의 목적함수 계수들의 사영이다.

MATLAB 활용

함수 barnLP는 MATLAB의 백슬래시(\) 연산자를 이용하여 직접적인 방법으로 불량조건 방정식 시스템을 풀고 있다. 이 함수는 다음과 같이 사용한다.

```
[xopt, blist, fopt] = barnLP(A, b, c, tol)
```

위에서 A는 제약조건들의 계수들의 행렬, b는 우변의 열 벡터, c는 목적함수의 계수들의 행벡터이며, xopt는 최적해 벡터, blist는 basic 변수들의 목록, fopt는 xopt에서의 목적함수 값을 나타낸다.

```
function [xopt,blist,fopt] = barnLP(A,b,c,tol)
% 선형계획 문제를 풀기 위한 Barnes 방법
% Minimize c'x subject to Ax = b.
% 문제는 non-degenerate라고 가정.
% Inputs:
%    A: 제약조건들의 계수들의 행렬, b: 우변의 열 벡터, c: 목적함수의 계수들의 행벡터.
% Outputs:
%    xopt: 해 벡터, blist: basic 변수들의 목록, fopt: 목적함수 값
x2 = [ ]; x = [ ]; [m n] = size(A); % 초기화
ap1 = b - sum(A(1:m,:)')'; cp1 = 1000000;
A = [A ap1]; c = [c cp1]; B = [ ]; n = n+1; x0 = ones(1,n)'; x = x0;
alpha = 0.0001; lambda = zeros(1,m)'; iter = 0;
while abs(c*x - lambda'*b) > tol
    x2 = x.*x; D = diag(x); D2 = diag(x2); AD2 = A*D2;
    lambda = (AD2*A')\(AD2*c'); dlres = c' - A'*lambda; nmres = norm(D*dlres);
    for i = 1:n
        if dlres(i) > 0, ratio(i) = nmres/(x(i)*(c(i)-A(:,i)'*lambda));
        else, ratio(i) = inf; end
    end
    R = min(ratio) - alpha; x1 = x - R*D2*dlres/nmres;
    x = x1; bcount = 0; B = [ ]; blist = [ ]; cb = [ ];
```

```
    for k = 1:n
        if x(k) > tol, bcount = bcount+1; blist = [blist k]; end
    end
    if bcount == m % 문제가 non-degenerate일 때에만 해당
        for k = blist, B = [B A(:,k)]; cb = [cb c(k)]; end
        psol = b'/B'; xopt = psol; break;
    end
    iter = iter + 1;
end
xopt = x(blist); fopt = c*x;
end
```

MATLAB 실습 선형계획 문제

다음과 같은 선형계획 문제를 풀어보기로 하자:

$$\text{Minimize} \quad z = 2x_1 + x_2 + 4x_3$$
$$\text{Subject to} \quad x_1 + x_2 + x_3 \le 7\,, \quad x_1 + 2x_2 + 3x_3 \le 12\,, \quad x_1, x_2, x_3 \ge 0$$

이러한 선형계획 문제에서는 다음과 같이 슬랙(slack) 변수로 통칭되는 새로운 양의 변수들을 부등식의 왼편에 추가하고 목적함수의 부호를 바꾸어서 등식 제약조건들을 만족하는 최소화 문제로 만들어 줌으로써 표준형태로 전환시킬 수 있다:

$$\text{Minimize} \quad -z = -2x_1 - x_2 - 4x_3$$
$$\text{Subject to} \quad x_1 + x_2 + x_3 + x_4 = 7\,, \quad x_1 + 2x_2 + 3x_3 + x_5 = 12\,, \quad x_i \ge 0 \quad (i = 1, \cdots, 5)$$

변수 x_4와 x_5는 슬랙 변수들로 불리며 이용된 것들과 이용 가능한 것들 사이의 차이를 나타낸다. 제약조건들이 0보다 크거나 같은 형태라면 슬랙 변수들을 빼어서 등식 형태로 만들어 준다. 이와 같이 변수들을 빼는 경우에는 이 변수들을 과잉변수라고 부른다. c는 다음과 같이 표현된다:

$$c = [-2\ \ -1\ \ -4\ \ 0\ \ 0]$$

풀이

스크립트 usebarnLP를 이용하여 위의 문제를 해결할 수 있다.

```
% usebarnLP.m
clear all;
c = [-2 -1 -4 0 0]; A = [1 1 1 1 0;1 2 3 0 1]; b = [7 12]';
[xopt, blist, fopt] = barnLP(A,b,c,0.00005);
fprintf('목적함수 값 = %8.4f', fopt), i = 1; fprintf('최적해: ');
for j = blist, fprintf('(%1.0f) =%8.4f',j,xopt(i)); i = i+1; end
fprintf('다른 변수들은 모두 0.')
```

이 스크립트를 수행한 결과는 다음과 같다:

```
>> usebarnLP
목적함수 값 = -19.0000
최적해:
x(1) =   4.5000
x(3) =   2.5000
다른 변수들은 모두 0.
```

원래 문제는 목적함수를 최대로 하는 것이었으므로 그 값은 19가 된다. 이 문제에서는 2개만의 주 제약조건들이 존재하므로 0이 아닌 변수들은 x_1과 x_3의 2개 뿐이다. 슬랙변수 x_4와 x_5는 0이며 x_2 역시 0이다.

■

12.9 MATLAB 내장함수의 이용

MATLAB은 다양한 최적화 문제들을 처리할 수 있는 내장함수들을 제공하고 있다. 표 12.1은 최적화 문제의 풀이에 이용할 수 있는 내장함수들을 보인 것이다.

12.9.1 제약조건이 없는 최적화

» fminsearch 함수

이 함수는 다차원의 제약조건이 없는 비선형 최소화 문제에 이용될 수 있다. 이 함수는 Nelder-Mead simplex 직접탐색 방법을 이용하며 다음과 같이 사용한다:

표 12.1 MATLAB 내장 최적화 문제 풀이함수

문제의 형태	함수 이름	기능
비제약 최적화 (Unconstrained optimization)	fminbnd	경계가 설정된 비선형 최적화
	fminsearch	제약조건이 없는 비선형 최적화
	fminuc	다변수 함수의 국부적 최소화
	lsqnonlin	비선형 최소자승 문제
제약 최적화 (Constrained optimization)	lsqlin	제약조건이 있는 선형 최소자승 문제
	fmincon	제약조건이 있는 함수의 최소화
	fminimax	함수의 최소 및 최대
	quadprog	2차계획 문제
선형계획문제 (Linear programming)	linprog	선형계획 문제
혼합정수계획 문제 (Mixed-integer programming)	intlinprog	혼합정수 선형계획 문제
광역 최적화 문제 (Global optimization)	patternsearch	패턴 탐색을 이용한 함수의 최소화
	gamultiobj	유전자 알고리듬을 이용한 함수(들)의 최소화
	simulannealbnd	Simulated annealing 알고리듬을 이용한 다변수 함수의 최소화

```
[x, f] = fminsearch(fun, x0)
```

위에서 x0는 초기 탐색점이고, fun은 함수 핸들이며, 출력 f는 최적점에서의 함수값이고, x는 국부적 최소점이다.

MATLAB 실습 **fminsearch 함수**

fminsearch 함수를 이용하여 $f(x) = 2x^2\sin(x) + e^{-x}$의 최소값을 구해 보자. 초기 탐색점은 $x_0 = 1$로 한다.

풀이

```
>> f = @(x) 2*x^2*sin(x) + exp(-x); x0 = 1; [x, fv] = fminsearch(f, x0)
x =
    0.3488
fv =
    0.7887
```

■

» fminunc 함수

이 함수는 다변수 함수의 국부적 최소점 계산에 이용할 수 있으며 다음과 같이 사용한다:

```
[x, f] = fminunc(fun, x0)
```

위에서 x0는 초기 탐색점이고, fun은 함수 핸들이며, 출력 f는 최적점에서의 함수값이고, x는 국부적 최소점이다.

MATLAB 실습 **fminunc 함수**

fminunc 함수를 이용하여 $f(x) = 2x^2\sin(x) + e^{-x}$의 최소값을 구해 보자. 초기 탐색점은 $x_0 = 1$로 한다.

풀이

```
>> f = @(x) 2*x^2*sin(x) + exp(-x); x0 = 1; [x, fv] = fminunc(f, x0)
국소 최솟값을 찾았습니다.
기울기의 크기가 최적성 허용오차의
값보다 작기 때문에 최적화가 완료되었습니다.
<중지 기준 세부 정보>
x =
    0.3488
fv =
    0.7887
```

■

» fminbnd 함수

이 함수는 경계가 설정되어 있는 단일변수 비선형 함수의 최소화 문제에 이용할 수 있다. 구간 $x_1 < x < x_2$에서 함수 fun의 국부적 최소점을 규명하고자 한다면 다음과 같이 이 함수를 호출한다:

```
[x, f] = fminbnd(fun, x1 ,x2)
```

위에서 x1과 x2는 경계구간의 하한 및 상한값을 나타내며, fun은 함수 핸들이고, x는 국부적 최소점이다.

MATLAB 실습 fminbnd 함수

fminbnd 함수를 이용하여 구간 $0 \le x \le 5$에서 함수 $f(x) = -2.5\sin x + \dfrac{x^2}{11.8}$의 최소값을 구하라. 탐색 경계구간은 $x_1 = 0$, $x_2 = 5$로 한다.

풀이

```
>> f = @(x) -2.5*sin(x)+x.^2/11.8; x1 = 0; x2 = 5; [x, fval] = fminbnd(f,
x1, x2)
x =
    1.4709
fval =
   -2.3042
```

■

» lsqnonlin 함수

이 함수는 Minimize $\sum f^2(x)$ 형태의 비선형 최소자승 문제에 이용될 수 있으며 다음과 같이 사용한다:

```
x = lsqnonlin(fun, x0, lb, ub)
```

위에서 x0는 초기 탐색점이고, fun은 함수 핸들이며, lb와 ub는 구간의 하한 및 상한($lb < x < ub$)이고, x는 국부적 최소점이다. 구간이 없다면 lb와 ub는 빈 행렬로 입력하거나 아예 생략할 수 있다. x_i의 하한값에 대한 제약이 없다면 lb(i) = −Inf로 설정하며 x_i의 상한값에 대한 제약이 없다면 ub(i) = Inf로 설정한다.

MATLAB 실습 lsqnonlin 함수

lsqnonlin 함수를 이용하여 모델의 최적 파라미터들을 구해 보자. 표 12.2에 보인 PVT 데이터를 상태방정식

$$P = \frac{RT}{v-b} - \frac{a}{v(v+b)\sqrt{T}}$$

로 나타낼 수 있다고 가정하고 모델의 파라미터 a와 b를 구해 본다. 위에서 기체상수 $R = 82.06$ atm·cm^3/(K·gmol)이다.

표 12.2 *PVT* 데이터

i	P_i(atm)	v_i(cm^3/gmol)	T_i(K)
1	32.6	480	283
2	42.5	481	313
3	44.6	575	375
4	25.8	673	283
5	36.5	576	313
6	38.7	671	375
7	37.5	385	283
8	63.1	384	375

최적 파라미터 a와 b는 다음과 같은 최소화 문제의 해로 주어진다:

$$\text{Minimize}_{a,b} \sum_{i=1}^{8}\left[P_i - \frac{RT_i}{v_i - b} - \frac{a}{v_i(v_i+b)\sqrt{T_i}}\right]^2$$

a와 b의 초기 추정치를 각각 10000과 50으로 설정한다.

풀이

```
>> x0 = [1e4 50]; R = 82.06; P = [32.6, 42.5, 44.6, 25.8, 36.5, 38.7, 37.5, 63.1];
>> v = [480, 481, 575, 673, 576, 671, 385, 384];
>> T = [283, 313, 375, 283, 313, 375, 283, 375];
>> eos = @(x,R,P,v,T) P - R*T./(v - x(2)) + x(1)./(v.*(v + x(2)).*sqrt(T));
% a=x(1), b=x(2)
>> [x, res] = lsqnonlin(eos,x0,[],[],[],R,P,v,T)
국소 최솟값을 찾았습니다.
기울기의 크기가 최적성 허용오차의 값보다 작기 때문에 최적화가 완료되었습니다.
<중지 기준 세부 정보>
x =
   1.0e+07 *
    7.5366    0.0000
res =
   13.0854
>> format long, x
x =
   1.0e+07 *
   7.536640350071935   0.000003217659054
```

즉 $a = 75366403.501$, $b = 32.177$임을 알 수 있다. 따라서 구하고자 하는 모델식은

$$P = \frac{RT}{v - 32.177} - \frac{75366403.501}{v(v+32.177)\sqrt{T}}$$

과 같이 나타낼 수 있다. 계산결과에서 res는 잔류편차를 나타낸다. ■

12.9.2 제약조건이 있는 최적화

» lsqlin 함수

이 함수는 제약조건이 존재하는 다음과 같은 형태의 최소자승 문제 풀이에 이용될 수 있다:

$$\text{Minimize } \frac{1}{2} \| Cx - d \|^2$$
$$\text{Subject to } Ax \le b, \ A_{eq}x = b_{eq}$$

이 함수는 다음과 같이 사용할 수 있다:

```
x = lsqlin(C, d, A, b, Aeq, beq, lb, ub, x0)
```

위에서 $C \in R^{m \times n}$는 계수행렬, x0는 초기 탐색점, fun은 함수 핸들, lb와 ub는 구간의 하한 및 상한 (lb $< x <$ ub), x는 국부적 최소점이다. 구간이 없다면 lb와 ub는 빈 행렬로 입력하거나 아예 생략할 수 있다. x_i의 하한값에 대한 제약이 없다면 lb(i) = −Inf로 설정하며 x_i의 상한값에 대한 제약이 없다면 ub(i) = Inf로 설정한다. 만일 부등식들로 주어진 제약조건들만 존재한다면 lsqlin 함수는 다음과 같이 호출할 수 있다:

```
x = lsqlin(C, d, A, b)
```

MATLAB 실습 lsqlin 함수

lsqlin 함수를 이용하여 제약조건이 존재하는 다음과 같은 형태의 최소자승 문제의 해를 구해 보자:

$$\text{Minimize } \frac{1}{2} \| Cx - d \|^2$$
$$\text{Subject to } Ax \le b$$

위에서

$$A = \begin{bmatrix} -2 & 1 \\ 3 & 5 \end{bmatrix}, \quad b = \begin{bmatrix} 6 \\ 8 \end{bmatrix}, \quad C = \begin{bmatrix} 2 & 0 \\ 0 & 3 \end{bmatrix}, \quad d = \begin{bmatrix} 4 \\ 4 \end{bmatrix}$$

이다.

풀이

```
>> C = [2 0;0 3]; d = [4; 4]; A = [-2 1;3 5]; b = [6; 8]; x = lsqlin(C, d, A, b)
제약 조건을 충족하는 최솟값을 찾았습니다.
목적 함수가 최적성 허용오차의 값 이내에서 실현 가능한 방향에서 감소하지 않고
제약 조건이 제약 조건 허용오차의 값 이내에서 충족되기 때문에 최적화가 완료되었습니다.
<중지 기준 세부 정보>
x =
    1.3039
    0.8177
```

■

» fmincon 함수

이 함수는 제약조건이 존재하는 다음과 같은 다변수 함수의 최소화 문제에 이용될 수 있다:

$$\text{Minimize } f(x)$$
$$\text{Subject to } Ax \le b,\ A_{eq}x = b_{eq},\ \text{lb} \le x \le \text{ub}$$

이 함수는 다음과 같이 사용한다:

```
[x, f] = fmincon(fun, x0, A, b, Aeq, Beq, lb, ub)
```

위에서 x0는 초기 탐색점, fun은 함수 핸들, lb와 ub는 구간의 하한 및 상한(lb $< x <$ ub), x는 국부적 최소점이다. 구간이 없다면 lb와 ub는 빈 행렬로 입력하거나 아예 생략할 수 있다. x_i의 하한값에 대한 제약이 없다면 lb(i) = −Inf로 설정하며 의 상한값에 대한 제약이 없다면 ub(i) = Inf로 설정한다. 출력 f는 최적점 x에서의 함수값이다. 만일 부등식들로 주어진 제약조건들만 존재한다면 이 함수는 다음과 같이 호출할 수 있다:

```
x = fmincon(fun, x0, A, b)
```

MATLAB 실습 fmincon 함수

fmincon 함수를 이용하여 제약조건이 존재하는 다음과 같은 다변수 함수의 최소화 문제의 해를 구해 보자. 초기 탐색점은 $[x_{1,0}\ x_{2,0}] = [0\ 0]$으로 설정한다.

$$\text{Minimize } f(x) = \left(x_1 - \frac{1}{2}\right)^2 (x_1+1)^2 + 2(x_2+1)^2(x_2-1)^2$$
$$\text{Subject to } 2x_1 + 4x_2 \le 7,\ \ -3x_1 + x_2 \le 3$$

풀이

여기에서는 $A = \begin{bmatrix} 2 & 4 \\ -3 & 1 \end{bmatrix}$, $b = \begin{bmatrix} 7 \\ 3 \end{bmatrix}$이므로 다음과 같이 입력한다:

```
>> f = @(x) (x(1)-1/2)^2*(x(1)+1)^2 + 2*(x(2)+1)^2*(x(2)-1)^2;
>> A = [2 4;-3 1]; b = [7; 3]; x0 = [0 0]; [x fv] = fmincon(f, x0, A, b)
제약 조건을 충족하는 국소 최솟값을 찾았습니다.
목적 함수가 최적성 허용오차의 값 이내에서 실현 가능한 방향에서 감소하지 않고
제약 조건이 제약 조건 허용오차의 값 이내에서 충족되기 때문에 최적화가 완료되었습니다.
<중지 기준 세부 정보>
x =
    0.5000   -1.0000
fv =
   2.8902e-16
```

■

» fminimax 함수

이 함수는 다음과 같은 다변수 함수의 최소 및 최대값 계산에 이용할 수 있다:

$$\text{Minimize(Maximize)} \quad f(x)$$
$$\text{Subject to} \quad Ax \le b,\ A_{eq}x = b_{eq},\ \text{lb} \le x \le \text{ub}$$

이 함수는 다음과 같이 사용한다:

```
x = fminimax(fun, x0, A, b, Aeq, Beq, lb, ub)
```

위에서 x0는 초기 탐색점이고 fun은 함수 핸들이다. 경계조건이 존재하지 않는다면 lb와 ub는 빈 행렬로 입력하거나 아예 생략할 수 있다. 제약조건이 존재하지 않는 경우 이 함수는 다음과 같이 호출할 수 있다:

```
x = fminimax(fun, x0)
```

» quadprog 함수

이 함수는 다음과 같은 형태의 2차 계획 문제에 이용할 수 있다:

$$\text{Minimize} \quad \frac{1}{2}x^T Hx + c^T x$$
$$\text{Subject to} \quad Ax \le b,\ A_{eq}x = b_{eq},\ \text{lb} \le x \le \text{ub}$$

이 함수는 다음과 같이 사용한다:

```
[x, f] = quadprog(H, c, A, b, Aeq, beq, lb, ub, x0)
```

위에서 x0는 초기 탐색점이고 출력 f는 최적점 x에서의 함수값이다. 경계조건이 존재하지 않는다면 lb와 ub는 빈 행렬로 입력하거나 아예 생략할 수 있다. 만일 부등식으로 주어지는 제약조건들만 존재한다면 이 함수는 다음과 같이 호출할 수 있다:

```
x = quadprog(H, c, A, b)
```

12.9.3 선형계획 및 혼합정수 계획문제

» linprog 함수

이 함수는 다음과 같은 형태의 선형계획 문제에 이용할 수 있다:

$$\text{Minimize} \quad f^T x$$
$$\text{Subject to} \quad Ax \le b,\ A_{eq}x = b_{eq},\ \text{lb} \le x \le \text{ub}$$

이 함수는 다음과 같이 사용한다:

```
[x, fv] = linprog(f, A, b, Aeq, Beq, lb, ub, x0)
```

위에서 fv는 최적점 x에서의 함수값이다. 하한 및 상한이 없다면 lb와 ub는 빈 행렬로 입력하거나 아예 생략할 수 있다. x_i의 하한값에 대한 제약이 없다면 lb(i) = −Inf로 설정하며 x_i의 상한값에 대한 제약이 없다면 ub(i) = Inf로 설정한다. 만일 부등식으로 주어지는 제약조건들만 존재한다면 이 함수는 다음과 같이 호출할 수 있다:

```
[x, fv] = linprog (f, A, b)
```

MATLAB 실습 linprog 함수

linprog 함수를 이용하여 다음과 같은 선형계획 문제의 해를 구하라:

$$\text{Minimize } f(x) = -50x_1 - 98x_2 - 25x_3 - 43x_4$$
$$\text{Subject to } 6x_1 + 12x_2 + 3x_3 + 8x_4 \le 1150,\ 4x_1 + 30x_2 + 2x_3 + x_4 \le 750,$$
$$x_i \ge 0\ (i = 1, \cdots, 4)$$

풀이

계수벡터는 $f = [-50\ -98\ -25\ -43]^T$이며 제약조건들은 다음과 같이 나타낼 수 있다:

$$\begin{bmatrix} 6 & 12 & 3 & 8 \\ 4 & 30 & 2 & 1 \\ -1 & 0 & 0 & 0 \\ 0 & -1 & 0 & 0 \\ 0 & 0 & -1 & 0 \\ 0 & 0 & 0 & -1 \end{bmatrix} x \le \begin{bmatrix} 1150 \\ 750 \\ 0 \\ 0 \\ 0 \\ 0 \end{bmatrix}$$

```
>> f = [-50 -98 -25 -43]'; A = [6 12 3 8;4 30 2 1;-1 0 0 0;0 -1 0 0;0 0 -1
0;0 0 0 -1];
>> b = [1150 750 0 0 0 0]'; [x, fv] = linprog (f, A, b)
최적해를 구했습니다.
x =
  186.5385
         0
         0
    3.8462
fv =
  -9.4923e+03
```

» intlinprog 함수

이 함수는 다음과 같은 형태의 혼합정수 선형계획 문제에 이용될 수 있다:

$$\text{Minimize } f^T x$$
$$\text{Subject to } Ax \le b,\ A_{eq}x = b_{eq},\ \text{lb} \le x \le \text{ub},\ (x_i : \text{정수})$$

이 함수는 다음과 같이 사용한다:

```
[x, fv] = intlinprog (f, intcon, A, b, Aeq, Beq, lb, ub)
```

위에서 intcon은 정수 변수들을 포함하는 인덱스 벡터이다. 변수 x_i에 하한 및 상한이 없다면 lb와 ub는 빈 행렬로 입력하거나 아예 생략할 수 있다. x_i의 하한값에 대한 제약이 없다면 lb(i) = −Inf로 설정하며 x_i의 상한값에 대한 제약이 없다면 ub(i) = Inf로 설정한다.

연습 문제

12.1 1차 미분을 이용하여 곡선 $f(x) = \sin(x)$ 상에서 점 (2, 1)과 가장 가까운 점을 구하라.

12.2 구간 [−2.3, −1.6]에 대하여 황금분할 방법을 5회 수행하였을 때 얻어지는 최종 구간의 길이를 구하라.

12.3 황금분할 방법을 이용하여 $0 \le x \le 1$의 범위에서 $f(x) = x^2 - \sin(x)$의 최소값이 존재하는 범위를 2단계까지 탐색해 보라.

12.4 2차식 근사법을 이용하여 $0 \le x \le 4$의 범위에서 $f(x) = 2\sin(x) - \frac{x^2}{10}$의 최대값이 존재하는 범위를 2단계까지 탐색해 보라. 초기 탐색점은 $x_1 = 0$, $x_2 = 1$, $x_3 = 4$와 같이 설정한다.

12.5 모사 벼림(Simulated annealing) 방법을 이용하여 함수

$$f(x) = 500 - 20x_1 - 26x_2 - 4x_1x_2 + 4x_1^2 + 3x_2^2$$

의 최소값을 구하고자 한다. 반복계산 단계를 3회까지 수행해 보라. 냉각인자는 $q = 0.5$, 볼츠만 상수는 $k = 1$로 가정하며 초기 시작점은 $x_1 = [4\ 5]^T$, 초기 온도값은 $T = 384$로 설정한다.

＊MATLAB 활용 문제

M12.1 2차식 근사방법(포물선 안짐작 방법)을 수행하는 함수 quadopt를 이용하여 함수 $f(x) = -2.5\sin x + \frac{x^2}{11.8}$의 최소값을 구하라. 수렴한계는 10^{-6}으로 설정하고 독립변수의 초기 가정값은 $x_1 = 0$, $x_2 = 2$, $x_3 = 5$로 한다.

M12.2 범위 [4 10] 내에서 2차의 제2베셀(Bessel)함수의 최소값을 구하라. 함수 goldsec을 이용하여 구해 보고, 그 결과를 엄밀해로부터 구한 값과 비교해 보라. 엄밀해는 2차 베셀함수를 미분하여 0으로 둔 식을 풀어 얻는다. MATLAB은 2차 베셀함수에 대한 내장함수 bessely(2, x)를 지니고 있다. 2차의 제2베셀함수는 그림에 보인 바와 같이 4에서 25까지의 범위 내에 3개의 극소값을 갖는다.

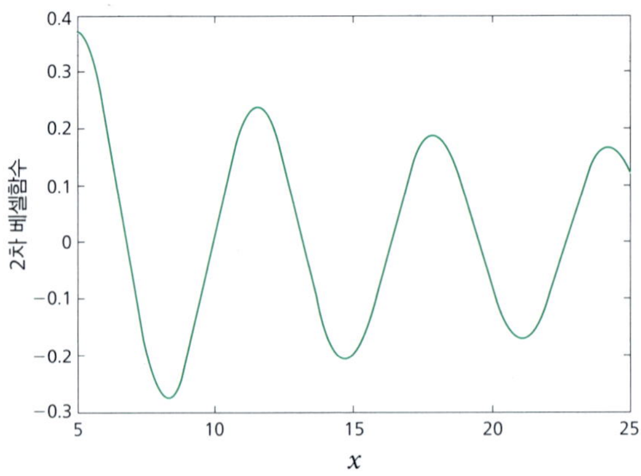

그림 M12.2 3개의 극소값을 나타내는 2차 베셀함수의 그래프.

M12.3 Moller의 방법을 이용하여 Rosenbrock 함수

$$f(x_1, x_2) = 100(x_2 - x_1^2)^2 + (1 - x_1)^2$$

의 최소값을 구하라. Moller의 방법은 함수 mollercg에 의해 수행된다.

M12.4 최대 하향경사 방법을 수행하는 함수 stdes를 이용하여 다음 함수가 최소가 되는 x를 구하라:

$$f(x_1, x_2) = \lambda_1(x_1 - 3)^2 + \lambda_2(x_2 - 2)^2$$

위에서 $\lambda_1 = 1000$, $\lambda_2 = 1$이며, 해의 초기 가정값은 $x_0 = [1, 1]$, 수렴한계는 10^{-6}, 최대 반복계산 횟수는 10,000으로 설정한다.

M12.5 Davidon-Fletcher-Powell(DFP) 방법을 이용하여 다음 함수를 최소로 해주는 $x = x^*$를 구하라:

$$f(x_1, x_2) = \frac{(x_1 - 3)^8}{1 + (x_1 - 3)^8} + \frac{(x_2 - 3)^4}{1 + (x_2 - 3)^4}$$

해의 초기 가정값은 $x = [2, 1]$, 수렴한계는 10^{-6}, 최대 반복계산 횟수는 10,000으로 설정한다.

M12.6 켤레 기울기 방법을 수행하는 함수 conjgropt를 이용하여 다음과 같은 목적함수의 최소값을 구하라.

$$f(x_1, x_2) = (x_1^2 + x_2 - 11)^2 + (x_1 + x_2^2 - 7)^2$$

해의 초기 가정값은 $x = [6, 6]$, 수렴한계는 10^{-5}으로 설정한다.

M12.7 모사 벼림(simulated annealing) 방법을 이용하여 함수

$$f(x) = 500 - 20x_1 - 26x_2 - 4x_1x_2 + 4x_1^2 + 3x_2^2$$

의 최소값을 구하라. x의 초기값은 $[2\ 0]^T$로 하고, 냉각인자는 0.9, 변수의 하한 및 상한은 -10 및 10, 그리고 T의 초기값은 100으로 설정한다. 비교를 위해 내장함수 fminsearch를 이용하여 최소값을 구하라.

M12.8 내장함수 fminbnd를 이용하여 $-1 \le x \le 4$의 구간에서 함수 $f(x) = 1 - xe^{-x}$의 최소값을 구하라.

M12.9 내장함수 fminbnd를 이용하여 $-1 \le x \le 4$의 구간에서 함수

$$f(x) = 0.2x^4 - 0.6x^3 - 0.3x^2 + x$$

의 최소값을 구하라. 아울러 내장함수 ezplot을 이용하여 이 함수의 그래프를 작성하고 구한 최소값이 광역 최소값인지의 여부를 확인하라.

M12.10 내장함수 fminsearch를 이용하여 함수 $f(x, y) = ye^{-x^2-y^2}$의 최소값을 구하라. x와 y의 초기값은 모두 0으로 한다.

M12.11 내장함수 fminsearch를 이용하여 함수 $f(x_1, x_2) = 3 + 1.2x_1 - x_2 + 2.4x_1^2 + 3x_1x_2 + x_2^2$의 최소값을 구하라. 초기 가정값은 $x_{10} = -1$, $x_{20} = 1$로 한다.

M12.12 함수 linprog를 이용하여 다음과 같은 선형계획 문제의 해를 구하라:

Minimize $f(x) = -6x_1 - 4x_2$

Subject to $x_1 + x_2 \le 200,\ 2x_1 + x_2 \le 150,\ x_2 \le 130,\ x_i \ge 0\ (i = 1, 2)$

화공 수치해석 MATLAB의 활용과 실습

찾아보기

Index

ㄱ

ㄴ

ㄷ

ㄹ

ㅁ

A

B

C

D

E

F

G

H

I

J

K

L

M

지은이 소개

김진국
한양대학교 공과대학 화학공학과

여영구
한양대학교 공과대학 화학공학과

MATLAB의 활용과 실습
제2판
화공 수치해석

| 발행일 2022년 3월 1일 2판 1쇄 발행
| 지은이 김진국 · 여영구
| 발행인 박 종 성
| 발행처 사이플러스 Science plus
| 주 소 (우) 04003 서울특별시 마포구 잔다리로 101
| 전 화 02-332-6171
| 팩 스 02-332-6185
| 등 록 2005.10.20. 제2005-000222호

| ISBN 979-11-88731-26-8 93570 값 37,000원

연습 문제의 해답(짝수 번호 문제)은 본사의 홈페이지 www.sciplus.co.kr을 참조하기 바랍니다.